그림으로 보는
가구 구조 교과서

그림으로 보는
가구 구조 교과서

빌 힐턴 지음 · 안형재 옮김

모눈종이

ILLUSTRATED CABINETMAKING
by Bill Hylton

Original English Language edition Copyright ⓒ 2008 Fox Chapel Publishing Inc. An American Woodworker book.
Translation into Korean Copyright ⓒ 2018 by Monoonjongi, All rights reserved. Published under llicense.
Korean translation rights are arranged with Fox Chapel Publishing through AMO Agency Korea.

그림으로 보는
가구 구조 교과서

초판 1쇄 발행 2018년 11월 10일
초판 5쇄 발행 2025년 5월 30일

지은이 빌 힐턴 | **옮긴이** 안형재
펴낸이 서진 | **기획·마케팅** 노수준 | **편집** 이부섭

펴낸곳 모눈종이 | **등록번호** 제2015-000280호
주소 서울 강동구 아리수로 93나길 88, 812-1805 (05415)
전화 070-7553-1868 | **팩스** 0505-041-2300 | **이메일** mo-noon@naver.com

ISBN 979-11-961341-1-2 13500
이 도서는 국립중앙도서관 출판시도서목록(CIP)은 e-CIP홈페이지(http://www.nl.go.kr/ecip)와
국가자료공동목록시스템(http://www.nl.go.kr/kolisnet)에서 이용할 수 있습니다.(CIP제어번호: CIP2018030900)

이 책의 한국어판 저작권은 AMO에이전시를 통해 저작권자와 독점 계약한 모눈종이에 있습니다.
신 저작권법에 의해 한국 내에서 보호를 받는 저작물이므로 무단 전재와 무단 복제를 금합니다.
책 값은 뒤표지에 있습니다.

차례

지은이의 말_가구 제작에 관한 모든 것_8
옮긴이의 글_10
추천의 글_11

1장
가구의 기초
01. 가구 구조도_14
02. 가구의 역사와 스타일_18
03. 나무의 수축과 팽창_25

2장
이음과 짜임
01. 측면이음 Edge Joints_30
02. 상자형 짜임 Case Joints_39
03. 프레임 짜임 Frame Joints_55
04. 가로대 짜임 Rail Joints_70

3장
부분별 구조
01. 기둥-가로대 구조 Post-and-Rail Construction_78
02. 책상 상판의 연결 Tabletops_88
03. 상자형 구조 Casework_94
04. 문의 구조 Door Construction_104
05. 서랍의 구조 Drawer Construction_114
06. 캐비닛의 받침대 Cabinet Bases_123
07. 몰딩 Moldings_129

4장
가구

01 식탁 Dining Tables
다리-가로대형 테이블 Leg-and-Apron Table_138
태번 테이블 Tavern Table_140
다리-가로대 서랍테이블 Leg-and Apron Table with Drawer_142
받침대형 테이블 Pedestal Table_144
가대식 테이블 Trestle Table_146
확장식 테이블 Extension Table_148
확장식 받침대 테이블 Pedestal Extension Table_150
날개 인출식 테이블 Draw-Leaf Table_152
슬라이딩 접이식 테이블 Sliding Folding-Top Table_154
날개 접이식 테이블 Drop-Leaf Table_156
다리틀 회전식 테이블 Gateleg Table_158
다리 회전식 테이블 Swing-Leg Table_160
다리 인출식 테이블 Sliding-Leg Table_162
수납형 의자 테이블 Settle Chair-Table_164

02 보조 테이블 Occasional Tables
반달형 테이블 Demilune Table_168
티테이블 Tea Table_170
팸브록 테이블 Pembroke Table_172
다리 회전식 카드 테이블 Swing-Leg Card Table_174
프레임 확장식 카드 테이블 Expanding-Frame Card Table_176
상판 회전식 카드 테이블 Turn-Top Card Table_178

나비형 테이블 Butterfly Table_180
손수건형 테이블 Handkerchief Table_182
사이드 테이블 Side Table_184
소파 테이블 Sofa Table_186
엔드(소파 보조) 테이블 End Table_188
벌림 다리 엔드 테이블 Splay-Leg end Table_190
서랍 달린 엔드 테이블 End Table with Drawer_192
버틀러 테이블 Butler's Table_194
커피 테이블 Coffee Table_196
삼발이 테이블 Tripod Table_198
틸트-탑 테이블 Tilt-Top Table_200
대야 받침대 Basin Stand_202
화장대 Dressing Stand_204

03 책상
Desks

필기용 책상 Writing Desk_208
경사 상판 책상 Slant-Top Desk_210
우체국 책상 Post-Office Desk_212
경사 뚜껑 탁자형 책상함 Slant-Front Desk on Frame_214
경사 뚜껑 책상 Slant-Front Desk_216
앞판 개폐식 책상 Fall-Front Desk_218
세크리터리 Secretary_222
무릎구멍 책상 Kneehole Desk_226
데번포트 책상 Davenport Desk_228
롤탑 책상 Rolltop Desk_230
컴퓨터 책상 Computer Desk_232

04 궤와 서랍장
Chests

여섯 판재 궤 Six-Board Ches_236
뮬 체스트 Mule Chest_238
프레임-패널형 궤 Frame-and-panel Chest_240
기둥-패널형 궤 Post-and-Panel Chest_242
서랍장 Chest of Drawrs_244
체스트-온-프레임 Chest-on-Frame_246
이층 서랍장 Chest-on-Chest_248
높은 서랍장 Tall Chest_252
드레서 Dresser_254
뷰로 Bureau_256
봄베 체스트 Bombe Chest_258
서펜타임 프론트 서랍장 Serpentime-Front Chest_260
블록프론트 서랍장 Block-Front Chest_262
로우보이 Lowboy_264
하이보이 Highboy_266

05 수납장
Cabinets

벽걸이식 선반장 Well Shel_272
벽걸이식 찬장 Wall-Hung Cupboard_274
벽걸이식 코너 찬장 Hanging Corner Cupboar_276
건식 세면대 Dry Sink_278
식품보관장 Pie Safe_280
향신료 수납장 Spice Cabinet_282
굴뚝형 찬장 Chimney Cupboard_284
젤리 찬장 Jelly Cupboard_286

허치 Hutch_288
스텝백 찬장 Step-Back Cupboard_290
사이드보드 Sideboard_294
헌트보드 Huntboard_296
뷔페 Buffet_298
장식장 Display Chbinet_300
책장 Bookcase_302
책선반장 Bookshelves_304
코너 찬장 Corner Cupboard_306
브레이크프론트 Breakfront_308
톨케이스 시계 Tall-case Clock_312
서류 보관함 File Cabinet_316
크레덴자 Credenza_318
엔터테인먼트 센터 Entertainment Center_320
세면대 Washstand_324
침실 협탁 Nightstand_326
의류보관장 Linen press_328
보닛 선반장 Bonnet Cupboard_330
장롱 Armoire_332
슈랑크 Schrank_334
바느질 책상 Sewing Desk_338

06 붙박이장
Built-in Cabinets

부엌 상부장 Kitchen Wall Cabinet_342
부엌 하부장 Kitchen Base Cabinet_344
부엌 코너 하부장 Kitchen Corner Cabinet_346
식료품 보관장 Pantry Cabinet_348
욕실 세면대 Bathroom Vanity_350
모듈형 선반과 수납장 Modular Shelving and Storage_352

07 침대
Beds

낮은 기둥 침대 Low-Post Bed_358
높은 기둥 침대 High-Post Bed_360
연필형 기둥 침대 Pencil-Post Bed_362
난간형 침대 Banister Bed_364
썰매형 침대 Sleigh Bed_366
침대 겸용 소파 Daybed_368
수납형 침대 Chptain's Bed_370
플랫폼 침대 Platform Bed_372
벽 고정식 헤드보드 Head Board_374
이층 침대 Bunk Beds_376

찾아보기_378

지은이의 말
가구 제작에 관한 모든 것

목수들은 가구를 떠올릴 때마다 본인이 만든 작품에 자신만의 흔적을 남기고 싶어 한다. 공개된 도면이라면 크기나 비율을 조금 조절하거나 서랍을 재배치하고 문의 스타일을 바꿈으로써 필요에 맞게 수정한다. 이미 훌륭한 도면이지만 자기만의 느낌을 가구에 넣고 싶어서다. 여기서 한 발짝 더 나가서, 그 도면은 완전히 무시하고 자신만의 것을 만들 때도 있다.

가구를 직접 만들고 싶다는 희망은 잡지나 카탈로그에 실린 사진 한 장에서 시작될 수도 있다. 그것은 우리 일상에 필요한 특별한 가구일 수도 있다. 구입한 서적을 수납하기 위한 책장이거나, 새로 산 TV를 올려놓을 테이블일 수도 있고, 아이를 위한 새 침대일 수도 있다. 그렇다면 여러분은 얼마나 자주 배우자로부터 가게나 이웃집에서 본 테이블이나 서랍장을 만들어달라는 요청을 받는가? 나에게는 자주 있는 일이다.

생각은 있지만 욕구는 현실이다. 당신은 도구와 재료를 가지고 있고, 목공 노하우도 있다. 하지만 항상 어려운 점은 어떻게 제작하느냐 하는 것이다. 만들고 싶은 가구의 사진을 가지고 있다 해도, 그것이 어떻게 조립되어 있는지는 보여주지 않는다. 자연스럽게 많은 의문점을 가지고 시작하게 된다. 어떤 결합 방법을 사용했는가? 상판을 붙이는 최선의 방법은 무엇인가? 서랍을 매다는 것은? 다리는 얼마나 길어야 될까? 나무의 수축·팽창은 어떻게 다룰 것인가?

그럴 때 이 책을 펼쳐보라. 여태껏 발간된 목공서적 중에 가구 제작과 디자인에 대한 최고의 종합적(비주얼)인 안내서라 자부한다.

먼저 이 책《그림으로 보는 가구 구조 교과서》는 수백 장의 그림을 통해 여러분들을 가구의 내부로 안내하고, 오래된 가구 구조상의 문제점들에 대한 전통적인 해결방안을 보여준다. 서랍을 매다는 대여섯 가지의 방법과 상판을 결합하는 네 가지 방법, 장부에 나무못을 박는 최고의 방법 등을 볼 수 있다. 아름답고 견고한 가구를 만들 때 알아야 할 모든 것이 여기에 수록되어 있다.

2장 '이음과 짜임'은 100가지 이상의 상상할 수 있는 모든 짜임 방법이 수록된 결구법에 대한 '그림백과사전'이다. 여기서 여러분이 필요로 하는 최선의 짜임 방법을 찾을 수 있을 것이다.

3장 '부분별 구조'에서는 상판, 문, 서랍 그리고 다리를 조립할 때 짜임들이 어떻게 사용되는지를 볼 수 있다. 서랍이 장이나 탁자에 어떻게 결합되는지, 복잡한 몰딩이 어떻게 만들어지고 설치되는지도 확인할 수 있다.

마지막 4장 '가구 제작의 실제'에서는 아름답고 기능적이며 견고한 가구를 제작하는 데 있어서 각 짜임과 부분별 구조들이 어떻게 조합되는지를 알려준다. 가장 비중을 많이 차지하는 이 장에는 상상하는 거의 모든 종류의 가구 즉, 다리틀 회전식 테이블, 헌트보드, 롤탑 책상, 드레서, 뷰로, 가대식 탁자, 높은 기둥 침대, 스텝백 찬장, 책장, 부엌 수납장, 키 높이 시계 등 100개 이상의 분해조립도를 볼 수 있다. 대부분의 분해조립도들은 제작이 복잡하고 어려운 부분을 좀 더 명확히 보여주기 위해 하나 이상의 자세한 확대 그림도 제공하고 있다. 모든 제작도에는 부위별로 이름과 설명이 잘 표시되어 있다. 상호 참조 부분들은 다른 가구나 대체할 수 있는 결합 방법이나 부분별 구조를 제작하기 위한 대체 방법들을 제시하고 있다.

각 가구들은 표준형이 제시되어 있는데 전체 크기와 함께 조립된 그림을 볼 수 있다.

가구들의 외형을 바꾸는 팁들도 찾을 수 있다. 그리고 모든 가구에 대해 표준형과 비슷한 가구를 만들 수 있는 좋은 공개 도면 목록을 한두 가지씩 제공하고 있다.

덧붙여서 이 책은 경험적인 디자인 표준들을 보여주는데 예를 들어, 식탁의 높이는 얼마여야 하는가? 각 사람이 앉는 면적은 얼마여야 하는가? 부엌 수납장의 깊이는 얼마로 하는가? 컴퓨터 책상을 만들기 위한 표준은 무엇인가? 등 모든 것들이 이 책에 담겨 있다.

이 책 안의 모든 시각적 정보들과 읽기 쉽고 간결한 설명들은 여러분이 원하는 방향으로, 여러분의 취향에 맞게, 그리고 가지고 있는 목공기술 및 장비로 충분히 만들게 도와줄 것이다.

빌 힐턴 Bill Hylton

옮긴이의 글

2004년 회사일로 몸과 마음이 지쳐가던 나는 우연히 목가구의 세계에 발을 딛게 되었다. 1년 과정의 가구디자인학교를 수료한 후 이론·기술적 경험을 쌓고자 늦은 나이에 캐나다 유학길에 올랐다.

늦게 배운 목공인 만큼 대학입시를 치르는 것보다 열심히 공부했던 기억이 난다. 남는 시간에는 동네 서점이나 도서관에서 목가구 관련 책을 찾아보거나 목공 용품 가게를 기웃거리는 것이 취미생활이었다.

목가구 제작에 대한 전문 지식에 목말라 있던 그때, 이 책은 가뭄 속 단비였다.

자세한 제작 방법이나 치수, 기계 세팅 방법 등을 사진으로 보여주던 일반적인 목공 서적이 아닌, 자세한 분해도를 보여줌으로써 내부 구조를 파악하고 머릿속으로 나만의 가구를 설계하고 디자인하는 데 큰 도움을 주었다.

3년의 유학생활을 접고 한국에 돌아올 때에도 배낭 속에 넣어왔던 책 중에 하나일 만큼 나의 목공 인생에서 소중한 책이다. 10년이 지난 지금도 가구를 제작할 때나 학생들을 가르칠 때도 여전히 옆에 끼고 있는 목공 바이블이 되었다.

서양식 가구를 제작하는 책이다 보니 한글 용어가 없어 번역에 약간은 어려움이 있었지만 최대한 이해하기 쉬운 말을 선택했고, 역사적인 용어나 선택의 여지가 없는 경우에만 원어발음으로 적어놓았다.

이 책을 번역할 수 있는 기회를 마련해준 모눈종이 출판사에게 다시 한 번 감사 드리고, 퇴근 후 집에서 컴퓨터 앞만 앉아 있던 나를 응원해준 아내 수현과 딸 선우에게 사랑을 담은 인사를 전한다.

대치동 꿈꾸는공작소에서
안형재

추천의 글

전문가뿐만 아니라 취미생활을 즐기는
모두에게 폭넓게 사용될 책

가람 김성수 / 조형예술가 · 한국조형예술원KIAD 교수

가구는 제품디자인으로 분류하면 일반 생활용품이지만, 미학적 관점으로 보면 '쓰는 조각품' Functional Sculpture이다. 얼마 전 우리나라 공공 미술관이 소장所藏용 작품을 매입하는 공모전에서 '쓰는 조각품-가구조형' 작품을 일반 미술품에 포함했다. 미술인구의 저변 확대와 문화 전반에 대한 인식 변화를 마중하는 그야말로 꽃 피는 봄날의 싱그러움 같은 이 현상은 예술 일상화를 통한 삶의 질 향상에 대한 시대정신을 잘 보여주고 있다. 일품—品 작업 방식인 쓰는 조각품-가구조형 및 스튜디오 퍼니처Studio Furniture와 양산量産을 목표로 하는 제품디자인 가구는 조형미와 사용자 편의성, 생산성 등 목적과 지향성이 서로 다르다. 특히 쓰지 않는 동안에도 조형적 미감美感 발현이 우선시 돼야 하는 '쓰는 조각품'은 편의성보다 조형성이 더 중요한 가치이다.

인류는 예전부터 목가구를 많이 써왔다. 나무는 사람과 가장 친근하며, 구하기 쉽고 다듬기가 비교적 쉬운 재료여서 그럴 것이다. 산업혁명 이전의 수공업 시대에는 숙련된 장인들이 정교한 디테일과 빠른 손재주를 앞세워 가구 생산 전문가로서 직업적 역할을 했을 것이다. 그렇지만 많은 사람들은 여러 가지 이유로 개인 용품을 스스로 해결했을 것이다. 숙련 인력이 기계장비로 대체된 오늘날까지도 양산 제품과 수제품은 함께 발전하고 있다. 이 건강한 동행은 아마 인류 역사와 궤를 같이 할 것이다.

목가구를 만들 때는 당연히 나무를 다루는 기법인 목공 테크닉이 매우 중요하다. 주어진 목적(계획)을 구체적으로 실현시키는 필수적인 수단이기 때문이다. 특히 쓰는 조각품을 제작하는 목가구 작가일 경우는 더 중요할 것이다. 조형 작업 대다수가 기초계획Esquisee 바탕에 작업을 진행하면서 조형적 완성도를 이루어가는 방식이기 때문이다. 또 사정에 따라 외부에 작업을 의뢰Outsourcing 하더라도 단계별 관리를 잘 해야만 원하는 결과를 얻을 수 있다.

이러한 때에 목가구 제작 기법을 다룬 좋은 책이 나왔다. 다수의 목공 테크닉 관련 책을 쓴 빌 힐턴Bill Hylton의 《그림으로 배우는 가구 구조 교과서》Illustrated Cabinet Making를 캐나다에서 유학한 목가구작가 안형재가 번역했다. 이 책은 전문가뿐만 아니라 취미생활을 즐기는 사람에 이르기까지 폭 넓게 사용할 수 있도록 구성돼 있다. 나무를 다루는 기법인 목공 테크닉뿐만 아니라 서양가구

역사와 스타일, 나무 재료의 속성 등이 그림과 함께 알기 쉽게 설명돼 있다. 또 구조와 짜임기법 등 세부항목까지도 이해하기 쉬운 얼개 그림을 넣어 혼자서도 공부할 수 있게 했다.

이 책으로 충분히 연마한다면 훌륭한 목공 테크니션이 될 것임을 믿어 의심치 않는다. 물론 능숙한 목공 테크니션이 됐다고 해서 직업적 가구작가로서의 준비가 다 것은 아니다. 취미 활동가가 아닌 직업 작가는 창의적인 발상과 상상력에 기반을 둔 작품 구상(계획)이 훨씬 더 중요하기 때문이다.

끝으로 필자의 훌륭한 도제徒弟이자 이 책을 번역한 안형재 작가에게 갈채를 드린다.

2018년 6월 도곡동 스튜디오에서

1장
가구의 기초

01. 가구 구조도
01. 가구의 역사와 스타일
03. 나무의 수축과 팽창

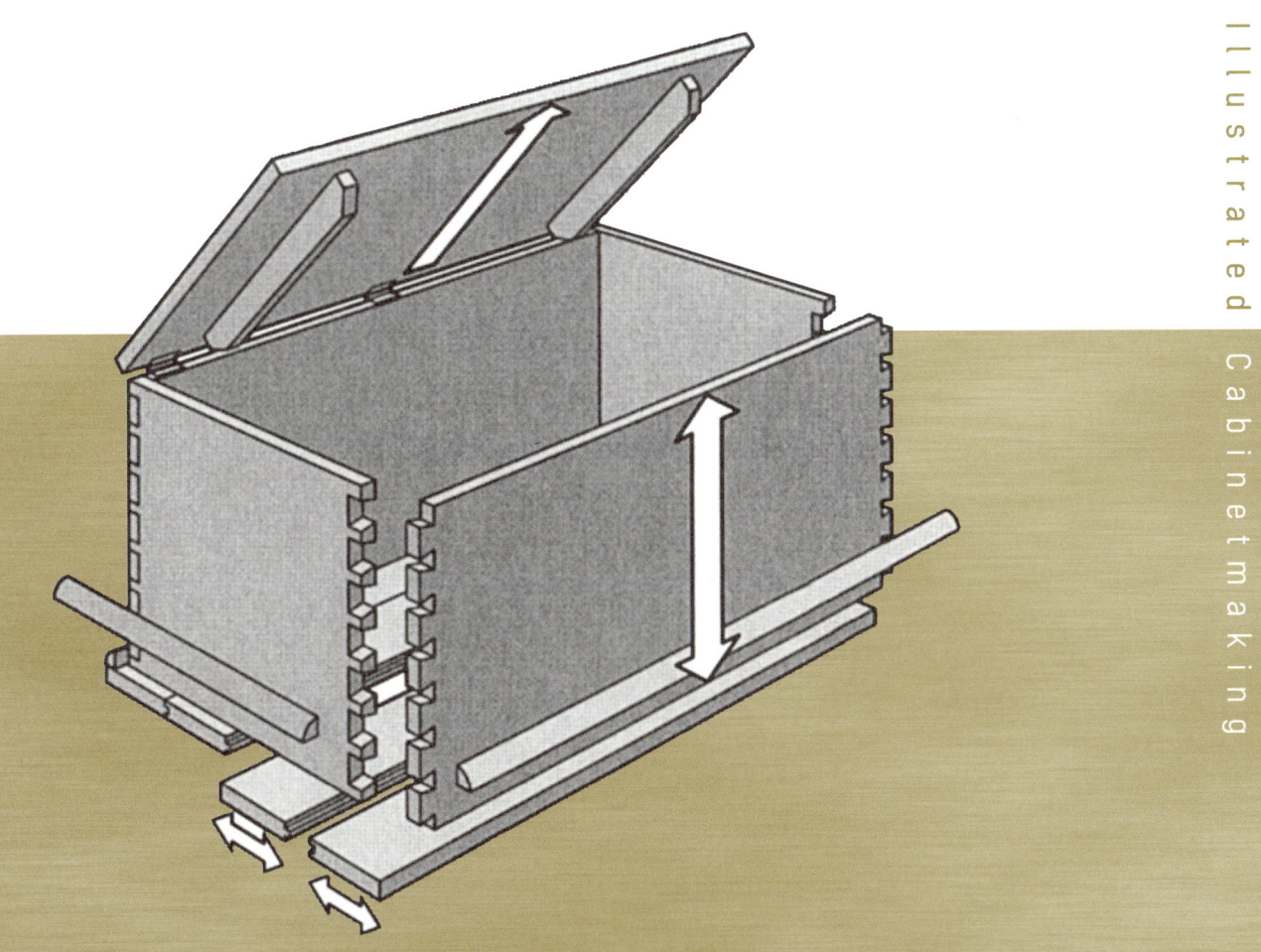

Illustrated Cabinetmaking

01 가구 구조도
Furniture Anatomy

앞으로 이 책에 나오는 도면을 쉽게 이해하기 위해서 가구 구조에 대한 용어를 먼저 다루고자 한다. 이것은 가구의 각 부분을 이해하고 그 요소들이 어떻게 하나로 합쳐지는지를 쉽게 이해할 수 있게 해준다. 가구의 모든 부분을 알게 되면 가구의 스타일에 대해서도 좀 더 깊이 이해하고, 각 부분들이 어떻게 가구 스타일에 적용되어 있는지 알 수 있게 된다. 다시 말해서 가구의 용어를 아는 것이 가구 스타일을 구별하는 좀 더 날카로운 눈을 가질 수 있게 해주며, 좋은 디자인과 가구 제작 기술을 인지하는 능력을 키워준다.

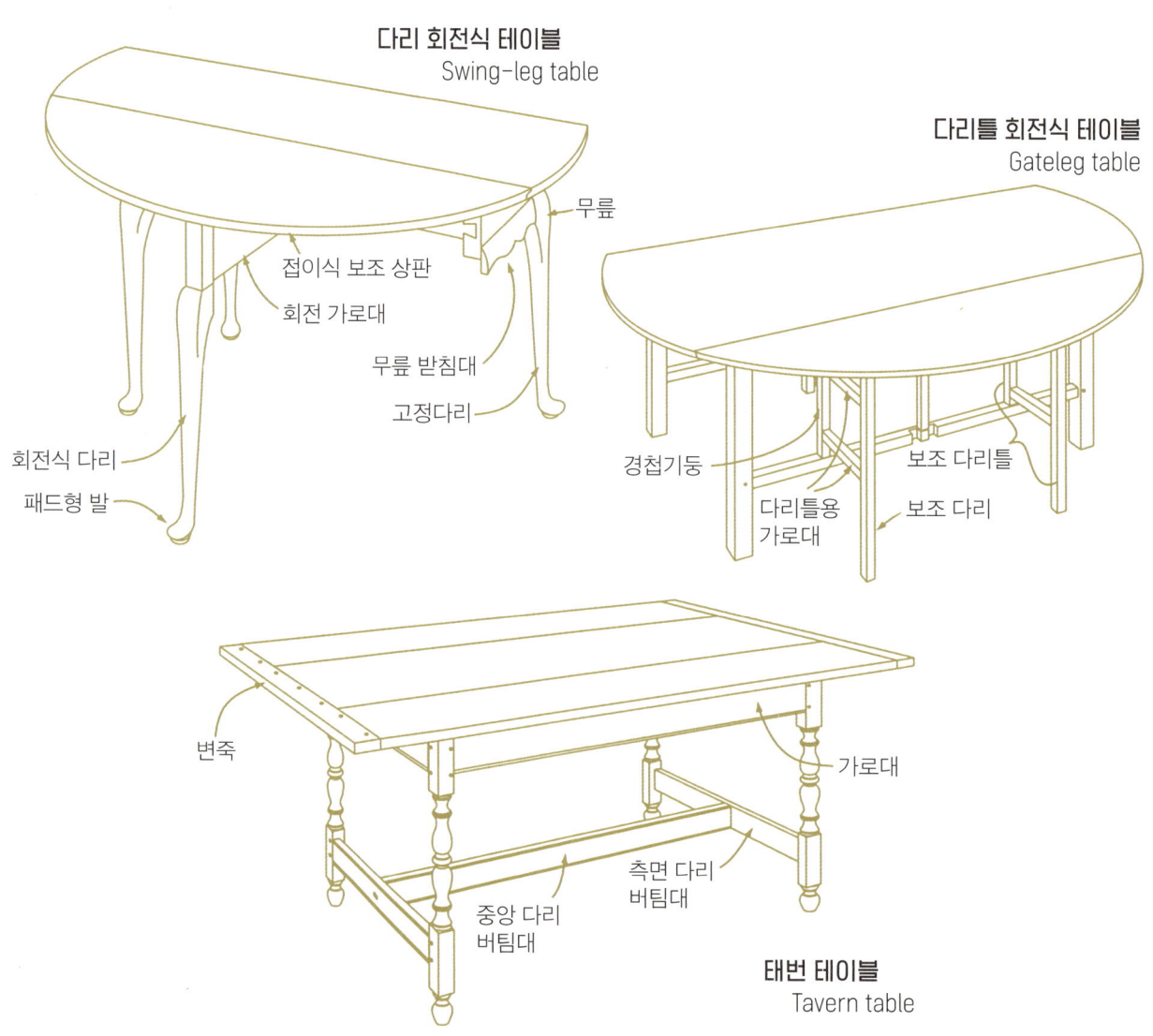

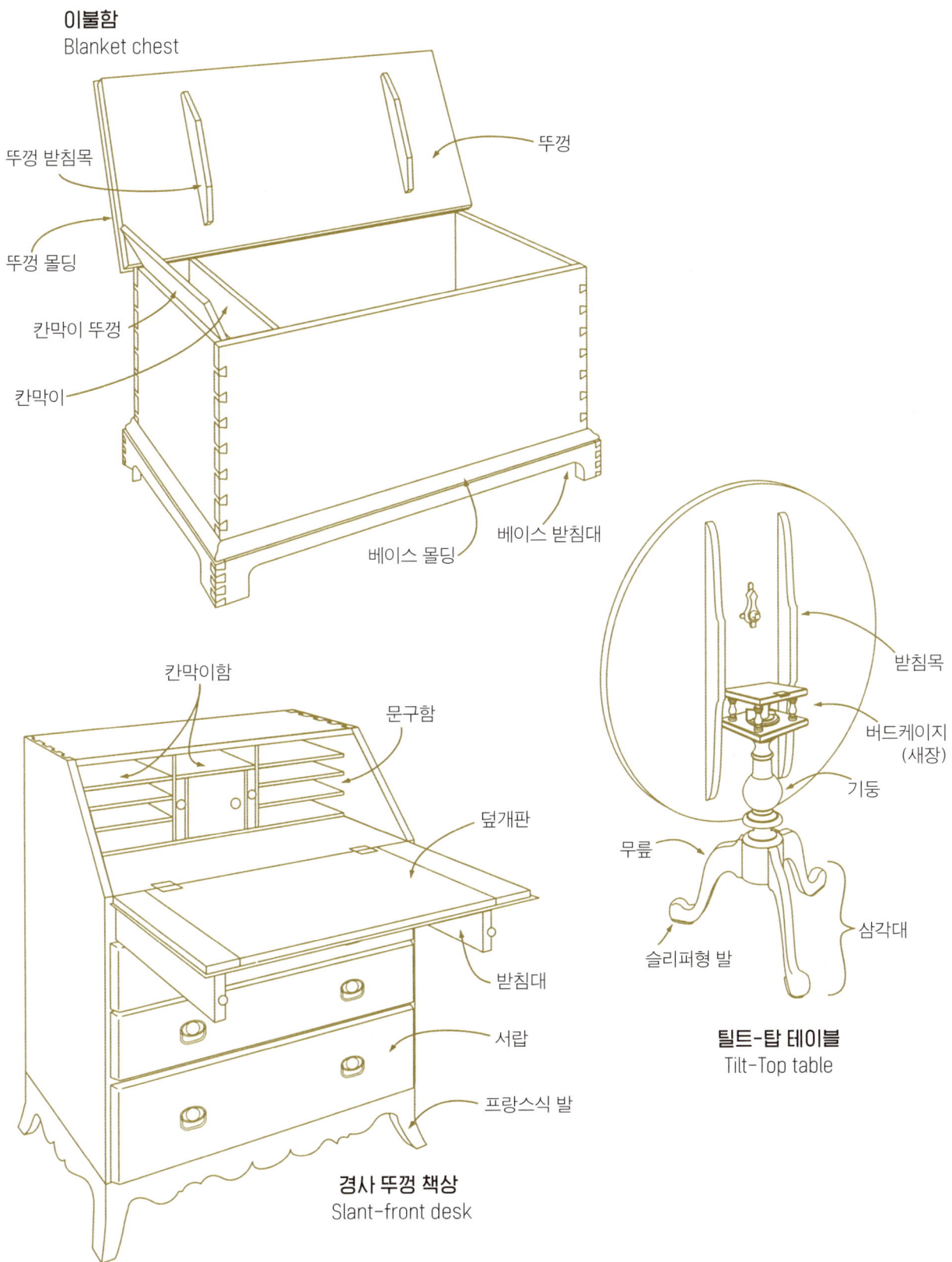

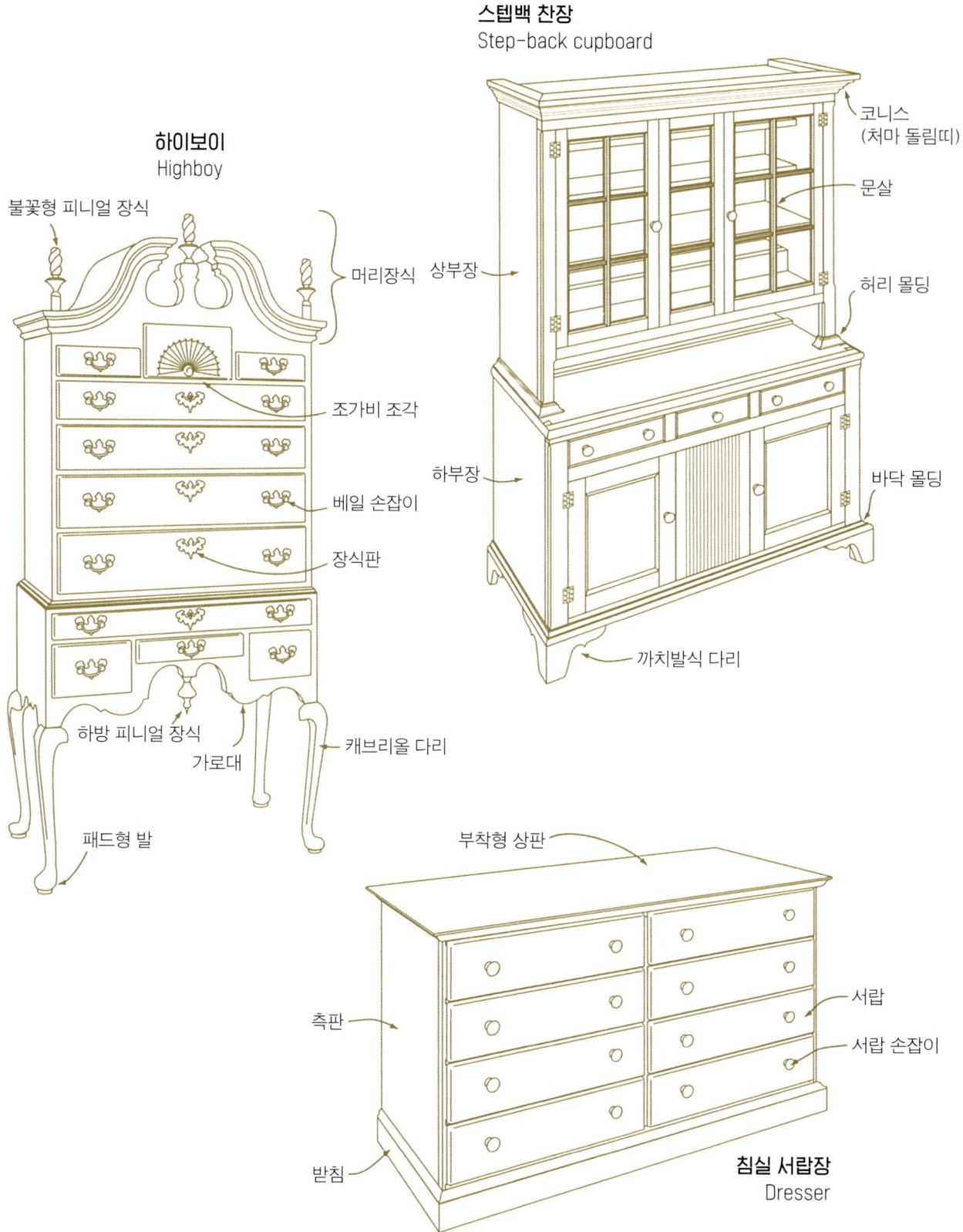

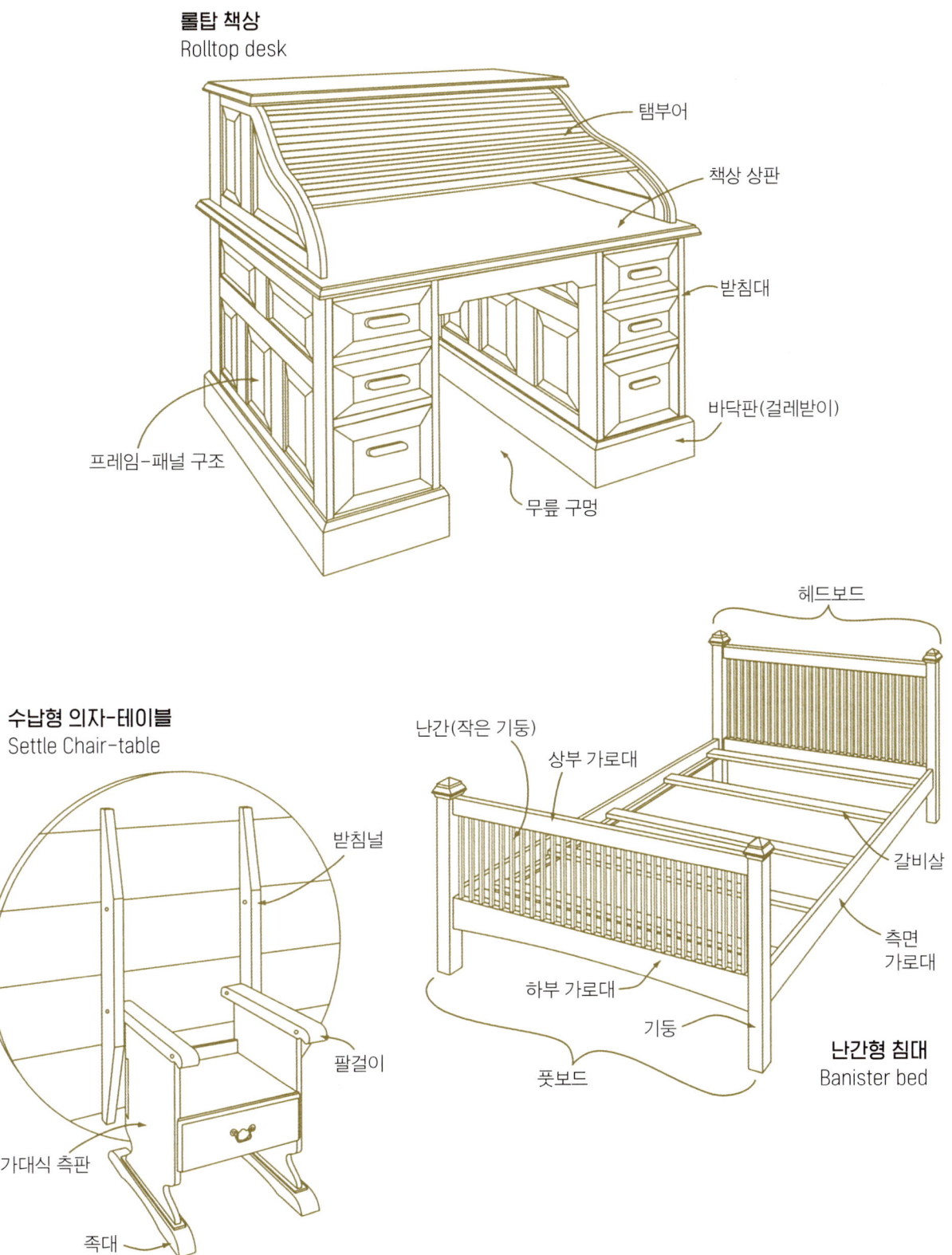

02 가구의 역사와 스타일
Furniture Styles

어떠한 이유로든 가구 트랜드는 인기에 따라 변화한다. 한 때 유행했던 가구도 시간이 흐르면서 촌스러워 보일 수 있다. 그러나 현재 버려진 것도 미래에는 보물이 되는 것처럼 트렌드 변화는 모든 가구 디자인의 숙명이기도 하다. 재활용품을 사용한 레트로 스타일은 더 이상 새로운 것이 아니다. 빅토리아 시대(1837~1901년)에는 고전적인 고딕, 르네상스 그리고 식민지 시대의 주제를 수십 년 만에 부활시켰다. 옛 스타일은 여전히 우리를 매료시킨다.

아마도 독자 여러분은 스타일에 대한 용어가 역사 그 자체보다 더 잘 정돈되어 있다는 것을 눈치챘을 것이다. 각 명칭들은 가구가 생산될 당시에는 거의 사용되지 않았지만 나중에 이름이 붙여졌다. 그래서 동일한 스타일에 대해 몇 가지 용어가 있을 수 있다. 바로크(Baroque)와 퀸 앤(Queen Anne) 스타일은 같은 의미로 사용되어 왔고, 로코코(Rococo)와 치펜데일(Chippendale)도 같은 스타일이다. 혼란을 가중시키는 것은 스타일의 시기가 서로 겹치기 때문이다. 실제로 가구의 한 부분이 두 개의 시기가 혼합된 경우도 있다. 결론적으로 어떠한 스타일에 대해 시작과 끝을 정하는 것은 불가능하다. 트렌드는 일반적으로 외국에서 발생하여 도시 지역으로 이동한 후에 전역으로 퍼져 나간다.

스타일 명칭이 혼란스러울지 모르지만, 우리가 설계하고 제작한 가구의 역사적인 계보를 알려주는 역할을 한다. 그리고 각 스타일 안에서 오래 전에 떠난 목공예가들의 숨결을 지역적인 변화에서 찾는 법을 배울 수 있다.

미국 이주 시대, 필그림 Pilgrim 1640~1700년

중세와 르네상스 시대 그리고 영국 디자인에 기반을 둔 식민지 시대의 가구로, 영국의 제임스 1세의 라틴어 이름을 따라 자코비안(Jacobean) 스타일이라고 부른다. 튼튼하지만 무겁고, 장부맞춤으로 만든 원목가구이다.

- 굵고 장식 없는 목선반 작업
- 목선반 작업된 기둥을 둘로 쪼개 붙인 스플릿스핀들(Split-spindle) 장식
- 대규모 조각 작업
- 폭이 넓고 사방으로 둘러진 다리버팀대(Stretcher)

필그림 다리버팀대 테이블

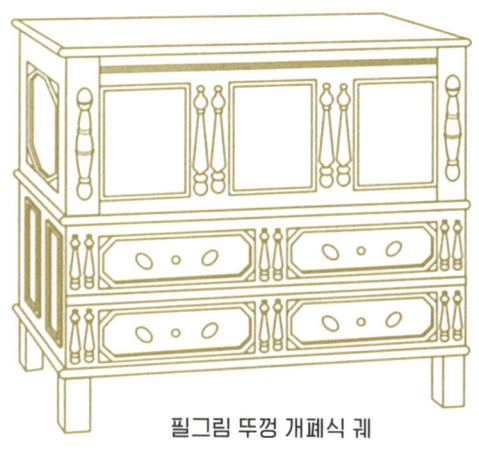

필그림 뚜껑 개폐식 궤

윌리엄 앤 메리 William and Mary　　　　　　　　　　　　　　1700~1730년

영국의 왕위를 계승하고 네덜란드와 프랑스의 위그노 신교도의 영향을 받은 네덜란드인 통치자의 이름을 딴 스타일로 바로크 양식이라고 부른다. 주로 검은색이 많은데 호두나무(월넛, Walnut)를 사용하거나 검은색을 칠한 가벼운 나무를 사용하고 있다. 직선과 사선 그리고 여러 개의 목선반 작업이 포함된다. 특징은 다음과 같다.

- 조형적 조각
- 화병, 나팔, 구형 목선반 작업
- 붓모양의 스페니시 가구발
- 눈물방울형 손잡이
- 장식적 무늬목 작업

윌리엄 앤 메리
게이트레그 테이블

윌리엄 앤 메리
경사 뚜껑 책상

윌리엄 앤 메리
체스트-온-프레임

퀸 앤 Queen Anne　　　　　　　　　　　　　　　　　　　　1725~1755년

우아한 곡선을 가진 퀸 앤 스타일 가구는 각진 윌리엄 앤 메리 스타일 디자인과 대비된다. 이 스타일은 우아한 S형의 캐브리올 다리로 미국에 소개되었으며, 이 캐브리올 다리가 주된 디자인 포인트다. 퀸 앤 스타일 가구 제작자들은 벚나무와 단풍나무뿐만 아니라 호두나무를 주로 사용했으며, 후기에는 마호가니(Mahogany)도 사용했다.
혼동되는 점은 이 시기보다 먼저 죽은 영국의 앤 여왕과는 전혀 상관없다는 점이다. 이 스타일은 초기 윌리엄 앤 메리와 후기 치팬데일과 겹친다.

- 유동적인 곡선
- 캐브리올(Cabriole) 다리와 패드발
- 중국풍 장식
- 공들여 조각한 조개, 장미, 나뭇잎 모티브
- 지붕 위에 피니얼 장식
- 무늬목을 붙인 서랍판과
  의자 등판무늬
- 나비모양 서랍손잡이

퀸 앤 손수건형 테이블

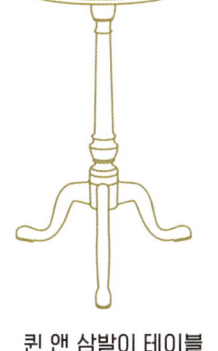
퀸 앤 삼발이 테이블

퀸 앤 티테이블

퀸 앤 하이보이

퀸 앤 탁자형 책상함

퀸 앤 서랍장

치펜데일 Chippendale 1750~1780년

영국 런던의 유명한 가구 제작자인 토마스 치펜데일(Thomas chippendale)의 이름을 딴 스타일로 중국풍과 고딕 스타일 그리고 로코코 스타일의 영향을 받았다. 치펜데일 가구는 형태보다는 장식적 변화를 대표한다. 디자인 요소로 직선이 다시 나타나는데 탁자가 종종 직선적이며 사선 처리되지 않은 곧은 다리를 가진다. 이 시기에는 지역의 목재인 호두나무, 단풍나무, 벚나무와 함께 마호가니가 주로 사용되었다. 치펜데일 스타일의 특징은 다음과 같다.

- 서펜타인 곡선의 봄베 형태의 몸통
- 파이 껍질 모양의 탁자 상판
- 장식적인 다리버팀대
- 공을 움켜쥔 갈고리 발톱모양의 가구 발(Ball-and-claw feet)
- 중국풍 또는 고딕 스타일의 투각 장식
- 로코코 스타일의 조개 장식
- 몸체 기둥에 4등분의 원기둥 장식

치펜데일 펨브록 테이블

치펜데일 봄베 체스트

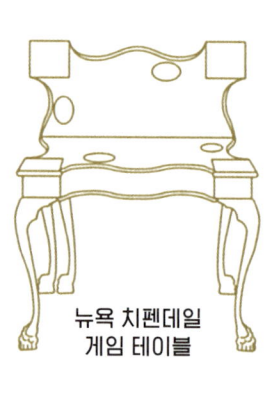
뉴욕 치펜데일 게임 테이블

필라델피아 치펜데일 하이보이

페더럴 Federal　　1780~1820년

페더럴 스타일은 신고전주의 양식인 미국 초기 단계의 스타일을 설명할 때 등장하는 이름으로, 고대 로마와 그리스의 영향을 받은 스타일(엠파이어 양식은 페더럴의 후기 스타일)이다. 페더럴은 앞선 로코코 양식에 대한 반응으로 등장했다.

흥미롭게도 두 명의 영국 디자이너인 쉐라톤(Sheraton)과 헤플화이트(Hepplewhite)의 이름이 페더럴 양식의 가구와 연결되어 있다. 두 사람은 미국에서 인기 있었던 신고전주의(Neoclassic) 디자인 서적을 발간했다. 이 책들에서 보면 쉐라톤과 헤플화이트 디자인을 구분하기 어렵다.

유럽과 영국에서도 미국처럼 신고전주의가 크게 인기 있었지만, 페더럴 스타일은 순수하게 미국인에 의해 재해석되어 미국에서 자생한 첫 번째 스타일로 알려져 있다. 특징은 다음과 같다.

- 가늘고 뾰족한 다리
- 삽, 화살 모양의 발
- 탬부어 문판
- 낮은 부조 조각
- 무늬목의 사용
- 공들인 상감 무늬

페더럴 서펜타인 프론트 서랍장

페더럴 삼발이 테이블

페더럴 다리 회전식 카드 테이블

페더럴 사이드보드

페더럴 세크리터리

엠파이어 Empire　　1815~1840년

신고전주의 두 번째 단계인 엠파이어 스타일은 나폴레옹 시대의 프랑스에서 미국으로 건너왔다. 그리스, 로마의 클래식한 모티프에서 영감을 얻은 엠파이어 스타일의 가구는 더욱 화려한 장식으로 만들어졌다. 대체로 마호가니, 장미목 등의 이국적인 무늬목이 사용되었다. 아래와 같은 특징이 있다.

- 반원 기둥
- 사브르형(기병도) 다리
- 중앙 기둥
- 동물의 발과 C자형 발
- 굵은 조각
- 둥근 세로 홈
- 스텐실, 채색, 금박

엠파이어 피어 테이블

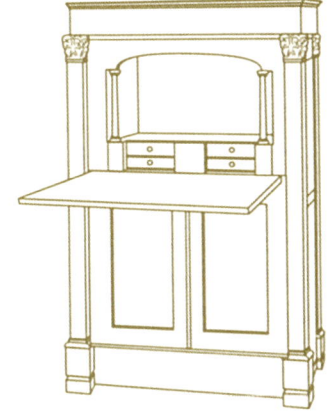
엠파이어 앞판 개폐식 책상

컨트리 Country

1690~1850년

이는 도심 밖에서 생산되었던 가구에 대한 포괄적인 용어이다. 이 가구의 특징은 종종 도시에서 생산되는 전형적인 스타일의 형태를 간략화(어떤 제약도 받지 않고)하여 만든 것으로 간주된다. 컨트리 스타일 가구는 장식보다는 기능적인 면을 강조하며, 결구방법도 실용적이며 복잡하지 않다. 가장 자주 사용되는 수종 중에 하나인 소나무, 포플러, 벚나무, 호두나무 등 주변에서 생산되는 나무들이 즐겨 사용되었다. 평범한 나뭇결을 보완하기 위해서 채색을 하곤 했다. 특징은 다음과 같다.

- 심플한 몰딩
- 심플한 곡선 절단
- 넓은 전면 프레임
- 나무로 만든 손잡이와 걸쇠
- 노출된 경첩

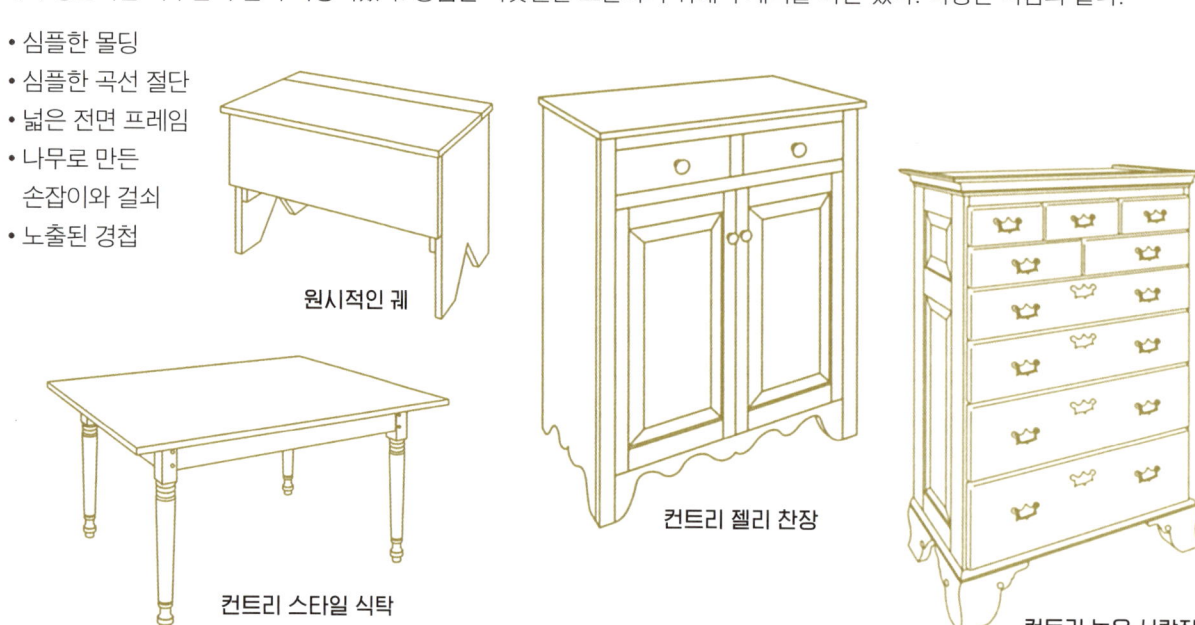

원시적인 궤

컨트리 젤리 찬장

컨트리 높은 서랍장

컨트리 스타일 식탁

펜실베이니아 더치 Pennsylvania dutch

1690~1850년

전통을 중시하는 펜실베이니아의 독일인들은 옛 가구의 특징을 계승해왔다.
단단한 구조와 화려한 민화는 중세시대로 거슬러 올라간다.

- 심플한 까치발식 다리(발만 따로 붙이는 것)
- 간단한 손잡이
- 하부 또는 궤에 서랍

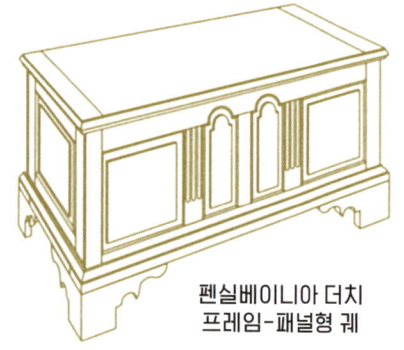

펜실베이니아 더치
프레임-패널형 궤

펜실베이니아 더치
벽걸이식 선반장

펜실베이니아 더치 허치

셰이커 Shaker

1820~1870년

이 스타일의 간결한 선들은 미국의 여러 주에서 독신주의 공동체인 셰이커 교도들의 가치를 표현했다. 가장 일반적으로 사용하는 나무는 소나무와 단풍나무이며 종종 채색되기도 한다. 특징은 다음과 같다.

- 장식 몰딩이 없음
- 날씬한 목선반 작업
- 목선반 작업된 원형의 나무 손잡이
- 단순한 발

셰이커 바느질 책상   셰이커 바느질 테이블

빅토리안 복고주의 Victorian design revivals

빅토리안 스타일은 고딕, 로코코, 르네상스의 복고 스타일로 각각 과거보다 장식이 많다.

고딕 복고주의(Gothic revival): 중세 물건들에 대한 열망이 어떻게 발생했는지는 알 수 없지만, 아마도 낭만적이었던 고딕 소설에 대한 관심이 영감을 불러 일으켰을 것이다(소설에서 탄생한 유일한 가구 스타일). 묵직하고 음울한 분위기의 형태는 장미목과 호두나무, 마호가니 등으로 제작되었다.

로코코 복고주의(Rococo revival): 프랑스의 영향을 받은 로코코 복고주의 스타일은 프렌치 앤틱(French Antique) 또는 루이 14세 양식으로도 알려져 있다. 장미목과 호두나무, 마호가니를 사용하여 디자인의 풍성함을 강조한다.

르네상스 복고주의(Renaissance revival): 르네상스와 신고전주의적 모티브에 사용하는 매우 장식적인 빅토리안 스타일이 르네상스 복고주의 양식이다. 호두나무가 주로 사용되었으며, 조각된 장식과 흥미로운 상감 장식이 특징이다. 하지만 밝은 나무들도 즐겨 사용했다.

디자인 리폼 Design reform

19세기 중반의 개혁가들은 특색 없는 디자인과 과도한 장식 그리고 기계의 지배를 강하게 비판했다. 그들은 장식적인 것을 없애고 손으로 만들어낸 가구로 돌아갈 것을 촉구했다.

이스트레이크(Eastlake): 영국의 개혁가 중 한 명인 찰스 로크 이스트레이크는 앞선 복고주의 스타일의 혼란을 없애고 단순한 조각 장식의 오크(참나무) 가구 디자인을 발표했다. 그리고 미국에서는 여러 형태로 파생됐다. 특징은 다음과 같다.

- 목선반 가공된 둥근 기둥과 살대
- 스크롤 커팅된 까치발
- 낮은 부조
- 매입형 장식 패널
- 밝은색 마감

이스트레이크 드레서

아트 앤 크래프트 Arts and crafts / 미션 Mission

아트 앤 크래프트는 단지 하나의 디자인 양식이 아닌 공예 운동이다. 영국 디자이너인 존 러스킨(John Ruskin)과 윌리엄 모리스(William Morris)은 산업혁명의 폐해를 극복하는 일환으로 가구 제작에서 수작업의 가치를 복원해야 한다고 주장했다. 이 운동이 미국에서는 캘리포니아의 프란체스코 수도회의 가구에서 그 이름을 따서 미션 스타일을 촉발시켰다. 정목제재(Quarter-sawn)와 암모니아 훈증(Ammonia fuming)을 통해 나뭇결을 강조했다. 특징은 다음과 같다.

- 사각의 디자인 요소
- 노출된 결구
- 간결한 경사판
- 가죽 커버

아트 앤 크래프트 드레서   아트 앤 크래프트 옷장

03 나무의 수축과 팽창
Wood Movement

나무는 벌채한 후 시간이 지나면 치수가 계속 변한다. 이것은 튼튼하고 하중을 잘 견디는 가구를 만드는 목가구 제작자들에게 큰 도전 과제가 된다. 그래서 목공예는 나무가 움직일 공간을 만들어주면서 나무를 고정하는 다양한 기술이 필요하다.

목재의 삶은 젖은 채로 시작한다. 그루터기는 습기로 가득 차 있다. 수액을 뿜어내며 잘라진 생나무가 가구 제작에 적합한 목재가 되려면 이 수분의 대부분이 빠져나가야 한다. 오래 전부터 사용해온 방법은 자연건조법으로 수분을 천천히 대기 중으로 방출시키는 것이다. 그러나 오늘날의 표준 건조방법은 특별한 건조로(Kiln)에서 열을 이용해 나무의 수분을 낮추는 것이다. 건축용 목재는 10~20%의 함수율로만 낮추어도 사용 가능하지만 실내 가구용 목재는 그보다 절반 이하의 함수율로 건조해야 한다.

물론 판재의 함수율(MC, Moisture Content)은 그대로 가만히 있지 않는다. 나무는 주변 공기의 함수율에 따라 습기를 빨아들이거나 내뱉는다. 나무의 함수율이 공기 중의 함수율과 같아질 때의 상태가 평형함수율(EMC: Equilibrium Moisture Content)이다. 습도가 변하면 나무는 평형을 이루기 위해 새로운 EMC까지 움직인다.

게다가 판재는 초기 건조 상태의 모양을 유지하지 않고, 시간이 지남에 따라 팽창과 수축을 반복한다. 목수는 판재의 움직임이 주로 판재의 길이 방향(거의 변하지 않음)보다는 폭 방향으로 일어난다. 또한 판재들은 함수율의 변동에 따라 굽어지고, 휘어지며, 찌그러지고, 뒤틀어진다. 이러한 변화들은 나무의 어떤 부분을 제재했는지, 어떤 방식으로 켰는지에 따라 달라진다. 아래 그림으로 알기쉽게 정리해보았다.

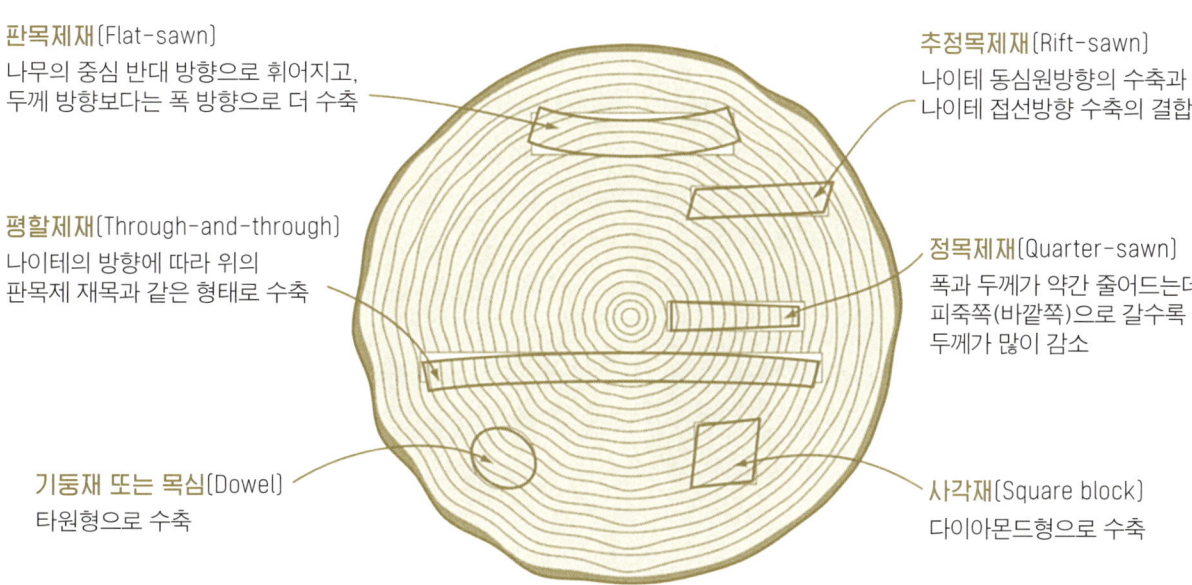

나무는 어떻게 움직이는가?

판목제재(Flat-sawn)
나무의 중심 반대 방향으로 휘어지고, 두께 방향보다는 폭 방향으로 더 수축

평할제재(Through-and-through)
나이테의 방향에 따라 위의 판목제 재목과 같은 형태로 수축

기둥재 또는 목심(Dowel)
타원형으로 수축

추정목제재(Rift-sawn)
나이테 동심원방향의 수축과 나이테 접선방향 수축의 결합

정목제재(Quarter-sawn)
폭과 두께가 약간 줄어드는데 피죽쪽(바깥쪽)으로 갈수록 두께가 많이 감소

사각재(Square block)
다이아몬드형으로 수축

여기가 끝이 아니다. 나무의 종류에 따라 변형량이 다르다. 수백 년 간 가구 제작자들이 가장 선호하는 마호가니(Mahogany), 티크(Teak), 레드우드(Redwood), 개오동나무(Catalpa), 서양측백나무(Northern white ceder) 등은 치수안정성이 좋기로 유명하다. 그리고 습도 변화에 따른 치수 변동이 매우 적다. 반면에 참나무(Oak) 같은 종류들은 상대적으로 변동량이 커서 문제를 많이 일으킨다. 적참나무(Red Oak)는 문제를 일으키는 유명한 나무 중에 하나다.

오른쪽 그림에서 254mm 판목제재한 적참나무판의 변형을 확인할 수 있다. 254mm의 판재는 자연건조 후에는 241mm로 줄어들고(약 14% 함수율), 인공건조(Kiln dry) 후에는 약 7% 함수율로 건조되며 폭은 238mm까지 줄어든다.

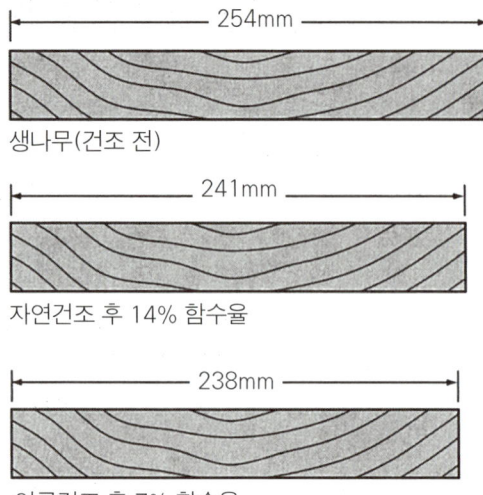

판목제재한 참나무 판재

수축·팽창 대응방법 Dealing with movement

한 가구 제작자가 탁자 상판을 위해 네 장의 적참나무 판을 집성한다. 어느 습한 여름의 상판 폭은 965mm였다. 그러나 겨울에 중앙난방기가 방 안을 건조하게 만들면 이때 상판의 폭은 953mm로 줄어든다. 이에 가구 제작자는 상판이 움직일 수 있는 공간을 제공하면서 다리-가로대 구조의 프레임에 상판을 붙여야 한다('책상 상판의 연결'편 88쪽 참조).

거의 모든 패널(뚜껑, 바닥, 문, 상자 측면 등)은 나무가 움직이는 문제를 가지고 있다. 나무가 움직이려고 하면 그 움직임을 받아주어야 한다. 일찍부터 제작자들은 그 문제를 잘 알고 있었다. 60cm 폭의 보관장의 측면은 수종에 따라 다르지만, 여름과 겨울 사이에 2~10mm 정도가 움직일 수 있다. 상자의 측판은 책상 상판처럼 고정할 수는 없다. 어떻게 해야 할까?

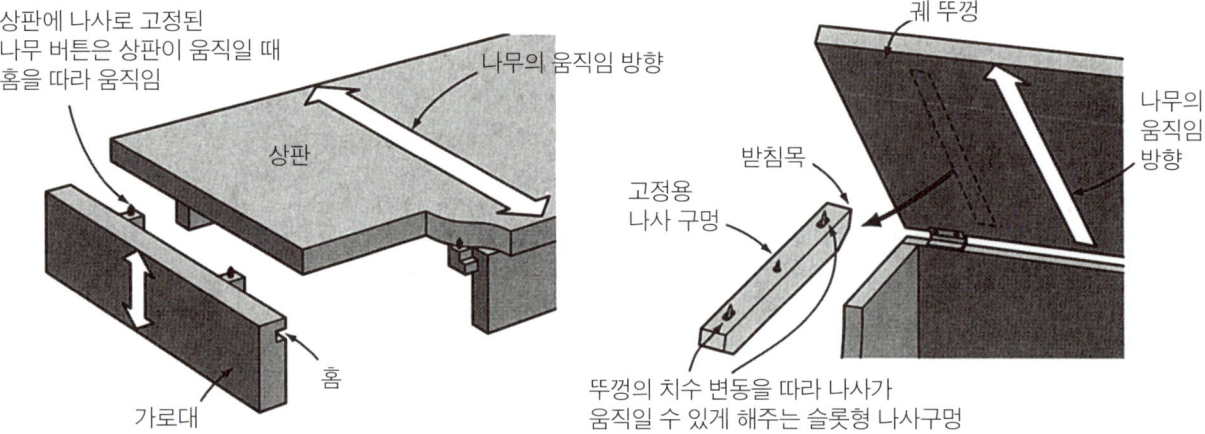

원목 패널 구조

프레임-패널 구조 Frame-and-panel construction

옛부터 전해지는 이 방법은 오늘날도 효과적인 방법으로 널리 사용되고 있다. 넓은 패널을 프레임 사이에 넣고, 패널이 수축과 팽창을 할 때 프레임이 파손되지 않도록 만드는 방법이다. 프레임은 폭이 좁은 부재로 만들어져 크기 변화가 거의 없다. 전형적인 프레임 형식은 두 개의 세로대 사이에 두 개의 가로대를 끼워 넣는 것이다. 프레임의 길이는 세로대의 길이가 결정한다. 보통의 목재는 길이 방향으로는 변동이 없으므로 프레임의 길이 또한 변하지 않는다. 크기의 변화가 일어나는 곳은 프레임의 횡 방향이다. 세로대 자체는 수축·팽창하는데 단지 50.8mm 폭의 적참나무의 경우라도 단면방향으로 단 0.8mm 정도만 움직인다. 폭은 610mm의 프레임-패널 구조의 경우 최대 1.6mm 늘어날 것이다. 9.5mm에 비하면 받아들일 수 있는 수치이다. 약 520mm 폭의 적참나무 판의 경우 약 8~10mm가 수축 또는 팽창하는데, 이를 감안하여 프레임에 홈의 깊이를 설정해야 프레임이 파손되지 않는다.

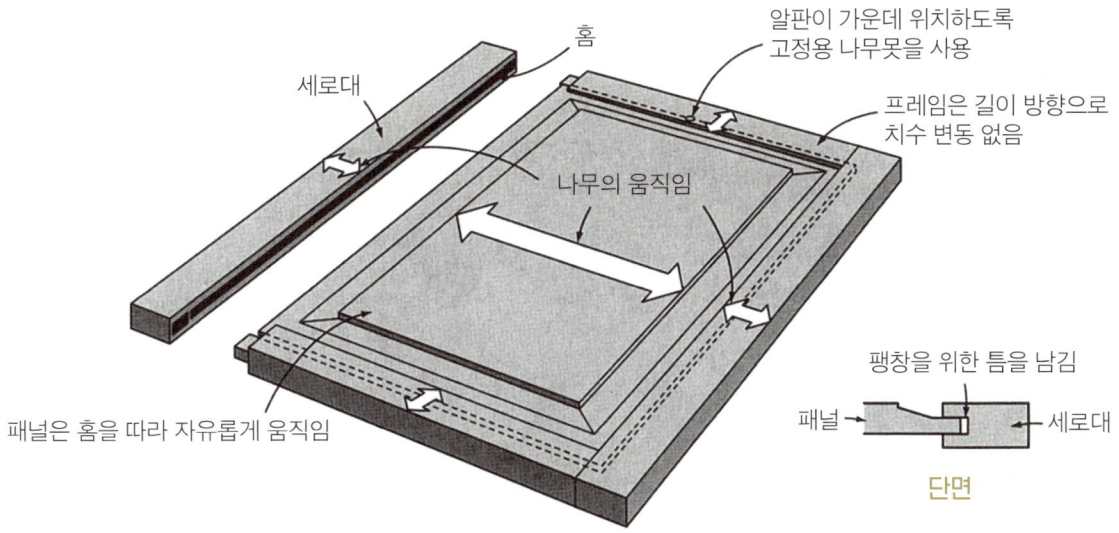

상자형 구조 Chest construction

나무의 수축과 팽창에 대한 다른 접근 방법 중 하나는 결방향을 일정하게 맞추는 것이다. 육면체 함의 경우 앞면, 양 측면, 뒷면이 같은 가로결을 가지고 있다. 이 부분들은 횡단면 결합으로 연결된다. 나무가 팽창하면 함의 높이가 조금 높아지겠지만, 결합 구조에는 영향을 주지 않는다. 여기에 바닥판이 붙으면 가구 제작자는 바닥의 수축·팽창에 대해서만 생각하면 된다.

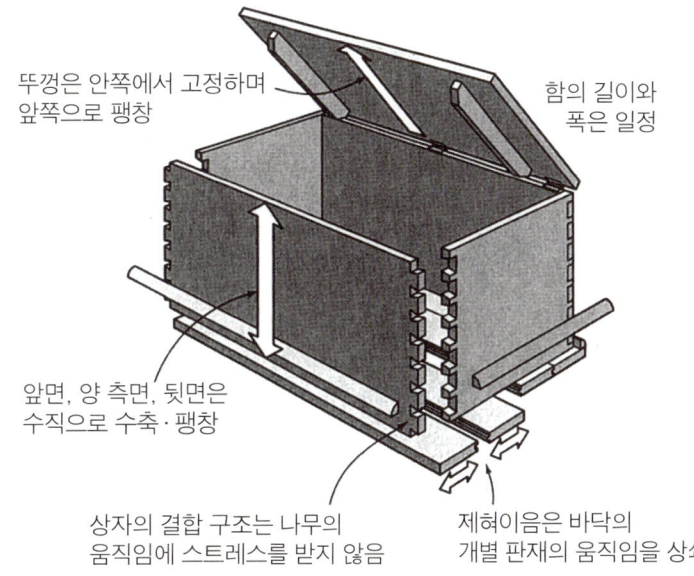

책장형 구조 Case construction

상자를 세워 놓으면 책장이 된다. 판재의 결방향을 맞췄기 때문에 모든 부재가 동시에 움직인다. 그런데 서랍 러너와 몰딩 같이 몸체의 결과 직교하는 결을 가진 부분이 붙으면 문제가 발생한다. 이제 부재들은 서로 충돌하는 두 방향으로 움직이게 된다. 여기 발생하는 장력은 결국 책장 측판에 균열을 만들거나 몰딩을 떨어지게 만든다.

그래서 이러한 결의 교차에서 오는 문제를 해결하는 방법들이 많이 개발되어 왔다. 그중 하나가 아래 그림 '책상형 구조'에서 볼 수 있으며, 다른 방법은 '책장 만들기'(94쪽 그림)와 '몰딩'(129쪽 그림)에서 확인할 수 있다.

서랍장의 경우 가구 제작자들은 새로운 도전에 직면하게 된다. 함과 같은 구조의 서랍은 습도가 올라가면 크기가 높아진다. 그러나 장의 설계 구조로 인해서 서랍의 열려 있는 크기는 고정된다. 서랍 크기는 목재의 팽창을 고려하여 설계해야 서랍이 끼지 않는다.

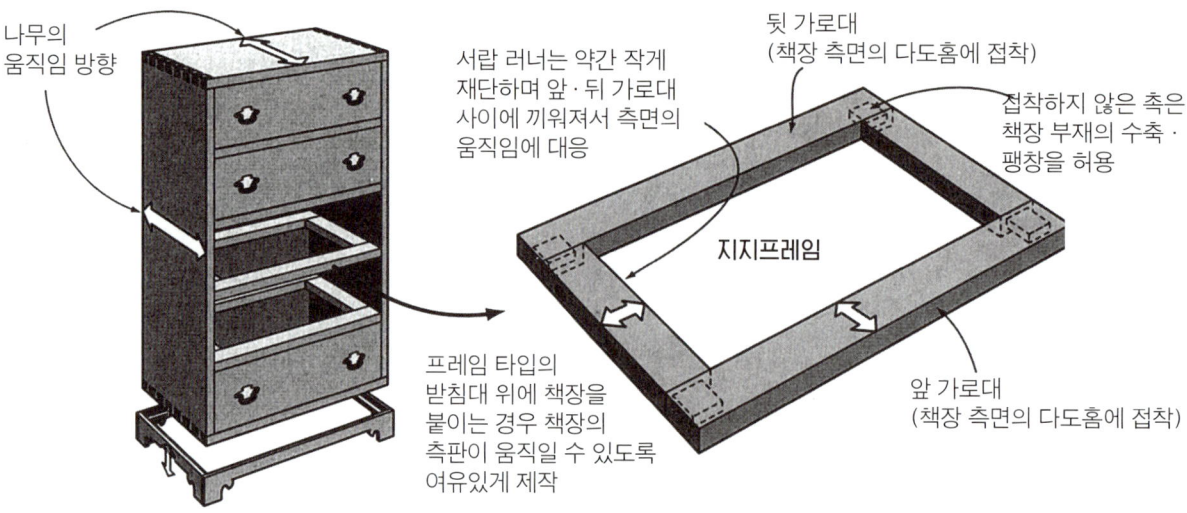

인공목재 Not quite wood

나무를 합판이나 중밀도 섬유판으로 바꾸면 원목의 변덕스러운 성격은 해결된다. 합판은 실제 원목의 얇은 판을 붙인 것으로 각각의 이웃한 층은 결이 교차되어 있어 그 움직임이 서로 중첩되어 상쇄된다. MDF는 나무가루로 만들어지는데, 이 입자가 너무 작아서 움직임의 영향력이 흩어지게 된다. 물론 전통적인 가구의 전면에 이러한 소재의 판을 쓰고 싶지 않을 것이다. 그러나 가구의 뒤판이나 잘 보이지 않는 구성요소로 사용하는 건 신뢰할 만한 선택이다.

마감 Finishing

마감 칠로 습기에 의해 변화하는 나무의 본성을 완전히 막을 수는 없다. 하지만 현대적인 가구 마감재들은 변화를 늦출 수는 있다. 이런 면에서 오일 마감재들은 덜 효과적이다. 마감재는 보이는 곳만 칠하는 것이 아니고, 가구의 전체 면에 칠해야 한다. 균일하지 못한 습기의 변화는 나무를 휘어지게 만든다. 인공 건조된 나무를 사용하고 전체가 칠해진 가구들은 나무의 변형이 과하게 일어나지 않는다. 마감재가 적은 양의 수분만 흡수하도록 하여 나중에 습기를 잃어버릴 때 생기는 계절적인 변형을 최소화해준다.

2장
이음과 짜임

01. 측면 이음
02. 상자형 짜임
03. 프레임 짜임
04. 가로대 짜임

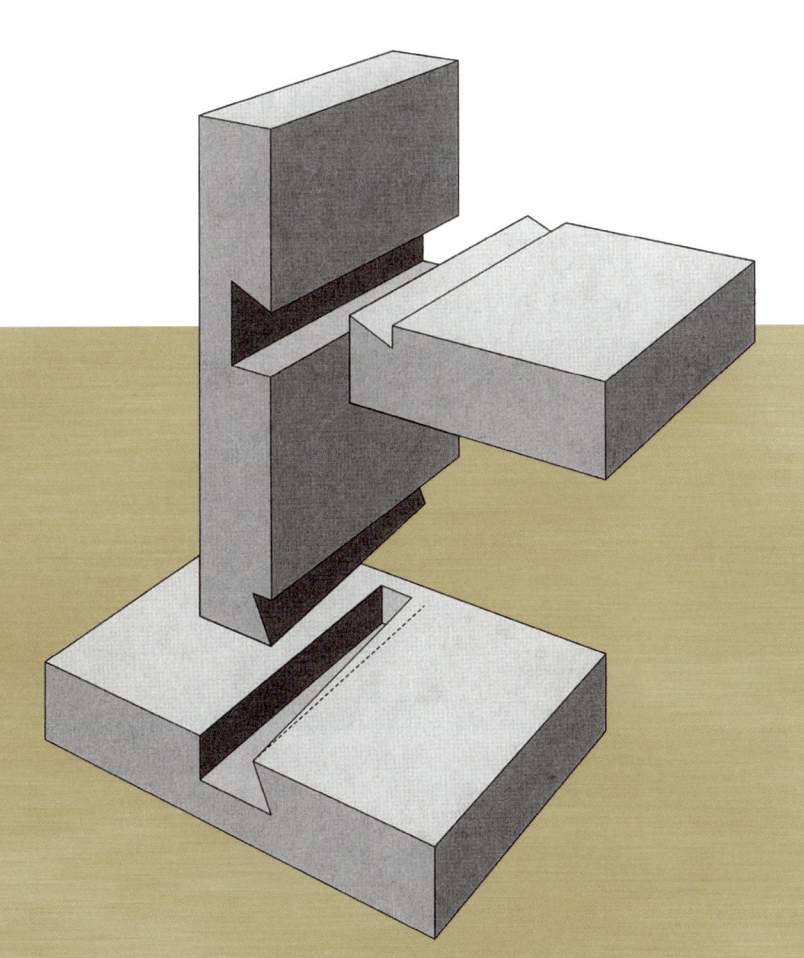

Illustrated Cabinetmaking

01 측면이음
Edge Joints

200여 년 전만 해도 여섯-판재궤(Six-board chest)는 글자 그대로 여섯 장의 판재로만 만들어졌다. 각각의 판재는 최소 60cm의 폭을 가지고 있었다. 그런데 이제는 거대한 나무들이 사라져 더 이상 넓은 판재를 얻을 수 없다. 요즘의 나무들로는 폭이 좁은 판재밖에는 얻을 수 없다. 60cm 폭의 판재를 얻으려면 여러 장의 좁은 나무판들을 측면으로 집성해야 한다. 오늘날 여섯-판재궤를 만들려면 24장 이상의 판재가 필요할 수도 있다.

합리적인 질문을 해보자. 한 장의 판재보다 여러 장을 붙인 판재가 더 튼튼한가? 답은 예이다. 본드로 집성된 결합은 매우 강하다. 나무결 방향의 면과 면은 본드로 잘 결합된다. 결방향을 맞춘 면결합은 나무의 수축·팽창으로 인한 충돌이 일어나지 않기 때문이다.

측대측 이음(Edge-to-edge joint)은 측면이음의 세 가지 형태 중에 하나다. 다른 하나는 측대면 이음(Edge-to-face joint)이고, 또 다른 하나는 면대면 이음(Face-to-face joint)이다. 측대측 이음은 평면의 좁은 판재를 측면으로 나란히 놓고 서로 맞물리거나 접착제로 결합하여 넓은 판재를 만드는 것이다.

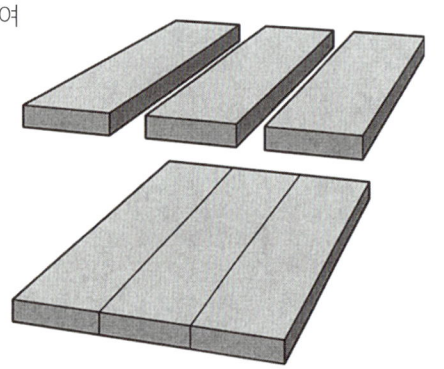

측대면 이음(Edge-to-face joint)은 판재의 측면 또는 좁은 면을 또 다른 판재의 면 또는 넓은 면에 결합하는 것이다. 때로는 모서리 이음(Corner edge joint)이라고 부르는데 장이나 기둥의 수식의 모서리를 만들어준다.

면대면 이음(Face-to-face joint)은 하나의 판재 면에 다른 판재의 면을 결합하는 것이다. 76mm 정도의 다리용 나무가 필요하다면 얇은 판재를 접착해 만든다. 똑같은 방법으로 넓고 두꺼운 거대한 단면을 가진 물건을 만들 때 사용하는데, 견고한 벤치 상판이나 작업대의 상판에도 이 결합이 사용된다.

다리를 만들기 위한 집성

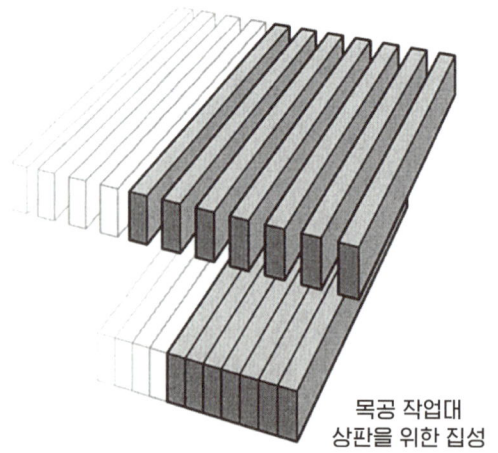

목공 작업대 상판을 위한 집성

맞댐이음 Butt joints

결방향 부재들끼리 측면이음할 때는 맞댐이음이 가장 효과적이다. 재료가 잘 가공되어 있고 현대적인 접착제를 사용한다면, 꽂임촉(Spline)이나 비스킷(Biscuit), 도미노(Domino), 목심(Dowel) 등을 사용해도 결합력이 더 커지지 않는다.

측대측 이음 Edge-to-edge joint

접착제를 사용한 측대측 결합이 충분히 강하지만, 많은 목수들은 비스킷이나, 꽂임촉, 목심 등을 함께 사용한다. 굳이 필요 없는 추가적인 작업이지만 복잡한 결합이거나 판재가 살짝 휘어 있는 경우 판재를 평평하게 맞춰주는 데 큰 도움을 준다.

비스킷을 이용한 측대측 이음 Biscuited edge-to-edge joint

비스킷은 접합면을 잘 정렬시켜준다. 그리고 끝을 기준으로 6mm 정도 움직일 수 있는 유격을 제공한다. 비스킷은 세 가지 기본 규격이 있는데 가장 큰 것을 사용하는 것이 좋다.

*추후 재단과정에서 비스킷이 들어나지 않도록 위치선정에 주의한다. _옮긴이

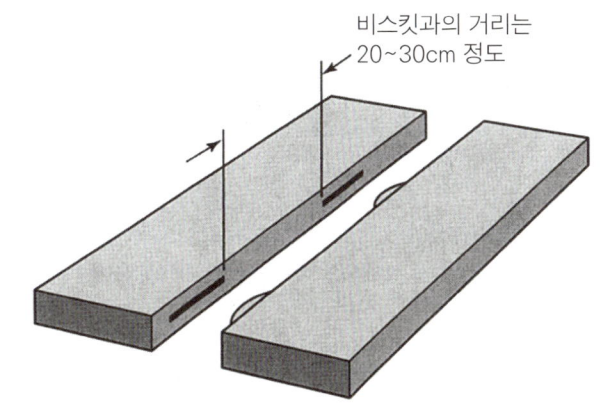

꽂임촉을 이용한 측대측 이음 Splined edge-to-edge joint

꽂임촉으로 판재를 정렬하는 것은 여러 최선의 방법중 하나이다. 인접하는 두 측면에 홈(관통 또는 멈춤)을 파내고, 홈에 맞는 합판이나 합성보드를 띠로 잘라서 접착제와 함께 결합하면 단차 없이 쉽게 정렬된다. 나무가 줄어들어서 꽂임촉이 판재들을 밀어내지 않도록 크기를 잘 맞춰야 한다.

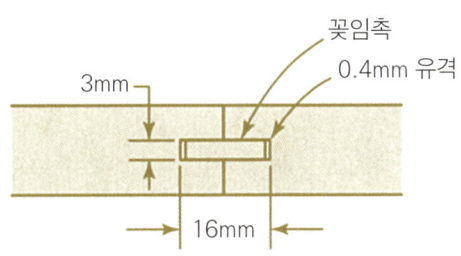

목심을 이용한 측대측 이음 Doweled edge-to-edge joint

목심을 사용하는 것은 판재를 정렬하는 좋은 방법은 아니다. 우선 맞닿은 두 판재에 정확히 구멍을 뚫어주는 것이 어렵다. 또 모든 구멍을 판재의 면과 평행하게 뚫는 것도 어렵다. 위의 두 가지는 성공하더라도 목심 자체가 나무의 결과 직교하기 때문에 좋은 면결합에 나쁜 영향을 줄 수 있다. 만일 나무가 줄어들면 목심들이 결합부를 밀어낼 수도 있다.

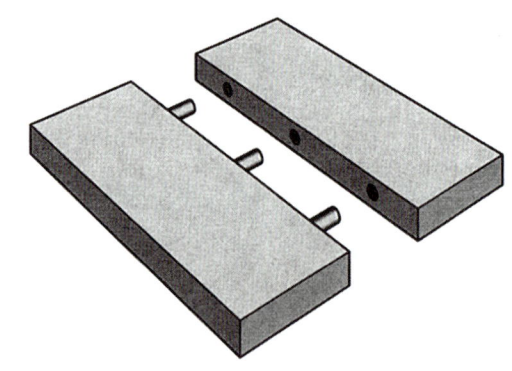

나비장 Butterfly key

우리나라를 비롯한 일본 등지에서 판재 집성시 전통적으로 사용하는 고정 방법이다. 현대 가구에서 종종 기능적인 효과 외에도 장식적인 효과를 위해 사용하기도 한다. 추후 분해 가능하도록 접착제 없이 판재를 결합하는 데 사용할 수 있다.

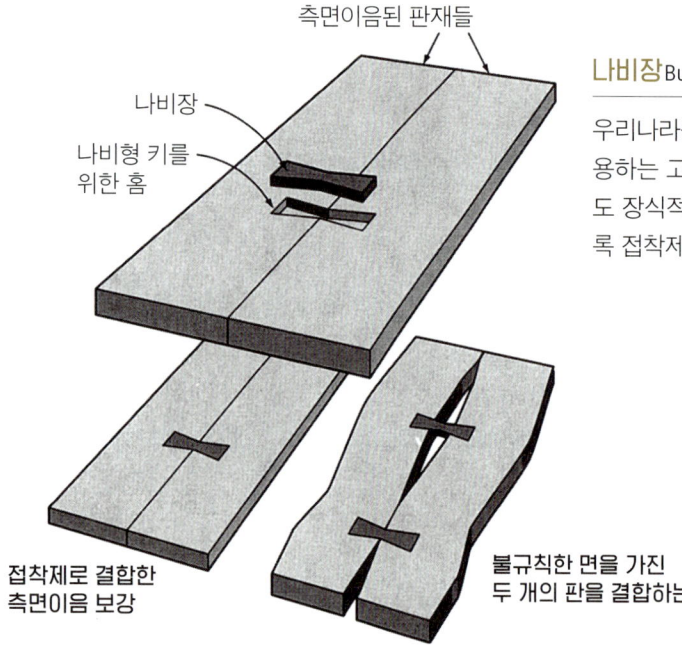

측대면 이음 Edge-to-face joint

서랍장이나 가구의 수직 모서리는 강도가 필요하면서도 조립이 쉬워야 한다. 두 개의 판재가 같은 결방향으로 만나는 경우, 단순한 맞댐이음만으로도 충분한 강도를 얻을 수 있다. 추가적인 보강도 필요 없다. 두 개의 나무결이 평행하기 때문에 결이 교차되면서 발생할 수 있는 위험 요소도 걱정할 필요가 없다.

접착제만 사용한 측대면 이음 Glued edge-to-face joint

가장 손쉬운 모서리 결합은 간단한 맞댐이음이다. 접착제 만으로도 강한 결합력을 얻을 수 있다. 두 부재의 나무결의 차이가 크다면 외관이 좋지 않을 수 있다. 두 부재의 경계선은 V-홈을 파서 가릴 수도 있다.

결합용 철물을 사용한 측대면 이음 Fastened edge-to-face joint

결합용 철물은 접착제와 함께 또는 접착제 대신에 사용한다. 결합용 철물은 접착제 결합을 더 강화시키지는 않지만 접착제가 마를 때까지 접합부를 조여주는 역할을 한다.

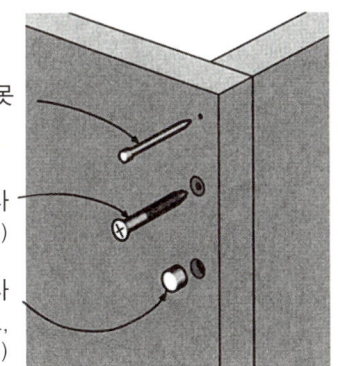

무두못

나사
(나사머리 부분이 표면과 같도록 함)

나사
(접시형 구멍내기 드릴로 파고,
나사결합후 구멍을 나무플러그로 막음)

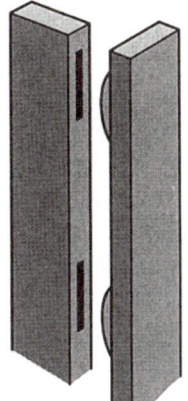

비스킷을 사용한 측대면 이음 Biscuited edge-to-face joint

조립 할 때에 맞댐이음된 모서리 결합을 정렬시키는 것이 비스킷의 역할이다. 정렬을 위해서 8인치(약200mm)마다 사용한다. 비스킷이 결합부를 더 튼튼하게 만들어 주는 것은 아니다.

꽂임촉 측대면 이음 Splined edge-to-face joint

또 다른 정렬방법은 전체 길이 꽂임촉이다. 서로 만나는 부분에 홈(관통 또는 숨은)을 파고, 합판이나 합성보드 꽂임촉을 사용한다.

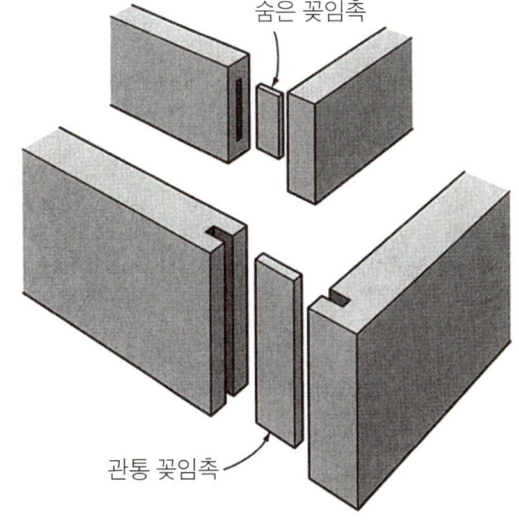

숨은 꽂임촉

관통 꽂임촉

제혀이음 Tongue-and-groove joints

제혀이음은 꽂임촉 결합의 큰형 격이다. 따로 분리된 꽂임촉 대신 판재의 일부를 촉 형태로 만들어주는 것이다. 가구에서는 뒤판, 상판 그리고 다른 패널에서 찾아볼 수 있다. 전통적으로 빵도마의 변죽 구조에서 사용되어 왔다.
이것은 아마도 접착제 없이 만드는 방식으로 대부분 사용한다. 다른 판이나 프레임에 고정된 판재들 사이에 기계적인 물림을 제공한다. 판재가 서로 밀어내지 않고 수축·팽창할 수 있게 해준다. 또한 심미적인 기능도 있는데, 나무가 줄어들었을 때 결합부가 열려서 뒤가 보이지 않게 해주는 역할도 한다.
제혀이음에서 혀의 크기는 부재 두께의 1/3이다. 그래서 혀와 홈의 두 벽이 거의 같은 강도를 가지게 된다.

혀의 두께보다는 혀의 길이(또는 홈의 깊이)가 중요하다. 만일 판재의 폭이 3인치(76mm)보다 작다면 수축·팽창이 그렇게 크지 않음으로 혀의 길이는 혀의 두께 정도면 되며, 홈의 깊이 또한 그에 맞추면 된다. 만일 판재의 폭이 더 커진다면 혀의 길이는 판재 두께의 절반 정도, 홈의 깊이는 1.5mm 정도 더 깊이 판다.

제혀이음부를 감추기 위해서 구슬형인 비드홈과 V자 홈이 사용된다. 이는 계절변화에 따른 판재의 수축·팽창 때문에 발생하는 홈 크기의 변화를 어느 정도 가려준다.

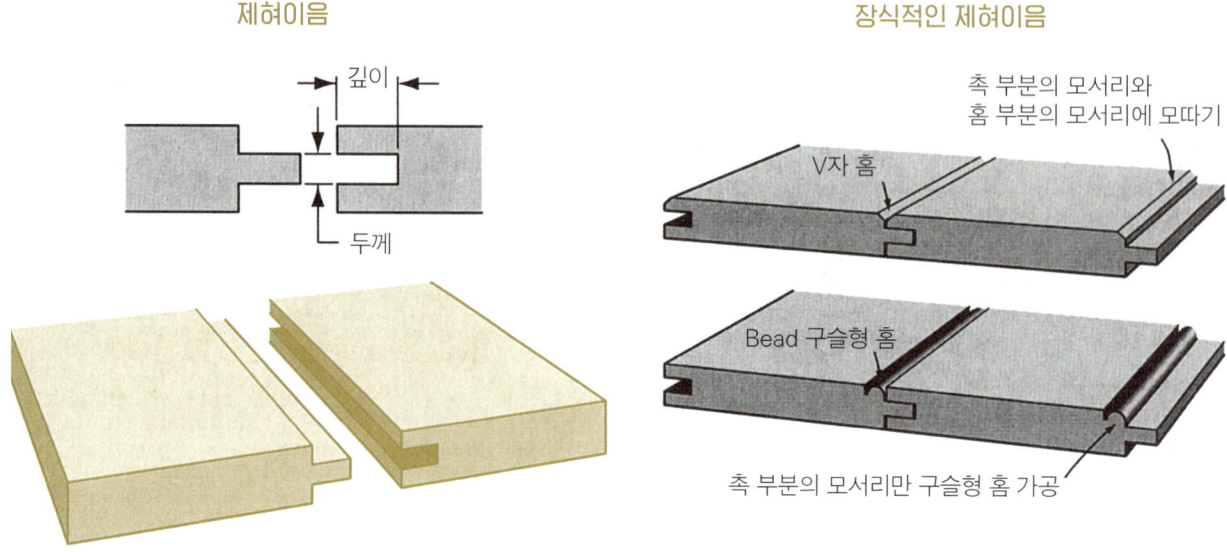

턱이음 Rabbet joints

턱은 판재의 끝부분을 L자형으로 잘라낸 것이다. 다른 판재를 자른 부분에 넣어주기만 하면 턱이음이 완성된다. 이것은 직각 이음 방법으로 측면을 정면에 연결하는 데 사용한다. 몇 가지 변형 방법이 있다.

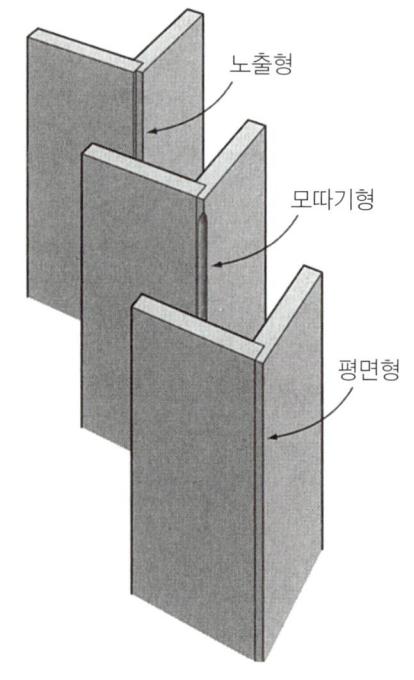

단턱이음 Single-rabbet joint

연결되는 두 판재 중에 한쪽만 턱을 만들어주는 경우이다. 전형적으로 턱의 크기는 만나는 판재의 두께에 맞춘다. 이런 비율로 맞추면 평면 결합이 된다. 유용한 변형 중 하나는 턱의 끝에 모따기를 하는 것이다. 모따기를 하면 서로 붙은 정면과 측면 부재가 서로 분리된다. 모따기된 경사면은 두 면에 대해 각도를 가지게 되기 때문에 서로 다른 무늬결에 상관없이 보기 좋다.

두 번째 변형은 노출형으로 턱의 폭을 만나는 부재의 두께보다 약간 작게 잘라낸다. 페인트를 칠해서 강조하거나 장식 몰딩을 조립 후에 부착함으로써 매력적이면서도 반대되는 모서리 디테일을 만들어 낼 수 있다.

이중턱이음 Double-rabbet joint

만나는 두 개의 판재 모두에 턱을 만들어 서로 맞물린다.

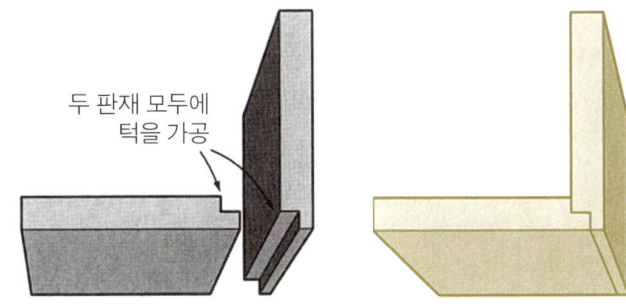

두 판재 모두에 턱을 가공

턱홈이음 Rabbet-and-groove joint

꺾어짐을 방지해주는 결합으로 두 판재가 확실하게 위치하기 때문에 조립이 쉽다. 홈은 크지 않아야 하는데, 종종 일반 테이블쏘의 톱날이 한 번 지나가는 정도면 충분하고 판재 두께의 1/3 이상은 깊지 않아야 한다. 이 홈에 턱가공으로 만든 제혀촉이 끼워지게 된다.

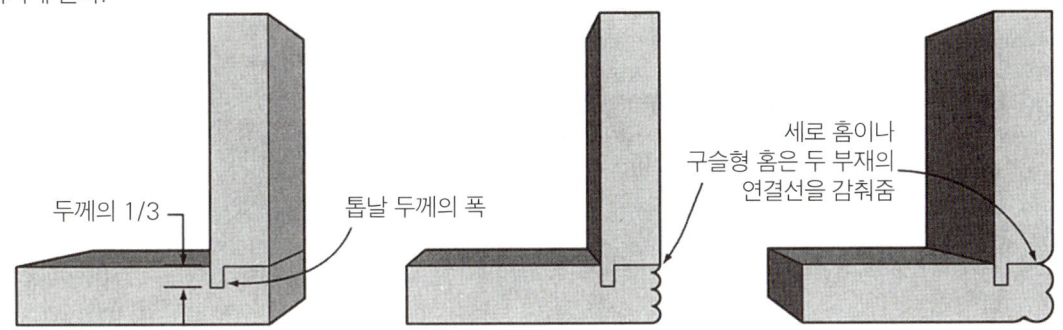

두께의 1/3
톱날 두께의 폭
세로 홈이나 구슬형 홈은 두 부재의 연결선을 감춰줌

겹침이음 Shiplap joint

제혀이음의 대체 방법이다. 이는 인접한 판재의 반대면을 동일한 턱으로 가공하여 만든다. 그 다음에 턱 가공된 모서리를 서로 겹쳐서 판재 사이에 틈이 벌어지지 않도록 한다. 그러나 이 결합은 판재들의 표면을 평면으로 유지할 수는 없다. 이런 점에서는 제혀이음이 분명히 우월하다.

그럼에도 나무가 안정적이고 책장이나 장식장의 뒤판을 붙일 때처럼 일정한 간격을 두고 판재를 고정해야 하는 경우 겹침이음이 적합하다. 이 짜임의 장점은 제혀이음보다 훨씬 간단한 도구를 사용하여 빠르게 만들 수 있다.

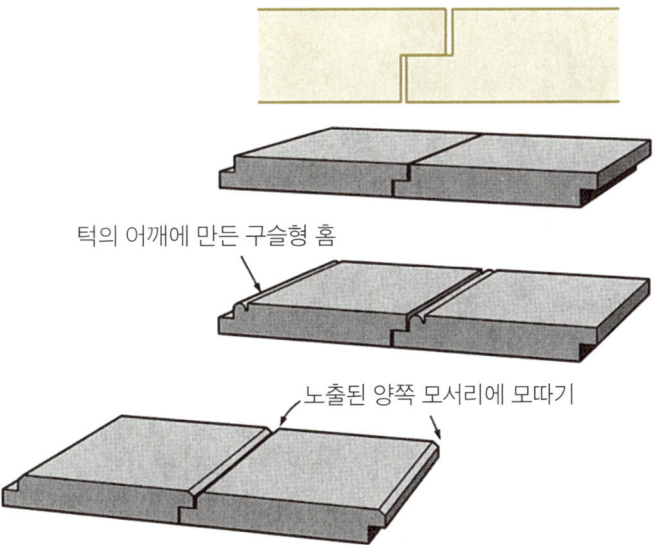

턱의 어깨에 만든 구슬형 홈

노출된 양쪽 모서리에 모따기

측면 연귀이음 Edge miter joints

정확하게 만들어진 연귀이음은 그 이음새를 거의 알아볼 수 없다. 눈에 잘 띄지 않는 연결선이 있으며, 나무결은 급하게 바뀐다. 어떠한 횡절단면도 볼 수가 없다. 이 짜임의 최대 단점은 조립이 어렵다는 점이다.
각이 포함되어 있기 때문에 연귀 처리된 모서리는 조임쇠의 압력이 가해질 때 항상 선 밖으로 밀려나가려고 한다.

접착제를 사용한 측면 연귀이음 Glued edge miter

다른 측면 결합처럼 측면 연귀이음은 접착제만으로도 충분히 강한 결합력을 보여준다. 연귀이음의 장점은 맞이음에 비해 접착면적이 넓다는 것이다. 그럼에도 접합면을 따라 긴 막대나 짧은 토막을 이용한 접착 블록으로 보강할 수 있다. 여기에 더해서 접착 블록의 나무결은 연결할 판재의 나무결과 평행하도록 만들어서 나무의 움직임에 문제가 없도록 한다.

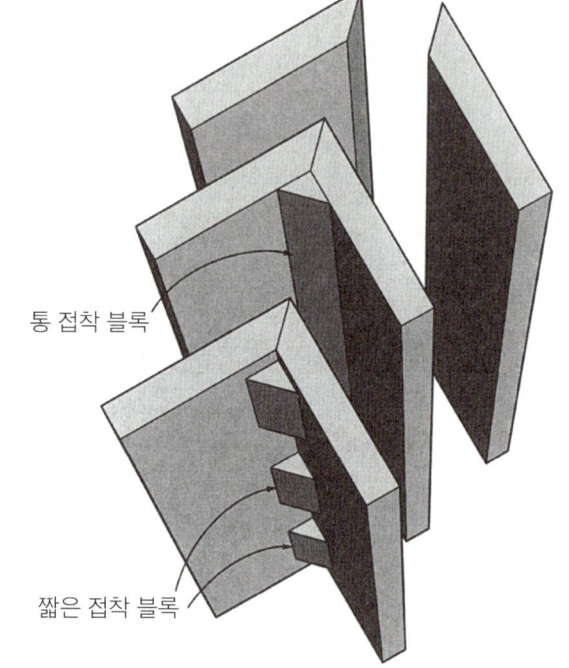

통 접착 블록

짧은 접착 블록

결합용 철물로 보강한 측면 연귀이음 Fastened edge miter

결합용 철물이 사용되면 접착제를 칠한 연결부를 클램핑할 필요가 없다. 무두못이나 나사가 사용된다.

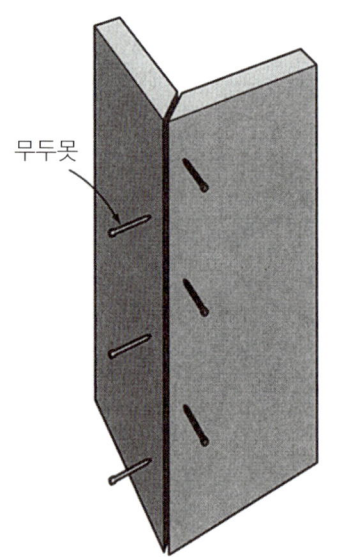

무두못

비스킷을 사용한 측면 연귀이음 Biscuited edge miter

비스킷은 조임쇠의 압력으로 한쪽으로 밀리면서 발생하는 단차를 막아준다. 비스킷이 헐겁지 않게 잘 맞고 간격이 얼마나 가까운가에 따라 성패가 좌우된다. 공장에서 만들어진 비스킷의 경우 작업자가 그 빡빡함은 조절할 수는 없지만, 간격을 가깝게(75~100mm마다) 해주면 좋은 결과를 얻을 수 있다.

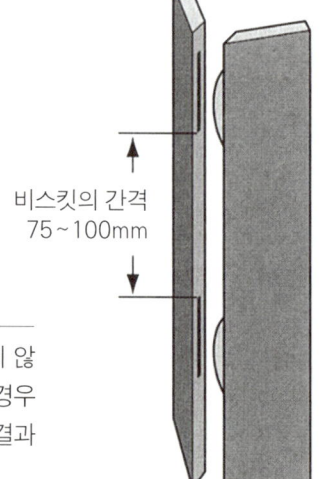

비스킷의 간격
75~100mm

꽂임촉을 사용한 측면 연귀이음 Splined edge miter

길이 방향의 결을 가진 원목 꽂임촉을 사용하면 접착할 때 측면 연귀짜임을 잘 정렬할 수 있다. 여기서 꽂임촉이 확연하게 결합력을 강하게 하는 것은 아니라는 점을 기억해야 한다. 사실상 꽂임촉의 위치가 적절하지 않다면 결합력을 오히려 약화시키기도 한다. 홈의 폭은 테이블쏘의 톱날 두께와 동일하게 하고 그림과 같이 위치시키며 나무를 가로지르는 방향의 1/3 이상의 깊이로는 파지 말라.

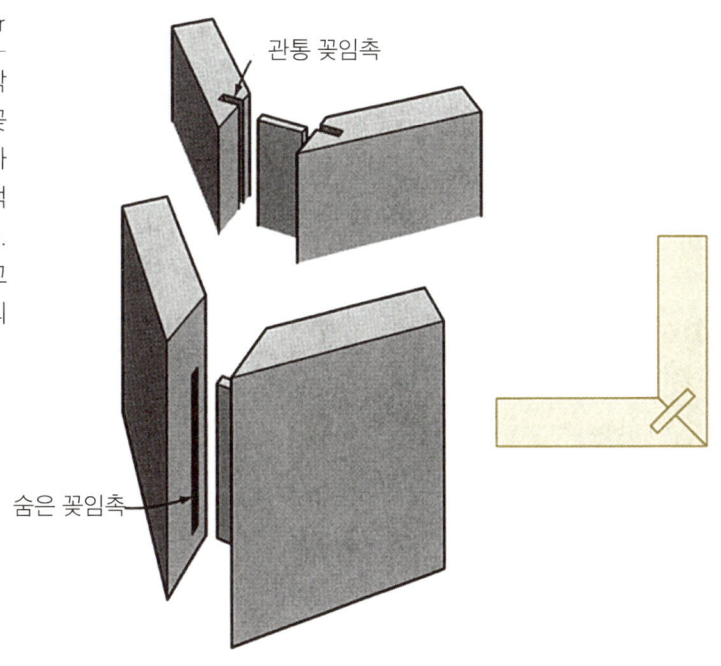

루터를 사용한 측면이음 Routed edge joints

목수들은 조립할 때 완벽히 정렬할 수 있도록 기계적으로 서로 맞물리면서, 최대의 접착면을 가지는 완벽한 측면 결합법을 찾아 다닌다. 루터날을 생산하는 회사들은 측면 결합을 위한 특수 날물들을 선보이고 있다. 모든 날물들은 루터 테이블에서만 사용하며, 한 번의 세팅으로 작업이 가능하다. 날물들이 만들어내는 측면의 형상들은 완벽한 결합을 위한 모든 조건을 갖추고 있다.

글루 조인트 Glue joint

이는 제혀 턱이음(Tongue-and-rabbet joint) 단면을 만들어주는 가장 간단한 날물이다. 이 조인트는 한 결합 내에서 한 판재는 윗면에서 홈을 파고, 다른 판재는 아랫면에서 홈을 파는 것이다. 만일 판재가 평평하고 비트의 높이가 올바르게 설정되었다면 두 판재는 평면으로 결합될 것이다. 서로 물리는 결합이기 때문에 판재는 위나 아래로 밀리지 않는다. 홈을 파기 전에 각 판재의 가공면을 표시해놓는 것이 중요하다.

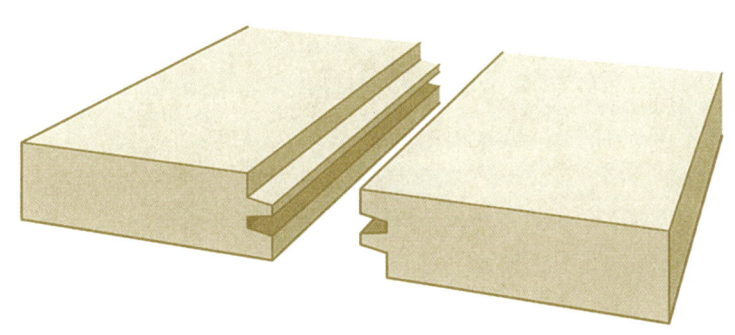 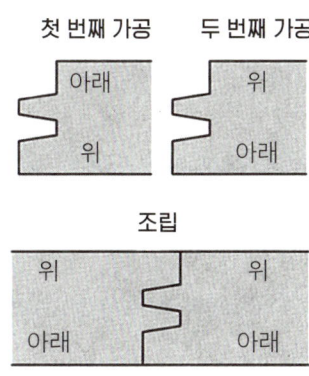

핑거 조인트 Finger joint

이 결합은 한쪽에는 점점 가늘어지는 돌기(Finger)들이, 다른 한쪽에는 그에 맞는 홈들이 있어 서로 맞물린다. 이 단면은 접착 면적을 세배로 늘려준다. 판재의 측면 결합에 사용할 수 있으며, 나중의 결합 상태가 걱정은 되지만 나무결의 단면과 단면을 연결하는 데도 사용할 수 있다.

자르는 순서는 앞서 설명했던 글루 조인트와 같다. 한쪽 판은 윗면을 보고, 연결할 다른 판은 아랫면을 보고 루터를 사용한다. 비트의 높이가 올바르게 설정되었다면, 두 판재는 완벽하게 평면을 이루면서 밀착될 것이다.

락 마이터 조인트 Lock miter joint

이 결합은 측대측·측대면 접합에도 사용할 수 있다. 두 경우 모두 쉽게 조립할 수 있으며, 정렬 또한 쉽다. 일반 글루 조인트에 비해 접착 면적이 월등히 넓다.

한 번의 세팅으로 결합할 두 판재를 모두 작업할 수 있다. 측대면 결합에 사용하기 위해서는 한 판재는 루터 테이블 위에 눕혀서 홈을 파고, 다른 판재는 펜스에 세워서 홈을 파면 된다. 측대측 이음을 할 때는 한쪽 판은 윗면을 보고, 연결할 다른 판은 아랫면을 보고 루터 테이블을 사용한다.

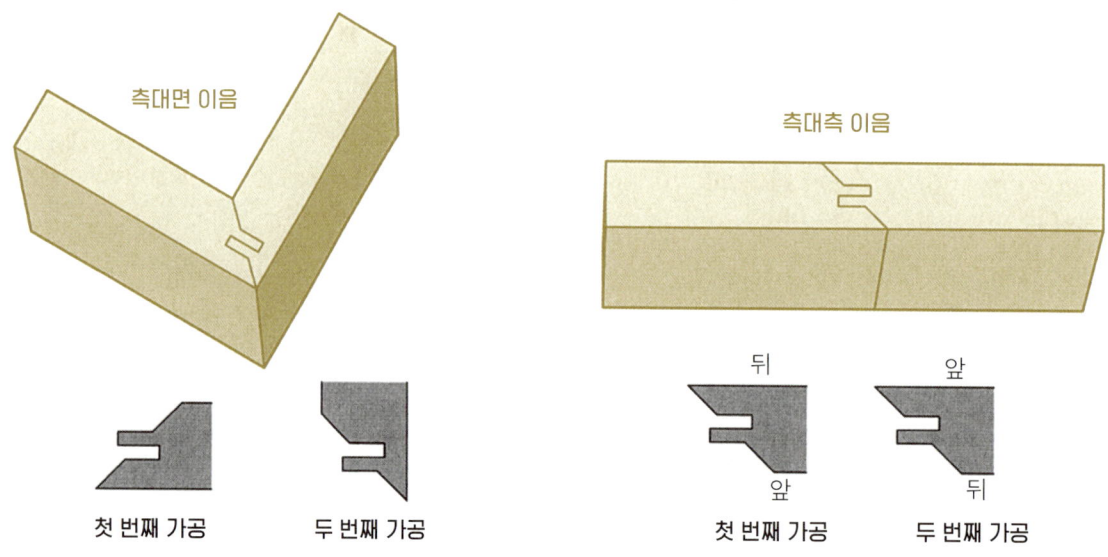

02 상자형 짜임
Case Joints

책장같은 상자 형태를 만들기 위해 판재는 횡단면끼리 결합된다. 책장 구조에 사용되는 모서리 결합의 강도는 두 가지 요소로 결정된다. 부재 간의 기계적인 맞물림과 판재를 서로를 붙이는 데 사용하는 본드나 결합용 철물이다. 다행히 책장 결합에서 결합강도는 주된 관심사는 아니다. 책장형 가구들은 주로 고정되어 세워져 있으며, 자체로도 지지되며, 또 내부에 무엇인가 넣어둔다. 아래 그림은 일반적인 모서리 결합이고, 충분히 서로 맞물려 정하중을 버틸 만큼의 접착 면적을 제공해준다. 대형 책장의 경우 찌그러짐에 의한 결합부에 스트레스가 발생할 수도 있지만, 내부 칸막이나 프레임-패널 구조 또는 합판을 사용한 뒤판 등이 구조를 튼튼하게 만들어줄 것이다.

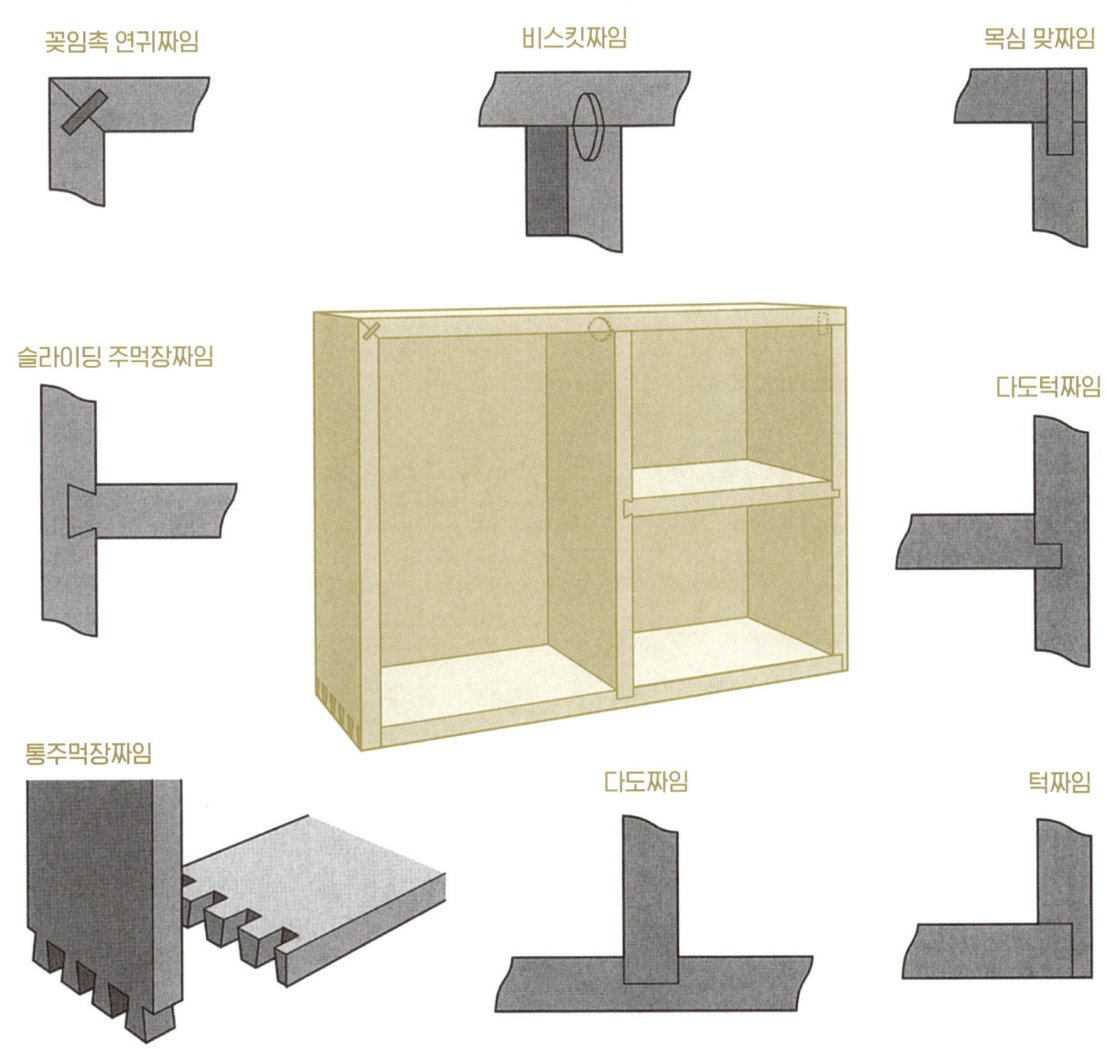

꽂임촉 연귀짜임
비스킷짜임
목심 맞짜임
슬라이딩 주먹장짜임
다도턱짜임
통주먹장짜임
다도짜임
턱짜임

맞짜임 Butt joints

맞짜임이 좋은 책장결합이 되기 위해서는 반드시 도움이 필요하다. 접착력도 떨어지며 기계적 결합력도 부족하기 때문에 견고한 맞짜임을 위해서는 반드시 보강이 필요하다.

접착제 맞짜임 Glued butt joint

맞짜임이라는 이름은 한 판재가 다른 판재에 맞대고 있는 모습에서 이름을 따왔다. 책장 결합에서는 한쪽 판재의 횡단면이 다른 판재의 면에 위치한다. 횡단면과 윗면과는 접착제의 결합력이 매우 약하기 때문에 이것은 튼튼한 결합이 될 수 없다.

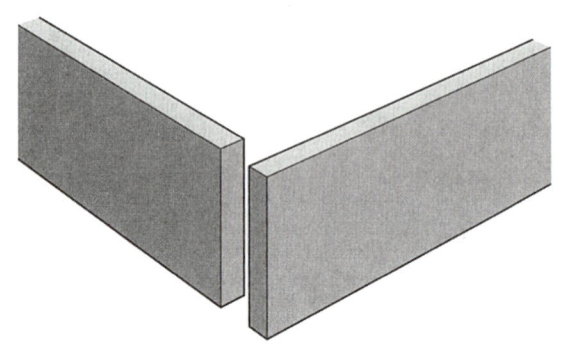

접착 블록 맞짜임 Butt joint with glue block

접착 블록은 두 면의 결합을 강화하고 서로 받쳐주는 역할을 해주는 삼각 또는 사각형의 나무 조각이다. 긴 막대로 또는 토막으로 띄엄띄엄 붙일 수도 있다. 책장 결합에서는 보통 접착 블록은 교차 결방향(Cross-grain) 결합 구조이다.

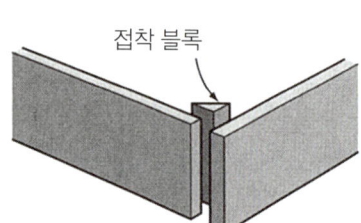

접착 블록

결합용 철물 맞짜임 Butt joint with fasteners

맞짜임을 보강하는 빠르고 간단한 방법 중 하나는 철물을 사용하는 것이다. 추가적인 보강을 위해서는 그림처럼 약간 각도를 주고 못을 박는다.

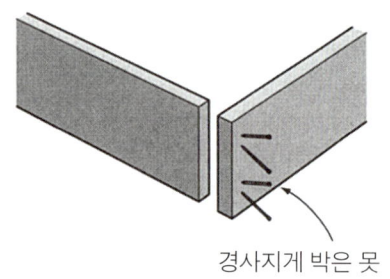

경사지게 박은 못

목심 맞짜임 Doweled butt joint

맞짜임을 보강해주기 위해 목심을 못으로 사용한다. 보통 목심을 숨겨서 사용하는데 생각보다 쉬운 방법은 아니다. 그 대신에 드릴로 구멍을 뚫고 목심을 박는 방법을 사용하기도 한다. 그러면 결합도 강하며, 목심의 절단면이 노출되어 장식적인 효과를 준다.

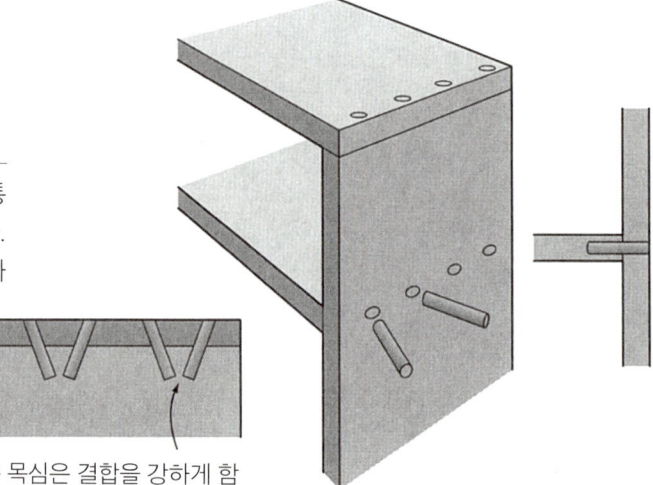

각을 주어 박은 목심은 결합을 강하게 함

비스킷 맞짜임 Biscuited butt joint

비스킷 맞짜임은 가장 인기있는 강화방법이다. 한쪽 판의 횡단면과 결합할 면에 슬롯을 맞춰 파낸다. 조립시에 럭비공 모양의 과자처럼 생긴 비스킷을 사용하는데, 그림처럼 슬롯 양쪽에 접착제를 넣어 조립한다.

상판에 적용할 때는 비스킷의 위치는 약간 안쪽으로 이동시켜준다. 선반에 적용하는 경우도 중앙선보다 약간 아래로 비스킷의 위치를 이동시키는데, 이는 위에서 가해지는 하중을 더 잘 버티게 해주기 때문이다.

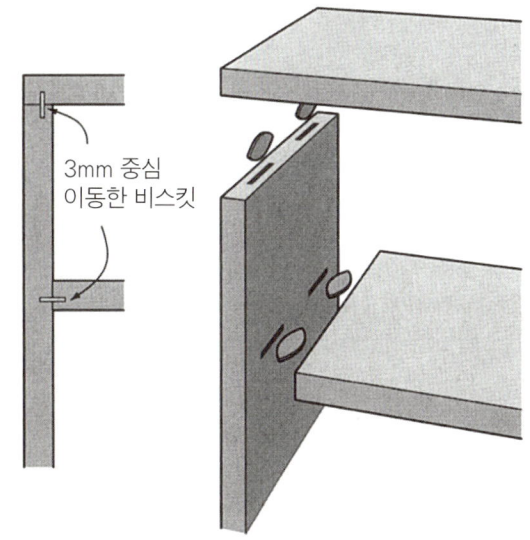

주먹장짜임 Dovetail joints

주먹장짜임은 믿음직한 접착제와 값싼 철물이 나오기 이전부터 나무를 연결하는 매우 실용적인 수단이었다. 이 짜임은 몇 가지 큰 장점이 있는데, 목재의 구조적인 안전성을 잃지 않으면서 목재의 수축·팽창을 허용한다. 이것은 책장 같이 큰 가구를 결합할 때 매우 적합하다. 그리고 천연원목을 사용한 프로젝트를 진행할 때 유리하다.

주먹장의 고려사항

- 테일
- 하프핀
- 핀

좁은 핀 / 등간격의 주먹장 / 넓은 핀

경사가 너무 급한 경우 / 경사가 너무 완만한 경우 / 하프핀으로 끝난 결합부 / 하프테일로 끝난 결합부

주먹장은 숫장부(테일, Tail)와 숫장부 사이의 삼각형 구멍으로 들어가는 암장부(핀, Pin)로 구성되어 있다.
판재의 측면 끝에 위치한 핀을 하프핀(Half-pin)이라고 부르는데, 크기가 반이어서가 아니고 한쪽에만 경사면이 있어서 그렇게 부른다. 이처럼 측면 끝에 위치한 테일을 하프테일(Half-tail)이라고 부른다. 이 결합의 힘은 두 가지에서 나온다. 핀과 테일 간의 맞물림과 늘어난 접착 면적이다. 핀과 테일의 수가 많아질수록 결합력은 강해진다. 전통적인 주먹장짜임은 넓은 테일과 좁은 핀을 가지며, 수평의 부재에 테일을 잘라낸다. 그런데 배치는 매우 다양한데 두 가지 고려사항이 있다.

주먹장의 간격: 간격이 일정할 필요는 없다. 결합 부위가 넓으면 바깥쪽에 핀과 테일을 촘촘하게 배치하는데, 첫 번째 1인치 폭 내에 3~4개의 접착면으로 만들어서 판재의 휘어짐을 막을 수 있다.

주먹장의 각도: 각도 또는 경사도는 변하지 않는게 좋다. 경사도가 적다면 기계적인 결합강도도 떨어지고 사개짜임의 사각형 숫장부처럼 보이기 시작할 것이다. 만일 경사도가 너무 급하다면 테일 끝부분의 짧은 결들이 약해지고 조립할 때 부서져 떨어져 나갈 수도 있다(예 1:6, 1:8).

통주먹장 맞짜임 Through dovetails

이는 기본적인 주먹장짜임으로 두 판재가 서로 완전히 관통하여 짜임이 두 판재면에 보이게 된다.

장식적 주먹장 맞짜임 Decorative dovetails

표준적인 통주먹장짜임도 충분이 매력적이지만, 크기나 간격, 핀과 테일의 모양 등을 바꿀 수 있다. 아래 세 가지가 무한한 가능성을 보여준다. 모두 수작업이다.

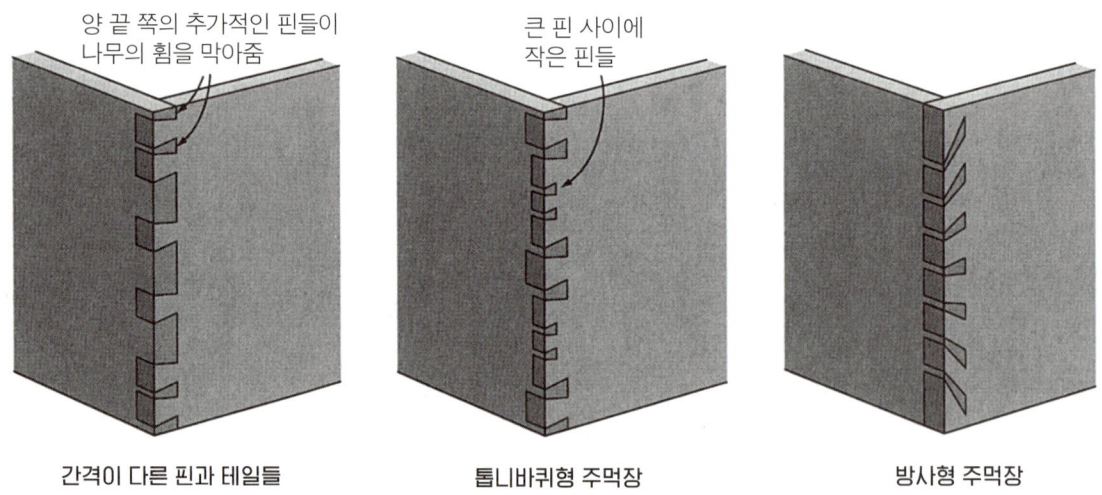

간격이 다른 핀과 테일들 — 양 끝 쪽의 추가적인 핀들이 나무의 휨을 막아줌

톱니바퀴형 주먹장 — 큰 핀 사이에 작은 핀들

방사형 주먹장

연귀 주먹장짜임 Dovetails with mitered shoulder

측면에서 봤을 때, 조립된 통주먹장짜임은 맞짜임처럼 보인다. 만일 연귀 접합된 모서리를 원한다면 이것이 해답이다. 보통 주먹장은 하프핀으로 시작하고 끝나는데, 여기서는 하프테일로 시작해야 한다.

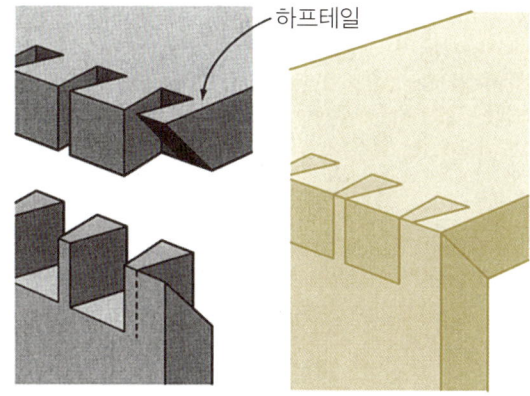

숨은 주먹장짜임 Full-blind dovetails

연귀짜임 같은 주먹장짜임이다. 이것은 외형이 아닌 주먹장의 결합강도만을 생각한 결합이다. 조립된 후에는 핀과 테일이 감춰진다. 그래서 숨은 주먹장짜임으로 부른다.

반포형 주먹장짜임 Half-blind dovetails

이것이 진정한 전통적 의미의 서랍 앞판 결합 방법이지만, 오늘날에는 기계 가공된 주먹장이라는 오명을 뒤집어 쓰고 있다. 앞과 옆에서 모두 보이는 통주먹장과 달리, 반포형 주먹장은 측면에서만 볼 수 있다.

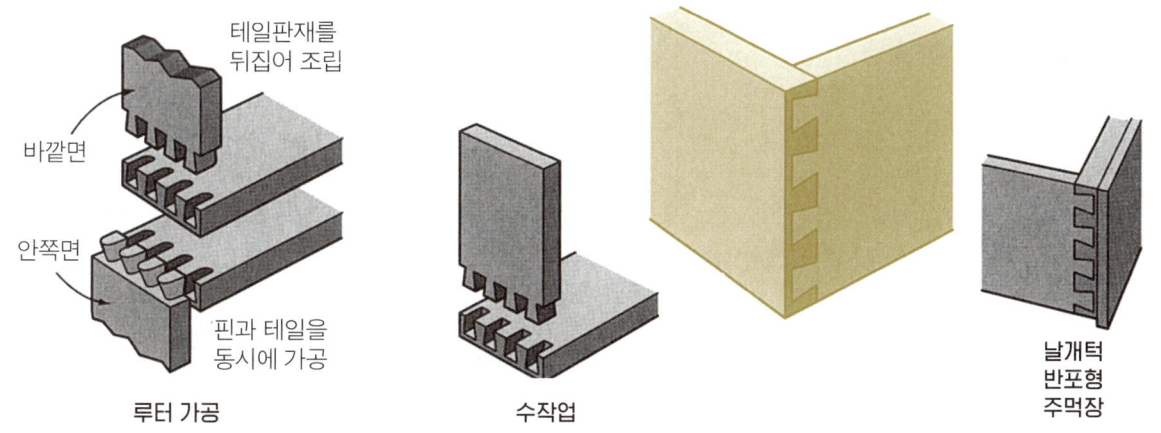

숨은 주먹장짜임 Full-blind dovetails with lap

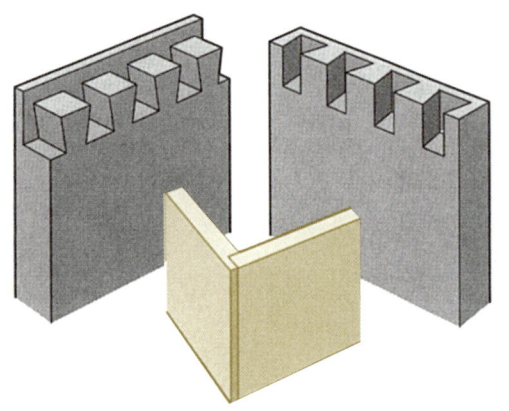

주먹장짜임은 턱짜임으로 쉽게 오해 받는다. 핀 판재는 반포형 주[먹장]처럼 작업하고, 테일 판재는 관통하지 않고 막힌 형태로 작업한[다]. 그래서 핀과 테일은 조립 후 가려진다.

슬라이딩 주먹장짜임 Sliding dovetails

이 짜임은 다도홈과 주먹장의 결합이다. 결합되는 판재의 한쪽은 홈을 파고, 다른 쪽은 촉을 만들어준다. 촉은 홈에 딱 맞게 되는데 홈의 내부 벽면과 촉의 측면이 주먹장 홈과 핀처럼 경사지게 가공되어 있기 때문이다. 조립은 홈에 촉을 밀어 넣으면 된다.

이 결합의 장점 중 하나는 기계적 강도이다. 접착제 없이도 두 부재는 서로 붙들고 있다. 또 다른 장점은 부재들이 분리되지 않고 서로 움직임을 허용한다는 점이다. 이 결합의 좋은 예는 탁자 상판의 변죽이다.

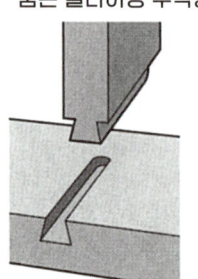
숨은 슬라이딩 주먹장

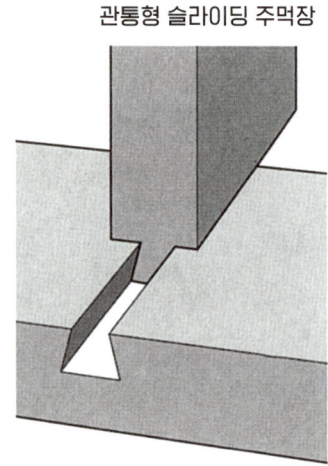
관통형 슬라이딩 주먹장

사선형 슬라이딩 주먹장짜임
Tapered sliding dovetails

사선형 슬라이딩 주먹장짜임은 가공이 정확하게 이루어졌다면, 조립이 쉬우면서도 매우 빡빡하게 결합시킬 수 있다. 촉과 홈이 모두 사선처리가 되어 있다. 촉의 좁은 쪽이 홈의 넓은 쪽으로 들어가서 촉은 힘들이지 않고 홈에 들어간다. 홈이 촉에 의해 거의 닫히게 되면 결합이 점점 단단해진다.

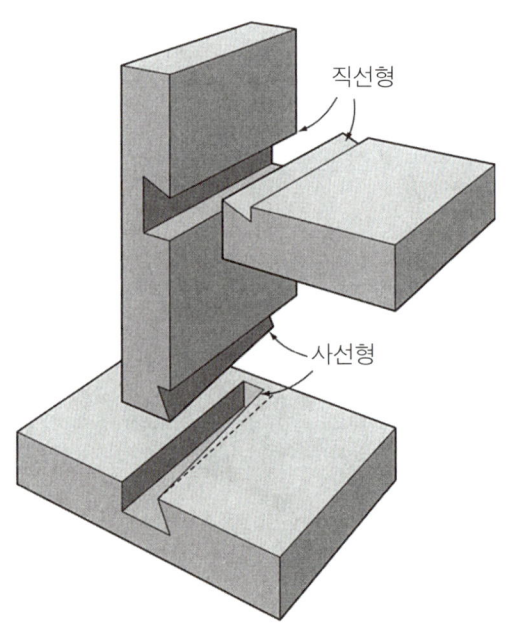

슬라이딩 반주먹장짜임 Sliding half-dovetail

이 짜임은 옆 그림과 같이 한쪽은 경사, 다른 쪽은 직선인 촉을 가진다. 사선 처리도 가능하다.

사개짜임 Box joints

사개짜임은 사각형의 핀을 가진 기계 가공된 통주먹장의 한 종류이다. 주먹장의 쐐기 효과는 없지만 좋은 기계적 강도를 가진다. 여러 갈래의 깍지들이 면결합의 접착영역을 만들기 때문에 가장 튼튼한 결합을 얻을 수 있다

전형적으로 연결되는 판재들은 등간격의 손가락촉과 홈들의 교차하는 패턴을 가진다. 한쪽 판재의 손가락촉들은 다른 한쪽의 판재의 홈과 일치한다. 보통 손가락촉의 폭은 부재 두께와 동일하게 한다. 두께보다 좁은 촉들은 잘라내야 할 양이 많아지지만 강도는 커진다. 사개짜임의 결점이라 생각되는 것은 체스판 무늬이다.

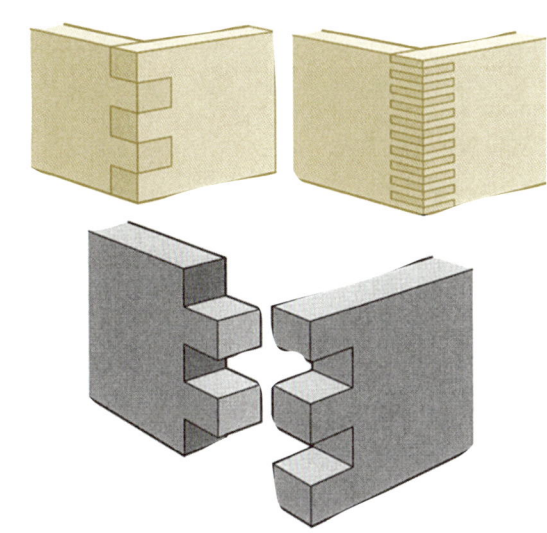

장식적 사개짜임 Decorative box joint

등간격의 손가락촉을 가진 사개짜임은 너무 단정한 느낌을 준다. 촉의 비율과 간격을 바꿈으로써 사개짜임이 주는 엄격한 느낌을 조금 완화할 수 있다. 물론 가공은 더 어려워진다.

다양한 각도의 사개짜임 Angled box joint

90도가 아닌 다른 각도로 사개짜임을 가공할 수도 있다.

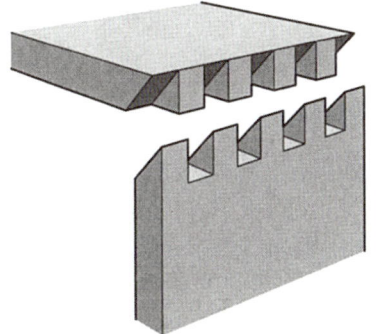

반포형 사개짜임 Half-blind box joint

반포형 주먹장처럼 한쪽 면에서만 결합을 볼 수 있다. 반포형 주먹장의 합리적 대안이다.

연귀짜임 End miter joints

연귀짜임은 두 부재의 횡단면을 가려준다. 대부분의 기본 형태에서 보면, 부재의 끝을 45도로 절단하고 함께 맞짜임하면 연귀짜임이 된다. 중대한 문제는 아무리 잘 맞춘 연귀도 나무의 계절적인 수축·팽창으로 인해 결합부가 열리게 된다. 단 몇 년 동안만 딱 맞는다. 그럼에도 연귀짜임은 광범위하게 사용되고 있다.

연귀짜임 End miter

이 맞춤은 두 가지 이유로 약하다. 부재가 서로 맞물리지 못하고, 어쩔 수 없이 횡단면끼리의 접착이다. 이 결합을 보강하는 간단한 방법은 못을 사용하는 것이다. 연귀의 양쪽면에서 못을 박아 넣으면 서로 맞물리게 된다. 못은 결합부의 내부를 향해 박으며, 드릴로 미리 작은 구멍을 뚫으면 나무가 쪼개지는 것을 막아준다.

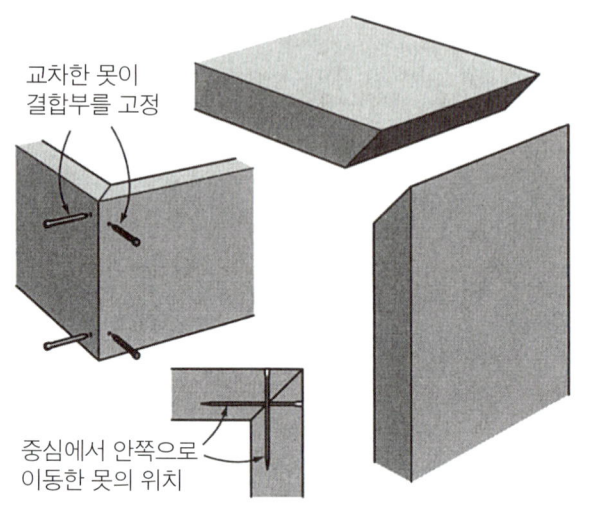

교차한 못이 결합부를 고정

중심에서 안쪽으로 이동한 못의 위치

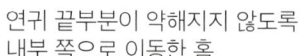

연귀 끝부분이 약해지지 않도록 내부 쪽으로 이동한 홈

꽂임촉의 결은 서로 만나는 두 부재의 결과 평행함

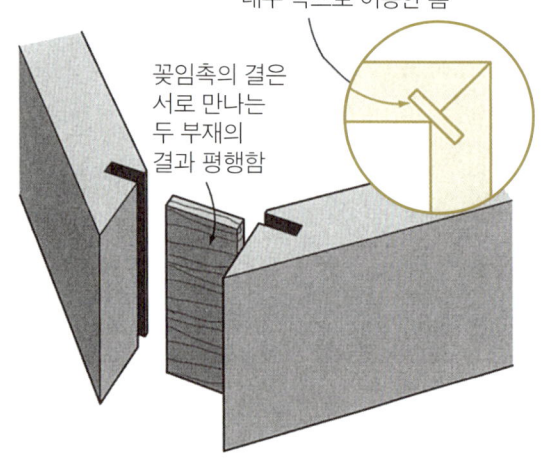

내부 꽂임촉 연귀짜임 Diagonally splined end miter

꽂임촉을 사용한 연귀짜임은 주먹장이나 사개짜임보다는 약하지만 책장 결합으로는 쓸만하다.
꽂임촉은 길게 전체를 넣거나 부분으로 넣어도 된다. 내부 부분만 꽂임촉을 넣은 것은 숨은 꽂임촉 연귀짜임(Blind-splined miter)이라고 부른다. 꽂임촉은 내부 구석에 가깝게 위치해야 한다. 이렇게 해야 책장 구조의 측면이 약해지지 않고 홈을 가능한 깊게 만들 수 있다.

비스킷 연귀짜임 Biscuited end miter

비스킷은 꽂임촉의 다른 형태이다. 관통되는 꽂임촉에 비해 비스킷은 일정 간격으로 사용하지만 결합부가 약해지지는 않는다. 그래서 횡단면의 중간에서 내부 모서리 사이의 아무 위치에나 사용할 수 있다.

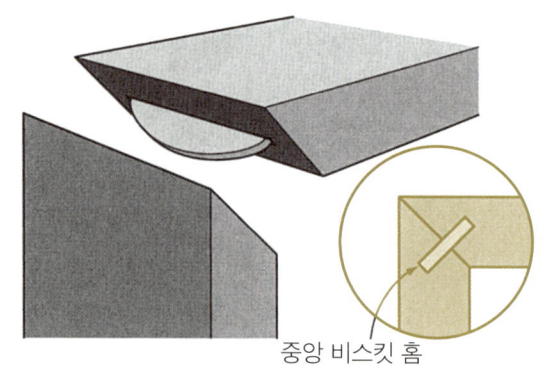

중앙 비스킷 홈

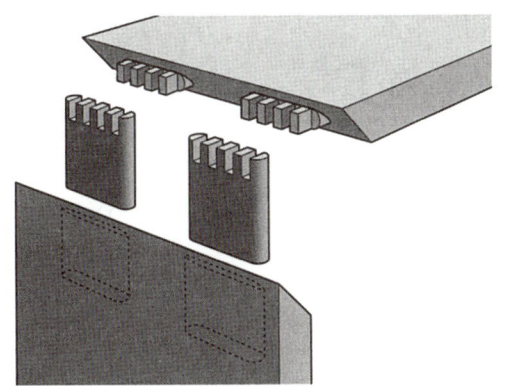

사개짜임 딴혀장부 Box-jointed loose tenons

이 결합은 사개짜임의 강도와 연귀짜임의 깔끔한 외관 모두를 얻을 수 있다. 그러나 만들기도 어렵고 시간도 오래 걸린다. 결합할 판재나 패널은 반드시 연귀짜임 되어야 하며, 딴혀장부를 넣을 구멍도 파야 한다. 한쌍의 딴혀장부는 서로 사개짜임으로 결합된다. 그래야 책장 구조의 두 부재가 사개짜임 결합으로 조립된다.

측면 꽂임촉 연귀짜임 End miter with spline keys

이 결합은 연귀짜임의 바깥쪽 모서리에 홈을 파고, 접착제를 바른 꽂임촉을 홈에 넣은 후 잘라내고 평면으로 다듬는다. 결합력이 매우 강하며, 보기도 좋다. 얼핏 보면 사개짜임으로 보이기 때문에 가사개짜임이라 부르기로 한다.

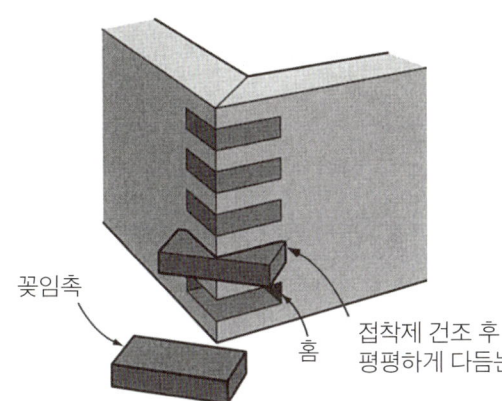

측면 주먹장 꽂임촉 연귀짜임 End miter with dovetail keys

측면 꽂임촉 연귀짜임의 장식적 변형으로 직선의 루터날이나 테이블쏘로 만드는 것이 아닌 주먹장 루터날로 만든다. 만일 주먹장의 모양이 마음에 든다면, 이 가주먹장은 두 개의 면에서 비둘기꼬리를 볼 수 있다. 원한다면 꽂임촉을 색상 대비가 큰 나무를 사용할 수도 있다.

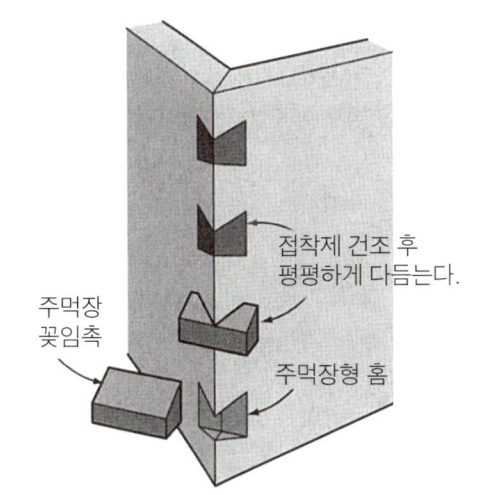

측면 얇은 꽂임촉 연귀짜임 End miter with feather keys

이것은 테이블쏘 날이 지나간 홈에 접착제를 바른 얇은 나무를 꽂임촉으로 사용한 것이다. 꽂임촉의 간격이 결합력과 외관을 좌우한다. 많이 사용할수록 결합력이 세진다. 홈은 직각 또는 경사지게 팔 수 있으며, 꽂임촉도 같은 종류의 나무나 색 대비가 강한 나무를 사용할 수 있다.

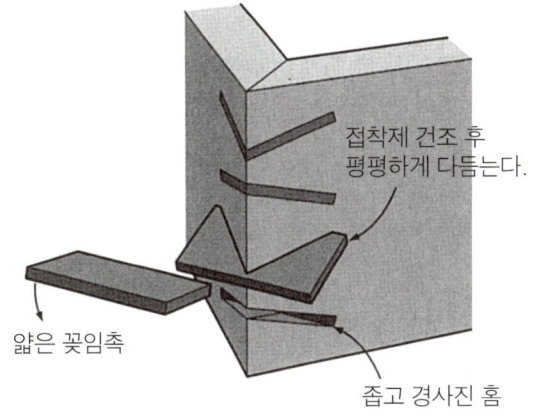

다중 장부짜임 Multiple tenon joints

장부짜임은 일반적으로 프레임 구조 결합뿐만 아니라 책장 구조 결합에도 사용하기도 한다. 책장의 측판, 상판, 지판을 연결하는 선반이나 가름판 같은 중간 분할 구조체에 사용하는 다중 장부짜임은 매우 강하고 매력적인 결합이다.

결합은 관통 또는 숨은짜임이다. 관통 장부의 경우, 각 장부의 절단면에 톱으로 홈을 내고 하드우드로 만든 쐐기를 넣어 단단히 결합한다.

다른 다도짜임(Dado Joint)들과 비교해보면 다중 장부짜임은 각 장부마다 두 면의 넓은 접착면을 만들어준다. 이는 책장의 측면에서 선반이 빠지게 되는 곳에 사용할 수 있다는 뜻이다. 또한 판재의 강도를 약화시킬 수도 있는 면 전체에 다도홈을 파지 않아도 된다.

한 줄의 등간격의 작은 장부구멍과 장부촉은 매우 훌륭한 결합을 만들어낸다. 장부촉은 부재 전체 두께를 사용해야 한다. 판재가 더 넓어질수록, 더 많은 장부와 구멍을 만들어준다.

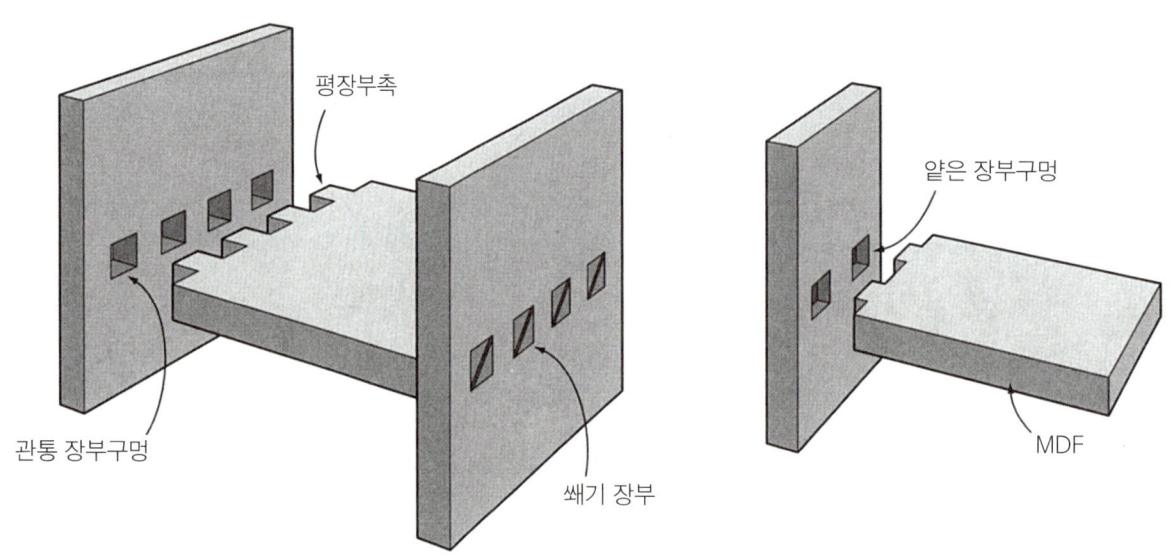

쌍장부 책장짜임 Twin tenon case joint

이 흥미로운 변형 짜임은 몇 쌍의 장부와 장부구멍을 사용한다. 한쌍의 장부는 선반이나 가름대의 바깥쪽 측면에 위치하며, 양쪽 두 쌍의 장부 사이에는 물갈퀴처럼 제혀부(Tongue)를 만들어준다. 이 혀부분은 장부구멍 사이의 낮은 다도홈 속에 자리잡는다. 이 구조는 책장이 틀어지는 것을 막고 선반의 하중을 견디게 해준다.

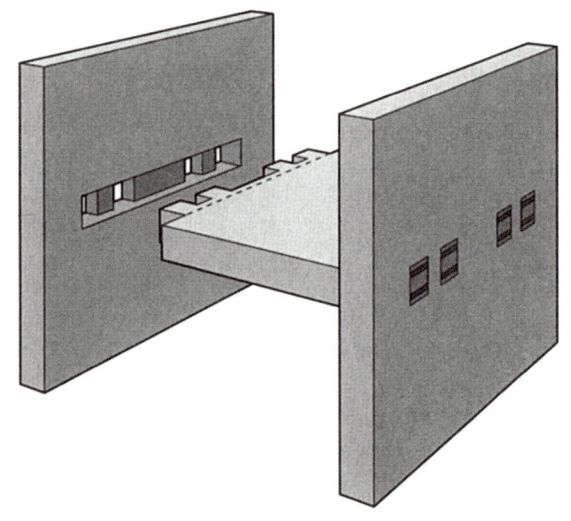

얽힘짜임 Lock joints

얽힘짜임은 간단한 턱-다도짜임의 변형이다. 이것은 주로 서랍 앞판과 측판의 결합에 사용된다. 아래 그림에서 복합형보다는 기본형의 결합법이 자주 사용되며, 가공이 더 쉽다. 두 개 모두 정밀한 가공이 필요하다.

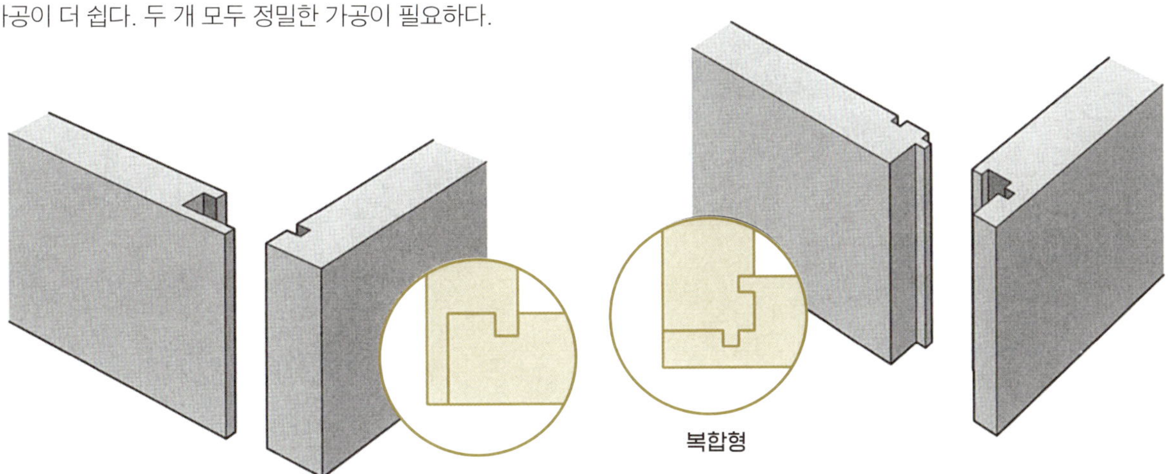

기본형

복합형

얽힘연귀짜임 Lock miter joint

이 얽힘연귀짜임은 다도짜임의 강도와 연귀짜임의 깔끔한 외관이 합쳐진 훌륭한 짜임이다. 구조적인 얽힘 작용으로 인해 조립 시에 한방향으로만 조여주면 된다.

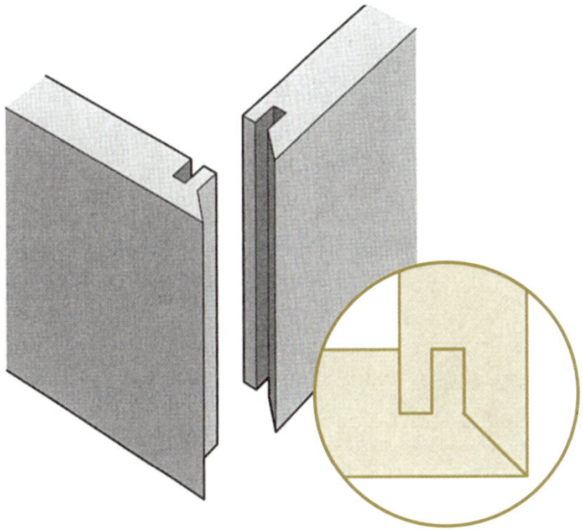

루터를 사용한 서랍 얽힘짜임 Routed drawer lock joint

이 결합은 특수 루터날이나 셰이퍼날을 사용한다. 세팅 한 번이면 된다. 한 판재는 펜스에 기대서 세워서 가공하고, 다른 판재는 루터 테이블 위에 평평하게 놓고 가공한다.

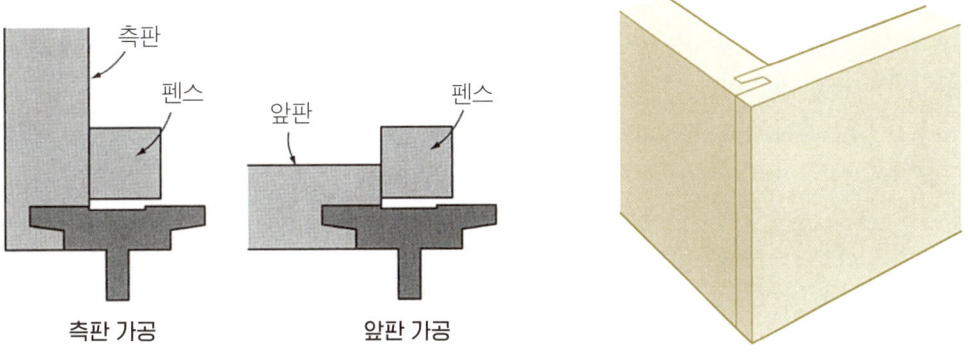

측판 가공

앞판 가공

다도짜임 Dado joints

다도홈은 판재의 나무결을 가로 지르는 사각의 홈이다. 홈파기가 다도짜임의 전부이다. 한쪽 판재에는 다도홈을 파고, 다른 판재는 그 다도홈에 끼워진다. 책장 측면에 파 넣은 다도홈은 선반의 하중을 지탱하는 턱을 만들어준다.
또한 선반이 오목하게 휘어지는 것을 막아준다. 그러나 선반이 측판에서 빠지는 것을 막을 수는 없다. 접착제나 고정용 철물만이 빠지는 것을 막는다. 왜냐하면 모든 접착면에 횡단면이 포함되어 있기 때문에 접착제 강도는 제한적이다. 강한 관통 다도홈 짜임(Through dado joint)을 만들기 위해서 홈이 깊을 필요는 없다. 원목의 경우 3mm이면 충분하며 합판, MDF 또는 파티클보드의 경우 6mm이면 된다.

관통 다도홈 짜임 Through dado

다도홈이 한쪽 측면에서 다른 측면으로 이어지는 경우이다. 관통 다도홈 짜임을 기피하는 이유 중 하나는 측판 테두리에서 보이기 때문이다. 그러나 이것은 책장 전면 테두리에 전면 프레임이나 몰딩으로 가릴 수 있다.

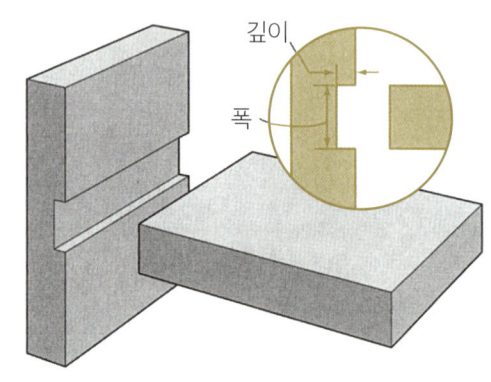

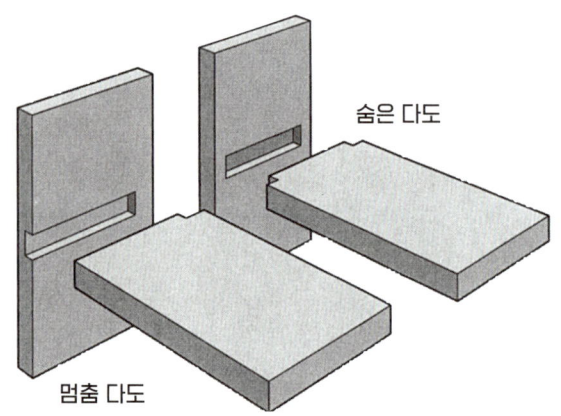

멈춤 다도홈 짜임 Stopped dado

다도홈이나 세로홈은 반드시 관통할 필요는 없다. 한쪽 모서리에서 시작해서 다른 쪽 모서리에 가기 전에 멈추는 멈춤 다도홈 짜임과 양쪽 모두를 남기고 시작해서 끝내는 숨은 다도홈 짜임(Blind dado)이 있다.
이 결합을 만들기 위해서는 만나는 선반 판재의 끝 모서리는 턱을 따내며 턱 사이의 튀어나온 부분의 폭은 다도홈의 폭보다 살짝 작아야 한다. 다도홈에 들어가는 부분은 앞뒤로 조금 여유 있게 만들어주는 것이 좋은데 선반이나 가름대 판재의 앞측면이 책장 측판의 측면과 단차가 나지 않도록 평평하게 조립하기 위함이다.

꽂임촉 다도홈 짜임 Dado-and-spline

이 결합법은 나무결이 없어서 수축·팽창이 일어나지 않는 MDF나 파티클보드에 좋다. 꽂임촉은 측판 두께의 1/3은 들어가야 하며 수평부재로 같은 깊이로 파준다. 너무 깊이 파면 측판의 강도가 약해질 수 있다. 또 너무 얕게 파면 선반이 충분한 하중을 받을 수 없다. 꽂임촉은 선반이 부서지지 않고 더 무거운 하중을 버틸 수 있도록 중심보다 약간 아래에 위치한다.

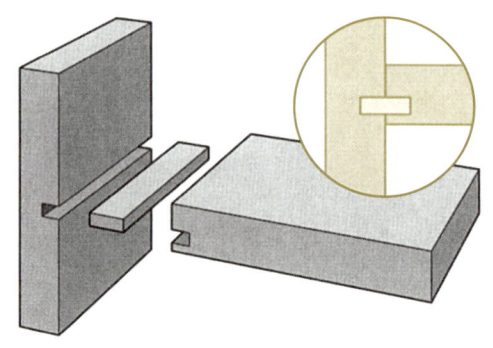

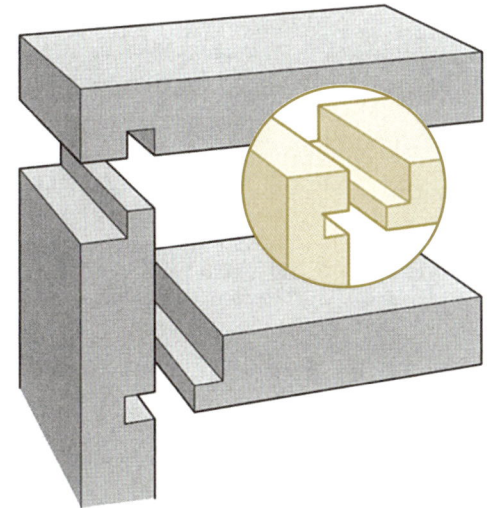

다도홈-턱짜임 Dado-and-rabbet

이름에서도 알 수 있듯이 이 짜임은 다도홈짜임과 턱짜임의 결합이다. 턱은 다도홈에 딱 맞게 가공된 촉이다. 이론적인 접착강도 측면에서 이 짜임은 모두 절단면에 결방향이 접착되어 좋은 결합은 아니지만 실제적으로는 촉이 다도홈에 딱 맞게 가공된다면 접착이 잘 된다. 이를 위해서는 다도홈에 촉의 두께를 맞추는 것이 중요하다.

결합의 방향도 중요하다. 선반이 많은 하중을 견뎌야 하기 때문에 턱을 판재의 윗면에 만들어준다. 반대로 하면 턱의 아랫부분이 찢어질 수도 있다.

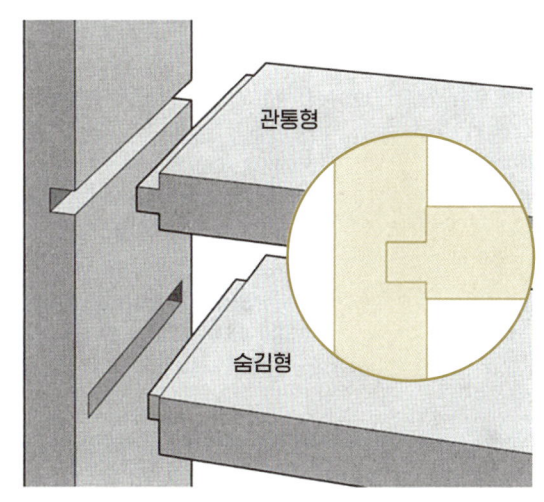

제혀-다도홈 짜임 Tongue-and-dado

다도홈-턱짜임과 마찬가지로 관통 또는 멈춤 형태로 만들 수 있다. 멈춤 형태가 수축으로 인한 틈을 가려줄 수 있다. 다도홈-턱짜임과 비교한 이 짜임의 장점은 추가된 어깨부분으로 인해 결합부가 더 안정적이라는 점이다.

턱짜임 Rabbet joints

판재나 패널의 측면이나 횡단면을 따라 만든 열린 형태의 고랑인 턱(Rabbet)은 여러 상자결합에 사용한다. 책장 구조에 있어서 가장 많이 사용되는 것은 책장의 뒤판을 결합하는 것이다. 또한 책장의 천판이나 지판을 측판과 연결하는 데도 사용하며 서랍의 측판을 서랍 앞판과 연결하는 데도 사용한다.

턱짜임에서는 모든 접착면이 횡단면-결방향 결합이다. 보통 턱짜임은 접착제 대신에 고정용 철물로 결합하는 경우가 많다.

단턱짜임 Single-rabbet joint

한 개의 턱으로 결합되는 것을 뜻한다. 전형적으로 붙이는 판재의 두께로 턱의 폭을 결정한다. 이렇게 하면 결합부가 평평해진다. 턱의 깊이는 부재 두께의 1/2 또는 2/3이다. 깊을수록 조립된 결합부에 마구리면(횡단면)이 작게 노출된다. 조립되면 붙여지는 판재의 횡단면은 모두 가려진다.

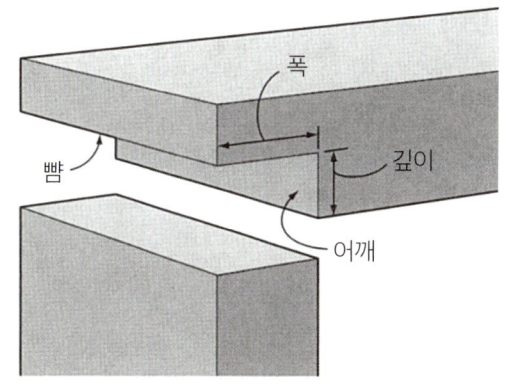

쌍턱짜임 Double-rabbet joint

만나는 두 개의 판재에 모두 턱을 만들어준다. 두 턱이 같은 필요는 없지만 보통은 그렇게 한다.

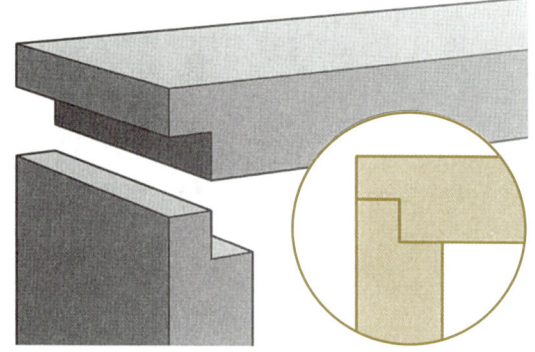

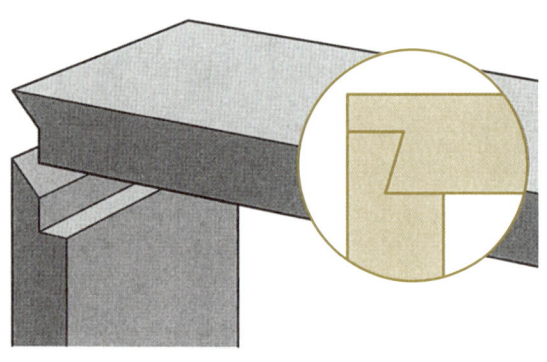

연귀턱짜임 Mitered rabbet joint

이 결합은 'Miter-with-rabbet' 또는 'Offset miter'라고 부르는데 턱짜임과 연귀짜임의 결합이다. 조립되면 연귀짜임처럼 보이지만, 구조적으로 턱이 밀리거나 찌그러지는 것을 막아준다. 두 부재에 모두 턱을 만들어주는데 한쪽의 턱의 폭이 다른 쪽보다 두 배 길게 자른 후에 끝부분을 연귀로 잘라내면 된다.

목심 연귀턱짜임 Mitered rabbet with dowels joint

외형을 손대지 않고 연귀턱짜임을 보강하는 방법 중에 하나는 숨은 목심을 사용하는 것이다. 결합부를 따라 목심구멍이 정확하게 가공됐다면 조립은 간단한다. 다만 목심을 정렬하는 건 쉽지 않다.

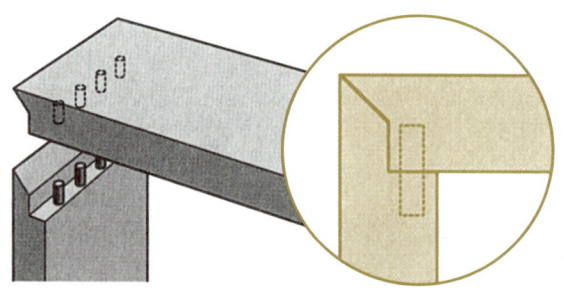

목심에 의해 보강되고 고정

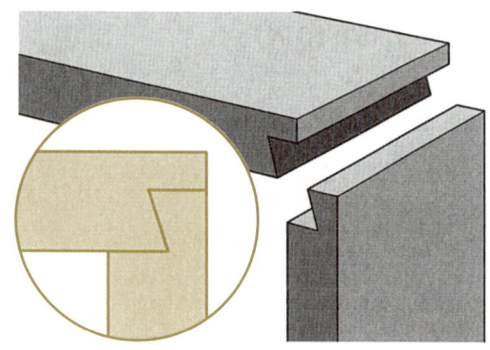

주먹장 턱짜임 Dovetailed rabbet

이 짜임은 턱짜임이나 락마이터 같은 친근한 모서리 결합의 대체물이다. 보통의 턱짜임보다는 찌그러짐에 대한 저항력이 크다.

모서리 각재짜임 Corner block joints

모서리 각재는 중재자 역할을 한다. 책장의 측판을 바로 천판에 연결하는 것이 아니고 두 판재를 모서리 각재에 연결하는 것이다. 원목이나 인공의 합판재료로 만들 수 있다.

원목으로 만든 모서리 각재를 사용하면 많은 세부 형태와 디자인 선택권이 주어진다. 예를 들어 색 대비가 큰 나무를 사용하는 것이다. 붙이는 패널보다 두꺼운 모서리 각재를 사용하면 표면보다 튀어나와 그림자가 지는 세부 형태를 만들어낸다. 모서리 각재는 루터를 사용하여 모서리에 모양을 낼 수도 있다.

모서리 각재와 패널을 연결하는 여러 가지 방법이 있고, 결구 방법과는 상관없이 적절한 모서리 각재의 연결 방향이 중요하다. 모서리 각재를 합판에 연결한다면 모서리 각재의 결방향은 연결되는 합판의 모서리와 평행이어야 한다. 합판면의 결방향과 평행일 필요는 없다. 만일 모서리 각재를 원목판에 연결한다면 각재의 결은 측판의 결방향과 같은 결방향이어야 한다.

제혀짜임을 사용한 모서리 각재짜임 Corner block with tongue-and-groove

모서리 각재에 촉을 만들어야 하는 것이 이 결합을 만드는데 가장 어려운 부분이다. 가장 강한 구조를 만들기 위해서 모서리 각재는 촉에서 촉으로 흐르는 결방향을 가지도록 디자인해야 한다.

꽂임촉을 사용한 모서리 각재짜임 Corner block with splines

제혀촉을 꽂임촉으로 대체하면 훨씬 만들기 쉬워진다.

비스킷을 사용한 모서리 각재짜임 Corner block with biscuits

비스킷과 접착제로 결합된 원목 모서리 각재는 합판으로 책장형 구조를 만드는 최고의 방법 중 하나이다. MDF를 완벽히 직선과 직각으로 잘라야 한다. 비스킷의 간격은 손가락을 벌린 정도로 하고, 합판의 측면 전체에 접착제를 발라야 한다.

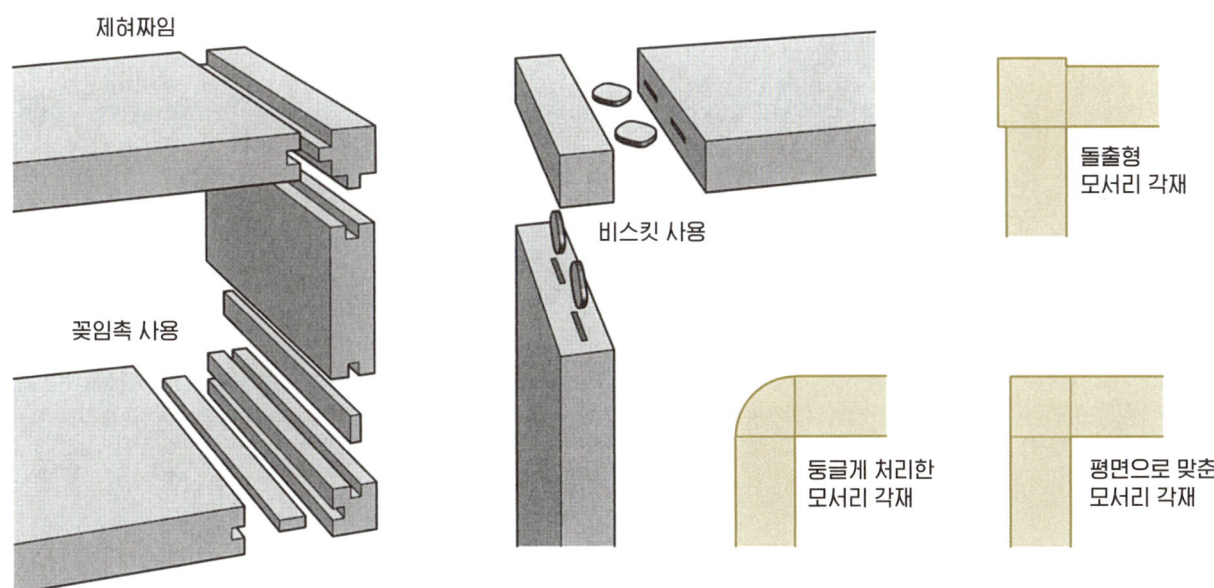

다중 꽂임촉 짜임 Multiple-spline joints

분리된 꽂임촉을 장부로 사용하는 장부 결합을 만드는 것처럼 별도의 꽂임촉들로 손가락촉들을 만들어서 사개짜임을 만들 수 있다. 장부구멍과 딴혀촉을 만들기 위해서는 결합할 양쪽 판재 모두에 장부구멍을 만들어준다. 다중 꽂임촉 짜임을 만들기 위해서는 양쪽 부재의 서로 맞는 홈을 만들어주고 홈에 넣어줄 별도의 꽂임촉을 접착제와 함께 넣어준다. 이 결합은 많은 결방향 접착면을 가지고 있기 때문에 강하다. 게다가 테이블쏘로 만들 수 있다.

이 결합의 디자인 가능성은 무궁무진하다. 꽂임촉의 길이, 두께 그리고 간격을 조절할 수 있다. 같은 길이와 위치로 만들 수도 있고, 무작위로 만들 수도 있다. 꽂임촉은 몸체와 같은 나무로도 만들 수도 있고 색 대비가 큰 나무를 선택할 수도 있다.

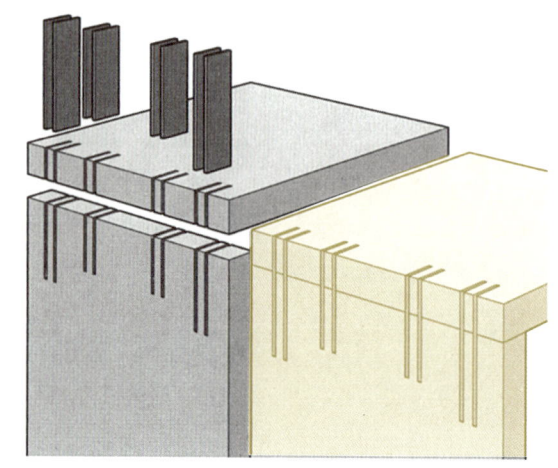

반포형 다중 꽂임촉 짜임 Half-blind multiple-spline joint

이 짜임은 루터를 사용한 주먹장짜임의 변형이다. 반포형(Half-blind)이라는 이름이 붙은 것은 반포형 주먹장의 경우처럼, 전면에서는 짜임이 안보이고 측면에서만 보이기 때문이다.

다중 꽂임촉 짜임의 반포형 버전을 만들려면, 양쪽 판재 모두에 멈춤 홈을 파준다. 조심스럽게 한쪽 판재의 홈에 꽂임촉을 붙이고, 다른 판재를 결합한다. 매우 많은 양의 결방향 접착면이 만들어지기 때문에 반포형 주먹장 결합보다도 더 강하다.

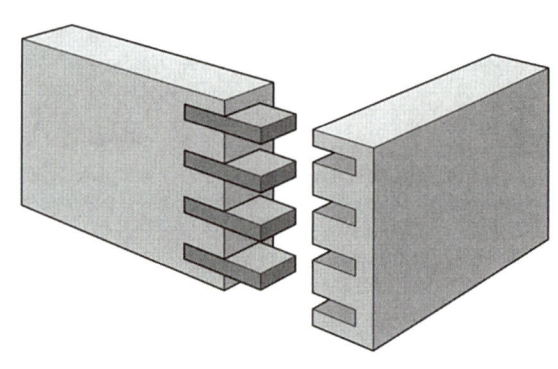

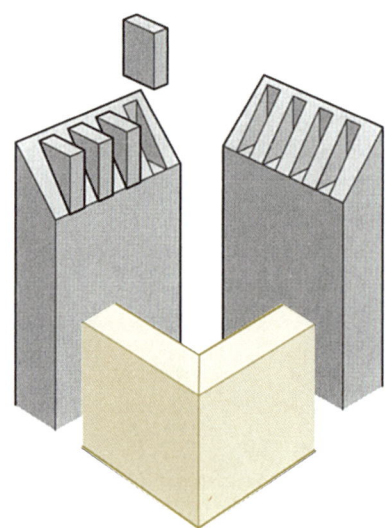

숨은 다중 꽂임촉 연귀짜임 Full-blind multiple-spline joint

이 짜임은 강력하게 보강된 연귀짜임이다. 연귀짜임은 횡단면끼리의 접착이라 약하다. 이 특별한 결합에 사용하는 꽂임촉은 작지만 결방향 접합면을 엄청나게 증가시키기 충분하다. 꽂임촉은 완벽하게 안 보이며 그냥 연귀짜임으로 보인다.

각 꽂임촉은 딴혀장부 같은 것이다. 만나는 두 판재에 홈을 파고 그 홈에 딱 맞는 꽂임촉으로 서로 연결해주는 것이다. 결합이 완벽하게 들어맞으려면 홈부터 정렬되어야 한다.

03 프레임 짜임
Frame Joints

프레임은 일반적으로 각재의 횡단면과 측면이 연결되어 만들어진다. 횡절단면과 측면 사이의 간단한 맞짜임은 대부분 접착력이 약하지만, 결합력이 좋은 프레임 짜임들도 많다. 가구의 세계는 프레임 없이는 생각할 수 없다. 다음과 같은 종류가 있다.

- **지지 프레임**(Web frame) : 책장 구조를 묶어주며 서랍을 받쳐주고 분리해준다.
- **전면 프레임**(Face frame) : 책장 구조의 전면부를 마무리해주며 책장 구조를 튼튼히 잡아주고 문, 서랍의 영역을 구분해준다.
- **프레임-패널 구조**(Frame-and-panel constructions): 책장의 몸체(측판, 뒤판, 천판) 그리고 문에 사용한다.

프레임 구조는 나무의 수축·팽창 움직임을 다루는 전통적인 방법이다. 현대 가구 산업에서는 원목 프레임 구조를 대체하여, 상대적으로 치수가 안정적인 인공적인 합판이나 보드류를 사용한다.

프레임-패널 구조는 초기 목수들이 나무의 움직임을 다루는 방식이었다. 프레임을 구성하는 가로대와 세로대는 상대적으로 좁아서 습도의 변화에 따른 치수의 변동도 비교적 안정적이다. 반면에 패널은 세로대보다 훨씬 넓기 때문에 구조에 영향없이 치수변동을 흡수할 수 있는 홈과 턱을 만들어주어야 한다. 그래서 전체 틀은 치수가 안정적이며 면적이 넓은 패널이 외관을 좌우한다.

책장의 심플한 전면 프레임같은 가장 기본 프레임은 두 개의 세로 기둥과 두 개의 가로대로 구성된다. 전면 프레임처럼 프레임 구조를 세워서 보면 세로대는 수직적 요소이며 가로대는 수평적인 요소이다. 가로대는 언제나 세로대 사이에 딱 맞는다. 모서리에는 장식이 없다.

서랍 프레임에서는 세로대는 러너(Runners)라고 부르며 가로대 사이에 딱 맞는다.

문설주(Mullion) 또는 문살(Muntin) 같은 중간 수직 부재 외에도 세 개나 그 이상의 가로대가 있는 좀 더 정교한 프레임도 있는데, 모서리는 비드(Bead), 오지(Ogee), 코브(cove) 또는 이들의 조합으로 장식된다.

많은 짜임들이 프레임 조립에 사용되는데, 연귀, 겹침, 목심, 비스킷 그리고 전통적인 장부 결합 등이 있다.

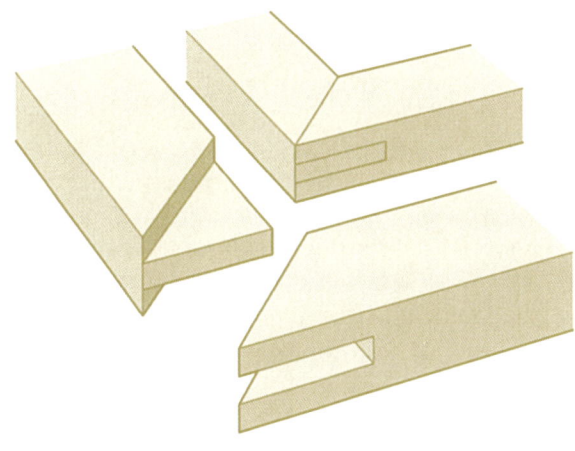

맞짜임 Butt joints

글자 그대로 맞짜임에서는 결합을 만드는 부재들 중 하나의 절단면 끝이 다른 부재의 측면에 맞붙어 있다. 여기에는 어떠한 맞물림도 없고 전체적으로 횡단면 결을 측면 결에 접착하게 된다. 그 결과 만족스럽지 못한 짜임이 된다.

이러한 맞짜임된 프레임은 보강이 필요하다. 만일 프레임의 부재들이 폭이 좁다면 못이나 나사를 한 부재의 측면을 관통해 맞닿는 다른 부재의 횡단면에 고정한다. 폭이 넓은 부재를 사용한 프레임이라면 비스듬히 박은 못이나 나사로 고정한다.

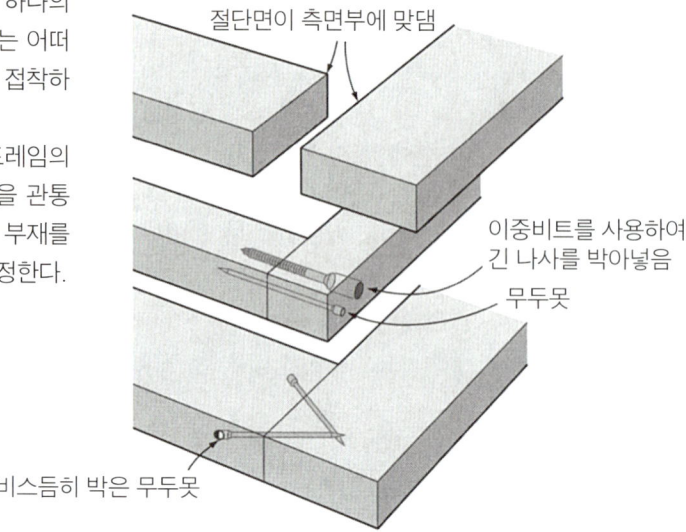

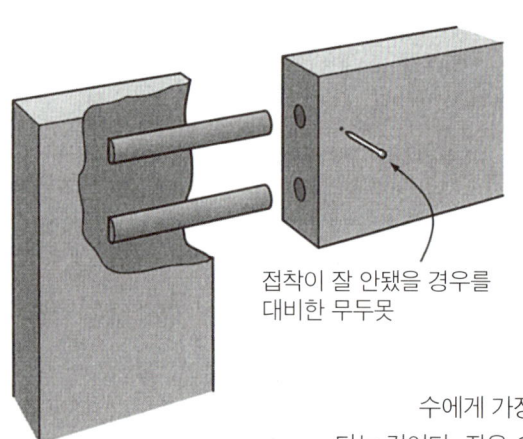

목심 맞짜임 Doweled butt

목심 결합은 사실상 딴혀장부(Loose tenon)이다. 가로대의 횡단면에 뚫린 구멍에 접착할 때는 접착면이 결방향 접착이라 훌륭한 결합이다. 그러나 세로대의 측면에 뚫린 구멍의 경우 목심은 결방향이나 구멍 내부는 단면 방향이다. 이것은 좋지 않은 결합이다.

가구 회사들뿐만 아니라 대부분의 목수들도 프레임 구조에 목심 결합을 신뢰한다. 적어도 이 짜임에는 두 개의 목심이 필요하다. 목수에게 가장 큰 고민거리는 목심구멍이 두 결합면 사이에 정확하게 정렬되어야 한다는 것이다. 작은 오차도 결합을 방해한다. 가구회사들의 경우 목심 결합을 잘 사용하는데 목심과 나무의 함수율을 조절하는 시스템을 가지고 있으면서 구멍의 크기와 위치를 정확하게 맞출 수 있는 첨단 기계장비들을 갖추고 있기 때문이다.

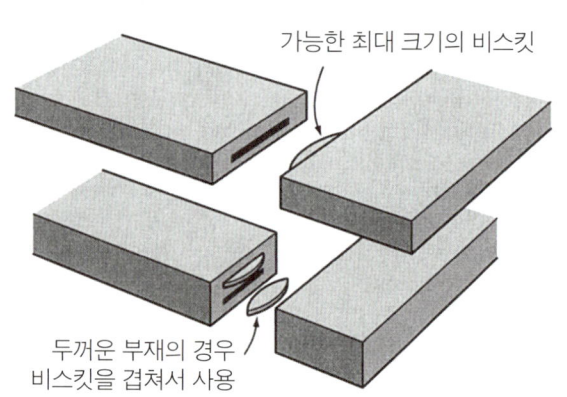

비스킷 맞짜임 Biscuited butt

맞짜임된 프레임 결합을 보강하는 좋은 방법이 비스킷을 사용하는 것이다. 많은 목수들이 장식장 문의 가로대-세로대 결합이나 전면 프레임 같은 곳에 사용하는 일반적인 장부 결합을 대체하는 좋은 결합법으로 생각하고 있다. 항상 부재의 폭에 최대로 맞는 크기를 선택해야 한다.

평면 연귀짜임 Flat miter joints

연귀짜임은 최고이자 최악의 결구법이다. 이것은 횡절단면을 보이지 않고 깔끔하게 직각의 모퉁이를 만들어낸다. 잘 짜였다면 연결선을 거의 알아챌 수 없고, 그곳에서 꺾이는 나무결이 대부분 가려진다. 때문에 어떤 횡단절단면도 보이지 않는 것이 장점이다.

그러나 간단한 연귀짜임은 구조적으로 매우 약한 것이 단점이다. 횡절단면 간의 접착이기 때문에 이상적인 접착결합에 비해 결합력이 떨어진다. 어떤 결합용 철물을 내부에 사용해도 절단면을 통과하기 때문에 철물이 매우 잘 고정되지는 않는다. 게다가 조립이 까다로운데 연귀로 절단된 끝부분은 조임쇠로 압력을 가할 때 항상 선을 벗어나 미끄러지려고 한다. 맞짜임처럼 어떤 형태로든 보강이 필요하다.

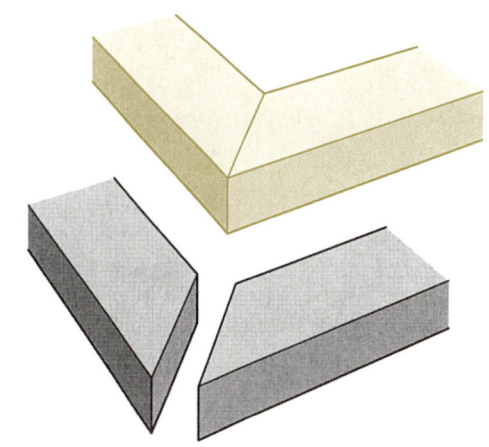

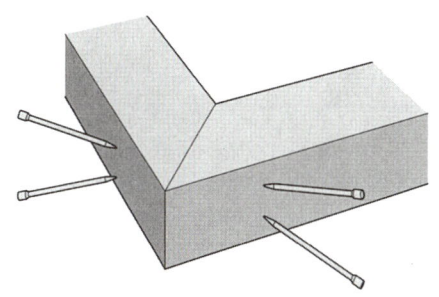

못으로 보강된 연귀짜임 Nailed flat miter

못으로 보강하면 경량의 실용적인 프레임을 연귀짜임으로 만들 수 있다. 그림에서 보는 것처럼 각 방향에서 두 개씩 무두못을 박는다.

목심 연귀짜임 Doweled flat miter

이론적으로는 목심이 정렬에 도움을 주지만 이것은 접합면에 걸쳐 완벽하게 이어진 목심구멍이 있어야 가능한 것이다. 이 짜임은 그리기는 쉽지만 실제로 나무에 적용하긴 쉽지 않다.

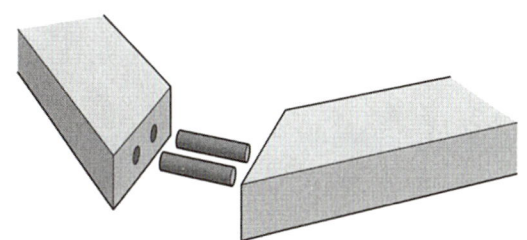

비스킷 연귀짜임 Biscuited flat miter

못이나 목심을 대체하여 연귀짜임을 잡아주는 것이 비스킷이다. 장식장의 전면 프레임은 장식장 문보다는 강도를 요구하지 않기 때문에 작은 비스킷 하나로도 충분하다.

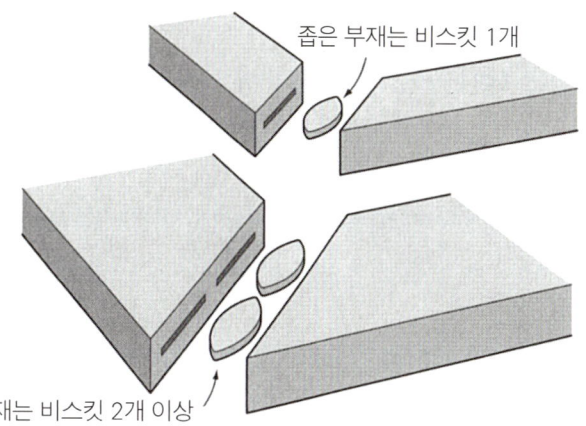

좁은 부재는 비스킷 1개

넓은 부재는 비스킷 2개 이상

측면 꽂임촉 연귀짜임 Flat miter with spline key

이것은 꽂임촉으로 보강된 연귀짜임으로 조립 후에 보강한다. 꽂임촉은 그림과 같이 연귀짜임에 상당한 깊이까지 관통해야 한다. 만일 결합을 강하게 해주고 싶다면, 꽂임촉의 결방향은 연귀의 직각 방향이어야 한다. 꽂임촉을 끼우기 위한 홈은 연귀 결합의 접착이 굳은 다음 만든다. 보통 테이블쏘 톱날이 한 번 지나가면 된다. 꽂임촉을 홈 속에 접착한 후에 프레임 표면에 맞춰 절단해 평평하게 한다. 꽂임촉은 같은 수종의 나무 또는 색 대비가 큰 나무를 사용한다.

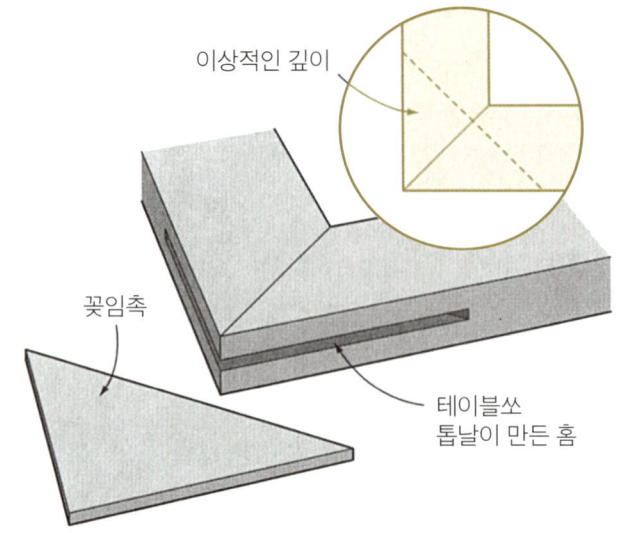

측면 주먹장 꽂임촉 연귀짜임 Flat miter with dovetail key

앞의 꽂임촉 연귀짜임과 다른 점은 꽂임촉의 모양과 크기이다. 여기서는 꽂임촉을 위한 홈을 주먹장날을 사용하여 루터로 가공한다. 꽂임촉도 주먹장 모양의 작은 나무 토막이다. 프레임 부재들의 크기와 상관없이 꽂임촉은 프레임 외곽 모퉁이를 얕게 관통한다. 관통 깊이의 한계는 홈을 파는 비트의 크기가 결정한다.

홈은 접착 완료된 연귀짜임에 만들어지며 꽂임촉을 그 안에 접착한다. 튀어 나온 부분은 평면으로 잘라낸다. 완성된 짜임에는 모퉁이의 양면에 모두 주먹장 모양이 보인다.

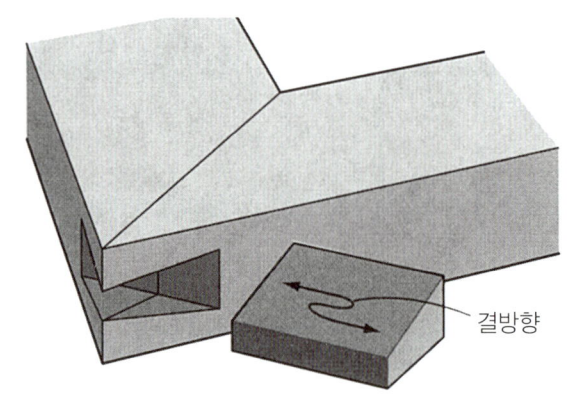

얇은 꽂임촉 연귀짜임 Flat miter with feather keys

이것은 일반 꽂임촉보다 훨씬 얇다. 보통 무늬목 같은 얇은 판을 사용하는데 접착된 연귀짜임에 등대기톱으로 자른 홈에 꽂임촉을 접착한다.

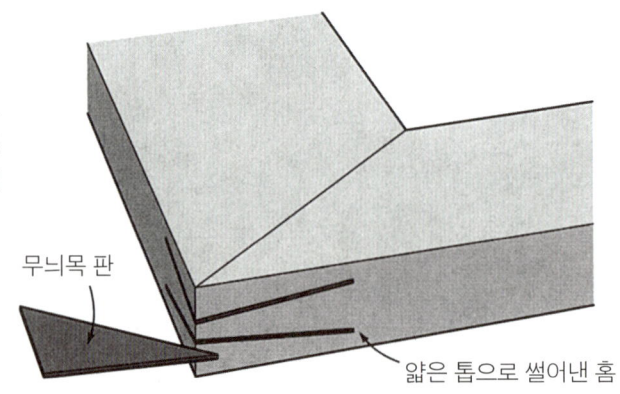

나비장 연귀짜임 Flat miter with butterfly key

이 연귀짜임은 꽂임촉을 상감하여 보강하는데, 두 프레임 부재가 만나는 선을 가로 지른다. 그리고 결합력을 보강하며 시각적인 악센트를 준다. 꽂임촉은 나비모양이며 중앙이 집힌 작은 사각형 모양이다. 결방향은 길이 방향이어야 한다.

물론 꽂임촉은 프레임이 접착한 후에 끼워 넣는다. 꽂임촉을 끼울 부분은 루터 또는 트리머로 파내며 끌로 정리한다. 잘록한 허리부분이 결합선 위에 정확히 위치해야 한다. 꽂임촉을 홈 속에 접착한 후에 평평하게 정리한다. 이 꽂임촉은 훌륭한 조임쇠 역할을 해준다. 효과적으로 결합을 붙잡고 있긴 하지만, 굽혀지거나 뒤틀리는 건 막을 수 없다.

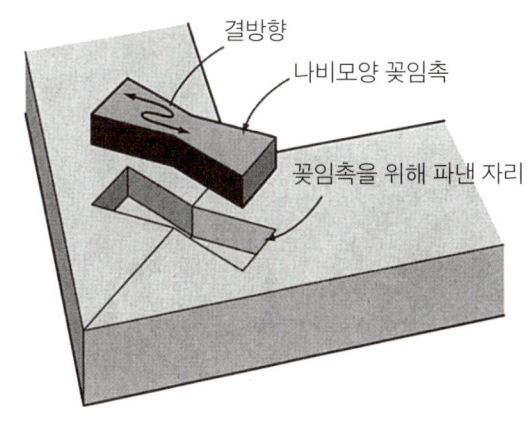

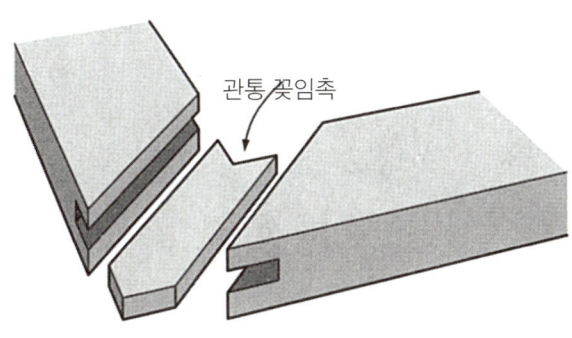

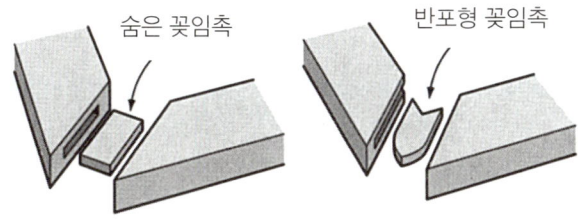

내부 꽂임촉 연귀짜임 Splined flat joint

꽂임촉은 맞댐한 연귀짜임의 구조적인 결합을 보완하는 좋은 해결책이다. 어떤 면에서는 군더더기 없이 깔끔한 연귀의 모습에 영향을 주지도 않는다. 꽂임촉은 합판 같은 것으로 만들어진 별도의 나무 조각으로 결합을 보강한다. 결합부가 쪼개지는 것을 막기 위해 꽂임촉의 나무결은 결합부와 직교하게 만들어져야 한다. 이렇게 하면 접착시 부재들을 자리잡기에 쉽다.

이러한 종류의 결합 중에 가장 만들기 쉬운 것이 관통 꽂임촉(Through spline)이다. 만나는 부분의 홈을 끝에서 끝으로 파준다. 결합은 강하지만 꽂임촉이 안팎의 모서리에서 보인다. 가장 만들기 어려운 것은 숨은 꽂임촉(Blind spline)이다. 맞닿은 면의 홈이 앞뒤에서 막히게 가공한다. 꽂임촉은 더 짧지만 짜임 내부에서 가려진다.

사방 꽂임촉 연귀짜임 Splined four-way flat miter joint

때때로 겹쳐지는 부재들이 하나로 합쳐지는 형태의 결합을 만들고 싶을 때 이 결합은 분리된 네 개의 부재를 하나로 강하게 연결해준다. 각 부재는 이중 연귀와 홈 가공이 되어 있다. 조립할 때 정사각형의 꽂임촉이 삽입된다.

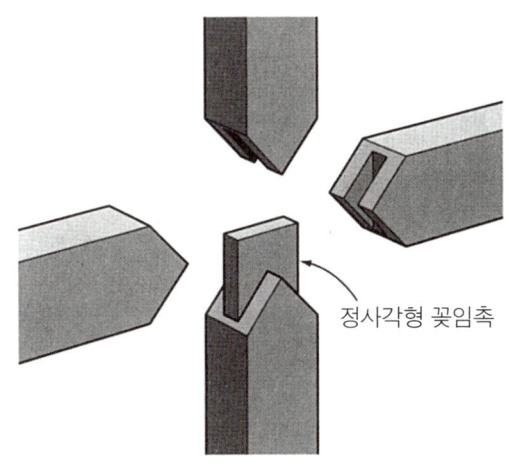

프레임 짜임 59

턱짜임 Lap joints

한쪽 부재에 턱을 파서 다른 부재와 연결하는 결합이 턱짜임이다. 많은 변형들이 있지만 두 부재를 교차 또는 X, L, T 등의 모양으로 간단히 연결한다.

결합 방법은 간단하고 적절히 만들어진다면 매우 강하다. 이 강도는 현대의 접착제의 성능에 기반하지만 또한 그 기계적인 특성에서도 나온다. 접착제의 사용과 상관없이 교차된 면대면 결합된 두 부재는 쉽게 비틀어 분리할 수 있다. 짜임은 평범하지만 기계적인 맞물림을 통해 크게 강화된다.

턱짜임에서는 한쪽 또는 양쪽의 부재의 일부를 맞물리는 각재의 폭만큼 사각형(다도나 턱을 만들 때처럼)으로 잘라낸다. 조립되면 따낸 부분의 측면을 어깨라 부르며, 이것은 부재들이 서로 비틀리는 것을 막아준다.

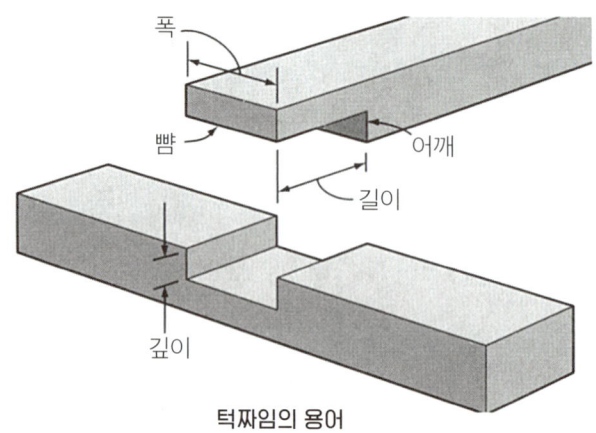

턱짜임의 용어

온턱짜임(Full-lap joint)은 한쪽 부재만 잘라낸다. 만나는 다른 부재의 전체가 홈 안으로 들어간다.
반턱짜임(Half-lap joint)에서는 양쪽 부재에 모두 홈을 만들어주며 보통 각 부재 두께의 절반까지 잘라낸다. 영국에서는 이를 이등분짜임(Halved joint)라고 부른다.

모서리 반턱짜임 End lap

이 모서리 결합은 양쪽 부재의 끝부분에 모두 턱을 만든다. 옆 그림에서 뺨(Cheek: 턱에서 결합면과 평행인 부분으로 결방향면)과 어깨(Shoulder: 턱에서 결합면과 직각인 부분이며 횡단면결이 노출된 부분)로 구성된다. 조립되면 모서리의 각 측면에 횡절단면이 노출되는데 이를 싫어하는 사람들도 있다.

만나는 면은 반드시 평면이어야 하며, 어깨 부분은 뺨 부분에 대해 직각으로 잘라져야 한다. 접착제가 발라지면 뺨과 뺨을 붙여서 결합한다. 각 부재의 어깨는 맞닿은 부재의 측면과 딱 붙어야 한다. 짜임은 접착제가 마를 때까지 모든 방향에서 조임쇠를 조여주어야 한다.

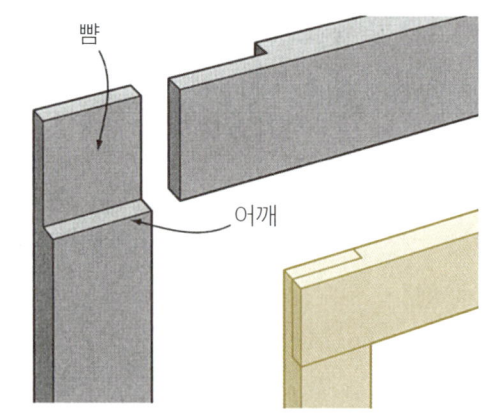

T자 반턱짜임 T-lap

한쪽 부재의 끝이 다른 부재의 중간에 결합되는 짜임이다. 이를 위해서 한쪽 부재의 끝에는 턱이 다른 부재의 중간에 다도 홈을 파준다.

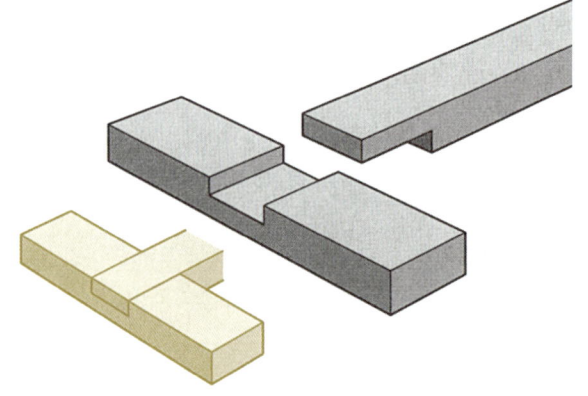

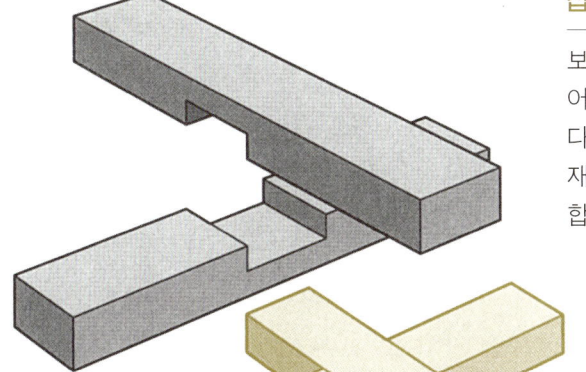

십자 반턱짜임 Cross-lap

보통 같은 크기의 부재를 교차하는데 사용하는 결합이다. 부재들은 어떠한 각도도 가능하다. 이 짜임은 두 부재에 같은 크기와 깊이의 다도를 가공하여 결합하면 서로 평면을 이루도록 만들어준다. 각 부재가 서로의 어깨 사이에 갇혀 있기 때문에 절대 부서질 수 없는 결합이다. 아마 나무가 먼저 부러질 것이다.

창살십자 반턱짜임 Glazing-bar cross-lap

이것은 창이나 유리를 넣은 문에 사용하는 문살(영국에서는 Glazing bar, 미국에서는 Muntin으로 부른다)에 쓰는 결합 방법이다. 이 결합의 장점은 문살의 가로와 세로 부재들을 이어지도록 만들 수 있다. 또한 더 견고한 격자 작업을 할 수 있다. 이 결합은 기본적으로 십자 반턱짜임이다. 그러나 문살이 복잡한 단면을 가지고 있기 때문에 일반적인 십자반턱보다는 좀 더 복잡한 절단이 필요하다.

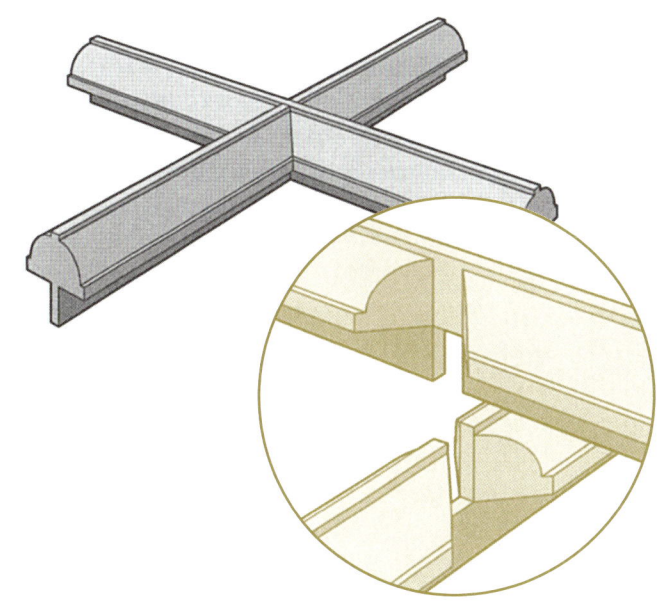

주머니 턱짜임 Pocket lap

멈춤 턱짜임으로 작업물을 다도짜임처럼 면 전체를 가로질러 잘라내지 않는다. 이것은 측면에서 횡절단부가 보이는 것을 원하지 않는 전면 프레임(Face frame)에 사용할 수 있다. 가로대와 세로대 간의 주머니턱짜임부는 장식장의 내부 쪽으로 돌려 가릴 수 있다.

프레임 짜임 61

연귀 반턱짜임 Mitered half-lap

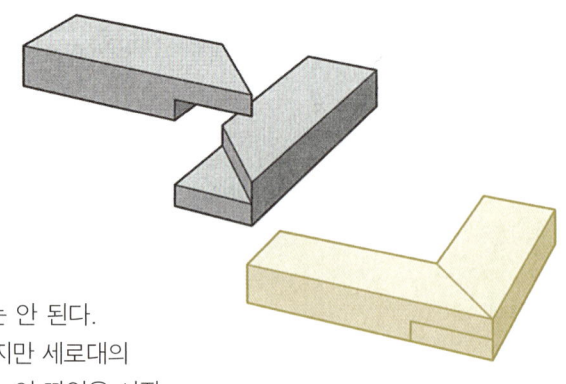

이것은 반턱짜임의 강도와 연귀짜임의 깔끔한 외관을 합한 결합이다. 또한 장식한 문을 만들 때 안전한 짜임 방법이다. 프레임의 내부 앞쪽 모서리에 단면모양을 만들기 쉽게 해주는데, 조립 전에 단면형상을 먼저 만들어주면 쉽다. 조립하고 나면 모양이 어떻게 생겼건 간에 연귀에서 단면형상들이 완벽하게 들어맞게 된다.

이 짜임을 만들려면 이미 만들어놓은 반턱짜임을 45도로 잘라서는 안 된다. 왜냐하면 가로대에는 어깨를 직각으로 잘라내고 끝을 연귀로 자르지만 세로대의 경우 어깨는 연귀로 자르고 끝은 직각으로 절단한다(옆 그림 참조). 이 짜임은 시작부터 연귀 반턱짜임으로 그려지고 가공되어야만 한다.

주먹장 반턱짜임 Dovetailed half-lap

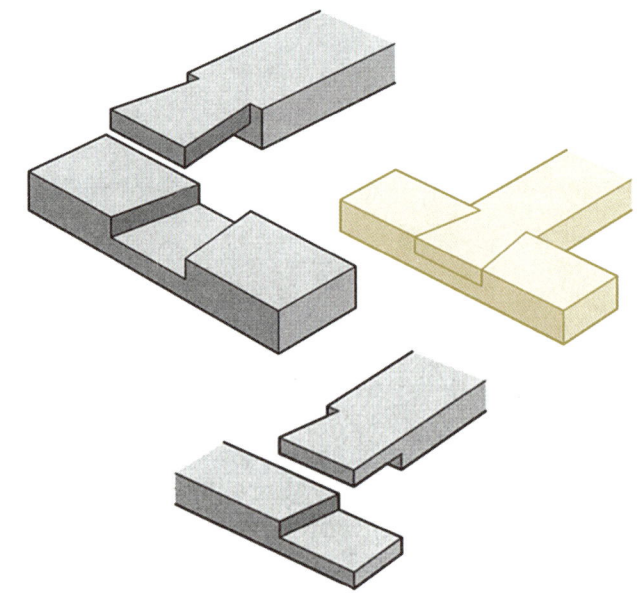

주먹장 모양의 반턱짜임을 통해 추가되는 기계적인 얽힘 효과를 얻을 수 있다. 이 반턱 결합은 들어올리지 않는 한 빠져나올 수가 없다. 그래서 일반 반턱짜임보다 강하다. 또한 주먹장 모양이 프레임에 품격을 제공한다. 이러한 여러 가지 이점을 얻으려면 단 한 가지 작업만 더 해주면 되는데 일반적인 사각형 어깨를 가진 짜임보다는 약간 어렵다.

주먹장끼움 반턱짜임 Dovetail-keyed half-lap

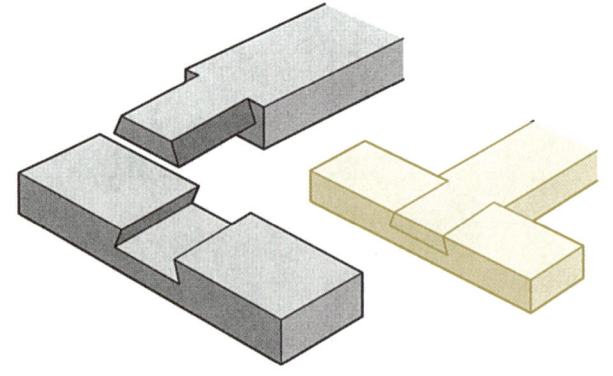

이것은 T자형 반턱짜임의 특별한 변형이다. 결합 부위의 경사진 어깨와 측면부가 특징이다. 이를 조립하려면 반턱의 끝부분이 잘려진 홈에 밀려들어가야 한다. 일단 조립되면 T자형의 기둥을 가진 T자형 반턱짜임과 모양이 같다.

장부짜임 Mortise-and-tenon joints

장부짜임은 목공 분야에서 중요한 프레임 짜임 방법이다. 5000년 전으로 거슬러 올라간 예가 박물관에 전시되어 있다. 심지어 오늘날에도 가구의 프레임부터 건축의 기둥-들보 구조까지 모든 곳에 사용된다.

장부짜임은 많은 종류의 형태가 있다. 기본이 되는 요소는 원형, 정사각 또는 직사각의 장부구멍(Mortise)과 연결될 부재의 끝을 잘라 장부구멍에 들어 맞도록 촉을 만들어준 장부(Tenon)이다.

결합부의 상세 이름들은 인체생리학에서 따왔다. 장부구멍의 열린 부분은 입(Mouth)이라 부른다. 장부구멍 내부 측면은 뺨(Cheek)이다. 장부 역시 넓고 평평한 측면의 뺨을 가지고 있다. 장부 뿌리 부분의 뺨과 인접한 면은 어깨(Shoulder)라 부른다. 장부 측면의 좁은 어깨 부분은 결합의 강도와는 상관없기 때문에 때론 미용어깨(Cosmetic shoulder)라 부른다.

장부 결합의 치수는 결방향 접착면을 최대화하는 방향으로 결정해야 한다. 하지만 지나치게 길거나 넓을 수 없으며, 너무 좁아서도 안 된다.

장부의 길이를 생각해보자. 결합은 결의 교차방향 구조이다. 사실상 습기에 의한 나무의 움직임은 장부들이 사방으로 관통되어 쐐기까지 고정된 형태가 아니라면, 짧은 장부보다는 긴 장부를 가진 결합을 더 약하게 만든다. 최고의 절충 방안은 장부구멍을 세로대의 중간까지 파주는 것이다. 폭이 좁은 부재의 경우 절반보다 조금 길게 만들어준다. 그래서 만일 세로대의 폭이 3인치(76mm)이라면, 장부 길이는 1.5인치(38mm)이다. 만일 세로대의 폭이 1.5인치(38mm)이라면, 장부 길이는 1인치(25mm)로 해주는 것이 좋다.

장부의 폭은 일반적으로 가능한 넓은 것이 좋다. 그러나 나무의 움직임은 결의 직교 방향(폭 방향)으로 움직이고 길이 방향으로는 거의 없다. 넓은 촉일수록 움직일 수 없는 장부구멍이 파져 있는 부재 안에서 더 크게 움직이고자 할 것 이다. 그러한 스트레스는 장부를 빠지게 하거나 깨지게 만든다. 만일 매우 넓은 장부가 필요하다면 촉을 두 개나 그 이상으로 일정하게 나누어서 결이 교차하여 발생하는 스트레스를 분산시켜야 한다.

장부의 두께는 전통적으로 장부구멍 폭은 부재 두께의 1/3을 넘지 않도록 한다. 만일 모든 장부구멍들을 끌로 파야 한다면, 구멍 주변이 쪼개지지 않도록 충분히 튼튼해야 하기 때문에 위의 규칙을 잘 지켜주어야 한다. 그런데 잘 맞고 접착이 잘 된 장부라면 부재 두께의 1/2일 때가 결합력이 더 강하다. 오늘날은 기계작업으로 쪼개질 염려없이 더 넓은 장부를 만들 수 있다.

장부짜임의 상세 설명

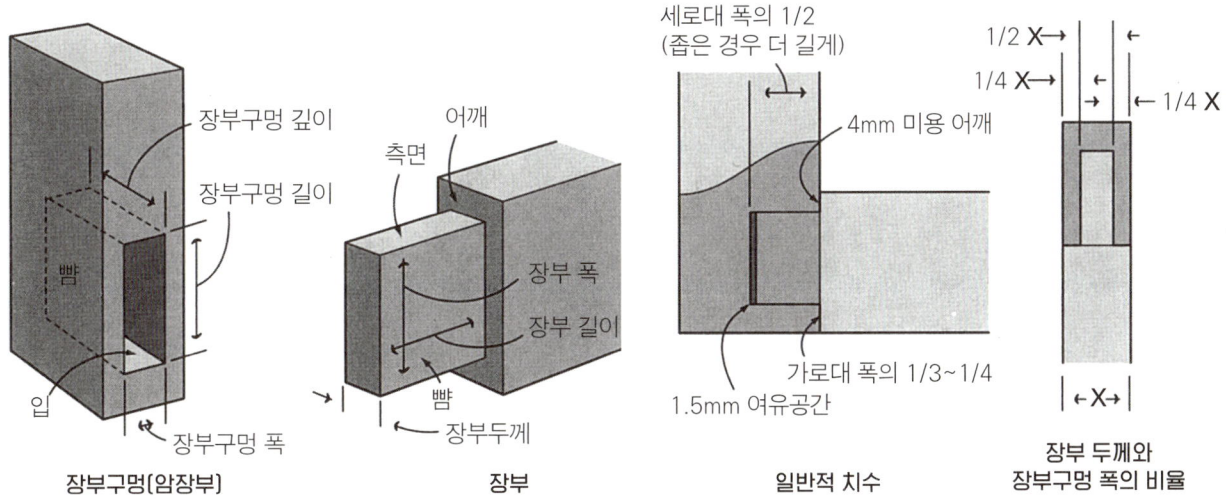

관통 장부짜임 Through mortise-and-tenon

장부구멍이 세로대의 측면을 관통할 때 이것이 관통 장부이다. 물론 장부촉도 구멍에 딱 맞게 만들며 횡단면결이 노출된다.

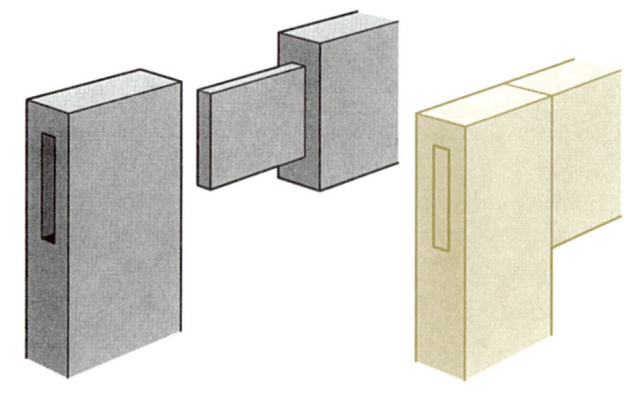

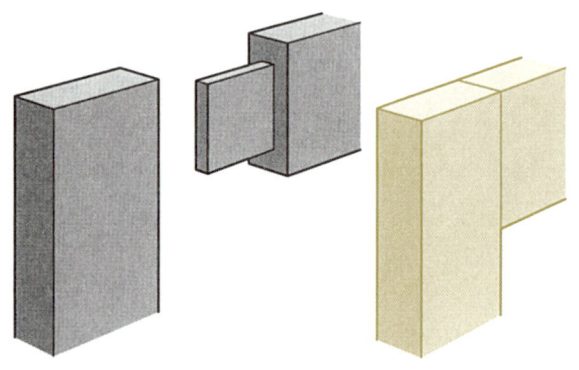

숨은 장부짜임 Blind mortise-and-tenon

만일 장부구멍이 프레임 부재의 중간까지만 파진다면 이것이 멈춤 또는 숨은 장부짜임이다. 일단 장부가 장부구멍 속에 접착되면 짜임의 모양은 보이지 않는다. 이것이 요즘 대부분의 가구에 사용되는 장부짜임이다.

턱장부짜임 Haunched tenon

헌치(Haunch)는 가로대 장부 측면과 가로대 측면 사이의 장부 어깨에 튀어 나온 턱 부분을 말한다. 오늘날 턱장부가 가장 많이 사용되는 곳은 프레임-패널 구조(Frame-and-panel construction)로 관통되는 패널 홈을 턱이 메워준다. 이러한 턱장부는 옛 목공 작업에서 항상 볼 수 있는데 홈대패로는 홈을 멈출 수가 없기 때문이다.

때로는 다리-가로대 구조에서도 볼 수 있는데, 당연히 다리에 헌치를 위한 홈을 파주어야 한다. 턱에 연귀를 만들어주는 변형도 있다.

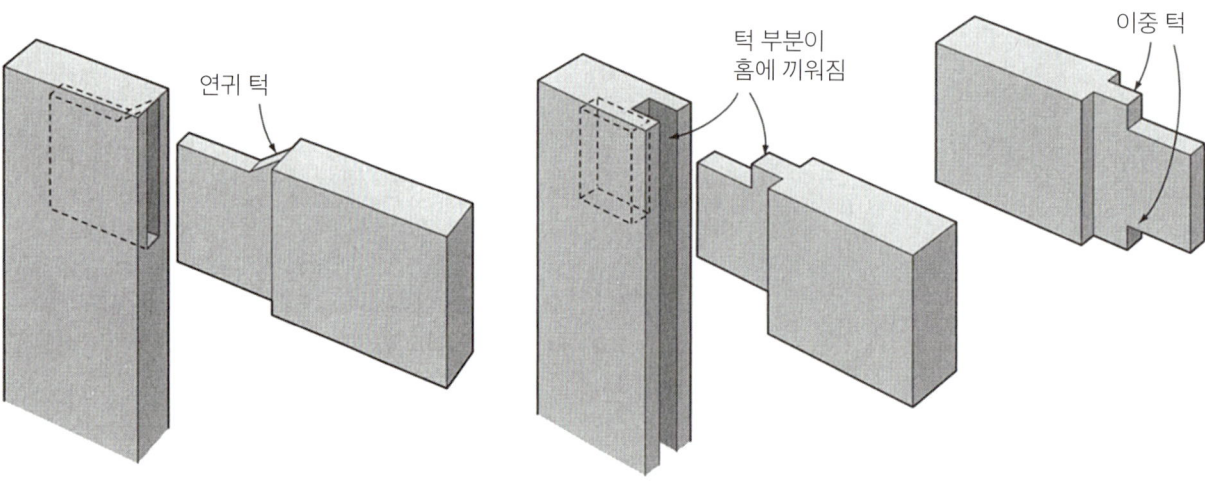

이중어깨 장부짜임 Long-and-short-shouldered tenon

유리가 있는 프레임이나 문을 만든다면, 보통 유리를 턱 안에 넣은 후에 몰딩을 덧대고 못을 박아서 고정한다. 이 프레임을 만드는 가장 쉬운 방법은 가로대와 세로대에 먼저 턱을 가공하는 것이다.

턱이 관통되어 가공되기 때문에 장부 결합할 때 뒤쪽 어깨가 앞쪽보다 길다. 세로대의 뒷면에 홈이 생기면, 가로대의 뒤쪽 어깨는 앞쪽보다 앞으로 길게 나오게 된다.

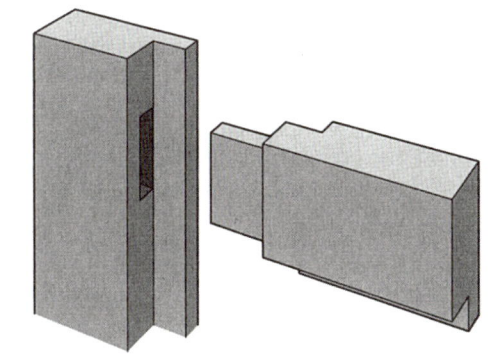

딴혀장부짜임 Loose tenon

이 결합에서는 부재 양쪽 모두에 장부구멍을 파내고 장부는 별도의 나무토막을 사용한다. 딴혀장부가 가로대의 끝의 장부구멍 안에 접착되면 마치 원래부터 거기 있던 것처럼 함께 할 것이다.

* 도미노(Domino)결합이 이에 해당한다. _옮긴이

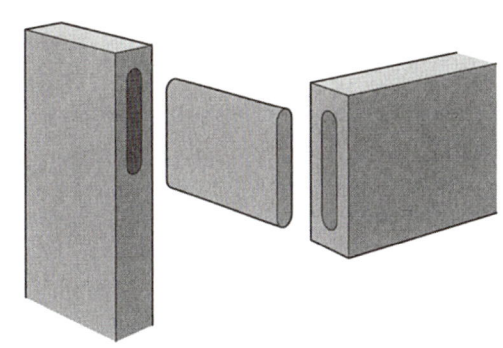

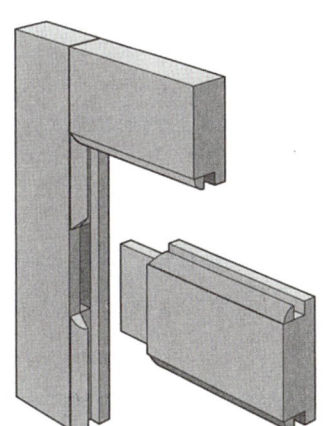

관통몰딩 장부짜임 Mortise-and-tenon with stuck molding

관통몰딩은 프레임을 이루는 가로대와 세로대에 직접 몰딩 형상을 깎은 것이다. 부재들을 연결하는 비밀은 세로대의 몰딩과 가로대의 몰딩을 단순한 연귀로 처리하는 것이다. 이를 위해서 프레임 각 부재의 측면 안쪽에 바로 장식을 위한 몰딩 단면을 가공한 뒤, 장부구멍 주변의 몰딩을 연귀로 잘라낸다. 장부쪽 부재의 몰딩도 짝을 맞춰 잘라낸다.

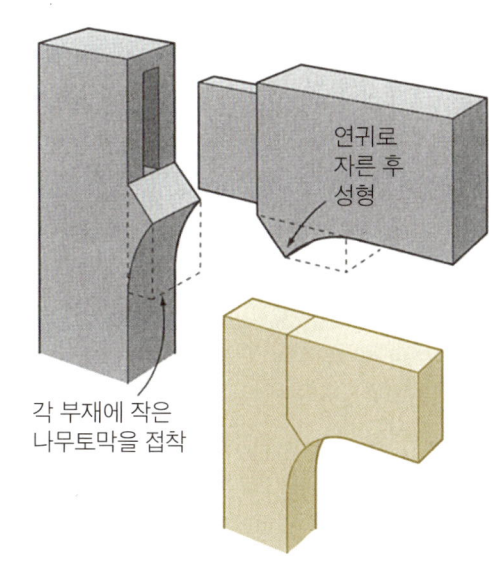

연귀로 자른 후 성형

각 부재에 작은 나무토막을 접착

어깨연귀 장부짜임 Mortise-and-tenon with mitered shoulder

가로대와 세로대 사이나 다리와 가로대 사이에 곡선이 들어간 디자인을 해야 한다면 곡선 부재는 어깨 부분에서 반드시 연귀로 만나야 한다. 반면에 마구리결은 부서지고 쪼개지기 쉽다. 어울리는 나무토막을 가로대와 세로대에 붙이고 만나는 부분을 연귀로 잘라낸 뒤 곡선으로 모양을 다듬는다.

프레임 짜임 65

쌍장부짜임 Double mortise-and-tenon

경험적으로 쌍장부는 두께보다 폭이 10배 이상 되는 단일 판재에 적용한다. 장부는 대략적으로 촉, 여백, 촉으로 삼등분한다. 나누어진 촉은 나무의 수축·팽창으로 인한 스트레스를 잘 견뎌낸다. 가로대가 휘어지는 것을 막기 위해서 촉 사이에 짧은 촉부분을 남기기도 한다.

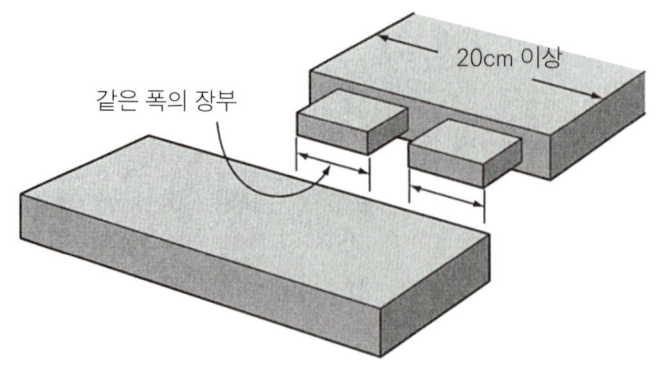

쐐기 장부짜임 Wedged mortise-and-tenon

쐐기는 장부 결합을 단단히 유지시켜주어 접착제가 필요 없게 해준다. 쐐기의 기계적인 맞물림 효과 외에도 훌륭한 장식이 되기도 한다. 쐐기는 경사진 주먹장 모양의 장부구멍 속에서 쐐기가 장부촉의 끝을 벌려줄 때 가장 효과적이다.

숨은 장부짜임에도 쐐기를 사용할 수 있는데, 이것이 지옥장부(Fox-wedged tenon)이다. 이 결합 방법은 반드시 정밀하게 가공되어야 한다. 장부가 구멍 안으로 진입할 때, 쐐기가 장부구멍의 바닥에 닿고 톱길을 파고든다. 모든 것이 완벽하다면 결합은 매우 강하다. 일단 조립된 후 결합이 잘못되어 조정하기위해 다시 분해하는 것은 불가능하다.

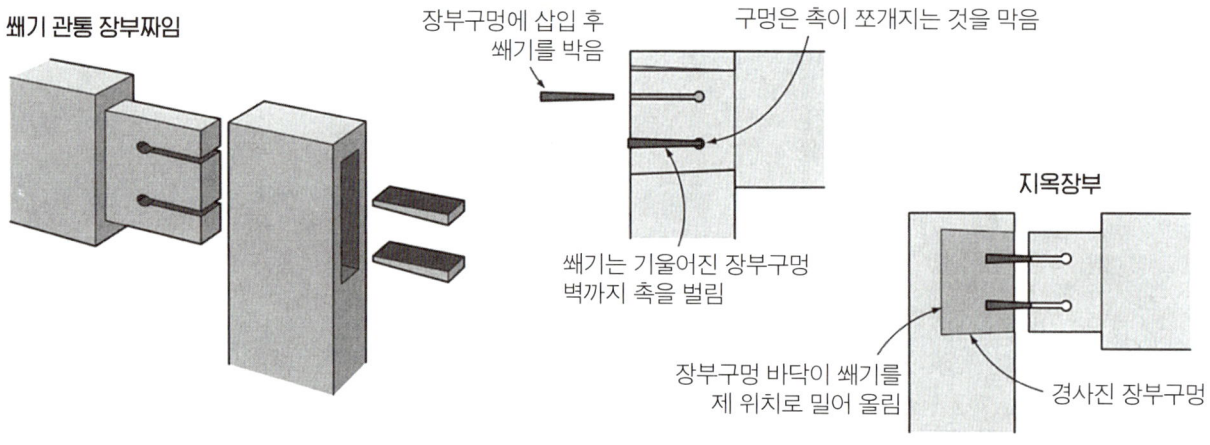

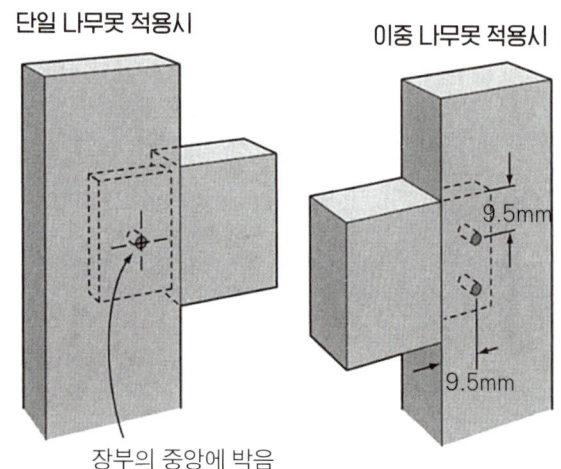

나무못 장부짜임 Pegged mortise-and-tenon

접착제를 못 믿는가? 나무못을 사용하라. 접착제의 결합이 깨지면 나무못이 결합을 유지시켜준다. 나무못을 넣기 전에 먼저 접착제를 바르고 조임쇠로 조인다. 결합부에 드릴로 구멍을 뚫고 목심이나 목봉을 박아준다. 목선반 가공을 통해 색 대비가 큰 나무를 사용하거나 머리 부분을 장식적으로 만들어 줄 수 있다. 또는 둥근 나무못 머리를 네모로 깎을 수도 있다.

홈과 짧은 장부짜임 Groove-and-stub tenon

짧은 장부는 비규격 장부로 일반 패널 홈에 맞는 크기의 촉이다. 약한 결방향 접착 면적을 가지고 있어서 책장 구조에 거는 전면 프레임 같은 경량 구조용 결합 방법이다.

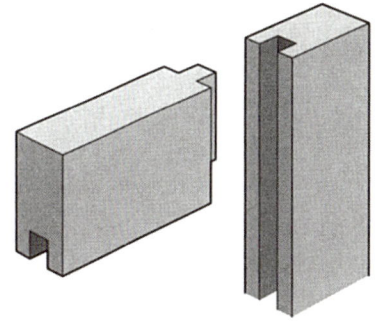

프레임 비트 사용한 짜임 Cope-and-stick joint

프레임-패널 구조에서 어려운 것은 강도와 아름다움을 병행하여야 하며, 실용성과 함께 경제성도 고민해야 한다는 것이다. 만일 문과 같은 구조라면 결합이 특히 강해야 한다. 장부짜임이 전통적인 프레임 결합 방법이지만 많은 문을 만들어야 한다면 시간이 무척 많이 걸리는 작업 방법이다. 결합 방법만큼이나 매력적인 외형도 중요시 된다. 따라서 작업물을 꾸미기 위한 일련의 작업들은 프로젝트의 비용을 상승시킨다.

특히 요즘은 서랍장의 문의 경우 프레임 비트를 사용하여 조립한 프레임이 점점 늘어나고 있다. 이를 Cope-and stick joint 또는 Cope-and-pattern joint라고 부른다.*

프레임을 완성하기 위해서는 두 번의 가공과정이 필요하다. 첫 번째 순서는 세로대와 가로대 모두에 해당되는데, 프레임 부재들의 내부 측면에 장식적인 단면형상과 함께 패널(알판)을 위한 홈을 파주는 작업이다. 두 번째 가공 순서는 가로대의 양 끝부분에만 해주는데, 촉과 함께 첫 번째 단면형상의 반대가 되는 윤곽을 만들어준다. 절단이 작업물에 적절히 정렬되어 진다면 촉은 홈에 딱 맞고, 가로대의 끝부분은 단면형상에 완벽하게 들어맞게 된다. 요즘 판매되는 접착제를 사용한다면 이는 아주 강한 결합력을 가질 것이다.**

몇 가지 가능한 단면형상들

---

* Raised panel bit 세트 또는 국내에서 알판비트 세트를 구입하면 세로대와 가로대용 비트와 알판 제작용 비트를 함께 구입할 수 있다. _ 옮긴이
** 가로대의 횡단면을 루터 비트로 가공할 때는 부재가 퉁겨져 나가지 않도록 적절한 고정 장치가 필요하다. 반드시 루터 테이블 사용법을 숙지한 후 작업해야 한다. _ 옮긴이

가름장부짜임 Slip joints

가름장부짜임은 열린 장부짜임(Open mortise-and-tenon joint)으로도 부르는데, 가로대에는 장부가, 세로대에는 위와 측면이 열려 있는 장부구멍이 있기 때문이다.

가름장부짜임은 두 가지 기본적인 방법이 있다. 한쪽 부재 끝에 다른 한쪽의 끝을 연결하는 가름장부짜임(Slip joint 또는 Corner bridle joint)과 한 부재 끝을 다른 부재의 중앙에 연결하는 브리들짜임(Bridle joint)이 있다. 기능적으로 일반적인 장부짜임과 비슷하며, 강도도 엇비슷하거나 더 강하다.

가름장부짜임의 단점은 모든 장부짜임이 그렇지만 장부 어깨를 강하게 장부구멍 쪽으로 조여주어야 하며 또한 장부구멍과 장부촉의 측면이 잘 접착되도록 측면도 조임쇠로 조여주어야 한다.

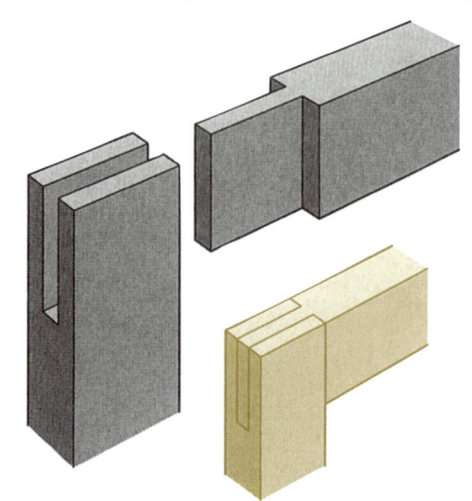

사선형 가름장부짜임 Tapered slip joint

특별한 용도의 가름장부짜임의 형태로 무늬목이 붙여질 프레임에 사용한다. 보통의 가름장부짜임 면에 무늬목을 붙이면 가로대와 세로대의 수축·팽창의 차이에 의해 시간이 지나면 접합면에 선이 생기게 된다.

사선형 가름장부짜임은 이러한 선을 없애기 위해 고안되었다. 무늬목이 붙여지는 부분의 장부어깨 부분을 매우 좁게 만든다. 장부 어깨와 만나는 장부구멍의 뺨 부분(벽 부분)이 얇아서 수축·팽창의 움직임 크기가 작아지고 사실상 평면을 유지하게 된다.

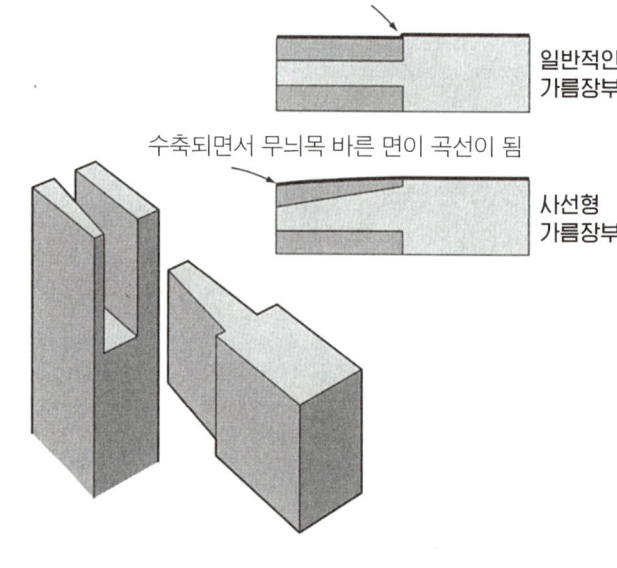

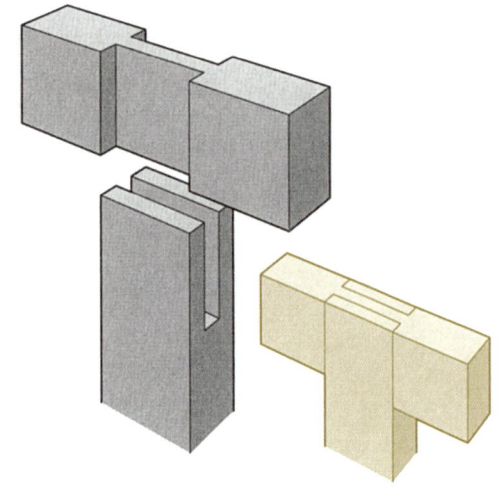

브리들짜임 Bridle joint

한 부재의 끝이 다른 부재의 중간에 결합되는 열린 장부 결합이다. 이것은 긴 가로대의 중간에 다리를 달아주는 경우에 주로 사용된다. 다리 기둥에는 홈(열린 장부)이 파지며, 그 홈과 겹쳐지는 부분은 가로대 양면 모두에 파진다.

연귀 가름장부짜임 Mitered slip joint

이것은 연귀짜임의 외관과 가름장부짜임의 강도를 합한 결합 방법이다. 이 짜임은 두 가지 종류가 있다. 관통 짜임에서는 장부의 절단면이 노출된다. 숨은 짜임에서는 장부홈이 관통되지 않아서 장부의 마구리결이 숨겨진다. 두 종류 모두 같은 강도를 가진다. 관통 짜임이 약간 더 만들기 쉬우며, 숨은 짜임이 보기는 더 좋다.

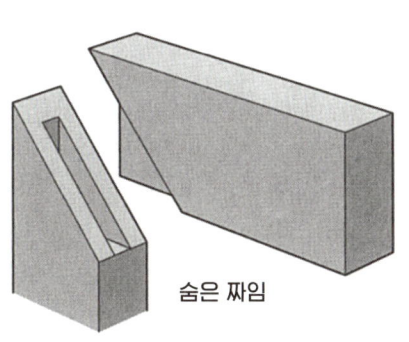

숨은 짜임

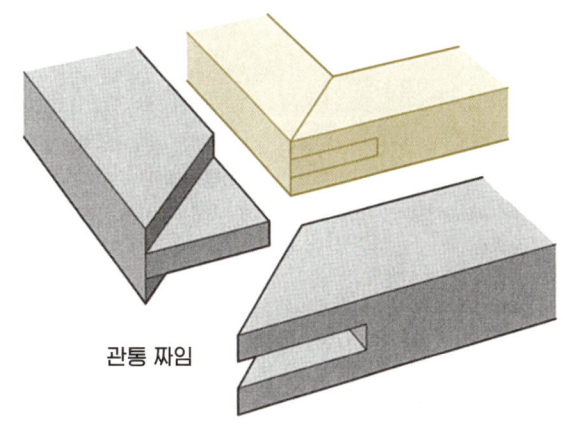

관통 짜임

삼방 연귀짜임 Mitered showcase joint

이 우아한 장식장용 결합법은 유리장식장을 위한 프레임을 짜는데 사용하는 전통적인 방법이다. 꽤 튼튼하지만 보통의 장부 결합만큼은 아니며, 단독으로 서는 장식장이나 벽걸이용 진열장 같은 정교한 조립작업에 사용된다.

이 결합을 쉽게 만들 수 있는 열쇠는 딴혀장부이다. 장부를 부재에 직접 만들어주는 전통적인 기법은 장부 주변의 어깨를 정확하게 연귀로 잘라내는 동시에, 다른 어깨에는 정확하게 장부구멍을 만들어줘야 하기 때문에 제작하기 매우 어렵다. 그런데 딴혀장부를 사용하면 모든 부재의 어깨를 연귀로 잘라내고, 장부구멍도 동일하게 파내면 되기 때문에 비교적 간단한 제작 방법을 따르면 된다.

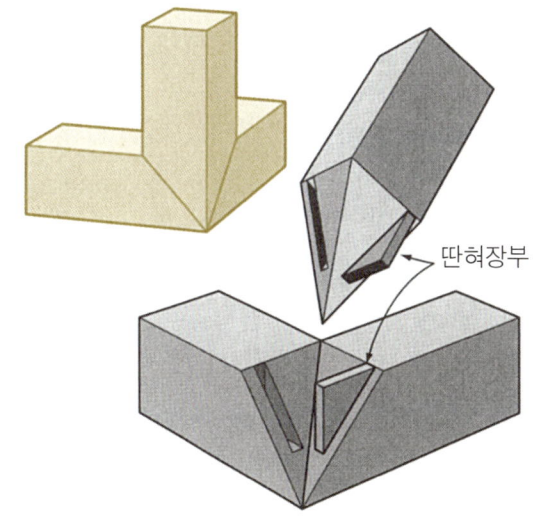

딴혀장부

04 가로대 짜임
Rail Joints

장부 결합 같은 가로대 결합법은 다리-가로대 구조, 기둥-가로대 구조에서 사용된다. 이러한 구조는 프레임 구조의 경우와 같이 절단면 조직이 결방향 조직에 결합된다. 사실 절단면 조직의 접착력은 매우 약하기 때문에 결합력 또한 가장 안 좋은 상황이다. 하지만 이러한 결합이 안정적이고 내구성이 있음이 증명된 짜임 방법 중에 하나이다.

가로대 결합의 비결은 결방향 대 결방향의 접착면에 있다. 대부분의 이러한 결합에서는 한 부재의 결과 다른 부재의 결은 서로 교차되기 때문에 습도의 변화에서 기인하는 충돌은 피할 수 없다. 하지만 결방향과 절단면을 붙이는 것보다는 훨씬 나은 결과를 얻을 수 있다.

장부 결합 Mortise-and-tenon joints

장부 결합을 디자인할 때 중요한 목표는 접착 면적, 특히 결방향끼리의 접착면을 최대화하는 것이다. 짜임의 사용처에 따라 결합 방법과 그 비율을 선택해야 한다. 장부구멍의 크기는 명백히 장부의 크기에 따른다(장부구멍에 장부의 크기를 맞추는 것이 훨씬 쉽다. 그래서 대부분 장부구멍을 먼저 파낸다).

장부가 커질수록 더 튼튼하지만 장부구멍 크기는 한계가 있다. 장부구멍 벽이 너무 얇아지는 것은 원치 않을 것이다. 각 부위에 무엇이 필요한지 염두에 두어야 한다. 예를 들어 탁자 다리에 장부구멍에 고정된 가로대는 인장-압축 응력을 받는다. 그래서 장부의 높이와 길이는 가능한 최대로 해야 한다. 장부에 전단력과 회전력이 많이 걸리지 않더라도 다리가 힘을 많이 받게 되는 경우 다리를 약하게 하고 싶지 않다면 장부를 얇게 만들어주면 된다. 가로대 결합에 있어서 장부 결합이 가장 흔한 형태이며 아래에서 볼 수 있다.

통장부 Full-height tenon

장부를 가능한 크게 만들어주라는 원칙을 그대로 따른 경우이다. 그림에서 보듯이 장부는 가로대 전체 높이로 만들며 장부 어깨는 측면이 아닌 양쪽 면에만 존재한다.

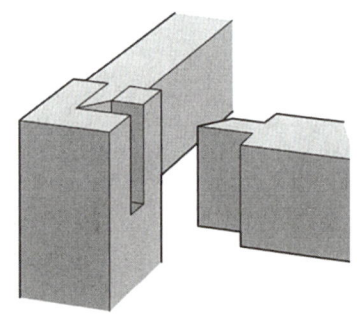

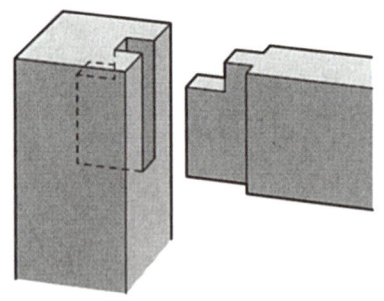

턱장부 Haunched tenon

프레임을 만들 때 많이 사용되는 짜임이며, 가로대 결합에도 사용한다. 짜임부를 감추면서도 장부의 높이도 확보하는 결합이다. 예를 들어, 연귀턱장부(Mitered haunch)는 조립되고 나면 결합부의 턱이 보이지 않아서 유리 상판을 사용하는 받침대에 적용하기 좋은 결합 방법이다.

연귀턱장부 Mitered Haunched tenon

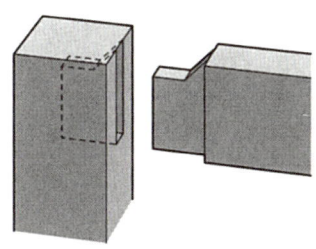

내측 연귀장부 / 내측 겹침장부 Mitered / lapped tenon

장부의 길이는 장부가 들어가는 부재의 크기에 의해 제한받는데, 특히 두 개의 장부가 하나의 기둥에 직각으로 결합하는 경우도 그렇다. 이것은 다리-가로대 구조에서는 많이 찾아볼 수 있다. 장부의 끝을 연귀로 만나게 하는 것이 자주 사용하는 방법으로, 직각으로 잘라지는 장부보다 조금이라도 길게 장부를 만들어서 약간의 접착 면적이라도 넓혀주는 효과가 있다. 장부 끝을 겹치는 경우도 있다.

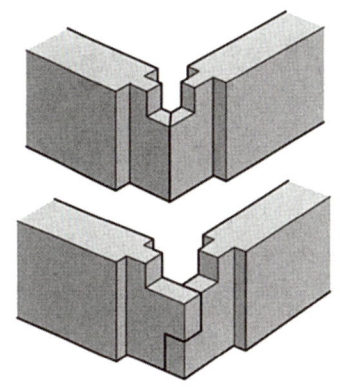

평장부 Barefaced tenon

평장부는 적어도 하나의 장부면이 결합면과 평평하게 만나는 경우를 위해 만들어졌다. 진짜 평장부는 어깨 없이 통으로 끼우는 것이다. 장부구멍의 폭과 길이는 결합되는 부재의 두께와 폭에 맞춘다.

여기에는 여러 가지 변형이 있다. 한쪽 면에만 어깨가 있거나, 한 면과 양쪽 측면에 어깨가 있는 경우도 있다. 통평장부의 장점은 부재 자체의 강도를 그대로 사용하는 것이다. 세 개의 어깨를 가진 쏠림평장부(Offset barefaced tenon)는 장부벽을 이상적으로 두껍게 유지하면서도 튼튼한 장부를 만들어주고 다리의 접합면과 가로대 면을 평평하게 만들어준다.

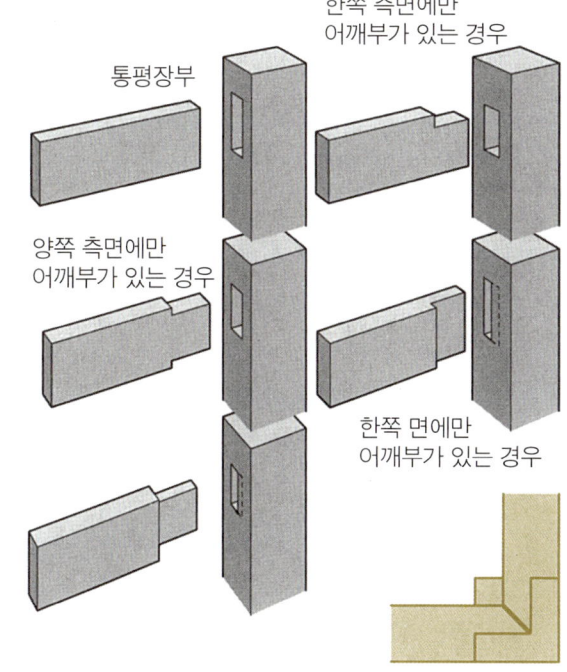

통평장부

한쪽 측면에만 어깨부가 있는 경우

양쪽 측면에만 어깨부가 있는 경우

한쪽 면에만 어깨부가 있는 경우

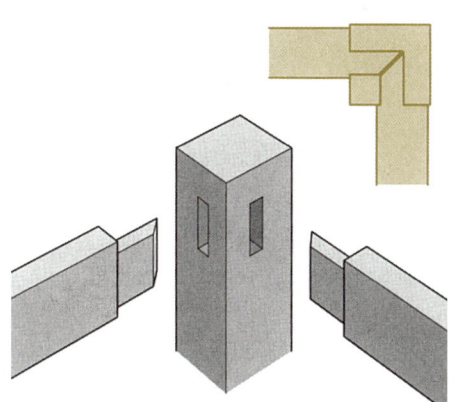

쏠림장부 Offset tenon

쏠림장부는 평장부의 모든 장점을 가지면서도 일부 장인들이 추가적인 이점이라 주장하는 네 번째 어깨를 가지고 있다. 자세한 단면을 볼 수 있는 그림에서는 한쪽으로 밀려 있는 장부와 그 이점들을 확인할 수 있다.

각도 장부짜임 Angled mortise-and-tenon

이 결합은 수납장용 짜임보다는 의자용 짜임 방법이며, 좀 더 현대적인 가구를 제작할 때 자주 등장한다. 두 가지 접근 방법이 있다. 첫 번째는 장부가 비스듬히 기울어져 있고, 장부구멍을 수직으로 파낸다. 그러나 가로대의 결이 장부로 연결되지 않기 때문에 장부가 약해질 수 도 있다. 두 번째 접근 방법이 더 나은데, 장부구멍을 비스듬히 파내고, 장부를 가로대와 평행(어깨에 각이 생기더라도)하게 만들어준다.

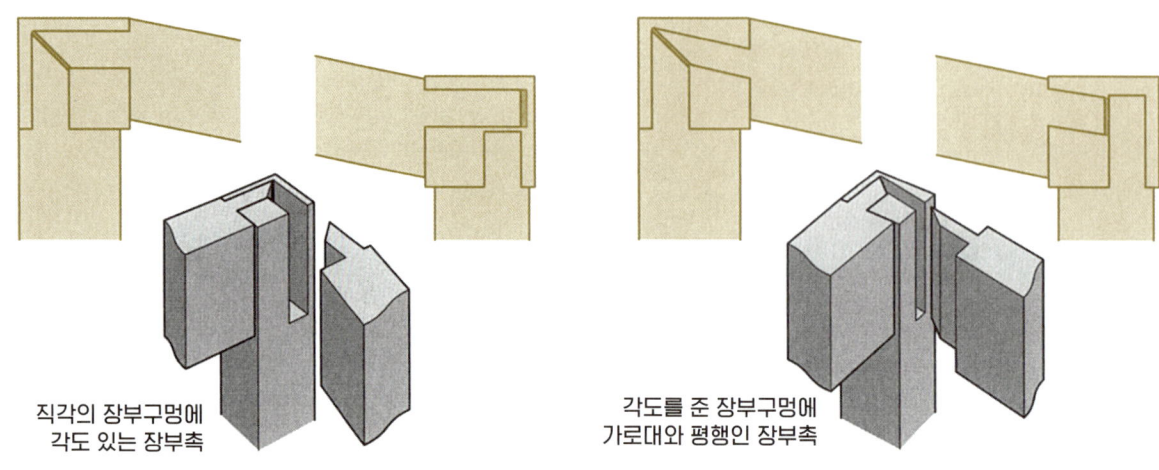

직각의 장부구멍에 각도 있는 장부촉

각도를 준 장부구멍에 가로대와 평행인 장부촉

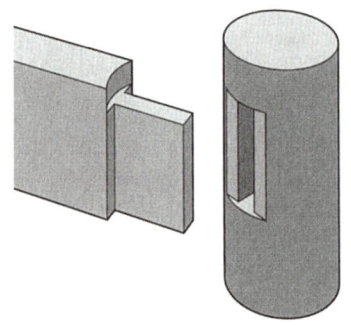

원기둥 장부 결합 Mortise in a round

어떤 현대적인 탁자 디자인을 살펴보면, 원형의 다리에 가로대가 결합되는 경우가 있다. 장부 어깨를 오목하게 잘라내는 것은 어려운 일이기 때문에, 그림에서 보는 것처럼 원기둥의 표면을 평평하게 다듬고 거기에 장부구멍을 파준다. 전형적으로 장부는 아래쪽으로 쏠리게 만들어주고 다리의 곡선과 만나는 위쪽 어깨는 오목하게 다듬어준다.

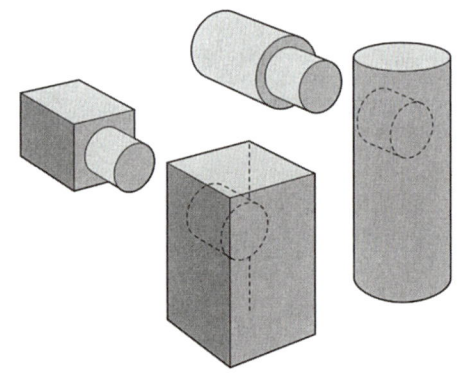

원형장부 Round mortise-and-tenon

원형장부는 그림에서 보듯이 사각이나 원형의 부재에 사용한다.

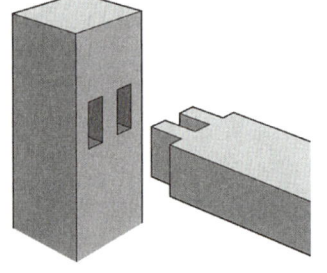

쌍장부 Twin mortise-and-tenon

이 결합은 다리에 서랍 가로대를 고정할 때 사용한다. 이 짜임을 설계할 때 유혹은 가로대의 폭을 가로질러 장부 방향을 맞추는 것이다. 이 경우는 결방향-대-절단면 접착이라 좋지 않다. 대신에 그림과 같이 가로대의 두께 방향으로 장부를 두 개(또는 그 이상)로 나눈다. 이것은 결방향 접착력을 최대화하여 강한 결합을 만들어준다.

쐐기장부 Tusk tenon

이 결합법은 때때로 가구를 분해할 때 매우 효과적이다. 이것은 가대식 탁자(Trestle table)나 침대, 직조틀 등에 사용한다. 쐐기장부는 장부구멍을 관통하여 반대 방향으로 노출되도록 충분히 길게 만들어준다. 이것은 관통 장부에 짜임 고정용 쐐기를 하나 또는 복수의 쐐기를 가진다.

쐐기장부를 설계하고 제작할 때, 장부의 끝 단면 쪽으로 쐐기가 밀어내는 전단 응력에 주의해야 한다.

쐐기는 수직 방향으로 설치하는 것이 이상적이다. 나무의 계절적인 수축·팽창이나 험하게 사용하면서 발생하는 결합부의 회전이 일어날 때, 약간의 측면 유격을 준 잘 만들어진 쐐기는 장부구멍 안으로 더 깊이 떨어지게 되고, 결합부를 더 조여준다. 쐐기가 수평이라면 조금씩 움직이면서 빠지게 될 것이다. 이 짜임을 만들 때는 두 번째 파는 장부구멍의 각도에 주의해야 한다. 첫 번째 팔 때는 장부를 그냥 관통하고, 두 번째는 쐐기의 각도에 맞춰 장부구멍을 판다. 또한 최종적으로 쐐기를 넣기 전에 쐐기가 장부구멍에 더 떨어질 수 있도록 충분한 측면 유격을 줘야 한다. 변형은 다양하며 그림에서는 세 가지만 보여준다.

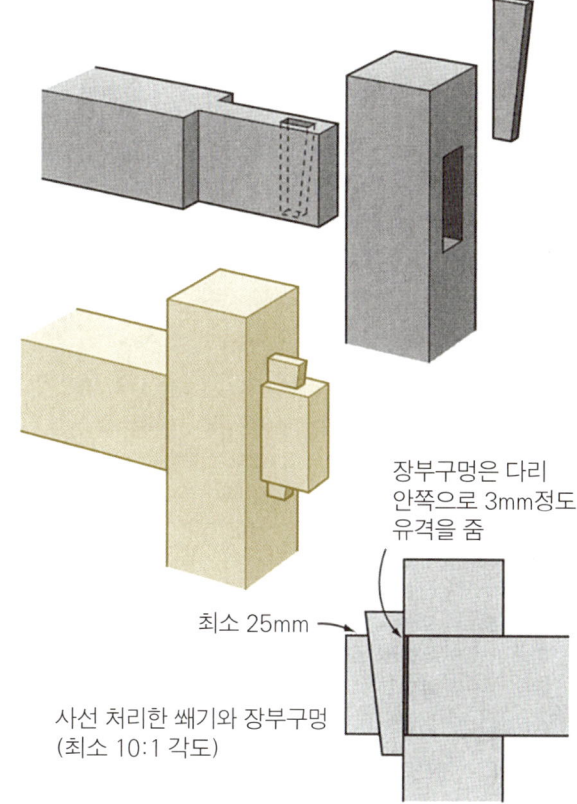

장부구멍은 다리 안쪽으로 3mm정도 유격을 줌

최소 25mm

사선 처리한 쐐기와 장부구멍 (최소 10:1 각도)

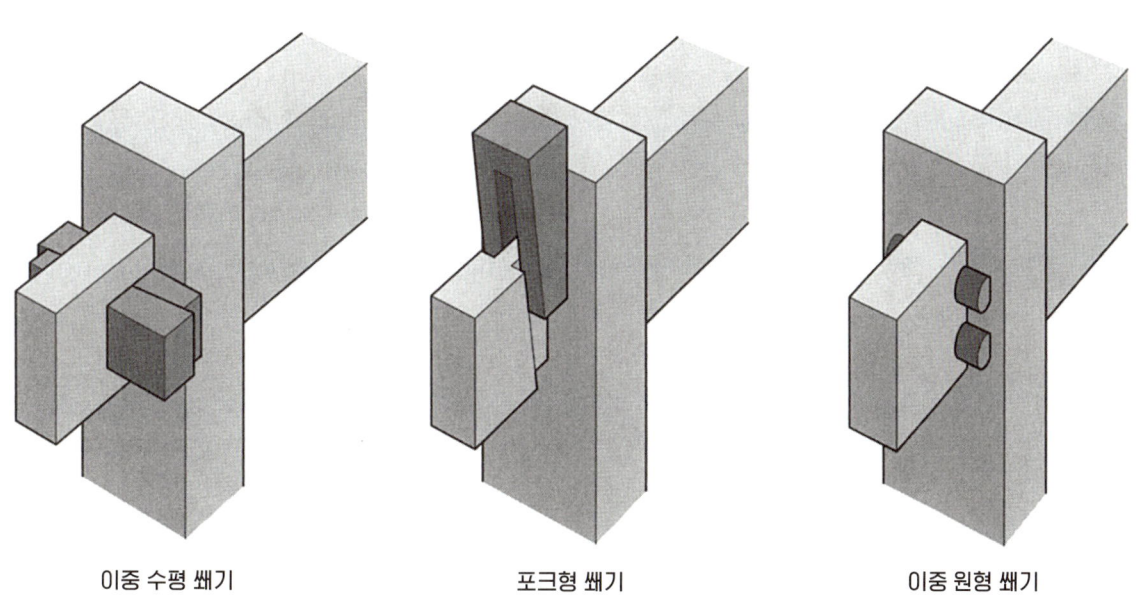

이중 수평 쐐기   포크형 쐐기   이중 원형 쐐기

가름장부짜임 Slip joints

가름장부짜임은 주로 프레임 구조에 많이 사용되지만 가로대 결합에서도 유용한 특수한 가름장부짜임 방법들이 있다.

브리들짜임 Bridle joint

이러한 종류의 가름장부짜임은 주로 곡선의 가로대를 가진 탁자에서 많이 등장한다. 접착제 적층식이나 벽돌을 쌓아 올리듯 조적식으로 이어지게 만든 가로대에 적용하는 가장 쉬운 방법이다. 곡면의 연속성을 자르지 않고 가로대의 곡면을 따라 원하는 곳 어디에나 다리를 붙일 수 있는 최고의 방법이다. 이 짜임은 다리 기둥에 관통 홈을 파서 만든다. 가로대는 앞·뒤 양면에 턱을 만들어 주는데, 기둥 홈의 크기에 맞춰 두께를 조절한다. 가로대 양면에 생긴 턱은 조립된 짜임을 강하게 해주며 전단 응력이나 회전 응력을 견디게 해준다.

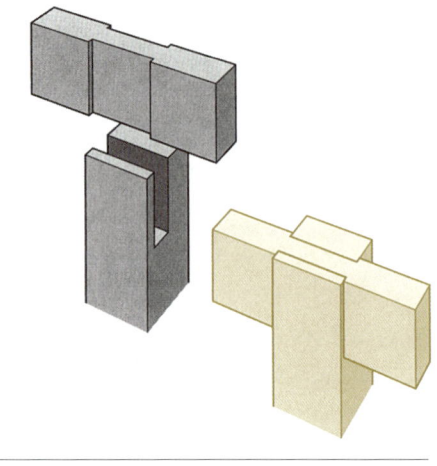

테이블다리짜임 Table-leg joint

이것은 특수한 상황의 브리들짜임으로, 영국에서 제작된 테이블에서 가장 자주 볼 수 있다. 브리들짜임과 같은 방법으로 제작한다. 겹쳐지는 부분이 가로대의 양면이 아닌 앞쪽 면만이다. 뒤쪽에 겹쳐질 부분에 장부구멍을 판다. 다리에는 홈과 함께 턱도 만들어준다. 홈에 의해 만들어지는 뒤쪽 돌출부는 잘라내어 장부로 만들어준다. 다리의 정면은 가로대의 앞면과 평평하게 만나거나 살짝 튀어나올 수 있다.

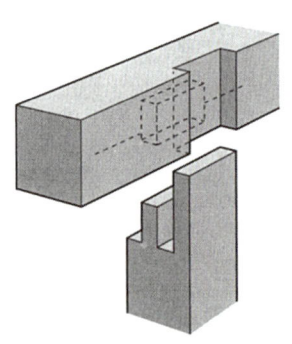

턱짜임 Lap joints

가로대 결합 방법 중에 작업대나 다른 고하중용 기둥–가로대 구조에는 턱짜임을 가장 많이 사용한다. 이것은 멋진 짜임은 아니지만 튼튼하고 강한 결합이다.

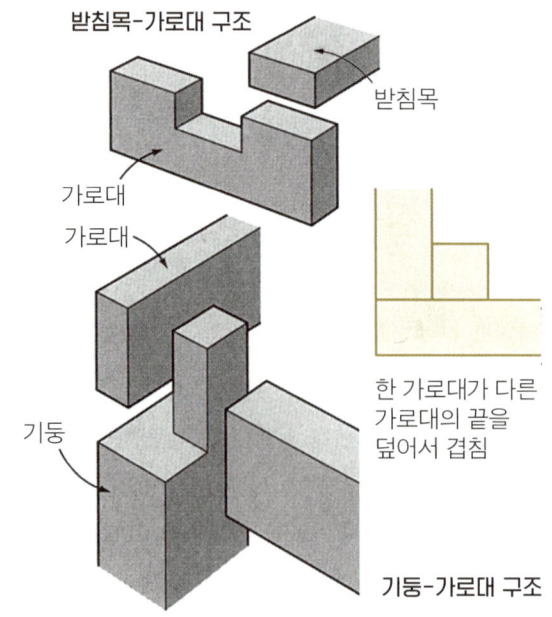

온턱짜임 Full-lap

이 짜임은 겹쳐지거나 홈에 들어가는 부분이 크기의 절단 없이 통으로 들어간다. 그림에는 작업대에 적용할 수 있는 두 가지 종류의 온턱짜임이 있다. 기둥–가로대 결합 상황에서는 두꺼운 기둥에 양쪽 가로대가 동시에 겹쳐진다. 이때 결방향 접착면은 명백히 영역이 작기 때문에 짜임은 철물에 의해 보강되어야 한다. 버팀대–가로대 결합 상황에서는 가로대에 홈을 파서 버팀대를 끼우는데 외관보다는 기능을 위한 탁자를 만들 때 사용하는 짜임이다.

반턱짜임 Edge-lap

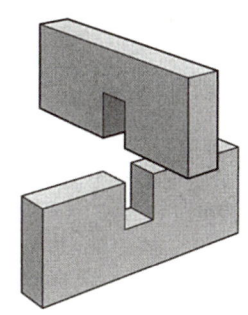

기둥 가로대 구조에 있어서 반턱짜임은 주로 십자로 겹쳐지는 다리버팀대에 주로 사용된다. 홈은 결합되는 각각의 부재에서 잘라내며 포장 상자의 칸막이처럼 서로 맞물리게 된다. 만일 홈을 특정한 각도로 자른다면 어떠한 각도도 만들어낼 수 있다. 이러한 짜임의 위험 요소 중에 하나는 홈 옆의 재료가 결을 따라 쪼개질 수 있다는 것이다. 너무 빡빡하게 맞추지 말고 나무를 부서질 만한 힘으로는 조립하지 말아야 한다.

주먹장짜임 Dovetail joint

서랍이 있는 탁자를 제작할 때 서랍 상부 가로대와 양쪽 다리를 연결하는 전통적인 방법이 주먹장짜임이다. 가로대의 양 끝에 주먹 모양의 큰 주먹장을 잘라내고 다리 상부의 홈에 끼운다(홈은 두 개의 반 핀 모양이라고 말 할 수 있다). 접착제 없이도 주먹장짜임은 모든 응력을 잘 견뎌낸다. 서랍 하부 가로대가 지렛대의 받침역할을 하여 다리가 지렛대 작용을 할 때 주먹장짜임부에 많은 스트레스가 가해진다.

목심 결합 Dowel joint

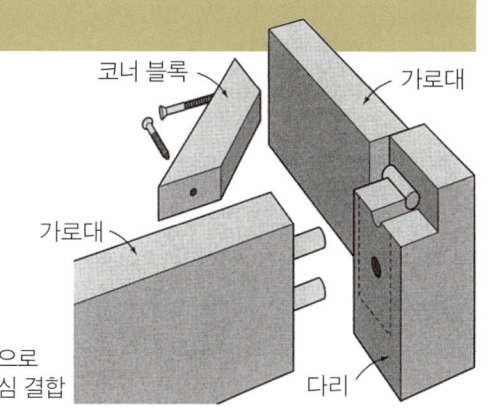

코너 블록
가로대
가로대
코너 블록으로 보강한 목심 결합
다리

목심은 단독으로는 훌륭한 결합을 만들어내지는 못한다. 가로대 내부에서는 결방향 접착이지만 다리 내부에선 명백히 결의 교차 방향 접착이다. 한 가지 보완 방법은 그림과 같이 간단한 코너 블록을 접착하고 나사로 가로대에 보강하는 것이다. 이것은 다음 쪽에 있는 코너 브래킷과 매우 비슷한 결합이다.

볼트 결합 Bolted joint

가로대 결합을 위한 특수한 철물들이 있다.

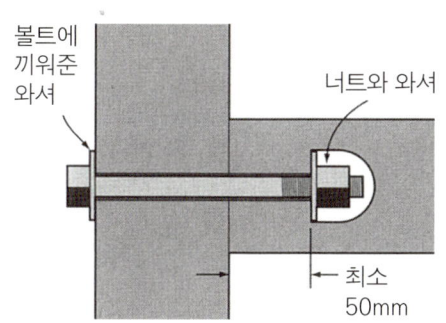

볼트에 끼워준 와셔
너트와 와셔
최소 50mm

볼트 결합한 가로대 Bolted rail

침대에는 자주 볼트가 사용된다. 침대 볼트라 부르는 특수 볼트가 사용되는데 너트는 측면 가로대의 홈 내부에 걸려 있거나 감춰진다. 볼트는 다리의 홈을 가로질러 가로대의 너트까지 들어간다. 긴 볼트의 끝부분은 살짝 경사져 있어서 너트에 들어가기 쉽게 되어 있다. 볼트가 조여지고 나면 볼트 머리는 장식뚜껑으로 감출 수 있다. 같은 개념으로 일반 볼트를 사용하여 굵은 다리와 가로대 또는 다리버팀대에도 적용 가능한데 이것이 분해 조립(Knock-down) 결합이다.

코너 브래킷 Corner plate

이것은 맞짜임으로 다리와 가로대를 조립하는 방법이다. 비밀은 그림과 같이 촉이나 날개를 가진 브래킷이 가로대 내부의 파진 다도홈이나 톱자국을 잡고 있는 것이다. 한쪽에는 경사진 나사가 다른 쪽에는 볼트 나사산 가공이 되어 있는 총알볼트(Hanger bolt)가 다리 모서리에 박혀 들어가고 브래킷의 구멍까지 뻗어 나온다. 브래킷을 통과한 볼트에 너트를 돌려 넣으면 가로대가 다리 쪽으로 당겨진다.

나무 코너 브래킷은 공방에서 자투리 나무로 만든다. 다도홈은 브래킷의 양끝이 들어가도록 가로대에 파진다.

금속 코너 브래킷은 각 가로대에 전동톱날이 한 번 지나가면 된다. 보통 총알볼트가 브래킷과 함께 결합되어 짜임을 이룬다.

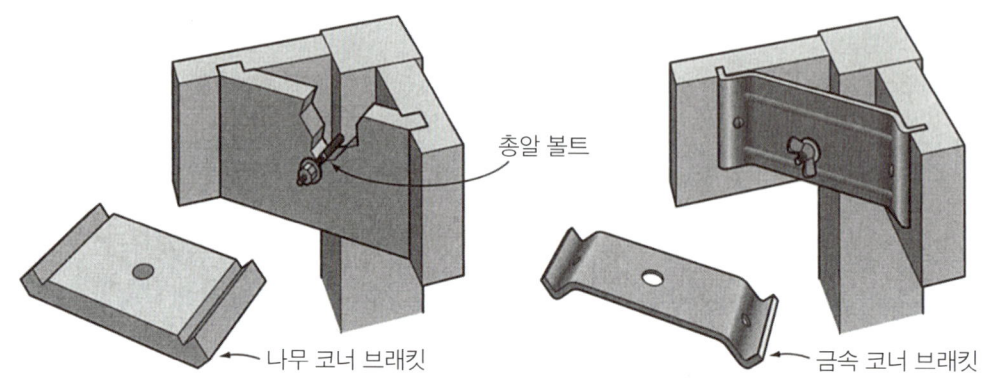

볼트와 짱구너트 Bolt and barrel nut

경량의 다리-가로대 구조에 사용하는 철물이다. 짱구너트(Barrel nut 또는 Cross dowel)는 금속으로 만들어져 있으며 측면에 나사산이 있는 관통된 구멍을 가지고 있다. 먼저 가로대의 앞면에 짱구너트를 위한 구멍을 뚫어준다. 그리고 나서 첫 번째 구멍을 정확히 직각으로 만나도록 기둥에 볼트를 위한 구멍을 뚫는다. 기둥과 만나는 가로대에도 볼트구멍을 연장하여 뚫어준다. 모든 부재를 합쳐 놓고 너트를 삽입한 후에 볼트를 조여준다. 볼트는 육각머리 볼트, 육각렌치 볼트, 둥근 머리 볼트, 커넥팅 볼트 등 어떠한 형태의 볼트도 가능하다.

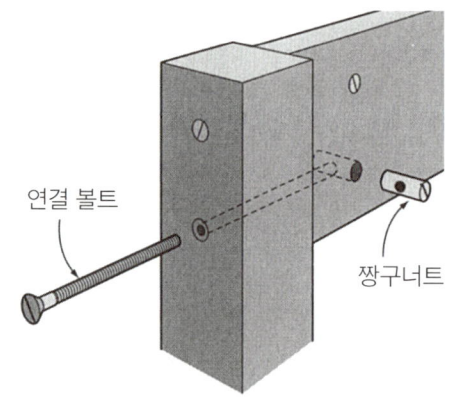

다도짜임 Dado joint

이 결합 방법은 탁자의 다리 사이에 선반을 설치할 때 사용한다. 다리의 한 모서리에 다도홈을 파고 선판의 한쪽 모서리를 절단한다. 목심은 조립시 판을 정렬하는 데 도움을 주기 위해 사용하곤 한다. 또는 결합력을 약간 보완해주는 역할도 한다.

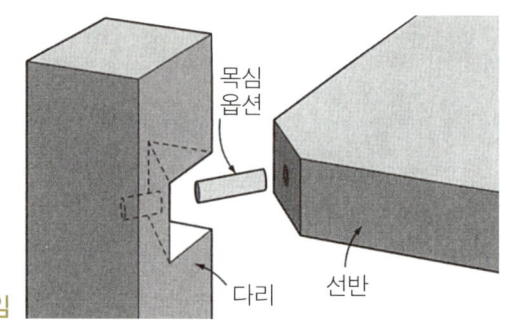

모서리 다도짜임

3장
부분별 구조

01. 기둥-가로대 구조
02. 책상 상판의 연결
03. 상자형 구조
04. 문의 구조
05. 서랍의 구조
06. 캐비닛의 받침대
07. 몰딩

Illustrated Cabinetmaking

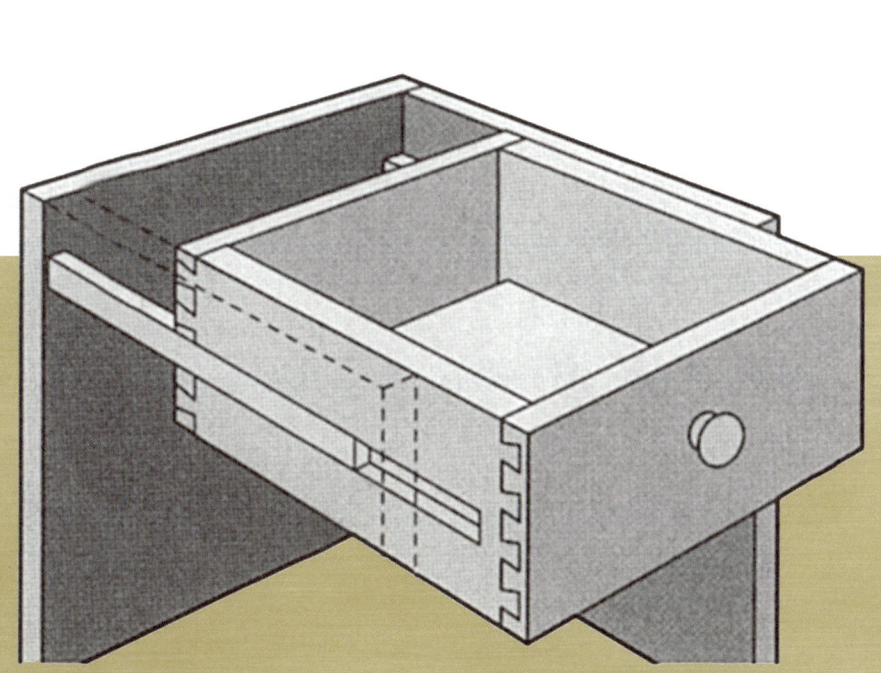

01 기둥-가로대 구조
Post-and-Rail Construction

수직의 기둥과 수평의 가로대가 만드는 구조는 목가구 제작에서 가장 튼튼한 구조 중에 하나다. 대부분의 기둥-가로대 구조 또는 다리-가로대 구조는 네 개의 다리를 가진 모든 가구에 사용된다. 침대, 벤치, 테이블, 책상 그리고 서랍장의 다리 등이 있다. 기둥-가로대 구조는 교각으로 생각하면 된다. 교각은 세심한 공학적인 결과물이며 안정적으로 하중을 떠받친다. 기둥-가로대 구조도 부품과 결구 방법의 비율과 강도에 대해 비슷한 고민이 필요하다. 분명히 염두해둬야 할 것 중에 하나는 가로대가 넓을수록 기둥-가로대 구조는 더 튼튼하다. 가구를 디자인할 때 외형과 기능 사이의 균형을 잡아야 한다.

침대 Beds

침대 프레임은 테이블과 작업대의 친척이다. 그들 사이의 차이는 부재들의 두께와 폭이 다르고 침대 가로대는 기둥의 끝부분과 같은 높이에 있지 않다. 또 그 크기 때문에 조립된 침대 프레임은 쉽게 다른 방으로 옮길 수 없다는 점이다. 그래서 적어도 일부 결합부는 분해조립이 가능하도록 만들어진다.

나무못으로 고정한 장부짜임

침대 가로대 연결철물

침대용 볼트를 사용한 장부짜임

산지끼움 장부짜임

침대에 사용되는 여러 가지 결합 방법들

'침대에 사용되는 여러 가지 결합 방법들'(78쪽 그림)에서 보면 침대 구조에 사용되는 다양한 결합법들을 볼 수 있다. 전형적으로 침대는 기둥-가로대 구조로 만들어진 두 개의 양 끝 프레임과 두 개의 측면 가로대로 구성된다.

그림에서도 머리와 발 쪽의 두 개의 프레임이 있다. 양 끝의 프레임은 영구적으로 고정된 결합법을 사용하여 조립되었지만, 측면 가로대는 양 끝 프레임과 분해조립이 가능한 결합법을 사용하고 있다.

헤드보드를 제작할 때 헤드보드 패널과 하나의 가로대를 두 기둥 사이에 영구적으로 결합하는 가장 좋은 방법 중에 하나는 나무못을 사용한 장부 결합이다.

헤드보드와 풋보드를 연결해주는 측면 가로대의 조립 방법은 산지끼움 장부 결합(Mortise-and-tusk-tenon joint), 짱구너트를 사용하는 침대용 볼트 그리고 침대용 연결철물을 사용하는 것이다.

산지끼움 장부 결합은 눈에 띄는 외형을 가지고 있다. 모양도 예쁠 뿐만 아니라 공예적인 느낌을 준다. 이는 정확히 가공된 두 개의 관통 장부구멍이 필요하다. 만일 적절히 가공되었다면 그림에서처럼 쐐기 모양의 산지(Tusk)는 수직으로 끼워지며 매일 사용하는 환경에서도 꽤 견고하게 결합을 유지한다. 살짝 수축이 일어나도 산지는 간단히 더 깊이 내려가게 된다.

침대 볼트는 보통 장부 결합과 함께 사용되는 혼합형이다. 너트, 볼트를 사용하여 분해조립이 편리하고, 또한 장부 결합을 사용하여 강한 기계적 결합을 가진다. 볼트 머리 부분은 보통 장식 금속판이나 탈부착이 가능한 나무 플러그로 막아서 가린다.

침대용 연결철물은 나무와 나무를 연결하는 또 다른 방법으로 서로 맞물리는 금속 부품을 사용한다. 한쪽은 가로대의 끝 횡단면에 삽입하고 다른 한쪽은 기둥의 면에 심는다. 이 하드웨어는 매우 강하고 신뢰성이 있으며 완벽히 가려지기도 한다.

벤치 | Benches

벤치(또는 작업대)는 우람한 탁자다. 다리-가로대 구조 대신에 기둥-가로대 구조라는 말이 더 잘 어울린다. 이 결합법은 탁자에 사용한 것처럼 우아할 필요가 없다. 그 결과로 작업대의 가로대는 기둥에 직접 볼트 결합으로 고정하기도 한다. 시각적·구조적으로 약간 개선된 방법으로는 기둥과 가로대를 연결할 때 겹침맞춤(Lap joint)을 사용하는 것이다.

작업대에 겹침맞춤을 사용하는 두 가지 방법을 아래 그림에서 확인할 수 있다. 가장 쉬운 방법은 기둥에 가로대 두께 그대로를 겹쳐 덮는 방법이다. 가로대와 기둥을 한 평면으로 함께 겹쳐서 단정한 모서리 형태를 얻을 수 있다. 두 경우 모두 기둥에 턱을 만들어주어도 기둥이 충분히 커서 가로대가 붙을 영역이 확보되어야 한다.

마지막으로 접착제를 사용한 겹침맞춤도 충분한 강도를 얻을 수 있지만, 나사나 볼트를 사용하여 추가적인 보강을 해주는 것이 현명하다. 또 구조적인 강성을 더 높이려면 가로대 아래 다리 하부에 버팀대(Stretcher)를 더해주면 된다.

작업대에 사용하는 결합 방법

통겹침맞춤　　　　　　　　　　　　　　　　　　반턱 겹침맞춤

탁자 Tables

다리-가로대 구조(기둥-가로대 구조의 경량 버전)가 탁자를 만드는 데 많이 사용된다. 다리-가로대 구조는 자주 받침대로 부르며 상판 없이도 구조가 안정적이다. 원목으로 집성된 탁자 상판은 수축·팽창이 가능하도록 받침대에 고정된다('책상 상판의 연결'편 88쪽 그림 참조). 이 받침대가 탁자의 하부 구조로 일상 생활 속 사용 과정 중에 발생하는 스트레스와 가해지는 힘을 버텨야만 한다. 탁자의 다리와 가로대를 연결하는 많은 방법들은 '다리-가로대 지지대의 여러 가지 결합 방법'(81쪽 그림)에서 확인할 수 있다.

장부짜임 Mortise-and-tenon joint

다리-가로대 구조에서 이미 실용성이 증명된 결합 방법은 장부짜임이며 수많은 변형이 있다. 이 맞춤은 가로대를 다리에 연결하는 가장 강한 결합 중 하나로 마치 관습처럼 사용한다. 기계적인 강도와 함께 좋은 접착면을 제공한다. 추가적인 이점으로는 정확하게 가공된 장부구멍과 장부로 조립하면 다른 결합 방법에 비해 좀 더 직각을 쉽게 만들어낼 수 있다.

통장부짜임(Full-height mortise-and-tenon joint): 모든 종류의 식탁, 보조탁자 등에 가장 많이 사용된다. 만들기 쉽고 강하며 전통적이다. 단 한 가지 단점은 장부구멍이 다리의 상부에 열려 있기 때문에 극단적인 전단력이 작용한다면 가로대가 지렛대 역할을 하면서 뽑힐 수 있다. 만일 적절하게 접착되었다면 장부가 먼저 부서져야 한다.

턱장부짜임(Mortise-and-haunched-tenon joint): 다리-가로대 구조에서 통장부짜임 단점의 해결방안이다. 촉의 턱 부분과 함께 다리 윗부분의 연장된 부분이 회전하는 힘을 막아준다.

평장부짜임(Mortise-and-barefaced tenon joint): 결구법과는 상관없이 디자인을 위해서 가로대의 표면과 다리의 표면이 평면이 되도록 할 때 사용한다. 장부는 가로대 두께의 절반으로 잘라내며 안쪽으로 평면이다(81쪽 그림 참조). 그렇게 하면 다리의 가운데에 장부구멍이 위치하여 강한 힘을 견딜 수 있다. 장부 어깨가 하나인 것이 이상적인 상황은 아니지만 회전하려는 힘은 어느 정도 버텨준다.

모든 다리-가로대 조립에 있어서 다리 내부에서 가로대의 장부들과 같은 크기의 장부구멍 사이의 공간 배치에 주목할 필요가 있다. 만일 장부구멍들의 위치가 서로 다르면 결합 방법은 점점 복잡해지고 결국엔 강도가 약해질 수도 있다. 한 가지 해결책은 장부 끝부분의 연귀짜임이다. 그렇게 하면 장부가 가능한 길어지면서도 같은 크기를 가지게 된다. 좀 더 복잡한 해결책으로는 81쪽 그림과 같이 만나는 장부를 내부에서 홈과 촉으로 서로 맞물리게 만들어주는 것이다.

목심 결합 Doweled joint

목심 결합된 다리-가로대 구조는 산업적 혁명이며, 대량생산의 결과물이다. 기계 작업된 목심 결합은 정확하고 튼튼하다. 손으로 작업하면 덜 견고해지고, 작업 또한 문제가 많아지는 경향이 있다. 그리고 목심은 다리 내부에서 다른 목심과 부딪치지 않으려면 위치를 서로 엇갈리게 해야 한다.

코너 브래킷 Corner brackets

100여 년 전, 다리-가로대 받침대의 안쪽 모서리에 가로질러 나사로 고정했던 코너 블록은 약한 결합부를 보강하며, 조립시 프레임을 사각형으로 유지하는 데 도움을 주었다. 어떤 경우에는 상판을 고정하는 수단으로도 사용했다.

오늘날 그것은 탁자를 조립하는 데 사용하는 코너 브래킷(Corner bracket)으로 재탄생했다. 브래킷은 나무나 금속판으로 만들어지며 가로대의 다도홈에 끼워지고 총알볼트(Hanger bolt)로 다리에 고정된다. 총알볼트는 한쪽은 점점 가늘어지면서 나사산을 가지고 있으며 머리가 없다. 끝부분은 다리에 박히고, 다른 쪽이 브래킷을 통과하여 너트로 조이면 결합이 단단히 고정된다. 볼트가 다리를 가로대의 절단면 쪽으로 당겨주게 되고 그것이 바로 결합 자체가 된다.

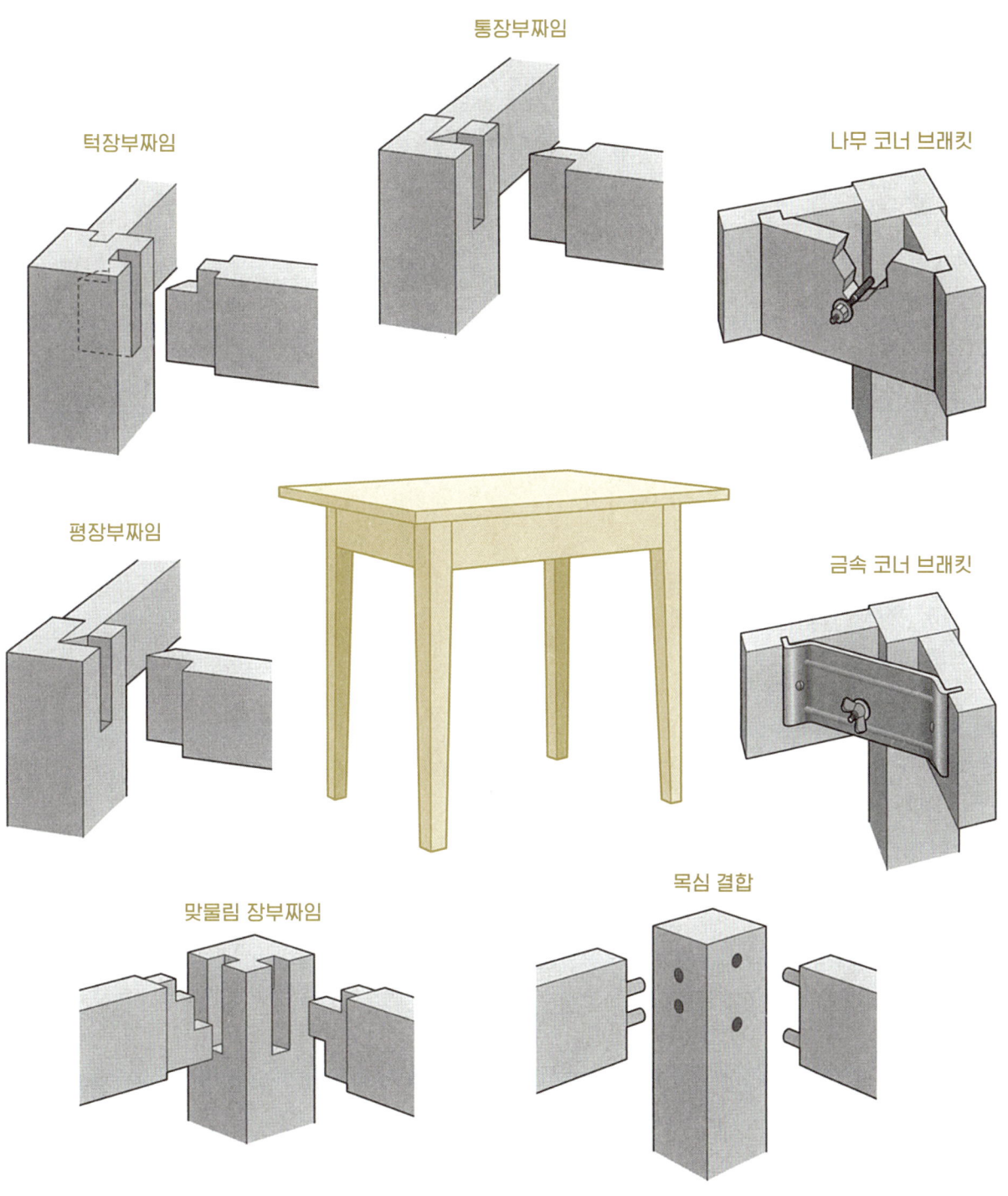

다리-가로대 구조의 여러 가지 결합 방법

다리버팀대 탁자 Tables with stretchers

다리버팀대(Stretcher)는 다리나 바닥 근처에서 다리-가로대 구조체를 보강하는 가로대의 일종이다. 17세기 거의 모든 테이블은 바닥에 붙은 위치에 마치 가로대를 복사한 것처럼 튼튼한 다리버팀대를 가지고 있었다. 그와 같은 테이블은 오늘날에는 흔하지는 않지만 많은 테이블들이 여전히 다리버팀대를 가지고 있으며, 다리-가로대 구조의 내구성과 강도에 큰 역할을 한다. 아래 그림 '다리버팀대 결합 방법'에는 네 가지 흔한 버팀대 형태를 볼 수 있으며, 각각 적절한 결합 방법을 제시하고 있다. 사방 버팀대(Perimeter stretcher) 구조는 다리를 이웃하는 다리와 서로 연결하여 강도를 매우 높여준다. 하지만 버팀대가 사용자의 발과 다리에 걸릴 수 있다. 측면-중앙 버팀대(End-and-medial stretcher) 구조는 측면 버팀대의 가운데를 길게 연결하는 중앙 버팀대를 설치함으로써 다리 공간을 확보할 수 있다. 십자 버팀대(Cross stretcher)와 이중 Y자 버팀대(Double-Y stretcher)도 같은 문제점을 해결하기 위해 디자인되었지만 제작이 꽤 부담이 되는 결합 방법이다.

다리버팀대 결합 방법

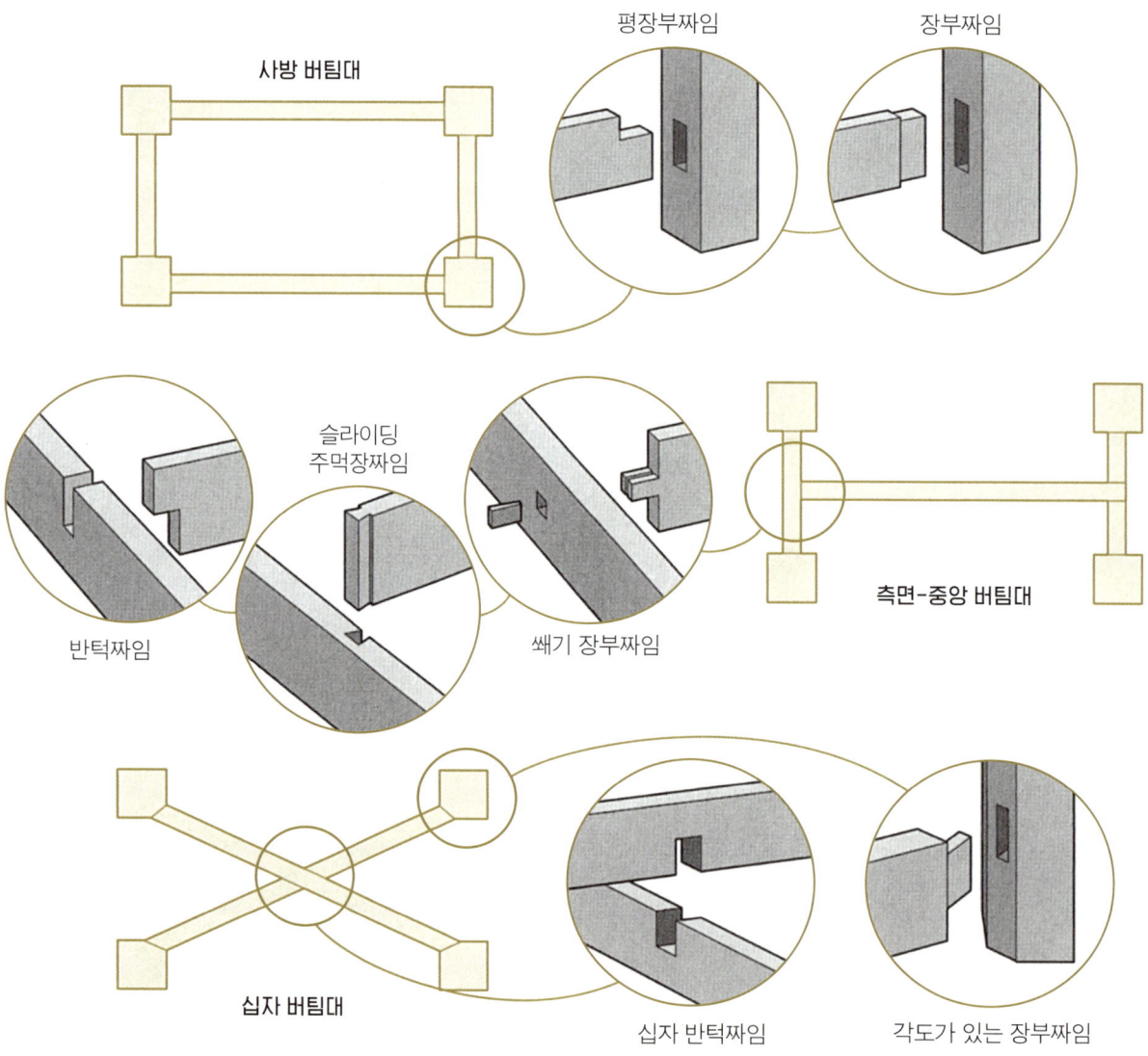

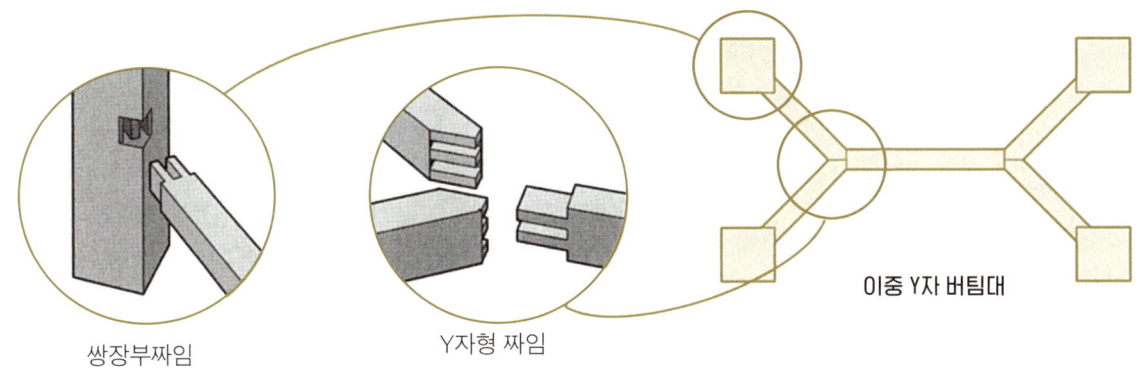

서랍 탁자 Tables with drawers

한두 개의 서랍을 만들어주면 탁자는 더욱 쓸모 있어진다. 부엌에서 탁자는 작업대가 되는데 서랍에 조리도구들을 넣어둘 수 있다. 서재에서 탁자는 책상이 되는데 서랍에 종이와 필기구를 넣어둔다. 서랍이 달린 탁자는 가구를 만들고자 하는 사람들에게는 도전의식을 북돋는 구조인데 단단한 가로대가 있어야 할 공간을 서랍이 차지하고 있기 때문이다. 구조를 설계할 때 중요한 디자인 변수는 서랍의 폭이다.

가로대 사이에 서랍이 있는 테이블 구조

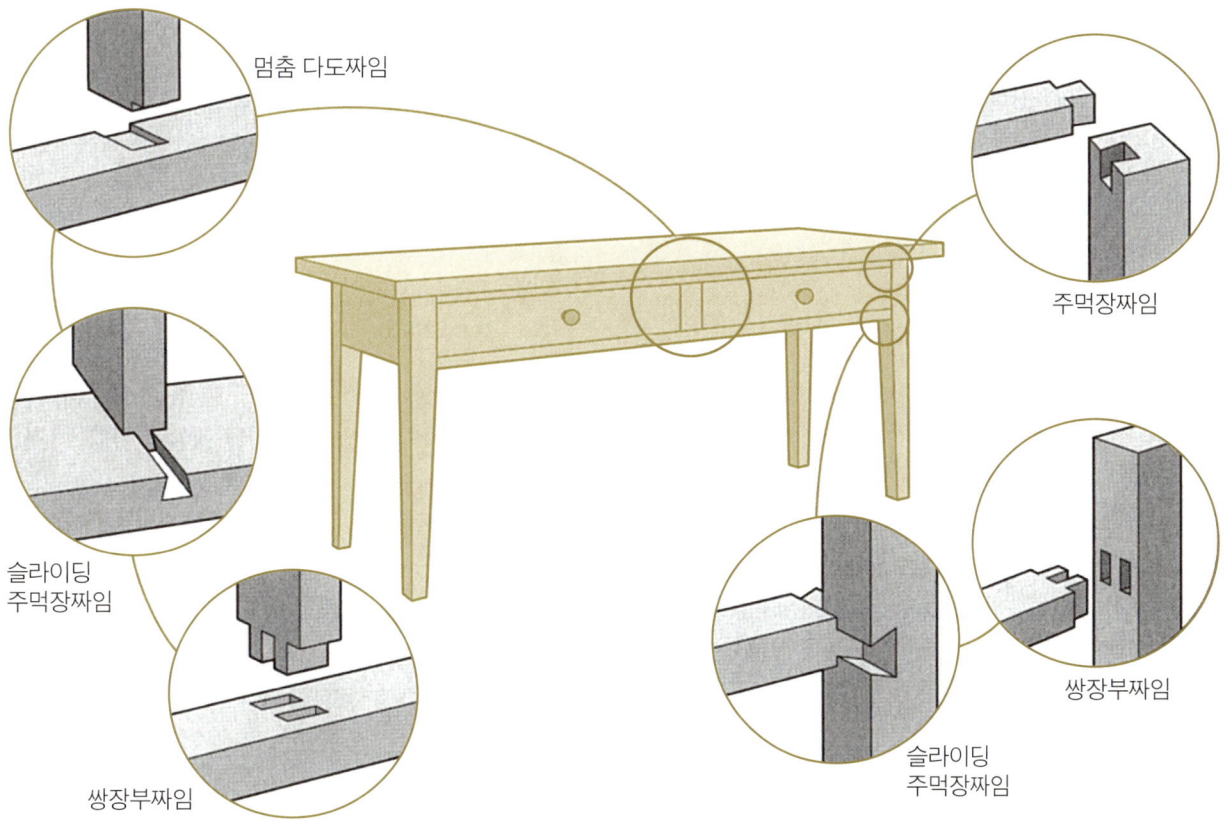

만일 서랍이 다리와 다리 사이 공간을 모두 차지하고 있다면 이중 가로대 구조가 적당하다. 많이 사용되는 이 방법은 다리가 두 개의 가로대로 연결되며, 서랍은 그 사이에 맞춰 들어간다. 상부 가로대는 거의 예외 없이 다리 위에 주먹장짜임이 적용된다. 하부 가로대는 슬라이딩 주먹장이나 쌍장부로 다리에 결합된다. 몇 가지 다른 보강 방법이 있을 수 있으며 '서랍의 구조' 편(114쪽)에서 자세한 정보를 확인할 수 있다.

상판 아래 두 개의 서랍이 나란히 있는 경우, 항상 칸막이판에 의해 분리되어 있는데 두 수평 가로대의 중앙을 연결하며 멈춤 다도짜임이나 쌍장부짜임, 슬라이딩 주먹장짜임 등으로 결합된다. 그중에서는 다른 두 짜임 방법에 비해 슬라이딩 주먹장이 기계적인 맞물림 작용을 해주기 때문에 가장 좋은 구조적인 결합 방법이다.

폭이 넓은 가로대에 상대적으로 작은 서랍을 배치할 경우에는 다른 접근 방법이 필요하다. 어떤 경우에는 가로대를 직접 절개하여 서랍의 열린 공간을 만들어주며 따낸 부분은 서랍의 앞판으로 사용한다. 서랍이 닫혔을 때는 가로대의 나뭇결이 연결되어 보기 좋다. 물론 가로대를 그렇게 절개하는 것은 말처럼 쉬운 게 아니다.

대체할 수 있는 좀 더 쉬운 방법은 아래 그림에서 확인할 수 있는데 가로대를 세 줄로 켠 뒤, 가운데 토막을 잘라서 서랍 앞판으로 만들고 나머지는 다시 집성하여 서랍 공간이 확보된 가로대를 만들어준다. 여기서 몇 가지 기억할 점이 있다.

첫 번째로 서랍 달린 탁자를 만들 때 탁자가 길어질수록 서랍-가로대 구조가 쳐질 수 있다는 점이다. 두 번째로 서랍-가로대 구조 전체 폭이 6인치(150mm)를 넘지 않도록 디자인하는 것이 중요하다. 탁자에 앉았을 때 다리 공간이 필요하기 때문이다.

서랍이 열리는 가로대

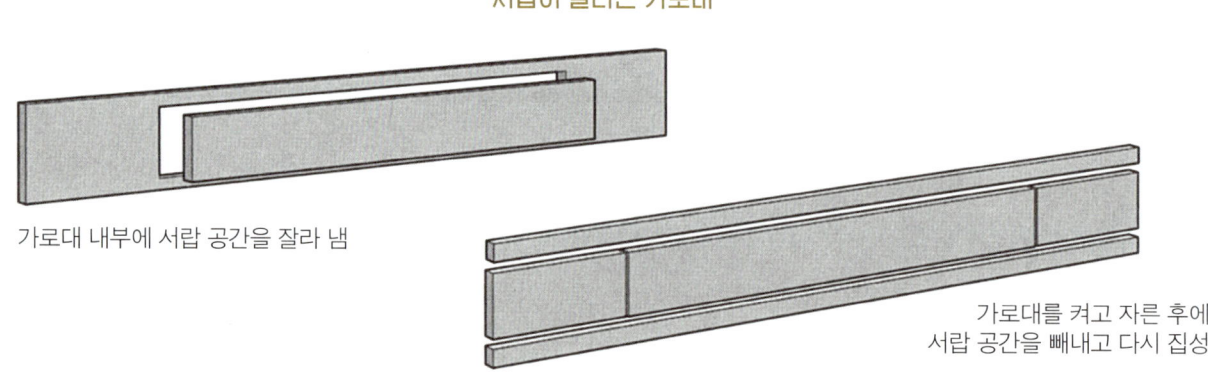

가로대 내부에 서랍 공간을 잘라 냄

가로대를 켜고 자른 후에 서랍 공간을 빼내고 다시 집성

탁자 다리 형태 Tables leg forms

기둥이나 다리는 기초 구조 요소지만 본질적으로 디자인 요소이다. 몇 세기에 걸쳐 매력적인 다리를 제작하기 위해 엄청나게 많은 형태들이 사용되어 왔다. 그중에 모양내고 덧붙이거나 조각하며, 목선반 작업을 한 몇 가지 방법들을 소개하겠다.

직선형 다리 Straight legs

직선의 사각형 다리가 벤치나 작업대에만 어울린다고 생각하지만, 치펜데일(Chippendale, 1700년대 중후반) 시대에는 첨단 디자인의 가구로 인기 있었다. 사각의 다리는 매우 평범한데 85쪽 상단 그림의 예에서 잘 보여주고 있다. 내부 모서리를 모따기하면 다리를 좀 더 가벼워 보이게 한다. 플루트(Flute, 원형 음각 세로홈), 리드(Reed, 원형 양각 세로홈)나 다른 단면 형상들은 좀 더 사람들의 관심을 끌게 한다.

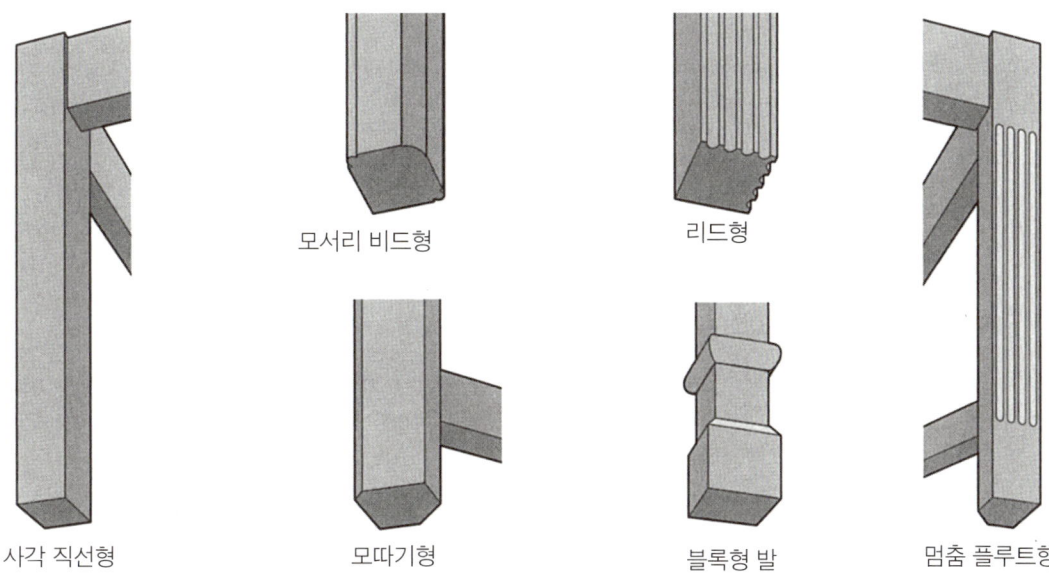

사선형 다리 Tapered legs

다리를 사선형으로 하면 균형감이 있으면서도 매력 있게 보일 수 있고, 그러면서도 다리 상부에 가로대 촉을 끼울 만큼의 넓은 장부구멍 자리를 확보할 수 있는지 같은 근본적인 디자인 고민을 해결해준다.

일반적인 사선은 가로대에서 시작하여 다리 끝으로 줄어든다. 경사를 살짝 주거나 급하게 줄 수도 있고, 내부에만 할 수도 있고 또는 전체 사면에 줄 수도 있다. 이중 사선형(Double taper)은 뾰족한 다리 형태의 한 종류이다. 스페이드 사선형 다리는 아래 그림처럼 먼저 사면을 경사를 주고 나서, 다리의 상부부터 발의 윗부분까지 다시 한 번 좀 더 경사각을 주어 사선으로 자른다. 사선처리는 페더럴(Federal), 셰이커(Shaker) 그리고 컨트리(Country) 스타일에서 널리 사용되었다.

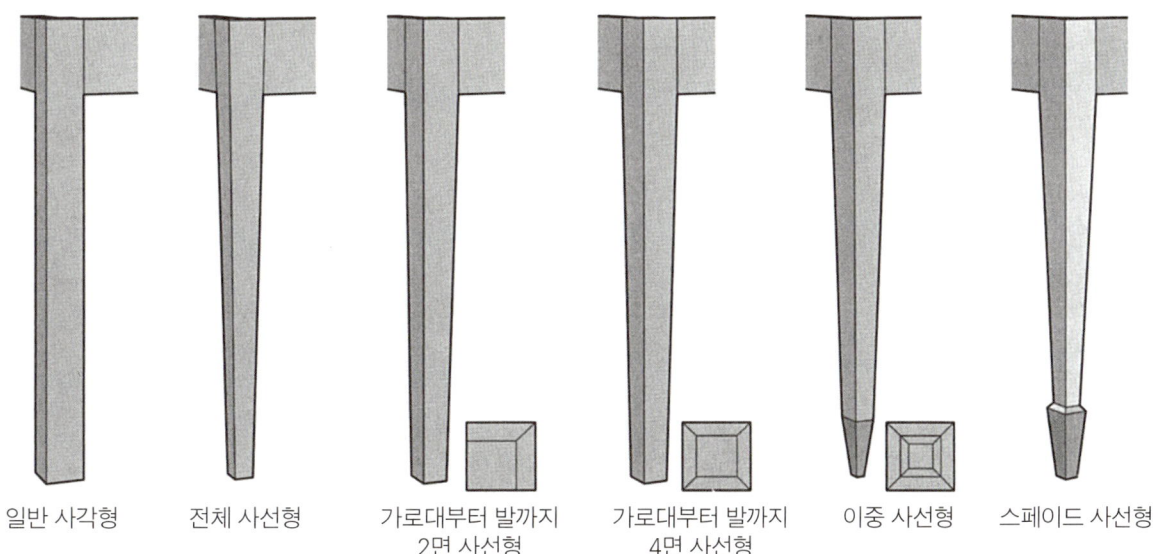

목선반 가공 다리 Turned legs

다리를 목선반으로 만들면 많은 모양과 장식이 가능하다. 목선반 작업된 다리는 아마도 길이 방향을 따라 사선 처리하거나 그 일부만도 가능하다. 그것은 구근형(Bulb), 실패형(Spool) 고리형(Ring), 코브형(Cove), 찻잔형(Cup) 또는 화병형(Vases) 등의 조합형일 수 있다. 또는 목선반 작업 후에 리드(Reed)나 플루트(Flute)같은 세로 홈들을 따로 넣어줄 수도 있다. 어떤 경우에는 다리를 목선반 작업하기 전에 장부구멍을 먼저 파야 하는 경우도 있다.

목선반 다리는 가구에서 대부분의 양식화된 특징 중의 하나이며, 윌리엄 앤 메리 스타일 다리의 대칭적인 화병 모양이나 구슬(Bead) 모양 또는 페더럴 스타일 가구의 리드 홈이 파진 사선 다리와 특징적인 발 형태에서 찾아볼 수 있다.

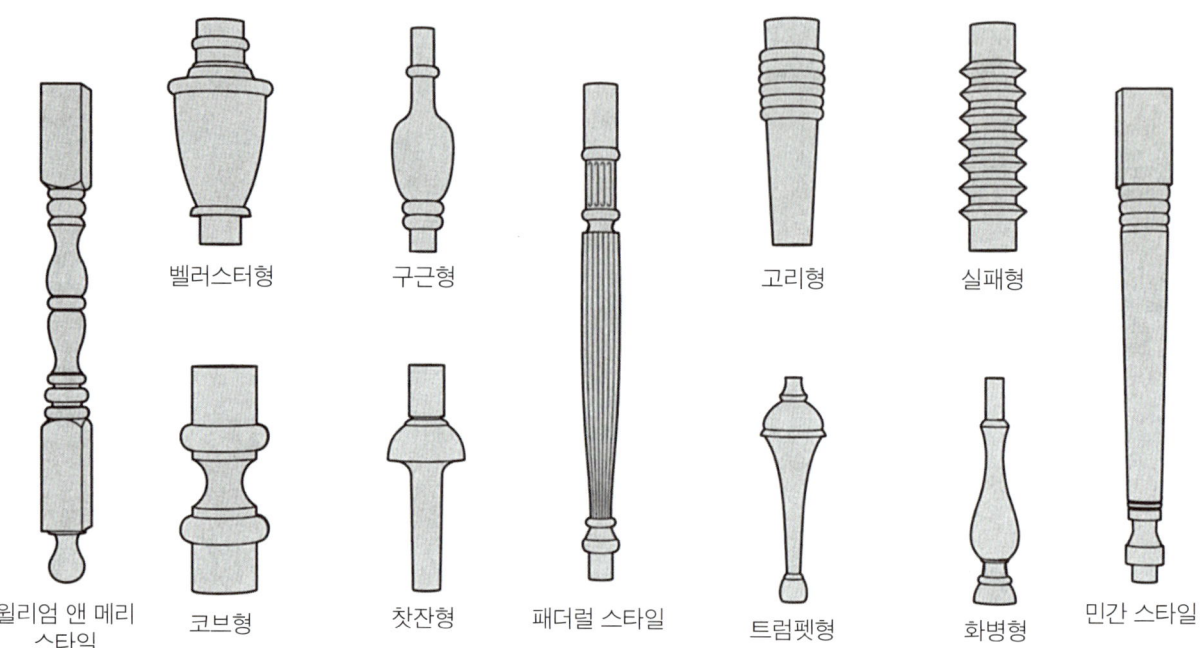

캐브리올 다리 Cabriole legs

이전에 디자인된 모든 가구 다리 중에 캐브리올 다리가 가장 독특하며 우아하고 다용도일 것이다. 퀸 앤 스타일이나 치펜데일 스타일과 직접 연관되어 있지만, 캐브리올 다리는 가구 디자이너, 제작자, 공장 관계자들이 채택하고 변형하면서 가장 중요한 가구 형태 중에 하나로 자리 잡았다.

캐브리올 다리는 다른 모든 경우처럼 원래 수작업으로 제작되었는데 나무토막에서 모양을 잘라내고 나서 일일이 손으로 조각했다. 숙련된 장인들만이 이 전통을 따르고, 대부분 가구 공장에서 생산하고 있다. 곡선이 덜한 버전들은 목선반으로도 제작 가능하다.

캐브리올 다리는 곡률이나 윤곽, 둘레, 크기 등 미묘한 세부 형태의 차이로 여러 가지로 변형된다. 퀸 앤 시대의 장인들은 가늘고 우아한 캐브리올 다리를 만들었지만, 얼마 지나지 않아 치펜데일 시대에서는 짧고 다부진 다리를 생산하게 된다.

심지어 발 모양에서도 많은 변형들이 나타나는데, 다음 쪽 그림에서 확인할 수 있다. 18세기의 진품 가구 복원가나 수집가들은 발의 미묘한 차이로 생산자를 구분하곤 했다. 대부분의 캐브리올 다리의 패턴, 특히 공-갈고리발톱(Ball-and-claw foot) 모양은 특수한 제작기술이 필요하다.

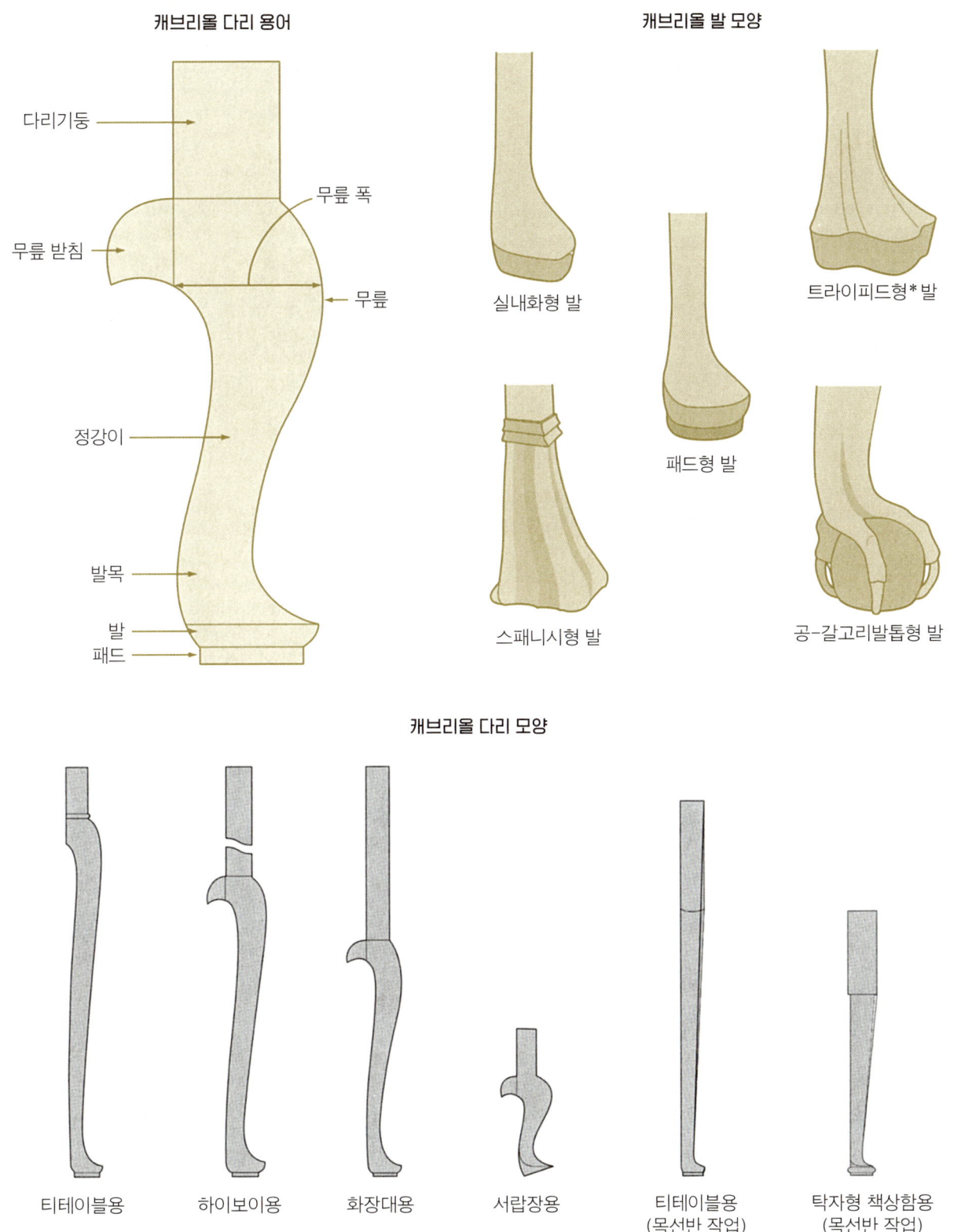

* 트라이피드형: 동물의 세 발톱이 결합된 형태이다. _옮긴이

02 책상 상판의 연결
Tabletops

테이블 상판으로 자신이 얼마나 넓고 큰 판재를 사용했다는 것은 목수의 대표적인 허풍 중에 하나이다. 낚시꾼이 큰 물고기를 낚아 얼마나 많은 사람들과 나누어 먹었는지를 과장하는 것처럼 목수는 얼마나 쉽게 큰 상판을 다루었는지를 뽐낸다. 접착제 없이, 조임쇠도 없이, 단지 나사를 박아서 말이다.

하지만 '나무의 수축과 팽창'편(25쪽)을 읽었다면, 모든 판재는 심지어 1인치(25mm) 짜리 판재도 계절에 따라 수축과 팽창을 한다는 것을 알고 있을 것이다. 그렇게 되면 나무는 휘거나 구부러지고, 비틀리고자 한다. 그래서 단 한 장의 판재로 이루어진 상판도 주의 깊게 다루어야 한다.

나무의 움직임 Wood movement

공기 중의 습도 변화에 의해 나무는 결의 직교 방향으로 수축·팽창하며, 결방향으로는 움직임이 거의 없다. 그래서 탁자 상판은 한 장의 판재로 만들었든, 측면 결합으로 접착제 집성되었든 간에 탁자 상판의 폭은 수종에 따라 최소 4mm정도 움직인다. 나무의 움직임은 외관적·구조적으로 영향을 준다. 외관적으로는 몇 년이 지나면 치수와 함께 형태도 변화된다. 예를 들어 낮은 습도가 계속 유지된다면 원형의 탁자는 결의 직교 방향으로 수축하여 타원형이 된다. 이러한 변화는 크기가 큰 탁자의 경우 알아채기 어렵지만 작은 탁자의 경우 꽤나 분명하다.

큰 사각 탁자 특히 좌우로 많이 뻗어 나온 상판을 가진 테이블의 경우, 횡단면이 살짝 휘거나 물결처럼 구불구불해지기도 한다. 이러한 경우를 대비한 전통적인 방안은 변죽을 붙이는 것인데, 탁자 상판의 횡단면을 가로질러 결합해준 나무막대를 뜻한다. 이것은 상판을 평평하게 유지시켜주는 것에는 도움을 주지만 외관상 문제점을 가진다. 변죽의 측면과 변죽과 맞닿은 상판의 횡단면 사이가 나무의 움직임 때문에 변화된다는 점이다. 습도가 높아지면 상판이 팽창하게 되고, 변죽의 끝보다 상판이 튀어나오게 되며, 습도가 낮으면 상판이 수축하여 변죽의 끝이 상판보다 튀어나오게 된다.

나무의 움직임에 따른 외관적 변화

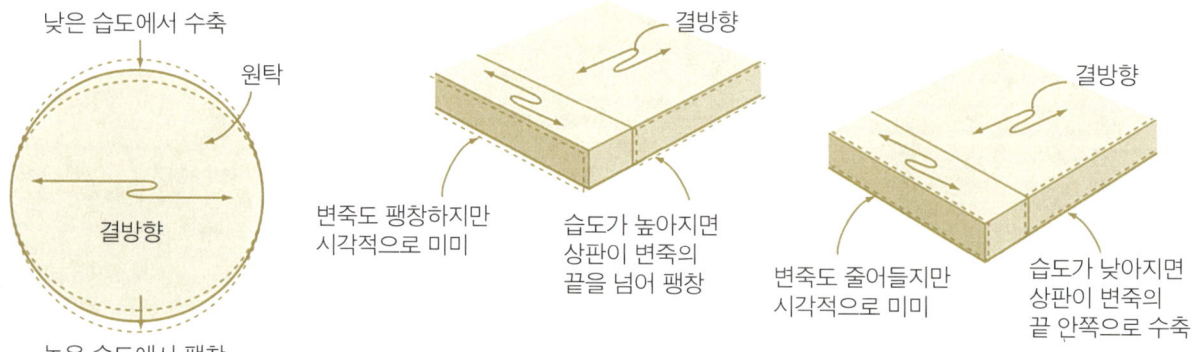

아래 그림을 보면 탁자 상판의 수축·팽창이 구조에 미치는 영향을 이해할 수 있다. 만일 상판이 다리-가로대 구조에 견고하게 고정되어 있다면, 몇 가지 일이 벌어지는데, 상판이 팽창되면 휘어지고, 줄어들면 갈라지게 된다. 또한 틀 구조의 결합을 깨지게 만들기도 한다.

나무의 움직임에 따른 구조적 충격

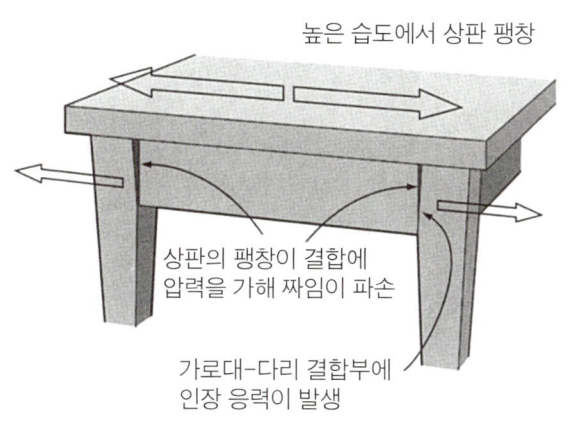

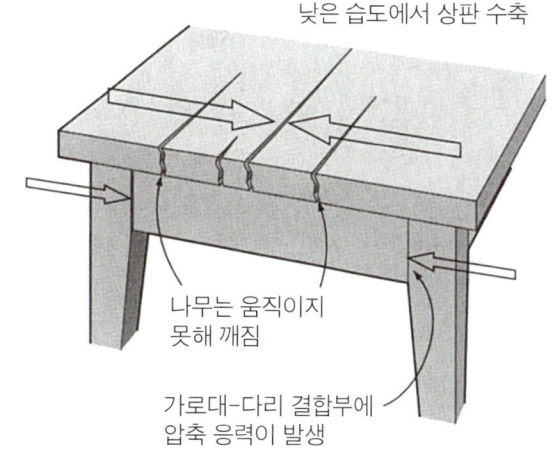

상판을 평평하게 유지하는 방법 Keeping the top flat

상판을 만들 때 첫 번째는 상판 자체에는 피해 없이 상판을 평평하게 유지하는 방법을 찾는 것이다.
가대식(Trestle) 테이블이나 태번(Tavern) 테이블 같은 경우에는 종종 상판 아래에서 받침널이나 받침목을 나사로 고정하여 평면을 유지한다. 받침널은 상판과 다리의 가대나 다리 구조를 연결하기 위해서 이중으로 만들기도 한다. 나무가 수축되거나 팽창되는 어떠한 경우에도 결합에 사용되는 나사는 딱 맞게 뚫린 구멍이 아닌 긴 구멍인 슬롯을 따라 움직여야 한다.

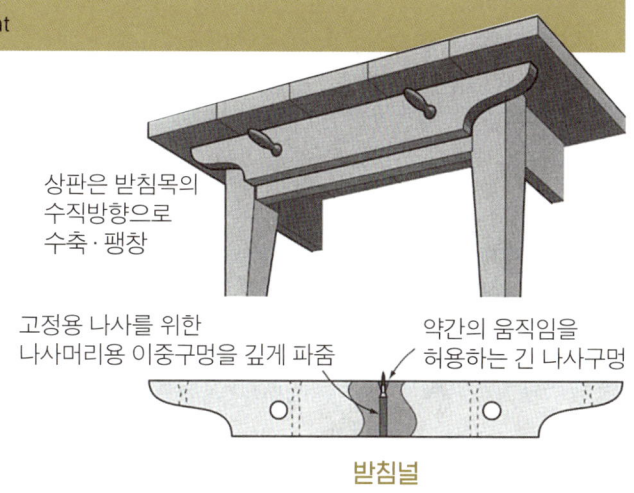

변죽 Breadboard ends

탁자의 상판(또는 책상의 개폐식 상판 같은 패널)을 평평하게 유지하는 다른 방법은 변죽을 사용하는 것이다. 변죽은 먼저 완벽한 평면이어야 하며 수축·팽창에 대응하도록 패널의 양끝에 신중하게 끼워진다. 동시에 변죽은 상판의 횡절단면을 가려서 수축·팽창을 줄여준다. 가려진 절단면은 마감칠을 했을 때 절단면과 표면은 보기 다르기 때문에 미적인 개선 효과도 있다. 결합 방법은 매우 다양하다. 기본형은 상판의 끝부분에 바로 못을 치는 것이다. 못은 놀랍게도 훌륭한 결합용 철물로 완전히 붙잡고 있지 않고 약간의 움직일 수 있는 여유를 준다.
좀 더 복잡한 방법으로 제혀이음이 있다. 접착제는 가운데만 바르며, 가장 흔한 결합 방법이다. 촉은 관통되거나 가려진다. 위의 그림처럼 슬롯형 구멍으로 관통된 나사로 결합되는 경우도 있다.
100여 년 전 가구 제작자들은 때로는 매우 공들인 방법을 사용하기도 했는데 장부 결합을 제혀이음과 결합하는 것이다. 그들은 변죽의 장부구멍을 장부보다 더 넓게 만들어서 나무가 움직일 수 있게 해주었다. 또 가운데를 나무못으로 고정하거나 각 장부를 관통하는 나무못을 사용하여 상판에 변죽이 맞물리기 만들었다.

슬라이딩 주먹장은 접착제 없이도 상판의 끝에 변죽을 맞물릴 수 있으며 나무의 움직임에도 대응한다. 결합부의 가운데를 관통하는 나무못은 변죽의 양끝만 움직이도록 해준다.

연귀 변죽은 여닫이 책상판이나 일부 작고 격조있는 탁자에 사용한다. 이것의 장점은 모든 횡절단면을 감춰주는 데 있다.

두 가지 방법이 있는데 하나는 좋지만 다른 하나는 훌륭하지 않는다. 변죽은 한쪽에만 연귀를 주고 적절하게 조립되면(아래 그림 참조) 상판은 뒤쪽으로 자유롭게 움직일 수 있게 된다. 이것은 좋은 방법이다. 그러나 원목의 테이블 상판을 연귀 부재로 둘러싸면 초기에는 보기 좋지만 결국엔 연귀가 열리거나 깨지게 된다. 상판이 줄어들면 변죽이 너무 길어지고 상판의 연귀 면에 엄청난 압축력을 가하게 된다.

변죽에 나무못을 사용하는 목적은 변죽을 상판에 고정하는 것이므로 빠지면 안 되고 상판이 수축·팽창할 수 있도록 해주어야 한다. 중앙에 하나의 둥근 구멍에 하나의 나무못을 사용하면 팽창을 의 양쪽 끝에서 모두 허용하게 한다('변죽에 나무못을 사용하는 방법' 91쪽 참고). 만일 나무못을 변죽의 양끝에 사용하면 그림처럼 나무의 움직임을 위해 슬롯형 구멍을 사용해야 한다. 한쪽 구멍은 원형, 다른 쪽엔 슬롯형 구멍에 사용하는 나무못은 테이블 상판의 한쪽 측면은 항상 평평하게 유지하기를 원할 때 사용한다.

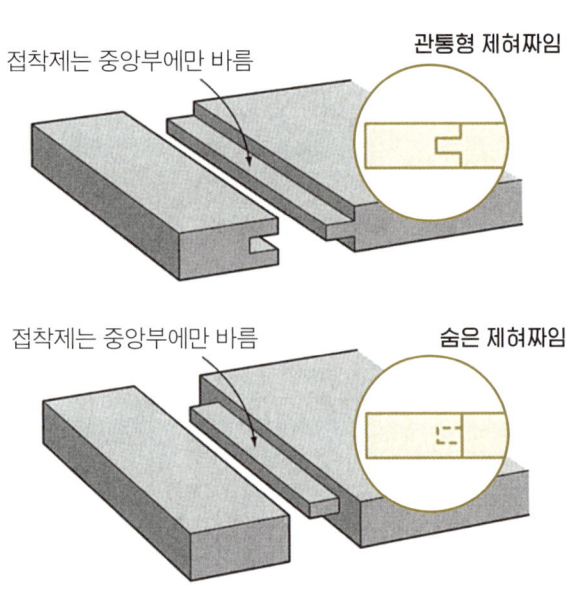

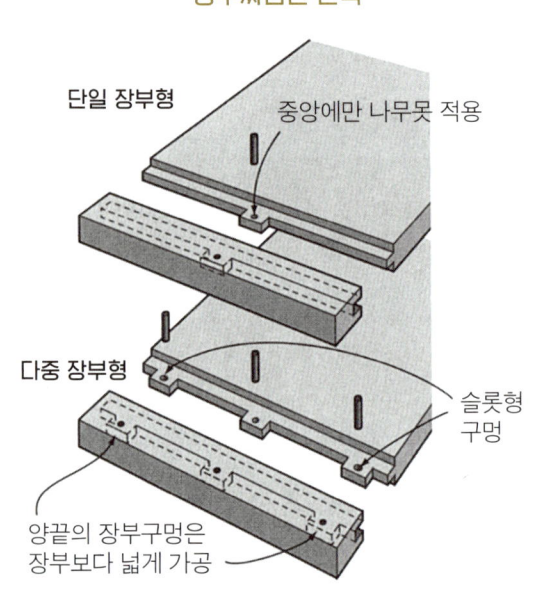

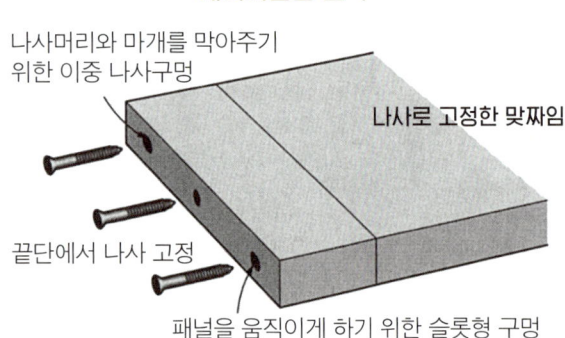

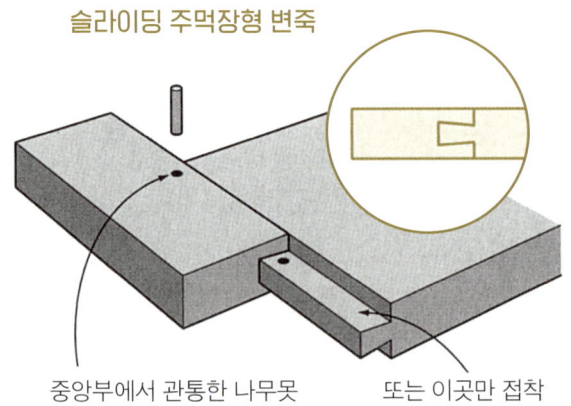

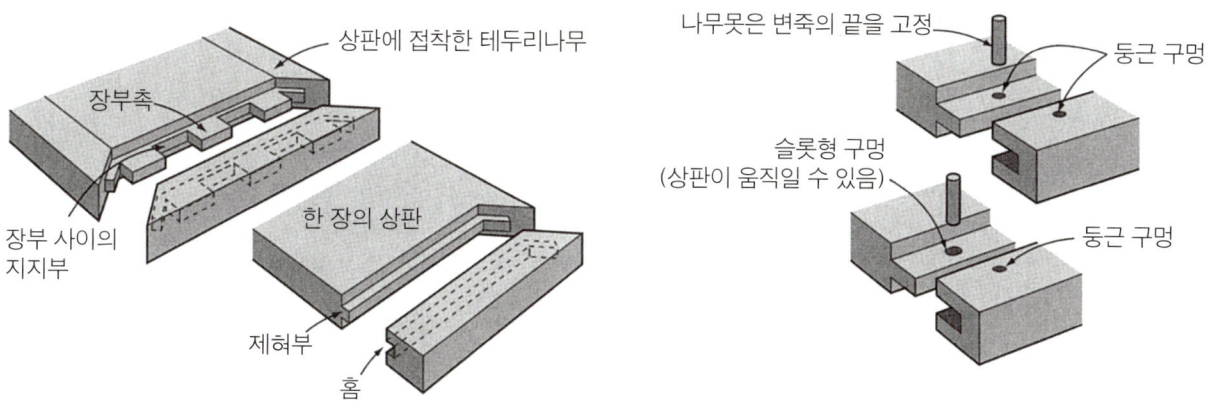

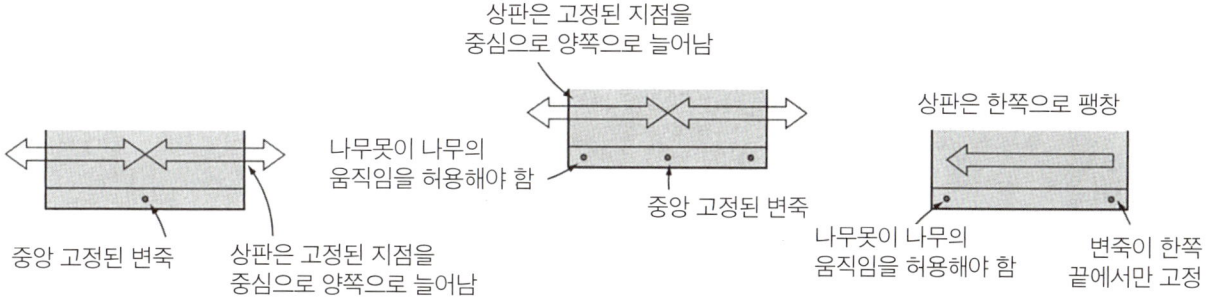

상판 고정 방법 Attaching tabletops

몇백 년 전의 가구 제작자들은 가로대와 상판 모두를 접착제를 바른 나무토막으로 완전히 고정하고자 했다. 이러한 방법은 상판의 자유로운 수축·팽창을 방해했고, 스트레스의 결과로 상판이 갈라지거나 터졌다. 우리는 선조들의 경험을 마음에 새겨야 한다. 그와 매우 비슷한 접근 방법이 오늘날도 여전히 남아있는데, 나무토막을 나사로 가로대에 고정하고 다시 그것을 나사로 관통한 후 상판과 결합하는 것이다. 만일 관통된 구멍이 슬롯형태가 아니라면 좋은 방법이 아니다. 슬롯은 반드시 상판의 나무결과 직각이어야 한다.

나사나 접착제로 블록들을 가로대에 고정한다. 그리고 나서 슬롯을 나사로 관통하여 탁자 상판 아래로 고정시킨다. 상판의 나무결과 직교하는 고정용 나무막대의 중앙부에는 고정용 구멍을 뚫어주는데 나사의 직경과 동일한 구경의 드릴을 사용한다. 이것이 닻이 되어 상판은 이 점을 중심으로 좌우로 움직이게 된다.

나사를 사용하여 가로대를 상판으로 직접 고정할 때도 이와 비슷한 방법을 사용한다. '가로대를 관통한 나사로 상판 고정하는 방법'(92쪽 그림)을 보면, 가로대에 슬롯을 만들어주는 대신에 간단히 더 크게 구멍을 뚫거나 나사머리가 움직일 수 있도록 길게 이중 나사구멍(Countbore)을 만들어주면 된다. 가로대의 폭에 따라 구멍은 수직으로 관통하거나 포켓나사 형태로 각도를 줄 수도 있다.

슬롯형의 구멍이 필요 없는 또 다른 방법은 '목수의 단추'라고 부르는 나무 버튼(Wood button)이다. 이는 길이 방향의 한쪽을 턱으로 잘라낸 간단한 나무 토막이다. '나무 버튼으로 상판 고정하는 방법'(92쪽 그림)을 보면, 버튼의 촉이 가로대의 안쪽 면에 파인 홈을 따라 들고 나면서 상판을 따라 움직이다. Z자 철물(Tabletop fastener)이라 부르는 금속 버전도 있다.

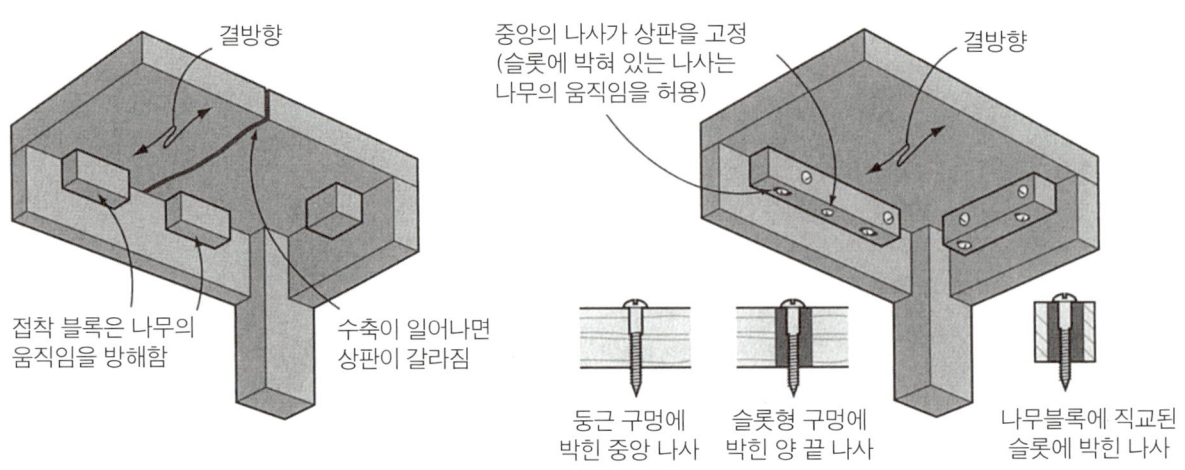

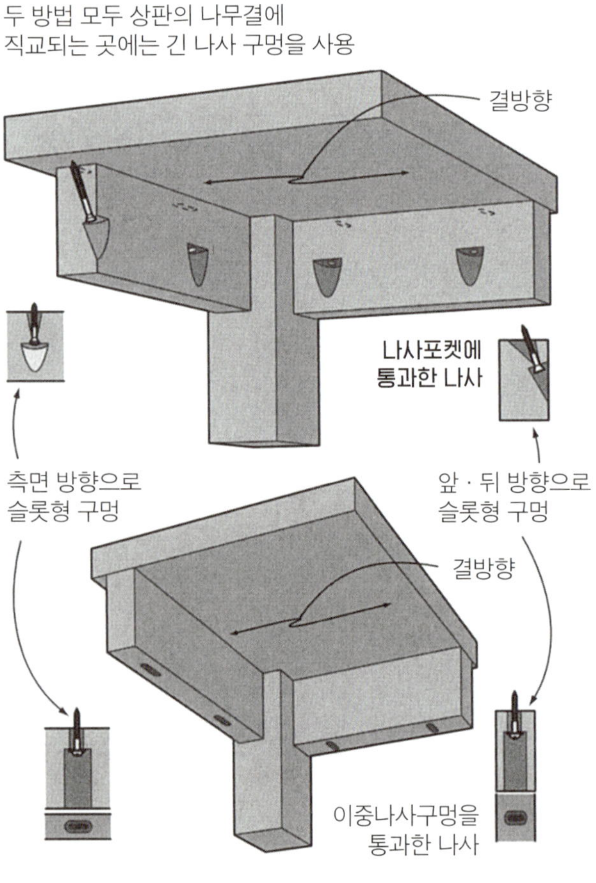

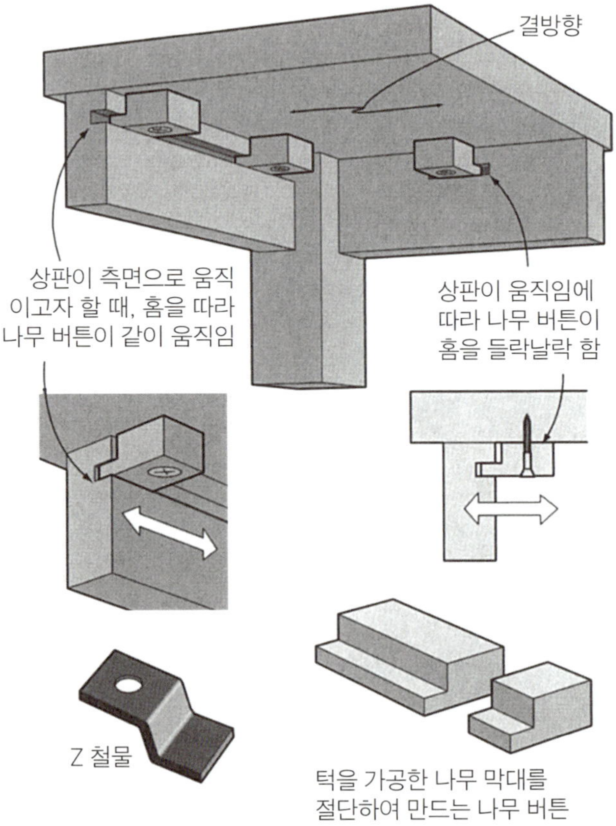

접이식 짜임 Rule joint

접이식 날개형 테이블(Drop-leaf table)은 접이식 짜임을 사용한다. 이 짜임의 특이한 점은 고정식이 아닌 경첩을 사용한 결합이라는 점이다. '접이식 짜임'이라는 이름은 과거 목수들이 사용하던 접이식 자와 닮아서 차용한 것이다.

접이식 짜임에서는 외환형이 상판의 모서리를 따라 가공되고, 그에 맞는 내환형을 접이식 날개 테이블의 아래 모서리를 따라 파낸다. 긴 날개와 짧은 날개를 가진 특수한 경첩은 상판과 날개 하부에 두께만큼 파서 부착한다.

날개가 열리면 날개의 내환부가 상판의 외환부를 덮는다. 날개가 내려가면서 내환부의 끝부분이 날개와 상판 사이의 틈을 가려줄 만큼 튀어 나와 있다.

날개를 열면 날개와 상판 사이에 딱 맞물린 선이 보인다. 잘 맞는다면, 내환부의 끝은 외환부의 턱에 정확히 자리 잡으면서 경첩에 걸리는 스트레스를 줄여준다.

날개를 내리면 날개는 여전히 상판의 모서리를 살짝 덮고 있어서 날개와 상판 사이의 열린 틈은 없다. 날개가 열리거나 닫힐 때 물리는 것을 막기 위해 상판의 외환부의 하부를 좀 더 둥글게 깎을 필요가 있다.

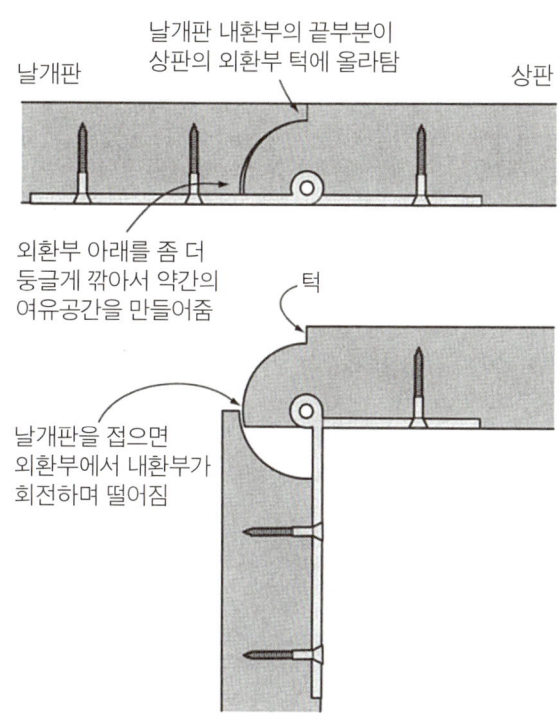

03 상자형 구조
Casework

상자형 구조는 상자를 만드는 예술이며 과학이다. 목수에게는 모든 둘러싼 구조, 즉 뚜껑이 있거나 없는 궤, 서랍이나 문이 달린 서랍장 또는 앞이나 뒤가 열린 책장 등이 모두 상자형 구조이다. 우리는 보통 부엌 수납장이나 서랍장 또는 허치(그릇 장식장) 같이 커다란 가구들만 상자형 구조로 떠올리기 쉽지만 각각의 서랍도 상자형 구조이다.

상자는 어떻게 만들까? 아래 그림에서 보듯이 많은 형태와 제작 방법이 있다. 목수가 그중에 어느 하나를 선택할 때는 제작의 난이도, 외관, 비용, 무게, 강도 그리고 내구성 등을 고려해야 한다.

합판(파티클보드나 중밀도섬유판 같은 모든 인공 판재 제품 포함)이 개발되기 전까지, 상자는 원목으로 제작해야 했기 때문에 제작 시 가장 중요하게 고려해야 할 점은 나무의 움직임을 어떻게 수용해야 하는가였다.

원목 패널 구조가 가장 심미적으로 뛰어나지만 나무의 움직임에 대해서는 가장 문제가 많다. 원목으로 상자형 구조를 만들 때 가장 큰 실수는 판재의 결이 교차되는 방향으로 결합하는 것이다. '결의 교차 구조의 문제점'(95쪽 그림)에는 세 가지 예를 보여주는데, 결의 교차 구조에서 넓은 판재는 결국 갈라지게 된다. 역사적·구조적으로 최고의 정답은 프레임-패널 구조로 대부분의 안정적인 원목 상자 구조를 만들어낸다. 그런데 합판이 모든 것을 바꿔 놓았다. 미적으로는 원목과 같고, 수치 안정성 면으로는 프레임-패널 구조와 같기 때문이다.

상자형 구조의 종류

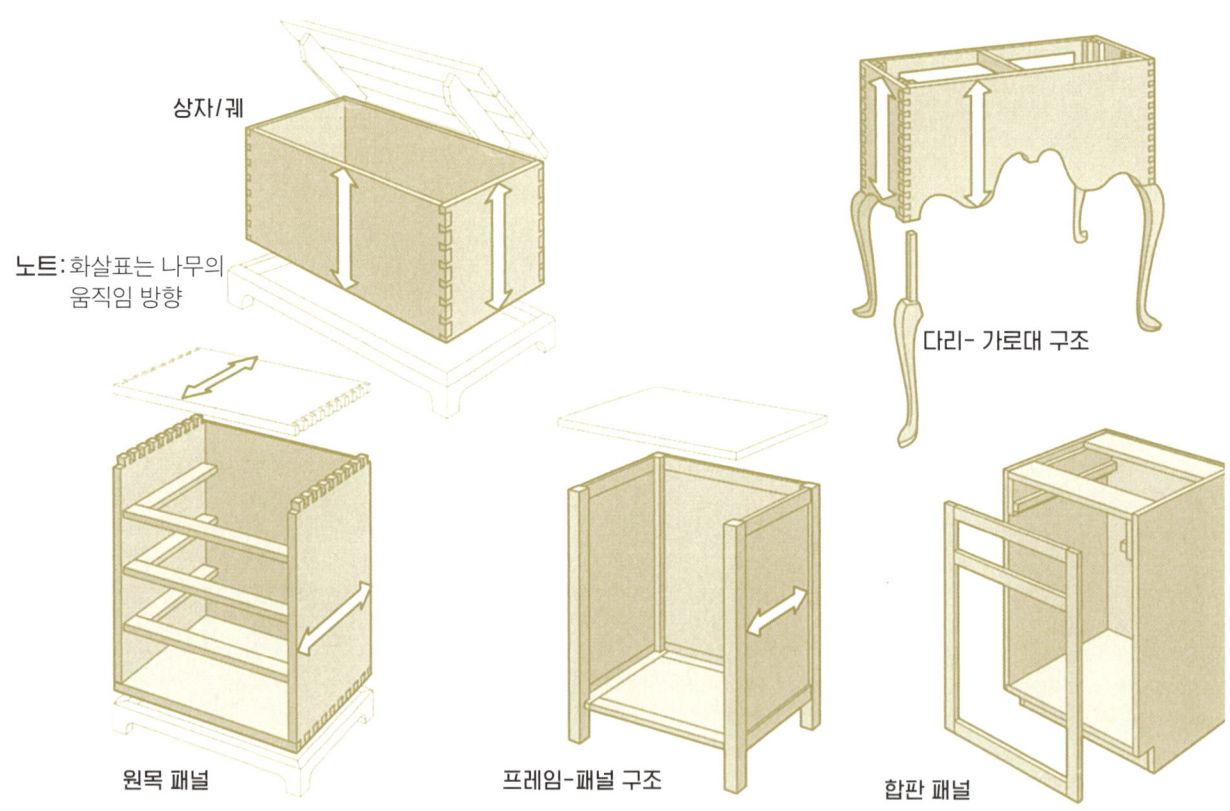

상자/궤

노트: 화살표는 나무의 움직임 방향

다리- 가로대 구조

원목 패널

프레임-패널 구조

합판 패널

결의 교차 구조의 문제점

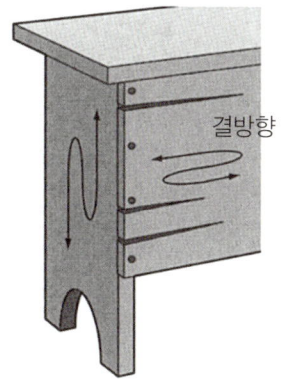
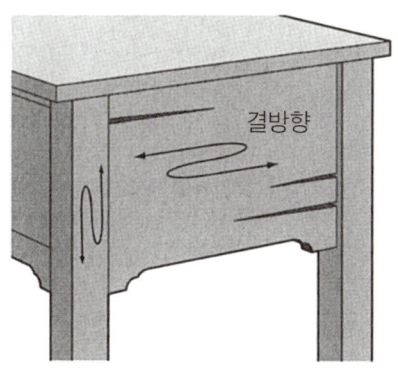
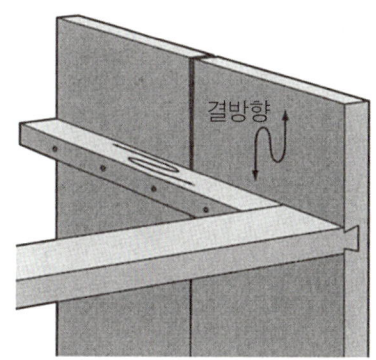

상자형 구조 만들기 Building a box

상자를 만드는 방법은 너무 다양해서 한 가지 기본형으로 기술하기 어렵다. 상자가 어떻게 사용될 것인지, 무엇으로 만드는지, 어떻게 보여지고 싶은지, 심지어 작업자의 능력까지도 상자 제작에 포함된다.

가장 기본적인 형태는 위가 열려 있는 간단한 상자이다. 필요한 것은 네 개의 측면과 하나의 바닥면이 전부이다. 이러한 부품들이 적절한 결합법('상자형 짜임'편 39쪽 참고)을 사용하여 조립하면 상자 형태가 만들어진다.

아래 그림에서는 상자형 짜임의 정수인 통주먹장짜임(Through dovetail)으로 조립한 기본형 상자를 볼 수 있다. 또 여러 가지 대체할 만한 짜임 방법들이 소개되어 있다. 상자의 형태는 작은 서랍, 큰 궤 또는 심지어 화장대 같은 곳에 사용하는 전통적인 다리-가로대 구조일 수도 있다. 기본 요소는 같지만 모든 면의 결방향은 동일하며 각각은 종단면끼리 결합되어야 나무가 함께 움직이게 한다.

대체할 수 있는 결합 방법

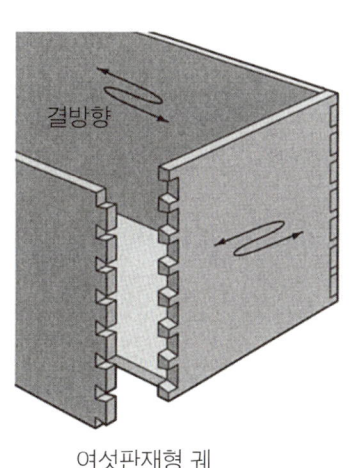

여섯판재형 궤

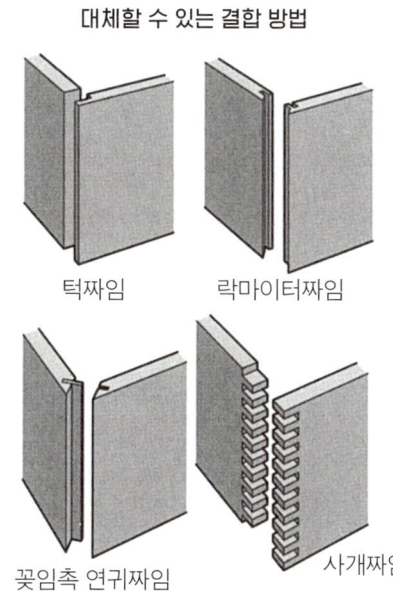

턱짜임 락마이터짜임

꽂임촉 연귀짜임 사개짜임

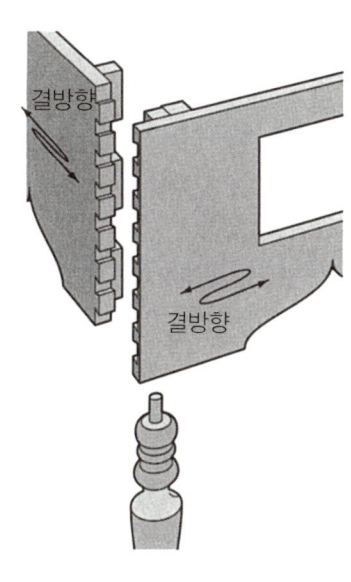

상자형 구조 95

상자형 구조 Case construction

그릇장이나 서랍장은 상자형 구조에 새로운 상황을 만들어낸다. 상자는 이제 측면으로 서 있게 되고 앞과 뒤가 열려 있다. 아래 그림에 나오는 기본형 상자 구조와 비슷하다. 뒤판이나 문, 받침대 등을 붙이면 수납장이 된다.

상자 구조를 만들기 위해서 원목판을 결합하는 것이 가장 오래된 제작 방법 중 하나이다. 상자 구조의 폭과 구할 수 있는 재료에 따라 한 장의 판을 사용하거나 여러 장을 측면으로 이어 집성하여 넓은 판(패널)을 만든다. 중요하게 기억할 점은 집성한 판재도 같은 폭의 단일 판재와 같은 양으로 수축·팽창한다는 것이다.

원목 상자 구조에서는 측판과 상판, 바닥판의 결방향은 모두 평행이어야 하며 횡단면끼리 결합된다. 이상적인 상자형 구조의 짜임법은 좋은 기계적 강도와 넓은 접착 면적 모두 필요하다.

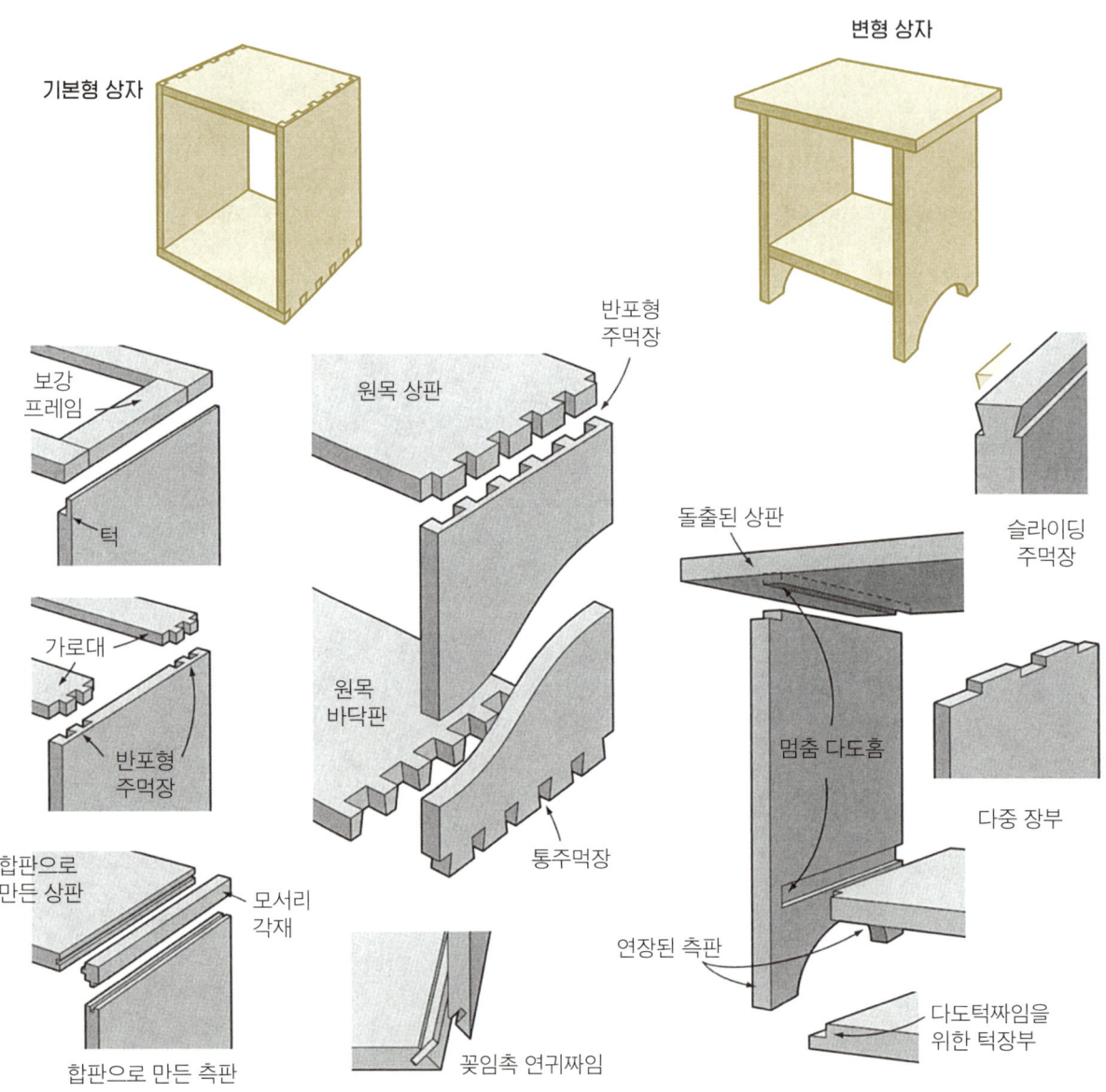

숙련된 목수가 빠르게 가공한 주먹장짜임은 튼튼하며, 원목 구조에서 문제가 될만한 결의 직교 문제를 피할 수 있다. 물론 다른 짜임 방법도 사용할 수 있다.

오늘날의 목수들은 상자형 구조를 만들 때 합판이나 MDF를 사용하곤 한다. 원목과 비교해볼 때, 만들어진 패널의 치수가 안정적이기 때문이다. 그러나 그 점이 기본 상자 구조를 만드는 방식을 바꾸지는 못한다. 변경되는 것은 서랍 러너나 몰딩 같은 요소들을 붙이는 방법이다. 아래 그림에서 연귀 결합과 모서리 각재를 사용하는 결합 방법은 합판 패널의 절단면을 가려준다. 다른 많은 결합 방법도 적용 가능하다.

상자형 구조는 '변형 상자'(96쪽)에서 보듯이 상자같이 생기지 않은 구조에도 적용할 만큼 유연함이 있다. 측판을 바닥판을 넘어 연장시킬 수 있으며 상판도 측판 밖으로 뻗어 나올 수 있다. 상자형 결합에 사용되는 왠만한 짜임 방법은 좌측 그림에서 확인할 수 있지만 '상자형 짜임' 편(39쪽)도 참고하라. 변형 상자에서 상판은 구조적이면서도 시각적인 요소이다. 그림과 같이 원목 상판이 필요 없는 구조에서는 가로대나 상판 프레임으로 대체할 수 있다. 둘 다 주먹장짜임, 턱짜임 또는 다도홈-턱짜임으로 측판과 결합한다.

프레임-패널 상자형 구조 Frame-and-panel case construction

프레임-패널 상자형 구조는 매우 안정적인 상자형 구조를 만드는 최고의 제작 방법으로 특히 원목일 때 주로 사용한다. 그러나 다른 제작 방법들처럼 장단점도 있다. 이 방식은 상대적으로 좁은 판재를 사용하기에 좋다. 예를 들어 옷장의 측판처럼 넓은 면의 경우, 프레임-패널 구조로 조립된 판재는 큰 평면을 작은 조각으로 분리하여 시각적인 흥미를 더한다.

그러나 프레임-패널 구조는 제작 시간이 많이 들고, 완성된 가구가 원목판이나 합판으로 만든 것에 비해 더 무거워지는 경향이 있다. 프레임-패널 조립의 기본 구조는 '문의 제작 방법'편(106쪽)에서도 찾을 수 있다. 아래 그림에서는 장을 짤 때 프레임-패널 유닛들이 어떻게 적용·결합되는지를 볼 수 있다.

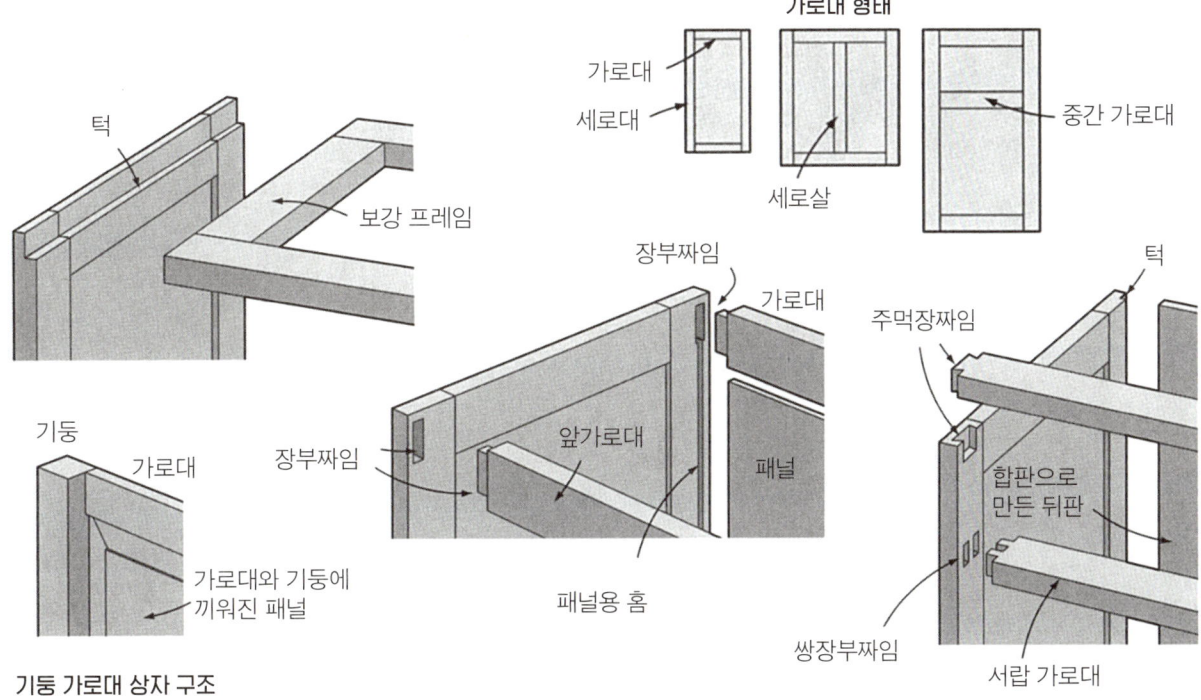

상자의 분할 Dividing the box

완성된 가구들 중에 열려 있으면서 내부가 나누어지지 않은 상자는 좀처럼 찾아보기 어렵다. 정면 프레임이 더해져서 가구의 윤곽선을 살리고 완성도를 더하게 된다.

고정 선반을 결합할 때는 다른 결합 방법들도 많지만 일반적으로 다도홈을 장의 측판에 파서 끼운다. 수백 년 간 수납장이나 찬장에는 이동 선반이 사용되어 왔는데, 현대적인 선반 철물들이 일을 쉽게 만들어준다. '이동 선반의 고정방법'(305쪽의 그림)을 보면 두 가지 간단한 방법들이 자세하게 소개되어 있다.

문을 제작하고 몸체에 맞추는 많은 방법들이 있는데, '문의 구조'편(104쪽)에서 확인할 수 있다.

또한 서랍을 제작하고 몸체에 고정하는 방법은 '서랍의 구조'편(114쪽)에서 다루고 있다. 몸체에 서랍을 부착하는 많은 부분 조립 방법은 몸체 자체의 조립 과정과 밀접하게 연관되어 있다. 현대적 철물을 사용하면 비록 가격은 비싸지만, 구획이 나누어지지 않은 열린 상자형 공간에도 서랍을 쉽게 달 수 있다. 그러나 이런 방법은 부엌가구나 유사한 붙박이 가구에만 한정된다. '가구'라고 생각하는 대부분의 수납장이나 찬장에는 여전히 전통적인 방법들을 사용하고 있다. 전통적인 접근방법은 서랍 가로대나 보강 프레임(Web frame)을 사용하여 상자를 분할하여 각 서랍을 위한 개별적인 칸을 만들어준다.

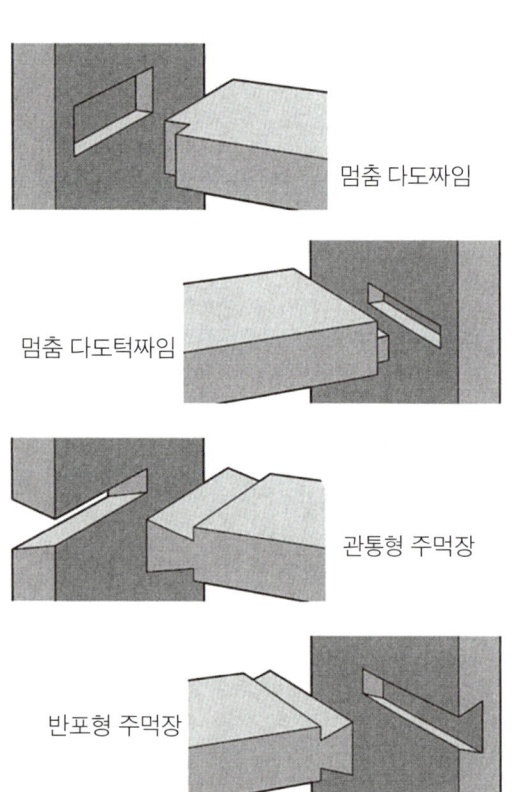

멈춤 다도짜임

멈춤 다도턱짜임

관통형 주먹장

반포형 주먹장

서랍 가로대 Drawer dividers

이것은 서랍 공간을 구분하는 역할 이상을 한다. 장의 측판을 직선으로 유지시키고, 두 측판을 평행으로 만들어준다. 따라서 서랍 가로대는 장의 디자인과 구조 모두에 필수적이다.

서랍 가로대가 측판들을 연결해주는 방법은 여러 가지가 있는데 그림에서 확인할 수 있다.

다도짜임이나 다도턱짜임이 작업하기 쉽고, 모든 구조(원목, 합판 또는 프레임-패널 구조)에 적용 가능하며 대부분 숨은(멈춤) 짜임으로 제작된다. 가로대 앞쪽 모서리를 따내줄 필요가 있는데 이러한 결합이 측판이 바깥쪽으로 휘거나 결합이 빠지려는 응력 스트레스를 조금이나마 버텨준다.

여러 가지 변형된 주먹장짜임들은 측판의 휘어짐에 대한 기계적인 저항력이 있어 응력 스트레스를 잘 견딘다

합판 몸체에 원목 서랍 가로대를 사용하는 현대적인 제작 기법에 잘 어울리는 결합은 쌍장부이다. 장부들이 따로 떨어져 있어서 합판 표면 층의 구조적인 결합력에 덜 손상을 준다. 디자인에 따라 장부는 관통되거나 쐐기 처리될 수도 있다.

반포형 턱 주먹장   반포형 연귀턱 주먹장   쌍장부짜임

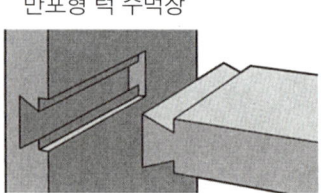

서랍 가로대 결합 방법

서랍 러너 Drawer runner

서랍을 지탱하기 위해서 러너(Runner)가 필요하다. 러너는 불가피하게 몸체와 교차된 결로 설치된다. 만일 고정된 상태로 측판이 수축·팽창되면, 러너는 쪼개지거나 휘어지게 된다. 원목 구조의 장을 제작할 때는 아래 그림에 나오는 방법 중에 적절한 것을 사용한다. 아래 그림 오른쪽 방법을 제외하고 각각의 방식에서, 러너는 얕은 다도홈 안에 끼워진다. 다도짜임이 서랍의 무게를 지탱해주고, 다도홈에 러너를 붙이기 위해 간단히 철물을 사용하는 여러 가지 옵션들이 있다.

프레임-패널 조립 구조에 러너를 적용할 때는 나무의 변동은 고려할 필요가 없다. 러너는 프레임-패널 조립구조의 가로대에 측면으로 접착하거나, 측면 조립구조의 세로 기둥에 판 다도홈에 접착제를 바르고 끼워 넣는다. 이때 패널(알판) 쪽에는 접착하지 않는다. 또 러너 막대를 서랍 가로대 후방에서 장부로 끼우고 측판 구조의 뒤쪽 세로기둥에 접착 할 수도 있다.

합판 구조에서는 러너는 얕은 다도홈에 접착하거나 측판에 간단히 접착제를 바르고 나사로 고정할 수 있다.

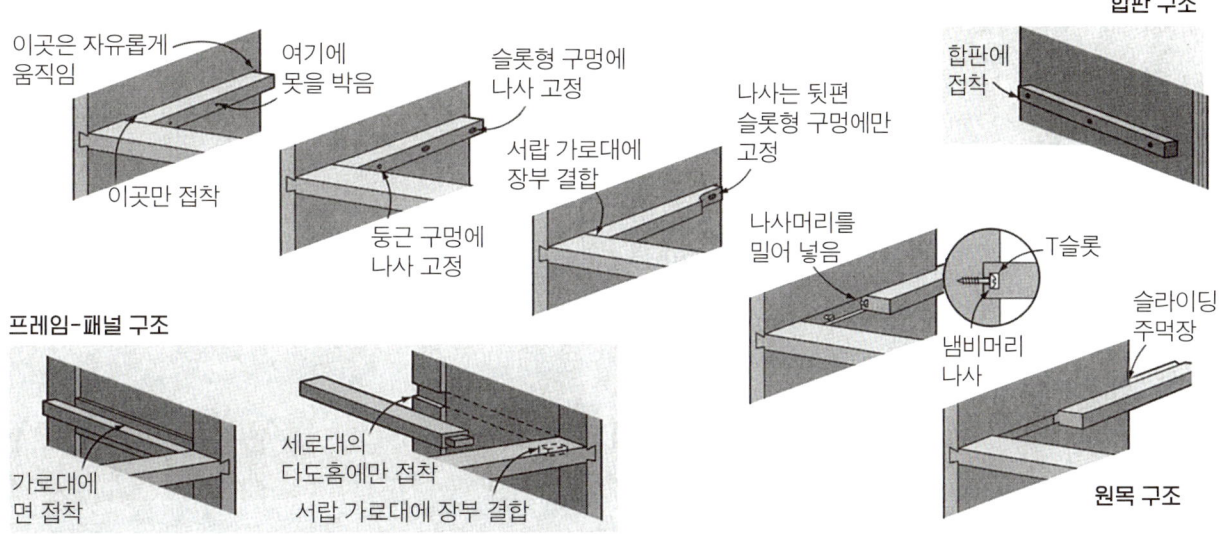

보강 프레임 Web Frame

많은 상황에서 서랍 가로대와 러너 시스템은 앞·뒤 가로대와 두 개의 러너(세로대)를 가지는 단일 프레임으로 바꿀 수 있다. 그것을 보강 프레임(Web frame)이라 부르며 여러 가지 방법으로 제작·결합된다. 아래 그림에서는 세 가지의 제작 방법과 결합 방법을 보여준다. 일반적으로 보강 프레임의 부재들은 서로 접착되지는 않지만 측판에는 접착된다. 대부분의 경우 러너를 뒤쪽에서 살짝 작게(약 1/8인치=약 3mm) 만들어주는데, 측판이 수축하면 러너의 밀어내지 않고, 대신 러너와 뒤쪽 가로대 사이의 틈이 닫히게 된다.

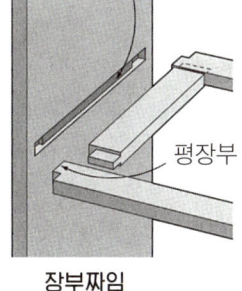
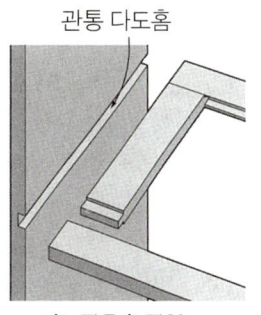

먼지막이판 Dust panel

서랍의 내용물을 깨끗하게 유지하기 위해서 보강 프레임 내부에 맞춰서 먼지막이판을 넣기도 한다. 그림에는 여러 가지 제작 방법들이 있다. 합판이 발명되기 전까지는 원목판이 러너의 역할까지 했다. 요즘은 합판이나 하드보드판을 보강 프레임의 알판으로 사용한다.

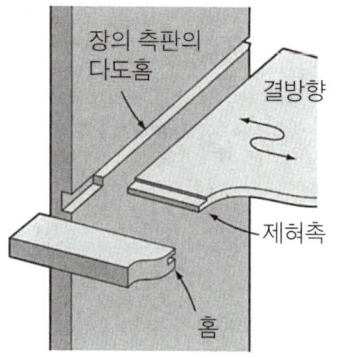
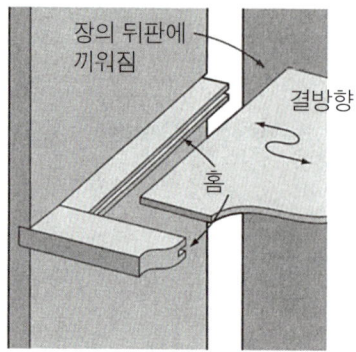
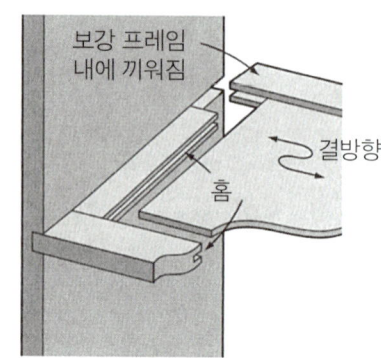

전면 프레임 구조 Face frame construction

전면 프레임은 장의 앞면에 붙여주는 가로대와 세로대로 조립된 구조체이다. 이것은 장을 아름답게 꾸미고 분할된 공간을 만들어준다.

물론 모든 장들이 전면 프레임을 가지는 것은 아니지만 부엌가구에서는 상당히 일반적이다. 이런 종류의 수납장에서는 프레임이 장의 측판을 보강해주면서 문의 경첩을 달 수 있게 한다. 하지만 서랍은 장의 측판에 부착한 슬라이드에 고정시키며 전면 프레임과는 독립적으로 작용한다. 전면 프레임의 주요 기능은 수납장의 앞모습을 만들어주는 것이다.

그림에는 하나의 기본 프레임에 적용할 수 있는 짜임 방법들을 보여준다. 전면 프레임은 몸체에 영구적으로 부착되기 때문에 각 짜임부의 스트레스는 크지 않다. 그래서 짜임 방법은 일반적으로 강도보다는 제작이 쉬운 방법을 선택한다. 전면 프레임은 장의 앞쪽 측면에 접착되는데 정렬을 위해 일반적으로 비스킷이 사용된다.

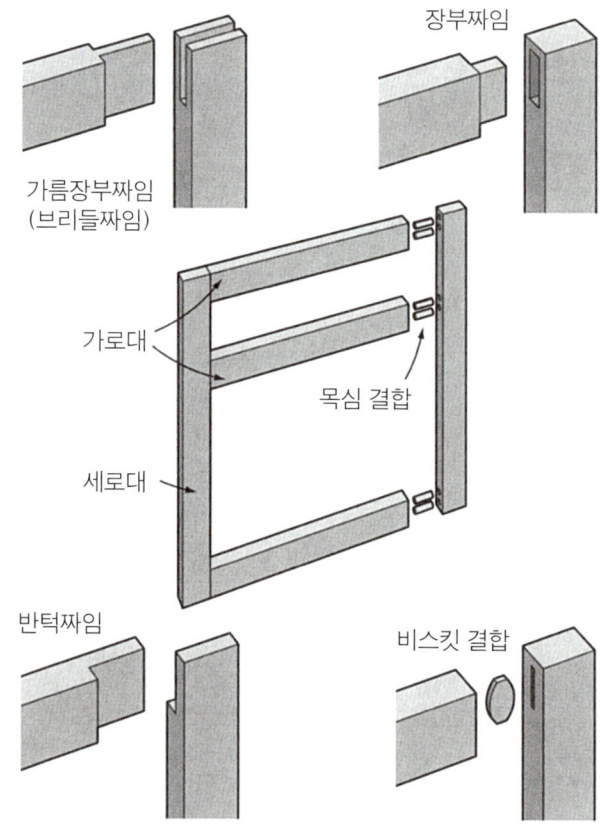

4분원 기둥 Quarter construction

4분원 기둥은 장에 영혼을 불어 넣어준다. 아이디어는 목선반으로 가공한 기둥을 깨끗하게 4등분으로 쪼개서 사용하는 데서 시작한다. 목선반 작업 후에 리드나 플루트 홈을 파주고 4등분으로 잘라낸다. 4등분 된 막대는 장의 측판과 전면 프레임 또는 서랍 가로대와 만나는 움푹 들어간 곳에 자리 잡는다. 그러면 측판이 두꺼워 보이고 사원분 기둥으로 인해 시선을 붙잡게 된다. 옆 그림에서 보면 움푹 들어간 부분은 나무막대에 홈을 파고 장의 측판에 측대면 이음으로 접착해 만들어준다. 기둥은 그 홈 안에 접착해 완성한다. 서랍 가이드가 필요하며, 서랍 가로대와 측판 사이의 결합은 약간 부담스러운 작업이다.

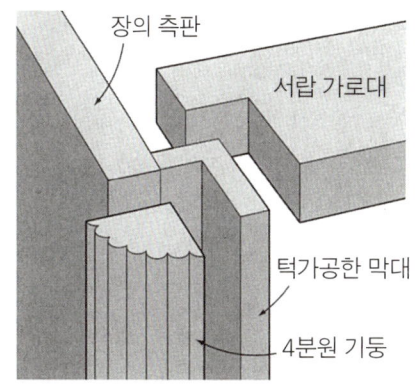

뒤판의 구조 Back construction

뒤판이 없으면 장은 불완전하다. 뒤판이 몸체를 닫아주고 몸체 전체가 찌그러지는 것을 막아준다. 때로 서랍의 러너나 선반을 고정해주기도 한다.

심미적인 요구들은 다양하다. 사방이 막힌 찬장의 경우, 뒤판은 엄밀히 말해서 기능적이며 외관은 중요한 것이 아닐 수도 있다. 책장이나 장식장의 경우, 내부가 보이기 때문에 뒤판이 예뻐야 한다. 때로는 뒤판이 장의 내부와 외부 모두를 아름답게 보여줘야 하는 경우도 있으며 그렇게 만들 수 있다. 여러 가지 제작 방법이 가능하다.

원목 판재를 사용한 경우 Board back

판을 못으로 몸체에 고정하며 판재들을 수직 또는 수평으로 배치할 수 있다. 투박한 제작 방법에서는 판재들은 측면들끼리 맞붙여 사용한다. 좀 더 세련된 가구의 경우, 판재들의 움직임에 대응하기 위해 겹침이음이나 제혀이음으로 결합하되 접착제를 바르지 않는다. 뒤판으로 원목판을 사용할 때는 거의 대부분 측판에, 그렇지 않다면 천판과 바닥판에 턱을 만들고 그곳에 판재를 얹는다. 만일 그릇장이나 코너용 찬장처럼 뒤판이 장의 내부에서 보이는 경우 판재들이 이어지는 모서리에 비드홈이나 모따기를 만들어주는 것이 좋다.

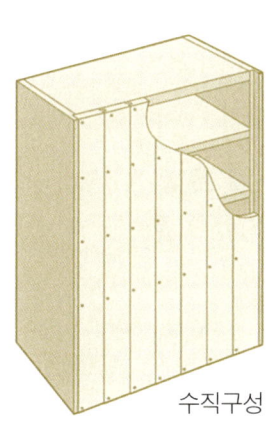
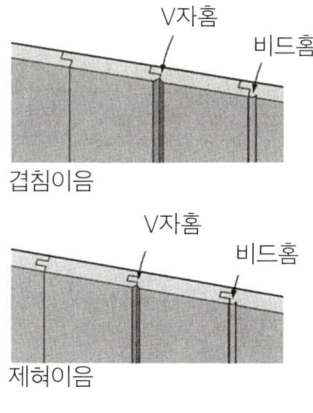
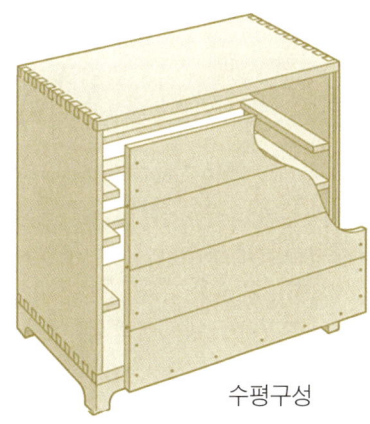

프레임-패널 구조를 사용한 경우 Frame-and-panel back

더 강하면서도 외관에 있어서도 확실히 더 마무리된 듯한 느낌을 주는 것은 프레임-패널로 만든 뒤판이다. 이것은 좀 더 손이 많이 가기 때문에 주로 장의 뒤판이 노출되는 곳(완성된 가구가 방의 한가운데 놓이는 경우)에 사용한다.

프레임-패널 조립 구조는 '문의 구조'편(104쪽)에서도 다룬다. 몸체에 조립된 뒤판을 부착하는 방법은 그림에서 확인할 수 있다.

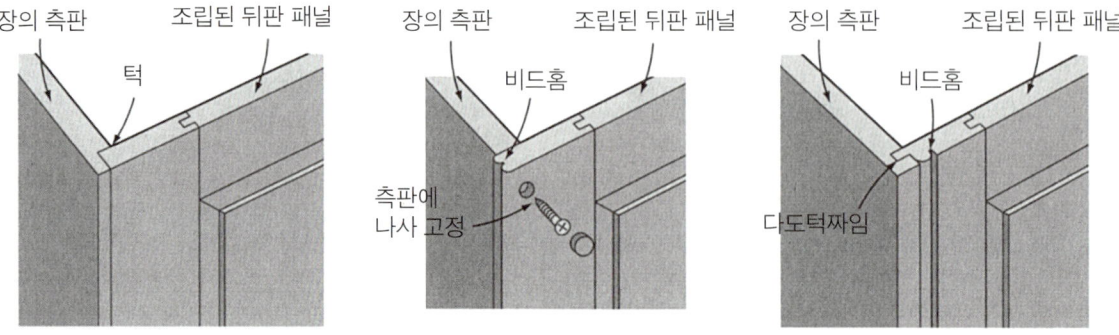

합판을 사용한 경우 Plywood back

오늘날의 현대식 해결 방안이 합판을 뒤판으로 사용하는 것이다. 강하고, 치수가 안정적이며, 만들기 쉽고, 경제적이고, 무게가 가벼워서 기능적으로 이상적이다. 하드우드 합판으로 만든 뒤판은 잘 설치되기만 한다면 아주 매력적이다. 그림에는 두 가지 융통성 있는 구조를 보여준다.

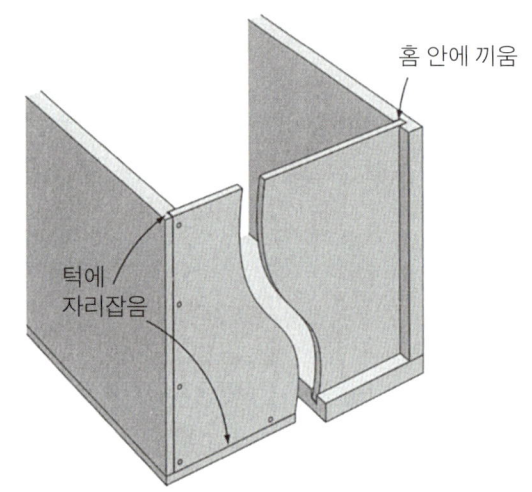

상판의 부착 Attaching a top

만일 상판이 몸체와 한 몸이 아니라면 따로 붙여주어야 한다. 부착된 상판은 몸체의 앞쪽과 측판 밖으로 돌출되기도 한다. 모서리를 따라 모양을 내주기도 한다. 그리고 매우 현란한 무늬의 나무가 사용되기도 한다.

대부분의 경우 상판은 테이블 상판과 같은 방법으로 고정된다. '장의 상판 고정 방법'(103쪽 그림)을 보면 네 가지의 좋은 방법들이 소개되어 있다.

만일 상판이 상부 가로대에 나사로 결합되는 경우 앞쪽 가로대에는 둥근 나사구멍을 미리 뚫어서 상판을 장의 앞쪽을 기준으로 고정하여 항상 같은 모습을 유지하도록 한다. 상판의 움직임을 알아채기 쉽지 않도록 장의 뒤쪽에서 이루어지도록 하기 위해, 슬롯 모양의 긴 나사구멍을 뒤쪽 가로대에 뚫어주고 상판의 움직임을 대응할 수 있게 해준다.

18세기 가구 제작자들이 개발한 전통적인 방법에서는 같은 움직임을 구현하기 위해 뒤쪽에 나비장 꽂임촉으로 제작하기도 했다. 나비장은 뒤쪽의 상부 가로대의 홈에 접착되고, 나비장에 맞는 또 다른 홈을 상판 하부에 파준다. 그리고 나서 상판은 접착제 없이 나비장에 끼워 넣고 앞쪽은 나사로 앞쪽 상부 가로대를 통해 결합한다.

또 측판과 앞과 뒤판에 파준 포켓홀(Pocket hole)을 통해 나사를 박아 넣을 수도 있다. '목수의 단추'라고도 부르는 나무 버튼도 또 다른 옵션이다.

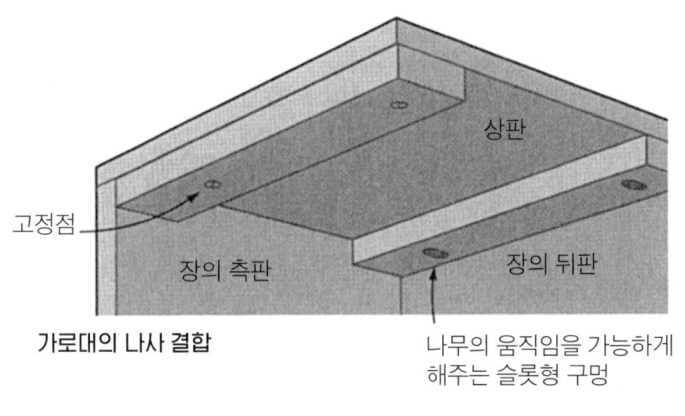

가로대의 나사 결합

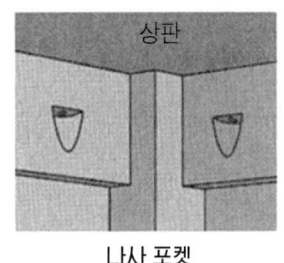

나사 포켓

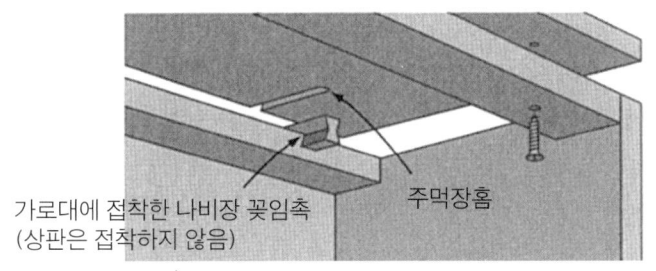

나비장 꽂임촉

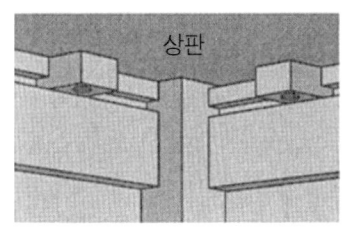

나무 버튼

04 문의 구조
Door Construction

우리는 단순한 문일수록 많은 것을 요구하고 기대한다. 보기에 좋아야 하며 세월이 지나도 쉽게 열고 닫을 수 있어야 한다. 튼튼하면서도 자연스럽게 평평함과 직각을 유지해야 하며, 느슨해져서도 안 된다. 알판이 딸각거리거나 경첩이 삐걱거리는 것도 원치 않는다. 그럼에도 문은 비교적 쉽게 만들 수 있다. 스타일도 제한적이고, 필요한 재료도 적으며 사용할 수 있는 짜임도 한정적이다.

보통 가구의 스타일에 따라 문의 디자인과 제작 방법이 결정된다. 예들 들어, 전통적인 컨트리 스타일에는 프레임-패널 방식의 문이 잘 어울리며, 가늘고 쭉 빠진 현대식 가구라면 합판으로 만든 플러시 문도 사용할 수 있다.

문을 제작하는 방법과 문의 디자인은 아주 다양하고, 문을 만들기기 전에 항상 몸통에 연결하는 방식을 먼저 생각해야 한다.

문 제작의 기초

어떤 문을 만들지 결정하는 데 있어서 재료나 짜임 방법을 고민하는 것보다, 문을 어떻게 여닫을 것인가를 생각하는 것이 좀 더 실제적인 출발점이다.

문의 배치

캐비닛에 문을 설치하는 방법은 많다. 최선의 방법은 문의 크기와 캐비닛이 어떻게 사용되는지에 따라 결정된다. 표준형의 측면 경첩문은 광범위한 용도로 사용된다.

다음은 일반적이지 않은 특수한 환경에서 사용하는 배치이다. 예를 들어 중앙 세로판이 없는 넓은 캐비닛의 경우 지나치게 넓은 측면 경첩문(그래서 너무 무거운)보다는 접이식문이 더 나은 방법일 수도 있다. 캐비닛 앞의 공간이 없을 경우 미닫이문이 문제를 해결해줄 수 있다. 플랩문(Fall-flap)은 책상의 상판이나 카운터가 되기도 하여 또 다른 기능을 만들어준다. 들어올림문(Lift door)은 벽장 문이 작업하는 동안 열려있어 내부에 쉽게 접근할 필요가 있을 경우 적용하기 좋은 방식이다.

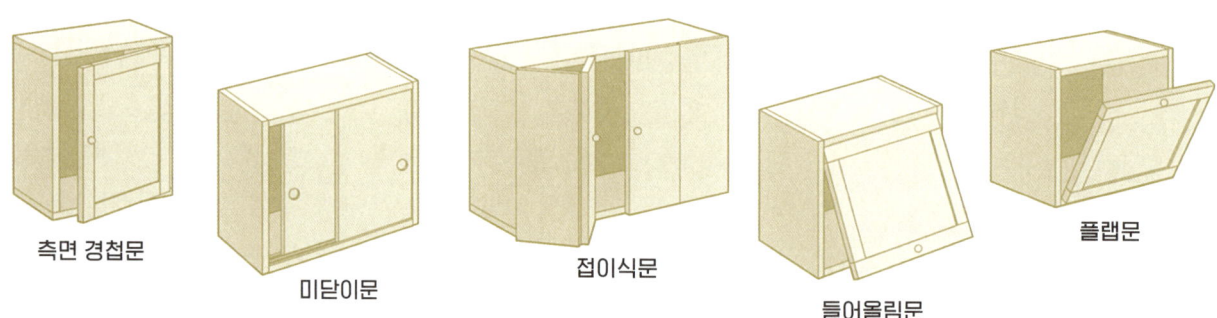

측면 경첩문 · 미닫이문 · 접이식문 · 들어올림문 · 플랩문

문의 위치

문이 몸체에 결합되는 방법은 여러 가지다. 그림에서 보듯 문이 내부로 들어가는 인세트형(삽입형 또는 플러시형), 문이 틀 밖으로 나와 있는 오버레이형(덮방형, Overlay) 그리고 반은 내부에 반은 턱으로 외부에 걸쳐 있는 날개턱형(Lipped)이 있다. 이러한 기본적인 세부 형태가 작품의 외형이나 크기, 사용할 수 있는 하드웨어 종류에 영향을 준다.

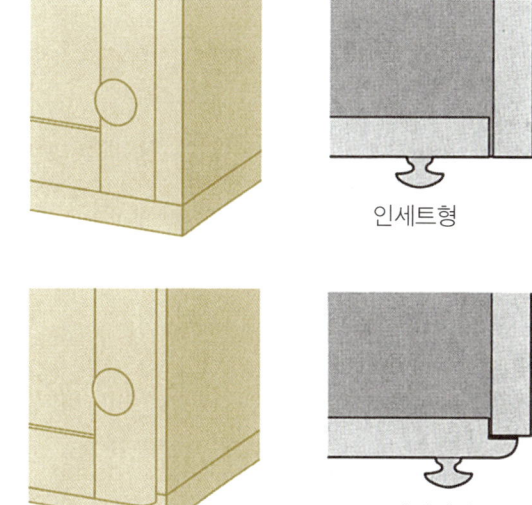
인세트형

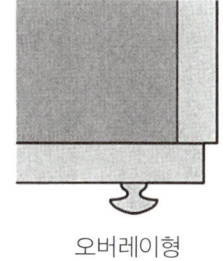
오버레이형

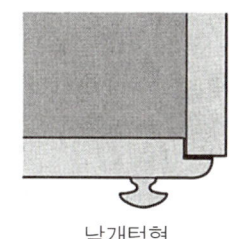
날개턱형

문의 안정성

안정성은 문을 만드는 방법을 결정한다. 열고 닫기가 쉬우며, 틀에 잘 맞는 문은 우리를 행복하게 만든다. 그러기 위해서는 평면을 유지해야 하고, 나무의 계절적 변화가 최소화돼야 한다. 만일 문이 불안정하다면, 중앙난방을 하는 건조한 겨울에는 헐거워지고, 여름의 높은 습도에서는 빡빡하고 물리게 된다. 그래서 굽어지거나 터질 수도 있다.

판재를 접착제로 이은(심지어 원판이더라도) 원목 문은 결의 횡방향을 따라 많은 수축·팽창을 겪게 된다. 가로대를 덧댄 원목 문은 일반 원목 문보다 덜 휘어지지만 폭 방향으로 치수의 불안정성은 여전한다.

두 가지 가장 안정적인 구조는 프레임-패널 문과 합판으로 만든 문이다. 프레임-패널형 문에서는 대부분의 나무의 움직임이 상대적으로 안정적인 프레임에 싸여 있는 알판에 집중된다('프레임-패널 구조' 27쪽 그림 참조). 합판 문의 경우 재료 성질의 핵심은 안정성에 있다.

문의 종류와 안정성

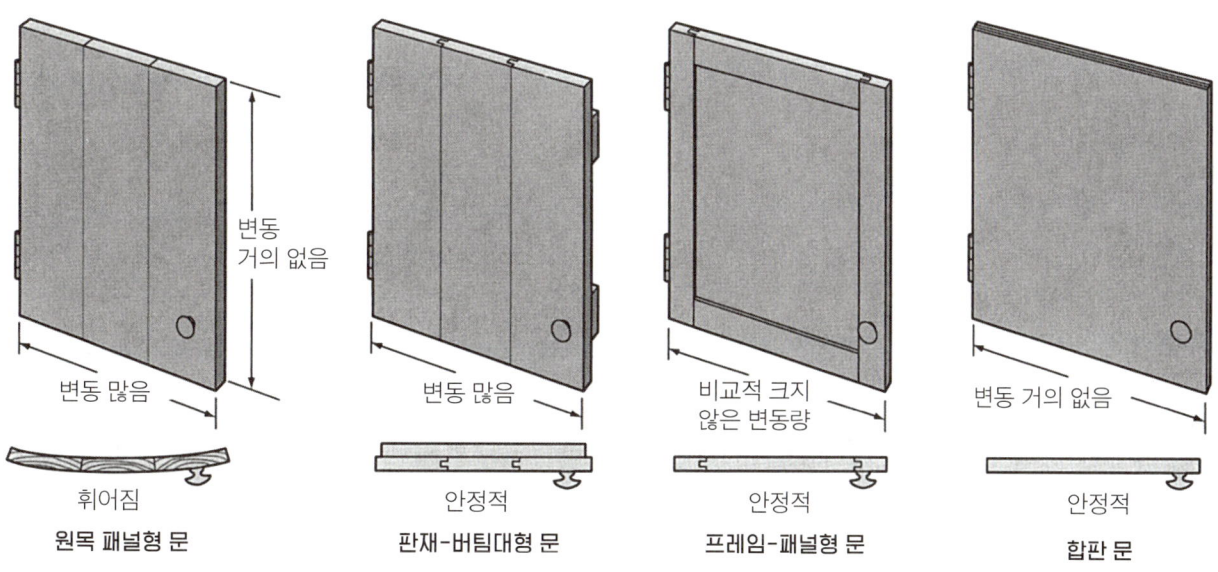

문의 제작 방법

사실 문을 만드는 방법은 그렇게 다양하지는 않다. 외형은 매우 다양하지만 그 제작 방법은 유사한 경우가 많다.

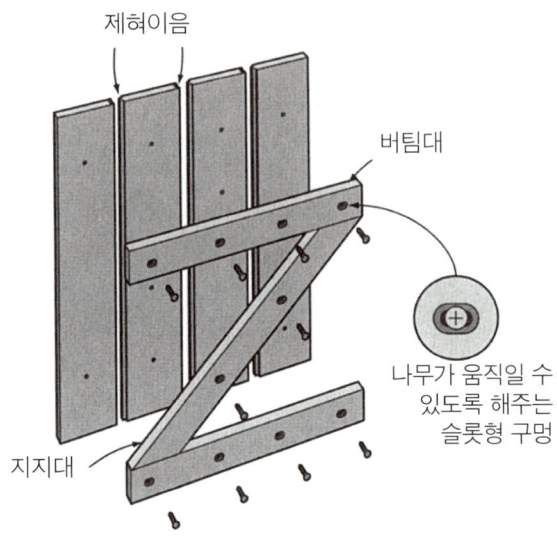

판재-버팀대형 문 Board-and-batten door

이 원시적인 형태의 문은 판재들을 측면으로 맞댄 뒤, 판재들을 가로지른 한쌍의 막대에 못으로 고정한 것이다. 판재 사이에 제혀이음을 적용하면 판재들이 수축했을 때 틈사이가 보이지 않게 해준다. 만일 이음부의 모서리에 비드홈이나 모따기를 해주면 외관을 꾸며주는 효과도 있다. 문의 수명을 연장하기 위해서는 가로대에 나사를 박을 때 그림처럼 위치를 잡으면 된다. 대각선으로 지른 버팀대는 문을 삼각형으로 받쳐줘서 조립된 가운데가 쳐지는 것을 막아준다.

원목 패널형 문 Solid-wood-panel door

원목 문은 넓은 한 장의 판이건 좁은 판재를 집성한 판재이건 간에 안정적인 문을 만들지 못한다. 어떤 방법으로든 보강하지 않으면 휘어지는 경향이 있다.

보강 방법 중에 하나는 패널의 양 끝단에 패널을 가로질러 버팀목을 나사로 고정해주는 것이다. 또 다른 방법은 변죽(89~91쪽 참고)을 덧대는 것이다. 두 경우 모두 결이 교차하는 나무의 움직임을 허용할 수 있도록 제작되어야 한다.

플러시 문 (합판 문) Flush door

플러시 문은 공장에서 만들어진 힙판, PB(파티클보드) 또는 MDF(중밀도섬유판) 같은 평평한 패널로 만들어진다. 이러한 재료들은 치수가 안정적이지만 올바로 사용하지 않으면 휘어질 수 있다. 예를 들어 만일 무늬목이나 플라스틱 박판(Plastic laminate)을 한쪽 면에만 붙여주면, 표면에 닿는 습기의 불균형 때문에 휘어질 수 있다.

특히 합판이 플러시 문에 가장 좋은 재료인데 다른 패널 제품에 비해 무게도 가볍고 나사 결합력 또한 더 좋다. 단면의 테두리에 합판의 표면 재료(에지밴딩)를 붙여줄 필요가 있는데 107쪽 그림처럼 여러 가지 방법이 있다.

에지 테이프만 붙인 합판 문

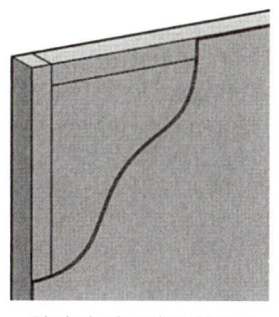
합판에 테두리를 붙이고 전체를 무늬목으로 바른 문

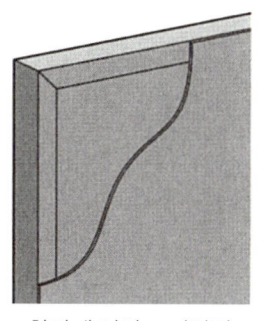
합판에 연귀로 마감된 테두리를 붙이고 전체를 무늬목으로 바른 문

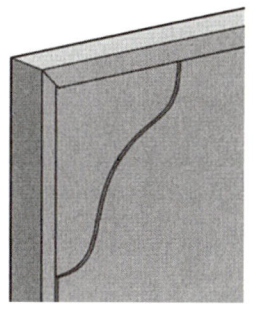
합판에 무늬목을 바른 후 두께에 맞게 연귀 처리된 테두리를 붙인 문

프레임-패널형 문 Frame-and-panel door

프레임-패널 조립 구조는 문을 만드는 훌륭한 방법이다. 앞에서 언급했듯이 치수가 안정적이다.
짜임 방법은 무궁무진한데 프레임을 짜고 패널을 장착하는 방법은 많다. 게다가 프레임을 가공하여 단면형상을 만들어주거나 몰딩을 따로 부착할 수 있어 다양한 외관을 만들어낼 수 있다. 패널 역시 바꿀 수 있다.
아래 그림에는 전형적인 장부 결합으로 짜인 프레임을 가지고 있기 때문에 최상의 강도를 보여준다. 또한 패널(알판)은 턱 안에 자리 잡게 되는데 고정용 막대를 사용하거나 아예 홈 안에 걸리게 만들 수 있다. 이것이 기본 구성 요소이다.
결합 방법들은 매우 기본적인 것들인데, 108쪽의 그림 '프레임-패널 짜임 방법'을 보면 연귀 반턱짜임을 비롯한 많은 기본형의 장부 결합들이 소개되어 있는데 모두 아주 강력한 결합력을 가진다.

기본형 프레임-패널형 문

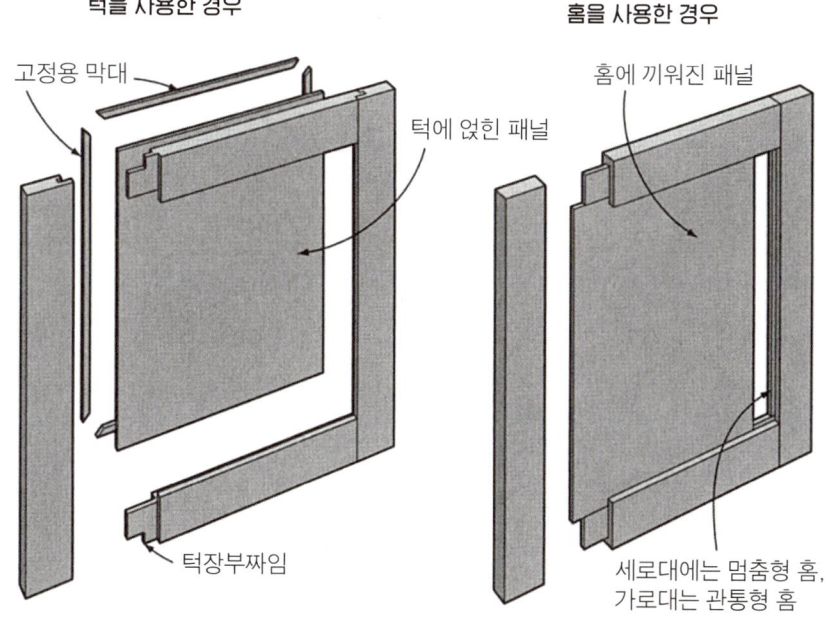

프레임-패널 짜임 방법

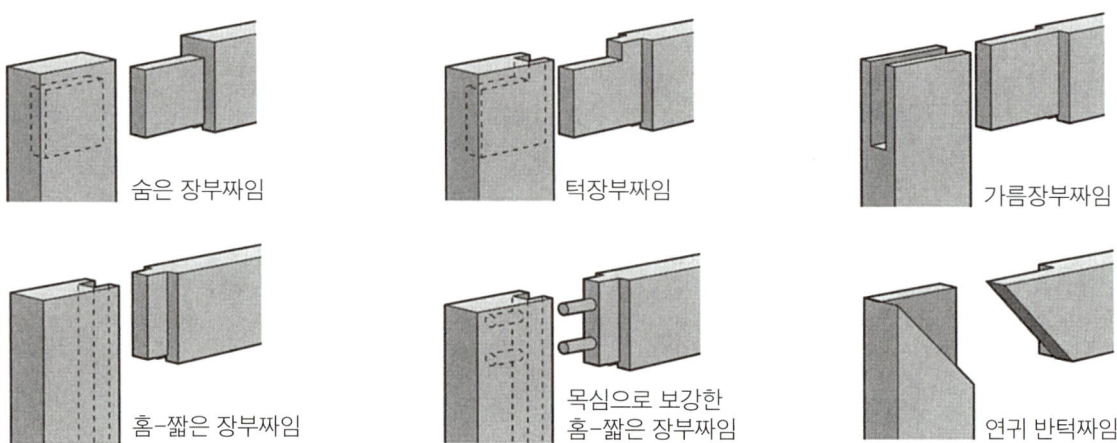

코프-앤-스틱 Cope-and-stick

이것은 현대적인 짜임 방법에서 널리 사용하는 것으로 몰딩 처리된 모서리에 장부 결합을 통합한 형태로, 쌍으로 구성된 날물을 사용하며 테이블 라우터나 셰이퍼를 사용하여 만든다. 한 날물은 장식적인 단면형상과 함께 홈을 깎아낸다(Sticking cut). 이때 프레임을 구성하는 부재들의 한쪽 측면이 시작부터 끝까지 길이 방향으로 가공된다. 또 다른 날물은 앞에 깎은 단면에 대응되는 형상을 만들어준다(Cope cut). 또한 동시에 홈에 들어가는 짧은 장부를 만들어준다. 이때 가로대의 양 절단면이 이 날물로 가공된다. 올바르게 가공되면 장갑에 넣은 손처럼 완벽하게 들어맞는다.

특별한 알판 전용 비트가 없어도 모든 프레임 부재에 라운드 루터 비트나 심지어 수공구(홈대패)를 사용하여 몰딩 형상을 만들어서 코프 앤 스틱 형태를 제작할 수 있다. 장부 결합부를 만들어준 뒤, 조립할 때 교차되는 몰딩부를 연귀 형태로 잘라주면 된다. '일반적인 몰딩 형상 홈 종류'(109쪽 그림)에서 일반적으로 사용하고 있는 몰딩 형상들을 확인할 수 있다. 여기에 있는 모든 형상들을 날물로 만들 수 있는 것은 아니다. 예를 들어 쿼크-앤-비드(Quick-and-bead)는 연귀로 잘라주는 방식으로 제작해야만 한다.

몰딩이 있는 프레임 작업

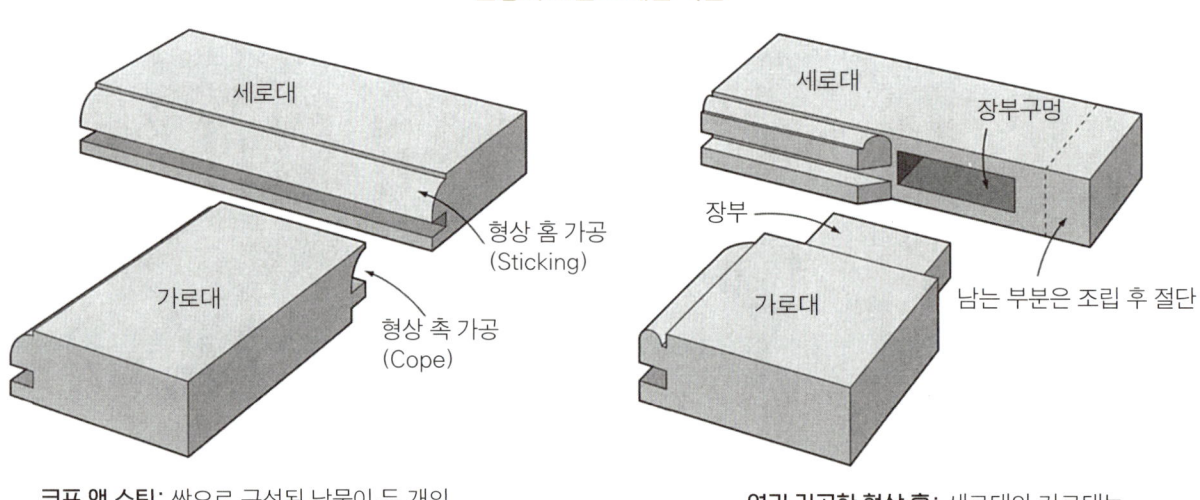

코프 앤 스틱: 쌍으로 구성된 날물이 두 개의 짝이 되는 코프-앤-스틱 형상을 가공

연귀 가공한 형상 홈: 세로대와 가로대는 장부짜임으로 결합되며 형상홈은 연귀로 가공

일반적인 몰딩 형상 홈 종류

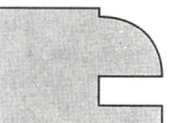
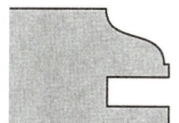
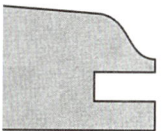
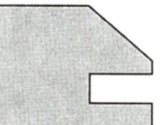

쿼크-앤-비드 (Quirk-and-bead) / 오볼로 (Ovolo, 만두고형) / 썸네일 (Thumbnail, 엄지손톱형) / 로만 오지 (Roman ogee, 로만 반곡형) / 오지 (Ogee, 반곡형) / 챔퍼 (Chamfer, 모따기형)

누름 몰딩 Applied molding

이것은 프레임 내부 모서리에 연귀로 처리된 몰딩 형상을 만들어주는 또 다른 방법이다. 직각으로 부재들을 결합하고 나서 별도의 몰딩 막대를 붙이고 내부 모서리에서 연귀로 잘라주는 방법이다. 이 방법을 사용하면 프레임에 패널을 고정하기 위한 턱을 만들어준 뒤 몰딩을 덧대서 패널을 고정할 수 있다.

또 다른 대안으로, 프레임의 내부 모서리에 걸칠 수 있도록 몰딩에 턱을 만들어주는 것이다. 이러한 몰딩을 볼렉션 몰딩(Bolection molding)이라 부른다.

누름 몰딩의 큰 장점 중에 하나는 조립 전에 패널을 칠할 수 있다는 점이다. 또한 한 겹의 판유리를 사용하는 유리문을 제작하는 좋은 방법이다.

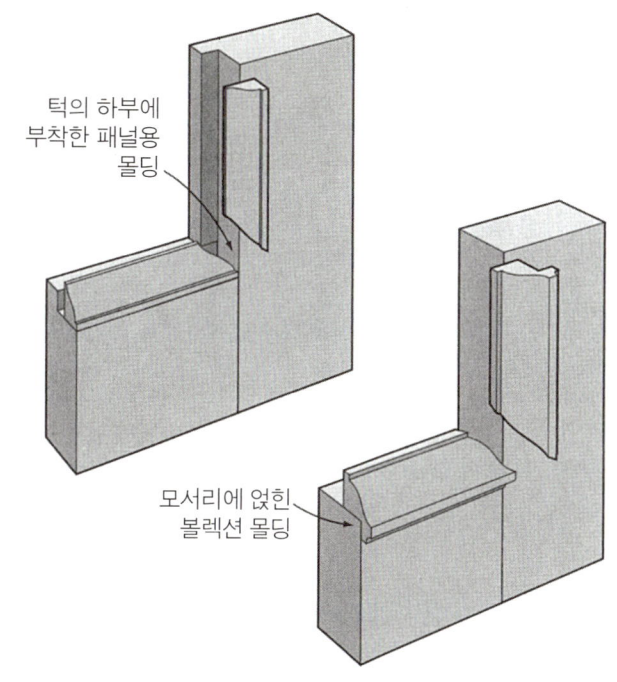

턱의 하부에 부착한 패널용 몰딩

모서리에 얹힌 볼렉션 몰딩

도어 패널의 종류 Types of door panels

프레임의 패널(알판)을 만드는 많은 방법이 있는데 제작 방법과 원하는 디자인을 고려하여 재료의 균형을 잡아주어야 한다. '기본형 프레임-패널형 문'(107쪽 그림)에서 보듯이, 가장 간단한 것은 일반적인 얇은 판을 사용하는 것이다. 1/4인치 두께(6mm)의 합판을 3/4인치(19mm) 두께의 프레임에 홈을 끼워 넣는 것이 수납장 문을 만드는 일반적인 방법이다. 더 두껍거나 원목으로 패널을 만들 때는 홈은 그에 맞춰서 더 넓어져야 한다. 그러나 끼워지는 측면의 두께를 줄이기 위해서 턱을 만들거나 그 턱을 돋움가공(Raised)하면 된다. 여기서도 재료의 선택이 영향을 준다.

합판 패널은 턱을 만들어 끼우며 프레임과 평평하게 만들거나 튀어나오게 만들기도 한다. 튀어나오는 경우 절단 노출을 가리기 위해서 몰딩을 사용한다. 칠을 두껍게 칠하지 않는 한 돋움(Raised) 패널 형태로 만들지 않는다.

원목 패널의 경우 턱을 만들거나 돋움가공 할 수 있으며 그 또한 한쪽 또는 양쪽에 가공할 수 있다. 110쪽 그림에는 돋움패널의 다양한 단면형상은 보여주지 않는데, 이는 루터 비트나 셰이퍼 날물의 회사의 카탈로그를 참조하라.

이러한 모든 가능성은 문의 외관에 미묘한 미적인 차이를 만들어낸다. 합판 패널을 접착제로 고정되는 것을 제외하고는 패널들은 프레임 내부에서 자유롭게 떠 있기 때문에 문의 강도에는 영향을 주지 않는다.

도어 패널의 종류

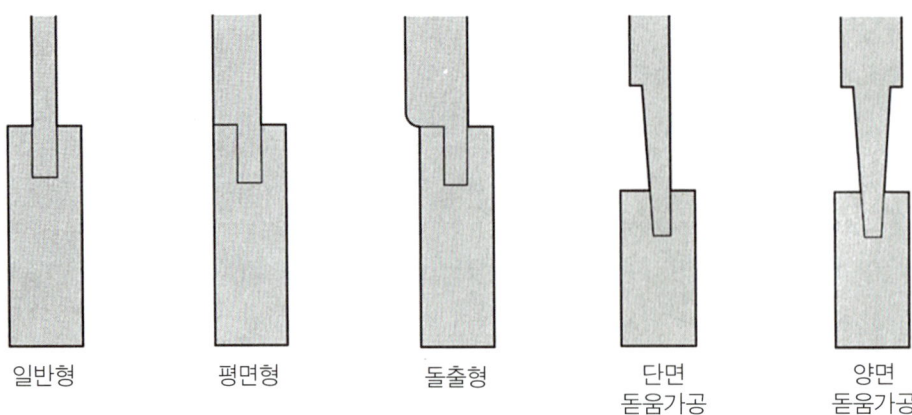

일반형　　평면형　　돌출형　　단면 돋움가공　　양면 돋움가공

다중 패널형 문 Multiple-panel doors

대형 문의 경우 종종 작은 조각으로 구성되기도 한다. 큰 평면 하나로 만들어진 문은 심미적일 수는 있으나 비율적으로도 안좋고 재미없는 느낌을 준다. 그리고 구조적인 이유도 있는데, 큰 문인 경우 바깥쪽 틀을 잡아 주기 위해서 중간에 부재가 필요하다. 마지막으로 큰 패널은 작은 패널에 비해 수축·팽창량이 크기 때문에 매우 큰 패널의 경우 문제가 발생할 수 있다.

그림에서 보듯 문을 수평으로 나누기 위해서는 중간 가로대가 필요하다. 이 가로대는 위, 아래쪽 가로대와 마찬가지로 제작되며 위, 아래 양쪽 측면에 패널을 위한 홈을 파고, 세로대에 장부 결합한다. 또 다른 가로대를 추가하는 것도 어렵지 않는다.

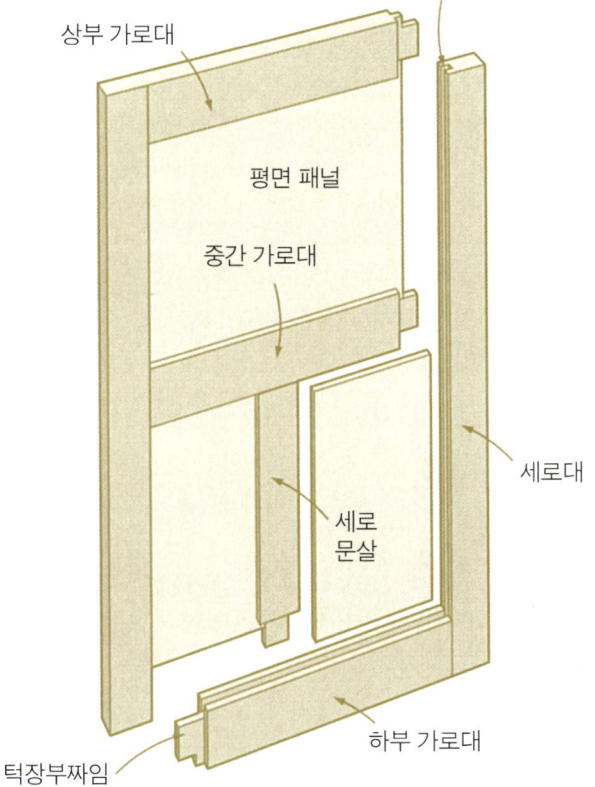

유리문 Glazed doors

찬장, 세크리터리 책장, 진열장 등은 내부의 전시된 것을 보여주면서도 먼지가 들어가지 않도록 유리문을 가지고 있다. 유리문은 표준 문 프레임에 유리를 받치는 격자형으로 나눈 교차된 문살구조를 가지고 있다.

유리문을 만드는 대표적인 두 가지 방법이 있다. 수공구를 사용하는 전통적인 방법에서의 문살은 갈비살과 몰딩으로 이루어진다. 뼈대를 이루는 갈비살은 사각형의 막대로 십자 반턱짜임으로 교차되고 프레임의 장부구멍에 끼워진다. 몰딩은 갈비살 위에 덮을 수 있도록 하부에 홈을 파내고 교차되는 곳마다 연귀로 잘라주고 프레임을 따라 턱 위에 얹힌다.

기계를 사용한 현대적인 방법에서는 만들고 나면 옛날 방식들과 똑같이 보이지만 조립하는 방법은 다르다. 각 세로 문살은 특별한 날물로 깎은 단일 부재(두 개가 아닌)이다. 문살의 끝부분은 짝이 되는 날물을 사용하여 촉과 함께 연결되는 단면형상을 만들어준다. 문살이 교차될 때는 장부를 위한 관통 장부구멍은 수작업('코프-앤-스틱' 108쪽 참고)으로 파낸다.

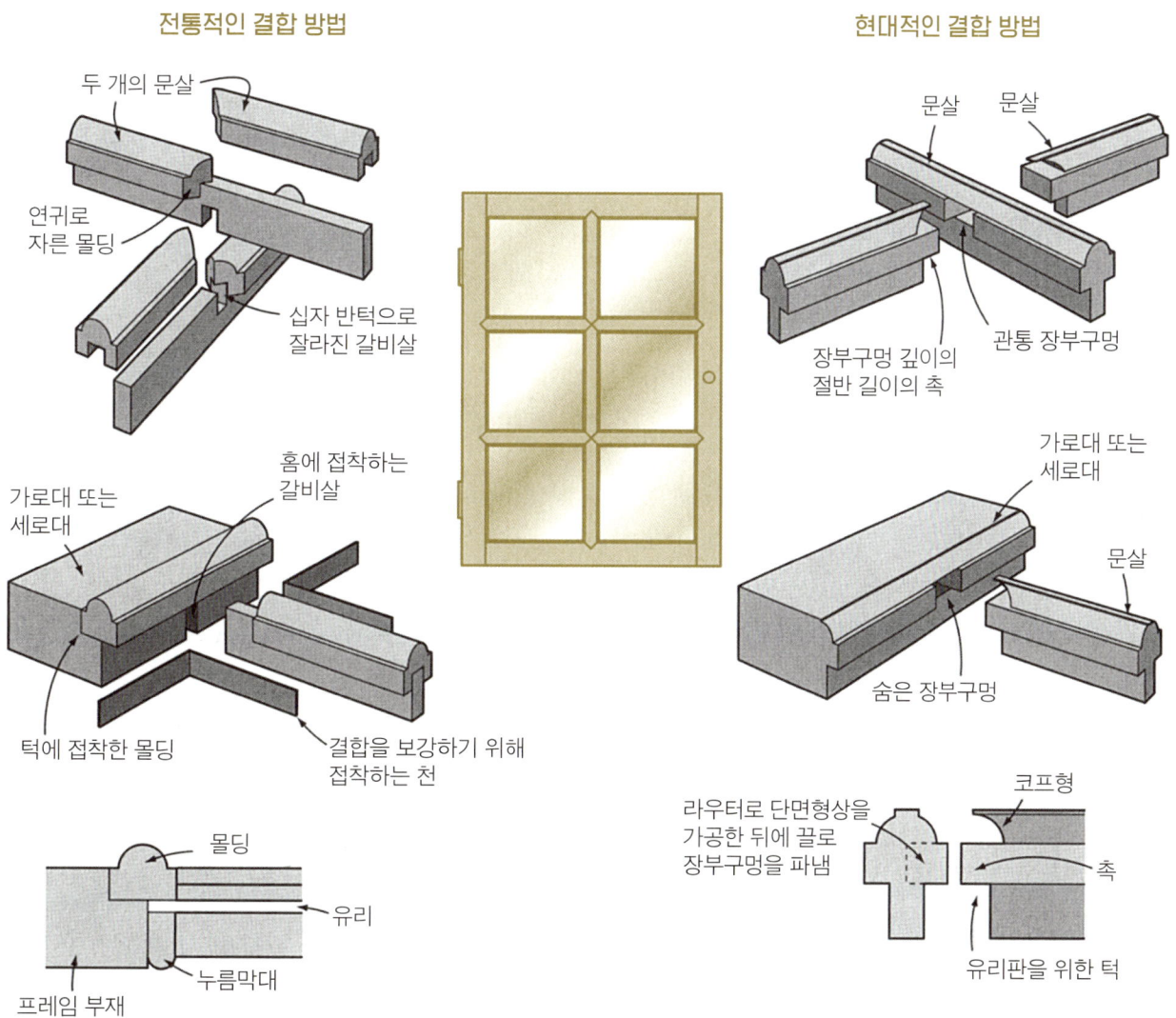

문의 설치

문을 올바르게 설치하는 것은 문을 잘 만드는 것만큼이나 중요하다. 경첩을 잘못 정렬한 채 문을 몸체에 물리는 것은 가장 좋지 못한 방법이다. 문을 여닫을 때 뻑뻑하고, 또 그것이 원인이 되어 문이 닳는 등 고장의 큰 요인이 되기 때문이다.

경첩 Hinge

종류별로 설치 간격과 방법들이 모두 다르기 때문에 디자인 초기에 경첩의 종류를 미리 정하는 게 좋다.
나비경첩(Butt hinge): 전통적으로 자주 발견하는 종류로 문을 설치하는 가장 간단하면서도 품격 있는 대표적인 방법이다. 그림처럼 홈을 파서 넣거나 표면에 바로 부착한다.
나이프경첩(코너 피벗경첩, Knife hinge): 다른 대안으로 인세트(삽입형) 문에만 사용한다. 문의 위, 아래 모서리에 홈을 파서 넣어주며 설치후에 거의 보이지 않는데, 문이 닫히면 각 경첩의 평면 피봇(회전부)만 보인다.
숨은 경첩(Hidden hinge, Soss hinge): 문이 닫히면 완전히 보이지 않는 경첩이다. 그림처럼 인도어형 문의 측면에 홈을 파고 부착하도록 디자인되었다. 많은 가구 제작자들에게 알려진 브랜드명인 쏘쓰(Soss)힌지로 알려져 있다.

대부분의 경첩들이 한 번 나사로 자리를 잡으면 위치 조절이 안 되기 때문에 문의 설치는 가구 제작 분야에 있어 실수가 없어야 하는 부분이었다. 유럽 스타일의 경첩이 이러한 것을 바꿔 놓았다. 이 경첩의 한 쪽은 문의 뒷면에 부착되고, 다른 부분은 몸체의 측판에 부착된다. 일단 설치되면 경첩은 세 방향으로 조절할 수 있다(위·아래, 좌우 그리고 안·밖). 원래 전면 프레임이 없는 구조의 장에 적용하도록 개발되었지만 최근에는 전통적인 전면 프레임의 수납장에서 사용할 수 있는 새로운 모델도 출시되었다.

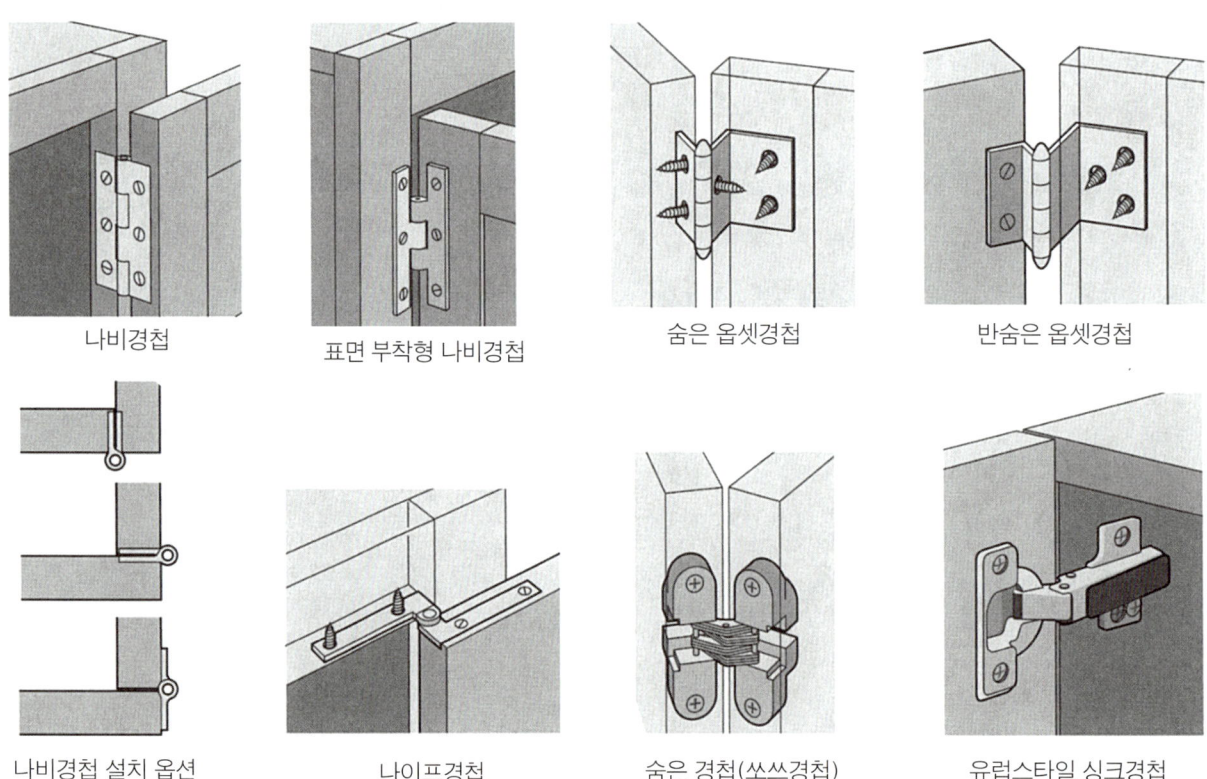

나비경첩 / 표면 부착형 나비경첩 / 숨은 옵셋경첩 / 반숨은 옵셋경첩

나비경첩 설치 옵션 / 나이프경첩 / 숨은 경첩(쏘쓰경첩) / 유럽스타일 싱크경첩

캐치 Catch / 래치 Latch

문을 닫아 두는 방법을 선택하는 것은 종종 추후에 고려해야 할 사항으로 종류가 다양하고 장치가 간단하여 문제가 발생하는 일이 거의 없다. 거의 대부분의 별도로 설치하는 손잡이를 사용하는 모든 문의 구성이나 설치 계획을 보면 항상 기계적인 캐치(잠금장치)를 찾을 수 있을 것이다. 마치 자물쇠와 열쇠처럼 돌림 캐치와 찬장용 캐치를 함께 사용하기도 한다.

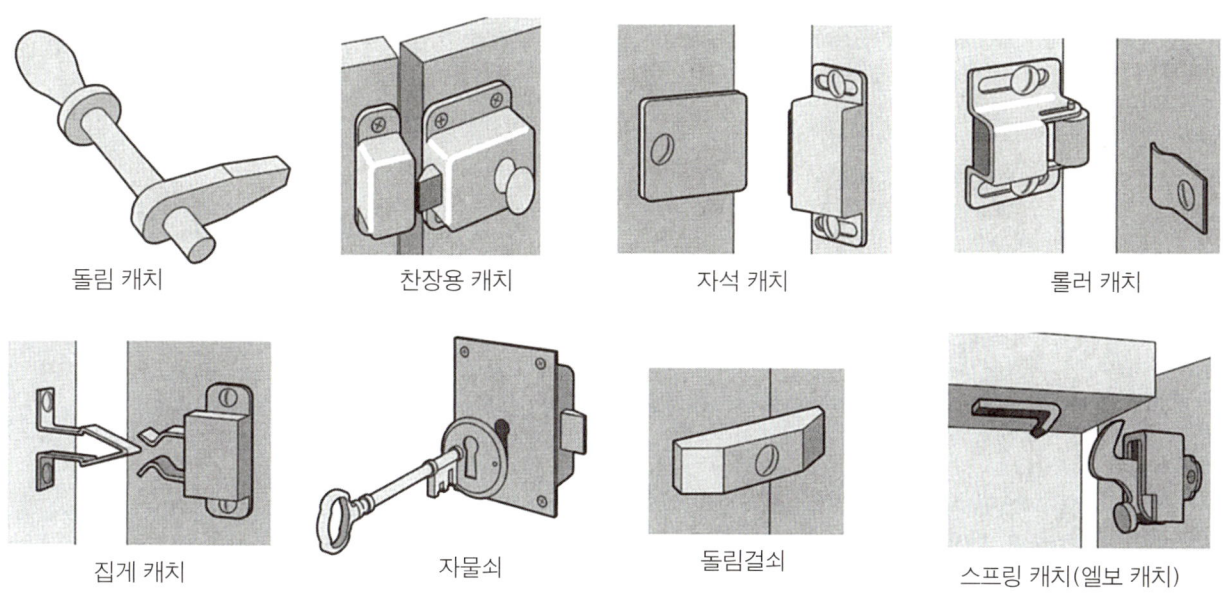

돌림 캐치   찬장용 캐치   자석 캐치   롤러 캐치

집게 캐치   자물쇠   돌림걸쇠   스프링 캐치(엘보 캐치)

맞닿는 문의 처리

이제 마지막 숙제는 한쌍의 문이 서로 만나는 방식을 생각하는 것이다. 분명히 이러한 결정은 디자인 프로세스에서 초기에 이루어져야 한다. 그 결정에 따라 문의 크기와 캐치의 종류를 선택할 수 있다. 세 가지 옵션을 그림에서 볼 수 있다.

문들이 수직의 칸막이에 기대거나
칸막이 없이 만나는 경우

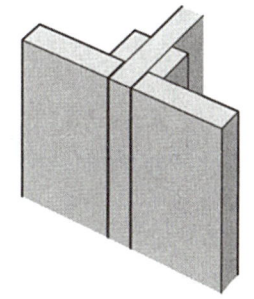
문들이 수직의 칸막이에 의해
분리되는 경우

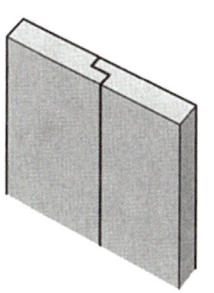
문들이 서로 턱으로
서로 겹치는 경우

05 서랍의 구조
Drawer Construction

서랍은 가구의 다른 부분에 비해 좀 더 험하게 다루어진다. 그래서 튼튼하고 내구성 있는 서랍은 그 짜임 방법과 서랍 장이나 탁자의 하부에 어떻게 매다느냐 또는 열고 닫을 때에 움직임을 어떻게 유도하느냐에 따라 좌우된다.

전통적으로 서랍은 많은 수작업 공정에 의해 제작되고 설치되었다. 그러나 요즘은 기계 작업된 짜임 방법과 설치가 쉬운 서랍을 선호한다. 이번 장에서는 여러 가지 서랍 제작 방법을 소개하고 있다.

제작 방법은 서랍의 앞판과 앞판과 부착되는 서랍 통과의 관계에 의해 구분되곤 한다. 아래 그림 '서랍 앞판 옵션'에서 보면 서랍 앞판을 몸체 앞면과 맞추거나, 몸체를 덮거나 또는 몸체의 일부만 덮도록 턱을 만들어 반만 덮을 수도 있다. 이런 옵션들에만 더 잘 맞는 서랍 제작 방식들이 있다.

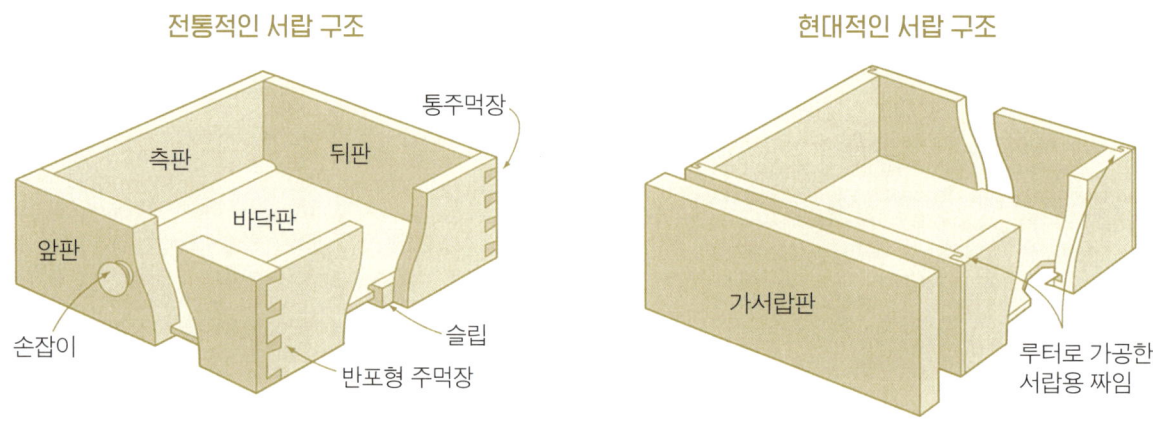

서랍 짜임 방법

가구 애호가들은 어떤 결구법이 사용됐는지를 알아보기 위해 서랍을 열어보는 것을 좋아한다. 어떻게 작업되었는지를 알아보고, 그것을 자신의 작업에 적용할 수 있다면, 그만큼 좋은 품질의 가구를 만들 수 있다.

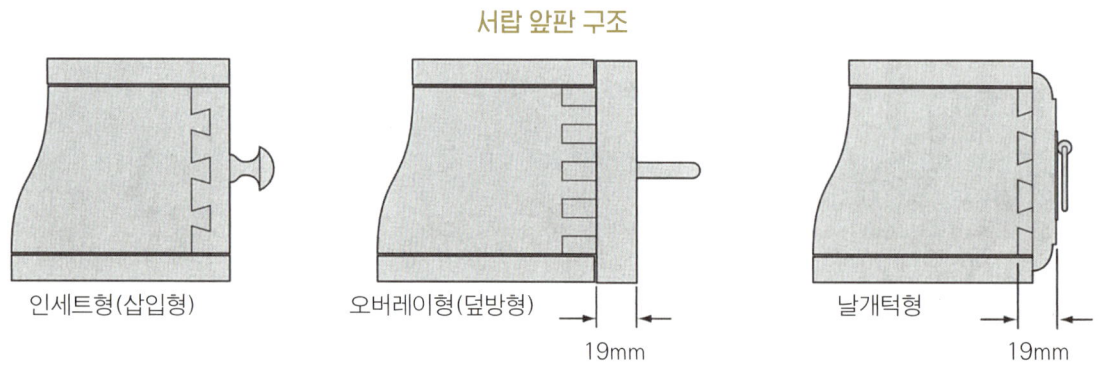

서랍 앞판과 측판의 결합

서랍 앞판과 측판 결합부에는 많은 힘이 가해지기 때문에 잘못 만들 경우 손에 앞판만 들고 있는 자신을 발견할 수도 있다. 일반적으로 잘 만든 서랍의 기준은 주먹장이다. 반포형 주먹장(Half blind dovetail)은 이런 경우 사용하는 전통적인 짜임 방법이다. 이것은 앞선 세 가지 옵션의 서랍에 모두 적용할 수 있지만 덮방형 서랍의 경우 서랍 앞판을 따로 붙이기도 한다. 주먹장이 강하긴 하지만 밖에서 보인다. 노출된 결구가 디자인의 일부라면 그건 좋다. 반면에 앞판을 따로 붙이는 경우 주먹장은 일부 가려진다. 슬라이딩 주먹장은 튼튼하고 제작도 쉽지만 양쪽 측판을 더 길게 만들어야 한다. 그래서 이것은 덮방형 서랍에만 사용한다. 서랍의 측면에 설치하는 상업적인 볼레일을 사용하는 경우 인서트형의 서랍에도 사용할 수 있다.

사개짜임은 주먹장과 유사하게 보일 수도 있지만 엄밀히 기계 가공용 짜임(루터 또는 테이블쏘)이다. 주먹장처럼 부재들이 서로 얽혀 있지는 않지만 많은 접착 면적을 만들어준다. 이것은 통주먹장짜임(Trough dovetail)의 제작 방법을 일부 공유한다.

서랍 락조인트(Drawer lock joint) 같은 라우터를 사용하는 얽힘짜임(Lock joint)은 튼튼하며 간단하다. 덮방형이나 삽입형 서랍 모두에 적용할 수 있다.

일반적인 턱짜임이나 다도짜임을 사용하여 만든 서랍의 장점은 서랍 앞판과 측판을 결합하기 쉬운 제작 방법이라는 것이다. 결합 내부에 기계적인 얽힘도 없고 접착면도 좋지 않아서 장기간 사용하기 어려운 단점이 있다. 다도턱짜임(Dado-and-rabbet joint)은 부재들끼리 맞물려지며 제작하기도 쉽다.

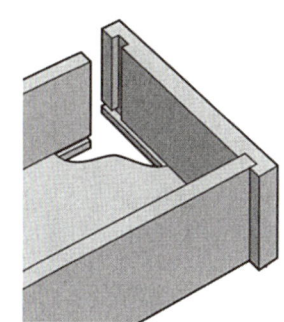

다도짜임

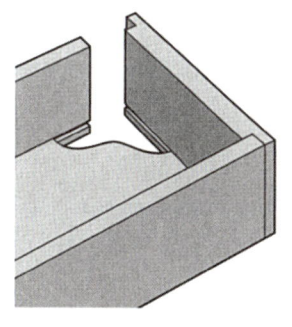

턱짜임

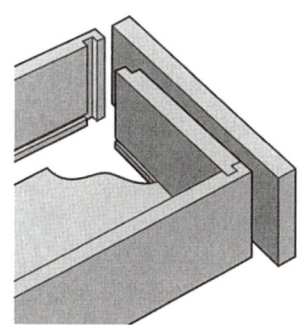

다도턱짜임

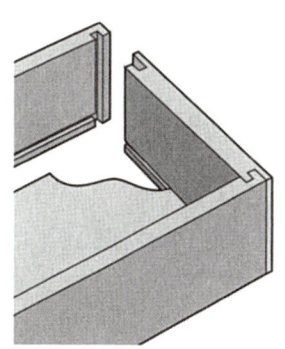

얽힘짜임

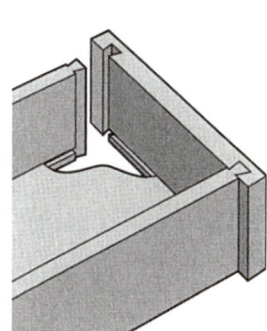

슬라이딩 주먹장짜임

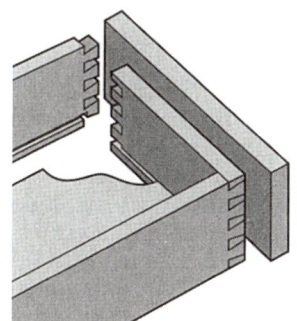

통주먹장짜임

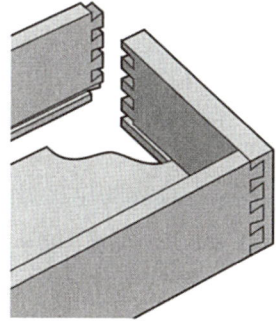

반포형 주먹장짜임

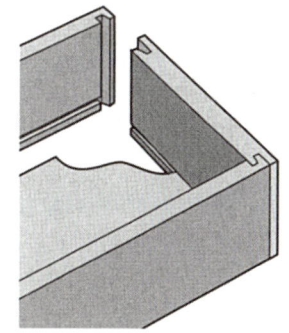

루터를 사용한
서랍 락조인트

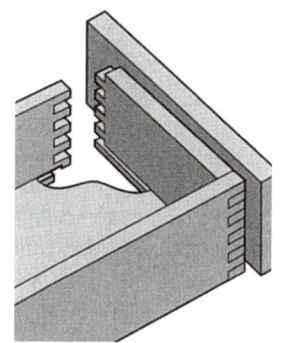

사개짜임

서랍 뒤판과 측판의 결합

전통적으로 서랍의 뒤판에도 통주먹장짜임을 사용했다. 그러나 서랍의 뒤쪽 짜임부는 서랍 앞판에 비해 스트레스나 힘을 덜 받는다. 그래서 최근에는 뒤판과 측판의 결합에 좀 더 간단한 짜임인 다도짜임, 다도턱짜임, 심지어 못을 박은 맞짜임을 사용하기도 한다. 그러나 기계로 서랍 앞판 짜임을 만들었다면 뒤판도 같은 짜임을 사용하는 것이 실용적이다.

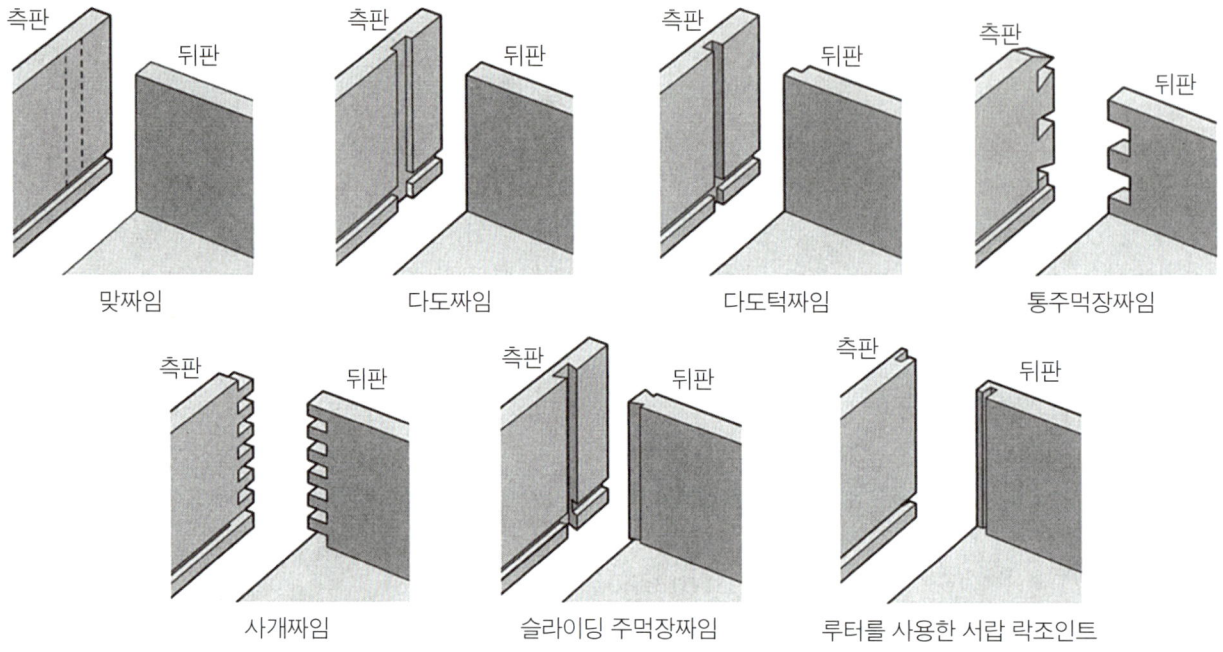

바닥판의 결합

서랍 바닥판은 서랍통의 하부 테두리를 따라 못을 박아 고정할 수 있다. 18세기까지 이 방법으로 서랍을 만들었고, 여전히 사용하는 방법이기도 한다. 단점은 서랍에 담는 물건의 무게에 의해 시간이 지나면 바닥판이 빠질 수도 있다. 또한 측판과 앞판, 뒤판 모두에 홈을 파고 바닥판을 끼워 넣을 수도 있는데 마치 상자가 서 있는 것과 같다. 이것이 완전 밀폐형 구조이다. 이 경우 바닥판은 조립시에 끼워져야 한다.

가장 흔한 방법은 뒤판을 측판보다 폭을 좁게 자르고 측판과 앞판의 홈을 따라 바닥판을 하부에서 밀어 넣을 수 있게 해주는 것이다. 이것이 뒤판 열림형 구조이다. 이 방법은 바닥을 분리하여 마감한 후에 넣을 수 있다.

바닥판에 합판을 사용하면(일반적인 합판은 6.35mm, 자작합판은 4mm, 천연 무늬목합판과 미장합판은 5mm) 일이 매우 간단해진다. 홈만 파고 판을 밀어 넣으면 된다.

원목을 바닥판으로 제작하는 경우 서랍이 아주 작지 않다면, 두께는 6.35mm보다 두꺼워야 한다. 얇은 원목판은 합판에 비해 갈라지기 쉽기 때문이다. 홈에 들어 가는 부분의 두께를 줄이기 위해서 바닥판의 측면 모서리는 촉이나 턱을 만들거나 돋움가공(Raised)을 해준다. 원목 바닥판의 경우 뒤판 열림 구조로만 제작해야 한다. 결방향은 뒤판과 평행하게 맞춰준다. 바닥판이 수축·팽창할 수 있도록 슬롯형의 구멍에 나사로 뒤판의 바닥쪽 모서리가 바닥판을 고정하도록 해준다.

폭이 아주 넓은 서랍인 경우, 넓은 한 장의 바닥판은 처지고 추후에 깨질 수도 있다. 중앙에 세로대를 덧대서 두 개의 작은 패널이 바닥의 역할을 하게 한다. 이 세로대는 측판처럼 홈을 앞판과 뒤판에 고정되어야 한다. 촉이나 주먹장이 앞판 쪽에 사용되며, 뒤판에는 간단한 턱짜임을 사용한다.

바닥 구조

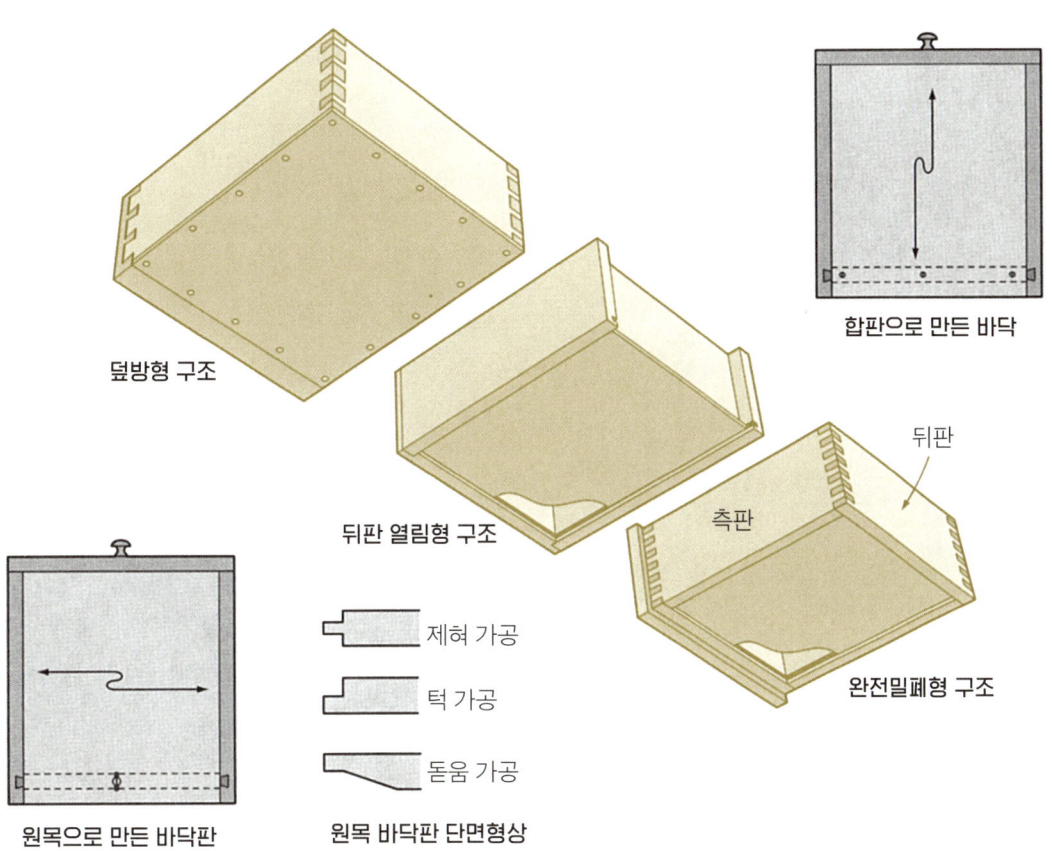

바닥 세로대

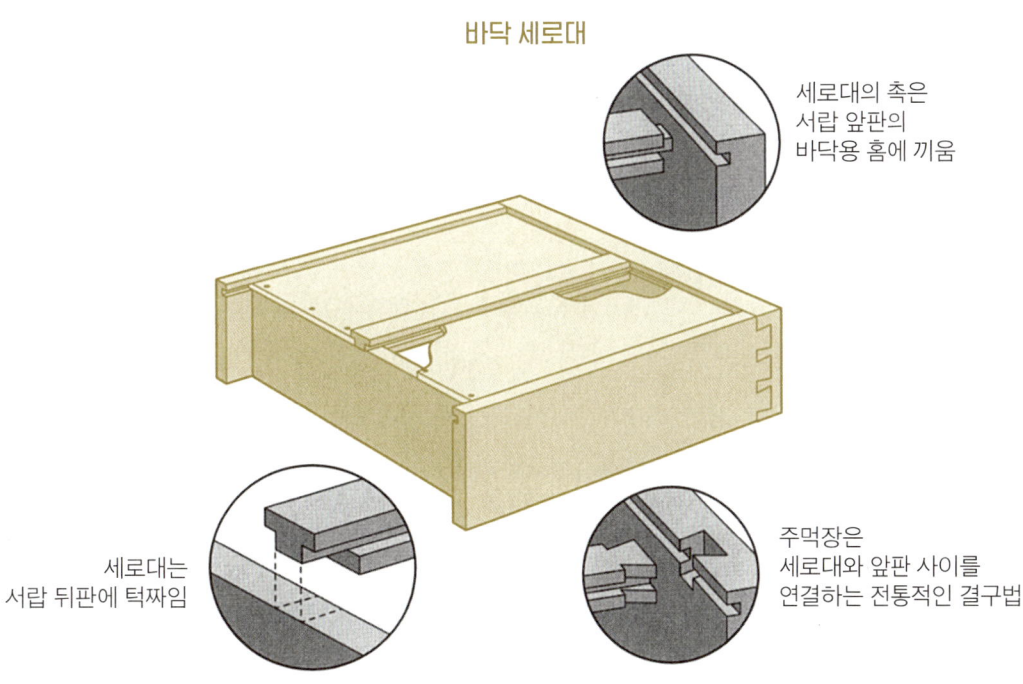

바닥판용 쫄대

만일 서랍 측판이 얇은 부재로 만들어져 있다면, 바닥판을 위한 홈은 측판을 매우 약하게 만들고 깨지기 쉽게 만든다. 게다가 러너를 따라 움직이는 서랍 측판이 시간이 지나면 점차 닳아서 헐거워지게 된다.

바닥용 쫄대는 이러한 문제를 해결하기 위한 전통적인 방법이다. 쫄대는 앞뒤로 질러지며 측판의 바닥쪽 모서리에 접착되어 접촉면을 넓혀준다. 쫄대에는 바닥판을 위한 홈을 파주고, 바닥판의 모서리엔 홈에 끼울 수 있도록 턱을 만들어준다. 바닥판의 앞쪽은 일반적인 방법처럼 서랍 앞판 내부의 홈에 끼워준다.

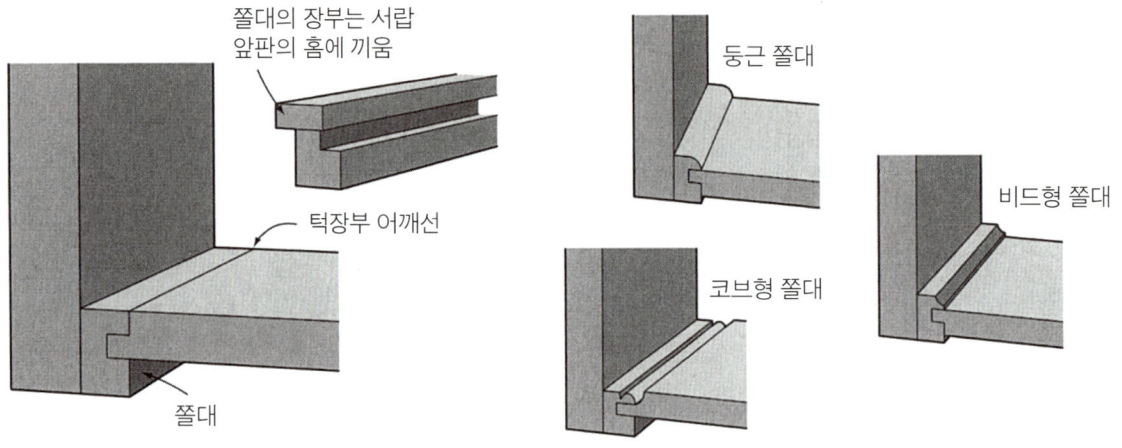

서랍의 설치

몸체의 안팎을 오가는 서랍 움직임을 조절하는 방법은 여러 가지이다. 몇 가지 설치 방법은 몸체의 내부 구조의 일부가 되고, 어떤 방법들은 따로 붙이기도 한다. 종류에 상관없이, 설치 방법은 몸체와 서랍의 디자인에 따라 세심하게 계획되어야 한다.

러너, 가이드, 키커 Runner, Guide, Kicker

서랍을 받쳐주는 가장 흔한 방법이 러너(Runner)를 달아주는 것으로 '서랍 러너와 가이드'(119쪽 그림)에서 확인할 수 있다. 가장 간단한 방법이 러너를 바로 측판에 붙여주는 것이다. 여기서 꼭 기억할 점은 러너를 원목 측판에는 접착하지 말라는 것이다. 접착한 러너가 측판이 수축·팽창하는 것을 방해하기 때문이다. 그 대신에 러너를 다도홈 안에 넣어주고, 한쪽 끝에만 접착제를 발라주고 다른 한쪽은 슬롯구멍과 함께 나사를 사용하거나 주먹장의 슬롯에 접착제 없이 끼워 넣는다. 오래된 제작 방식으로 살짝 짧은 러너를 앞쪽 가로대에는 접착제를 사용하고 뒤쪽 가로대에는 접착제 없이 끼워 넣는 것이다('상자형 구조'편 94쪽 참고).

전면 프레임이 부착된 장의 경우 서랍이 좌우로 움직이지 않도록 해주는 서랍 가이드(Guide)가 필요하다. 그림에는 나란히 있는 서랍, 기둥-패널과 프레임-패널 상자형 구조에 사용하는 경우 그리고 탁자의 가로대에 서랍을 사용하는 경우 등을 볼 수 있다.

대부분의 서랍 설치 방법에서 가장 중요한 부분 중에 하나는 키커(Kicker)이다. 키커는 서랍이 열렸을 때 밑으로 떨어지는 것을 막아준다. 러너와 비슷하지만 일반적으로 서랍 측판의 위쪽에 설치된다. 중앙부에 하나만 설치하는 키커는 제일 위 서랍에 사용하곤 한다.

서랍 러너와 가이드

가로대와 러너

가로대, 러너 그리고 가이드

중앙 러너와 가이드

기둥-패널 구조의 설치 방법

탁자 가로대 상의 설치 방법

키커

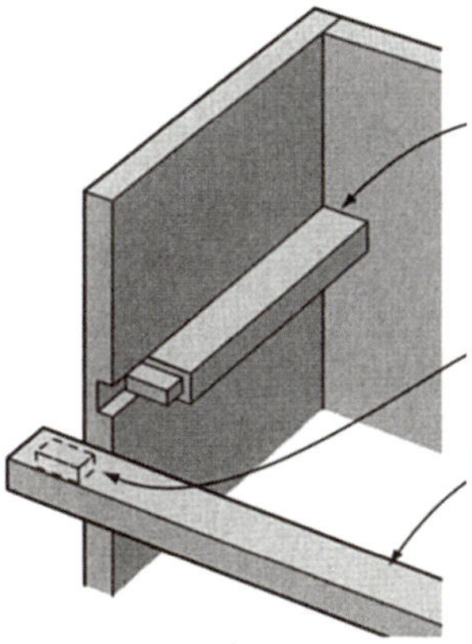

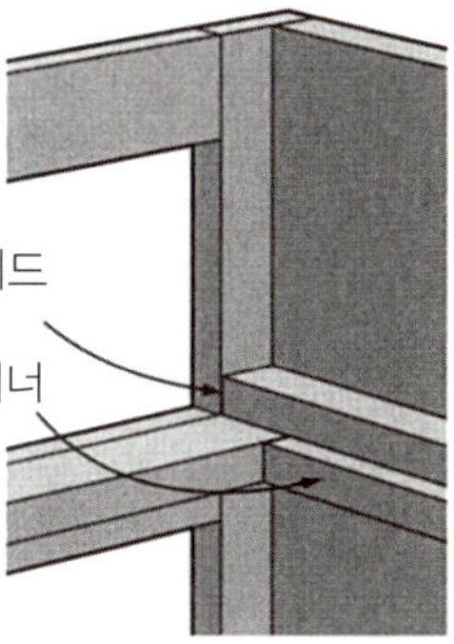

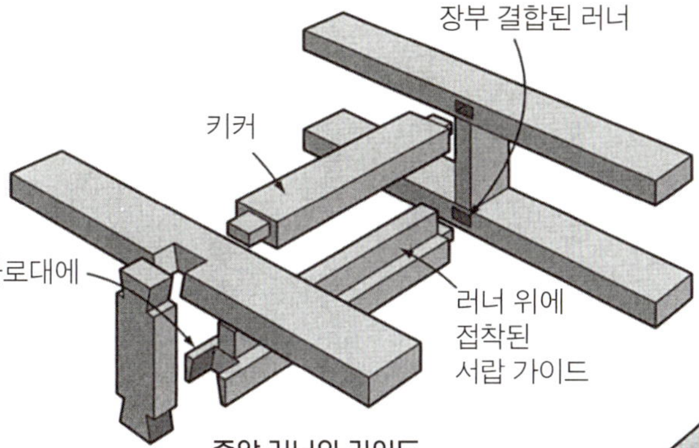

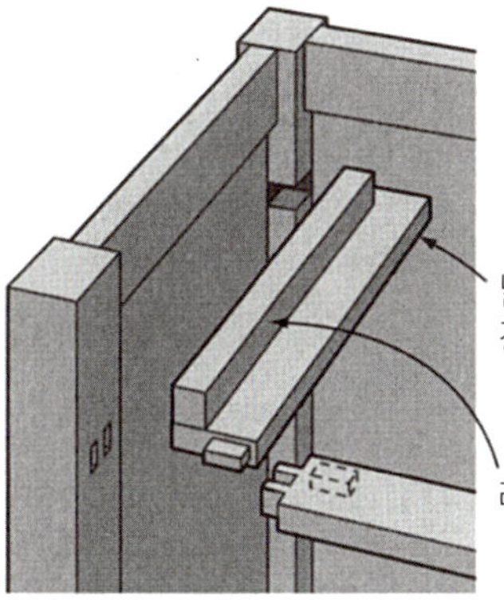

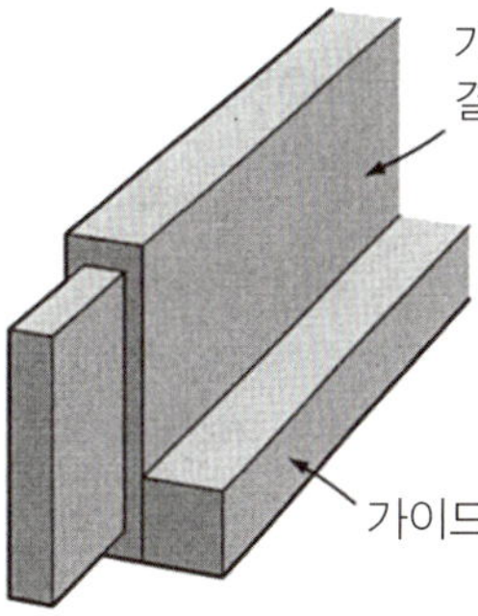

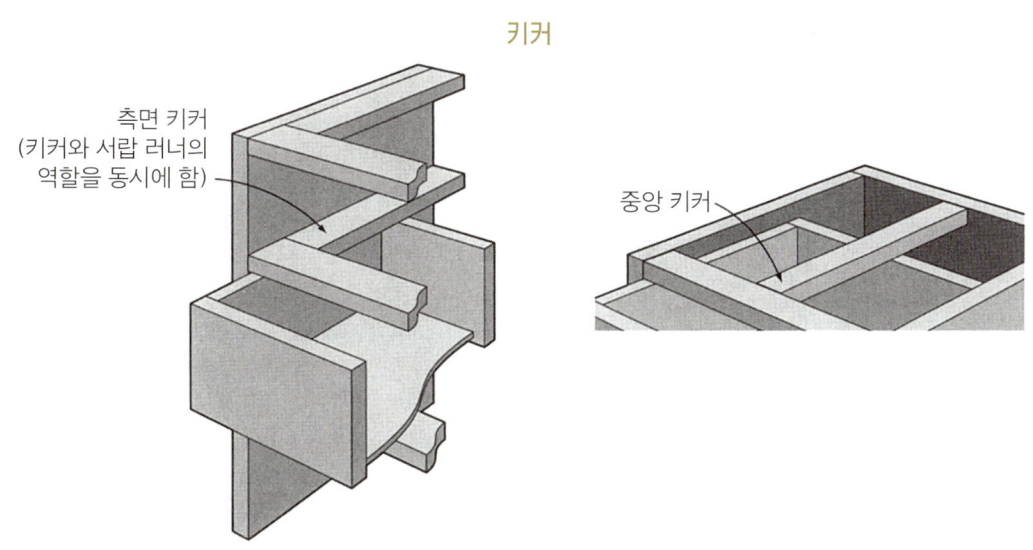

측면 설치법

일부 가구 디자인, 특히 현대가구 스타일에서는 러너를 사용하기 어려운 경우도 있다. 예를 들어 서랍을 분리하는 가로대가 없는 경우는 측면 부착형 슬라이드를 사용할 수 있다. 슬라이드는 몸체의 측면에 붙이는 나무 막대이다. 슬라이드를 위한 홈을 서랍 측판의 외부에 파준다.

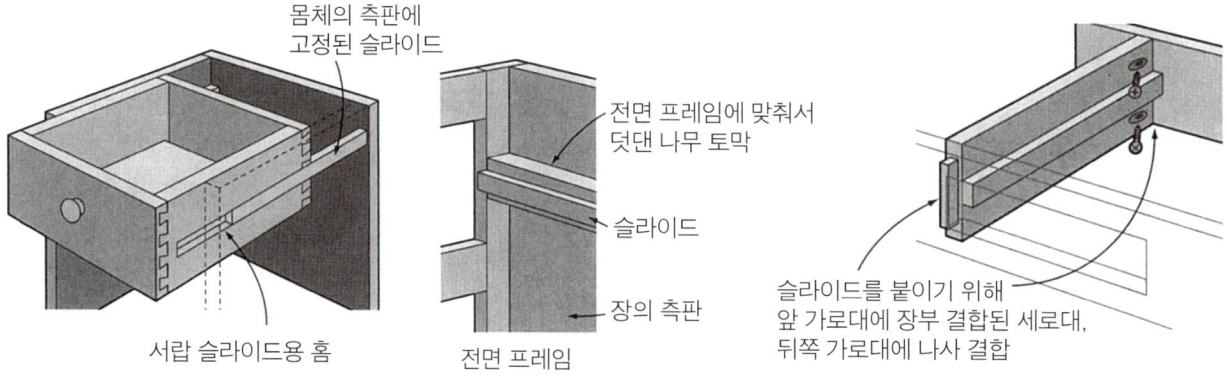

중앙 러너

측면 러너에 의해 고정되는 넓은 서랍은 움직일 때 덜컥거리거나 물리기도 한다. 서랍이 더 넓어질수록 이런 일은 더 많이 벌어진다. 중앙에 설치되는 러너와 가이드가 해결 방법이다. 그림처럼 서랍의 하부에 설치된 러너에는 홈이 있어서 가로대나 보강 프레임(Web frame)에 붙인 가이드 위에 올라타 움직일 수 있다.

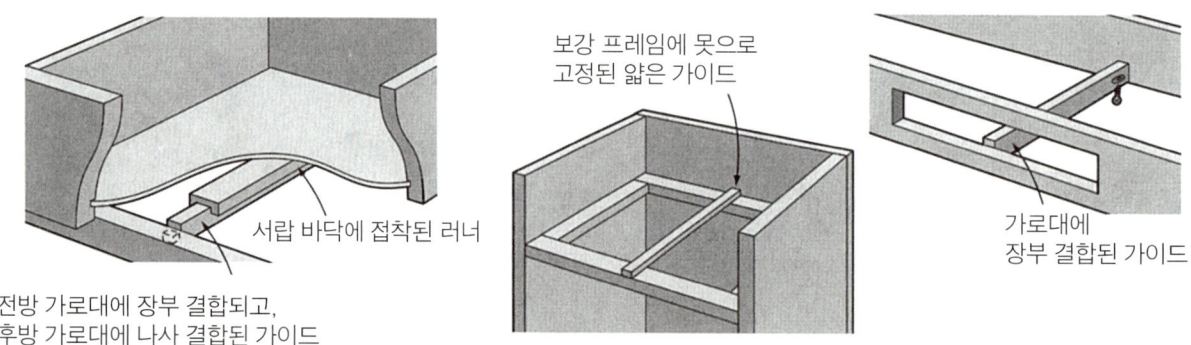

서랍 설치용 하드웨어

다른 서랍 설치 방법은 볼베어링 바퀴를 가진 금속 슬라이드이다. 이 슬라이드는 몸체와 서랍의 표면에 쌍으로 붙이거나 서랍의 바닥에 하나만 사용하기도 한다. 부드럽게 열리고 닫히면서도 나무의 움직임에 영향을 주지 않는다. 대부분의 가구 구조에도 사용할 수 있다. 전체 인출식 슬라이드는 서랍의 전체를 열수 있다. 121쪽 그림을 보면 하드웨어를 사용하는 다른 설치 방법들을 볼 수 있다. 그리고 파일 서랍장용 슬라이드와 비슷한 고하중용 하드웨어도 있다.

하부 설치용 슬라이드

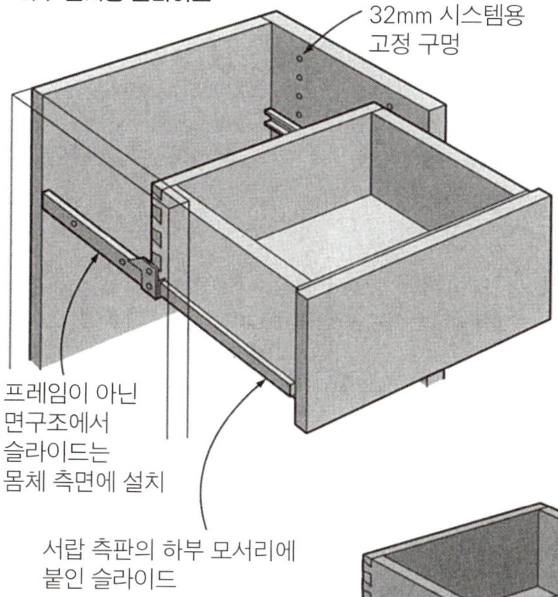

32mm 시스템용 고정 구멍

측면 설치용 슬라이드

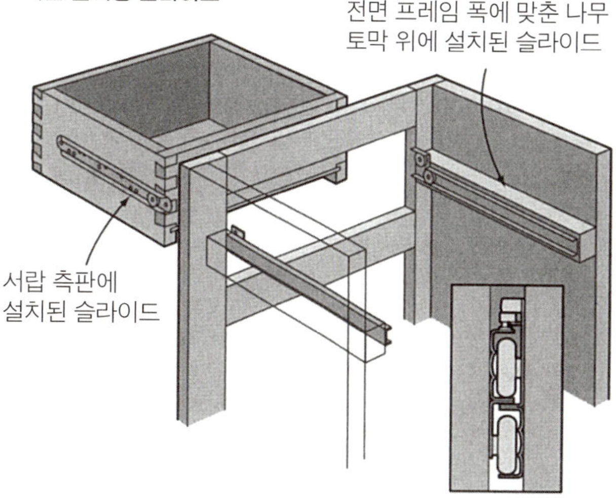

전면 프레임 폭에 맞춘 나무 토막 위에 설치된 슬라이드

서랍 측판에 설치된 슬라이드

프레임이 아닌 면구조에서 슬라이드는 몸체 측면에 설치

서랍 측판의 하부 모서리에 붙인 슬라이드

중앙 슬라이드

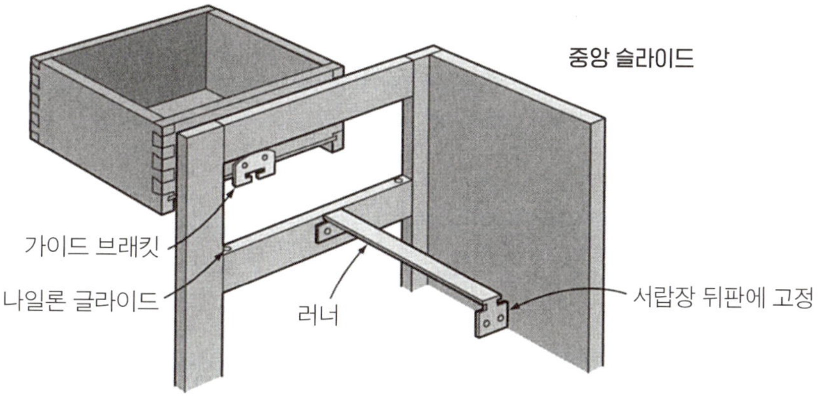

가이드 브래킷
나일론 글라이드
러너
서랍장 뒤판에 고정

상부 설치법

독특한 서랍 설치 상황 중에 하나는 가로대도 없고, 상자형의 측판도 없는 경우이다. 가대식 탁자(Trestle table)와 작업대가 좋은 예이다. 오른쪽 그림에서 보면, 상판의 하부에 나사로 매단 L자형의 러너이다. 서랍 측판의 위 모서리에 붙여준 막대가 러너 위에서 움직이게 된다.

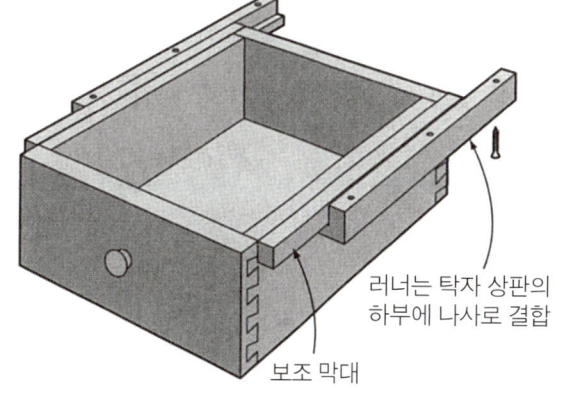

러너는 탁자 상판의 하부에 나사로 결합

보조 막대

서랍의 구조 121

서랍 멈춤장치

서랍 멈춤장치는 모든 형태의 서랍들이 몸체에서 떨어지는 것을 막거나(열림용 멈춤장치) 몸체 내부로 너무 많이 밀려 들어가지 않고 평면을 유지하도록 해준다(닫침용 멈춤장치).

회전 걸쇠는 가장 간단한 형태의 멈춤장치이다. 서랍 뒤판의 내부에 설치되거나 앞 가로대의 뒤쪽 측면 모서리에 설치된다. 반대로 회전시켜서 서랍을 끼우고 빼낼 수 있다.

작은 나무 토막을 러너의 뒤쪽에 접착 또는 타카로 고정하는 것이 닫침용 멈춤장치를 만드는 가장 쉬운 방법이다. 장의 뒤판을 제거하고 서랍을 모두 끼운 상태로, 장의 전면에 서랍 앞판을 평평하게 맞춘 뒤, 멈춤장치용 나무 토막을 접착한다. 그리고 나서 한두 개의 무두못이나 작은 나사를 박는다. 또 그림처럼 앞쪽 가로대에도 닫침용 멈춤장치를 달 수 있는데, 서랍 앞판의 뒷면이 닿아서 멈추게 된다. 물론 위치 잡고 붙이기가 더 어렵지만, 열림과 닫침용 멈춤 기능을 동시에 사용할 수 있다.

열림용 멈춤장치

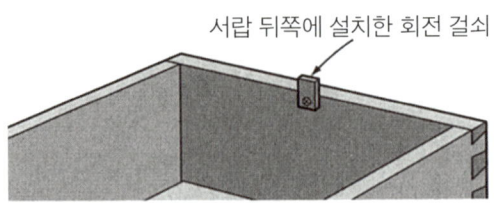

서랍 뒤쪽에 설치한 회전 걸쇠

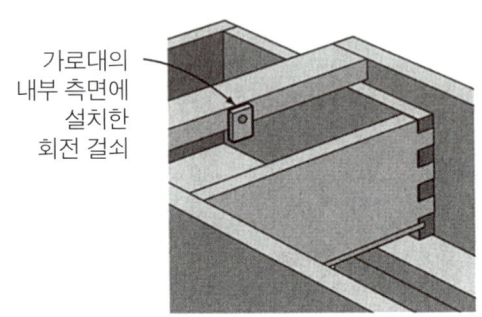

가로대의 내부 측면에 설치한 회전 걸쇠

닫침용 멈춤장치

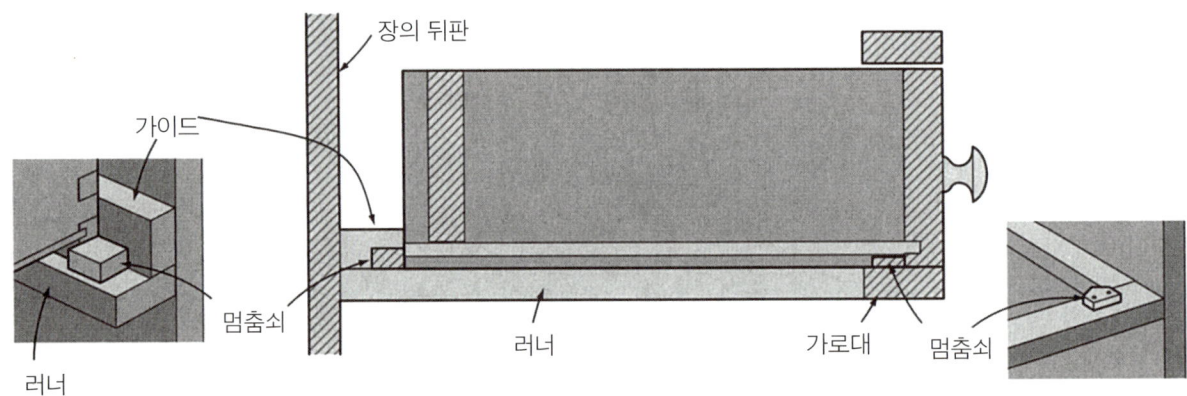

06 캐비닛 받침대
Cabinet Bases

몸체가 바로 바닥 위에 놓여지는 서랍장이나 수납장은 드물다. 몸체를 시각적으로 또는 글자 그대로 바닥에서부터 띄우기 위해서 발이나 받침대를 몸체에 맞춰 제작해준다.

어떤 종류의 발이나 받침대를 선택하느냐는 가구의 스타일이나 디자인만큼이나 가구 구조에 의해 좌우된다. 예상대로 원하는 형태를 만드는 방법은 여러 가지이다. 예를 들어 수납장 테두리에 돌출되는 걸레받이 몸체의 측판을 덮을 수도 있고, 몸체의 바닥에 별도의 틀을 짜서 붙일 수도 있다. 게다가 대부분의 구조는 스타일에 맞게 만들어야 한다. 예들 들어 브래킷형 가구발(까치발)은 17세기부터 오늘날까지 다양한 스타일의 가구에 사용되어 왔다. 그것은 소박하며 컨트리 스타일이기도 하고, 서양의 전통 스타일 또는 현대적 스타일이기도 하다.

일체형 다리

수납장이나 서랍장을 바닥에서 띄우는 가장 확실한 방법은 그림에서 보는 것과 같이 측판을 바닥까지 연장해 측판 바닥 단면이 구조 전체를 지지하는 것이다. 바닥과 실제 접촉하는 면적을 최소화하기 위해 측판을 다리 형태로 잘라낸다. 자르고 나면 수납장을 지지하는 네 지점만 남게 된다. 그러면 고르지 않은 바닥이라도 높고 낮은 지점에 다리를 놓는 효과를 얻을 수 있어 좋다. 역사적으로 보면 장화를 벗을 때 사용하는 부트잭(Bootjack) 모양과 비슷하게 잘라내는 부트잭형 다리가 있다. 이는 초기 형태의 가구로 보이며, 뚜껑이 있는 궤나 펜실베이니아 더치의 워터 벤치(Water bench) 같은 옛 가구를 떠올리게 한다. 많은 컨트리 스타일의 가구들이 이러한 방식으로 제작되고 있다. 그릇 장식장인 허치(Hutch), 서랍과 도어가 달린 젤리 찬장(Jelly cupboard), 책장, 세면대 등이 있다. 후기로 갈수록 잘라내는 모양이 좀 더 장식적인 경우가 많고, 전면 프레임이 있는 구조라면 장의 정면 디자인이 프레임의 세로대를 통해 드러난다. 만약 몸체를 기둥-패널 구조로 만든다면, 기둥을 바닥 아래로 몇 인치 연장하여 발을 만들어줄 수 있다. 이것이 자코비안 시대부터 현재에 이르기까지 자주 제작되어 온 스타일이다. 이러한 다리는 끝을 목선반 가공하거나 가로대에 모양을 주어 다리를 돋보이게 할 수 있다.

연장된 기둥 / 연장된 측판

기둥의 끝단을 목선반 처리한 발

곡선형의 가로대

부트잭형

세로대를 연장해 곡선 처리

덧댄 받침 (걸레받이형 다리)

걸레받이는 측판이 바닥까지 연장되어 있는 경우, 즉 이미 구조적으로 받침대를 가지고 있는 장의 바닥 부분을 마무리하는 데 사용한다. 외관을 돋보이게 만들 무엇인가가 필요할 때에도 만들 수 있다.

직선형 걸레받이(굽도리널) Straight baseboard

붙박이형 책장이나 수납장은 인테리어와 가구를 묶기 위해서 가구의 측판이나 앞면을 따라 방의 걸레받이를 함께 적용하기도 한다. 붙박이 가구가 아니더라도 측판과 앞면에 몰딩같이 걸레받이를 붙일 수 있다. 이것이 덧댄 받침이다.
일반적으로 걸레받이는 몇 인치 높이의 원목으로 윗 부분은 몰딩 처리되고 앞쪽 모서리에서 연귀 처리한다. 만일 장이 방에 홀로 서 있고, 사면이 모두 보이게 되는 가구라면 걸레받이는 네 면 모두에 둘러진다.

삽입형 걸레받이 Insert baseboard

걸레받이를 내부에 들여서 붙일 수도 있다. 부트잭 형태의 측판을 가진 책장을 상상해보라. 지판과 바닥 사이 공간에 평범한 판을 3mm 정도 안으로 들여서 끼우면 그림자선을 만들어낼 수 있다. 이것이 플린스(Plinth)라 부르는 걸레받이이다. 직선의 원목판이며 때로는 어떤 형태로도 잘라낼 수 있다.

절개형 걸레받이(풍혈형 걸레받이) Cutout baseboard

정면에 위치하며 모양을 따낸 걸레받이는 수납장의 몸체에 발이 있는 것처럼 보이게 한다. 때때로 측면에 있는 걸레받이도 풍혈을 만들어주기도 한다. 이런 경우 안쪽 측판이 보이지 않도록 잘라내야 한다. 때로는 걸레받이는 앞쪽에만 붙이기도 한다. 지판의 측면을 덮으면서 정면에 걸레받이를 부착할 수 있다.

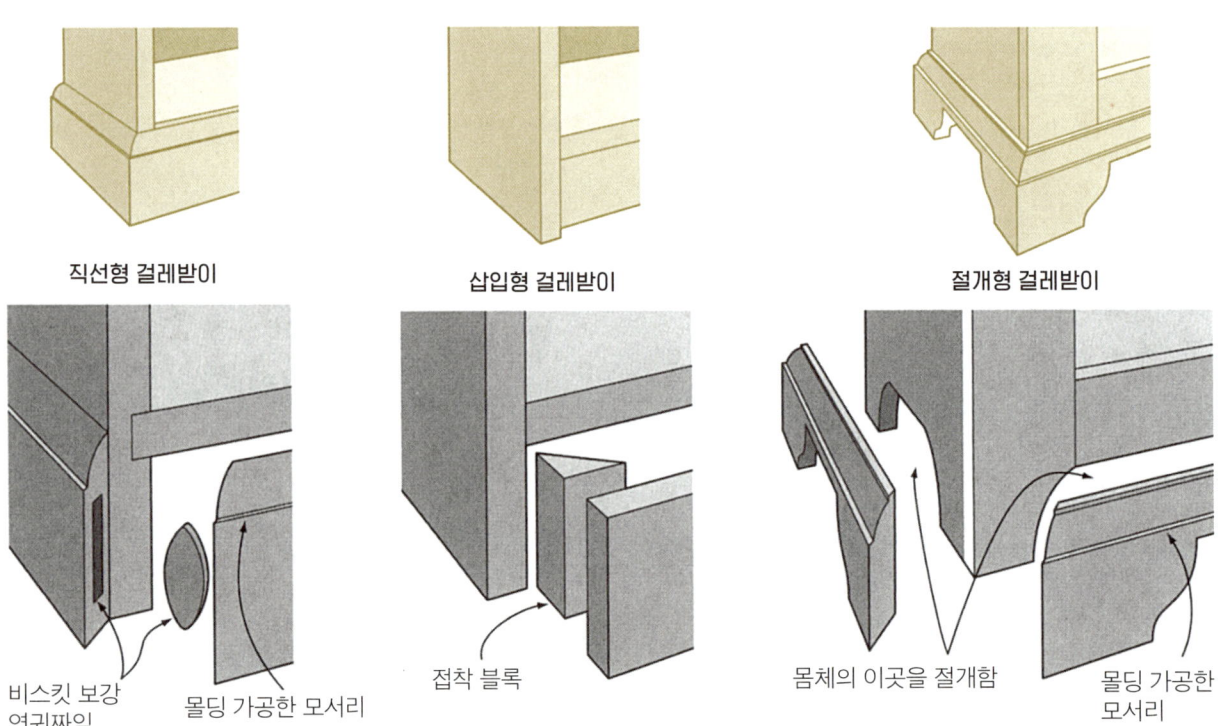

부착형 가구발

가구의 측판을 연장할 수도 있고 또는 해서는 안 되는 경우가 있다. 만약 뚜껑이 있고 주먹장으로 결합된 일반적인 궤는 어떻게 발을 만들어줄 수 있을까? 몇 가지 방법이 있다. 모두 디자인 측면에서 융통성이 있으며, 구조적인 측면에서도 합리적으로 견고하다.

다음의 구조에서는 일반적으로 움직임에 대한 두 가지 문제점을 해결해야 한다. 첫 번째는 흔한 나무의 변동이고, 두 번째는 가구의 이동이다. 가구발은 가구를 밀거나 바닥에서 끌 때 부서지기 쉽다.

막대형 가구발(족대) Trestle foot

막대형은 좀처럼 보기 드문 형태이다. 펜실베이니아 더치의 궤에서 가끔 발견된다. 그림처럼 매우 오래된 형태의 구조이지만 적용 가능한 발이다.

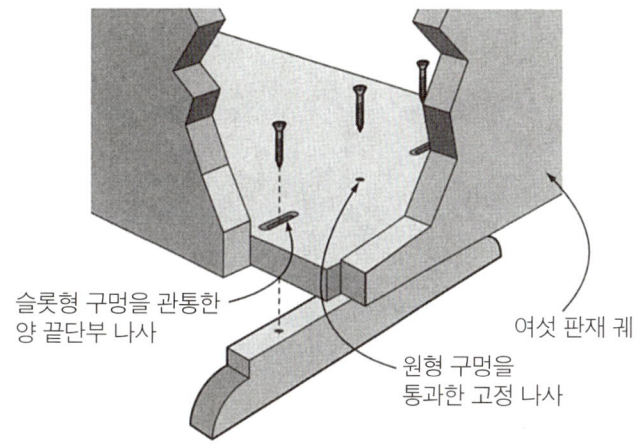

형상 가공된 가구발 Shaped foot

좀 더 흔한 가구발로는 목선반 가공되거나, 어떤 형태로 가공된 가구발(C자 두루마리형, 블록형, 주물형 등)을 말한다. 이러한 종류의 발은 뚜껑있는 궤, 서랍장, 심지어 부엌가구에도 사용된다.

과거에는 가구 몸체 아래에 발을 고정할 때 원형 장부를 사용했으며, 장부를 끼우는 부분을 두껍게 보강하기 위해 나무토막을 따로 붙이기도 했다. 아래 그림에서는 현대식 가구에 사용하는 몇 가지 발들을 볼 수 있다.

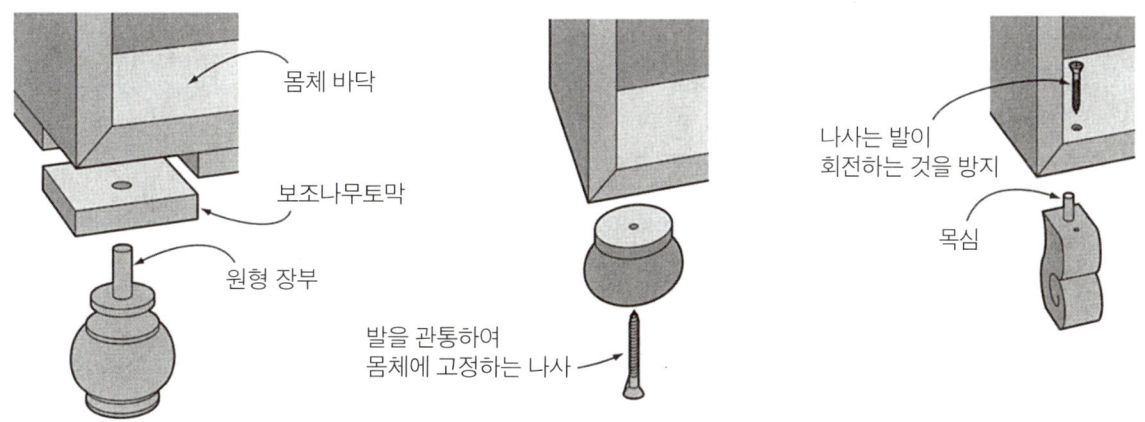

공-갈고리 발톱형 가구발 Ball-and-claw foot

이 형태의 발은 보기 좋지만 부착하는 방법이 매우 까다롭다. 옆 그림에서는 치펜데일 가구 제작자가 간단하게 서랍장의 바닥에 접착하고 결합을 보강하기 위해 무릎 받침목(Knee bracket)을 사용하는 것을 보여준다.

물론 발과 바닥판사이의 결합은 절단면과 종방향 결의 접합으로 매우 접착력이 약하다. 무릎 받침목 역시 접착력이 좋지 않은 교차된 결이 만나고 있다. 그러나 놀랍게도 많은 수의 이러한 발들이 아직도 장 바닥에 잘 붙어 있다.

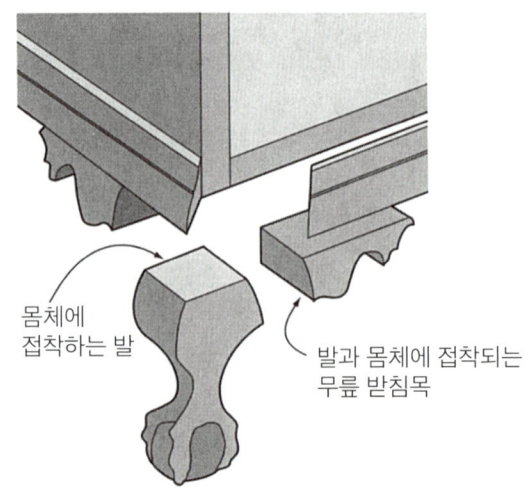

몸체에 접착하는 발

발과 몸체에 접착되는 무릎 받침목

브래킷 가구발 Bracket foot

브래킷 가구발은 초보자들은 약간 혼동할 수 있다. 전체를 돌아가는 하부 몰딩이 있어서 브래킷 발은 받침대 구조 같이 보이기 때문에 이게 왜 발이냐고 묻는 경우가 많다. 그 이유는 장 하부의 네 귀퉁이에 별도로 부착된 발 구조체이기 때문이다.

일반적으로 브래킷 가구발은 전통적으로 두 개의 짧은 나무토막을 절단면끼리 직각으로 결합한 형태이다. 아래 그림처럼 브래킷은 장의 하부 귀퉁이에 접착 블록과 세로 기둥에 부착된다. 대부분의 제작 방법에서 장의 하중은 기둥에 의해 지탱되는데, 기둥은 브래킷의 높이보다 약간 길게 잘라준다. 조립된 브래킷은 실제로 장의 바깥쪽으로 나오게 위치를 잡아주며, 대부분의 튀어나온 브래킷의 상부 모서리 부분에는 하부 몰딩을 얹힌다.

브래킷 발처럼 오래되고 흔한 전통 구조들은 문제점들을 가지고 있는데, 흔한 고장 부위가 바로 브래킷식 발이다. 문제는 모든 교차된 결방향의 접착면에서 일어난다. 접착 블록 중 하나는 항상 몸체의 바닥과 결이 교차된다. 기둥은 언제나 브래킷에 결방향이 교차된다. 부재들의 폭이 좁아서 오랜 시간에 걸친 나무의 움직임은 접착력을 약하게 만든다. 그리고 가구를 바닥에서 끌 때 발에 스트레스가 걸리면 결합은 부서지게 된다. 발을 만드는 좀 더 나은 방법은 그림에서 볼 수 있다. 여기 기둥은 브래킷의 결과 평행하도록 만들어준다. 받침목은 브래킷의 턱에 접착되고 다시 받침목의 슬롯 구멍을 통해 나사로 몸체 바닥에 고정한다. 슬롯형 구멍이 몸체의 움직임에 대응하면서 다리가 고정되게 만들어준다.

전통적인 방법

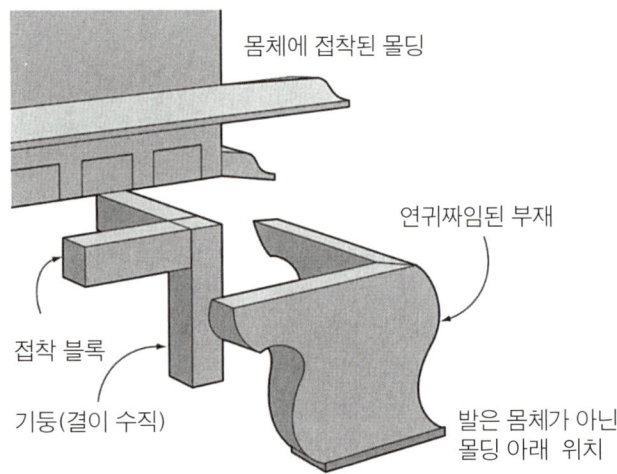

몸체에 접착된 몰딩

연귀짜임된 부재

접착 블록

기둥(결이 수직)

발은 몸체가 아닌 몰딩 아래 위치

개선된 방법

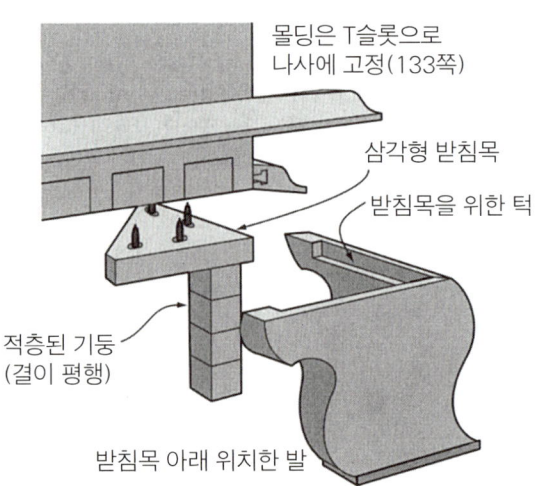

몰딩은 T슬롯으로 나사에 고정(133쪽)

삼각형 받침목

받침목을 위한 턱

적층된 기둥 (결이 평행)

받침목 아래 위치한 발

분리형 받침대

마지막 옵션은 수납장이나 서랍장이 올라가는 분리된 받침대를 만드는 것이다. 매우 튼튼해서 프레임을 잘 보강할 수 있다. 받침대는 몸체의 수축·팽창에 대응하는 방식으로 쉽게 부착할 수 있으며 보기에도 좋다.

좌대형 받침대 Plinth base

건축학적인 기초에서 가장 아래 부분이 좌대(Plinth)인데, 직선이며 평평하고 장식이 없다.

전통적으로 받쳐주는 몸체보다 약간 넓고 깊게 만들며, 받침대에서 장의 몸체로 시각적으로 부드럽게 이어지도록 몰딩 처리한다. 좀 더 현대적인 방법은 장보다 받침대를 작게 만들어서 장을 바닥에서 분리하는 음각의 공간을 만들기도 한다. 스타일에는 상관없이 좌대형 받침대는 하나 이상의 가로대 부재와 코너 블록으로 보강한 박스 프레임이다. 코너 블록과 포켓 또는 고정 막대를 관통한 나사로 받침대와 몸체를 결합한다.

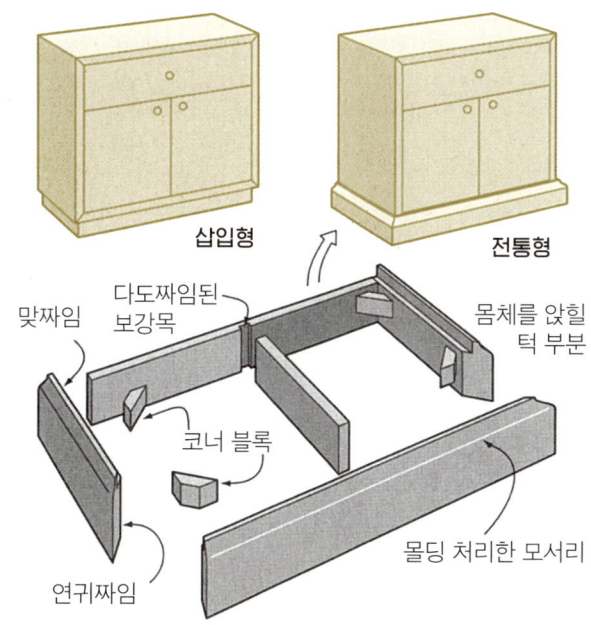

브래킷식 받침대 Bracket base

전통적인 좌대형 받침대를 발의 형태로 잘라서 만든 것이 브래킷식 받침대이다. 그림에서는 가능한 많은 구조들 중에 두 가지를 보여준다. 일반적으로 장의 몸체와 하부 몰딩은 받침대의 상부 모서리를 공유하며, 접촉면을 넓혀주기 위해 받침목을 덧대기도 한다. 때때로 뒤쪽은 전체 길이 부재 대신에 하나의 발만을 사용하기도 한다.

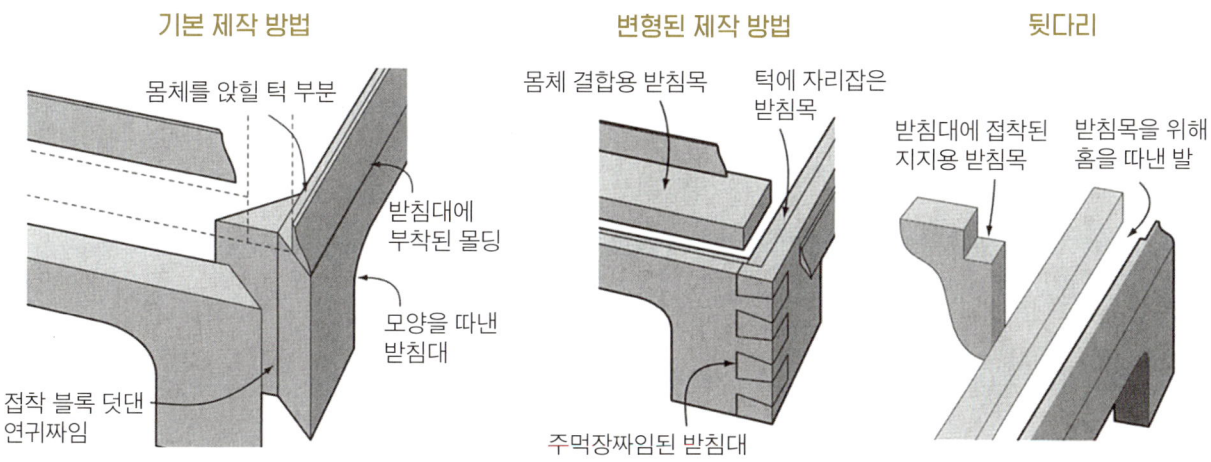

브래킷-발 받침대 Bracket-foot base

이는 일반적이지는 않지만 효과적이다. 구조적인 받침대를 만들기 위해서 프레임용 가로대를 짧은 기둥에 주먹장으로 결합한다. 브래킷을 조립해 받침대에 붙인다. 가로대를 가려주고 동시에 몸체와 받침대의 경계를 살짝 가려주는 하부 몰딩도 결합한다.

완성된 받침대는 몸체에 나사로 고정한다. 슬롯형 구멍을 통해 나사를 고정함으로써, 몸체 바닥의 수축·팽창에 대응하도록 한다.

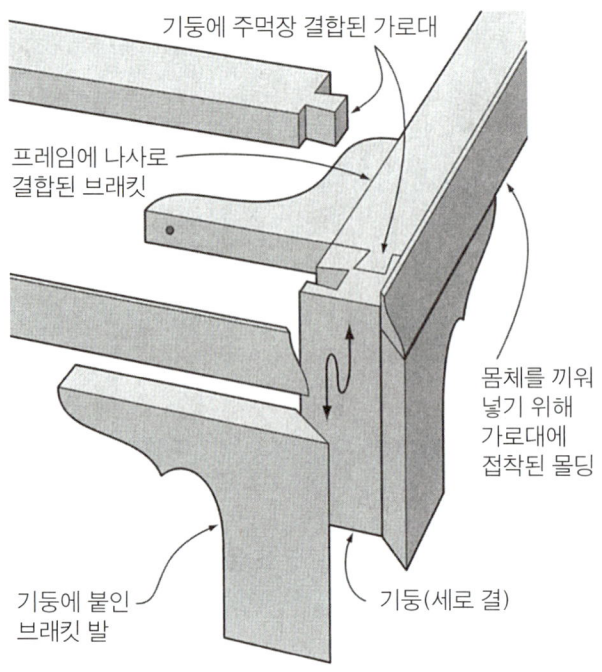

프렌치 발 French foot

이것은 페더럴 스타일의 가구에서 유행했던 세련된 받침대이다. 브래킷 가구발과 비교하면 이 프렌치 발은 일반적으로 약간 높고, 날씬하며, 바닥 쪽에서 펼쳐진 모습이다. 그림에서는 이 받침대를 제작하는 두 가지 방법을 보여주는데 적어도 하나의 문제점을 안고 있다. 그리고 펼쳐진 다리를 만드는 각각의 방법을 알려주고 있다.

전통적인 제작 방법에서는 다리와 가로대를 장부 결합해서 만들고, 부분 프레임들을 보통 연귀짜임으로 조립하여 받침대를 완성한다. 잠재적인 문제점은 발과 가로대의 결이 교차한다는 점이다.

변형된 제작 방법에서는 결방향을 같게 하기 위해 한 장의 판재에서 다리-가로대 형태를 잘라낸다. 잘라낸 치마 형태의 판재를 평면 프레임 측면에 연귀 가공해 접착한다. 여기서 문제점은 결방향에서 발생하는 압력 때문에 상대적으로 약한 발에 있다.

전통적인 제작 방법

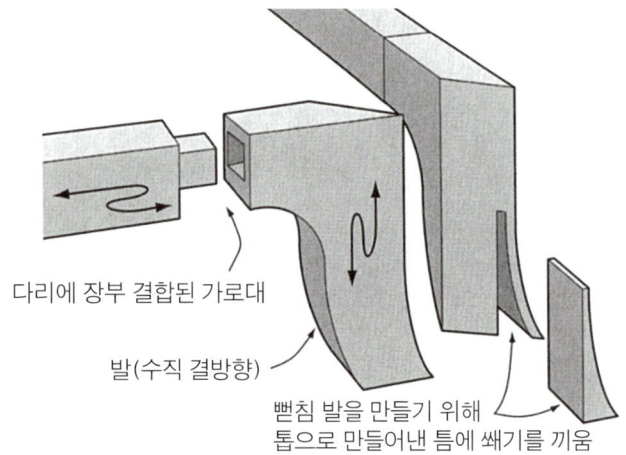

변형된 제작 방법

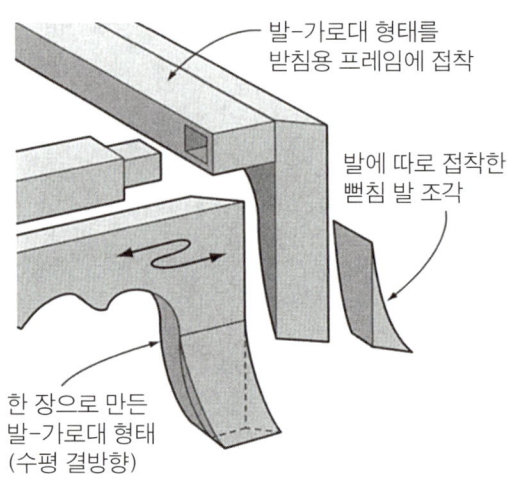

07 몰딩
Moldings

몰딩은 스타일을 결정한다. 단면형상(Profile)으로 부르는 오목하고 볼록한 면들은 가구 외형에 막대한 영향을 준다. 몰딩은 열린 큰 영역을 분할하고, 모서리와 모퉁이 그리고 여러 경계 부분을 시각적으로 개선함으로써 부분과 면들 간에 시선을 쉽게 이동할 수 있게 해준다. 몰딩의 크기와 형태는 시각적 균형이나 작품의 비례들을 개선(또는 악화)해주거나, 심지어 동적인 착시를 일으키기도 한다.

몰딩은 구조에서 기능적인 역할을 담당하곤 한다. 결합부나 철물 또는 절단면을 감추거나, 구조상의 분리된 두 부분 사이의 물리적인 연결에서 발생하는 틈을 가리기도 한다.

아래 그림에서는 대형 수납장에서 자주 사용되는 몰딩들을 보여주고 있다. 가장 눈에 띄는 것은 상부와 하부를 가로 지르는 몰딩이다. 이 몰딩은 가구의 상하부를 시각적으로 깔끔하게 마무리한다. 실내에서 시각적으로 분리시켜준다. 가구 전체에서 가장 중요한 것은 몰딩인 경우가 많다. 두 개의 통으로 구성된 가구의 경우 허리 몰딩이라 부르는 또 다른 몰딩이 있는데, 두 개의 통 사이에 시각적인 연결을 제공한다. 동시에 구조적으로도 기계적인 결합 역할을 하기도 한다. 몰딩은 일반적으로 상부장이 안착될 수 있도록 하부장에 붙여서 턱을 만들어준다.

몰딩은 상부장을 붙잡아서 위치를 잡아주고 균형을 잡도록 도와준다. 서랍이나 문, 몸체의 수직선을 따라 몰딩을 추가로 사용하기도 한다.

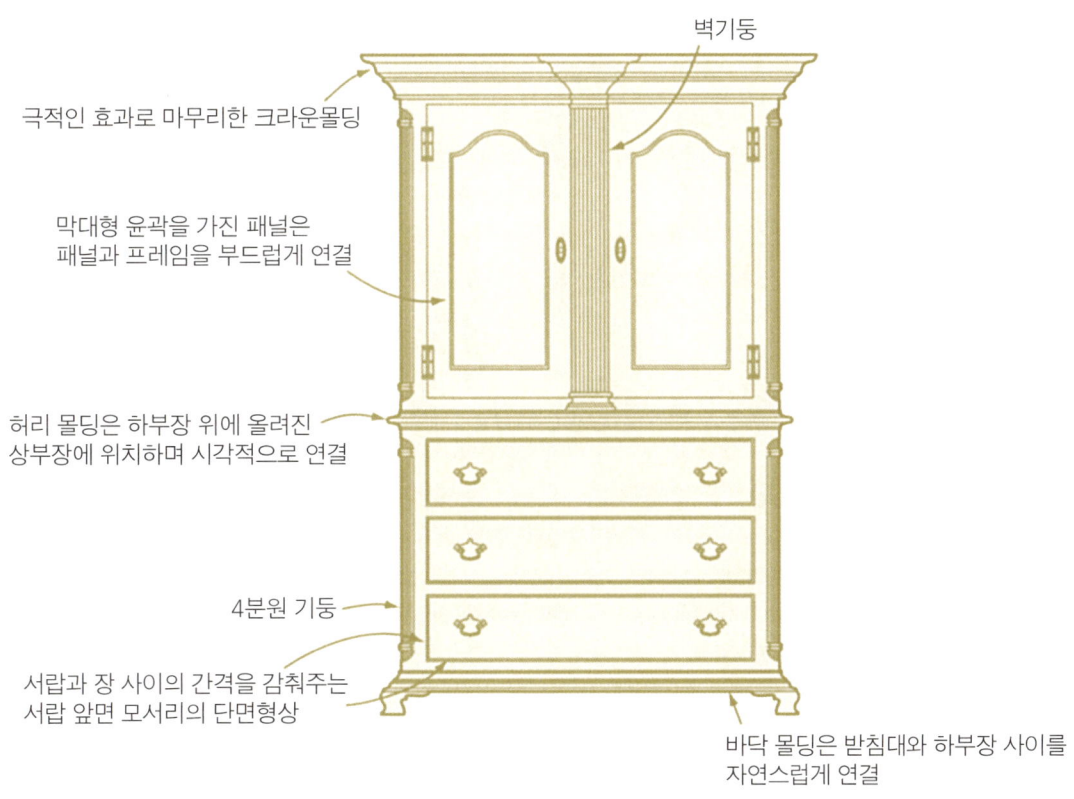

- 극적인 효과로 마무리한 크라운몰딩
- 벽기둥
- 막대형 윤곽을 가진 패널은 패널과 프레임을 부드럽게 연결
- 허리 몰딩은 하부장 위에 올려진 상부장에 위치하며 시각적으로 연결
- 4분원 기둥
- 서랍과 장 사이의 간격을 감춰주는 서랍 앞면 모서리의 단면형상
- 바닥 몰딩은 받침대와 하부장 사이를 자연스럽게 연결

시야각 Face angle

수납장에 부착할 몰딩을 디자인할 때 몰딩들이 제대로 보일 수 있도록 하는 것이 중요하다. 어떻게 보이는 것이 최선인지는 제작자나 보는 사람들의 축적된 경험으로 알 수 있는데, 몰딩면이 시선 방향을 향해야 한다. 몰딩 형태는 눈높이의 위인지 아래인지 설치되는 위치에 따라 결정되며, 그러한 형태들의 비율 또한 눈에서부터 거리의 비율에 따라 정해진다.

예를 들어, 눈높이보다 상당히 높이 설치되는 몰딩은 보는 사람 쪽으로 비스듬히 설치한다. 그 단면형상은 깊은 코브형과 리버스 오지, 넓은 수직 평면부와 좁은 수평의 평면부를 가진다.

눈높이 근처 몰딩은 급격하게 후퇴하는 형상들에 연결된 수직의 평면부를 가진다. 평면부 방향은 몰딩이 눈높이의 약간 위인지 아래인지에 따라 결정된다. 눈높이보다 높은 몰딩은 평면부가 수직으로, 눈높이 아래는 평면부가 수평이다.

가장 낮은 눈높이의 몰딩(바닥 몰딩)의 경우 후퇴하는 것처럼 보이며 위는 오지와 코브형으로 가공된다.

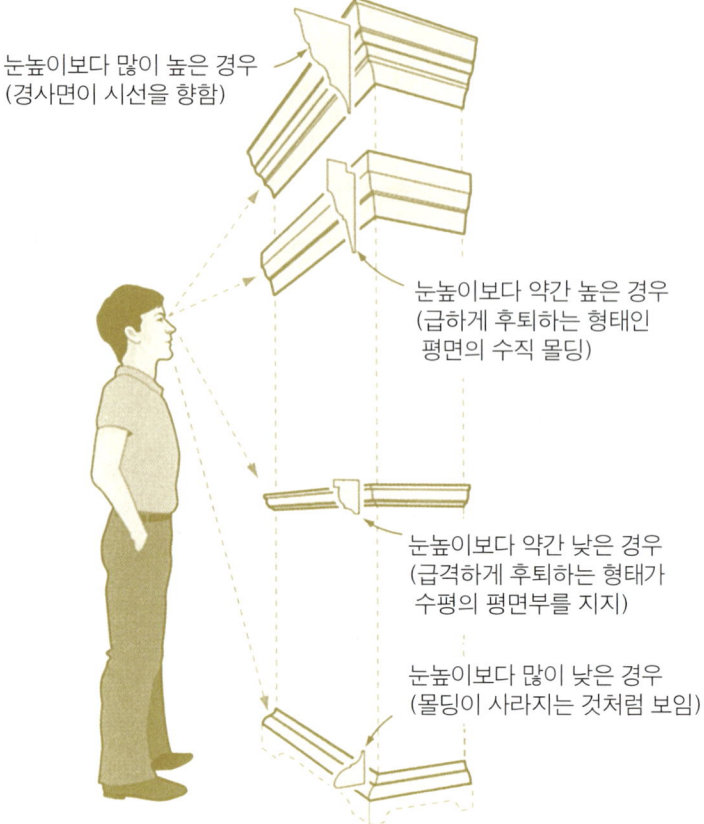

눈높이보다 많이 높은 경우 (경사면이 시선을 향함)

눈높이보다 약간 높은 경우 (급하게 후퇴하는 형태인 평면의 수직 몰딩)

눈높이보다 약간 낮은 경우 (급격하게 후퇴하는 형태가 수평의 평면부를 지지)

눈높이보다 많이 낮은 경우 (몰딩이 사라지는 것처럼 보임)

단면형상 Profiles

몰딩은 기본형과 복합형 두 가지가 있다. 기본형 몰딩은 하나의 기본 형상으로 제작된다. 복합형 몰딩은 두세 가지의 기본 형상들을 섞어서 사용한다. 다시 말해서 몰딩의 크기와 복잡성은 상관없이, 모든 몰딩은 단지 몇 가지 기본적인 기하학적 형상을 조합해 만들어진다. 그 기본 형상의 크기와 배치를 바꿀 수도 있어 어렵지 않게 새로운 형태를 개발할 수 있을 것이다.

기본 형태는 '기본 몰딩 단면형'(131쪽)에서 볼 수 있다. 몇 가지 조합들은 그림 '복합형 몰딩'에서 확인할 수 있다. 물론 이것은 옛것들이다. 직선과 경사진 면에 오목·볼록한 형상의 기초적인 형상들은 고대 그리스, 로마시대에 이름 짓고 분류되었다. 그리스인들은 모든 곡선을 타원에 기반을 두었고, 로마인들은 원에 기반을 두었다. 하지만 요즘 대부분의 몰딩과 날물들은 로마 스타일이다.

몰딩을 새로 제작할 때, 첫 번째 기억할 것은 몰딩이라는 것이 모든 상황에서 별도의 한 줄의 나무일 필요는 없다는 것이다. 꽤 자주 단면형상이 바로 가구의 일부(상판이나 다리, 받침대)에 직접 가공된다. 기본 형상은 보통 하나의 날물로 만들어지며, 여러 가지 복잡한 형상을 가공할 수 있는 날물들이 있다.

한 가지의 기본 단면형상을 가진 몰딩은 매우 유용하다. 예를 들어 사각의 모서리에서 시작해보자. 모서리를 쳐내면 모따기(Chamfer)이다. 모서리를 둥글게 깎으면 4분원이고, 비트를 더 내리면 오볼로(Ovolo)인데, 호의 양끝에 직선 부분을 가지는 4분원이다. 또 몰딩이 때로는 매우 커질 필요가 있는데, 하나의 나무를 잘라내서는 만들 수 없는 많은 부품을 필요할 수도 있다. 이러한 상황에서는 여러 개의 별도의 나무들을 조합하여 만들어낸다. 이러한 제작 방식의 몇 가지 예를 그림 '조립형 몰딩'에서 볼 수 있다.

기본 몰딩 단면형

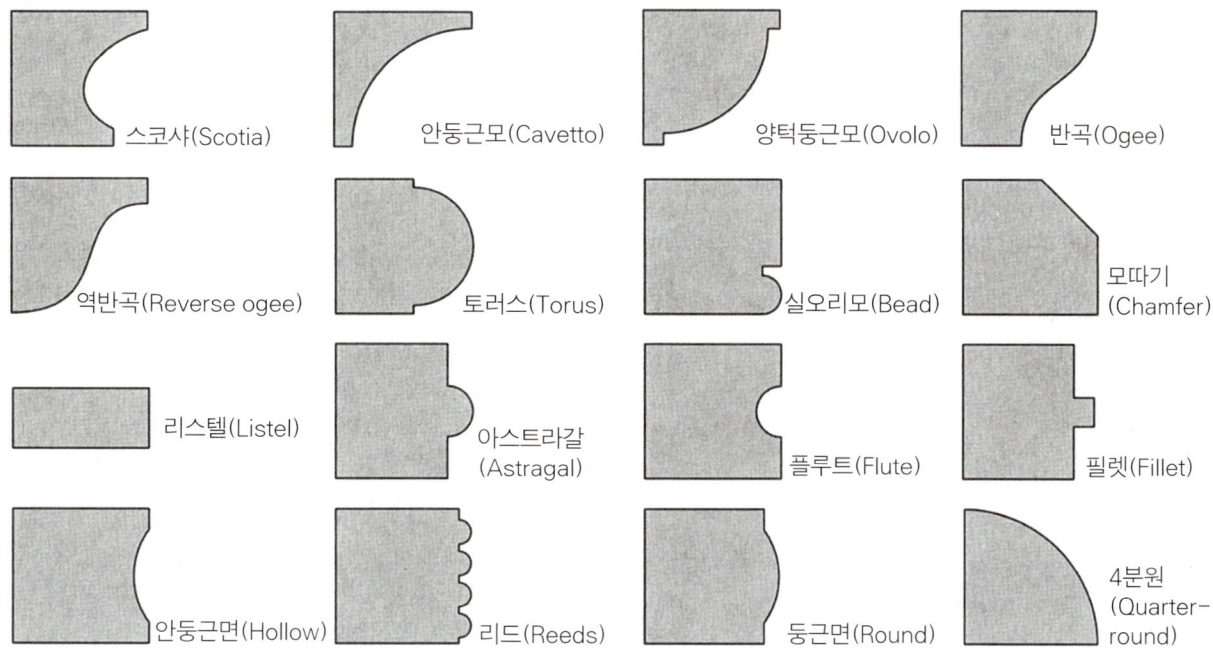

복합형 몰딩

조합형 몰딩

몰딩 부착

좋은 상자형 구조는 측판, 상판 그리고 지판이 동시에 움직인다. 상자의 전면에 붙여주는 몰딩은 상자의 결방향과 같으므로 몰딩을 계획된 위치에 접착(또는 나사 결합)할 수 있다. 그런데 수납장의 측판에 몰딩을 부착한다면, 측판의 나무결방향과 교차하게 된다.

몰딩의 부착 방법에 따라 나무의 움직임을 제한할 수 있다. 그 응력의 결과로 측판에 균열이 오거나 받침대를 파손시키고, 몰딩이 떨어져나갈 수 있다. 그래서 목수들은 나무의 움직임을 제한하지 않으면서 몰딩을 붙이는 여러 가지 방법을 생각해냈다.

가장 간단한 방법은 연귀로 만나는 앞쪽 끝은 접착해 몸체에 강하게 고정하고, 반면에 뒤쪽 끝은 접착하지 않고 머리 없는 타카심으로 고정만 하는 것이다.

측판의 나무가 움직이면 타카심이 구부러지게 되고, 몰딩은 제 자리에 머무르게 된다. 만일 겹쳐서 만드는 상부 코니스몰딩 (Cornice molding) 같이 대형 몰딩이라면 타카 대신에 못을 사용하기도 한다. 못이 몰딩을 관통하여 몸체의 측판에 박힐 때, 관통되는 지점의 구멍을 좀 더 크게 만들어서 나무가 움직일 수 있도록 하며, 반면에 못의 끝부분은 상대적으로 단단히 고정되어 있을 것이다.

복잡하지만 두 가지 추가적인 해결 방법이 아래 그림에 있다. 몰딩의 끝부분의 뒷면을 몸통의 내부에서부터 나온 나사로 고정할 수 있다. 나사는 몸체의 슬롯형 구멍을 통과하게 되고 측판이 움직일 수 있게 된다.

또 다른 방법은 짧은 고정 막대에 몰딩의 뒷부분을 걸어주는 방법이다. 러너의 고정 막대는 짧기 때문에 측판에 강하게 나사로 고정될 수 있다. 냄비머리나 둥근머리 나사를 사용하는 것만큼이나 간단한 방법이다. 고정 막대는 주먹장 모양이나 T자형일 수도 있다. 몰딩의 뒷면에는 해당하는 고정 막대의 형상에 따라 끝에서 끝으로 홈을 파준다. 그 홈을 통해 몰딩을 고정 막대에 밀어 넣어 몸체에 접착되며 연귀로 끝부분이 결합된다.

결의 교차 구조의 몰딩 결합

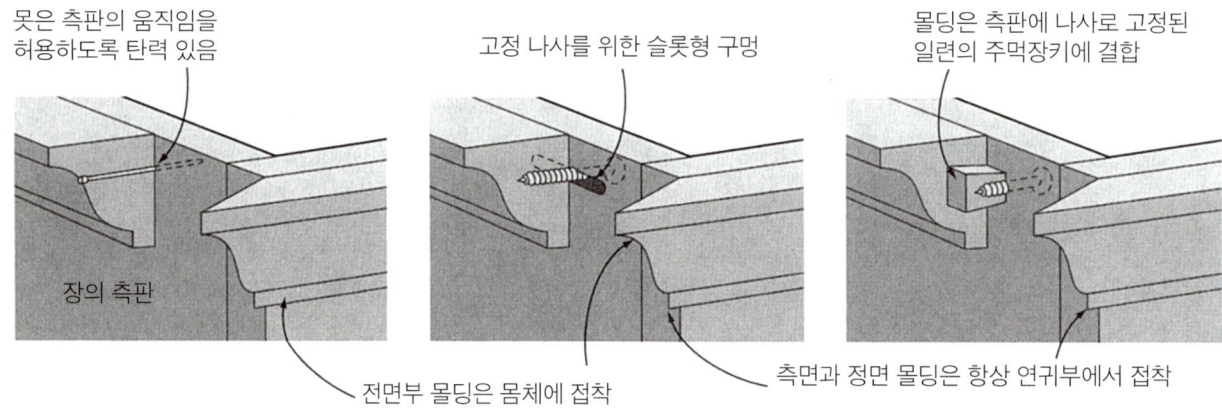

바닥 몰딩 Base moldings

상부 코니스몰딩이나 허리 몰딩과 다른 구조로 시공하는 것이 바닥 몰딩이다. 왜냐하면 가끔 받침대와 결합되기 때문이다. 받침대가 분리된 구조일 때는 몰딩을 받침대에 붙이게 되는데, 이때는 나무의 움직임 문제를 피할 수 있다. 다음은 바닥 몰딩을 다루는 세 가지의 조금 다른 방법이다.

몸체에 몰딩을 부착하는 경우

이 경우는 별도의 막대 형태로 몸체에 직접 부착하고 모서리는 연귀짜임으로 결합한다. 정면 몰딩은 바로 접착하며 일반적인 측면 이음이다. 측면에서는 나무의 수축·팽창이 문제를 일으키는데 앞서 제시한 방법들도 사용 가능하다.

그림에서는 나사에 몰딩을 걸어주는 방법을 보여준다. 측판은 수축·팽창을 하게 되는데 몰딩의 앞쪽 끝부분은 연귀짜임으로 단단히 붙어 있다. T자형 슬롯이 몰딩의 뒷면에 파인다. 둥근머리 또는 냄비머리 나사가 몸체에 줄을 지어 박히며 나사머리는 일정하게 튀어 나오게 한다. 몰딩을 나사머리 위로 밀어 넣고 연귀 부분에만 접착제를 바른다. 접착제는 몸체의 앞쪽을 기준으로 몰딩을 고정시키고, 나사머리에 몰딩을 걸어 측판에 고정하고, 측판은 자유롭게 수축과 팽창을 반복하게 된다.

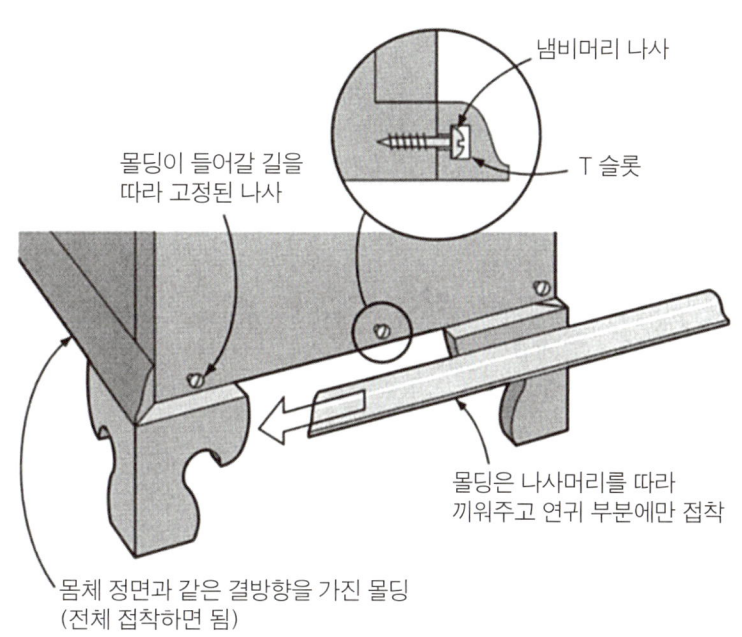

몰딩 처리된 받침대를 사용하는 경우

브래킷식 받침대나 전통적인 스타일의 좌대형 받침대를 사용하는 경우, 바닥 몰딩이 따로 분리되는 대신에 받침대 자체에 적용된다. 원하는 단면형상을 직접 받침대에 가공한다.

그림에서는 분리된 프레임 주변에 브래킷식 받침대를 조립하는 것을 보여준다. 프레임은 장부짜임으로 제작한다. 미리 단면형상을 가공하고 원하는 모양으로 잘라낸 받침대 부품들은 프레임에 접착하고, 서로 연귀로 결합한다. 프레임은 브래킷발보다 조금 아래 위치하여 몰딩 처리된 모서리가 몸체를 살짝 덮는다. 몸체의 바닥에 나사를 이용하여 조립한다. 앞쪽은 나사가 원형의 파일럿 구멍을 통과하여 고정하고, 측면에서는 길쭉한 형태의 구멍을 통과하여 몸체가 수축·팽창할 때 나사가 움직일 수 있게 해준다. 후방 프레임 부재에는 나사를 고정하지 않는다.

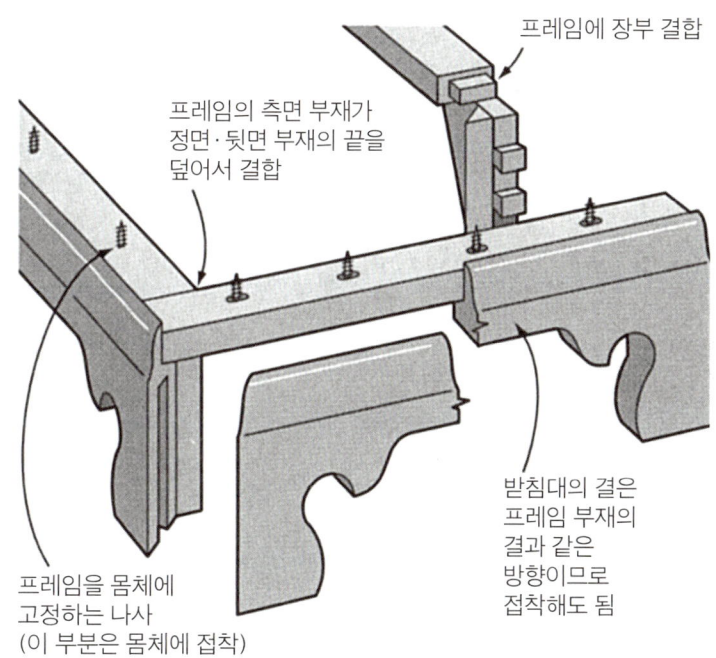

몰딩 처리된 프레임을 사용하는 경우

몸체를 브래킷식 발 위에 고정한다면, 발을 받침용 프레임에 접착한 후에 프레임을 몸체에 나사로 고정하는 것이 최선의 방법이다. 오른쪽 그림처럼 만일 프레임이 연귀짜임으로 조립한다면, 몰딩 가공된 긴 막대를 바로 잘라서 사용한다.

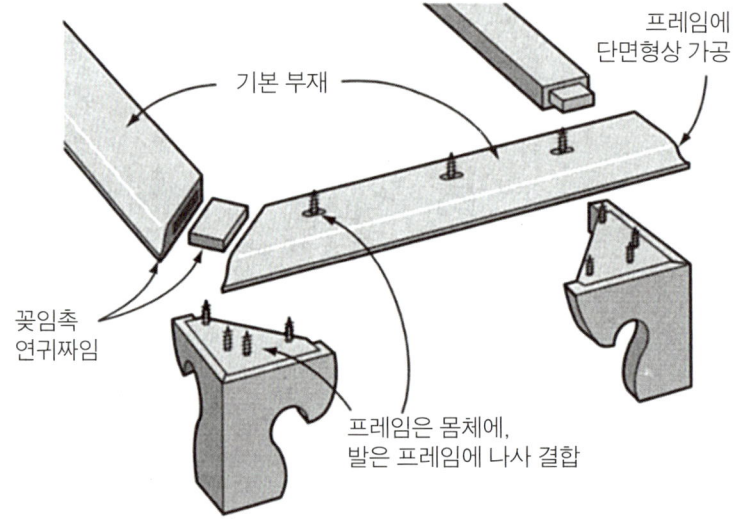

4장
가구

01. 식탁
02. 보조 테이블
03. 책상
04. 궤와 서랍장
05. 수납장
06. 붙박이장
07. 침대

Illustrated Cabinetmaking

01 식탁
Dining Tables

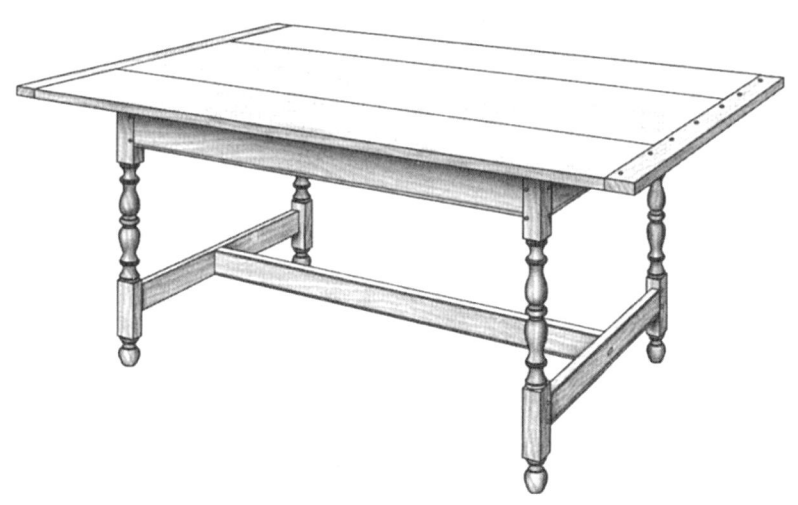

삐딱한 생각일 수도 있지만, 너무 낮거나 또는 너무 높거나, 발이나 다리가 걸렸거나, 충분히 넓지 않았던 경우처럼 잘못된 디자인으로 불편했던 테이블만이 가장 기억에 남는다. 하지만 아래의 기본 규격만 염두에 둔다면 테이블을 만들 때 큰 어려움이 없을 것이다.

- **테이블 높이:** 바닥부터 테이블 상판까지의 높이. 일반적으로 28~30인치(711~762mm).
- **다리 공간:** 바닥부터 가로대 아래까지의 거리. 다리를 위한 수직공간이며, 최소 약 24인치(610mm).
- **무릎 공간:** 테이블의 끝 모서리에서 다리까지의 거리. 의자를 테이블 쪽으로 끌어당겼을 때 무릎 앞의 여유 공간을 측정. 최소 10~16인치(254~406mm), 최적 14~18인치(356~457mm). 다리 위치에 영향.
- **허벅지 공간:** 의자 좌판에서 테이블의 가로대 하부까지 거리. 의자에 앉았을 때 허벅지를 위한 수직 여유 공간을 측정. 최소 6.5인치(165mm). 테이블 높이에 영향.
- **팔꿈치 점유 공간:** 테이블에 앉은 각 사람에게 주어진 공간 폭 허용치. 최소는 24인치(610mm)이지만 30인치(762mm)가 훨씬 낫다. 테이블 길이에 영향.
- **팔을 뻗은 거리:** 각각의 앉은 사람에게 주어진 공간 깊이 허용치. 12인치(305mm) 이하이면 너무 작고, 18인치(457mm) 이상이면 너무 크다. 테이블 폭에 영향.
- **의자 공간:** 의자를 뒤로 빼서 일어날 때, 테이블 끝에서 벽까지의 공간 허용치. 최소 36인치(914mm), 최적 44인치(1118mm). 테이블 설치 위치와 크기에 영향.

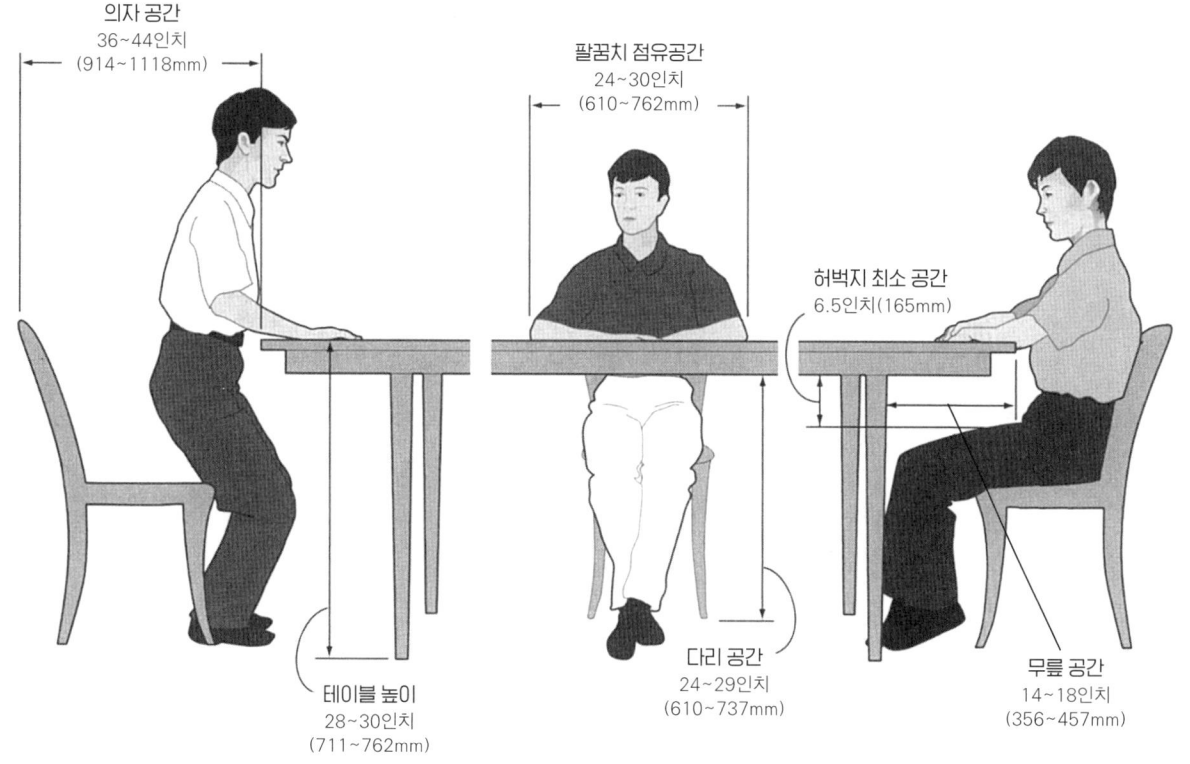
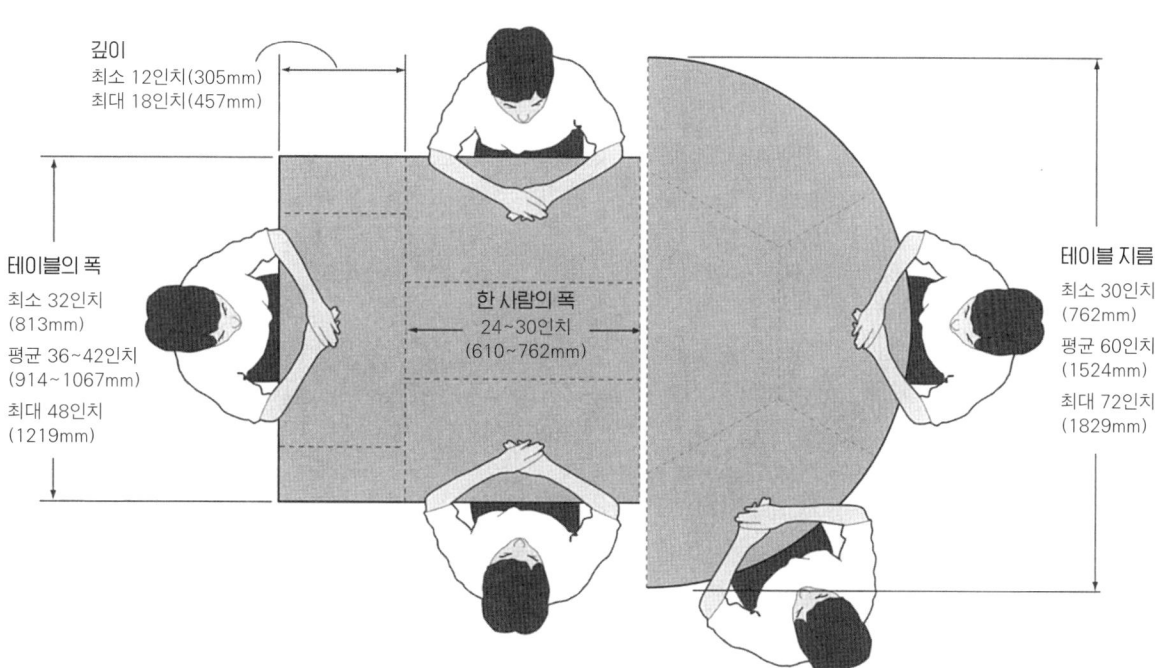

Dining Tables

다리-가로대형 테이블
Leg-and-Apron Table
식탁·작업대

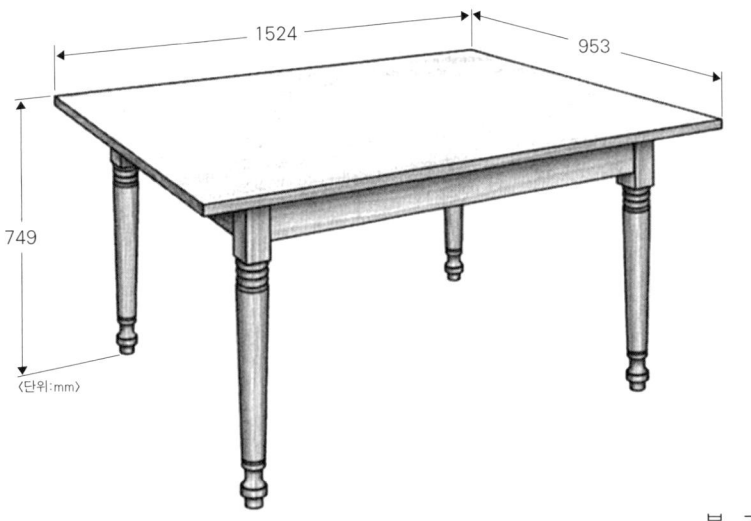

테이블하면 평평한 판을 네 개의 다리가 받치는 것을 떠올리지 않았는가? 그것이 바로 옆의 그림과 같은 테이블이었는가? 이 테이블은 표준형 중에 표준형이다.

대부분의 기본형 테이블은 다리, 가로대 그리고 상판 세 부분으로 이루어진다. 다리와 가로대가 결합되면 개방형 구조이지만, 견고하게 구조를 지탱해준다. 구조적으로 말하면, 많은 테이블들은 다리-가로대 테이블이지만 이름을 그렇게 부르지는 않는다. 이름은 테이블의 용도와 놓을 장소에 따라 결정된다. 예를들면 식탁, 침대 사이드 테이블, 커피 테이블 등이다. 앞으로 모든 종류의 테이블 표준형을 보게 될텐데, 이 기본형 테이블을 여러 부분에서 다시 언급하게 될 것이다.

이 테이블은 부엌에서 자주 볼 수 있는 종류이다. 육중하고 견고한 느낌을 준다. 묵직한 다리는 목선반 작업을 통해 시각적으로 육중함을 줄여준다. 또한 넉넉한 크기의 다리 기둥은 강력한 짜임을 만들기에 이상적이다.

참고도면
- Chris Becksvoort, *The Best of Fine Woodworking: Traditional Furniture*(The Taunton Press, 1991), Leg-and-Apron Table. 원형상판을 가진 확장식 테이블에 대한 자세한 그림, 제작 방법 소개.
- 목공잡지 *American Woodworker*, Vol. 4, No.2(1988년 5/6월호) 46~49쪽, Carlyle Lynch, Country Breakfast Table. 치수 적힌 그림과 원탁 제작 방법 수록.

디자인 변형

다리-가로대형 테이블은 단순하지만, 무한한 변형이 가능하다. 상판을 원형·정사각형·타원형 또는 직사각형으로 만들할 수 있으며, 다리도 사각형·목선반형·사선형 또는 조각할 수도 있다. 가로대만으로도 테이블 외형을 바꿀 수 있다. 예를 들어 아래 원탁은 위의 표준형과 같은 목선반 가공 다리이지만, 보는 느낌은 완전히 다르다. 사각의 다리-가로대 구조 위에 올린 원형의 상판은 또 다른 느낌을 준다. 우아한 목선반 작업이 가미된 캐브리올 다리를 가진 퀸 앤 스타일 테이블도 두꺼운 가로대를 적용하면 분명히 작업대가 된다. 세 번째 그림처럼 가로대를 잘라낸 테이블을 가볍고 키가 커 보이게 만들며, 동시에 허벅지 공간을 여유롭게 해줌으로써 시각적으로 큰 차이를 보여준다.

원형 상판 테이블

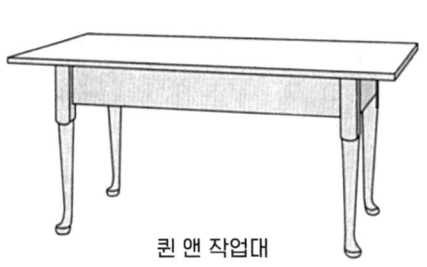

퀸 앤 작업대

가로대를 잘라낸 테이블

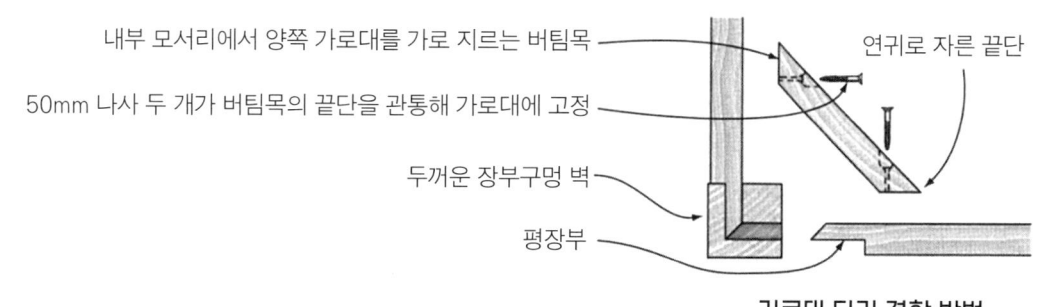

가로대 다리 결합 방법

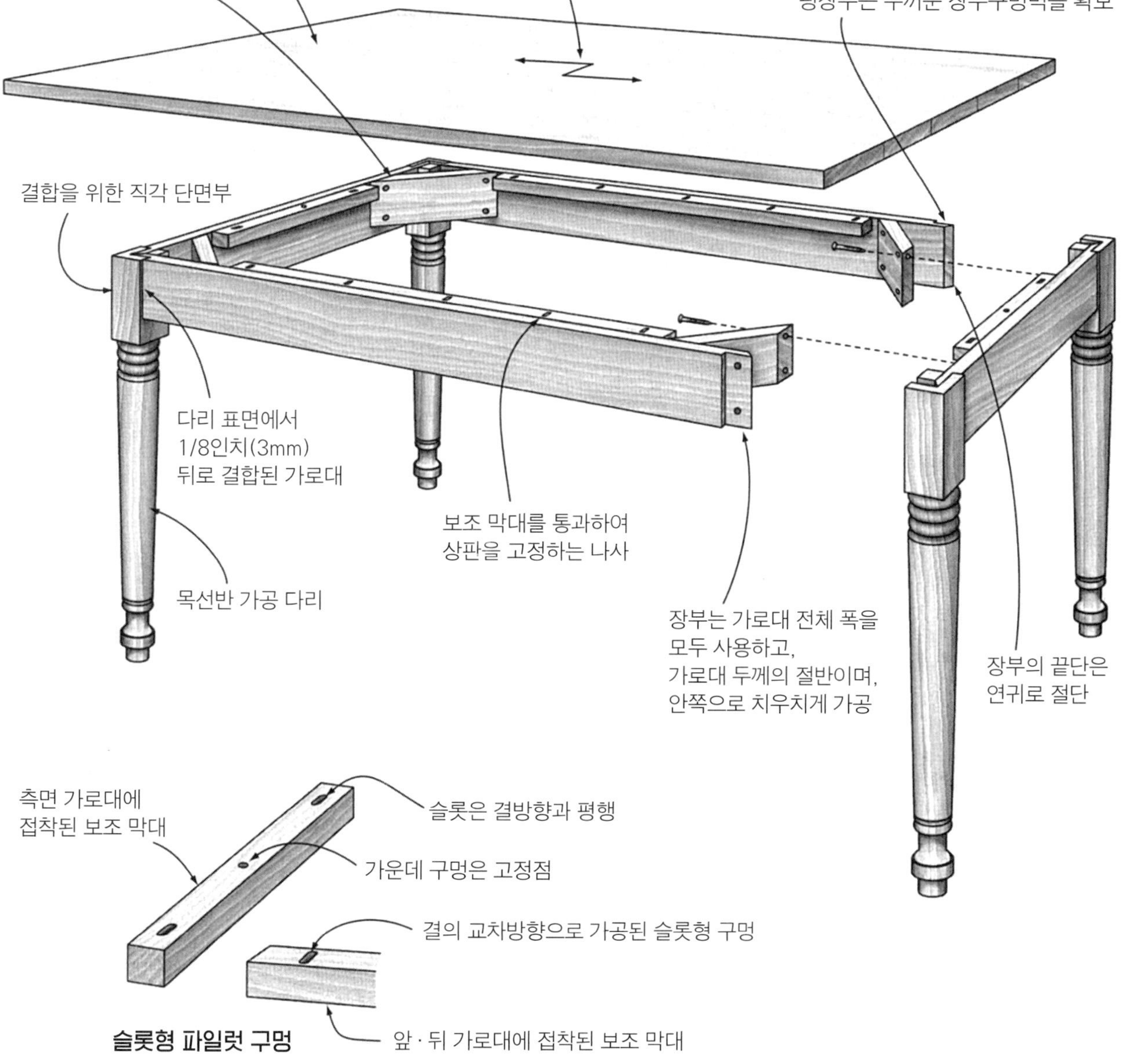

- 내부 모서리에서 양쪽 가로대를 가로 지르는 버팀목
- 50mm 나사 두 개가 버팀목의 끝단을 관통해 가로대에 고정
- 연귀로 자른 끝단
- 두꺼운 장부구멍 벽
- 평장부

- 여러 장의 판재가 측면이음으로 집성된 테이블 상판
- 모서리 버팀목
- 결이 종방향이므로 수축과 팽창은 횡방향으로 이루어짐
- 평장부는 두꺼운 장부구멍벽을 확보
- 결합을 위한 직각 단면부
- 다리 표면에서 1/8인치(3mm) 뒤로 결합된 가로대
- 목선반 가공 다리
- 보조 막대를 통과하여 상판을 고정하는 나사
- 장부는 가로대 전체 폭을 모두 사용하고, 가로대 두께의 절반이며, 안쪽으로 치우치게 가공
- 장부의 끝단은 연귀로 절단

슬롯형 파일럿 구멍

- 측면 가로대에 접착된 보조 막대
- 슬롯은 결방향과 평행
- 가운데 구멍은 고정점
- 결의 교차방향으로 가공된 슬롯형 구멍
- 앞·뒤 가로대에 접착된 보조 막대

식탁

태번 테이블
Tavern Table

모든 사람들이 태번 테이블에 대한 살짝 다른 시선을 가지고 있다. 가구 연구자들은 보통 태번 테이블은 목선반 가공 다리나 사각 다리에 다리 버팀대가 있는 튼튼한 프레임이 받쳐주는 평범하며, 낮고 길쭉한 테이블이라고 설명한다. 이러한 설명이 대부분 옳다. 즉, 다리버팀대가 있는 다리-가로대형 테이블을 말한다. 그림에서 보듯 튼튼한 다리버팀대는 테이블에 견고함과 강도를 더해준다. 보통 테이블은 일상 생활에서 거칠게 사용하는데, 다리버팀대는 그 수명을 연장해주는 역할을 한다.

태번 테이블이라는 이름은 17~18세기 선술집이나 여관에서 사용했던 테이블에서 유래했다. 지금까지 남아있는 이 종류의 테이블들은 수많은 상처로 마모되기 했지만, 일반적으로 튼튼한 다리버팀대를 가지고 있다.

이 표준형 모델에는 테이블에 앉는 사람을 위해서 앞·뒤 다리버팀대 대신에 중앙 버팀대가 있다. 이러한 종류의 테이블 중 매우 초기 형태에는 앞·뒤 버팀대를 가진 경우가 많았다.

구조는 간단하다. 다리에 장부 결합되는 가로대와 다리버팀대는 핀으로 고정한다. 상판은 변죽을 가진 넓은 판이다.

참고도면
- 목공잡지 *American Woodworker*, No.19(1991년 3/4월호) 29~35쪽, Craig Bentzley, Tavern Table. 두 개의 서랍과 교체 가능한 상판을 가진 1828×1066mm 테이블 도면 수록.
- Richard A. Lyons, *Making Country Furniture*(Prentice-Hall, 1987), Tavern Table. 태번 테이블을 주제로 여러가지 목선반 작업 소개.

디자인 변형

테이블 디자인을 바꾸는 가장 쉬운 방법은 다리를 바꾸는 것이다. 위의 표준형 테이블은 목선반 가공다리를 가지며, 무궁무진한 방법으로 목선반 가공 형태를 바꿀 수 있다. 한 가지 기억할 것은 다리버팀대와 다리 결합을 위한 사각의 평면부가 필요하다는 점이다. 태번 스타일의 테이블에서는 다리버팀대의 모양을 바꿀 수 있지만, 옆 그림에서 제안하는 구성방법으로도 변경할 수 있다.

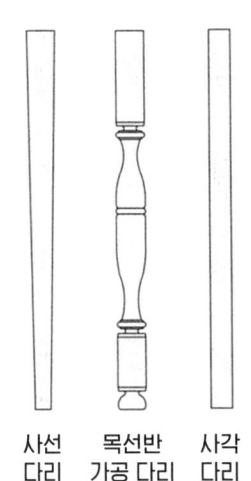

사선 다리 / 목선반 가공 다리 / 사각 다리

버팀대가 측면만 있는 경우 — 측면 다리 버팀대

버팀대가 측면, 앞·뒤 모두 있는 경우 — 앞·뒤 다리버팀대 / 측면 다리 버팀대

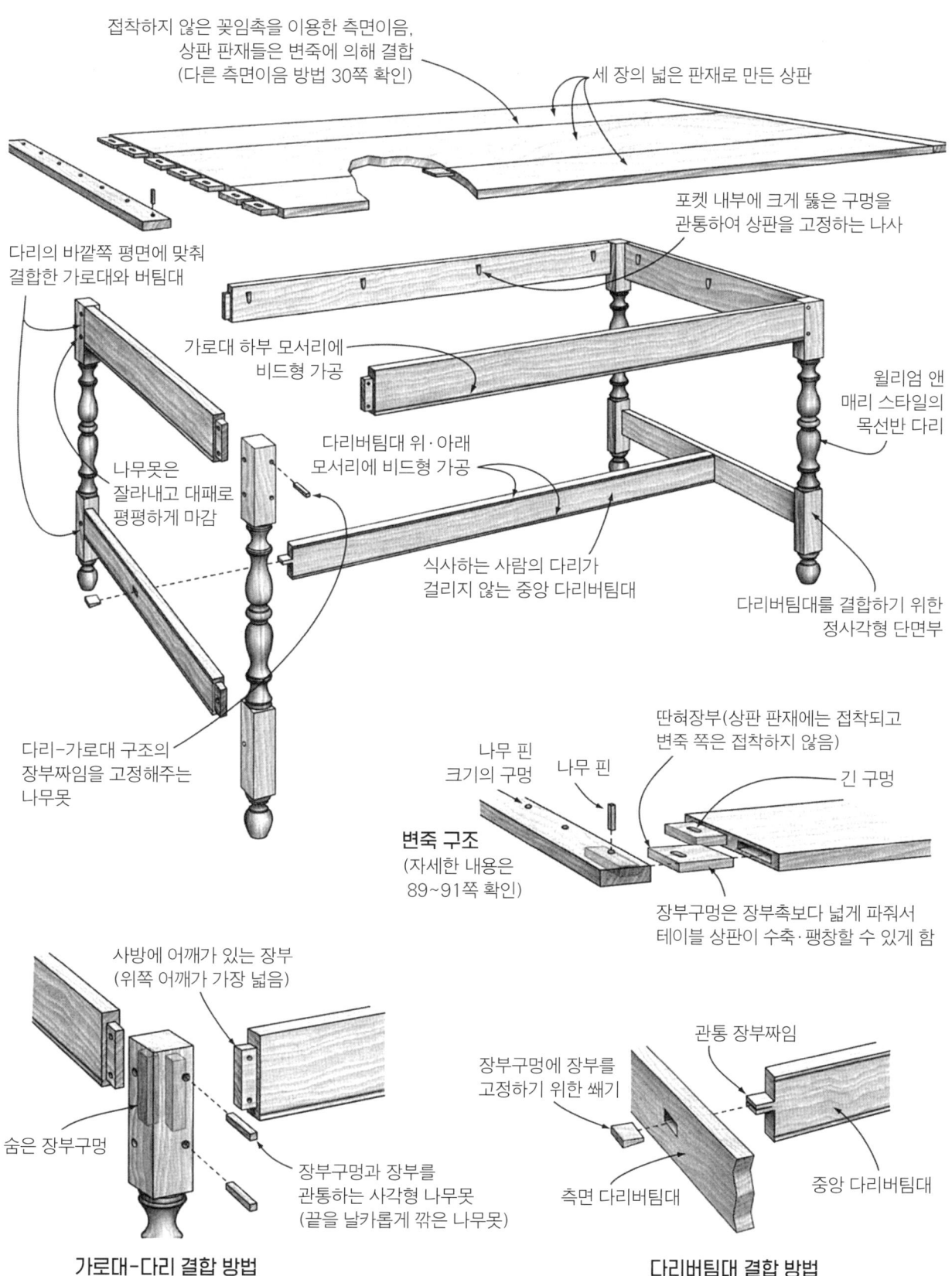

다리-가로대 서랍테이블
Leg-and Apron Table with Drawer

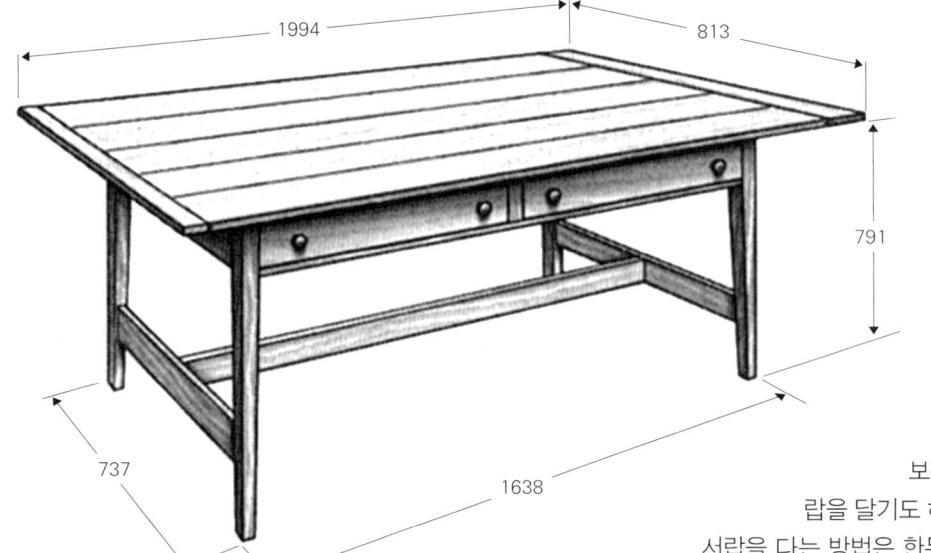

다리-가로대 테이블은 구조적인 형태만큼 스타일이 좋은 테이블은 아니다. 이러한 테이블은 식탁, 도서관 탁자, 책상 등의 기본 형태이며 작업대로도 쓰인다. 한두 개의 서랍을 만들어 기능성을 높이면 테이블에서 사용하는 도구들을 보관할 수 있다. 보통은 얇은 서랍을 달기도 하며, 더 큰 서랍도 가능하다. 서랍을 다는 방법은 한두 가지밖에 없다. 간단한 방법은 가로대에 서랍이 들어갈 공간을 따내는 것이다. 넓은 가로대에 상대적으로 작은 서랍을 부착하는 경우가 좋다. 만일 서랍공간이 너무 넓어져서 가로대 판재의 강도가 약해질 것 같으면, 가로대를 교체하는 것이 낫다. 가로대를 측면으로 돌려서 다리의 두께에 가로대의 폭을 맞춘다. 다중 장부짜임이 구조적인 강성을 더해 준다. 상부 가로대가 있어 다리가 굽어지거나 안으로 오그라드는 것을 막아 주기 때문에 가로대를 서랍 위, 아래에 사용하는 것이 가장 좋다.

참고도면

- Norm Abram, *Classics from the New Yankee Workshop*(Little Brown, 1990), Kitchen Worktable. 표준형 테이블과 매우 유사한 테이블 도면 소개.
- Lester Margon, *More American Furniture Treasures*(Architectural Book Publishing Co., 1971), Library Table. 두 개의 깊은 서랍이 달린 18세기 초의 펜실베이니아 테이블의 치수도면 소개.

디자인 변형

원탁에 서랍을 넣는 것도 가능하다. 그러나 만일 테이블의 다리-가로대 구조가 정사각형 또는 직사각형으로 조립된다면 서랍 내부에 접근하는 것이 매우 제한될 수도 있다. 곡선형 가로대를 가진 테이블의 경우는 서랍 앞판을 큰 나무 토막에서 잘라내거나 라미네이트 밴딩(Laminated bending) 기법을 사용하여 가로대의 곡선에 맞춰서 제작해야 한다.

직선의 가로대를 가진 테이블 — 서랍 내부의 상당한 부분이 상판에 의해 가려짐

곡선의 가로대를 가진 테이블 — 서랍 앞판은 가로대의 곡선에 맞춰서 제작 / 서랍 내부의 훨씬 적은 부분 만이 상판에 의해 가려짐

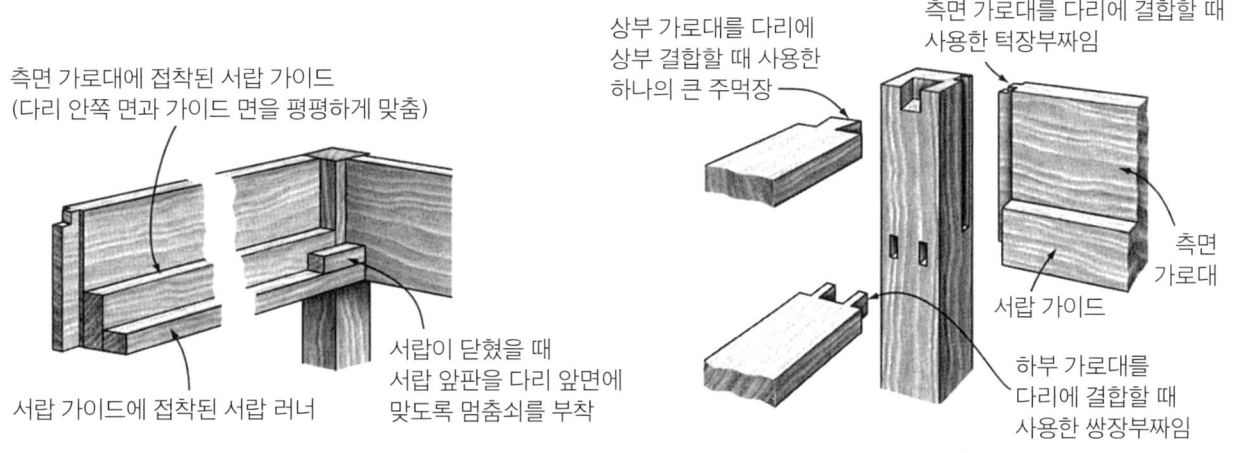

변형된 서랍 가로대 구조

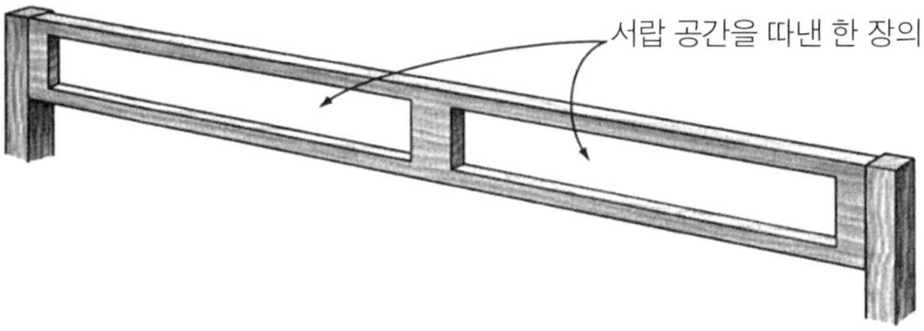

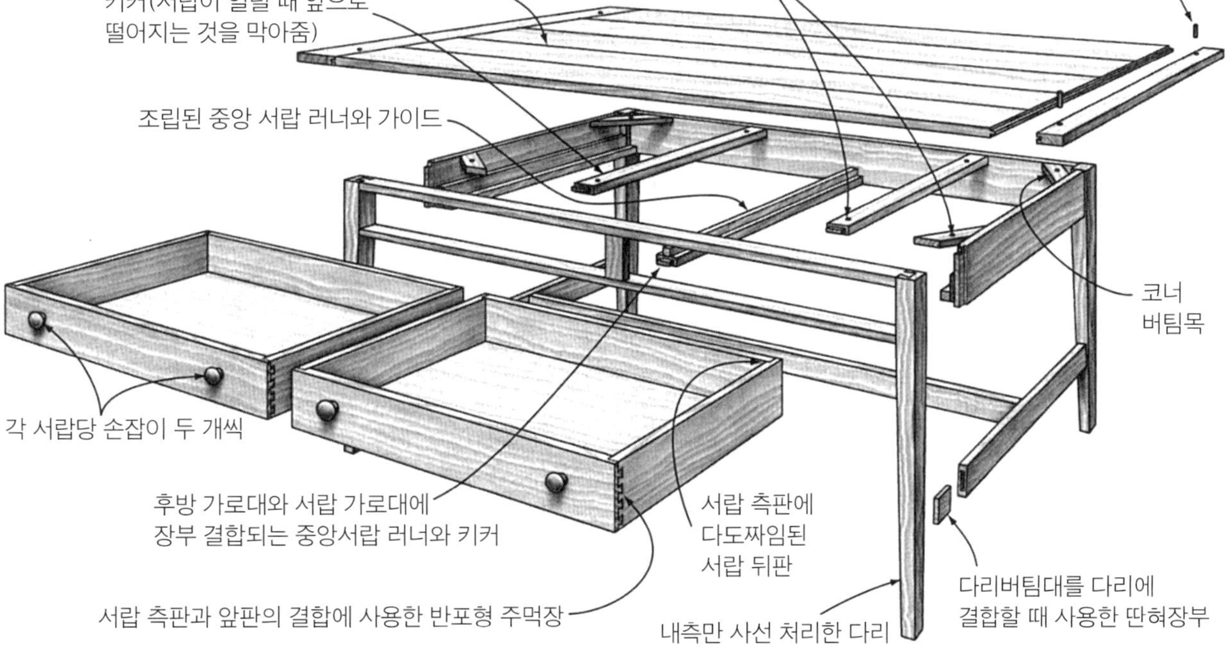

- 서랍 공간을 따낸 한 장의 판으로 이루어진 넓은 가로대
- 상판에 나무못을 박은 제혀짜임으로 결합한 변죽 (변형된 구조 90~91쪽 참고)
- 접착된 측면이음
- 코너 버팀목과 키커에 길게 뚫은 구멍을 통과한 나사로 프레임에 고정되는 상판(92쪽 참고)
- 키커(서랍이 열릴 때 앞으로 떨어지는 것을 막아줌)
- 조립된 중앙 서랍 러너와 가이드
- 코너 버팀목
- 각 서랍당 손잡이 두 개씩
- 후방 가로대와 서랍 가로대에 장부 결합되는 중앙서랍 러너와 키커
- 서랍 측판에 다도짜임된 서랍 뒤판
- 서랍 측판과 앞판의 결합에 사용한 반포형 주먹장
- 내측만 사선 처리한 다리
- 다리버팀대를 다리에 결합할 때 사용한 딴혀장부
- 측면 가로대에 접착된 서랍 가이드 (다리 안쪽 면과 가이드 면을 평평하게 맞춤)
- 서랍 가이드에 접착된 서랍 러너
- 서랍이 닫혔을 때 서랍 앞판을 다리 앞면에 맞도록 멈춤쇠를 부착
- 상부 가로대를 다리에 상부 결합할 때 사용한 하나의 큰 주먹장
- 측면 가로대를 다리에 결합할 때 사용한 턱장부짜임
- 측면 가로대
- 서랍 가이드
- 하부 가로대를 다리에 결합할 때 사용한 쌍장부짜임

측면 서랍 고정 방법

서랍 가로대-다리 결합 구조

식탁 143

받침대형 테이블
Pedestal Table

참고도면
- John Burchett, *The Best of Fine Woodworking: Tables and Chairs*(The Taunton Press, 1995), Building an Open-Pedestal Table. 잡지에 기고된 기사들을 하나의 책으로 엮어 광범위한 제작 방법 소개, 세부 치수는 없다.
- Simon Watts, *Building a Houseful of Furniture*(The Taunton Press, 1983), Oval Table. 좋은 그림과 글을 통해 현대적 디자인과 결구법 소개.

모서리마다 다리가 하나씩 있는 테이블을 변형한 것이 받침대형 테이블이다. 여기서 상판은 받침대나 낮게 펼쳐진 발 부분에서 솟은 중앙 기둥에 고정된다. 가로대는 구조적으로 불필요하지만 어떤 받침대형 테이블은 가로대가 있는 경우도 있다.

일반적으로 다리 없는 테이블(가로대 없는 테이블)은 제한되지 않는 다리 공간 만들어준다. 사실은 다리 공간, 무릎 공간 그리고 허벅지 공간은 넓지만 받침대가 발에 걸린다. 이것은 안정성에 대한 대가이다. 받침대의 면적은 사방으로 상판 그림자의 6인치(152mm) 이내인 것이 좋다. 이 치수보다 작으면 사람이 테이블 모서리에 체중을 가하면 테이블이 넘어질 수도 있다.

또 중요하게 생각할 점은 중앙 기둥의 강도와, 기둥과 받침대 또는 발 사이의 결합 방법이다. 그림에서 볼 수 있는 테이블은 타원형의 상판을 가지는데 상판의 긴 축과 짧은 축 길이에 맞춰서 발의 길이를 조절한다. 발은 위로 경사진 기둥에 쌍장부짜임으로 결합되며, 상판을 결합하는 받침목도 같은 방식으로 결합한다. 조립된 부분을 차례로 모따기한 사각형의 중심기둥에 붙이면 위로 뻗는 형태의 외다리 받침대 구조가 완성된다.

디자인 변형 외다리 받침대 형태는 18세기의 삼발이 받침대를 가진 보조 테이블에서 시작되었다. 식탁 크기로 제작하기 위해서 초기 가구 제작자들은 두 개의 받침대형 테이블을 붙이거나, 하나의 길쭉한 상판에 두 개의 삼발이 받침대를 붙이기도 했다. 현대적인 스타일은 실용적인 것부터 기둥이 여러 개인 것까지 다양하다. 여러 개의 기둥을 가진 받침대형 구조의 장점은 비틀림에 강하다는 것이다. 발의 면적이 상판보다 매우 작지만, 이 받침대를 가진 대형 테이블은 기둥의 무게로 인해 안정적이다.

페더럴 스타일의 받침대형 테이블

네 기둥 받침대형 테이블

심플한 외다리 받침대형 테이블

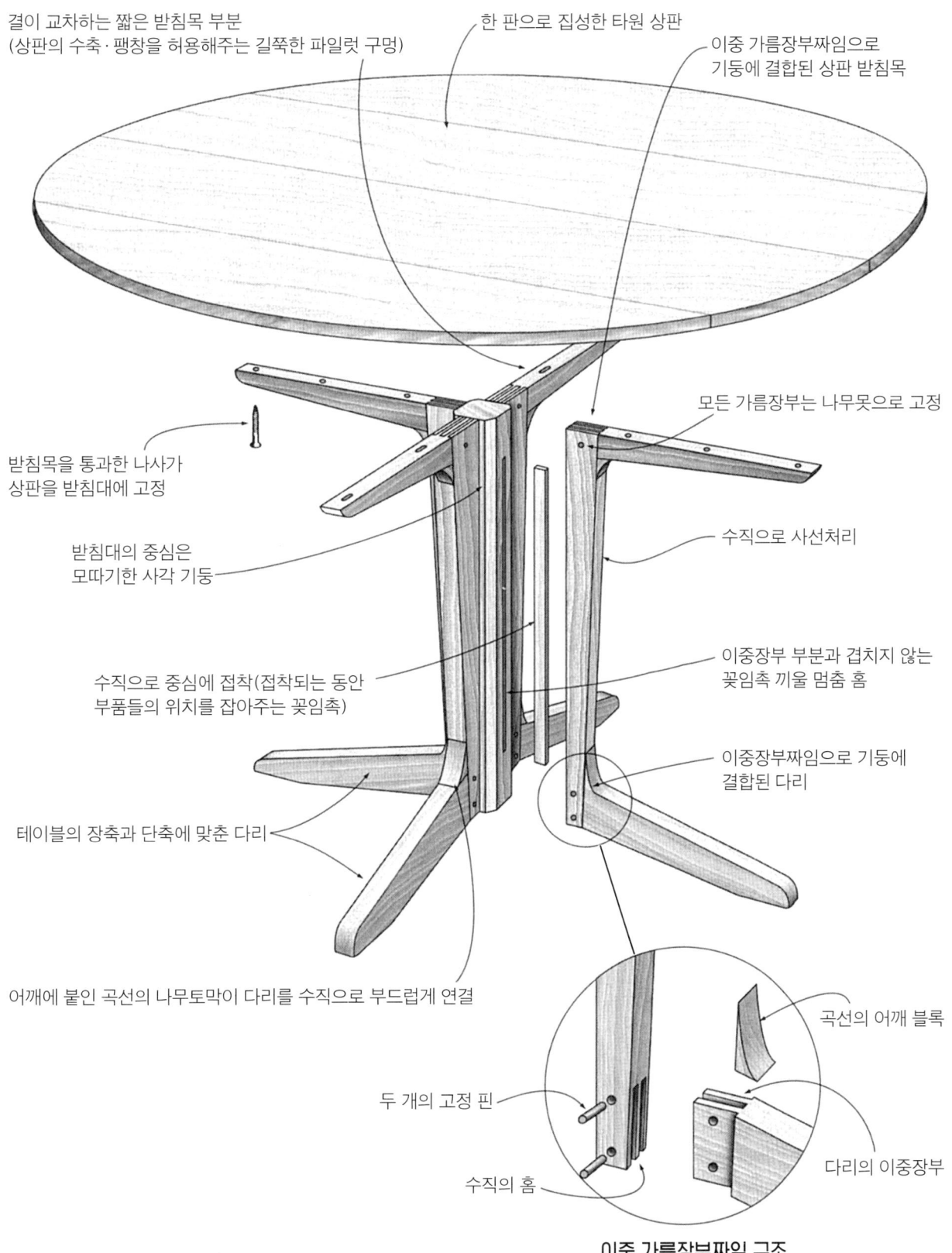

식탁 145

가대식 테이블
Trestle Table

두 개의 우마나 사다리(가대) 위에 넓고 두꺼운 판재를 올리면 테이블이 된다. 이것이 가대식 테이블의 유래로 초기 테이블의 형태일 수도 있다. 중세시대 이후 형태는 상당히 세련되게 변해왔지만 만들기 쉽고, 분해 조립이 쉬운 테이블로 여전히 남아있다.

가장 기초적인 형태는 한쌍의 자립할 수 있는 우마나 사다리 위에 합판 한 장을 얹은 것이다. 사다리 부분이 혼자 설 수 없을 때는 서로 연결하고 상판과도 결합하면 테이블이 된다. 옆 그림의 표준형 테이블에서 각 가대는 상당히 넓은 기둥이 상판 받침목과 다리 받침목에 장부 결합된 형태이다. 가대가 넓어질수록 상판이 측면으로 회전하려는 힘을 막아준다. 길고 폭이 넓은 다리버팀대는 양쪽 가대에 장부 결합된다. 상판이 가대에 나사로 결합되면 전체가 고정된다.

가대식 테이블은 다리나 발의 여유 공간이 상당히 넓지만 다리버팀대가 있다는 사실을 유념해야 한다. 누구나 테이블에 앉을 때마다 정강이가 부딪치는 것을 원치 않는다. 또한 상판의 끝은 가대 외부로 14~18인치(350~457mm) 정도 뻗어 나와야 양 끝에 앉는 사람들에게 적절한 다리 공간을 제공해줄 수 있다. 많은 가대식 테이블은 빠르게 분해, 조립이 가능하도록 디자인 된다. 조립식 구조로 제작하는 일반적인 방법은 147쪽 그림에 있다.

참고도면
- Tage Frid, *Tage Frid Teaches Woodworking*, 제3권(The Taunton Press, 1985), Trestle. 상판 아래 서랍이 달린 현대적 디자인 소개.
- Lester Margon, *Construction of American Furniture Treasures*(Dover Publications, 1975), Sawbuck Dining Table from Pennsylvania. 스크롤쏘로 모양낸 다리와 하나의 큰 서랍을 가진 조립식 테이블 소개.

디자인 변형

가대와 발의 형태를 바꾸는 것이 외관을 바꾸는 가장 쉬운 방법이다. 몇 가지 예를 들면, 오리지널 가대는 우마와 비슷한 형태이지만 중세 유럽에서는 X자형의 가대가 흔했다. 펜실베이니아 독일인들과 다른 독일계 정착민들이 미국으로 X자형 테이블을 가져왔고, 여전히 피크닉 테이블로 자주 사용된다. 오늘날의 대부분의 형태는 I자형이다. 몇 가지 가대식 테이블을 제작했던 셰이커 교도들은 보통 높은 발 공간이 있는 날씬한 다리를 사용했다.

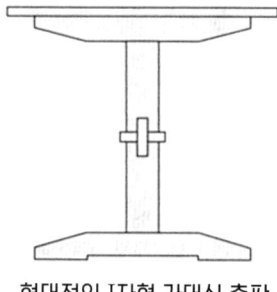

현대적인 I자형 가대식 측판

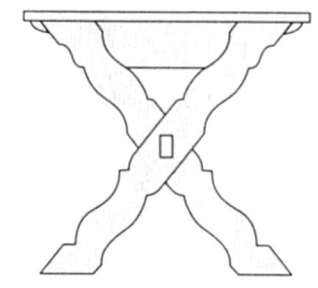

스크롤쏘로 모양낸 우마형 가대식 측판

셰이커 스타일 가대식 측판

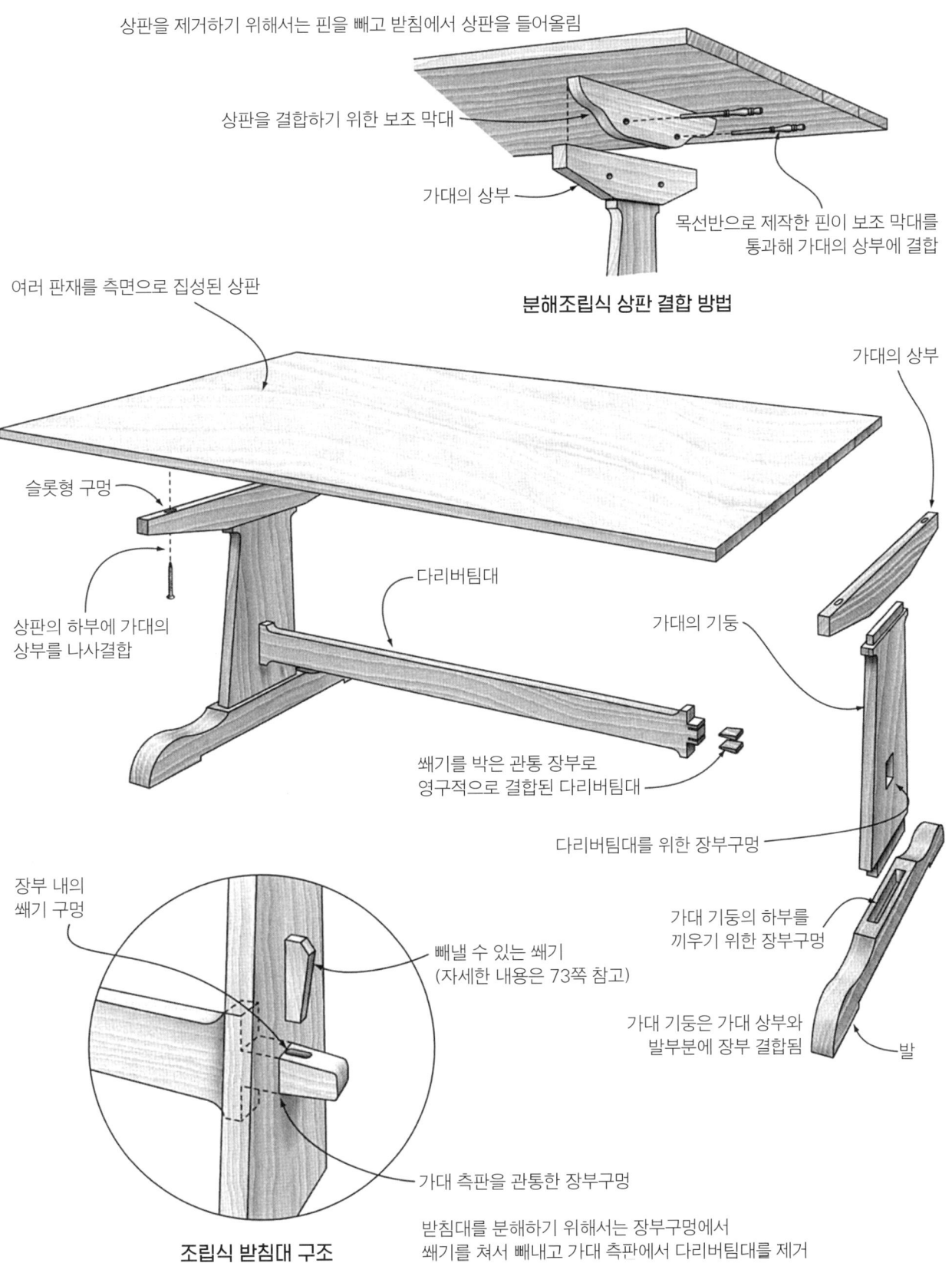

확장식 테이블
Extension Table
풀아웃 테이블·영국식 풀아웃 테이블

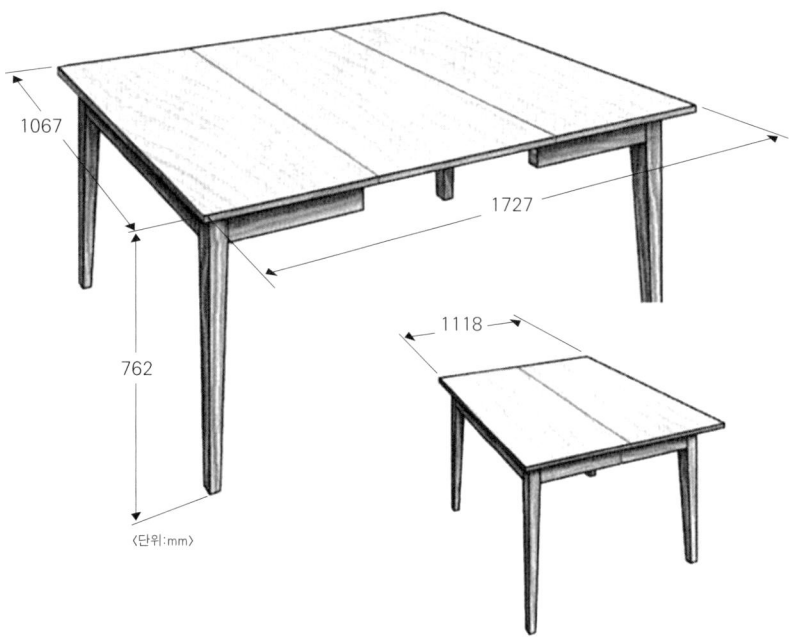

참고도면
- Chris Becksvoort, *The Best of Fine Woodworking: Traditional Furniture Projects*(The Taunton Press, 1991), Leg-and-Apron Table. 정사각형의 다리-가로대 구조의 확장식 원형 테이블 그림과 글 수록.
- Tage Frid, *Tage Frid Tea-ches Woodworking, book 3: Furniture-making*(The Taunton Press, 1985), English Pullout. 확장식 슬라이드를 제작하는 매우 훌륭한 방법과 함께 평범한 확장식 테이블 구조도 수록.
- Thomas Moser, *Measured Shop Drawings for American Furniture* 제1권(Sterling Publishing Co., 1985), Round Extension Table, Oval Extension Table, Round-Ring Extension Table, Oval-Ring Extension Table. 4가지 종류의 테이블 치수 도면 제공.

날개판을 추가하여 확장하는 테이블은 친숙한 식탁 중에 하나로, 갑작스러운 손님의 식사를 위해 쉽게 자리를 넓힐 수 있다. 바로 이해하기 힘들 수도 있는데, 표준형 다리-가로대 구조의 테이블을 반으로 자른 후에 특수한 슬라이드를 이용하여 다시 결합하는 것이다. 슬라이드는 따로 구입하거나 테이블과 함께 제작할 수도 있다. 테이블의 보조 상판은 24인치(610mm) 폭으로 만드는 것이 좋은데, 이것은 한 사람이 앉는 최적의 폭이기 때문이다.

디자인 변형

확장식 테이블의 디자인은 다리와 가로대의 형태를 교체하는 것 같은 일반적인 방법으로 다양하게 바꿀 수 있다. 상판의 형태(그리고 가로대의 모양)는 전체적인 구조에는 거의 영향을 주지 않는다. 다리-가로대 구조만 가지고 있다면 확장되는 형식은 같다. 테이블의 확장 범위가 증가할수록, 중앙부를 받치기 위해서 추가적인 다리가 필요할 수도 있다. 그리고 보조 날개판에 가로대를 결합하는 것 같은 작은 부분의 영향력도 간과하면 안 된다.

원형의 확장식 테이블

다섯 번째 다리

가로대가 있는 보조 상판

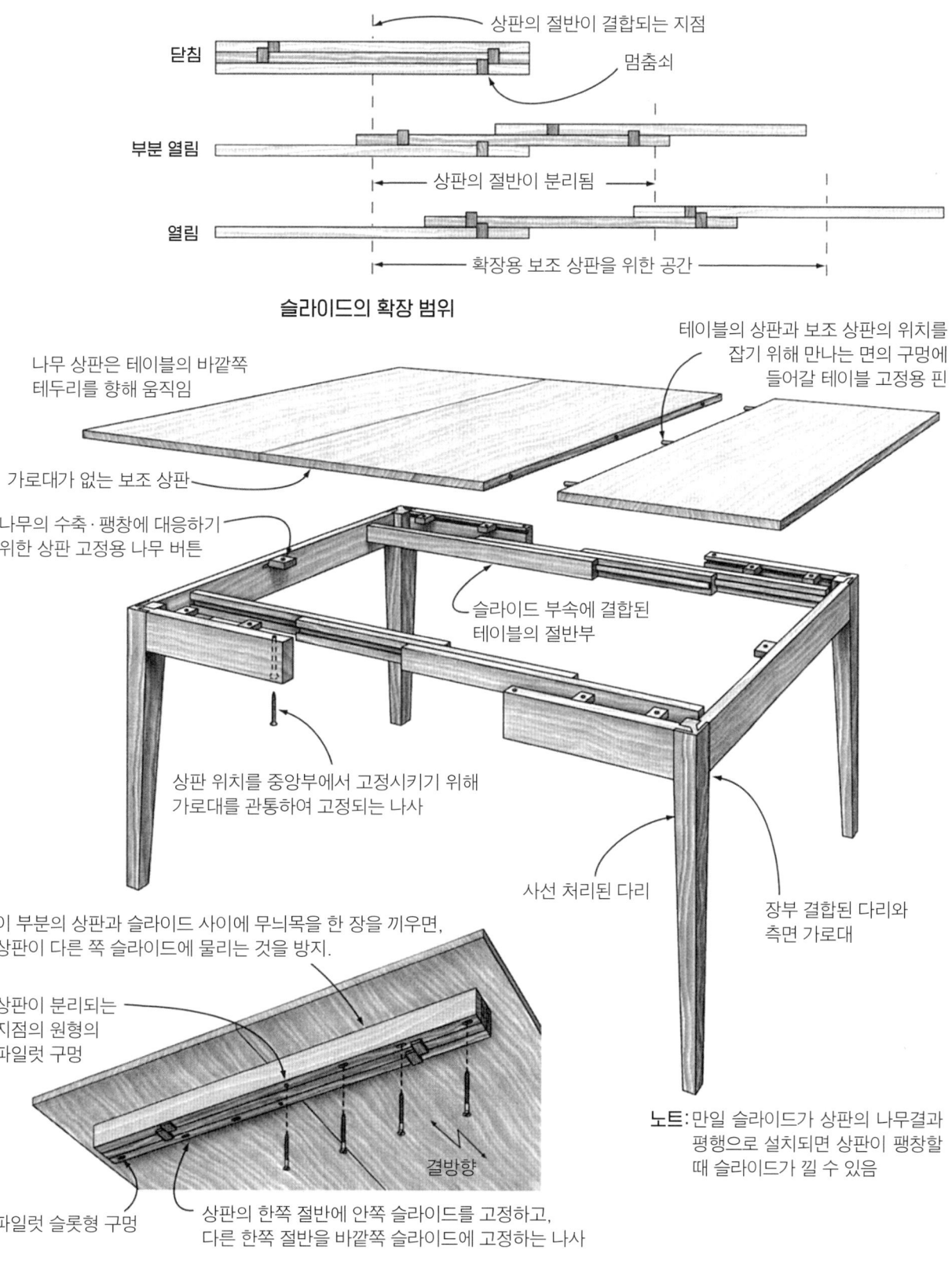

식탁 149

확장식 받침대 테이블
Pedestal Extension Table

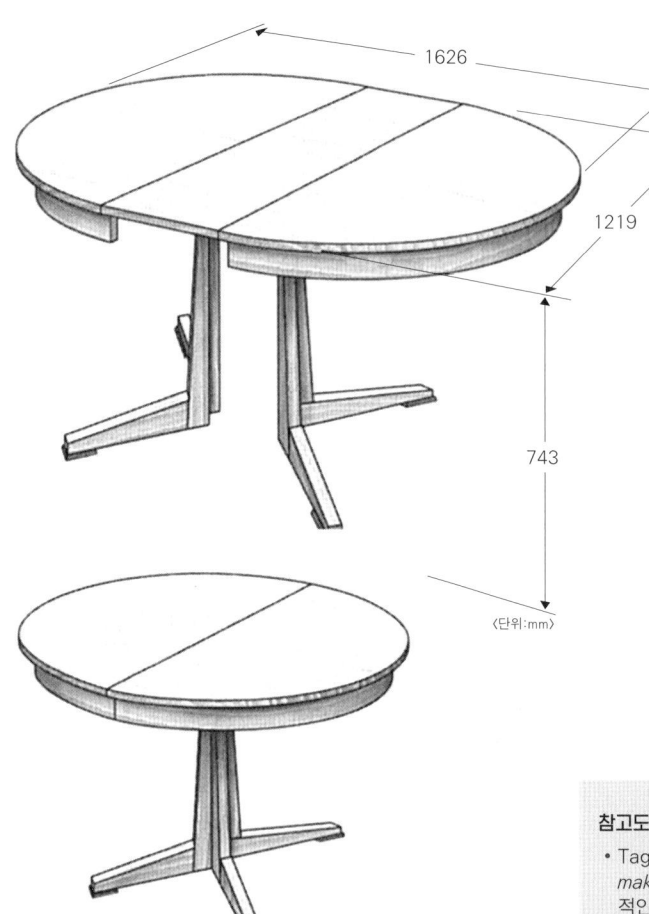

받침대(Pedestal) 테이블은 기초적인 테이블 형태로, 다리-가로대형 테이블에 비해 몇 가지 장점을 가진다. 만일 확장되는 테이블을 찾고 있다면 이 형식의 테이블도 고려해보자.

날개 접이식, 날개 인출식 또는 상판 접이식 모두 받침대 테이블에 적용하여 확장식으로 제작할 수 있다. 그러나 가장 일반적인 확장식 받침대 테이블은 보조 상판 입출식(Pull-out) 확장 시스템이다.

옆의 그림에서 보듯이, 상판은 반으로 잘라지며 그것들은 특수한 확장용 슬라이드로 다시 연결된다. 상판은 절반으로 분리되고 보조 상판을 끼워 넣을 수 있다.

받침대 기둥을 어떻게 처리할지가 가구 제작자들에게 묻는 질문의 핵심이다. 안정적인 테이블을 만들려면 상판의 크기와 기둥 발의 면적이 거의 비슷해야 한다. 표준형 모델에서 보듯, 기둥은 수직으로 분할되어 절반씩 상판에 고정되어 있다. 상판이 분리되면 기둥도 따로 떨어진다.

참고도면
- Tage Frid, *Tage Frid Teaches Woodworking, Book 3: Furniture-making*(The Taunton Press, 1985), Circular Pedestal Pullout. 현대적인 디자인의 확장식 외다리테이블에 대한 좋은 그림 및 제작 방법 소개.
- 목공잡지 *Woodsmith* No.30 16~21쪽, Round Dining Table. 현대적 디자인의 4~6인용 테이블 제작 방법 소개.
- Verna Cook Salomonsky, *Masterpieces of Furniture Design*(Dover Publications, 1953), Duncan Phyfe Dining Table. 상급의 목수를 위한 충분한 세부 형태를 가진 페더럴 시대의 이중 외다리 테이블 치수 도면.

디자인 변형

표준형 테이블은 테이블이 확장될 때 분리되는 기둥을 가지고 있다. 이것이 유일한 방법은 아니다. 보통의 확장범위인 12~16인치(305~406mm)로 한다면 확장 테이블의 기둥은 원목으로 만들 수 있다. 다른 변형은 두 개의 기둥을 가진 테이블로 만드는 것이다. 테이블 절반씩을 각 기둥이 개별적으로 받쳐준다면 추가적으로 3~4피트(914~1219mm)까지도 확장할 수 있다.

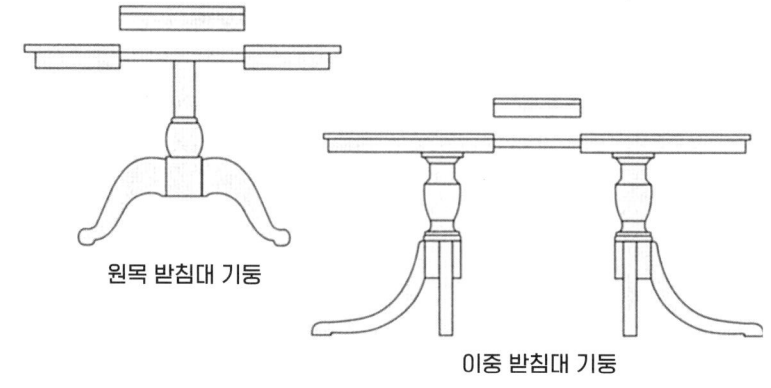

원목 받침대 기둥

이중 받침대 기둥

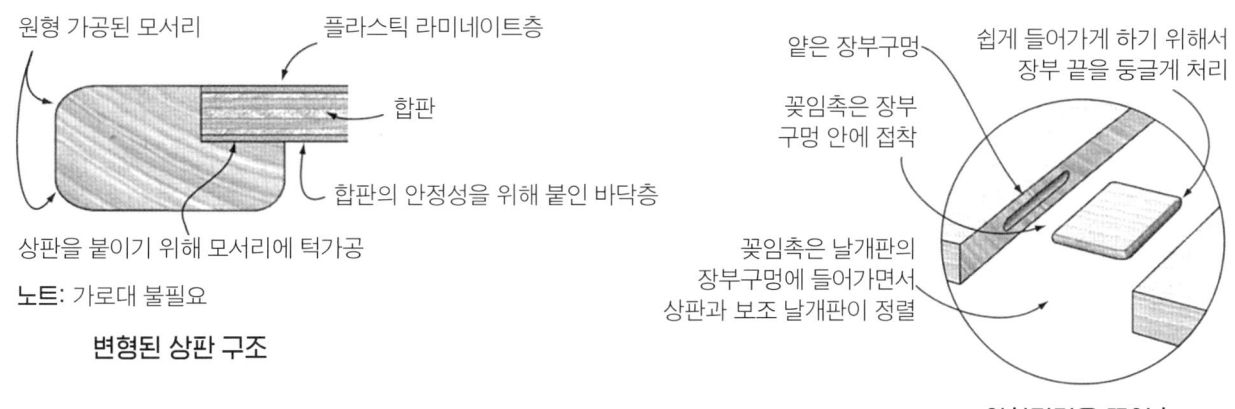

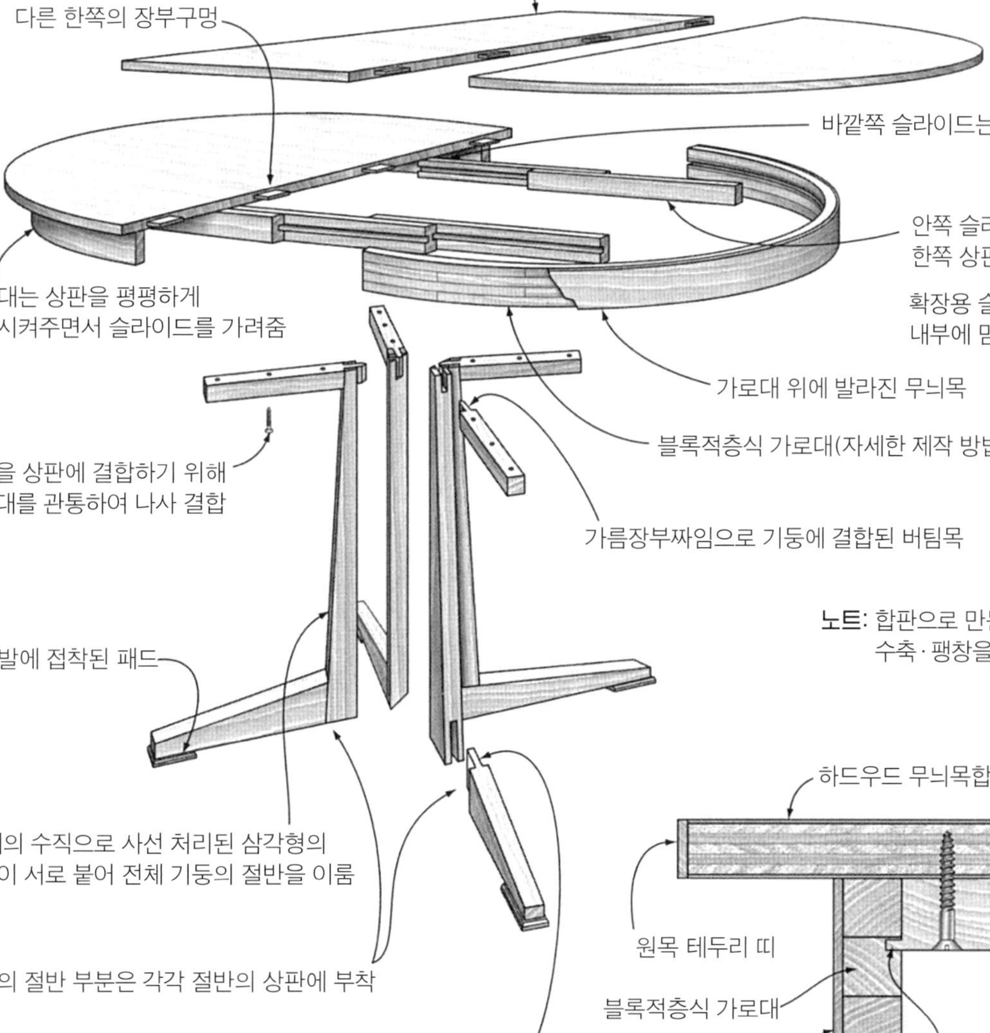

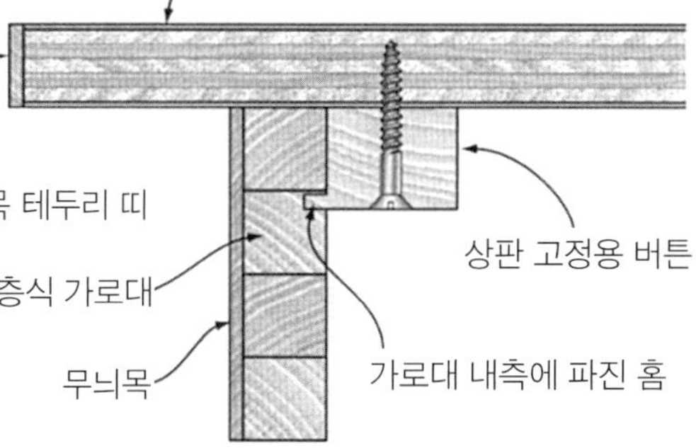

날개 인출식 테이블
Draw-Leaf Table
더치 풀아웃 테이블·
더치 드로우 리프 테이블

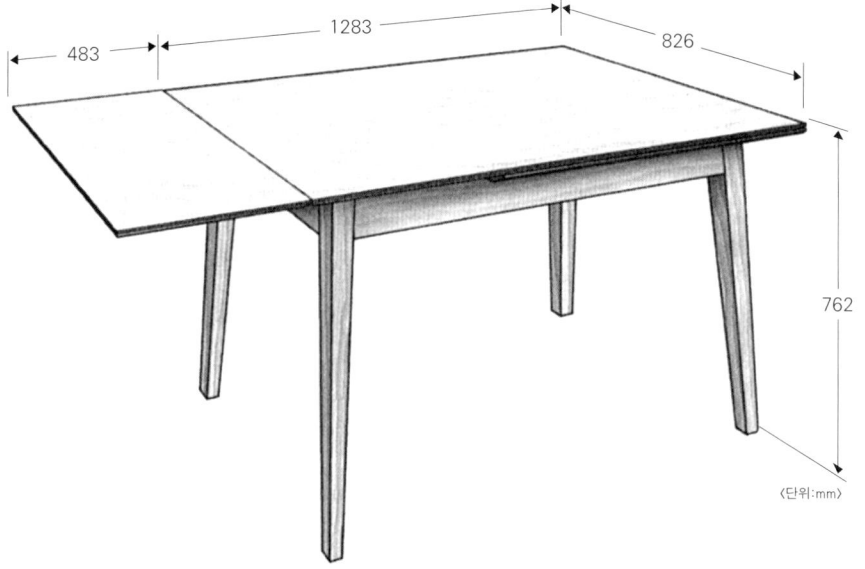
〈단위:mm〉

참고도면
- Tage Frid, *Tage Frid Teaches Woodworking, Book 3: Furnituremaking*(The Taunton Press, 1985), Dutch Pullout. 현대적인 디자인의 날개-인출형 테이블 도면 소개.
- 목공잡지 *Workbench*(1996, 8/9월호) 20~23, 26, 61쪽, Expandable Dining Table. 4~6인용 이중 기둥의 날개-인출형 테이블 도면 소개.

확장식 테이블을 제작한다고 하면 가장 관심있게 보는 시스템 중에 하나가 날개 인출식이다. 이것은 만들기도 쉽고 사용하기도 쉽다. 테이블의 기본 구조는 복잡하지 않다. 측면 가로대에 생기는 홈을 빼고는 여타 다리-가로대 구조와 같다. 차이점은 다리와 가로대 위에서 발견된다.

상판이 다리-가로대 프레임 구조에 고정되는 대신에 긴 사선형의 슬라이드에 고정된 날개판이 프레임 위에 올라탄다. 슬라이드는 가로대의 홈에 딱 맞는다. 양쪽 날개판과 분리된 중앙판은 중앙 가로대에 나사로 고정되어 있다. 중앙판과 날개판 위에 놓여진 상판은 나사로 고정되어 있지 않다.

테이블을 확장할 때는 상판 아래의 날개를 간단히 끌어내면 된다. 슬라이드는 멈춤쇠가 있어서 날개판이 너무 멀리 끌려 나오는 것을 막아준다. 날개가 움직이는 동안 상판은 끝이 살짝 들려 올라 가지만 확장이 완료되면 모두 평평해진다. 날개가 테이블 내부에 수납되기 때문에 보조판을 수납하기 위해 창고를 뒤지거나 별도의 공간을 마련할 필요가 없다. 식사가 끝나면 날개만 밀어 넣으면 된다.

디자인 변형 날개 인출식 시스템은 가로대에 의해 지지되는 어떠한 테이블에도 적용할 수 있다. 그래서 가로대가 갖춰진 가대식 테이블이나 오른쪽 그림과 같은 받침대형 테이블도 자리를 확장하기 위한 인출형 날개판을 가질 수 있다. 그런데 사각형이 아닌 상판 형태의 테이블에는 적용하기 어렵다. 확장되지 않을 때는 날개판들은 테이블 아래로 들어가고, 그 측면이 보이게 된다. 날개판의 모양이 상판과 다르면 비확장시의 모양이 이상할 것이다. 정사각형 또는 직사각형의 상판 아래에 반원형의 날개판을 집어넣는 경우 상판과 가로대 사이에 틈이 생기게 된다.

두 개의 받침대 기둥을 가진 날개 인출식 테이블

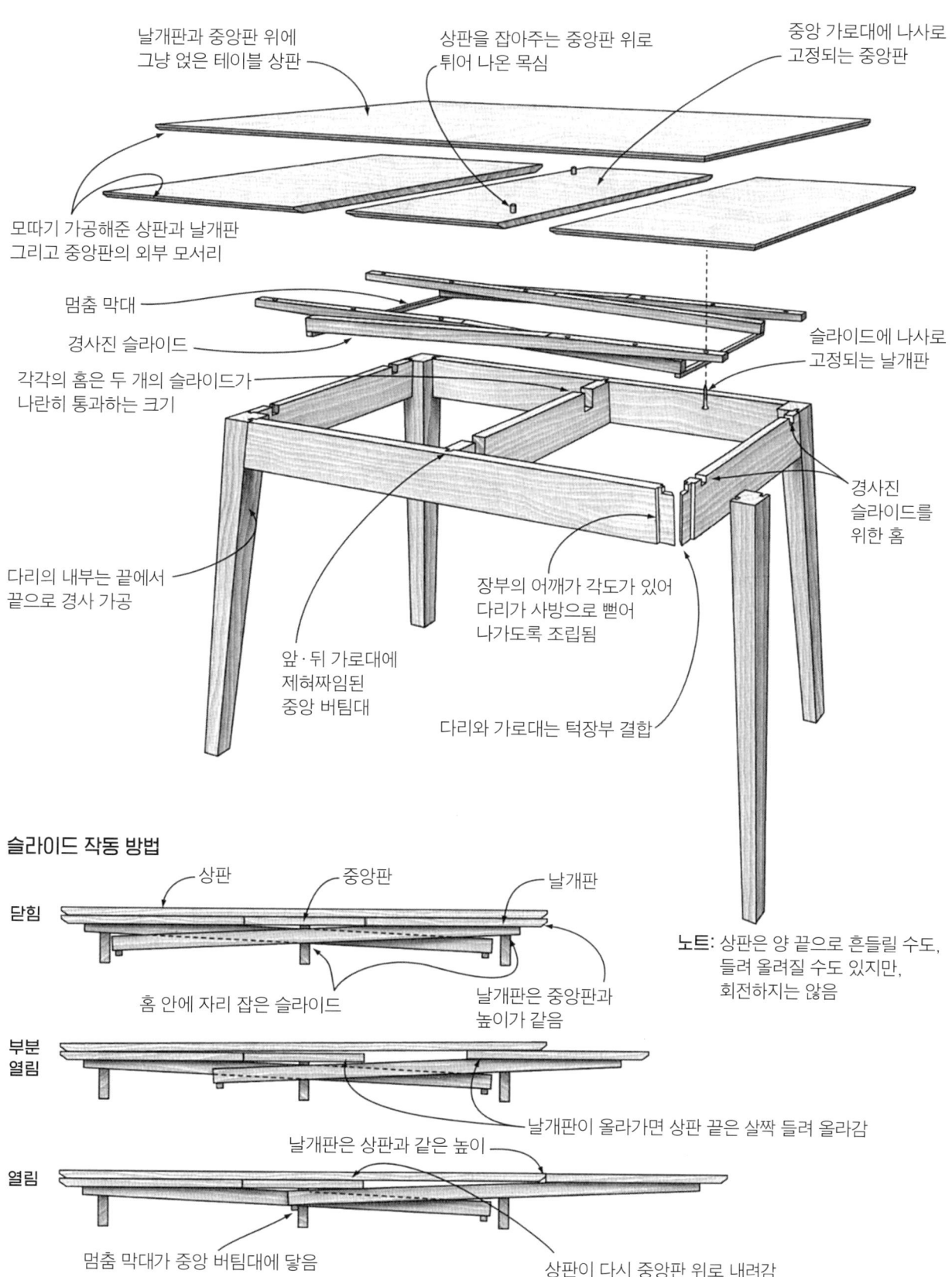

슬라이딩 접이식 테이블
Sliding Folding-Top Table

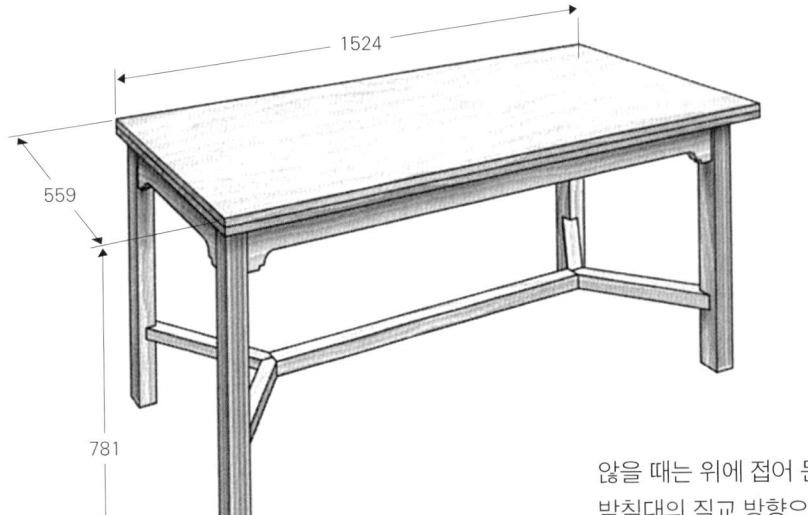

〈단위:mm〉

참고도면
- Tage Frid, *Tage Frid Teaches Woodworking, Book 3: Furnituremaking*(The Taunton Press, 1985), Sliding Flip-Top Table. 현대적인 디자인의 상판 접이식 테이블의 훌륭한 도면 소개. 슬라이드 메커니즘에 초점을 맞춤.

슬라이딩 접이식 테이블은 희귀한 스타일의 확장 테이블이며 훌륭한 시스템을 가지고 있다. 이 테이블은 하나의 날개판(상판의 복사판)만을 가지는데 상판의 끝에 경첩으로 고정되고, 사용하지 않을 때는 위에 접어 둔다. 테이블을 확장하려면, 상판을 최대한 받침대의 직교 방향으로 당긴 후 날개를 편다. 가로대의 상단 모서리는 상판의 움직임이 쉽도록 펠트를 붙여 놓아야 한다. 슬라이드 메커니즘을 만드는 것은 쉽다. 각 슬라이딩 블록은 촉이 있어서 러너 홈에 끼워진다. 이 방식의 문제점 중에 하나는 습도가 높을 때 촉이 홈에 낄 수 있다.

표준형의 테이블은 사이드 테이블에 가까운 형태이다. 확장된 상판의 테두리는 받침대에서 많이 돌출 때문에 앉는 사람들에게 많은 여유 공간을 제공한다. Y자형의 다리버팀대는 탁자의 양끝에 앉는 사람들에게 다리 공간을 확보해준다.

디자인 변형

접혀져 있을 때는 슬라이딩 상판 접이식 테이블은 좀 이상한 식탁이다. 확장했을 때 상판의 튀어나온 정도를 제한하기 위해서, 하부의 크기는 상판이 닫혔을 때 크기와 거의 비슷하게 제작돼야 한다. 결과적으로 접이식 상판은 약간의 상판 돌출부만을 가지고도 이상해 보이지 않는 종류의 테이블에 사용된다. 위의 표준형 같은 사이드 테이블이나 옆 그림 같은 소파 테이블 그리고 보조 테이블 등이 좋은 후보가 될 수 있다. 이런 테이블들은 상판을 접어서 벽에 밀어 놓을 수 있다. 접이식 상판은 전통적인 카드 테이블에서 자주 볼 수 있지만, 슬라이딩 시스템은 없다. 그러나 이 테이블에도 슬라이딩 시스템을 적용할 수 있다. 여기에 소개하는 예는 '회전 상판 카드 테이블'(178쪽)과 같은 것이다.

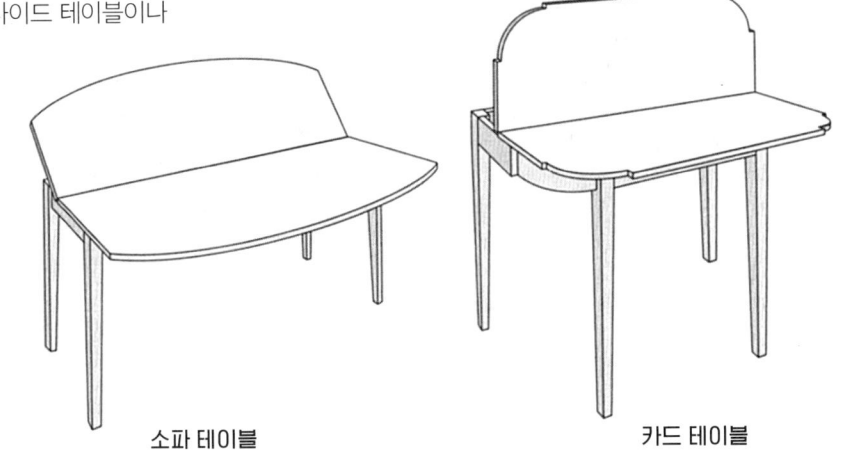

소파 테이블 카드 테이블

슬라이드 블록의 단면

삼방결합(3-Way Joint)

노트: 각재의 높이가 있어 장부가 두 개

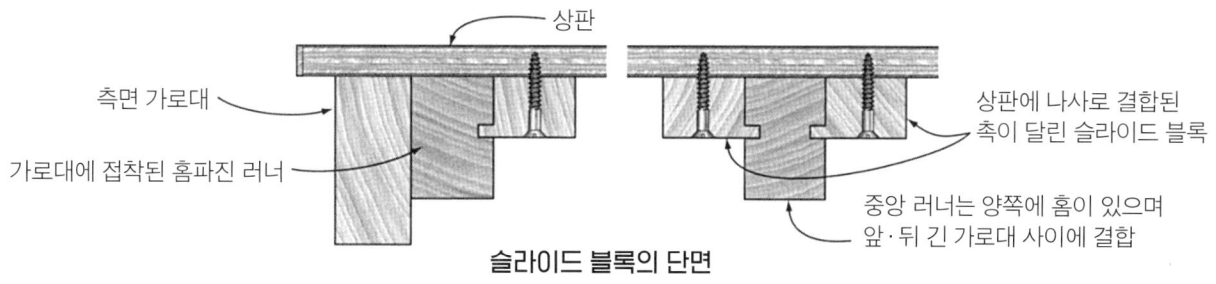

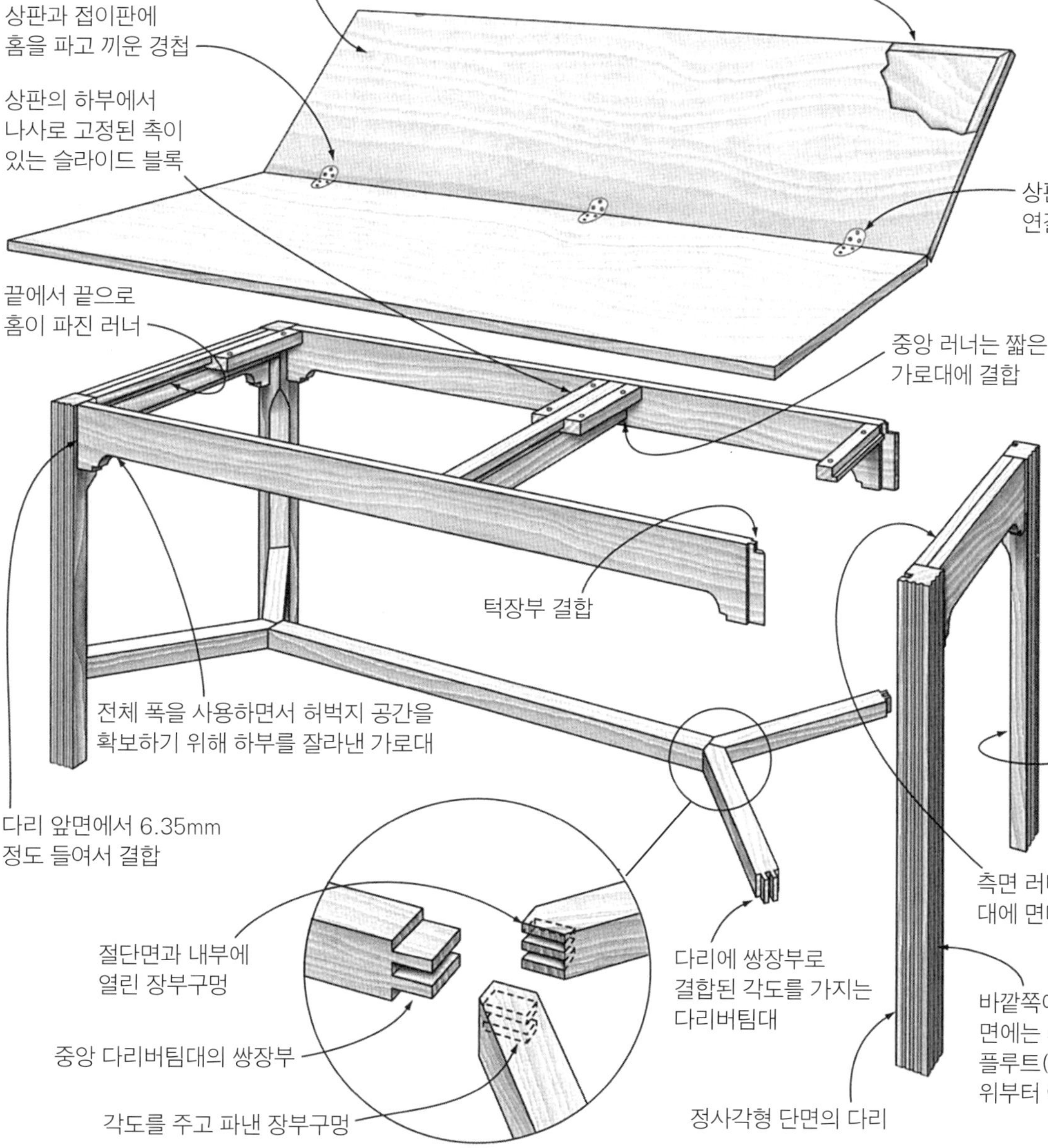

날개 접이식 테이블
Drop-Leaf Table
접이식 테이블 · 하베스트 테이블

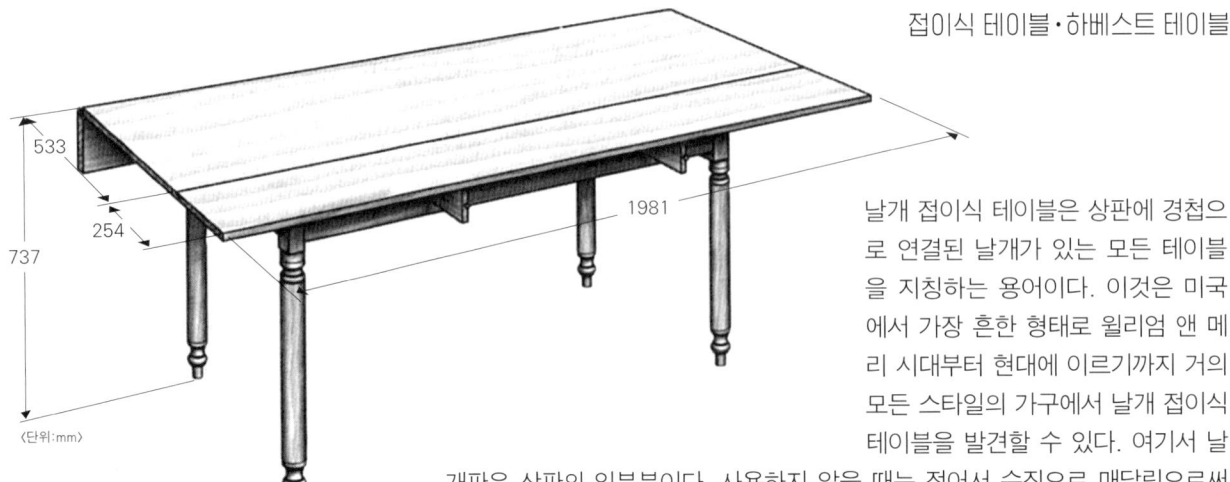

〈단위:mm〉

날개 접이식 테이블은 상판에 경첩으로 연결된 날개가 있는 모든 테이블을 지칭하는 용어이다. 이것은 미국에서 가장 흔한 형태로 윌리엄 앤 메리 시대부터 현대에 이르기까지 거의 모든 스타일의 가구에서 날개 접이식 테이블을 발견할 수 있다. 여기서 날개판은 상판의 일부분이다. 사용하지 않을 때는 접어서 수직으로 매달림으로써 테이블의 점유공간을 줄여준다. 날개판을 올린 상태로 유지하는 몇 가지 방법이 있다.

여기 소개하는 테이블은 인출식 지지대를 사용하는데, 날개를 들어올리고 아래에 손을 뻗어서 서랍처럼 테이블의 가로대로부터 지지대를 잡아 당긴다. 또 다른 지지 방식을 보려면 '다리틀 회전식 테이블'(158쪽), '다리 회전식 테이블'(160쪽), '나비형 테이블'(180쪽) 그리고 여러 카드 테이블에서 확인할 수 있다.

그림에서 보는 형태에서 가장 먼저 고려할 점은 인출식 또는 회전형 지지대가 견딜 수 있는 날개의 폭이다. 15인치(381mm)를 넘지 않는 비교적 좁은 날개판을 사용하며, 날개가 더 넓으면, '다리틀 회전식'(158쪽)이나 '다리 회전식'(160쪽) 형태를 참고하라. 그림 같은 하베스트 테이블의 긴 날개는 여러 개의 버팀목이 필요하다. 하베스트(Harvest)라는 용어는 20세기 들어 붙여진 이름으로 상대적으로 길고, 드롭 리프(Drop-leaf)라고 부르는 테이블을 지칭한다. 이것은 가능한 한 확장된 넓은 테이블과 농번기에 배고픈 농부들을 위해 음식이 놓인 모습을 떠올리게 한다. 현재 우리가 무엇이라 부르건 간에, 1840년이나 1880년에 이 테이블에 앉은 사람들은 드롭 리프나 폴딩(Folding) 테이블로 불렀다.

참고도면
- Nick Engler, Mary Jane Favorite, *American Country Furniture*(Rodale Press, 1990), Harvest Table. 여기서 소개한 표준형에 가까운 테이블 도면 소개.
- Bill Hylton, *Country Pine*(Rodale Press, 1995), Drop-Leaf Kitchen Table. 편안한 4인용 테이블 수록.
- 목공잡지 *American Woodworker* No.30(1993년 1/2월호) 42~47쪽, Mitch Mandel, Harvest Table.

디자인 변형

표준형 모델은 길고 폭은 좁으면서 각진 모서리의 직사각형의 상판을 가지고 있지만, 날개 접이식 테이블은 거의 어떤 크기나 비율, 형태도 가능하다. 테이블의 상판은 둥근 날개나 살짝 굽어진 날개를 가질 수도 있다. 더 짧고 정사각의 다리-가로대 구조 위에는 정사각형, 원형 또는 타원형 상판을 붙일 수 있다. 날개의 모퉁이를 둥글게 만들 수도 있고, 노출된 날개의 측면을 곡선으로 잘라낼 수도 있다.

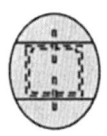
각 날개당 한 개 지지대

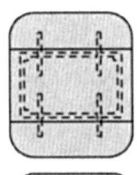

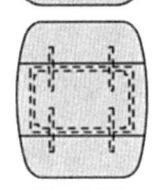
각 날개당 두 개 지지대

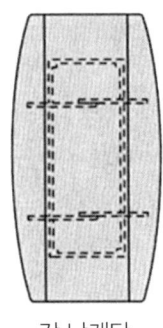
각 날개당 두 개의 세로 슬라이딩 지지대

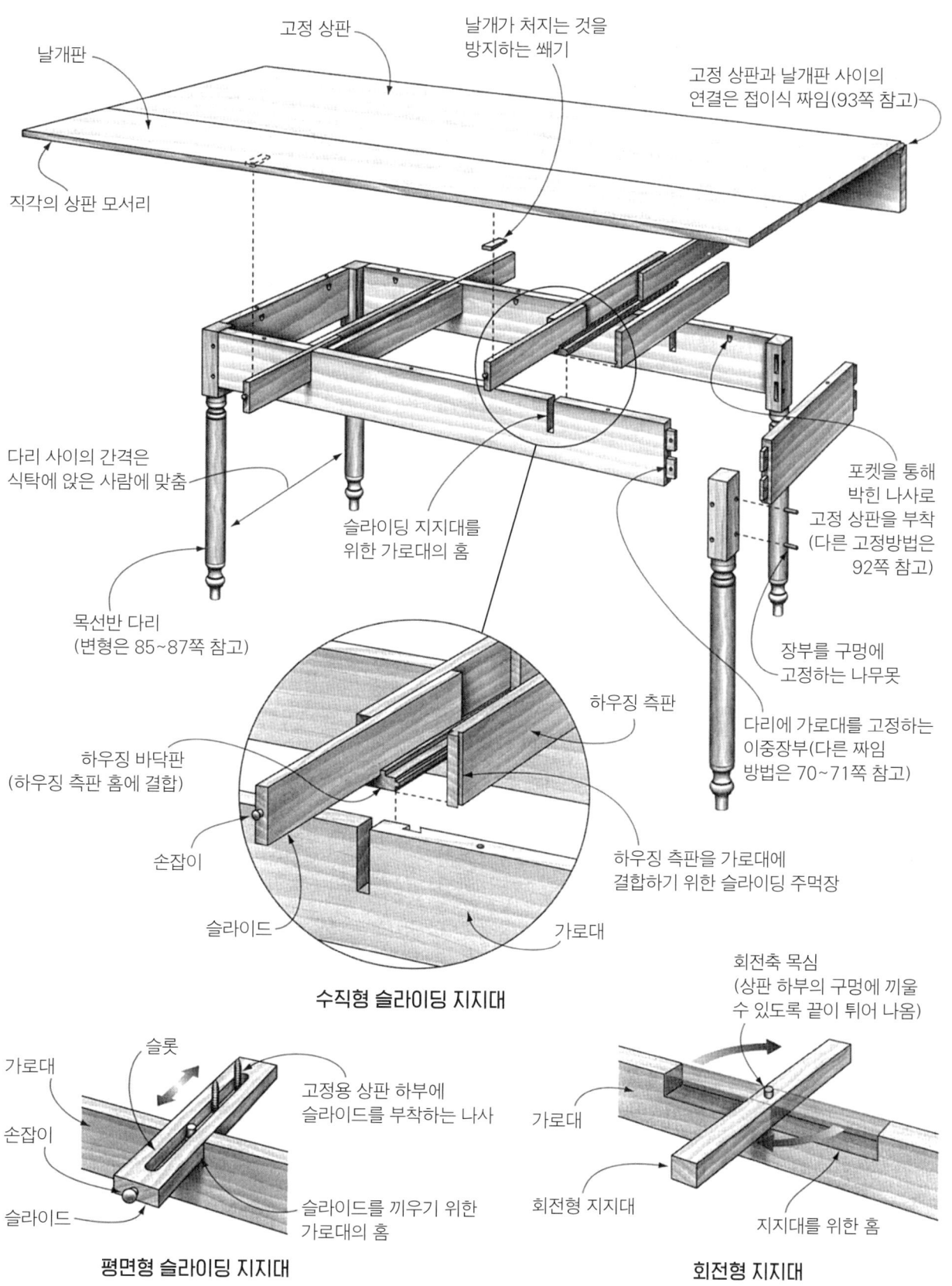

다리틀 회전식 테이블
Gateleg Table

게이트레그(Gateleg)는 이름과 같이 보조 다리틀이 테이블의 다리-가로대-다리버팀대 구조에 문과 같이 경첩으로 고정된다. 다리틀은 상부 가로대와 하부 가로대(또는 버팀대) 사이의 회전축에 연결된다. 다리틀이 회전축에 연결되어 있어 들어올린 날개판 아래를 받치기 위해 다리틀을 회전시켜 편다. 다리틀은 회전식 다리(Swing-leg) 선조격이다. 많은 구조들이 내부에 설치되어 있는데 이 테이블이 탄생했던 16세기까지 거슬러 올라가 당시의 장인들의 미적인 감각을 반영하고 있다. 하지만 잘 만들어진 보조 다리는 오늘날에도 접이식 날개판을 튼튼하고 잘 받쳐준다.

초기 다리틀 회전식 테이블은 전형적으로 한 개의 날개판마다 두 개의 다리틀을 가지고 있었으며 날개판과 다리틀이 한 개씩인 경우는 드물었다. 어떤 대형 테이블의 경우 12개의 다리틀을 가진 경우도 있었다. 날개판이 닫혀 있을 때는 보통 매우 좁기 때문에 공간을 많이 절약할 수 있다.

각 날개판마다 두 개의 보조 다리틀이 있는 대형 테이블은 다리틀이 서로를 향하도록 또는 서로 멀어지도록 설계할 수 있다. 만일 회전축이 서로 마주보고 있다면, 날개판이 접혀 있을 때 다리틀이 탁자 다리 옆에 자리잡게 되어 시각적으로 탁자 다리가 더 두꺼워 보이게 된다. 회전축이 떨어져 있다면 다리틀이 나란히 모이게 되어 탁자의 다리가 여섯 개로 보이게 된다.

초기 테이블은 보통 정교한 목선반 가공 다리를 가진 바로크 스타일로 제작되었다. 하지만 표준형 모델은 완전히 현대식 디자인이다.

참고도면
- 목공서적 *Making Antique Furniture*(Argus Books, 1988), Gate-leg Table. 목선반 가공 다리를 가진 작은 원탁 소개.
- Lester Margon, *Construction of American Furniture Treasures*(Dover Publications, 1975), Gate-Leg Dining Table with Oval Top from the Brooklyn Museum. 대형 17세기 테이블 소개.
- Gary Rogowski, *The Best of Fine Woodworking: Tables and Chairs*(The Taunton Press, 1995), Gate-Leg Table is Light But Sturdy. 타원 상판을 가진 현대식 대형 테이블 소개.
- V. J. Taylor, *How to Build Period Country Furniture*(Stein and Day, 1978), Jacobean Oval Gate-Leg Table. 중간 크기의 타원 상판 테이블 소개.
- Simon Watts, *Building a Houseful of Furniture*(The Taunton Press, 1983), 직사각형의 상판을 가진 현대식 대형 테이블 소개.

디자인 변형

다리틀 회전 방식의 중요한 장점은 매우 넓은 접이식 날개판을 지지할 수 있다는 것이다. 날개판 아래에 다리가 있기 때문에 하나의 날개판만 올려져도 매우 안정적이며 넘어지지 않는다. 그래서 넓은 날개판을 가진 매우 좁은 테이블을 제작할 수 있다. 접었을 때 테이블은 공간을 매우 적게 차지하며, 펼쳤을 때 아주 넓은 상판을 제공한다.

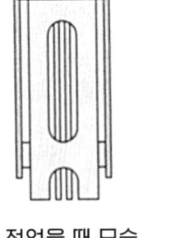

접었을 때 모습   펼쳤을 때 모습

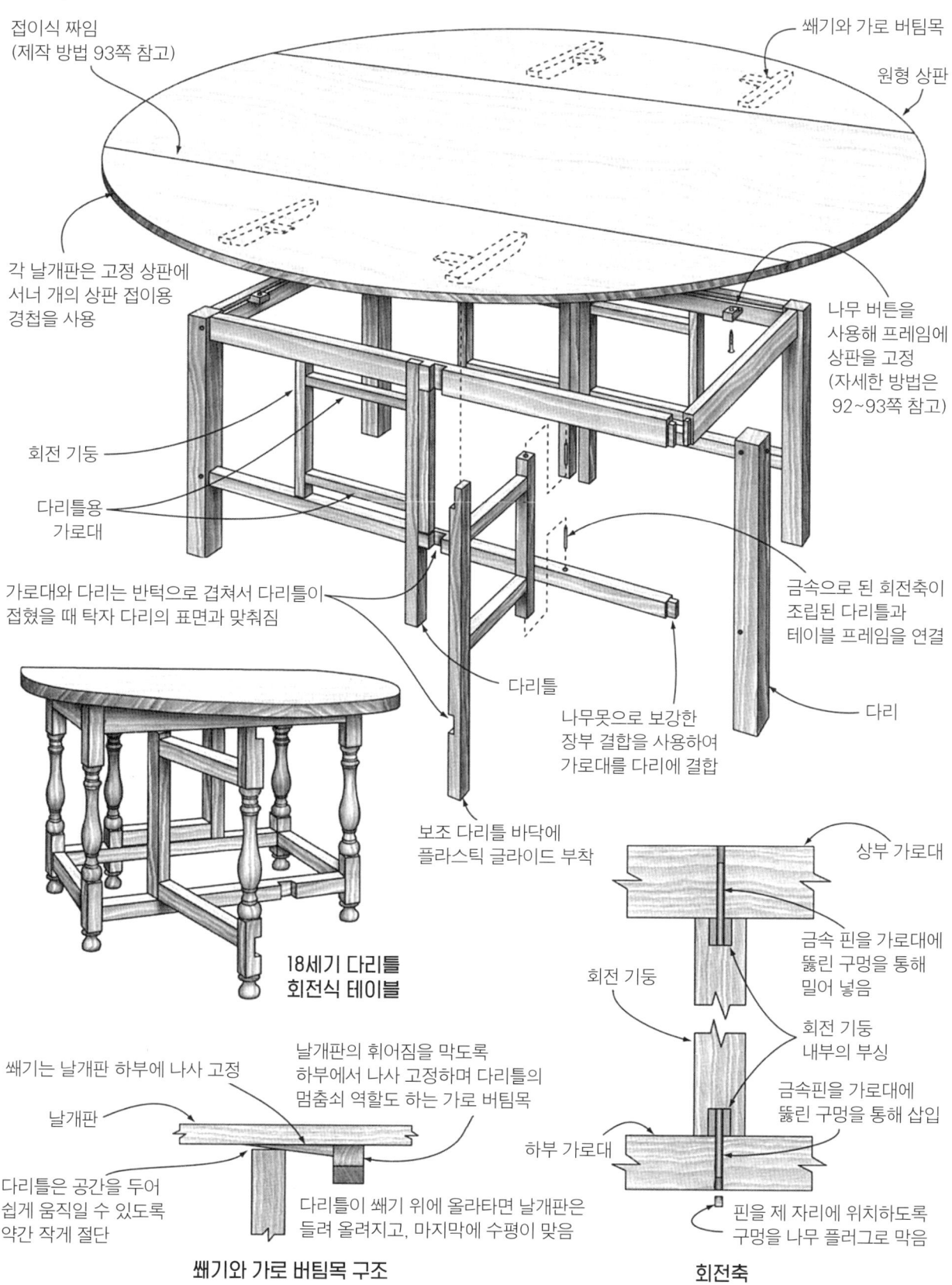

18세기 다리틀 회전식 테이블

쐐기와 가로 버팀목 구조

회전축

다리 회전식 테이블
Swing-Leg Table
식탁·아침식사용 식탁·날개 접이식 테이블

〈단위:mm〉

참고도면
- Michael Dunbar, *Federal Furniture*(The Taunton Press, 1986), Gateleg Table. 4인용 편안한 테이블 소개.
- Robert Treanor, *The Best of Fine Woodworking: Tables and Chairs*(The Taunton Press, 1995), Drop-Leaf Breakfast Table. 소형 퀸 앤(Queen Anne)테이블 소개.
- Norman Vandal, *Queen Anne Furniture*(The Taunton Press, 1990), Circular Drop-leaf Table. 매우 정교하게 제작된 원형의 퀸 앤 테이블을 재현하기 위한 도면 소개.

이 테이블은 날개 접이식 테이블로 부르는 게 합당하지만, 다리 회전식 테이블은 다른 날개 접이식 테이블과는 차별화된다. 이 회전식 다리는 게이트레그의 자손이다('다리틀 회전식 테이블' 158쪽 참고). 회전식 다리틀은 테이블의 프레임에 가로대와 다리버팀대 사이에 문처럼 연결되지만, 이 회전식 다리는 가로대에만 연결된다. 결과적으로 더 가벼워 보인다.

이 테이블은 구조보다는 그 크기 때문에 식탁으로 사용한다. 42인치(1067mm) 직경을 가진 원형의 상판은 네 명을 수용하기에 충분하다. 보통 다리 회전식 테이블은 작고, 접이식 상판을 가진 카드 테이블에서 사용되어 왔다. 퀸 앤 시대에는 표준형 테이블의 작은 형태가 아침식사용 탁자로 알려져 있었는데 아침 식사 외에도 게임을 하거나, 차 테이블로 사용했다. 더 큰 테이블은 아마도 날개를 더 잘 지지해주기 위해 추가적인 회전식 다리를 설치했을 것이다.

나무 경첩과 같은 관절형 짜임(Knuckle joint)이 다리의 회전을 가능하게 해준다. 그림보다 더 세련된 형태는 금속 경첩의 관절과 유사하게 제작된다.

디자인 변형

접이식 날개판을 위한 회전 다리 디자인은 18세기 초에 탄생했다. 표준형으로 선택한 것은 퀸 앤 스타일이지만 다리 회전 방식은 많은 스타일의 테이블에 사용되어 왔다. 보통 다리 형태가 스타일을 나타내는 특징이다.

치펜데일 다리 회전식 테이블은 종종 캐브리올 다리를 가지고 있는데 항상 공-발고리발톱형의 발을 가진다. 치펜데일 테이블에는 사각형에 모서리를 몰딩 가공한 다리도 사용했다. 페더럴 시대에 헤플화이트 테이블은 그림처럼 사선 처리된 다리를 가졌으며, 세라톤 테이블에는 목선반 가공 다리나 리드홈을 넣어준 다리를 사용했다.

날개판을 펴면 직사각형 테이블이 정사각형이 됨

경사 가공된 다리

직선의 가j로대

관절맞춤

내부 가로대와 보충 가로대를 통과한 못이나
나사를 사용하여 바깥쪽 고정 가로대에 고정시켜서
두 부분으로 미리 조립된 받침대를 서로 연결

받침대 조립방법

조립된 회전 다리 부분과
무릎 브래킷을 붙여서 완성

회전축

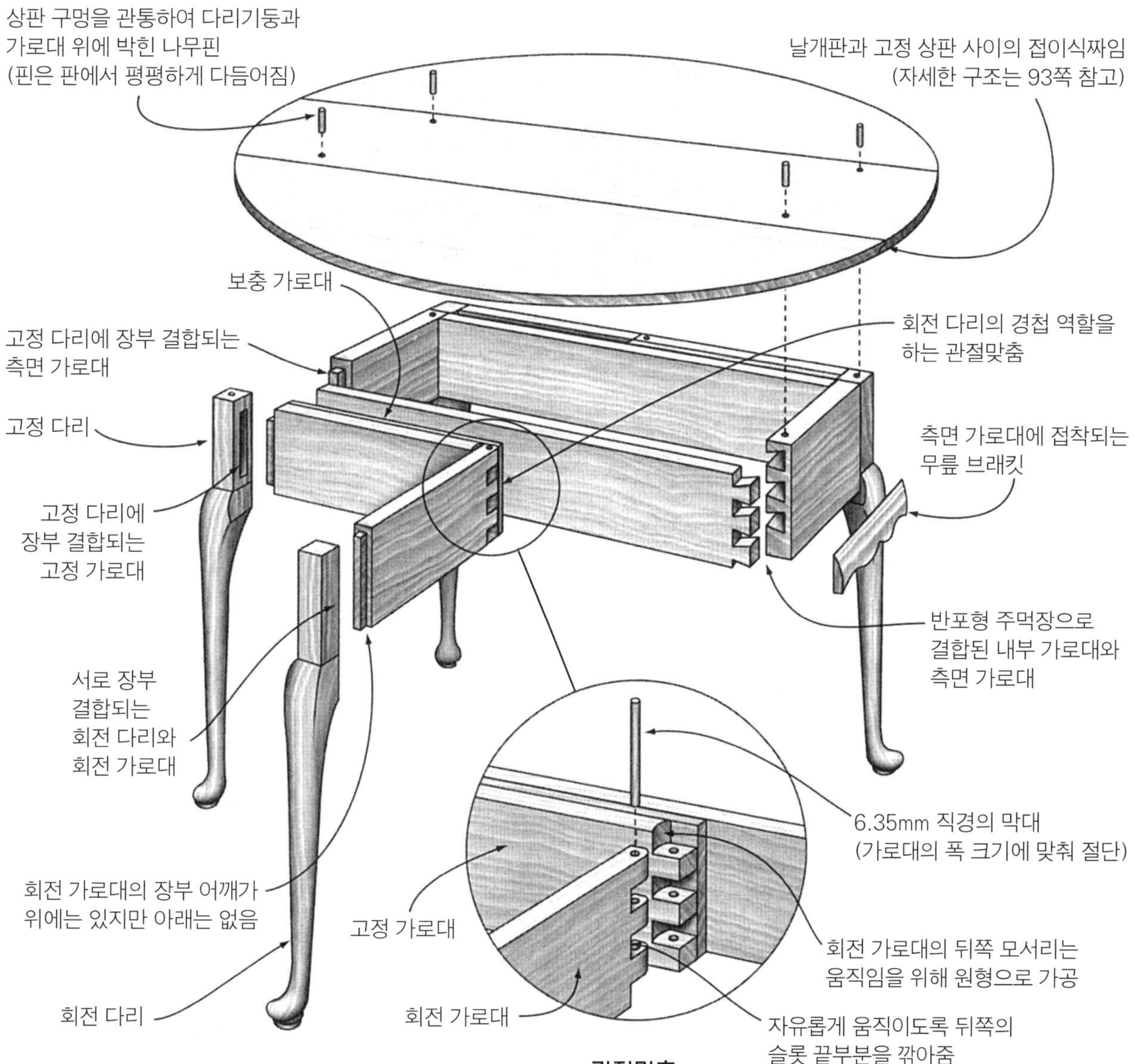

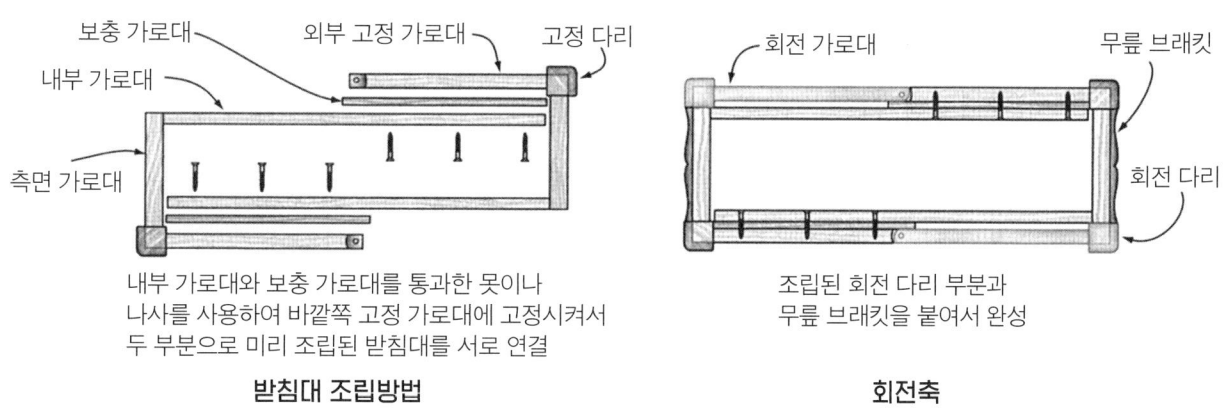

다리 인출식 테이블
Sliding-Leg Table

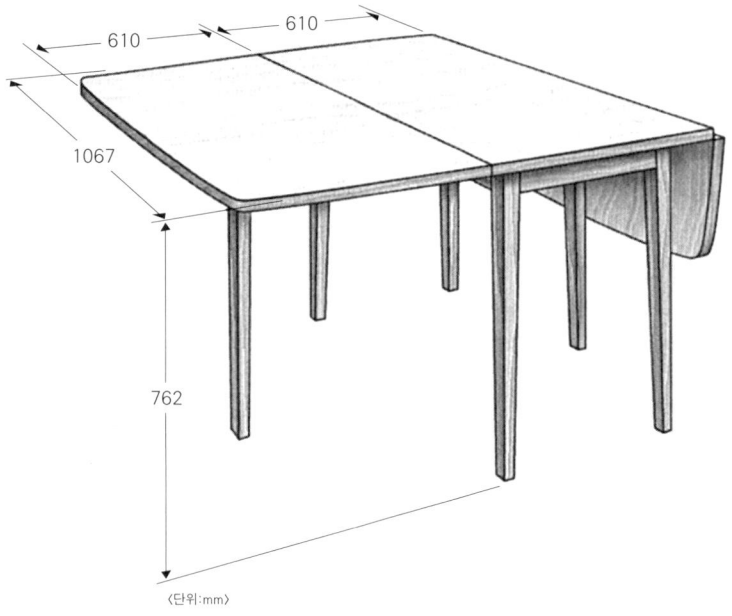
〈단위:mm〉

다리 회전식 테이블과 비교할 때 다리 인출식 테이블의 장점은 추가된 다리에서 오는 안정성이다. 날개판이 펴지면 추가된 두 개의 다리가 받쳐준다. 인출식 다리는 다리 회전식(Swing-leg)의 장점과 다리틀 회전식(Gateleg)의 장점을 모두 가진다.

다리틀 회전식 테이블처럼 이 테이블은 각각의 날개판을 받치기 위한 보조 다리를 가지고 있다. 하지만 하나의 좁은 다리버팀대로 테이블과 보조 다리가 연결된다. 다리버팀대는 측면 가로대 사이에 결합된 두 개의 가이드 사이에 끼워진다. 그리고 다리버팀대는 각 가로대에 관통된 슬롯을 통해 돌출되고, 다리는 이 다리버팀대에 결합된다.

날개판을 들어 올리고, 보조 다리를 빼낸 뒤, 그 위에 날개판을 놓으면 된다. 날개판을 받쳐주는 보조 다리가 있고, 고정 상판을 받쳐주는 네 개의 다리도 있다. 이 구조는 매우 넓은 날개판도 받쳐줄 수 있다.

참고도면
- Tage Frid, *Tage Frid Teaches Woodworking, Book 3: Furnituremaking*(The Taunton Press, 1985), Drop-Leaf. 인출식 다리로 지지되는 현대적인 디자인의 상판 접이식 테이블의 훌륭한 도면과 제작 방법 소개.
- 목공서적 *Making Antique Furniture*(Argus Books 1988), Italian-Style Card Table of the 18th Century. 삼각형 상판의 카드 테이블을 위한 도면, 제작지침, 부품 절단 목록을 제공. 난이도가 높은 프로젝트 소개.

디자인 변형   여기 두 가지 매우 다른 스타일의 다리 인출식 테이블이 있다. 각각의 장점은 테이블이 확장되었을 때 보조 다리가 주는 안정성이다. 카드 테이블을 접어서 벽으로 밀어 놓으면, 보조 다리는 방해되지 않는다. 놀이를 위해서 날개판을 보조 다리로 지지해주면 상판의 다른 모서리 아래에 다리를 발견하게 된다. 완벽하지 않은가? 또한 인출식 다리는 긴 드롭 리프 테이블에도 잘 맞는다. 그러한 긴 날개판 아래에 두 개의 보조 다리를 두기 때문에 누군가 팔꿈치로 눌렀을 때 테이블이 넘어지지 않는다.

다리 인출식 카드 테이블

다리 인출식 하베스트 테이블

인출식 다리버팀대 하우징 구조

노트: 인출되는 다리와 다리버팀대 사이는 숨은 장부짜임으로 결합

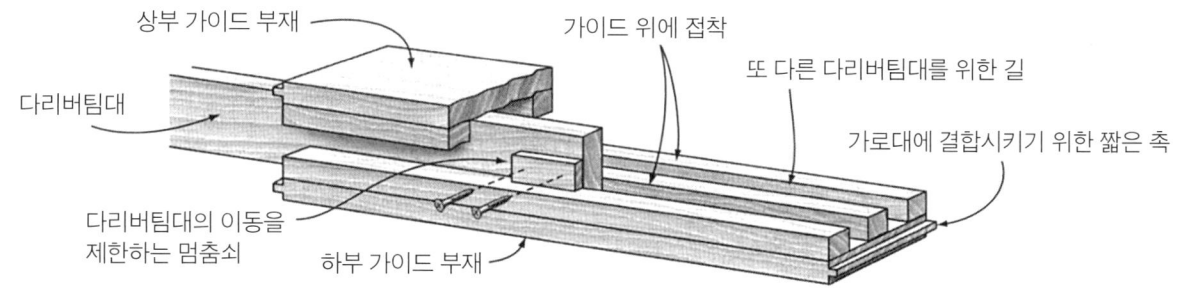

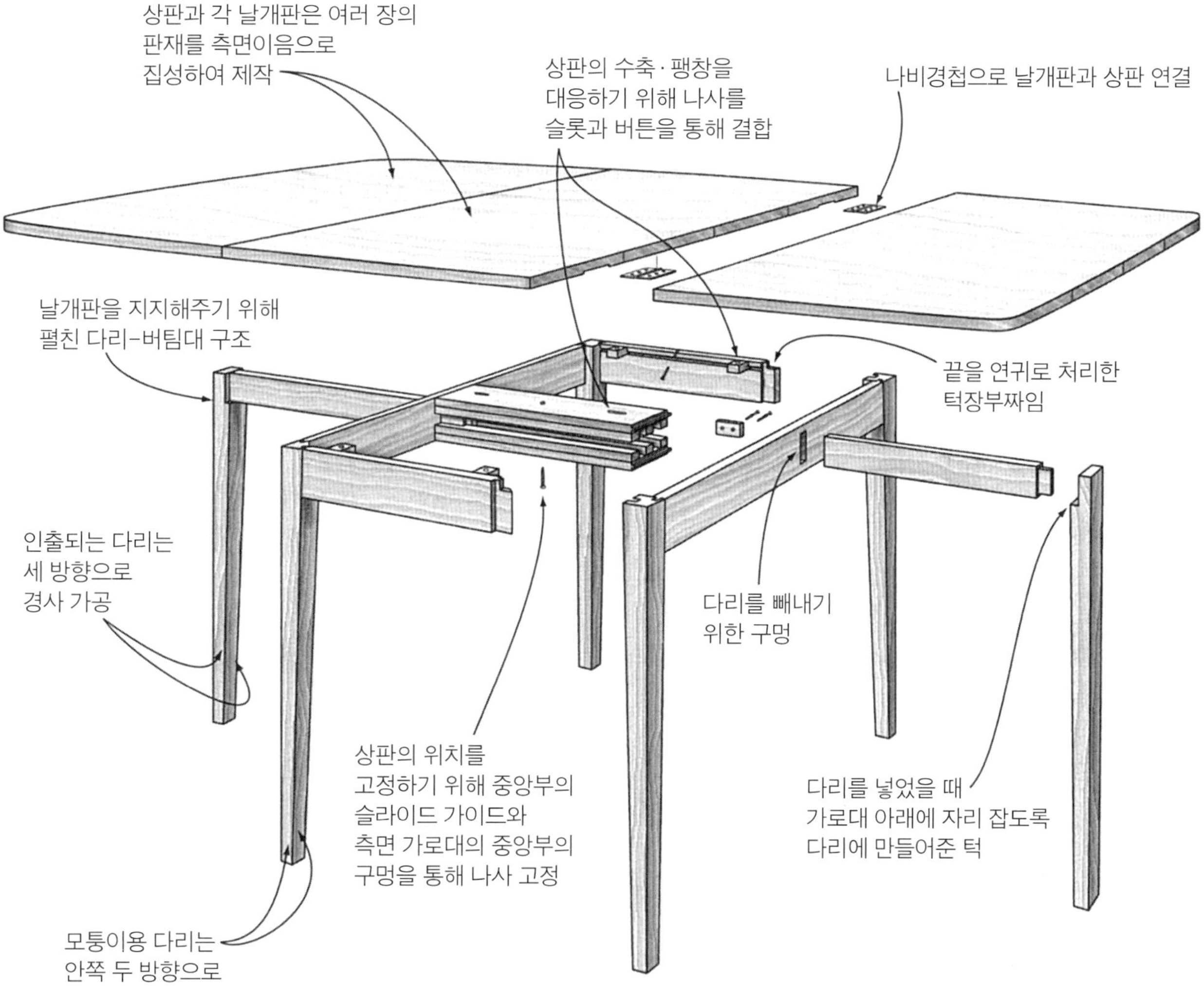

수납형 의자테이블
Settle Chair-Table
벤치 테이블·테이블 의자·세틀 테이블

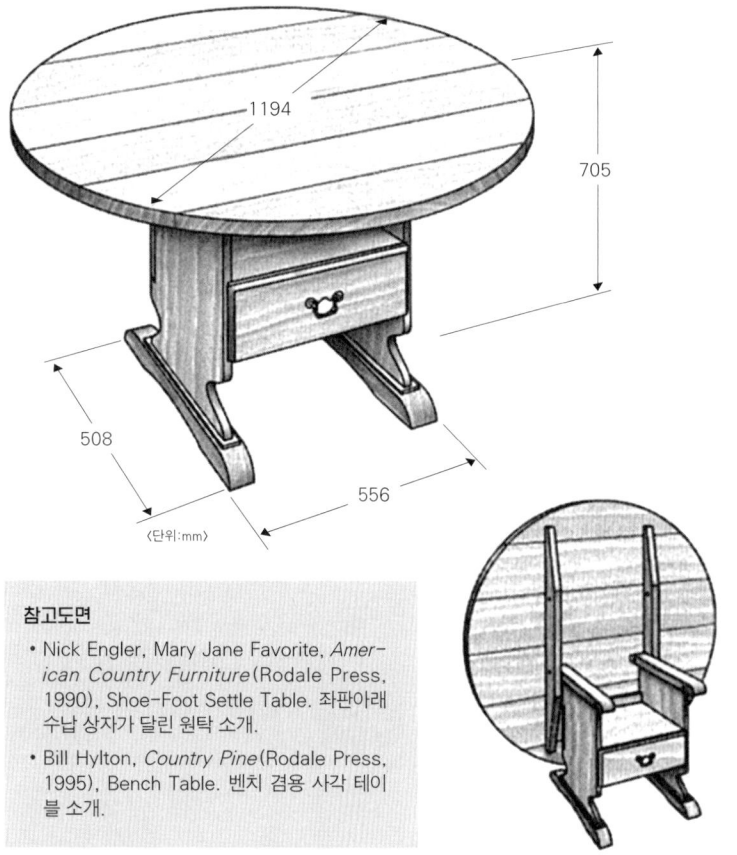

참고도면
- Nick Engler, Mary Jane Favorite, *American Country Furniture* (Rodale Press, 1990), Shoe-Foot Settle Table. 좌판아래 수납 상자가 달린 원탁 소개.
- Bill Hylton, *Country Pine* (Rodale Press, 1995), Bench Table. 벤치 겸용 사각 테이블 소개.

수납형 의자테이블의 뿌리는 중세시대의 실용주의에서 찾아볼 수 있다. 중세시대의 주거지는 작고 엉성했다. 모든 가구는 매우 소중한 물건이었는데, 모두 수공구를 사용하여 사람 손으로 제작되었기 때문이다.

만일 하나의 가구가 하나 이상의 기능을 가진다면 그것이 훨씬 좋았을 것이다. 수납형 의자테이블은 분명히 다용도 가구이다. 상판을 내리면 테이블이 되고, 상판을 올리면 의자가 된다. 하지만 대부분의 다용도 제품들처럼 기능이 이상적이지 않다.

가구가 발전할수록 의자테이블은 외형이나 기능들이 세련되어졌다. 여기서 소개하는 표준형은 다리와 팔걸이가 의자의 측판에 장부 결합되어 있다. 독특한 신발모양의 발(족대)은 의자를 좀 더 안정적으로 만든다(넓고 모양을 낸 팔걸이는 좀 더 편안하다). 또한 좌판 아래 서랍이 있어 뚜껑이 있는 통을 사용하는 것보다 개선된 수납형태를 보여준다. 상판은 슬라이딩 주먹장으로 결합된다.

디자인 변형

초기 미국인들의 의자 테이블의 시초는 1600년대로 거슬러 올라간다. 가장 초기의 예를 보면 목선반 장식이 되어 있다. 이 테이블은 특히 지방에서 이후 몇 세기 동안 계속 제작되었는데, 그러면서 대부분의 장식들이 사라졌다. 옆 그림의 예는 여섯 장의 판으로 이루어진 벤치가 어떻게 테이블로 변신하는지를 보여준다. 다리는 간단히 좌판 아래로 연장되어 있다. 외형적으로는 매우 기능적이지만 그럼에도 그 효과는 매력적이다. 게다가 이 가구는 기본 도구만을 사용하여 빠르게 제작할 수 있었다.

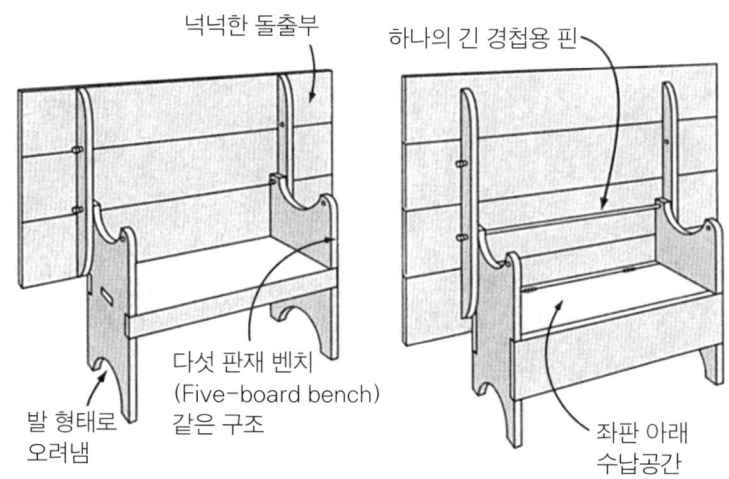

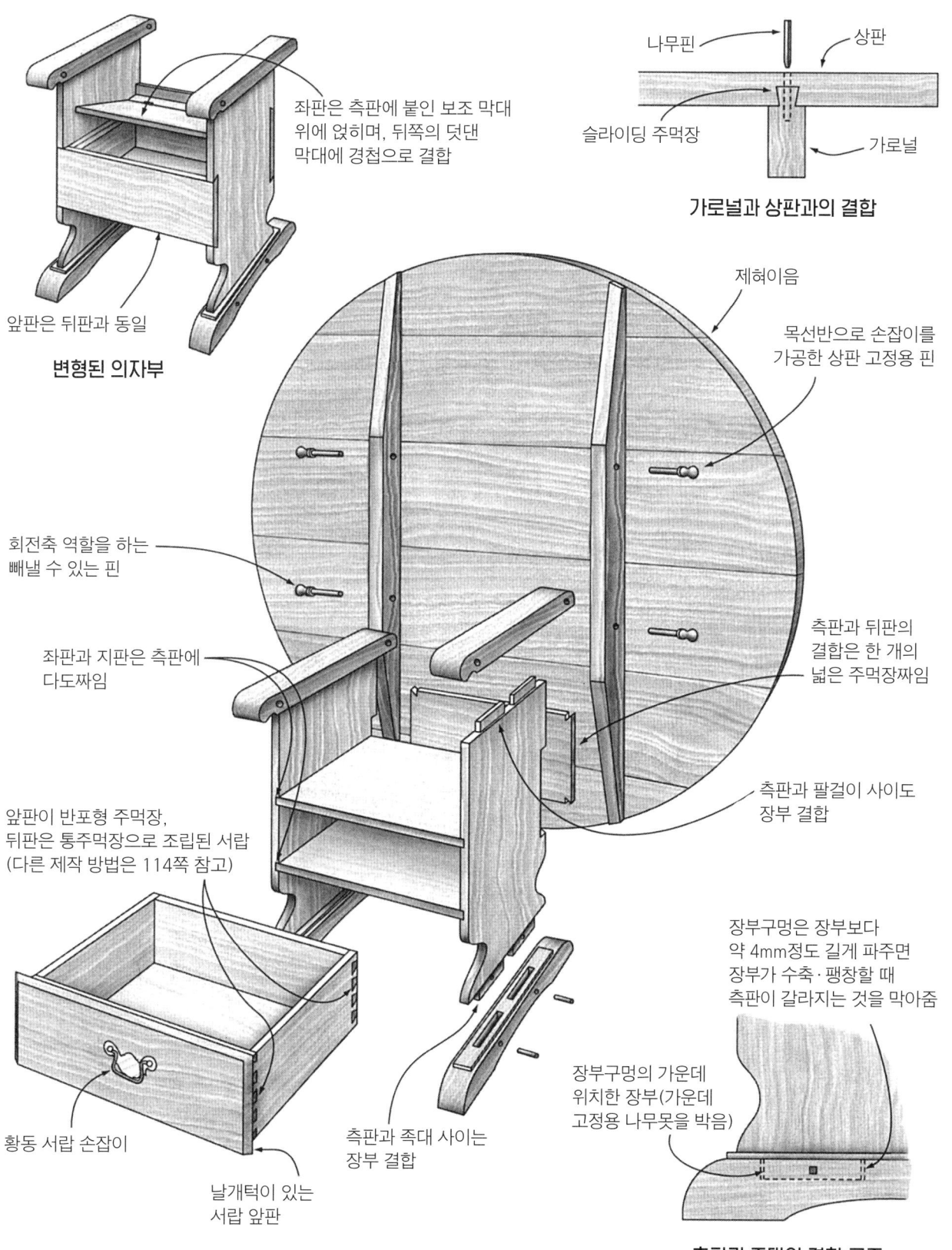

식탁

02 보조 테이블
Occasional Tables

보조 테이블은 특별한 필요에 의해 만들어진다. 소파, 안락의자, 침대, 복도의 장식벽 그리고 이따금 있는 활동들의 중요한 파트너이다. 보조 테이블의 치수는 그들이 동반하는 가구나 활동에 맞춰져야 한다.

- **소파용 협탁**: 소파나 안락의자의 팔걸이보다 약간 높은 테이블로 램프나 TV 리모콘, 음료, 스낵 등을 올릴 만큼의 넓이를 가진다. 그래서 보통 좌우길이보다 폭이 넓다. 일반적 높이는 24인치(약 610mm), 길이 14~16인치(356~406mm), 폭 20~23인치(508~584mm)이다. 전통적인 보조 테이블은 작지만 날개판를 가지고 있다. 날개를 접어서 사이드 테이블이나 복도용 테이블로 사용하고 날개를 펴면 간단한 식사나 각종 보드 게임을 할 수 있을 만큼 충분히 커지고 넓게 앉을 수 있게 하여 편안함을 준다.

- **커피 테이블**: 상대적으로 길고 낮은 소파 앞에 놓도록 디자인된 길고 낮은 테이블로 테이블 자체 또는 테이블 위에 올려진 물건들이 소파에 앉은 사람과 방 안의 사람들 간의 상호작용을 방해하지 않는다. 상판의 높이와 깊이는 앉아 있는 사람의 손이 테이블의 끝까지 닿을 수 있도록 결정한다. 크기 범위는 높이 15~18인치(381~457mm), 길이 36~60인치(915~1524mm), 폭 22~30인치(559~762mm)이다.

- **침대용 협탁**: 높이는 일반적으로 매트리스 높이거나 약간 아래로 한다. 상판은 보통 작은 정사각형 크기인 18~20인치(457~508mm)이다. 침대에서 사람이 닿을 수 있는 거리가 제한적이기 때문이다. 테이블 위에 올려놓을 물건(조명, 시계, 전화, TV 리모컨, 음료, 스낵, 안경, 휴지상자 등)이 많아질수록 비율은 약간 커질 수 있다.

- **복도 테이블**: 길고 좁아서 특별한 장소에 잘 맞는다. 우편물이나 작은 장식품들을 올려놓는 용도로 사용하기 때문에 상대적으로 높고 혼자 놓이는 가구이다.

- **사이드 테이블**: 30인치(762mm) 정도의 높이로, 일반적으로 소파용 협탁보다는 다소 넓어서 20~24인치(508~610mm) 폭을 가진다.

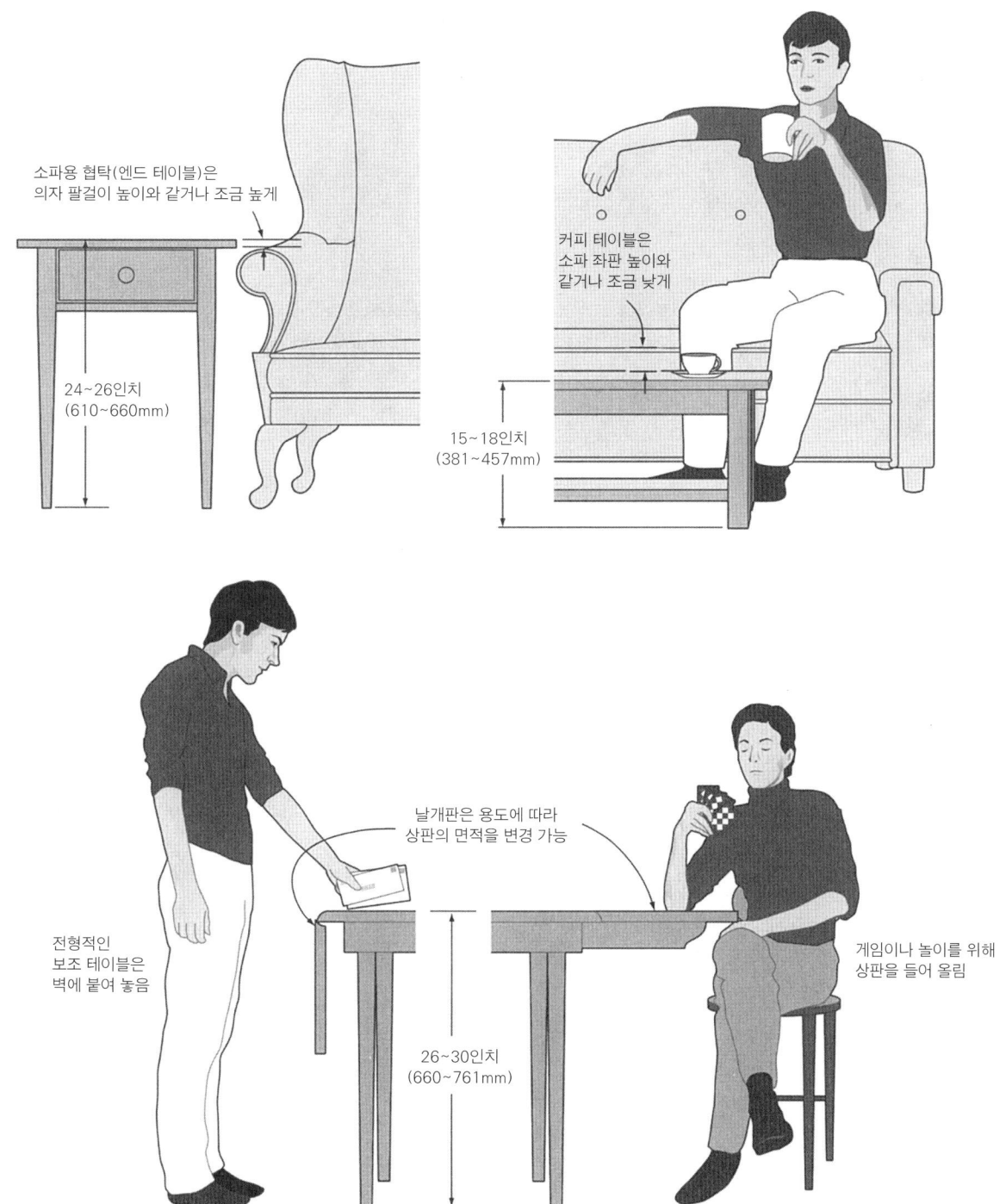

Occasional Tables

반달형 테이블
Demilune Table

피어 테이블·반원형 테이블·
활모양 테이블·D자형 테이블

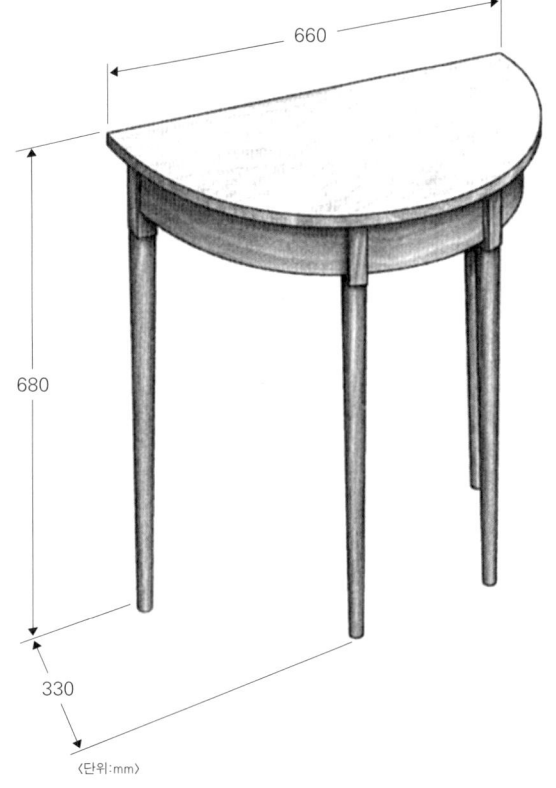

참고도면
- Bill Clinton, *The Best of Fine Woodworking: Tables and Chairs*(The Taunton Press, 1995), A Semielliptical Table. 따라 만들 만한 좋은 디자인의 잘 만들어진 테이블 소개.
- Jack Hill, *Making Family Heirlooms*(St. Martin's Press, 1985), Half-Round Hall Table. 영국의 반원형 테이블소개.
- Bill Hylton, *Country Pine*(Rodale Press, 1995), Half-Round Table. 컨트리 스타일 가구 애호가를 위한 매우 자세하고 쉽게 따라할 수 있는 제작 방법 소개.

이 테이블의 이름은 반달 모양의 상판에서 유래되었다. 이것은 포괄적인 테이블 이름으로 반원형 또는 데밀룬 테이블이라 부르기도 하며, 여러 종류의 테이블을 찾아볼 수 있다.

아마도 최초의 예는 17세기 초 유럽과 영국 등지에서 제작된 다리 세 개의 대형 사이드 테이블일 것이다. 그때에는 카드 테이블로 사용했던 접이식 상판의 네 다리 버전('상판 회전식 카드 테이블' 178쪽 참고)이 유행했다. 이후의 테이블은 점차 표준형 모델에 가까워지며, 쌍으로 배치하거나, 벽의 오목한 공간이나 창과 창 사이에 놓는 것이 유행하게 되었다.

작은 반원형 테이블은 복도에서도 사용했는데 이상하게도 홀 테이블(Hall table)로 알려졌다. 반원형 테이블을 만들 때 가장 어려운 부분은 곡선의 가로대이다. 위의 표준형 모델에서 보듯이 연결된 하나의 부재로 가로대를 만들고 가름장부짜임(브리들짜임)으로 앞다리와 결합된다. 한 장의 가로대는 '블록적층식'(179쪽 참조)으로 제작한 후에 무늬목을 바르거나, 얇은 판재를 곡면의 틀에 접착제와 함께 겹쳐 제작할 수 있다. 변형으로, 곡선의 가로대는 세 조각으로 만들어서 다리와 다리를 연결할 수도 있다. 각각의 가로대는 두꺼운 나무 토막에서 잘라내 만들 수도 있다.

디자인 변형

변형은 다리의 단면형상, 장식 그리고 세부 형태로 가능하다. 그러나 옆 그림에서는 극단적인 두 양식을 보여준다. 고급형으로는 세련된 반 타원형 테이블이다. 상판의 형태와 곡선 가로대 중앙부에 설치한 서랍은 제작을 더 어렵게 만든다.

보급형으로는 반원형의 컨트리 스타일 테이블이 있다. 이것은 기본형의 세 개의 다리에 두 개의 직선 가로대를 가지며, 가로대는 서로 장부 결합으로 T자형을 이룬다.

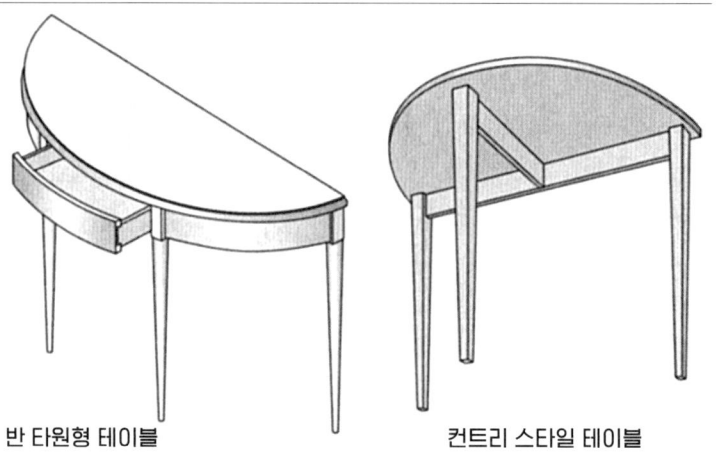

반 타원형 테이블   **컨트리 스타일 테이블**

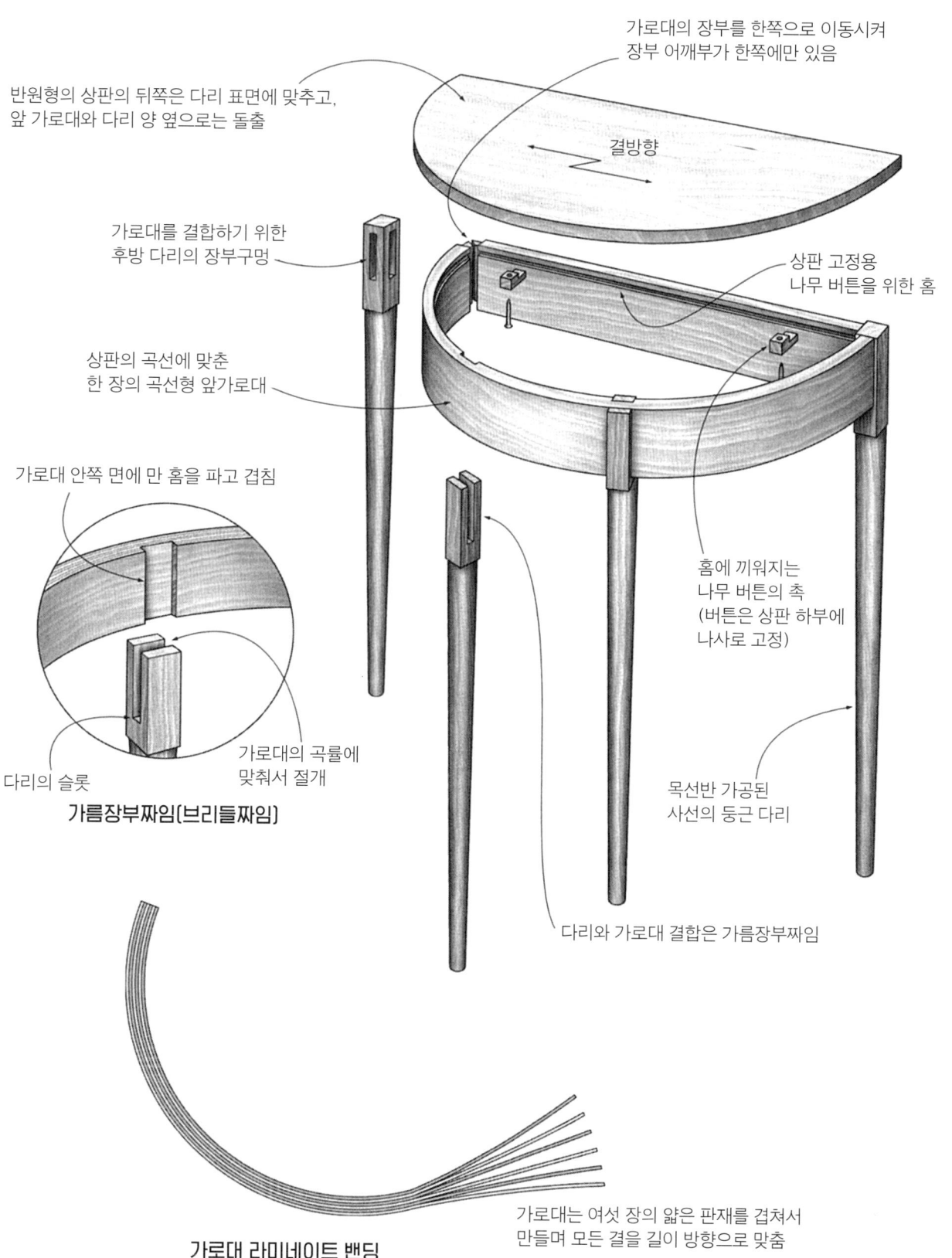

티테이블
Tea Table

쟁반형 티테이블

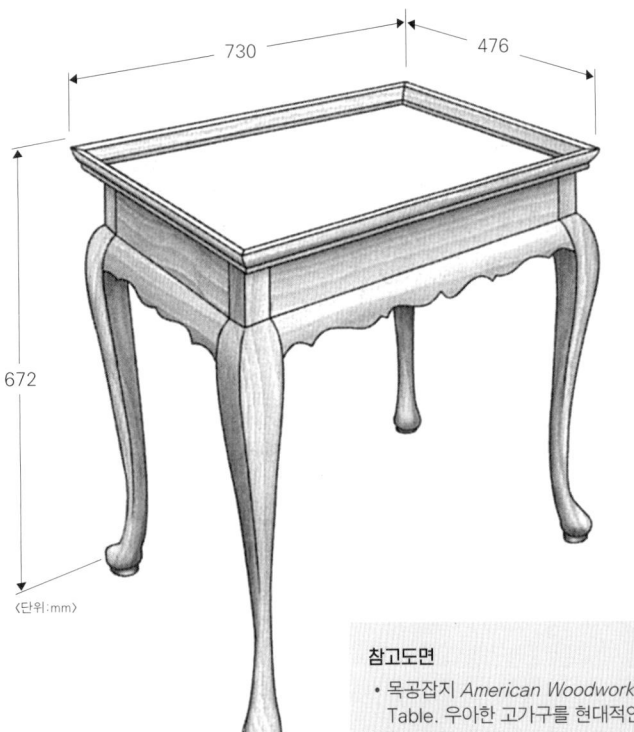

영국인들이 차를 마시기 시작한 16세기 후반부터 차 주전자와 찻잔, 찻숟가락, 차통 그리고 거름망 등이 개발되거나 동양으로부터 수입해왔다. 18세기 초반까지 (심지어 식민지까지) 차 마시기는 매너와 재치, 차도구들이 한 사람의 품위와 부를 증명하는 정성들인 하나의 의식이 되었다. 표준형으로 실려 있는 퀸 앤 스타일의 티테이블도 의식의 일부가 되었다. 처음에는 심플한 보조 테이블이었지만, 의식이라는 팻말이 붙으면서 좀 더 공을 들인 테이블이 되어갔다.

그림에서 보는 결합 방법은 상판을 바로 받침대에 못으로 결합시키던 19세기 이후에 개발된 것이다. 이 복제품 테이블은 나무 버튼을 사용하여 상판을 가로대에 고정한다.

참고도면
- 목공잡지 *American Woodworker* No.49(1995년 12월호) 46~51쪽, Ronnie Bird, Connecticut Tea Table. 우아한 고가구를 현대적인 장비와 기술을 사용하는 제작 방법 소개.
- Norman Vandal, *Queen Anne Furniture*(The Taunton Press, 1990), Try-Top Tea Table, Porringer-Top Tea Table. 두 가지 스타일의 티테이블 소개. 각 테이블에 대한 훌륭한 도면과 제작 방법 수록.

디자인 변형 퀸 앤 스타일 티테이블의 표준형은 쟁반형이지만, 그 시기에 만든 티테이블이 항상 그와 같은 형태는 아니다. 목선반 가공된 캐브리올 다리를 가진 포린져탑 테이블은 상판의 네 귀퉁이에 포린져 사발 모양의 돌출부에서 이름을 따온 것이 분명하다. 이것은 보조 테이블의 또 다른 형태지만 덜 복잡하다. 쟁반형 상판은 퀸 앤 시대가 지나도 사라지지 않았다. 그림에서 보듯이 쟁반형 상판은 치펜데일과 페더럴 시대에 만들어졌다. 시선을 잡는 다리버팀대가 있는 S자의 서펜타인 형태는 치펜데일의 패턴책에서 바로 영감을 받았다. 서펜타인 형태를 함께 사용하고 있는 페더럴 시대의 항아리 받침대는 더 작았는데, 차 용품을 모두 올려놓았던 것이 아니고, 큰 차주전자 만을 올려놓았기 때문이다.

포린져탑 퀸 앤 스타일 테이블

필라델피아 치펜데일 스타일 테이블

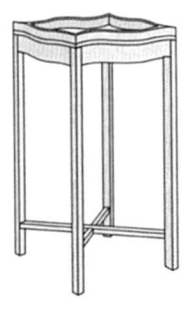

남부 헤플화이트 스타일 항아리 받침대

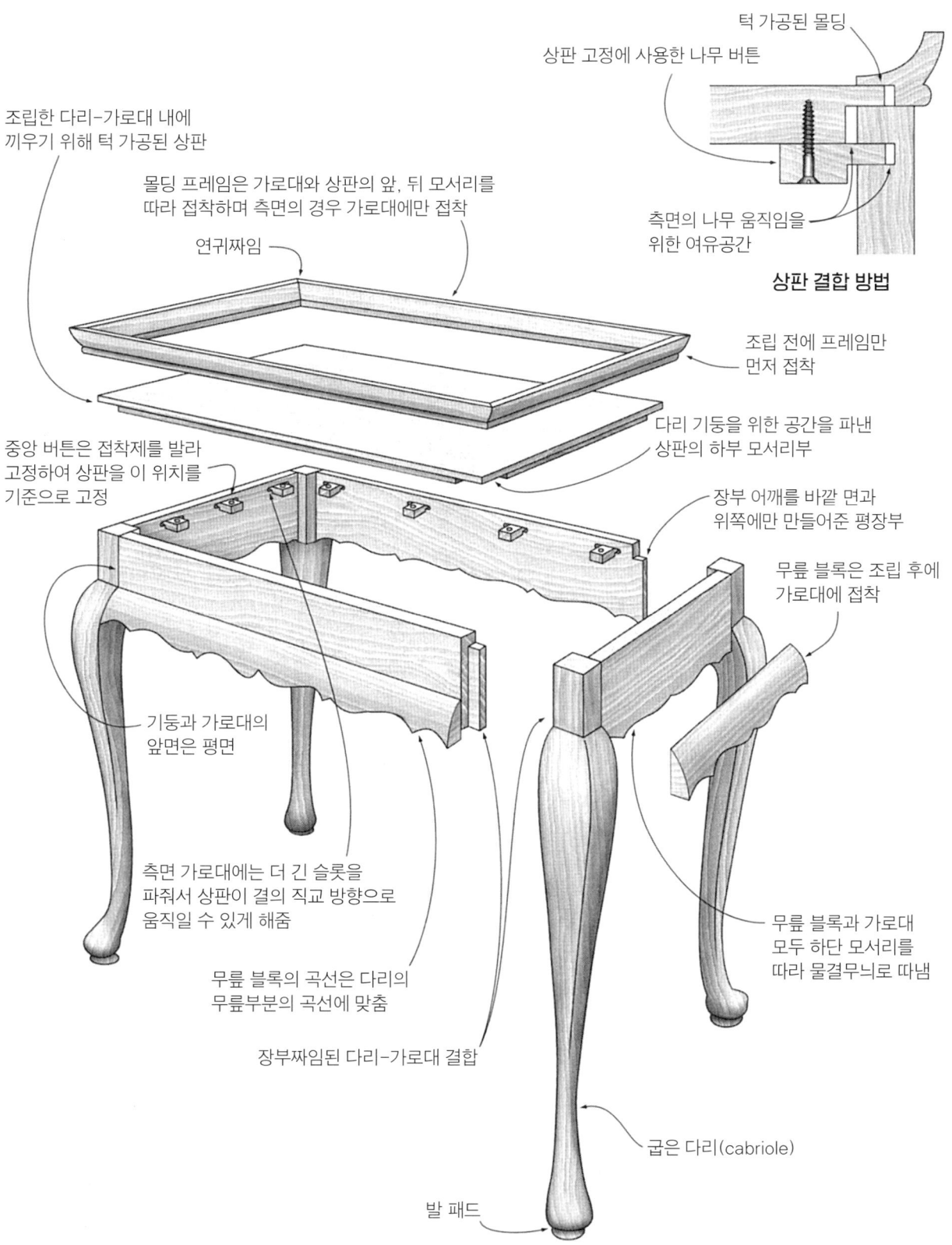

보조 테이블

팸브록 테이블
Pembroke Table
아침식사용 테이블

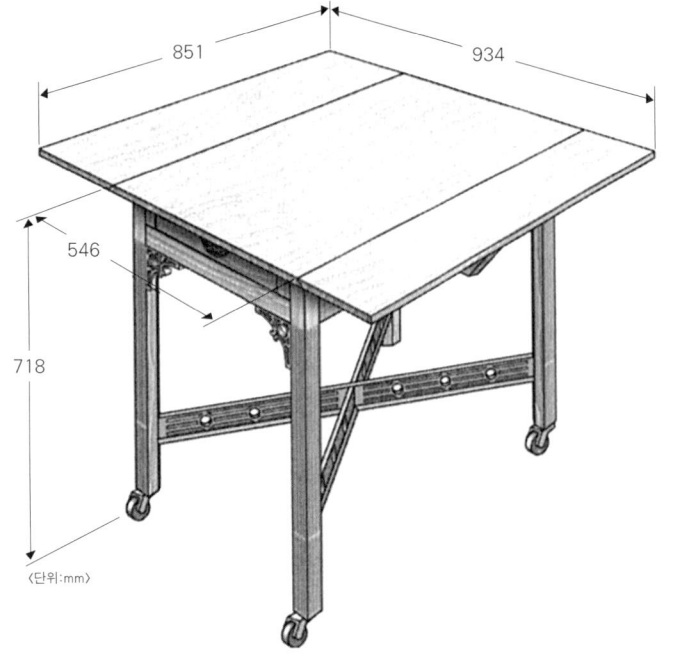

팸브록 테이블은 간단히 말하면 소형의 날개 접이식(Drop-leaf) 서랍 테이블이다. 이것은 자주 아침식사 때 사용했기 때문에 아침식사용 테이블이라고도 부른다.

일반적으로 날개판은 좁지만, 날개판을 접었을 때 대부분의 팸브록 테이블의 길이는 날개판을 펼쳤을 때 폭과 같게 만든다. 보통 가로대의 일부를 펼쳐서 날개판을 받쳐주는데 그 지지판을 플라이(Fly)라고 부른다. 이런 유사점 외에 상판은 매우 다양하다. 일반적인 형태인 직사각형과 타원 외에도 전체적으로는 직사각이지만 모서리가 곡선인 경우도 있다.

다리 구조도 상당히 다양하며, 대부분이 다리버팀대를 가지고 있지만, 없는 경우도 있다. 다리버팀대는 테이블에 앉은 사람에게 다리 공간을 제공하기 위해 십자형인 경우가 대부분이다. 다리는 보통 사각 단면을 가지지만 직선의 두툼한 다리부터 가는 경사형 다리까지 형태가 다양하다.

이름에 유래에 대한 공식적인 기록은 없지만 전해 오는 이야기에 따르면 팸브록 백작 또는 팸브록 부인의 이름에서 따왔다고 한다.

참고도면
- Michael Dunbar, *Federal Furniture*(The Taunton Press, 1986), Pembroke Table. 깔끔한 선을 가진 우아한 페더럴 시대 팸브록 테이블에 대한 완벽한 그림과 적절한 제작 방법 소개.
- Lester Margon, *Construction of American Furniture Treasures*(Dover Publications, 1975), Pembroke Table. 치펜데일 시대 테이블에 대한 많은 세부 형태, 적절한 제작 방법과 완벽한 그림 제공.

디자인 변형

팸브록 테이블은 놀랍게도 다양하면서도 훌륭한 장인정신을 가지고 제작되었다. 여기서 소개하고 있는 표준형은 치펜데일 스타일이다. 정사각형 단면을 가진 다리에는 촘촘히 홈을 파고 다리버팀대는 다리 모서리에 결합된다. 아침식사용 테이블에 사용하도록 실용적으로 바퀴를 달아주기도 했다. 아래 그림을 보면 또 다른 스타일의 치펜데일 테이블은 정사각형의 다리를 유지하면서 표면 장식이 없다. 구불구불한 상판과 모양을 낸 십자형 다리버팀대가 그 차이점이다. 다른 팸브록 테이블은 컨트리 스타일의 테이블이다. 피드먼트 테이블은 모양낸 날개판이 있으며 약간의 상감이 들어간다. 뉴잉글랜드 테이블은 독특한 십자형 다리버팀대를 가진다.

치펜데일 테이블 · 피드먼트 테이블 · 뉴잉글랜드 테이블

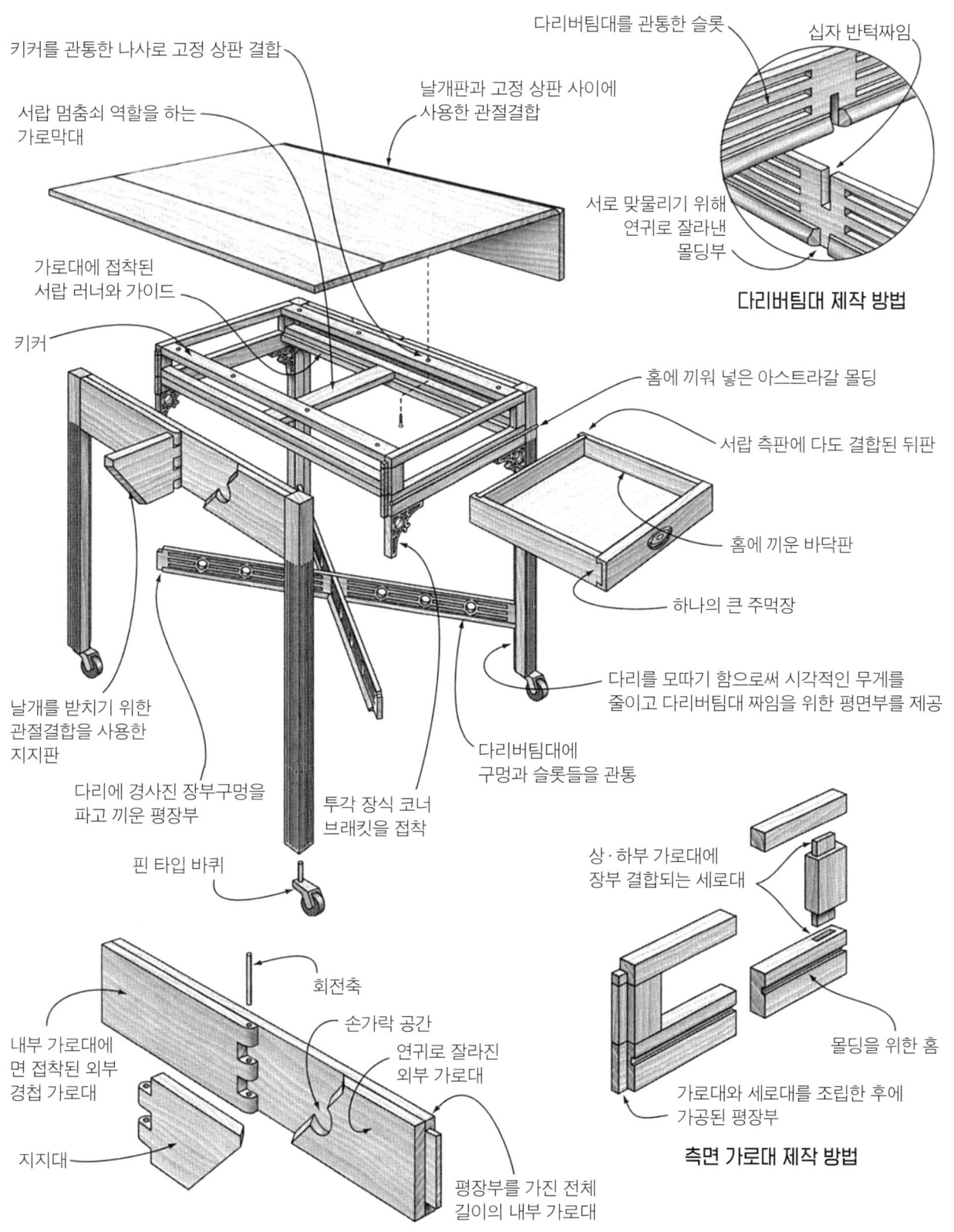

다리 회전식 카드 테이블
Swing-Leg card Table

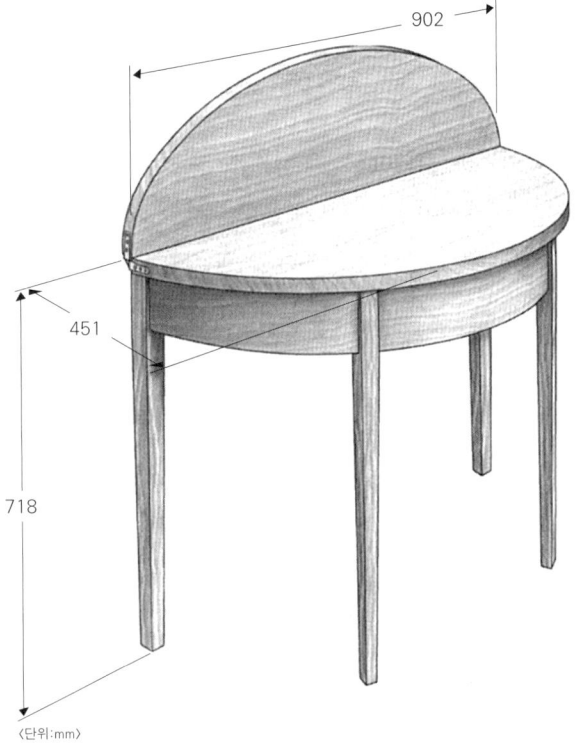
〈단위:mm〉

200년 전에는 숨길 벽장이 없어서 옆 그림과 같은 매력적인 카드 테이블을 만들었을까? 최근 만들어지는 카드 테이블은 대부분 싸구려 물건이다. 판지로 만든 상판을 얇은 금속으로 만든 접이식 다리가 받쳐준다. 카드 테이블을 사용하지 않을 때는 눈에 띄지 않게 벽장 안에 넣어 둔다.

하지만 옆 그림과 같은 카드 테이블은 항상 보이는 곳에 둔다. 친목을 위해 친구나 이웃이 찾아와 카드게임이나 다른 게임들을 하게 될 때, 테이블을 펼치면 크기는 두 배가 된다. 그 외의 시간에는 동선을 피해 벽에 밀어 놓지만 여전히 시각적으로 매력적인 장식품이 된다.

이러한 종류의 카드 테이블의 핵심은 두 개로 나누어진 상판이다. 날개판은 고정 상판에 경첩으로 고정되어 사용하지 않을 때 접어 놓는다. 표준형은 반달형 상판에 회전식 다리를 가진 테이블이다. 하나의 뒷다리가 45도에서 60도까지 회전할 수 있는 경첩 달린 가로대에 결합되어 있다. 그 가로대는 펼친 날개판을 지지하는 역할을 한다. 뒷다리에 기대 놓은 날개 상판은 문제를 일으킬 수 있기 때문에 이 방식은 안정적이지는 않다.

참고도면

- Michael Dunbar, *Federal Furniture*(The Taunton Press, 1986), Card Table. 반원형 카드 테이블 구조 소개.
- Eugene E. Landon, *The Best of Fine Woodworking: Traditional Furniture Projects*(The Taunton Press, 1991), Making a Hepplewhite Card Table. 좋은 고가구를 제작할 수 있는 치수가 완벽하게 표시된 그림 소개.
- Frank M. Pittman, *The Best of Fine Woodworking: Tables and Chairs*(The Taunton Press, 1995), Building a Gate-Leg Card Table. S 자형 서펜타인 곡선의 가로대와 상판을 가진 카드 테이블 제작 방법 소개.

디자인 변형

많은 다리 회전식 카드 테이블은 페더럴 시기보다 앞서 제작되었다. 퀸 앤 버전은 가볍고, 우아하며 전형적으로 가로대에 서랍이 달려있다. 치펜데일 테이블은 좀 더 장식적이다. 다섯 개의 다리가 있는 테이블은 상판을 폈을 때 좀 더 안정적이다.

많은 칩과 마커를 놓을 공간이 있으며, 촛대를 놓는 부분도 있다. 시골지역에서는 사각형의 스타일이 더 일반적이다.

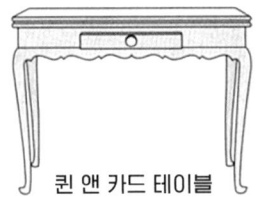
퀸 앤 카드 테이블

컨트리 스타일 카드 테이블

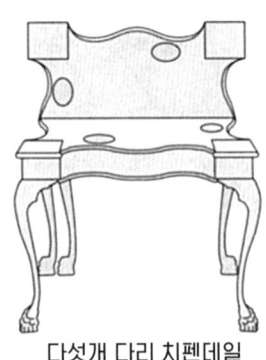
다섯개 다리 치펜데일 게임 테이블

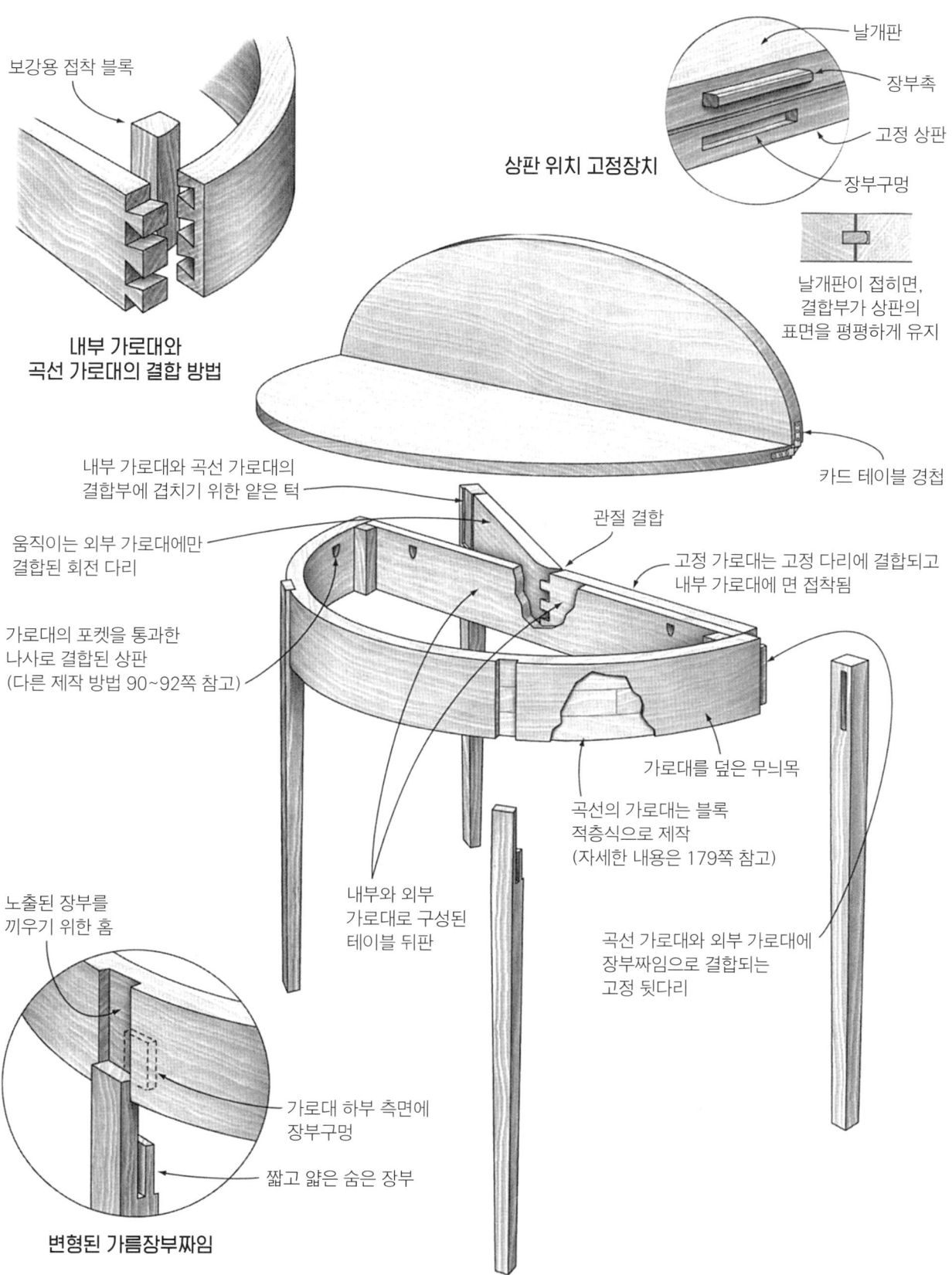

프레임 확장식 카드 테이블
Expanding-Frame Card Table

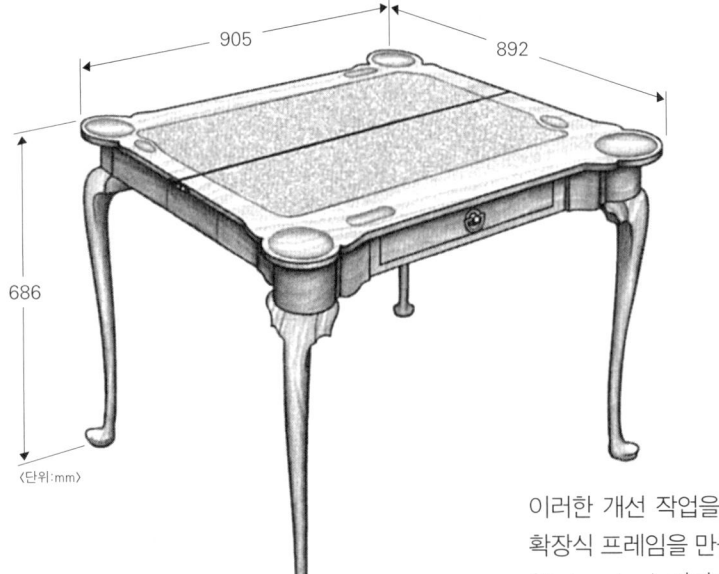

〈단위:mm〉

참고도면
- Edward R. Monteith, *The Best of Fine Woodworking: Tables and Chairs*(The Taunton Press, 1995), Convertible Furniture. 200년된 더치 테이블을 재현. 확장 프레임에 대한 자세한 치수가 있는 그림 소개.

이 테이블의 장점은 다리 회전형에 비해 안정적이다.

다리 회전형이 상판의 절반이 펼쳐진 날개판을 받치기 위해 중심에서 벗어난 하나의 다리만을 사용하는 반면에, 프레임 확장식 카드 테이블은 각 모서리마다 각각의 다리가 상판을 받쳐준다.

측면 가로대가 펼쳐진 테이블의 강성과 외관을 강화해주는데, 프레임을 펼치면 원래 길이의 가로대처럼 보이고 기능적으로도 동일하다.

이러한 개선 작업을 위해 프레임 제작이 좀더 까다롭고 복잡해졌다. 이 확장식 프레임을 만들기 위해서는 12개의 경첩이 필요하다. 다리 회전식(Swing-leg) 버전과 마찬가지로 구조는 작지만 추가적인 버팀대가 필요하다.

표준형은 정교하게 제작된 퀸 앤 테이블로 캐브리올 다리와 앞쪽 모서리에 원통형의 터렛 그리고 하나의 서랍을 가지고 있다. 상판의 중앙부는 베이즈(Baize) 천이 덮혀 있다. 이 부분이 다소 약한 부분으로 날개판이 고정 상판 위로 접혔을 때 보호된다. 위의 표준형 테이블이 18세기에는 가장 앞선 디자인이었지만, 확장 프레임 특징은 테이블 스타일에서만 볼 수 있는 건 아니다.

디자인 변형 확장식 프레임 테이블의 예가 흔한 것은 아니지만, 중간 크기의 접이식 상판 테이블에 적용하는 것이 상대적으로 쉽다. 테이블 프레임은 다른 형태보다는 반원형이나 직사각형이 좋다. 아래에 두 가지 형태의 예가 있다. 몰딩과 투각 장식이 되어 있는 전통적 스타일 테이블과 직선의 가로대와 간결하게 목선반 작업된 다리를 가진 매우 기본적인 스타일 테이블을 볼 수 있다.

프레임이 확장될 때 모서리 브래킷 장식은 다리에 그대로 붙어 있으며, 아스트라갈 몰딩만 분할됨

중국풍 치펜데일 테이블

목선반 다리 카드 테이블

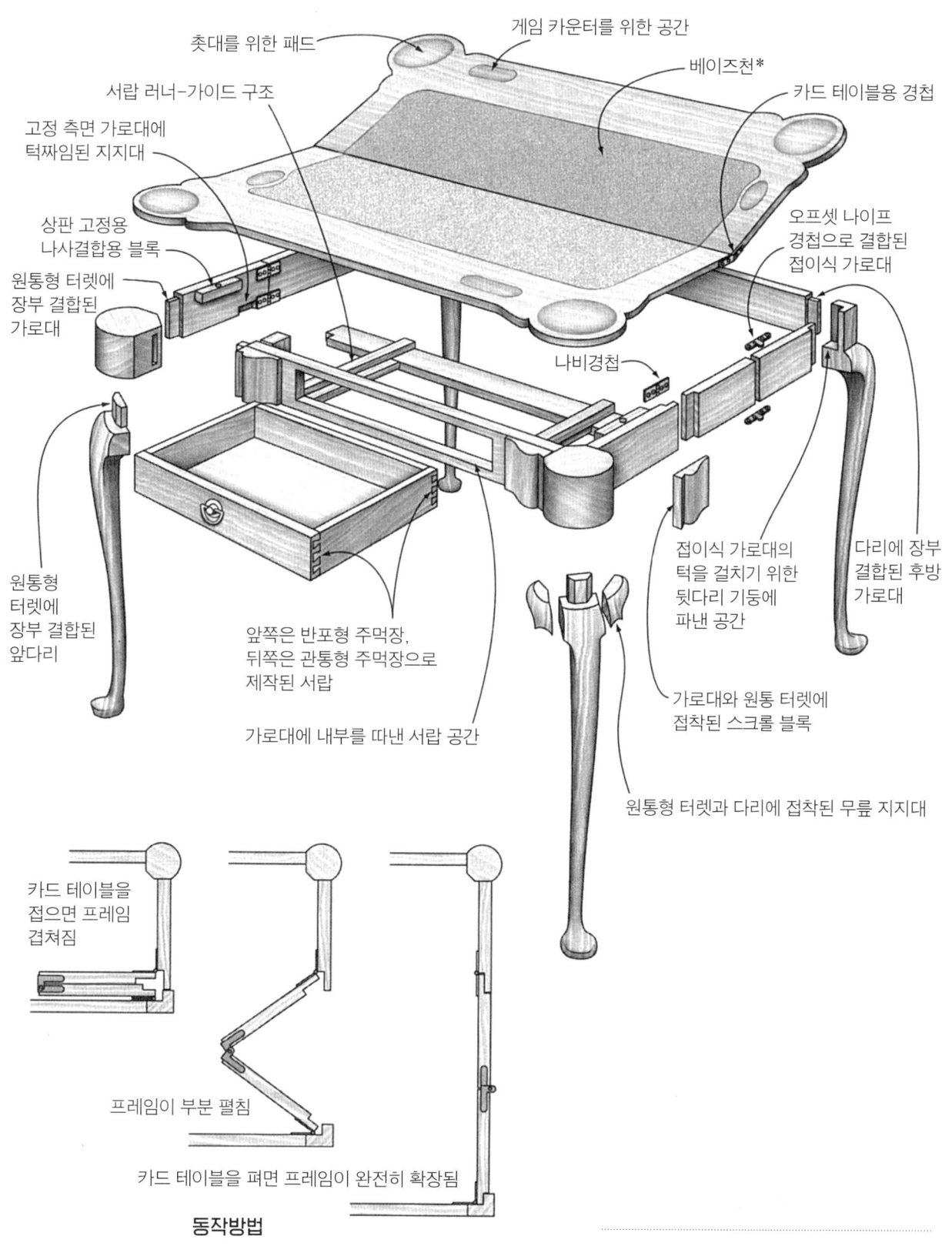

보조 테이블

상판 회전식 카드 테이블
Turn-Top Card Table

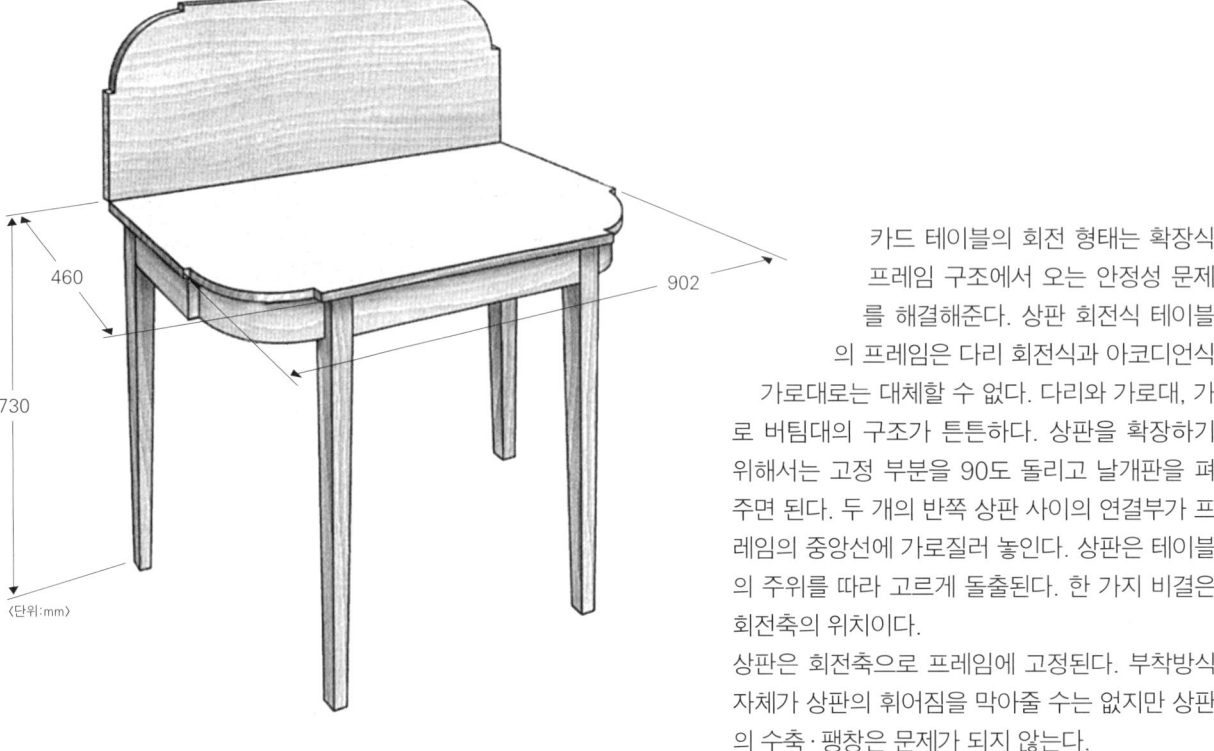

카드 테이블의 회전 형태는 확장식 프레임 구조에서 오는 안정성 문제를 해결해준다. 상판 회전식 테이블의 프레임은 다리 회전식과 아코디언식 가로대로는 대체할 수 없다. 다리와 가로대, 가로 버팀대의 구조가 튼튼하다. 상판을 확장하기 위해서는 고정 부분을 90도 돌리고 날개판을 펴주면 된다. 두 개의 반쪽 상판 사이의 연결부가 프레임의 중앙선에 가로질러 놓인다. 상판은 테이블의 주위를 따라 고르게 돌출된다. 한 가지 비결은 회전축의 위치이다.

상판은 회전축으로 프레임에 고정된다. 부착방식 자체가 상판의 휘어짐을 막아줄 수는 없지만 상판의 수축·팽창은 문제가 되지 않는다.

그림에서 보는 표준형 테이블을 D자형 테이블이라고 부른다. 페더럴 시대에는 흔한 형태로 그 당시는 특히 접이식 상판이 유행하였다. 곡선형의 가로대는 전통적으로 블록적층식 기법으로 제작되었는데 옆쪽에서 확인할 수 있다. 다리의 위치가 이상적이지는 않지만, 곡선형의 가로대와 다리를 연결해주기 위한 지지판이 있어 테이블 프레임이 확실히 튼튼해진다.

참고도면
- Tage Frid, *Tage Frid Teaches Woodworking, Book3: Furnituremaking*(The Taunton Press, 1985), Turning Flip-Top. 카드 테이블은 아니지만, 상판 회전식에 대한 회전축 위치를 잡는 기술 설명 소개. 이 프로젝트는 작업이 즐겁고 잘 디자인된 현대가구를 만들 수 있다.

디자인 변형

상판 회전식 구조는 일반 접이식으로 만들 수 없는 구조에서도 다양한 접이식 테이블을 제작할 수 있다. 여기 두 가지 예가 있다. 받침대형 테이블의 둘러진 가로대 위에 숨겨진 버팀대와 회전축이 상판을 돌리고 접을 수 있게 해준다. 받침대형 테이블에는 회전식 다리나 확장식 프레임을 적용할 수 없다. 또 다른 구조인 현대적 디자인도 회전형 상판 구조로 제작한다면 보기도 좋고 쓰임새도 최고이다.

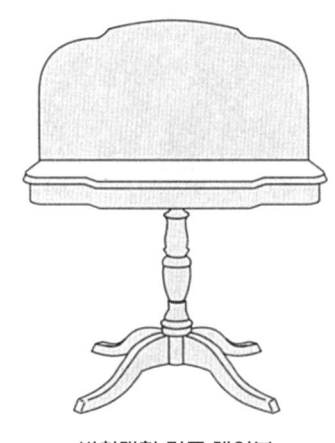

받침대형 카드 테이블

현대적 카드 테이블

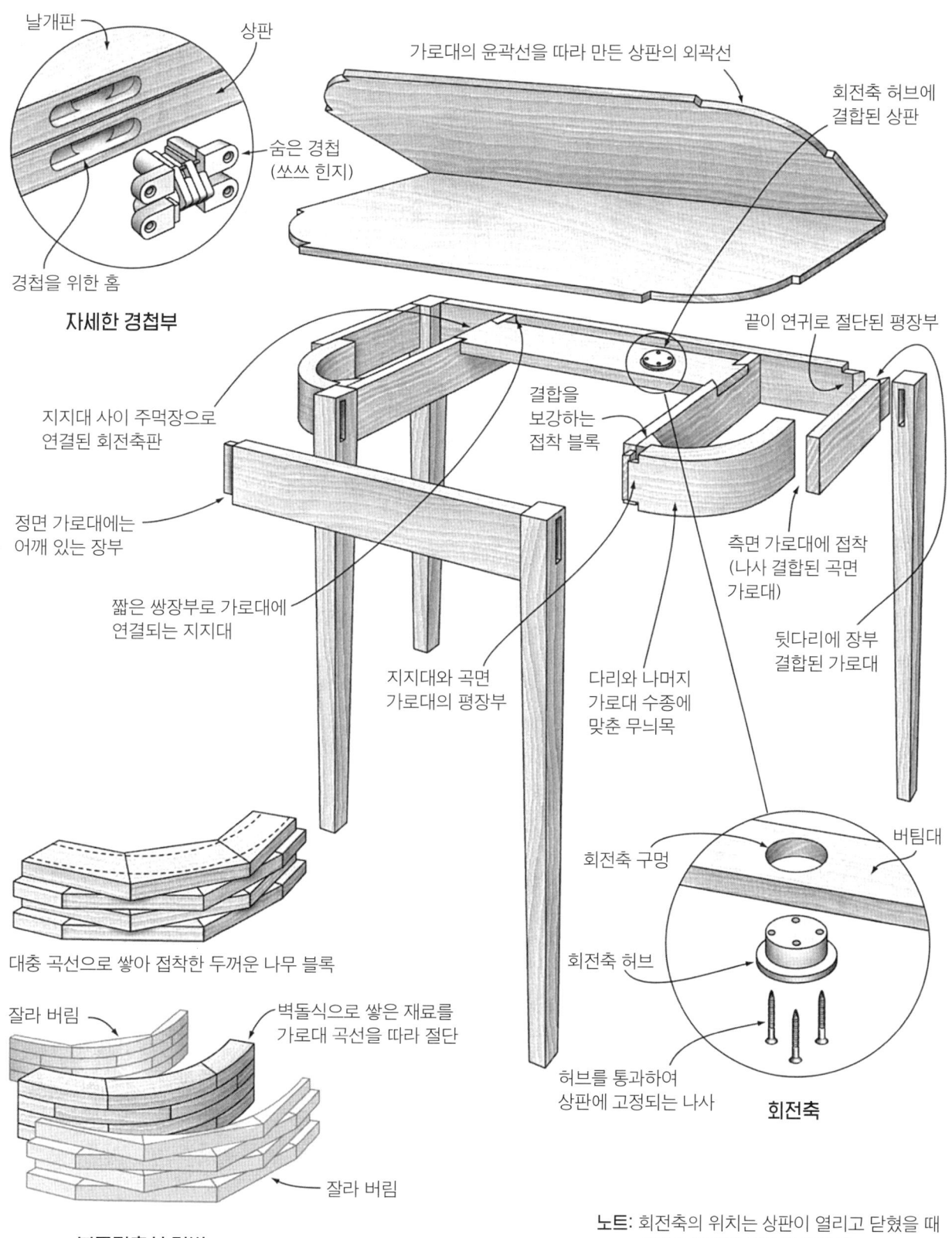

나비형 테이블
Butterfly Table

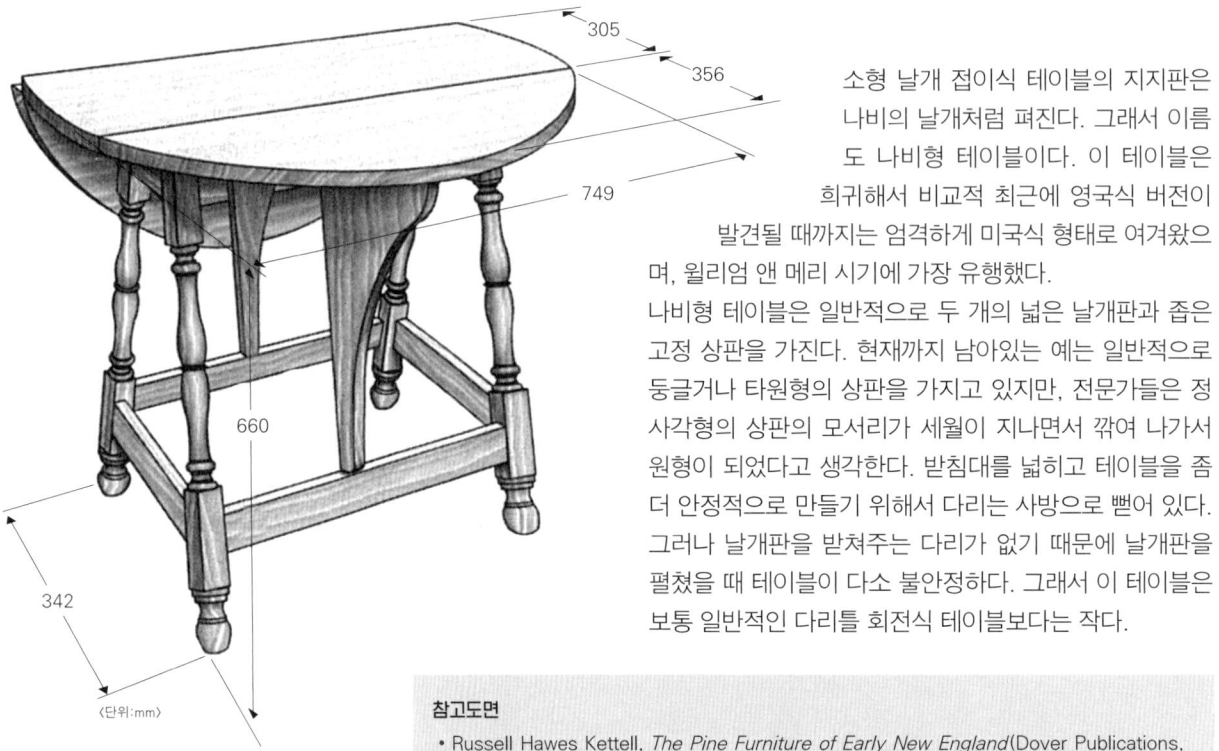

소형 날개 접이식 테이블의 지지판은 나비의 날개처럼 펴진다. 그래서 이름도 나비형 테이블이다. 이 테이블은 희귀해서 비교적 최근에 영국식 버전이 발견될 때까지는 엄격하게 미국식 형태로 여겨왔으며, 윌리엄 앤 메리 시기에 가장 유행했다.

나비형 테이블은 일반적으로 두 개의 넓은 날개판과 좁은 고정 상판을 가진다. 현재까지 남아있는 예는 일반적으로 둥글거나 타원형의 상판을 가지고 있지만, 전문가들은 정사각형의 상판의 모서리가 세월이 지나면서 깎여 나가서 원형이 되었다고 생각한다. 받침대를 넓히고 테이블을 좀 더 안정적으로 만들기 위해서 다리는 사방으로 뻗어 있다. 그러나 날개판을 받쳐주는 다리가 없기 때문에 날개판을 펼쳤을 때 테이블이 다소 불안정하다. 그래서 이 테이블은 보통 일반적인 다리틀 회전식 테이블보다는 작다.

참고도면

- Russell Hawes Kettell, *The Pine Furniture of Early New England*(Dover Publications, 1956), Drawing 34: Maple and Pine Butterfly Table. 치수가 표시된 그림 소개.
- Lester Margon, *Construction of American Furniture Treasures*(Dover Publications, 1975), Butterfly Table from the Berkshire Museum. 편안한 4인용 테이블 소개.
- Verna Cook Salomonsky, *Masterpieces of Furniture Design*(Dover Publications, 1953), Butterfly Table. 전체 프로젝트는 아니지만 자세한 부분의 치수가 표시된 그림 소개.

디자인 변형

나비형 테이블은 분명히 필그림 가구 스타일이다. 표준형으로 소개된 예는 전성기의 형태이다. 일반적인 변형은 목선반 가공 다리와 함께 목선반 가공된 다리버팀대도 가진다. 날개 지지대는 방향타 형태이거나 때로는 가리비 모양인 경우도 있다. 상판은 둥글거나 타원이다.

정교하게 모양낸 날개 지지대

목선반 가공된 다리버팀대

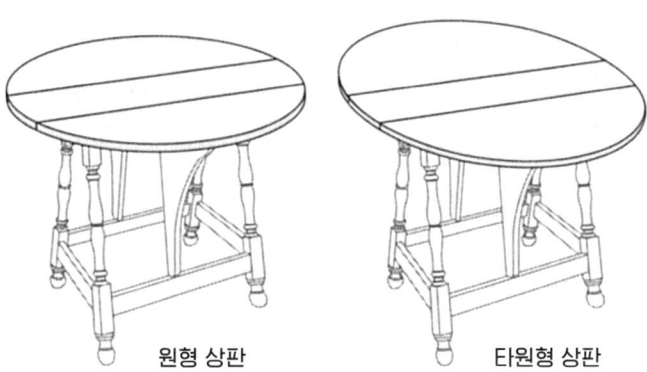

원형 상판   **타원형 상판**

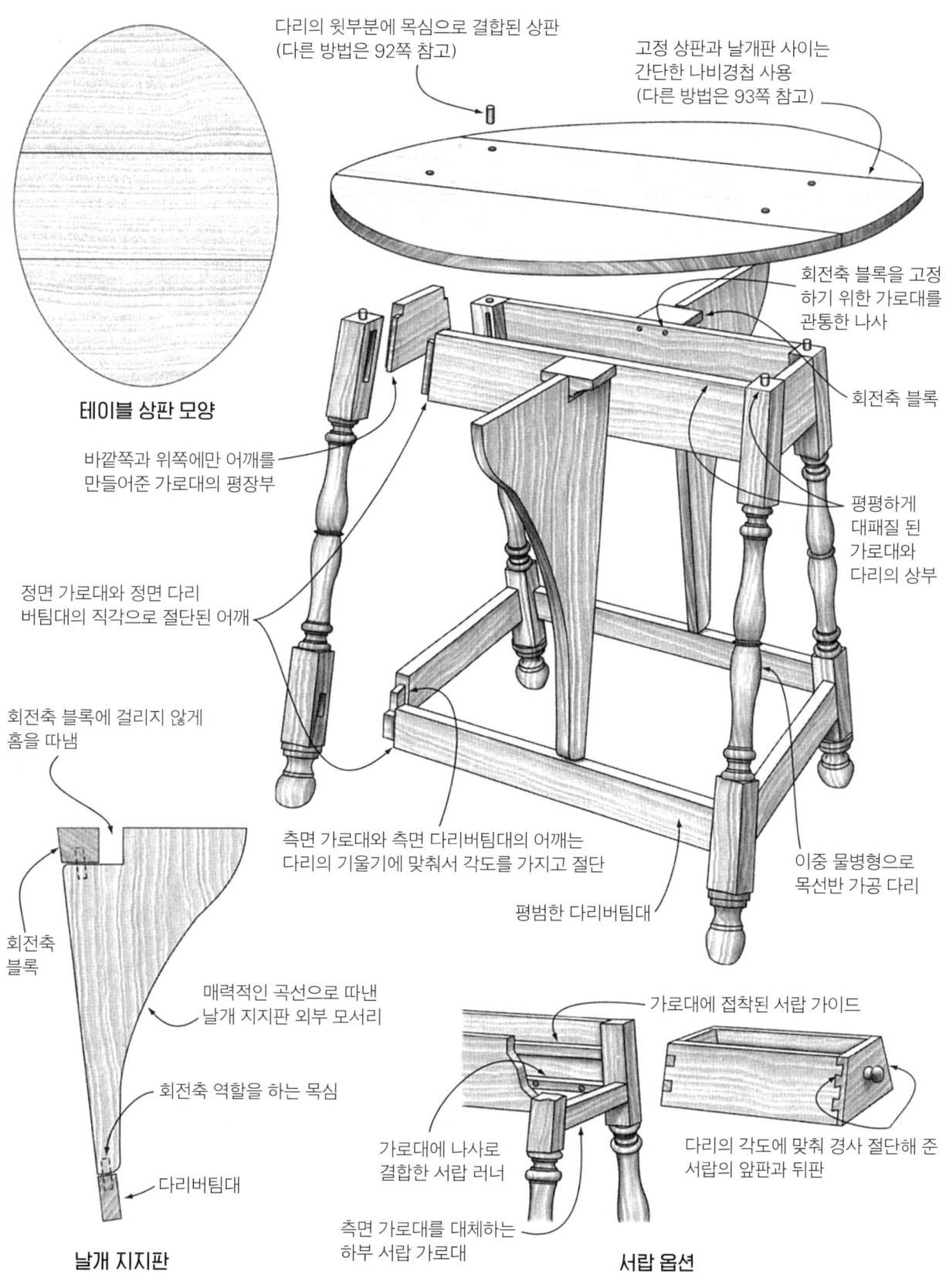

보조 테이블

손수건형 테이블
Handkerchief Table
접이식 코너 테이블

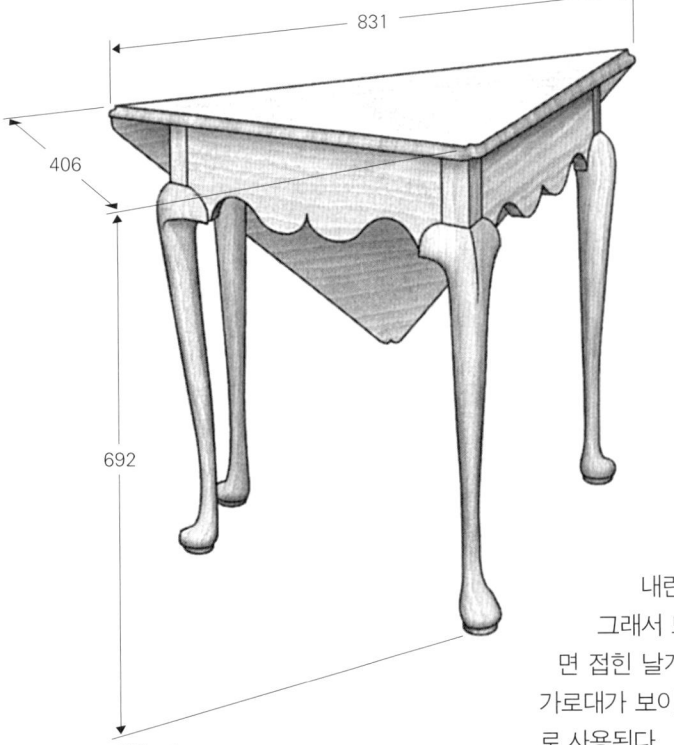

〈단위:mm〉

참고도면
- 목공잡지 *Fine Woodworking* No.52(1985년 5/6월호) 38~41쪽, Eugene Landon *Queen Anne Handkerchief Table*. 훌륭한 그림과 제작기 수록.
- Norman Vandal, *Queen Anne Furniture* (The Taunton Press, 1990), Corner Table. 손수건형 테이블 제작 위한 약간 다른 방법 소개.

매우 특별하고 특이하며 희귀한 다리 회전식 접이 테이블이 손수건형 테이블이다. 날개판을 펴면 각 코너마다 다리가 있는 정사각형 테이블이다. 그러나 다리를 회전하고 날개판을 접으면 테이블은 삼각형이 된다. 이 테이블은 퀸 앤 시대에 미국에서 처음 만들어졌으며 남아있는 것은 20여 개 이하이다. 만일 퀸 앤 가구의 풍성한 우아함을 동경한다면 당신은 이 테이블을 좋아하게 될 것이다. 만일 이 형태는 좋아하지만 좀 더 현대적인 디자인을 원한다면 그에 맞춰서 제작할 수 있다.

소형 보조 테이블이기 때문에 게임이나 차 마시기, 가벼운 식사용도로 사용한다. 사용한 뒤에는 날개판을 내린 후 벽에 기대 놓거나 주로 모퉁이에 밀어 넣어 둔다. 그래서 또 다른 이름이 접이식 코너 테이블이다. 모퉁이에 놓으면 접힌 날개판이 보여주게 되고, 벽에 기대 놓으면 스크롤 커팅된 가로대가 보이게 된다. 두 경우 모두 소형 진열 탁자나 사이드 테이블로 사용된다.

테이블이 작다고 큰 접이식 테이블보다 작업량이 적은 것은 아니다. 네 개의 다리 중에 두 개만 같기 때문에, 다른 다리를 만들기 위해 추가적인 시간과 노력이 필요하다.

두 개의 예각의 모서리 결합을 제작하는 것이 도전 과제이다. 그나마 절약할 수 있는 것은 날개판이 한 개 뿐이기 때문에 관절 결합이 하나만 있다는 것이다. 여기에 제시된 표준형 모델은 특이한 형태의 관절 결합을 가지고 있다. 그러나 어려운 작업의 보상은 특이하고 매력적인 가구 한 점을 얻는 것이다.

디자인 변형 두 개의 다른 시대의 손수건형 테이블의 예는 작업자의 창의력을 키워줄 것이다.

뉴잉글랜드 테이블은 회전식 다리 대신에 인출식 다리(162쪽 참고)를 가지고 있으며, 다리는 긴 가로대의 중앙에 있다. 이 테이블에는 작은 서랍도 있다. 버지니아 테이블은 목선반으로 가공된 캐브리올 다리가 있어 이것을 컨트리 캐브리올 다리라고도 부른다.

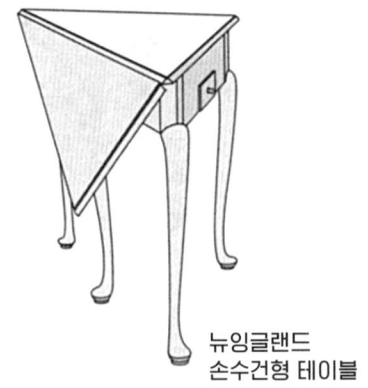
뉴잉글랜드 손수건형 테이블

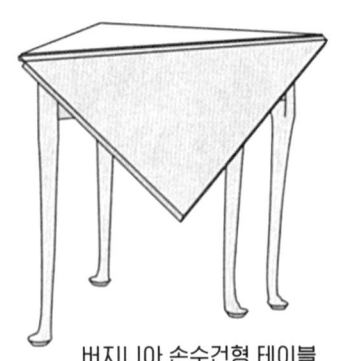
버지니아 손수건형 테이블

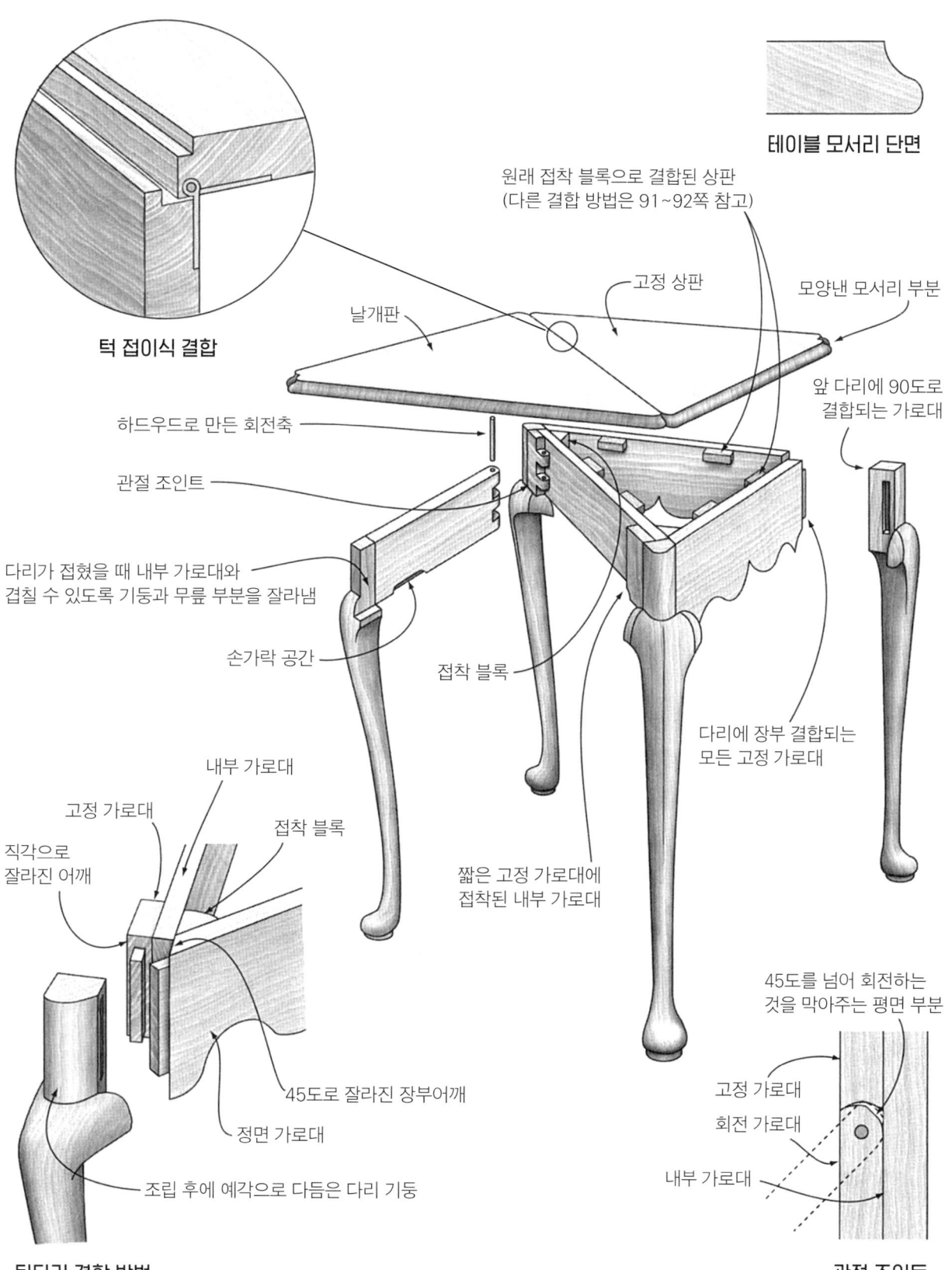

보조 테이블

사이드 테이블
Side Table
사이드보드 테이블

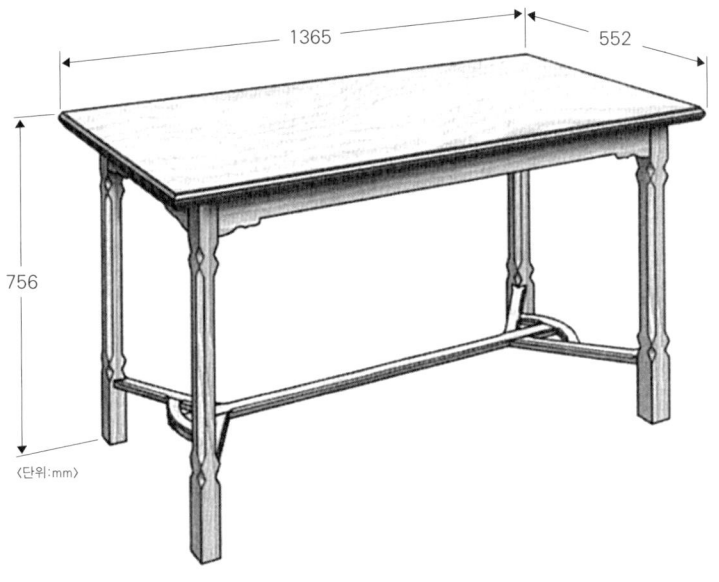

〈단위:mm〉

참고도면
- Carlyle Lynch *Classic Furniture Projects from Carlyle Lynch*(Rodale Press, 1991), Sideboard Table. 고대 중국풍 치펜데일 테이블의 대형 구조도 및 자세한 작업 순서와 절단 목록 수록.
- *Making Antique Furniture*(Argus Books, 1988), Side Table in Walnut. 세 개의 서랍을 가진 목선반 다리 테이블 제작의 상당히 좋은 그림과 제작 방법 소개.

1700년대 미국과 유럽의 상류층 집의 식당에는 부엌쪽 가까운 벽에 긴 탁자가 서 있었다. 그것이 사이드 테이블로 하인들이 음식을 접대할 때 준비 공간으로 사용하곤 했다.

어떤 가정에서는 사이드 테이블이 접대용 그릇을 놓거나 수납하는 용도로 사용했던 사이드보드(뷔페, 294쪽 참고)로 대체되었다. 오늘날에는 하인이 있는 집이 드물지만, 여전히 식당이나 부엌 또는 넓은 복도에 놓고 사용하고 있다. 표준형으로 제시된 사이드 테이블은 코츠월드(Cotswold) 스타일로 영국의 한 지역 스타일이다. 가로대 하부는 주로 시각적인 효과를 위해 장식적으로 잘라냈다. 다리의 인상적인 모따기 패턴은 다리를 가볍게 보이게 만든다. 그러나 이 테이블의 하이라이트는 갈퀴형 다리버팀대이다. 조립된 다리버팀대의 형태가 나무로 만든 원시적인 형태의 건초 갈퀴를 닮아서 이름 붙여진 것이다. 곡선의 버팀목 디자인은 매우 단단한 구조를 만들어준다.

디자인 변형 사이드 테이블에 대한 이번 디자인 변형 주제는 무게 대비이다. 표준형과 아래 두 개의 변형 테이블을 비교해보면, 표준형은 중간 체급이다. 영국 디자인의 무늬목 사이드 테이블은 매우 가볍다. 외형은 가볍고 우아하며 얇은 목선반 다리는 과장되게 키가 커 보이게 만든다. 서랍 손잡이는 없지만 휘어진 서랍 앞판은 세 개의 서랍 앞판으로 구성되어 있어 실용적이기도 하다. 또한 전면 다리버팀대가 없어 다리가 부딪치지 않아 사용하기 편리하다. 이에 중량급 테이블은 두툼한 다리, 다리버팀대를 대체하는 선반, 넓은 가로대 그리고 대리석 상판을 가지고 있어 시각적인 무게보다도 실제가 더 무겁다.

무늬목 사이드 테이블

대리석 상판 사이드 테이블

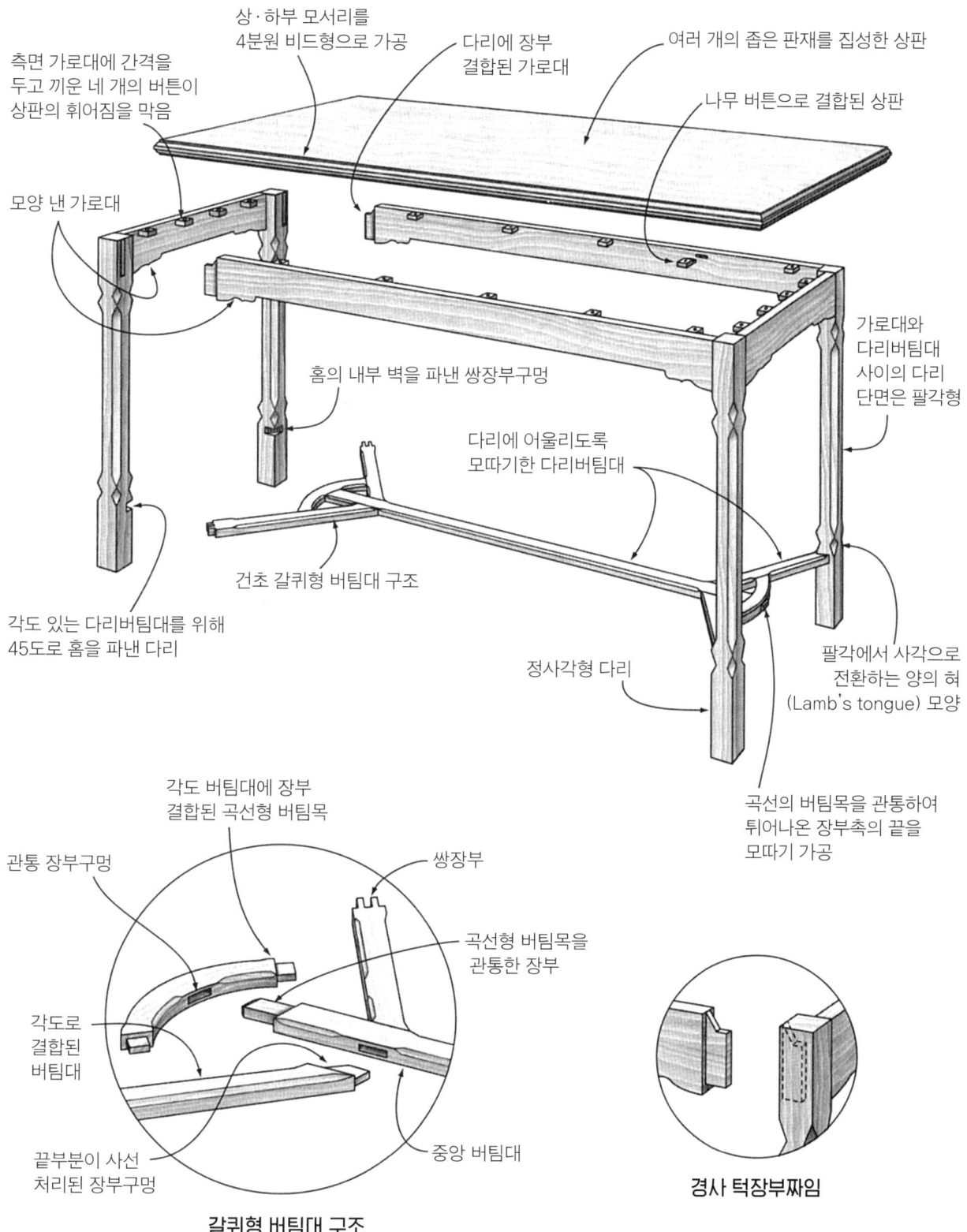

보조 테이블

소파 테이블
Sofa Table
사이드 테이블·홀 테이블·글로브 테이블

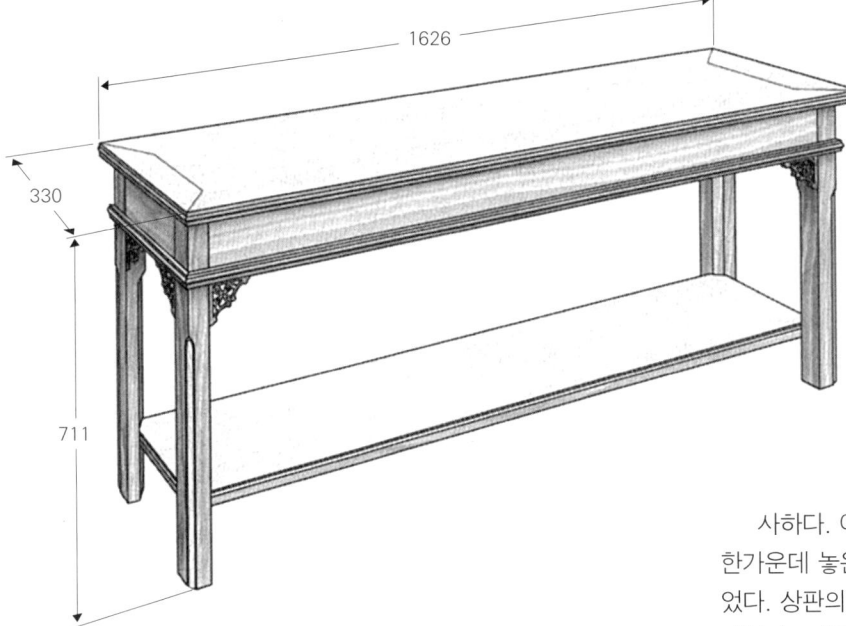

〈단위:mm〉

참고도면
- 목공잡지 *American Woodworker*, Vol. 4, No.3(1988년 7/8월호) Mitch Mandel, Building Thomas Moser's Bowfront Table. 다른 사람이 디자인했지만 도면이 사라진 소파 테이블 제작 방법 자세히 설명.
- Gene McCall, *The Best of Fine Woodworking: Tables and Chairs*(The Taunton Press, 1995), Sofa Table Complements Antiques. 상판에 유리가 끼워지는 중국풍 치펜데일 테이블 소개.
- V. J. Taylor, *How to build Period Country Furniture*(Stein and Day, 1978), Regency-Style Sofa Table. 19세기 선조들이 소파 테이블이라고 생각했던 가구에 대한 도면 소개.

가구 역사가들에 따르면 토마스 쉐라톤(Thomas sheraton)이 소파 테이블을 발명했다고 인정받고 있으나 오늘날 사람들은 잘 알지 못한다. 쉐라톤의 디자인북이 발간된 1790년대 이후로 많은 것들이 달라졌다. 표준형으로 제시된 테이블이 조금 좁긴 하지만 사이드 테이블과 유사하다. 이것은 벽에 붙여 사용하기보다는 방의 한가운데 놓은 소파 뒤편에 세워 놓도록 디자인 되었다. 상판의 높이는 소파의 등받이 높이에 맞춰 제작한다. 전등이 사이드 테이블을 대신해 여기에 올려진다. 이 테이블은 중국풍 치펜데일 스타일이라고도 부른다. 직선의 정사각형 단면의 말보로 다리(Marlborough legs)와 꽤 폭이 넓은 가로대를 가지고 있다. 복잡한 투각 장식과 구슬선(Astragal) 몰딩이 받침대를 꾸미고 있다. 다리버팀대 대신에 선반을 가지고 있다.

아래 디자인 변형에서 보는 쉐라톤의 소파 테이블은 소파 앞에 놓고 차나 다과를 즐기거나, 게임, 독서 또는 글쓰기용 낮은 보조 테이블이었다.

디자인 변형 오리지널 소파 테이블은 서랍들과 날개판들을 가지고 있었다. 현대적인 소파 테이블과는 거리가 있어 보이지만 그렇지 않다. 핵심적인 형태는 중간 높이의 긴 상판이다. 상판의 외곽선과 상판을 받쳐주는 지지대의 스타일은 여러 가지이다

오리지널 소파 테이블

활모양 소파 테이블

컨트리 스타일 소파 테이블

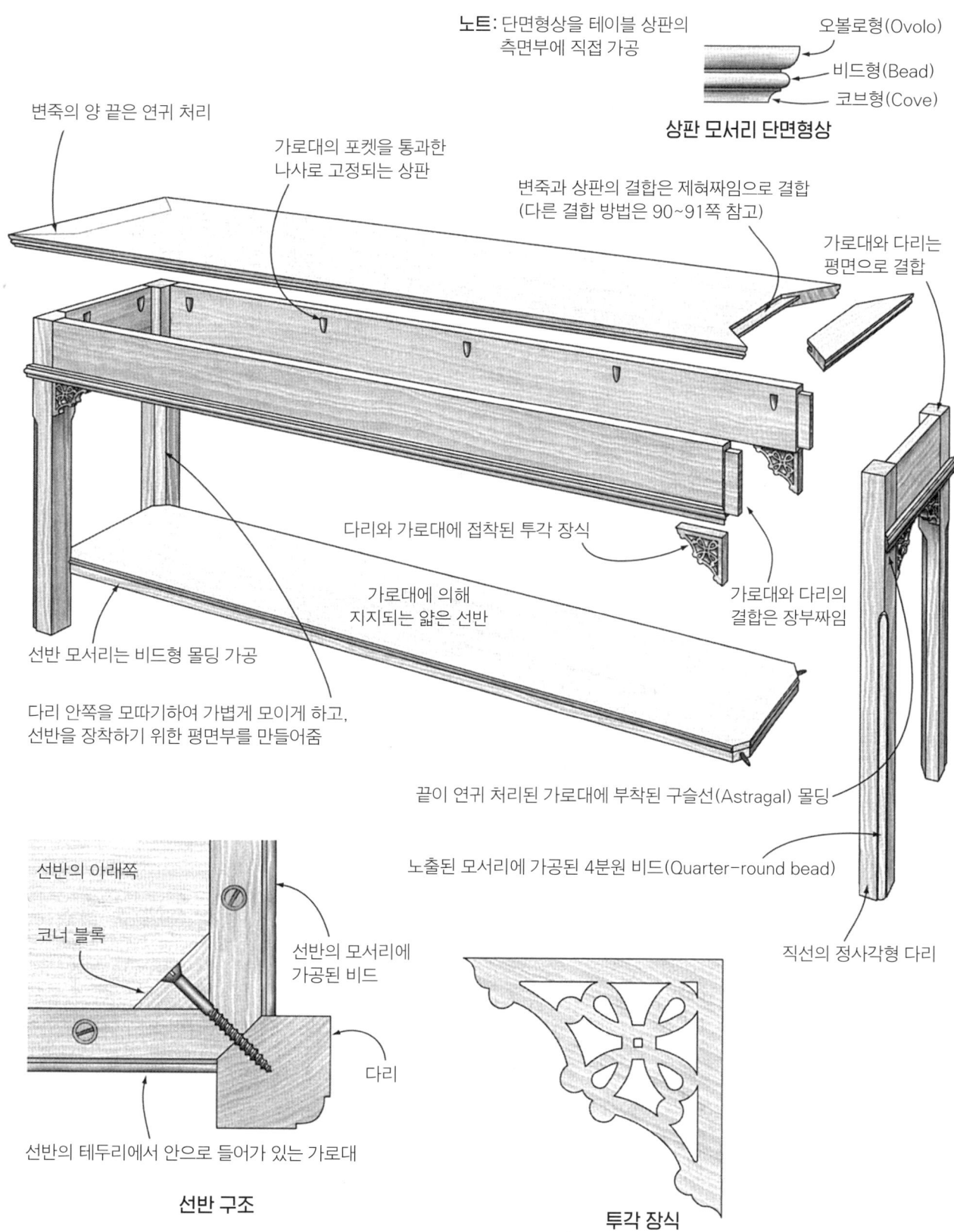

엔드(소파 보조) 테이블
End Table

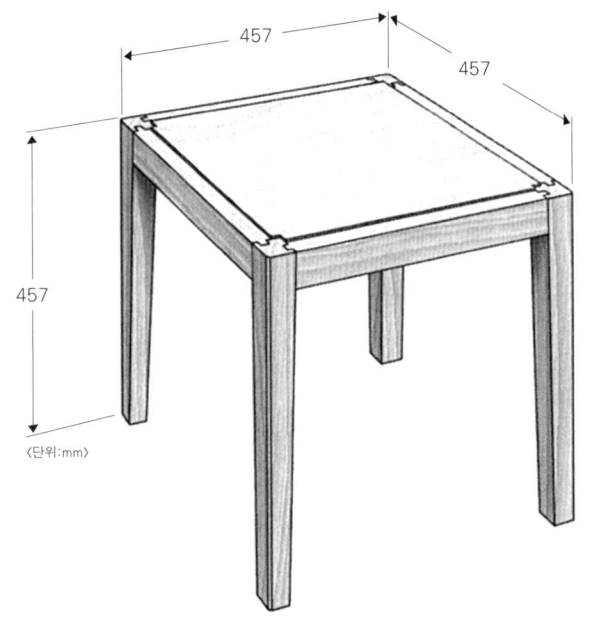

〈단위:mm〉

참고도면
- Tage Frid, *The Best of Fine Woodworking: Tables and Chairs* (The Taunton Press, 1995), Making and End Table. 전통 양식의 현대적 버전을 제작하기 위한 좋은 도면, 제작과정 사진, 훌륭한 제작 방법 소개.
- 목공잡지 *American Woodworker*, No. 12(1990년 1/2월호), Karl Shumaker, Parsons Table. 현대적 디자인의 낮은 엔드 테이블을 제작하는 광범위하고 세부적인 도면과 제작 방법 소개.

많은 소파 옆에는 엔드 테이블이 있다. 상판을 소파 팔걸이 높이로 제작하는 것이 이상적이다. 팔을 조금만 움직여도 손이 테이블 위에 닿기 때문에 잔을 잡고, 사탕을 고르고, 잡지를 들고, 전등 스위치를 켤 수도 있다.

표준형의 작은 엔드 테이블은 매우 간결하고 현대적인 디자인 예이다. 약 18인치(457mm) 높이는 일반적인 엔드 테이블의 높이인 22~23인치(559~584mm)보다는 낮고, 아래 디자인 변형에서 소개하는 예보다도 낮다. 그러나 좌판이 낮은 의자의 경우 엔드 테이블도 낮아야 한다.

장식적인 세부 형태는 간단한 구조로부터 나온다. 상판과 다리-가로대 구조의 색 대비가 전체적인 인상을 좌우한다. 좁은 가로대는 다리에 장부 결합된다. 합판으로 만든 상판은 무늬가 화려한 무늬목으로 덮어준다. 상판은 가로대 위에 얹히는 것이 아니고 내부에 들어간다.

디자인 변형 엔드 테이블의 다양성은 끝이 없다. 아래는 단 세 개만 나와있다. 첫 번째는 전통적인 다리-가로대 테이블이다. 색상 대비가 큰 나무를 집성하여 다리를 만들어서 바깥쪽 모서리에 어두운색 나무띠가 노출되게 한다. 아트 앤 크래프트 스타일을 현대적으로 재해석한 선반 달린 테이블은 실제로 엔드 테이블에서 많이 접할 수 있다. 마지막의 현대적 디자인은 세 가지를 둥글게 만든 것이다. 상부 끝부분에 목선반으로 가공된 공모양을 가진 직선 다리가 있으며, 가로대는 공 부분 아래 결합된다. 유리 상판은 공이 받쳐준다.

사선 다리 엔드 테이블

아트 앤 크래프트 엔드 테이블

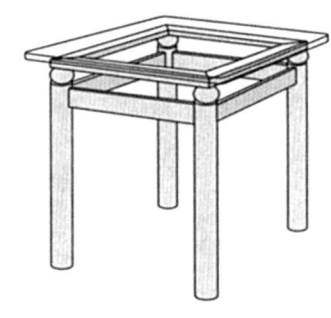
유리상판 엔드 테이블

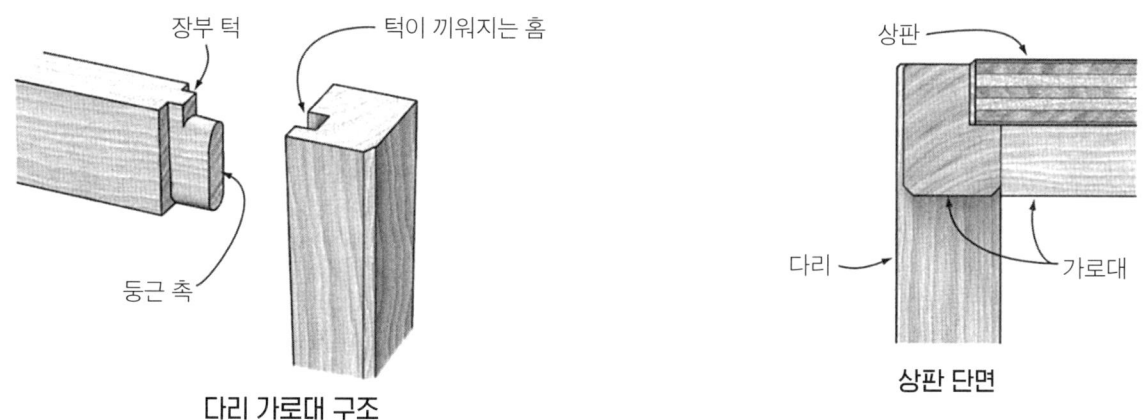

보조 테이블

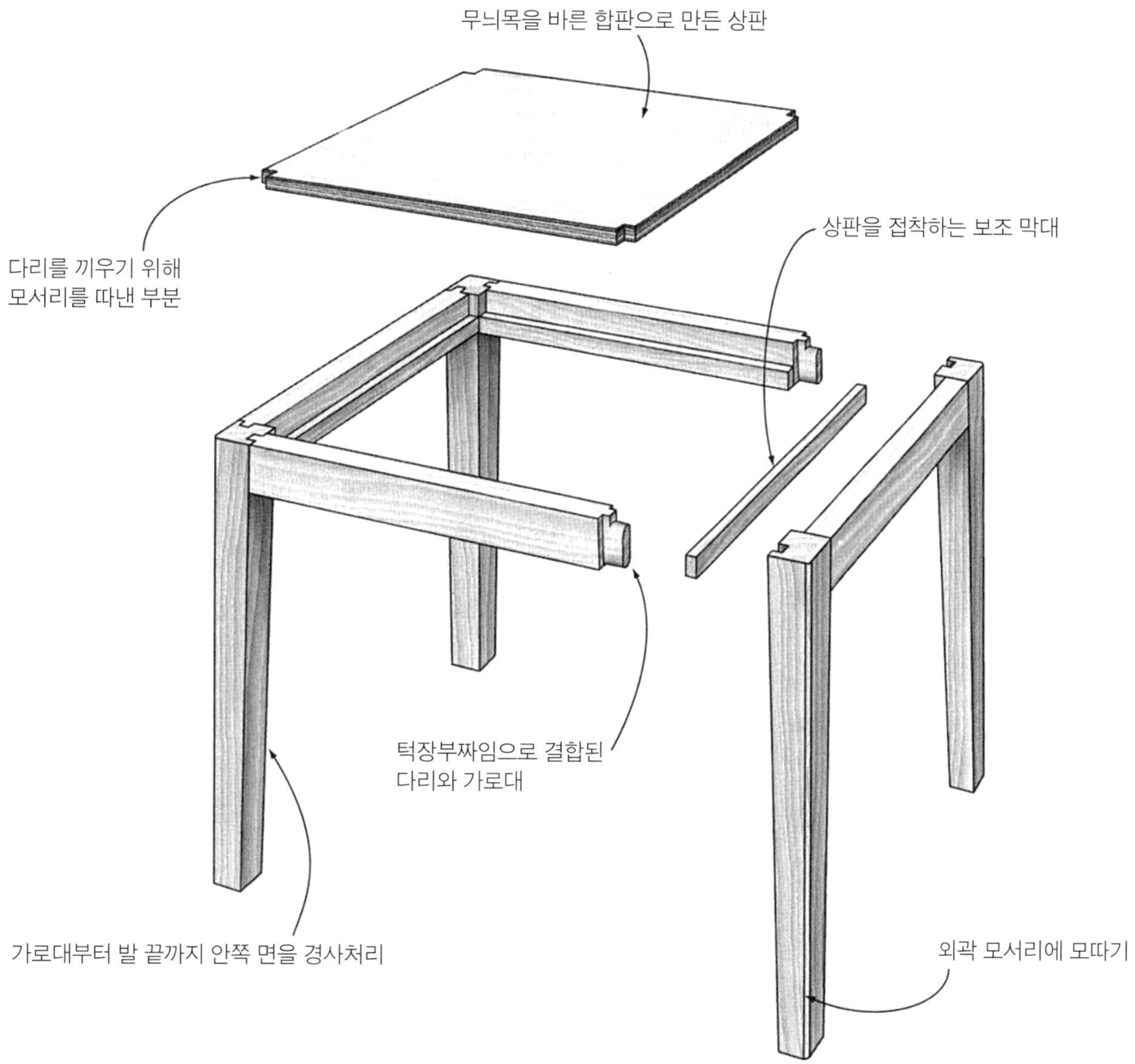

벌림 다리 엔드 테이블
Splay-Leg end Table
태번 테이블

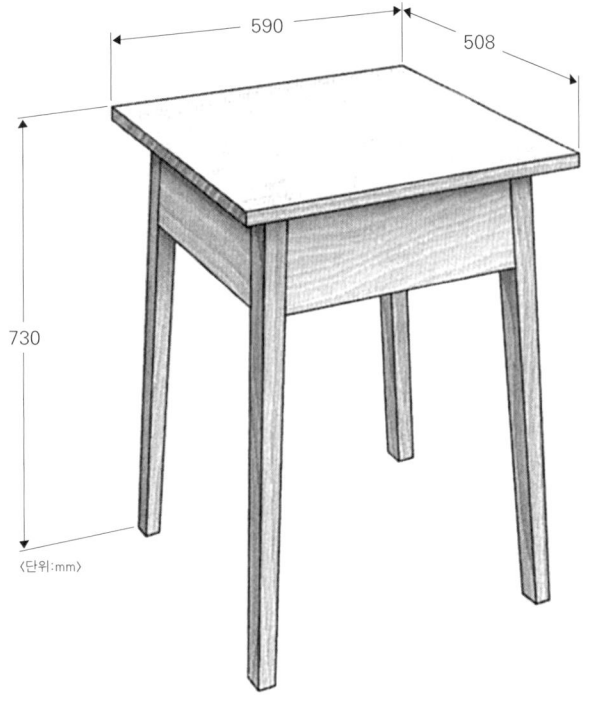

이 테이블은 작고 가볍다. 많은 공간을 차지하지도 않는다. 벌림 다리 테이블은 안정적이어서 잘 넘어지지 않는다. 이런 특징이 이 테이블을 여러 가지 가볍고 실용적인 작업을 위한 이상적인 보조 테이블로 만들어준다.

디자인의 기원은 식민지 시대의 여관으로 거슬러 올라간다. 이 테이블은 일반 테이블에 앉길 원치 않는 손님을 접대하는 것에 사용했다. 가볍기 때문에 손님이 어디에 앉든 테이블과 식사를 옮기기 쉬웠고, 벌림 다리 아래로 다리를 넣고 앉기 편했다.

벌림 다리 구조를 제작할 때 다리와 가로대 사이를 복합적인 각도로 만들 수도 있지만, 여기 예에서는 다른 경우이다. 가로대 역시 각도를 가지고 있다. 만드는 사람은 단순한 각도로 제작하지만 조립하고 나면 결과는 복합적인 각도의 외형을 얻게 된다.

참고도면

- Franklin H. Gottshall, *Simple Colonial Furniture*(Bonanza Books, 1984), Round-Top Card Table. 컨트리 스타일의 캐브리올 다리 원탁 소개. 멋진 테이블이지만 약간 애매한 느낌.
- Bill Hylton, *Country Pine*(Rodale Press, 1995), Splay-Leg Table. 완벽한 세부 형태와 심플한 테이블 제작 방법 소개.
- William H. Hylton, *The Weekend Woodworker Quick-and-Easy Projects*(Rodale Press, 1992), *Splay-Legged Table*. 늘씬한 스타일의 테이블을 제작하기 위한 각종 그림과 부품 목록과 단계별 제작 순서 소개.
- Verna Cook Salomonsky, *Masterpieces of Furniture Design* (Dover Publications, 1953), Maple Table. 다리버팀대과 타원 상판, 목선반 다리 테이블에 대한 치수있는 그림 소개.

디자인 변형

목수들은 작은 테이블의 경우 다리가 서로 너무 가까우면 테이블이 불안정하다는 것을 알고 있다. 벌림 다리는 더 넓은 받침대를 만들어주면 테이블 발의 면적이 상판보다 크지 않으면서도 좀 더 테이블을 안정적으로 만들어 준다. 이는 테이블의 크기나 스타일에 관계없이 적용 가능하며, 변형은 아래 그림과 같다.

가파르게 벌려진 다리를 가진 테이블

원형 테이블

다리버팀대가 있는 테이블

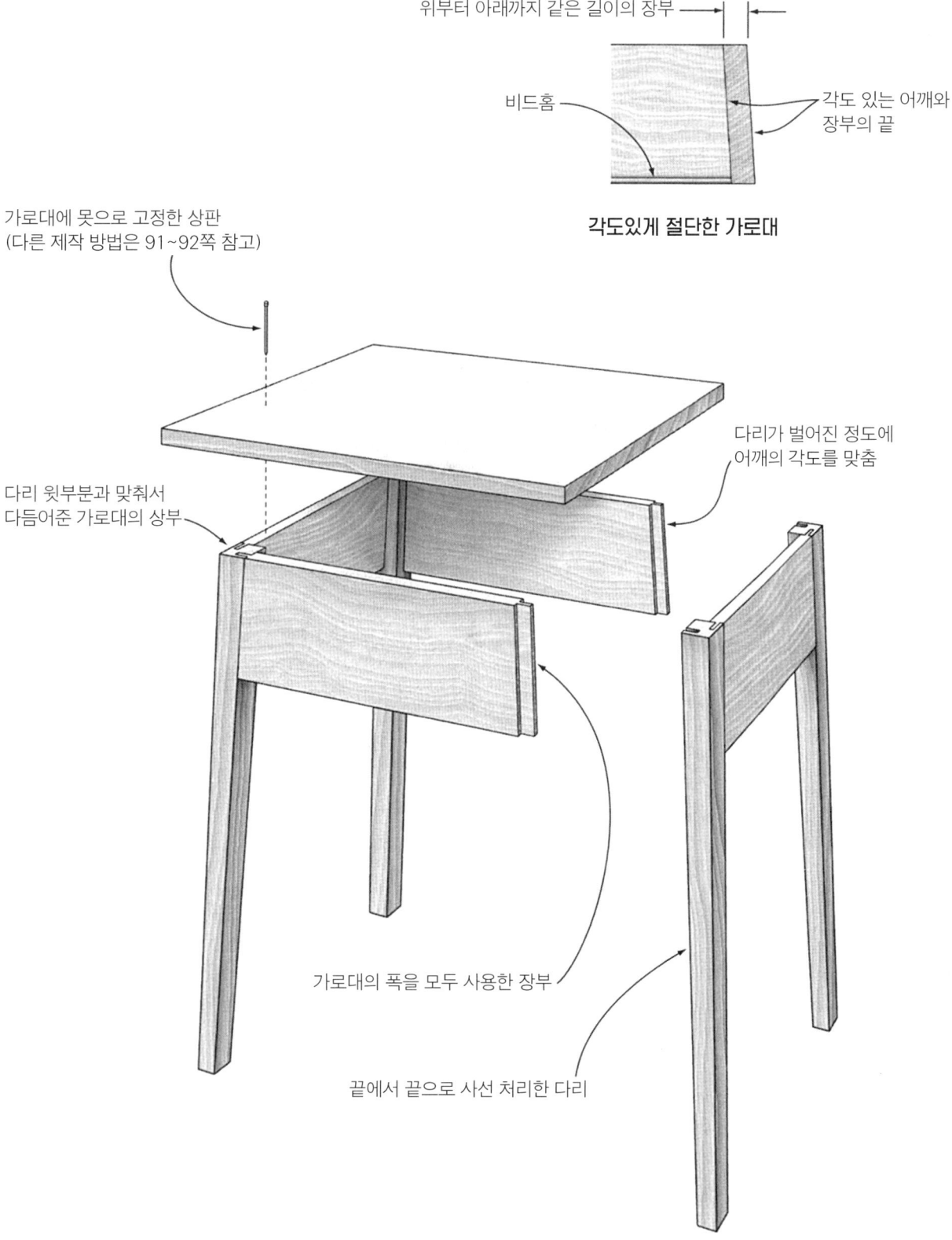

각도있게 절단한 가로대

위부터 아래까지 같은 길이의 장부
비드홈
각도 있는 어깨와 장부의 끝

가로대에 못으로 고정한 상판
(다른 제작 방법은 91~92쪽 참고)

다리 윗부분과 맞춰서
다듬어준 가로대의 상부

다리가 벌어진 정도에
어깨의 각도를 맞춤

가로대의 폭을 모두 사용한 장부

끝에서 끝으로 사선 처리한 다리

서랍 달린 엔드 테이블
End Table with Drawer

엔드 테이블·사이드 테이블·협탁·램프 테이블

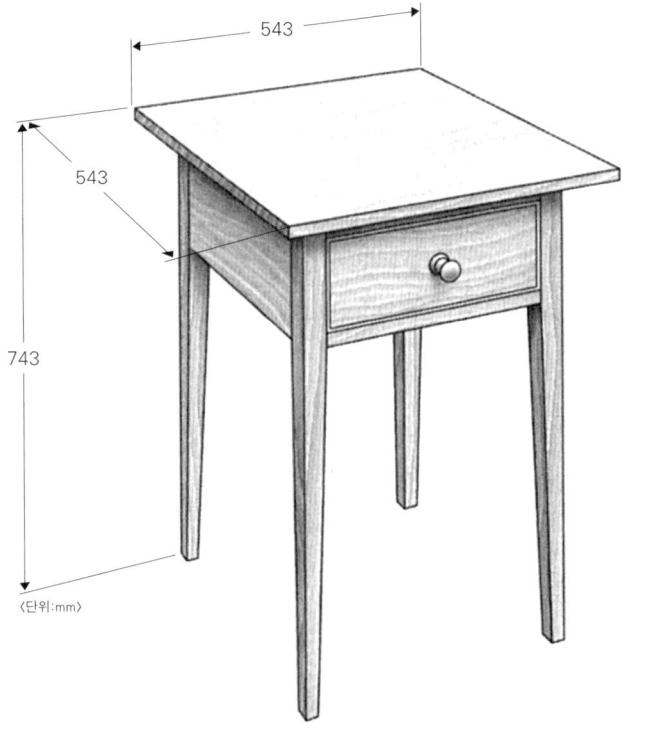

〈단위:mm〉

보조 테이블에 대한 표준형이 있다면 바로 이것이다.

기본형은 소형이면서 정사각형의 상판 그리고 작은 서랍이 있다. 집이나 사무실에서 다양하게 쓰인다. 이것은 의자 옆이나, 침대 옆 테이블, 어두운 복도에 놓이는 전등 받침대, 전화 받침대, 가까이에 놓고 보는 책들을 올려놓기도 하고, 또는 현관 옆의 조용한 집사 역할을 하기도 한다.

테이블 크기는 용도에 따라 조절할 수 있지만, 구조를 바꿀 필요는 없다. 테이블 크기와 스타일에 상관없이 193쪽 그림과 같은 기본적인 결구법을 적용할 수 있다.

참고도면

- William H. Hylton, *The Weekend Woodworker Quick-and-Easy Projects* (Rodale Press, 1992), Bedside Table. 목선반 다리 테이블의 자세한 도면, 제작 방법 소개.
- 목공잡지 *American Woodworker* No.17(1990년 11/12월호) 20~25쪽, Kelly Mehler, Cherry Side Table. 셰이커 스타일 테이블 소개.
- Thomas Moser, *Measured Shop Drawings for American Furniture*: 제1권(Sterling Publishing Co., 1985), Sidestand. 모서가 디자인한 가구 중에서 세련된 테이블에 대한 치수도면 소개.
- 목공잡지 *American Woodworker* No.44(1995년 3/4월호) 54~57쪽, R. S. Wilkinson, Maple Side Table. S자형 서펜타인 상판을 가진 헤플화이트 스타일의 소형 테이블 제작 방법 소개.

디자인 변형   보조 테이블은 그림에서 보는 것과 같이 다양한 스타일로 변형이 가능하다. 서펜타인 상판을 가진 테이블은 특징적인 선 상감과 테두리 장식은 없지만 진짜 헤플화이트 가구이다. 이 가구의 매력은 정교하게 모양낸 상판에 있다. 셰이커 스타일 테이블은 엄숙한 우아함을 가지고 있다. 이 스타일의 매력은 좋은 비율과 간결한 선에 있다. 보통은 장식이 없지만 일부 장식이 있는 경우도 있다. 세 번째 테이블은 특정 지역의 스타일로 목선반 다리 중심으로 디자인되어 있으며, 주로 침대 옆 테이블로 사용한다.

서펜타인 곡선형 상판의 엔드 테이블

셰이커 스타일 엔드 테이블

목선반 다리 엔드 테이블

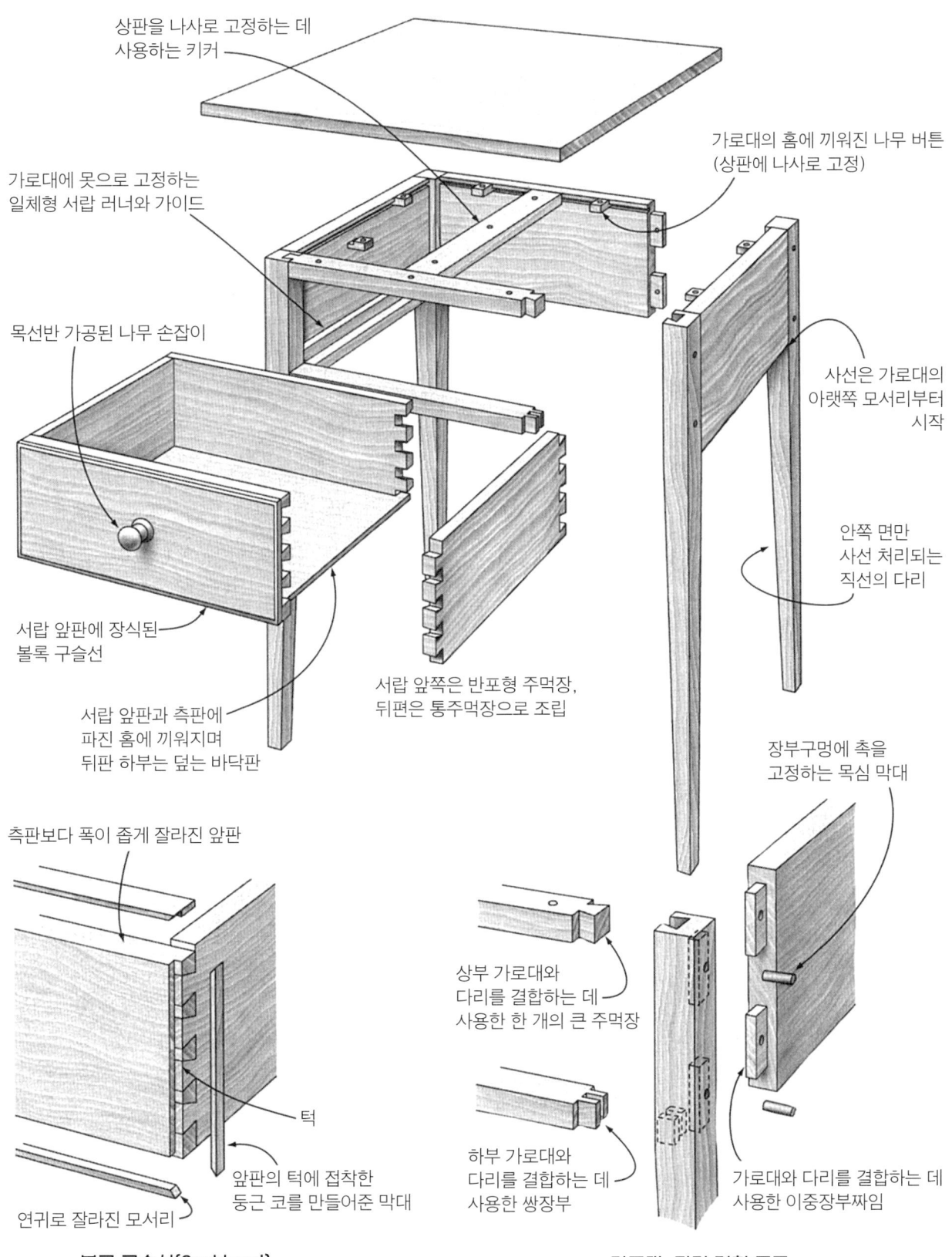

버틀러 테이블
Butler's table

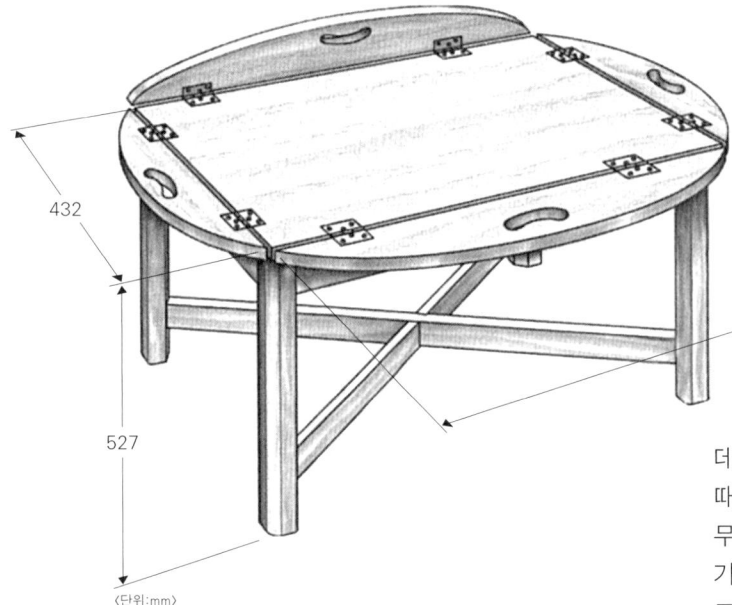

〈단위:mm〉

우아한 형태의 쟁반과 받침을 가진 초창기 버틀러 테이블은 현재는 커피 테이블로 살아 남았다.

실제로 테이블을 최초로 사용한 사람은 18세기 영국의 귀족 집안에서 차를 접대하던 집사였다. 그런데 집사의 쟁반이라도 초라한 물건을 들이지 않았기 때문에 집사의 쟁반과 받침대는 우아하며 값비싼 나무로 제작했다. 버틀러 테이블은 필수적으로 다리-가로대 구조의 받침대와 이동식 쟁반으로 구성된다. 표준형으로 제시된 받침대는 말보로형 다리와 십자형 다리버팀대를 가지고 있다.

상판은 곡선 날개판이 있는 직사각형의 쟁반이다. 특히 날개판은 접어 내리는 것이 아니고 접어 올리며, 상판의 표면에 파 넣은 스프링이 장착된 특수 경첩을 가지고 있다. 각 날개판은 손가락을 넣기 위한 구멍을 파 놓았다. 날개판을 올리면 쟁반 주변의 낮은 벽이 되며 쟁반을 나르기 쉽게 해준다. 날개판을 내리면 쟁반은 타원의 상판으로 변신한다.

참고도면
- Norm Abram, Tim Snyder, *Classics from the New Yankee Workshop* (Little, Brown & Co., 1990), Butler's Table. 저자만의 방법으로 제작하는 표준 프로젝트 소개.
- 목공잡지 *Woodsmith* No.14(1981년 3월호) 20~25쪽, Butler's Tray Table. 프레임-패널 형식의 트레이와 다리버팀대 없는 받침대의 단계별 제작 방법 소개.
- Nick Engler, *Finishing* (Rodale Press, 1992), Butler's Table. 선반이 있는 버틀러 쟁반을 위한 받침대를 좋은 도면과 단계별 방법 소개.

디자인 변형

받침대가 변형된 디자인의 핵심인 경우가 많다. 쟁반 형식은 바뀌지 않는데(크기 변경 제외), 아마도 형식의 필수 요소가 쟁반이기 때문이다. 버틀러 테이블의 초기형태는 현재도 레스토랑에서 쟁반 받침으로 사용하는 것 같은 X자형 받침대를 사용하고 있었다. 다리버팀대를 바꿈으로써 표준형 모델을 다양하게 변형 할 수 있다. 다리버팀대가 없거나, 버팀대를 대신하여 선반을 넣을 수도 있다.

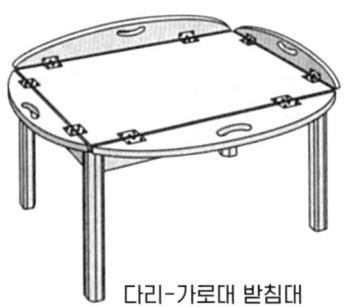

다리-가로대 받침대

선반 있는 받침대

X자형 접이식 받침대

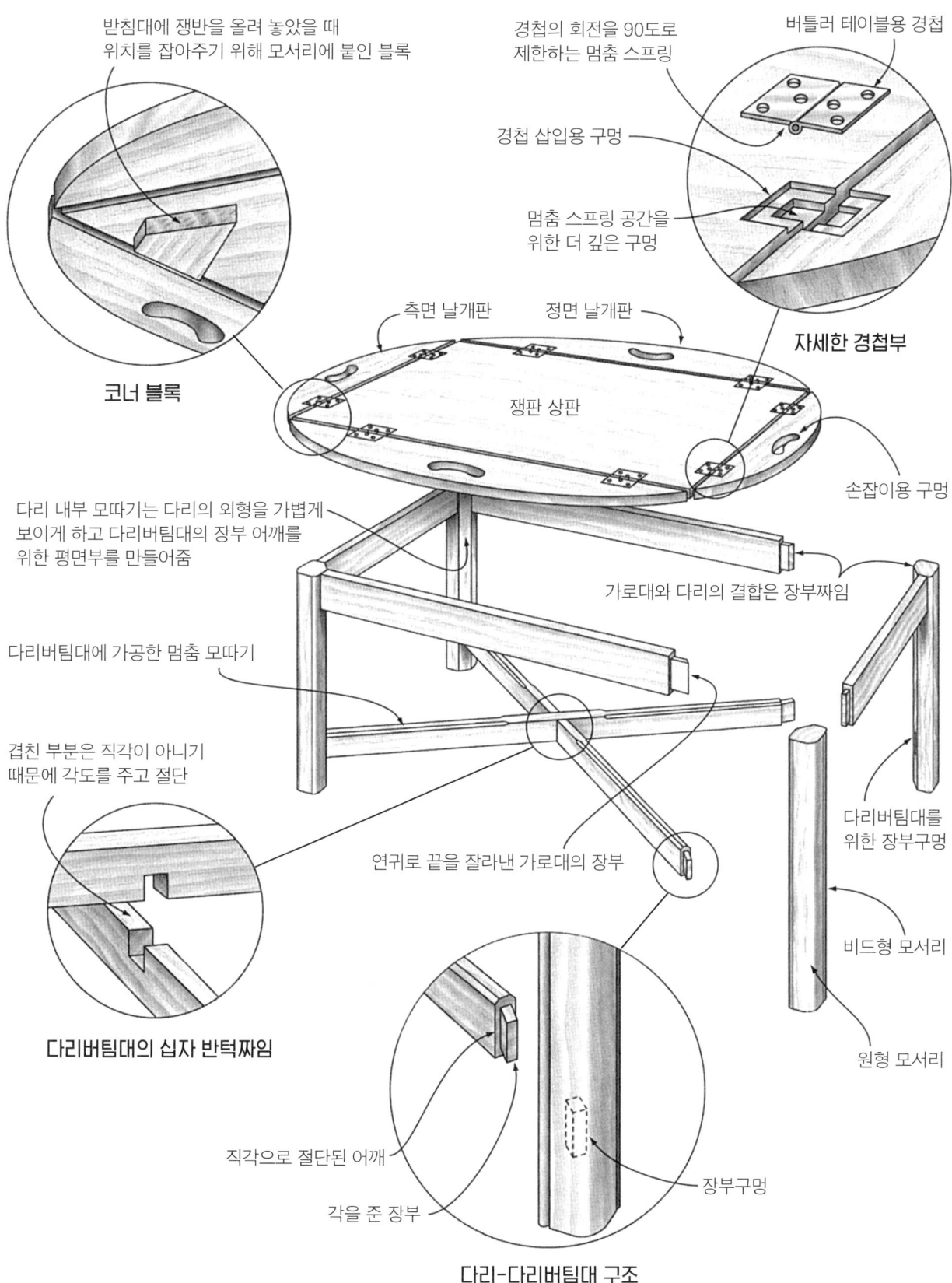

커피 테이블
Coffee table
보조 테이블·무릎 테이블

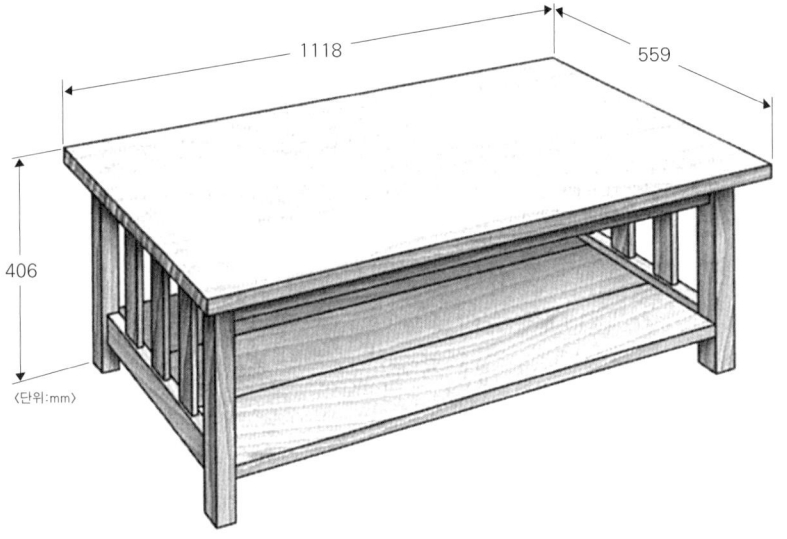
〈단위:mm〉

커피 테이블은 집에서 쉬면서 잡지와 신문을 읽으며 담소를 나누는데 여가 시간을 사용하는 비교적 최근의 변화된 문화를 반영한 것이다.

퀸 앤이나 치펜데일 스타일의 커피 테이블은 크기와 높이가 보기 좋고 매력적이지만, 지금은 사용하지 않는 사이즈이다.

이 테이블의 크기와 높이는 소파에 앉아 있는 동안 차를 마시거나, 디저트를 먹기 쉽게 만들었는데, 과거에 크고 거추장스러운 치마를 입던 시대에는 사용하기가 힘들었을 것이다.

가장 일반적인 치수는 높이 16~18인치(406~457mm)에, 폭 18~30인치(457~762mm) 그리고 길이는 매우 다양한데 소파 길이와 비슷한 경우가 많다. 대부분의 가정에 응접실의 중앙을 차지하는 가구인 커피 테이블은 디자이너에게나 만드는 사람에게나 모두 선호하는 가구이다.

참고도면
- 목공잡지 *American Woodworker* No.16(1990년 10월호) 36~39쪽, Ben Ericson, Neo-Egyptian Coffee Table. 양 끝단이 두루마리 모양을 한 상판을 가진 현대적 디자인의 다리-가로대 구조의 테이블그림, 제작 방법 소개.
- Thomas Moser, *Measured Shop Drawings for American Furniture*(Sterling Publishing Co., 1985), Coffee Table(24인치), Knee Table, Coffee Table(30인치), 3종의 테이블에 대한 그림 소개.
- 목공잡지 *American Woodworker* No.37(1994년 4월호) 40~41쪽, Andy Rae, Craftsman-Style. 선반이 달린 심플한 아트-앤-크래프트 디자인 설명은 없지만 훌륭한 그림 소개.

디자인 변형

커피 테이블의 디자인 변형은 아주 다양하다. 가볍고 경쾌하거나 또는 튼튼하고 무거울 수도 있으며, 전통적이거나 전위적이고, 상판 하부 서랍의 유무, 다리버팀대 역할도 겸하는 잡지용 선반 유무 등 많은 변형이 있을 수 있다. 작은 수집품을 위한 서랍 공간 위에 유리를 덮은 커피 테이블도 인기다. 네 개의 다리가 가로대에 결합되어 상판을 지지하는 전통적인 테이블 구조가 일반적이지만 가대식(Trestle)구조, 판재를 이용한 측판 또는 받침대형(Pedestal)도 쉽게 찾아볼 수 있다. 높이는 많이 변하지 않고 16~18인치(406~457mm) 사이로 제작한다.

현대식 커피 테이블

측판형 커피 테이블

가대식 커피 테이블

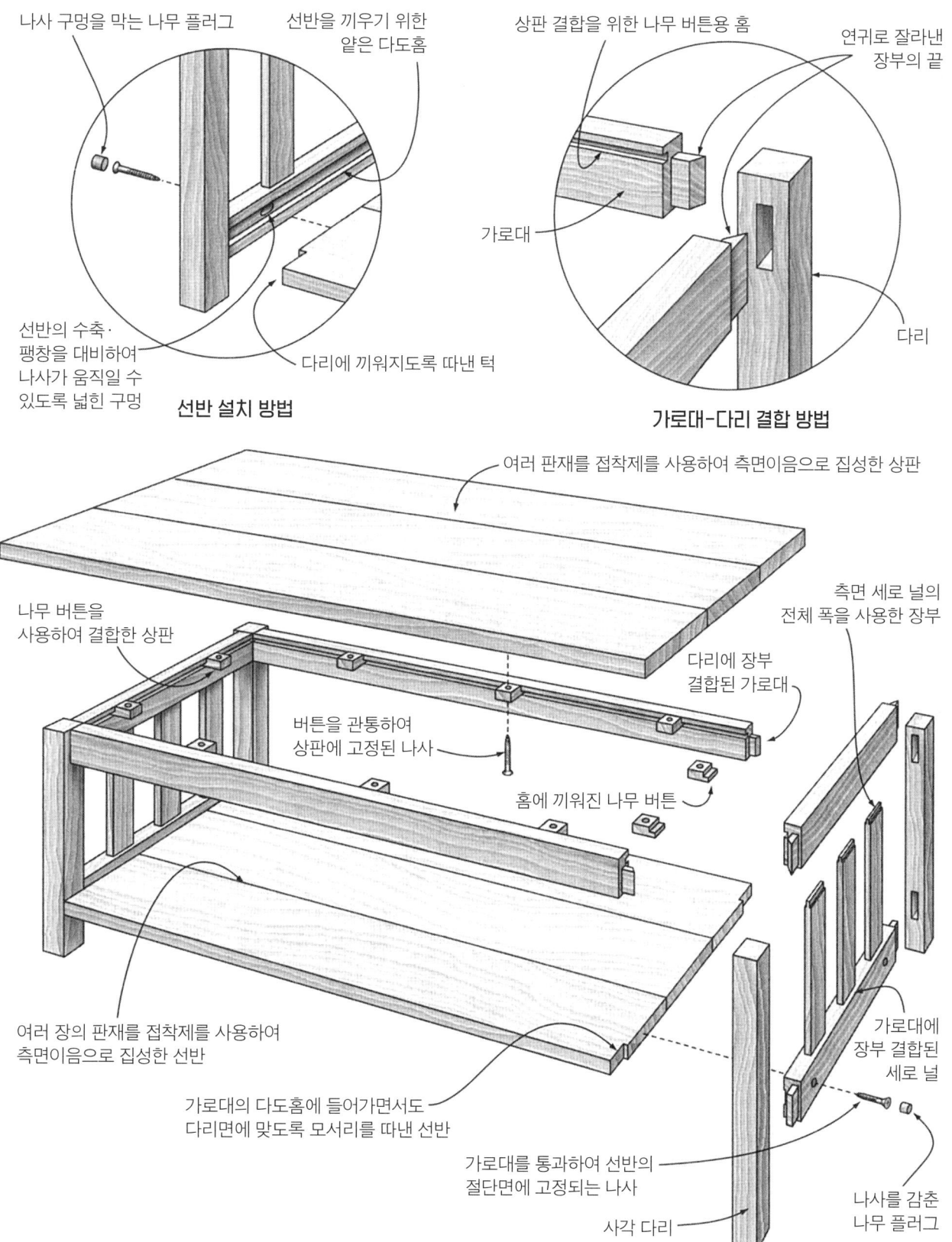

삼발이 테이블
Tripod Table
촛대 스탠드·삼발이 스탠드·원형 스탠드·바느질 스탠드

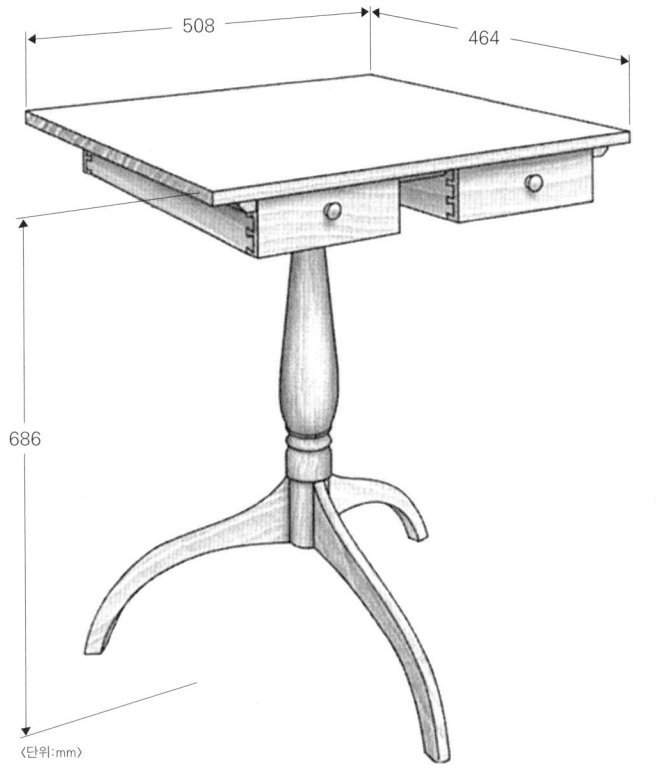

〈단위:mm〉

참고도면
- John Kassay, *The Book of Shaker Furniture*(University of Massachusetts Press, 1980), Stands. 제작 방법 안내는 없지만 여러 형태의 세이커 스타일의 삼발이 테이블 치수도면 소개.
- 목공잡지 *American Woodworker* No.27(1992년 7/8월호) 50~54쪽, Robert Treanor, Stands. 세이커의 가구를 재현하기 위한 좋은 제작 안내 수록.

삼발이 테이블은 특히 18세기에 유행했다. 촛대, 와인잔, 차주전자, 바느질 용품 등 여러가지 물건들을 올려놓는 데 사용했다.

19세기에는 세이커 교도들이 다양하고 꽤 많은 양의 삼발이 테이블을 제작했다. 사실 막대형 등받이 의자 옆에 원형 테이블이 세이커 가구의 가장 잘 알려진 형태이다. 하지만 여기에서 제안한 표준형의 원형 테이블이 그들이 만든 유일한 삼발이형 테이블은 아니다. 세이커들은 하부에 서랍이 매달린 정사각형 또는 직사각형의 상판을 가진 독특한 바느질용 테이블을 제작했다.

그림은 하나의 삼발이형 받침대에 올릴 수 있는 또 다른 형태의 세이커 상판을 보여준다. 먼저 삼발이형 받침대를 보자. 사방으로 뻗은 각도 때문에 기둥에서 다리가 분리되려는 응력을 견디도록 제작돼야 한다. 결합부를 보강하기 위해서 '스파이더(Spider)'라고 부르는 금속판을 못이나 나사를 사용하여 기둥과 다리 아래에 고정한다.

상판은 보조 막대나 받침목을 사용하여 상판 아래에 나사로 고정한다. 외다리 기둥의 끝부분 장부는 받침목에 쐐기와 함께 접착한다.

디자인 변형

오른쪽 그림에서 보는 것처럼 세이커들만 삼발이형 테이블을 제작했던 것은 아니다. 그림처럼 작은 상판을 가진 것이 분명히 촛대용 스탠드임을 보여준다. 페더럴 시대에는 다리의 형태나 상판의 모양, 스타일에 따라 많은 변형들이 소개되었다. 두 개의 페더럴 스타일 모두 받침대형이지만 다리의 곡선과 상판의 모양을 변화시켜 전체 인상을 바꾸고 있다. 퀸 앤 시대에는 제작된 날씬하고, 우아한 촛대 스탠드는 오늘날에도 생산되고 있다.

페더럴 스타일

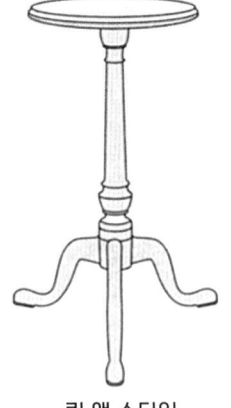

퀸 앤 스타일

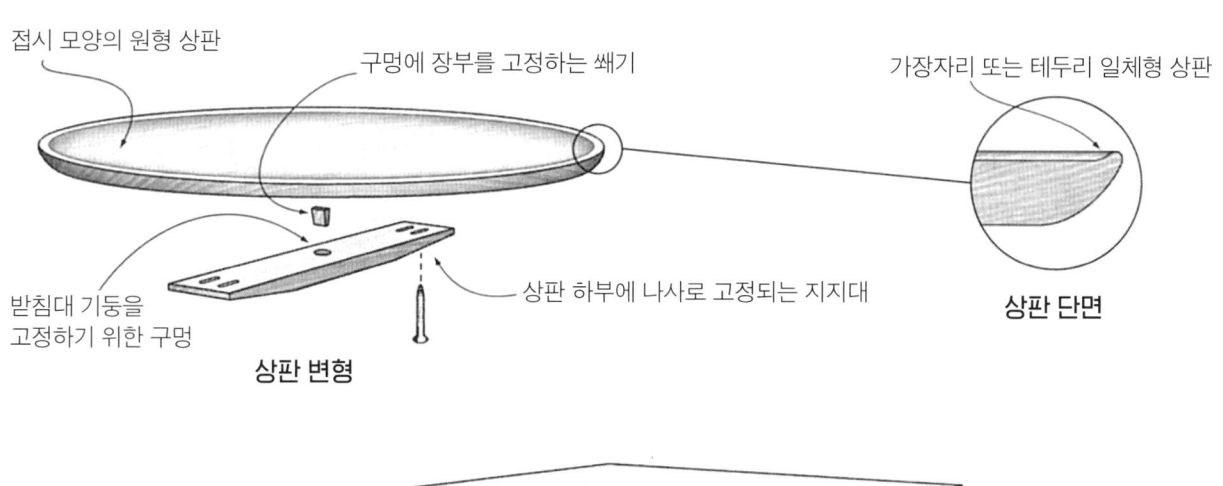

보조 테이블

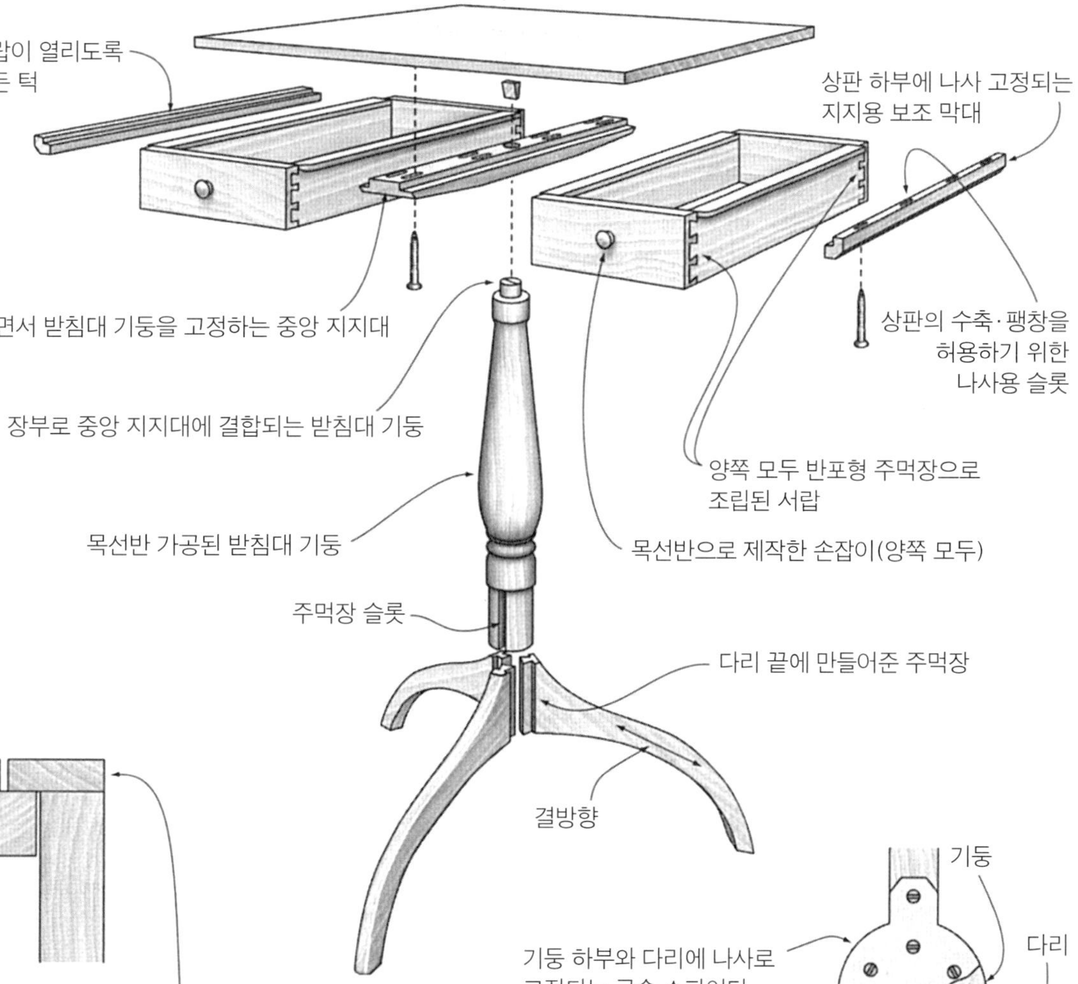

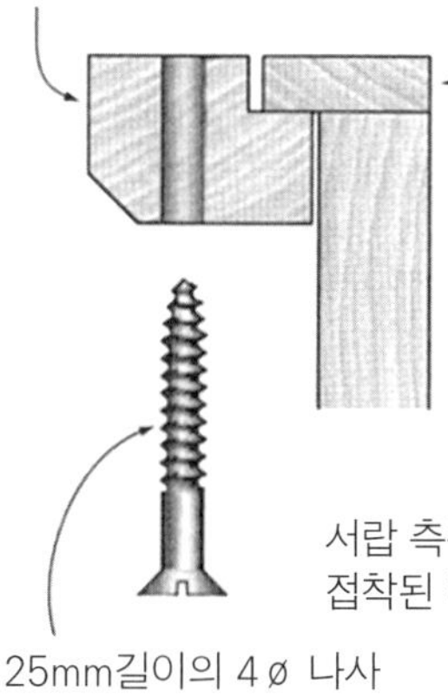

틸트-탑 테이블
Tilt-Top Table
팁-앤-턴 테이블·팁-탑 스탠드·촛대 스탠드·원형 삼발이 테이블

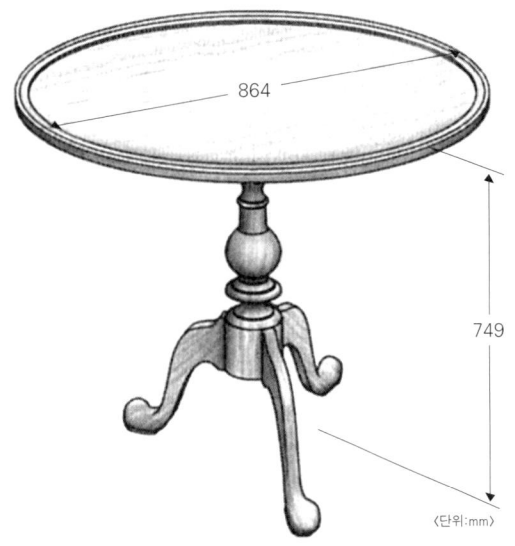

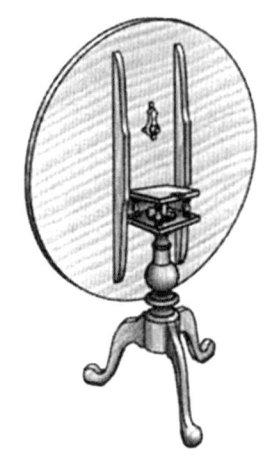

틸트-탑 테이블은 퀸 앤 시대에 들어 주류 가구에 속하게 되었다. 그 당시 같은 현실적인 시대에서는 사용하지 않는 가구는 장애물이었다. 이 테이블은 사용하지 않을 때 상판을 세울 수 있었고, 벽에 기대 놓으면 공간을 최소로 차지했다.

각 테이블은 상판의 크기, 목선반 가공된 기둥, 다리의 모양, 상판의 모서리 몰딩 디자인 등에 따라 구분된다. 지름이 20인치(508mm)보다 작은 상판은 일반적으로 촛대 스탠드로 사용되었고, 더 큰 테이블은 다과용 테이블이나 진열용 테이블로 사용했다.

어떤 틸트-탑 테이블은 상판을 기울이는 것뿐만 아니라 회전도 가능했다(그래서 이름이 팁-앤-턴 테이블). 주인이 차를 잔에 따른 후 상판을 돌리면 마주 앉은 손님에게 차를 전해줄 수 있었다.

이것은 새장(Birdcage)이라는 장치에 의해 구현된다.

참고도면
- 목공잡지 *American Woodworker* No.29(1992년 11/12월호) 22~27쪽, Lonnie Bird, Queen Anne Tilt-Top Table. 접시형 상판 테이블 소개.
- Michael Dunbar, *Federal Furniture*(The Taunton Press, 1986), Candle stand, Tip-Top Table. 타원 상판의 촛대 스탠드와 구불구불한 상판의 테이블을 동시에 소개하고 있다.
- Lester Margon, *Construction of American Furniture*(Dover Publications, 1975), 18th Century Walnut Tip-Top Table. 접시형 상판 테이블 소개.

파이형 상판

디자인 변형
많은 다른 유형의 가구들처럼 틸트-탑 테이블의 상판 크기와 모양 등 디자인 변형을 세부적으로 할 수 있다. 촛대 스탠드는 평범한 원형이나 타원, 접시형, 파이형 또는 정사각형일 수도 있다. 물론 극단적인 경우 기둥과 다리의 크기도 다시 조정해야 한다. 다리에 비해 상판이 너무 작으면 우스꽝스러워 보인다. 또 상판이 너무 크면 불안정해 보인다. 기둥의 목선반 가공 다리의 스타일로도 변화 가능하며 네 가지 옵션은 아래와 같다.

공-갈고리 발톱형 다리

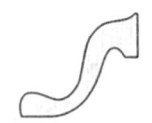
슬리퍼발형 다리

낮은 오지 커브형 다리

높은 오지 커브형 다리

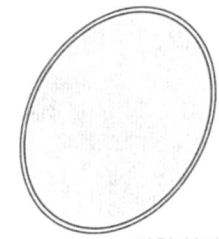
타원 상판

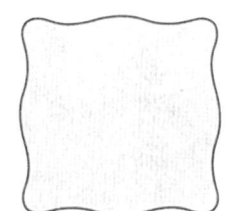
서펜타인형의 테두리를 가진 정사각형 상판

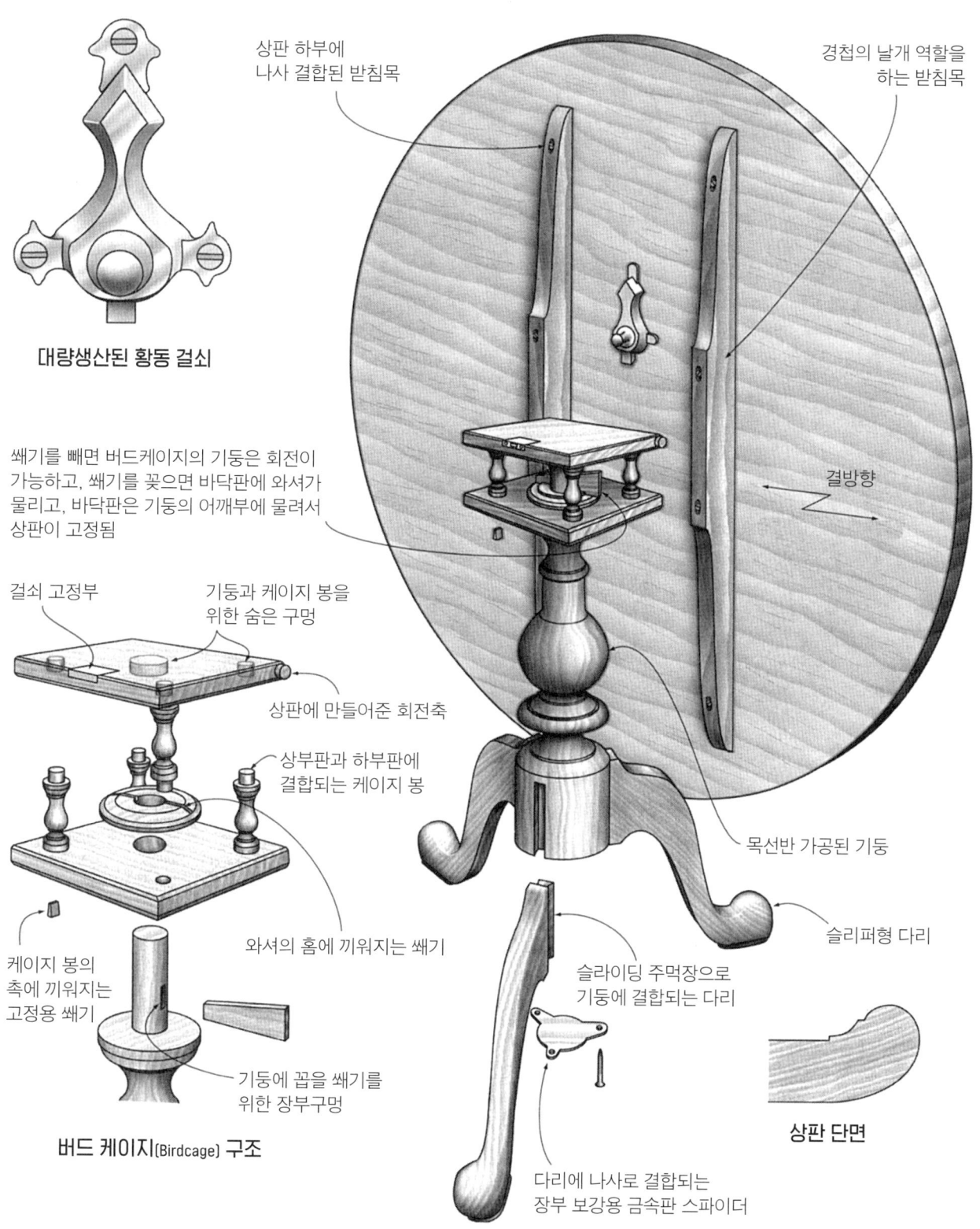

대야 받침대
Basin Stand
세면대·건식 세면대

〈단위:mm〉

아침에 일어나 눈에서 잠을 씻어내는 장소처럼 시대를 초월하는 필요성은 다양한 가구 디자인에 영감을 준다. 세면대를 디자인할 때 요구되는 점은 두 가지였다. 펌프에서 받은 물을 옮겨주는 물주전자를 놓을 공간과 얼굴을 씻기 편리한 높이에 대야를 놓는 공간이다.

1800년대부터 1900년대 초반까지의 모습이 현재까지 살아남은 가장 일반적인 형태이다. 형태의 대부분은 물주전자와 대야를 위한 최소한의 공간을 두는 것 외에 두 가지 정도의 특징이 더 필요하다. 그것은 바로 근처에 물이 튀는 것을 막아주는 물막이판과 세면 용품을 담아두는 서랍이다.

세면대는 보여주기 위한 가구가 아닌 실용적인 가구이지만 그럼에도 디자인에 있어 보통 어떤 취향이나 장식들을 담고 있다. 다리나 물막이판 같은 중요 부분을 정성스럽게 모양을 낸 경우가 많다.

현대적인 수도시설을 갖추고 있는 요즘 같은 시대에 이 간결하고 우아한 디자인의 세면대를 집에 놓고자 한다면, 보통 화분 받침의 용도나 물주전자와 대야와 함께 그냥 장식으로만 사용할 수 밖에 없다.

참고도면
- David Sloan, Norm Abram, *Mostly Shaker From The New Yankee Workshop*(Little, Brown & Co., 1992), Shaker Washstand. 막힌 하부장이 달린 전통 스타일을 바탕으로 한 현대적인 디자인 소개. 좋은 그림과 사진, 이해하기 쉬운 제작 기법 수록.
- Richard A. Lyons, *Making Country Furniture*(Prentice-Hall, 1987), Stand Table. 적절한 그림, 제작 방법들과 함께 간결한 디자인의 테이블 소개.

디자인 변형   일반적으로 세면대 디자인을 변형하는 방법은 장식의 양, 취향과 전통을 반영한 장식 그리고 공간에 얼마나 맞출 것인가 등이다. 목선반 다리와 상상력이 가득한 형태의 물막이판과 가로대 그리고 구석에 딱 맞는 디자인 등도 일반적이다. 아마도 그당시 매우 실용적인 장식없는 세면대가 가장 일반적이었지만, 실생활에서 흔하게 사용했기 때문에 특별히 보존하려고 하지 않았다.

이층 스탠드

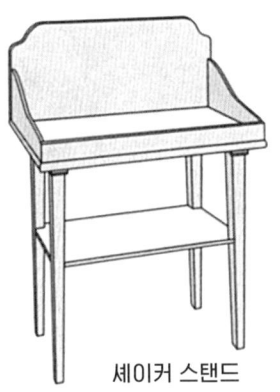
셰이커 스탠드

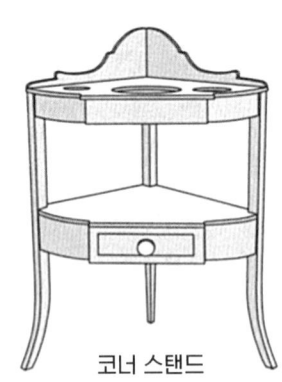
코너 스탠드

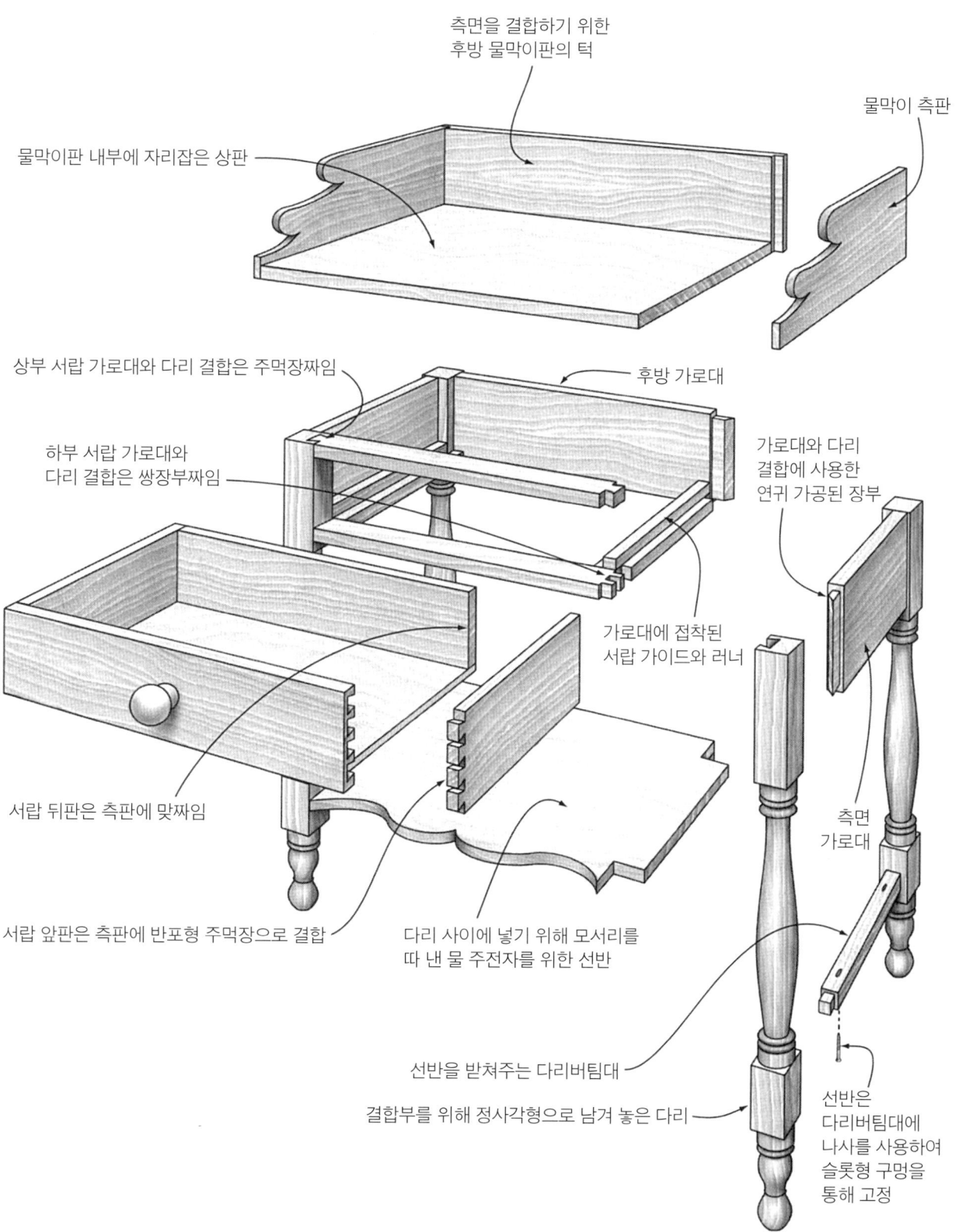

화장대
Dressing Stand
로우 보이·베니티 테이블·드레싱 테이블

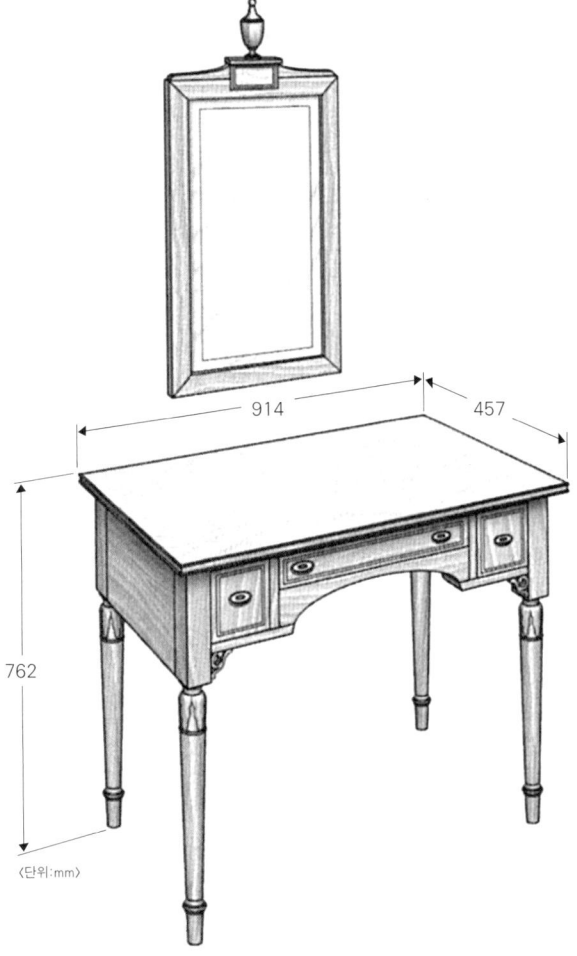

세면대나 침대와 달리, 화장대는 필수 가구는 아니다. 과거화장대는 화장품이나 화려한 옷과 보석에 돈을 쓰는 중·상류층의 풍습을 보여준다. 그래서 완전히 실용적이기만 한 화장대는 찾기 어렵다. 화려한 장식을 기피하는 셰이커들의 전통가구에서도 그런 예는 찾을 수가 없다. 여기 기본형은 세련된 가구 제조업체가 없는 시골 지역에서 나왔다. 이는 이 지역의 고객들도 사치품을 사용하고, 세부 형태에도 신경썼음을 보여주고 있다.

그럼에도 불구하고 이 디자인은 오랜 역사를 가지고 있으며, 모든 주요한 가구 디자인 전통을 담고 있다. 대표적인 특징으로는 앉아서 사용하는 사용자를 위한 편안한 높이, 적당한 다리 공간, 화장품과 보석들을 담기 위한 서랍, 하나 이상의 거울, 고급재료, 경우에 따라 정교한 장식, 장인 정신 그리고 섬세하고 여성스러운 형태까지 다양하다.

참고도면
- Carlyle Lynch, *Classic Furniture Projects from Carlyle Lynch*(Rodale Press, 1992), Queen Anne Lowboy, 캐브리올 다리에 거울 없는 1713년 로우보이의 재현 그림, 제작 방법 소개.
- Edward J. Schoen, *Cabinetry*(Rodale Press, 1992), Dressing Table. 전통적인 외관이지만 현대적인 디자인과 종합적인 그림, 단계별 제작 방법 소개.

디자인 변형
화장대의 디자인 변형은 가구 디자인 전통의 전체 스펙트럼을 반영하고 있다. 일반적으로 부착된 거울이 없는 경우는 벽걸이식 거울을 함께 사용한다. 보 부르멜(Beau brummell) 화장대에는 거울을 접은 후에 두 개의 날개도 접으면 사용하지 않을 때 공간을 덜 차지한다. 모든 예들이 시대에 따라, 화장품 용기의 크기에 따라 여러 개의 서랍을 가지며, 보석 수납용 서랍이 있는 경우도 있다.

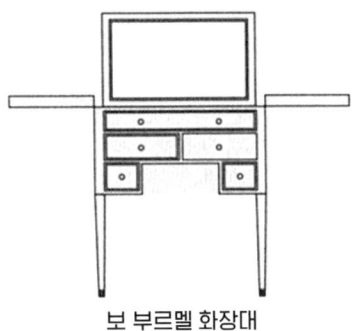

보 부르멜 화장대

윌리엄 엔 매리 화장대

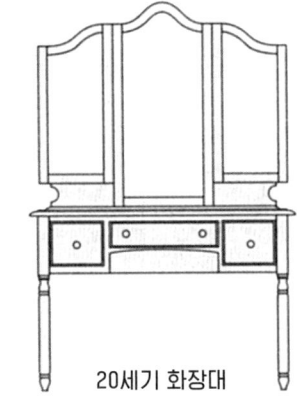

20세기 화장대

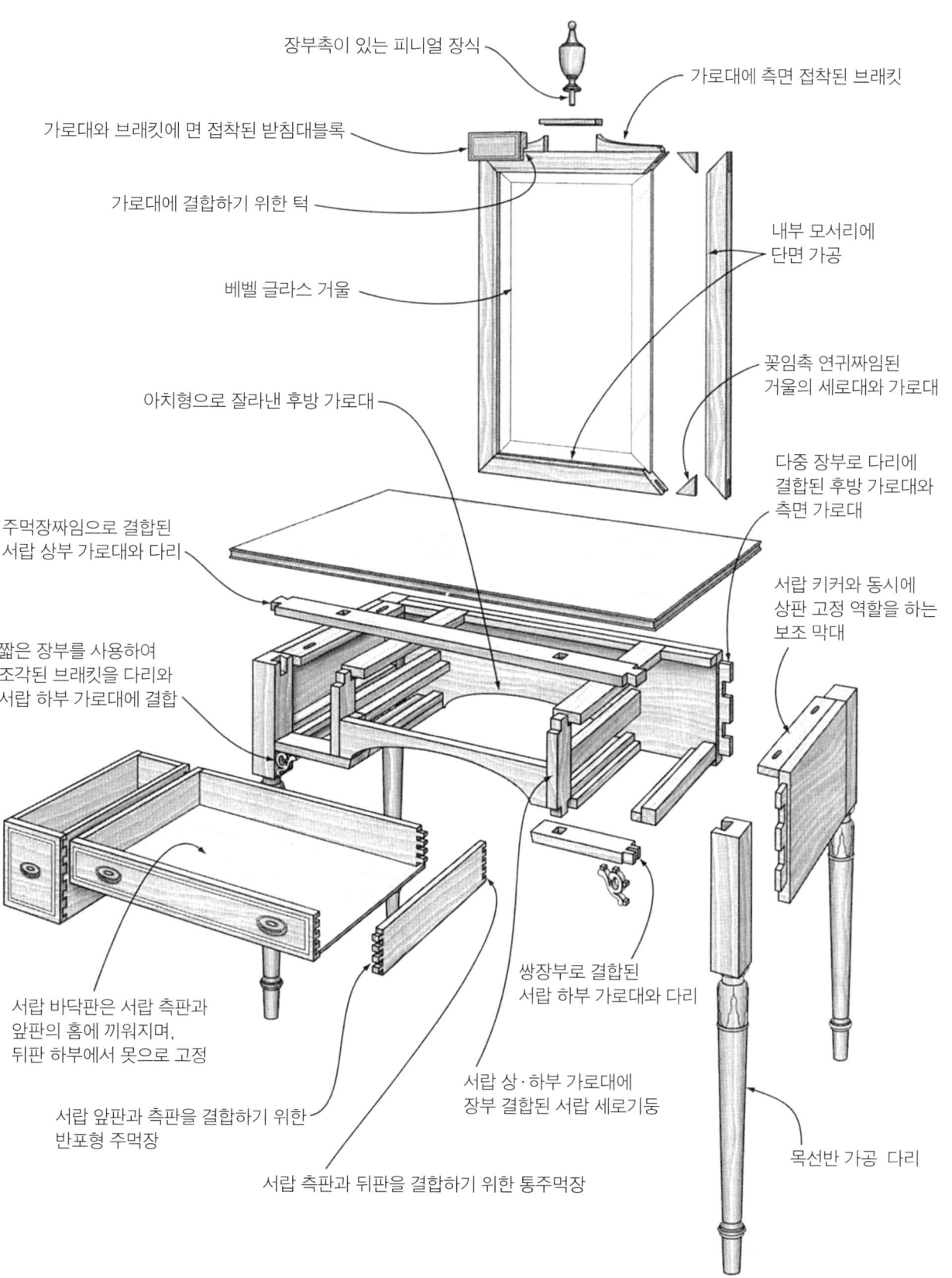

03 책상
Desks

우리는 좋든 싫든 간에, 안락의자보다는 책상 앞에 앉아 있는 시간이 좀 더 많다. 그리고 거기 앉아서 우리가 하는 일은 반복적인 경향이 있다. 그래서 치수가 조금만 벗어나도 불편함을 느끼게 되고 두통이나 몸에 통증을 느끼게 된다. 안락하면서도 일에 집중할 수 있게 만드는 책상을 디자인하는 데 도움이 될 만한 표준 치수들은 다음과 같다.

- **책상 높이:** 바닥부터 책상 상판 표면까지의 거리. 평균적으로 27~30인치(686~762mm).
- **다리 공간:** 바닥부터 책상 상판 아래까지의 거리. 24~29인치(610~737mm).
- **허벅지 공간:** 의자를 끌어 당겨 앉았을 때, 허벅지부터 책상 상판 아래까지의 거리. 최소 6.5인치 (165mm).
- **무릎 공간:** 책상 앞쪽 모서리부터 의자를 당겼을 때 앉은 사람의 다리가 걸리는 장애물까지의 거리(다리는 다리버팀대, 패널 또는 아무것도 없이 책상 뒤쪽 벽에 막힐 수 있다). 좋은 디자인은 14~18인치(356~457mm) 정도는 허용해야 한다.
- **리치[미치는 범위]:** 앉은 상태에서 팔이 닿는 수직 거리. 19~20인치(483~508mm)가 표준이다. 편안한 책상도 컴퓨터가 놓이는 순간 고통스럽게 사용하는 책상이 될 수 있다. 컴퓨터를 사용하기 위해서는 몇 가지 변경이 필요하다. 다리를 위한 공간은 필수적이지만 키보드와 모니터의 위치는 적절하게 조절할 필요가 있다. 그렇지 않으면 목이 뻣뻣해지거나 손목이 아프고 눈이 피곤해진다.
- **키보드 높이:** 바닥부터 키보드 위까지의 거리. 책상 상판의 높이보다는 약간 낮은 24~27인치 (610~686mm) 범위로 조절 가능해야 한다.
- **시선의 각도:** 키보드를 내려다보는 시선과 모니터를 보는 시선 사이의 각도가 60도를 넘지 않게 한다.

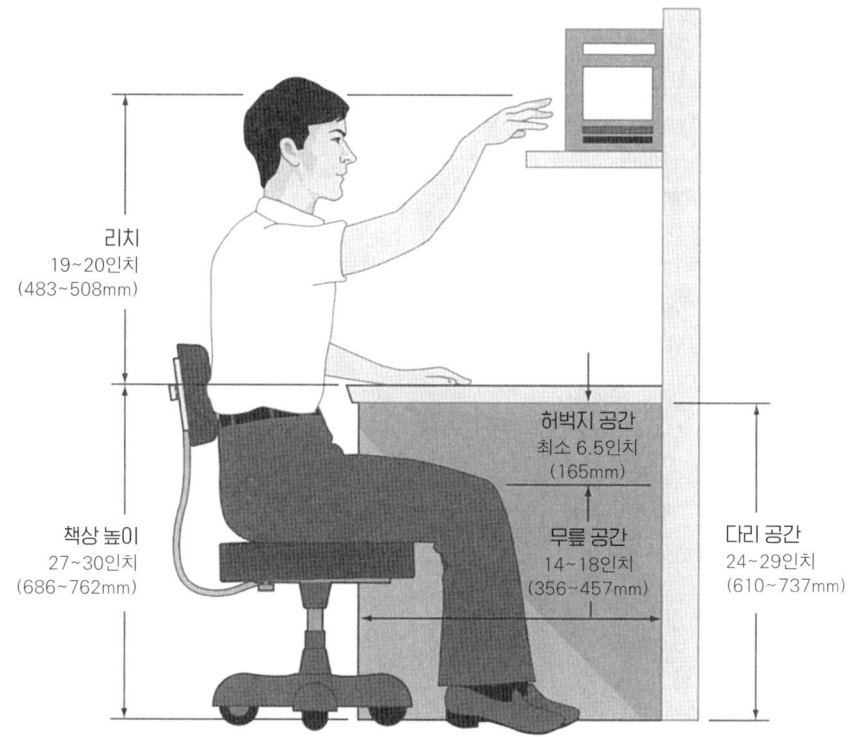
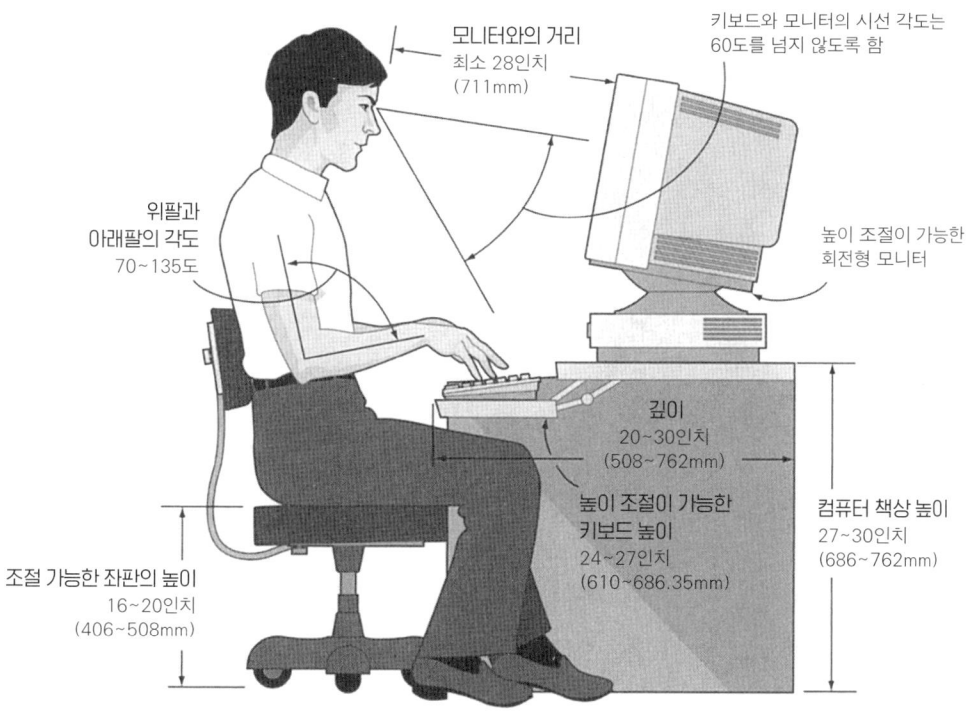

필기용 책상
Writing Desk
책상 · 필기용 테이블

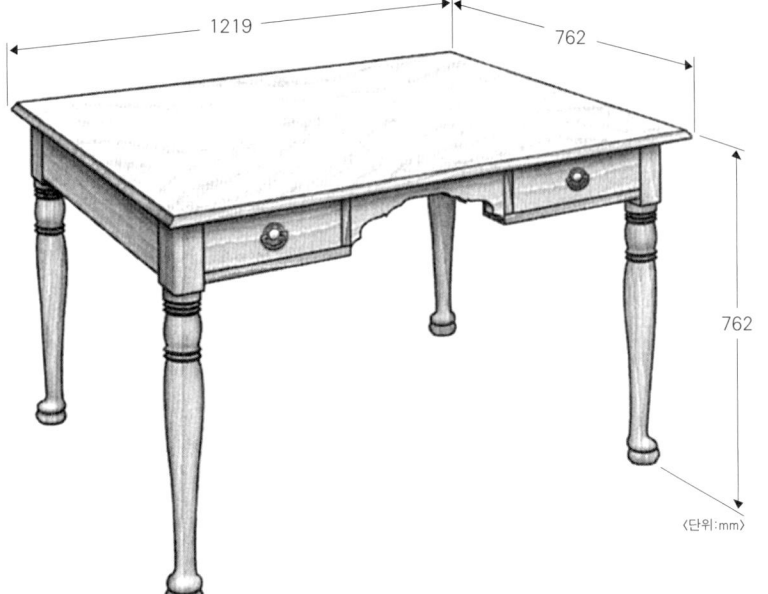

필기용 책상은 손으로 글을 쓰기 위해 특화된 테이블이다. 두 개의 좁은 서랍장 대신 네 개의 지지용 다리를 가지고 있어서 받침대형 양수책상(Pedestal table)과는 다르다.

손으로 쓴 편지가 유일한 통신 수단이었던 글쓰기의 시대에 인기가 있었던 책상이다. 일반적으로 상판을 가죽으로 덮은 경우가 많았는데, 가죽이 깃털펜을 사용하기 좋았기 때문이다. 이러한 책상의 인기는 타자기의 출현과 전화의 보급으로 급격히 떨어졌다.

오늘날 다시 사용하기 시작했는데, 깔끔한 외관을 좋아하고 '여기선 끝내지 못한 일은 없어!'라는 메시지를 전하기 좋아하는 경영자들에게 인기가 있다.

표준형 그림에서처럼 전문적인 글쓰기를 위해서 잘 디자인된 필기용 책상은 다리 공간을 확보하기 위해 앞 가로대를 잘라냈다. 때로는 오른손잡이 고객을 위해 중심에서 벗어나 약간 왼쪽을 절개하기도 했다. 보통 적어도 하나 이상의 서랍이 있어서 펜이나 잉크, 종이 등을 수납한다.

참고도면
- Richard A. Lyons, *Making Country Furniture*(Prentice-Hall, 1987), Writing Desk. 두 개의 서랍과 목선반 가공 다리, 가죽으로 덮은 상판을 가진 필기용 책상에 대한 적절한 그림과 간단한 작업설명 소개.
- Simon Watts, *Building a Houseful of Furniture*(The Taunton Press, 1983), Folding Desk. 페더럴 시대의 선반장의 역사와 도면소개.

디자인 변형

가구 스타일의 변화로 인해 필기용 책상에서도 분명한 디자인 변화가 일어났다. 사용자의 요구 또한 변화를 유도했다. 200년 전과 마찬가지로 오늘날에도 우아하고 형태적으로도 기품이 있고, 군더더기가 없는 것이다. 하지만 편지쓰기에 열광하는 사람에게는 상판 위에 수납칸막이와 작은 서랍들이 있는 책상이 필요할 수도 있었다.

조지 워싱턴의 필기용 책상으로 인해 우리가 현재 알고 있는 양수책상 스타일로 고착되었다.
이 모양은 책상의 양쪽 측면과 뒤쪽 모서리의 일부를 따라 낮은 칸막이가 설치되어 작업물이 바닥으로 밀려 떨어지는 것을 막아준다.

조지 워싱턴 필기용 책상

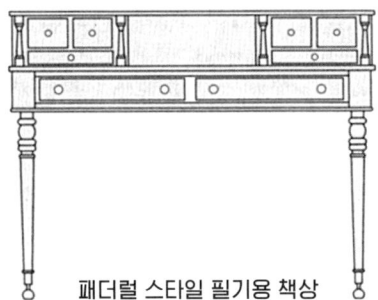

패더럴 스타일 필기용 책상

현대적인 필기용 책상

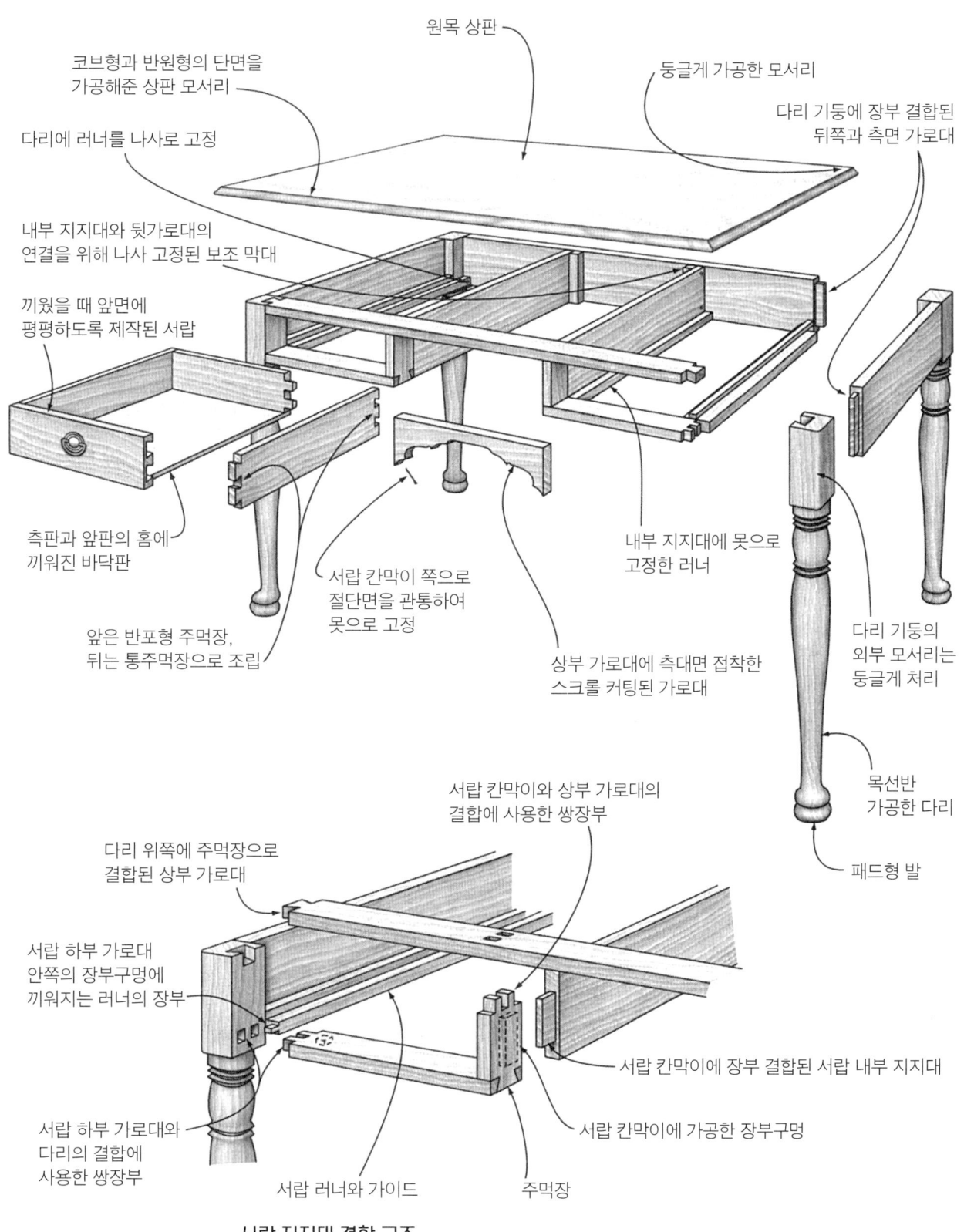

서랍 지지대 결합 구조

경사 상판 책상
Slant-Top Desk
교사용 책상 · 입식 책상 · 필기용 책상

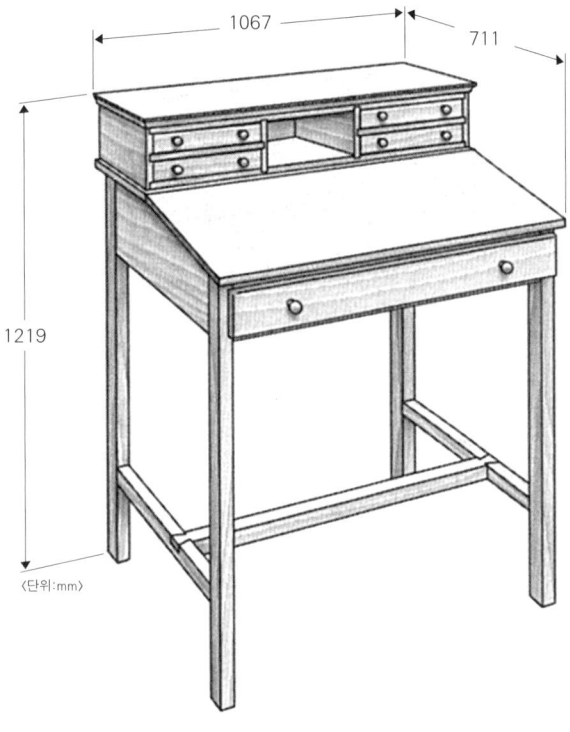

이 책상은 《크리스마스 캐럴》의 스크루지 사무실의 점원인 밥 크라칫(Bob Cratchit)의 시선 또는 허먼 멜빌의 소설 《바틀비 이야기(Bartleby the Scrivener)》 속의 녹색 차양모자, 회계장부 또는 경사 상판 책상과 칠판 사이에 서서 낮은 경사 상판 책상 앞에 앉아 교과서를 보고 있는 학생들을 노려보는 선생님 등을 연상시킨다.

경사 상판 책상은 업무용 책상으로 쓰인다. 살짝 기울어진 상판은 평면의 상판보다 글쓰기와 그림 그리기 같은 활동에 더 좋다. 이러한 일을 오랫동안 해야 한다면, 평면의 필기용 책상보다 경사 상판 책상이 더 나은 선택이다. 작업판의 각도는 원하는 대로 변경 가능하지만 표준은 10도이다.

전형적인 경사 상판의 작업 영역은 이상하게 생긴 내부 공간 또는 수납칸을 만들고, 그 위에 뚜껑을 경첩으로 고정했다. 수납칸의 깊이나 구성은 매우 다양하다.

표준형 모델의 경우 뚜껑 내부는 분할되지 않은 수납공간이다. 그리고 하나의 서랍이 수납칸 아래에 자리하는 경우가 많다. 또한 상부구조도 다양하다. 표준형 모델의 경우 매력적이면서도 기능적인 수납장으로 사무실에서 필요한 용품을 구분하여 수납하기 위한 서랍들과 수납칸을 가지고 있다.

참고도면
- Thomas Moser, *Measured Shop Drawing for American Furniture*(Sterling Publishing Co., 1985), Standing Desk, Lectern Desk, High Desk. 세 가지 다른 스타일의 경사 상판 책상을 치수도면과 함께 소개.
- 목공잡지 *American Woodworker* No.23(1991년 11/12월호) 30~35쪽, Nelson Rittenhouse, Slant-Top Writing Desk. 현대적 디자인의 낮은 책상을 소개.

디자인 변형
이 책상의 외형과 용도는 그 비율에 영향을 받는다. 위 표준형 모델은 서서 사용하는 책상으로 당신에게 적당하지 않을 수도 있다. 의자에 앉아서 일할 때 사용하는 필기용 책상 스타일로 바꾸기 위해서는 그저 다리를 짧게 하거나 다리버팀대를 없애면 된다. 다리의 스타일을 바꾸고 내부 수납공간의 배치를 바꾸는 것도 책상의 외형을 바꿀 수 있다. 다른 흔한 변형은 점원의 책상(Storekeeper's desk)이다. 서서 사용하는 이 책상은 두 개 이상의 서랍이 달린 깊은 캐비닛을 가지고 있으며, 또한 뚜껑을 들어올리면 아래에는 수납공간이 있다.

낮은 책상

점원의 책상

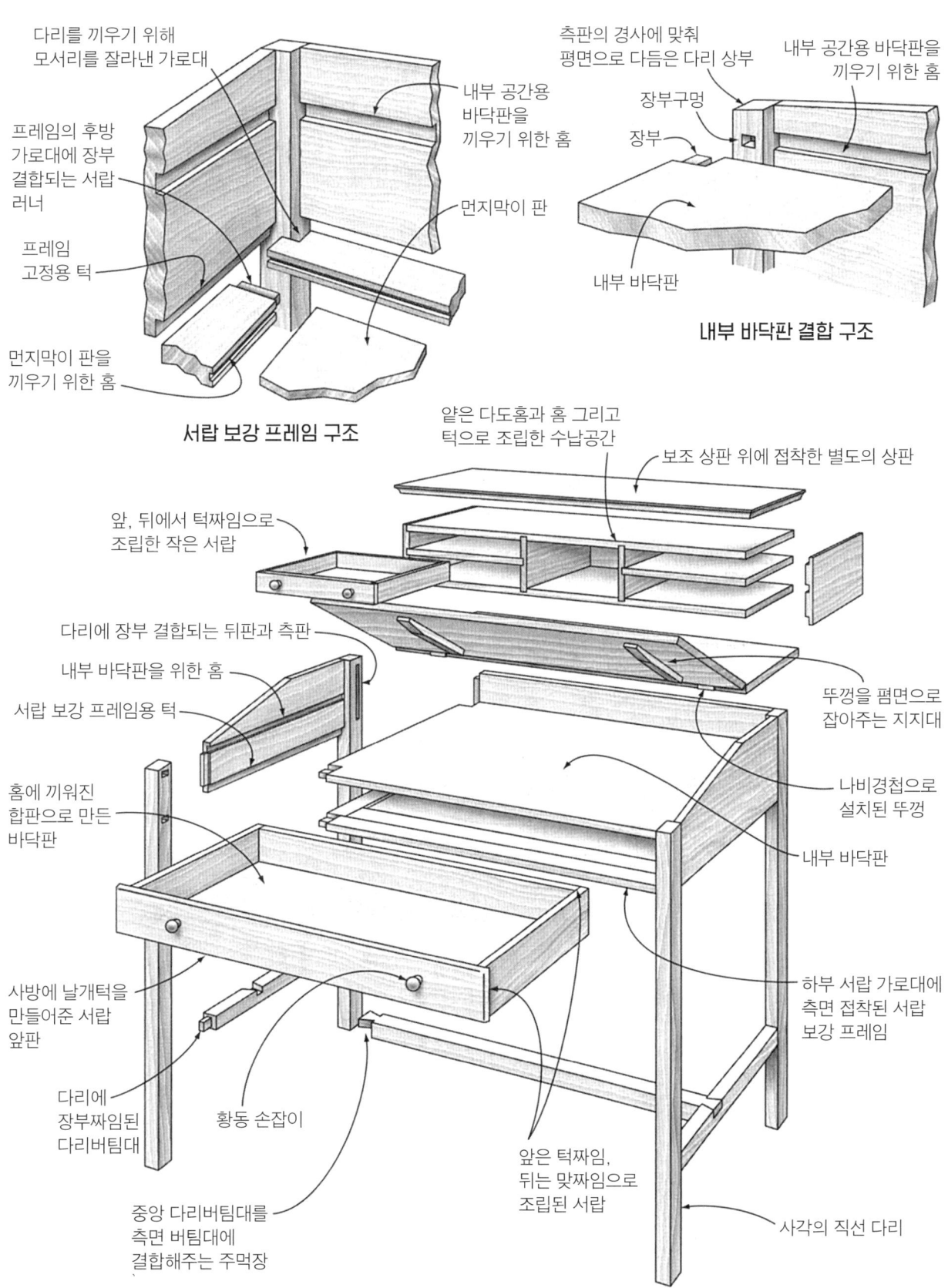

책상 211

우체국 책상
Post-Office Desk
농장 책상

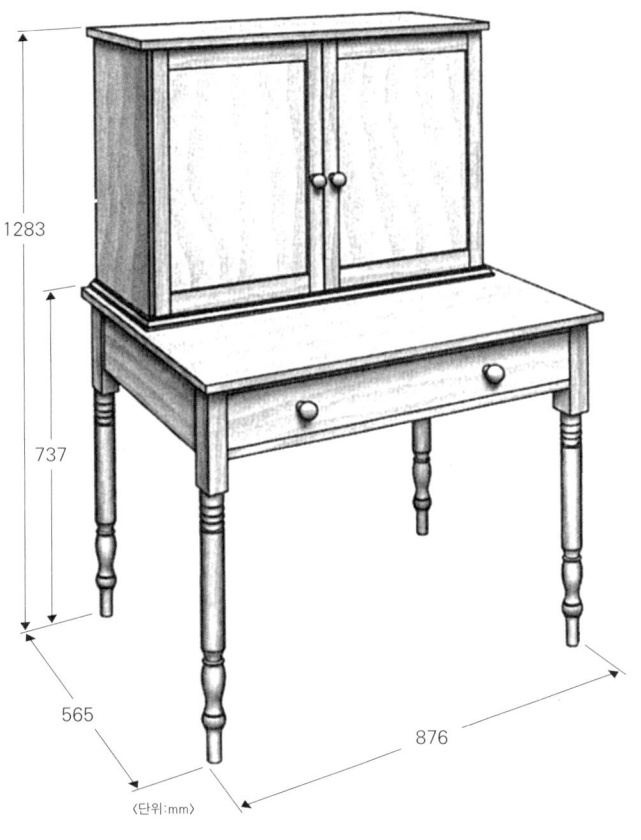

시골지역 사람들의 가구는 실용적이고, 검소하며, 창조적인 경우가 많다. 이 책상은 장을 위에 올린 테이블처럼 보인다면, 보이는 그대로가 그 가구가 무엇인지를 나타낼 가능성이 크다. 옆의 표준형 모델은 아마도 책상 이외의 가구로는 보이지는 않지만, 이런 형식의 가구 중에 대부분은 두 가지 다른 종류의 가구(예들 들어 테이블과 선반장)의 결합이다.

결국 이 책상은 두 가지 필요성을 충족시켜주는데, 글쓰기나 장부를 정리하는 공간과 서류, 영수증, 청구서 및 편지를 분류하고 정리할 수 있는 공간이다.

수직 칸막이와 작은 서랍들로 채워진 벽장은 경사 상판 책상이나 롤탑 책상 그리고 세크리터리의 수납칸과 기능적으로 동일하다. 이것은 제작하기 더 쉽다.

필기용 책상은 다리-가로대형 테이블과 크게 다르지 않다. '우체국 책상'이라는 이름은 당연히 현대적인 개념이다. 시골의 많은 지역에서는 점원이 우체국장을 겸하곤 했다. 표준형과 같은 책상을 가게 한 구석에 놓으면 우체국이 되었다.

참고도면
- Nick Engler, Mary Jane Favorite, *American Country Furniture*(Rodale Press, 1990), Plantation Desk. 이 지방 스타일 책상을 현대적으로 재현하기 위한 도면 소개.
- Carlyle Lynch, *The Best of Fine Woodworking: Traditional Furniture Projects*(The Taunton Press, 1991), Post-Office Desk. 약간의 역사와 제작 방법을 결들인 린치의 매력적인 치수 도해를 소개.

디자인 변형 여태까지 얼마나 많은 테이블 스타일을 봤는지 상상해보라. 그리고 나서 수많은 벽장들을 떠올려 보고 가능한 모든 조합을 생각해보라. 어떤 것은 불가능한 조합도 있지만 많은 수가 가능할 것이다. 그것이 바로 우체국 책상을 재해석한 디자인이다. 옆 그림은 많은 변형 중 단지 하나의 예 일뿐이다.

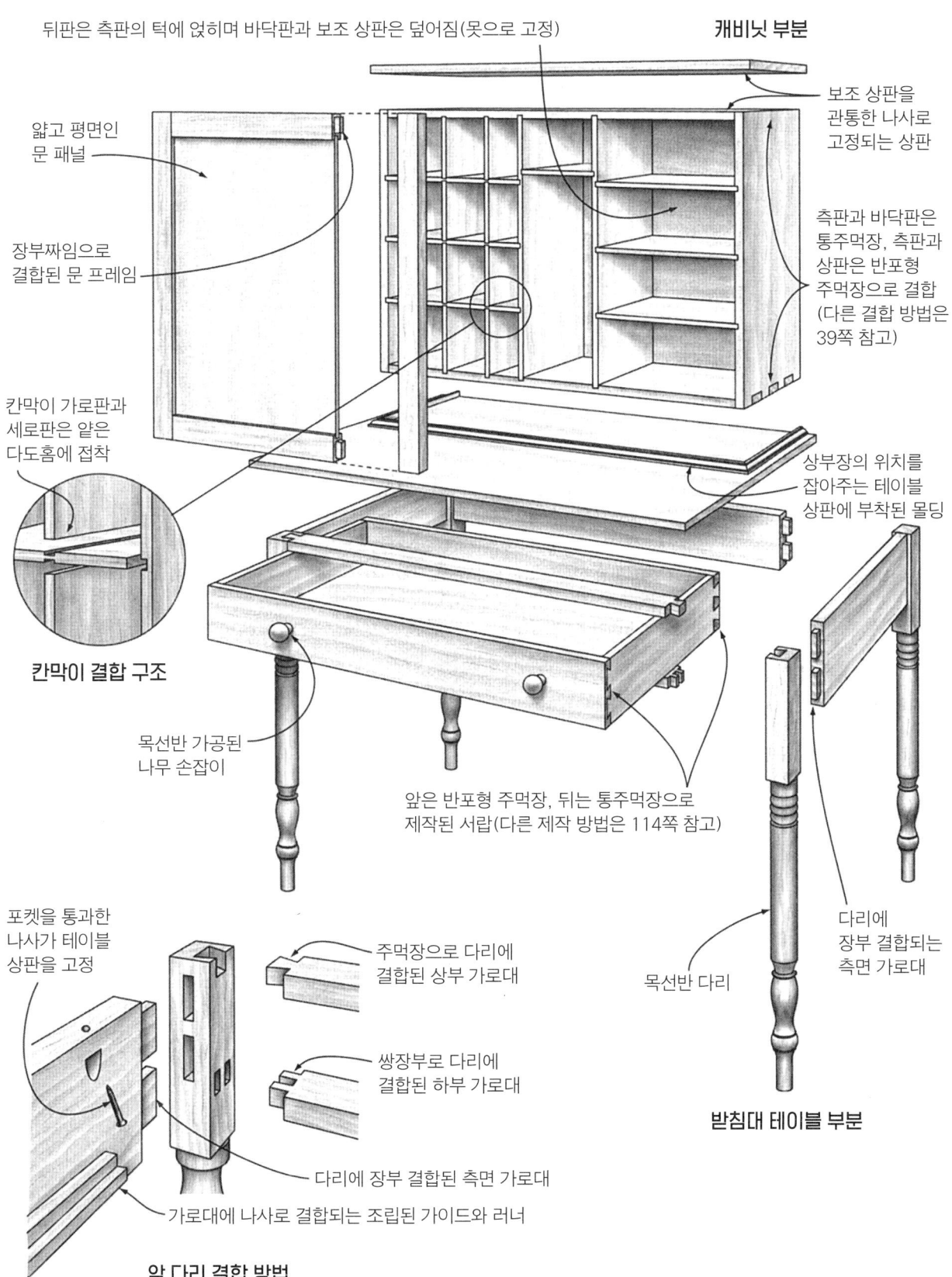

경사 뚜껑 탁자형 책상함
Slant-Front Desk on Frame
귀부인 책상

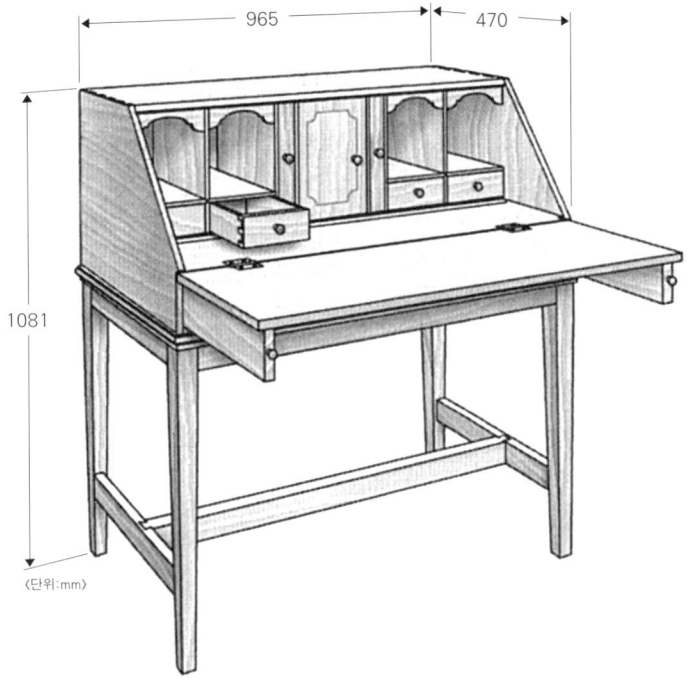

참고도면
- Norm Abram, Tim Snyder, *The New Yankee Workshop*(Little, Brown & Co., 1989), Slant-Front Desk. 꽤 날씬하고 날렵한 책상을 제작하기 위한 도면과 제작 방법 소개.
- Franklin H. Gottshall, *Masterpiece Furniture Making*(Stockpole Books, 1979), Sheraton Desk. 제대로 된 그림, 제작 방법, 상감 장식이 많은 클래식 책상 소개.
- Norman Vanda, *Queen Anne Furniture*(The Taunton Press, 1990), Desk on Frame. 컨트리 스타일의 퀸 앤 책상에 대한 훌륭한 도면 수록.

최초의 책상은 경사진 뚜껑을 가진 상자였다. 그 위에서 글을 쓰려면 무릎 위에 올려놓고 균형을 잡거나 테이블 위에 올려놔야 한다. 18세기를 거치면서 상자형 책상은 테이블과 결합되어 글쓰기와 수납이 동시에 가능한 좀 더 실속 있는 가구가 되었다.

표준형의 탁자형 책상함은 장인정신과 결합한 실용성의 좋은 예이다. 이 책상은 공간을 매우 적게 차지한다. 하지만 뚜껑을 열면 놀랍도록 넓은 작업 공간과 집안일에 대한 기록과 편지를 위한 충분한 보관 공간을 제공한다.

이것은 '경사 상판 책상'(210쪽)과 '경사 뚜껑 책상'(216쪽)과 공통점이 많다. 전자는 다리 달린 책상함이고, 후자는 서랍장 위에 올려진 책상함이다.

경사 상판 책상은 수평에서 약간 기울어진 상판을 가진다. 상판의 상부 모서리를 따라 경첩을 달아준다. 상판 뚜껑이 닫혀 있을 때 필기용 상판으로 사용한다. 반면에 경사 뚜껑 책상은 수직에서 약간 기울어진 뚜껑을 가진다. 뚜껑의 아래 모서리를 따라 경첩을 달아준다. 뚜껑을 열었을때 필기용 상판으로 사용한다.

디자인 변형

그림 속 두 개의 책상은 탁자형 책상이라는 주제를 가지고 두 가지 변형 단계를 보여준다. '컨트리 퀸 앤 스타일'의 책상으로 목선반을 이용한 캐브리올 다리와 스크롤 절단된 가로대를 가진다. 하지만 이 책상은 책상함 부분이 더 큰데, 뚜껑 아래에 서랍이 달려 있다. 다른 예는 '여성용 책상'이라 부르는 책상으로 페더럴 스타일의 특징을 가지고 있다. 더 깊어진 서랍부 탁자 프레임과 더 짧아진 책상 부분이 인상적이다.

컨트리 스타일 퀸 앤 책상

여성용 책상

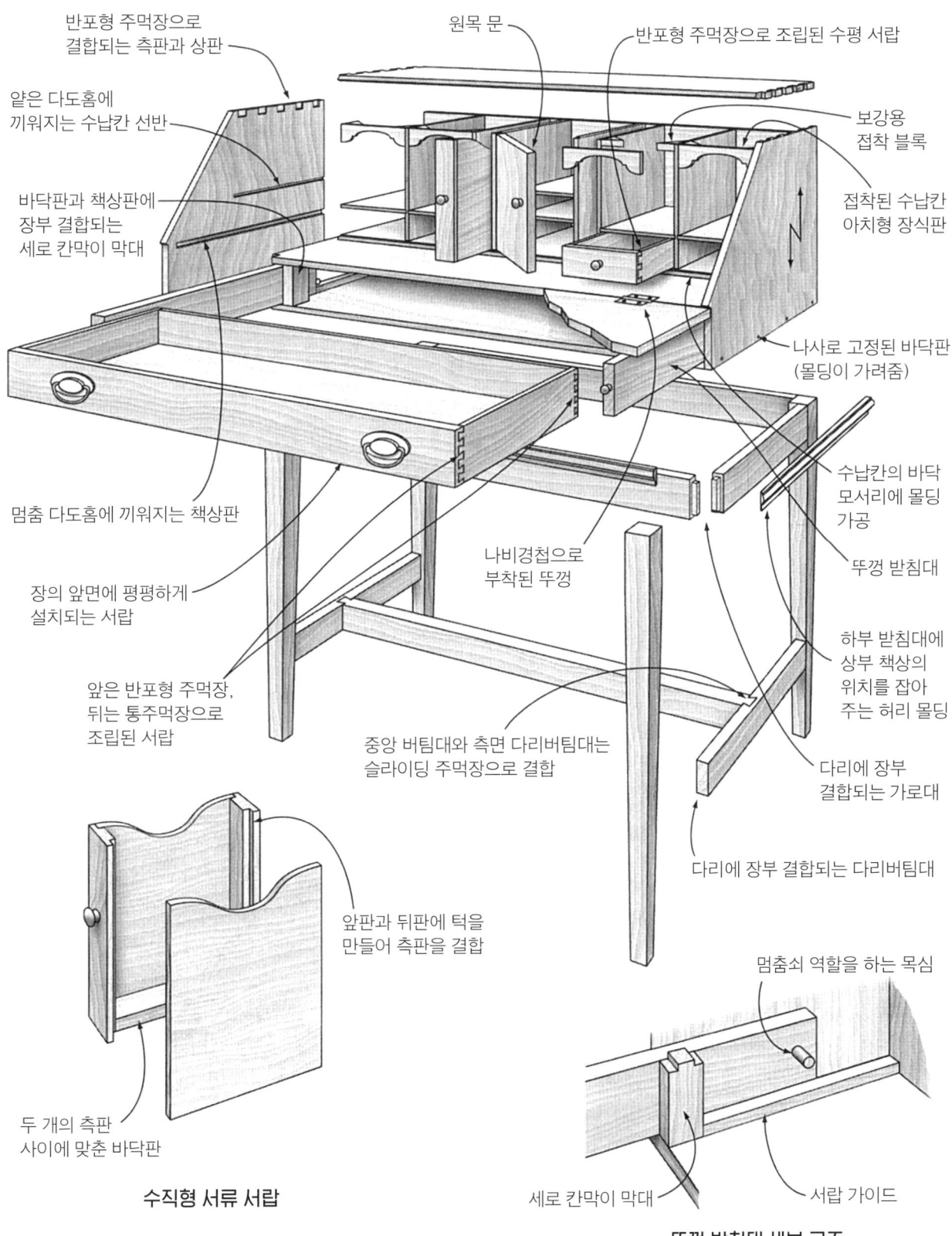

수직형 서류 서랍

뚜껑 받침대 세부 구조

경사 뚜껑 책상
Slant-Front desk
경사 상판 책상 · 앞판 개폐식 책상

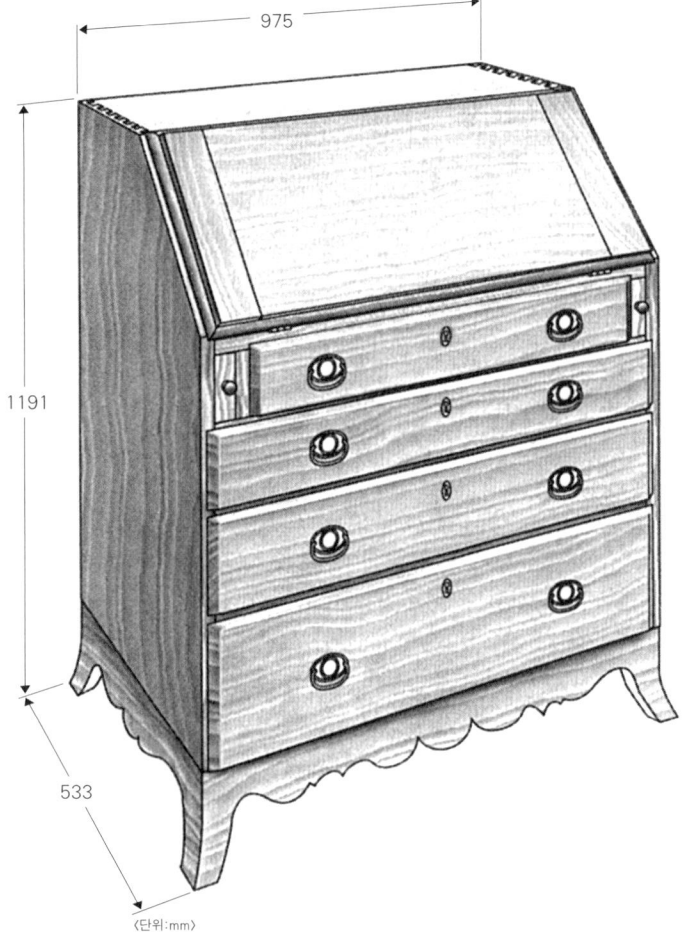

〈단위:mm〉

이 책상은 오늘날은 잘 사용하지 않는 가구이다. 매력적이지만 실용성이 떨어지기 때문이다.

서랍에 무릎이 걸려서 의자를 글쓰기에 맞도록 끌어당길 수 없고, 매우 작은 노트북 컴퓨터만 올려 놓을 수 있을 것이다. 서류나 종이를 넣기에도 서랍의 비율이 잘못되어 있다.

그럼에도 이 책상을 갖고 싶어한다. 이 스타일은 18세기 초반에 등장한 때의 모습이다.

이 책상은 침실에 위치하며, 책상 위 수납칸에는 개인적인 서류나 회사 문서를 넣어두고 서랍에는 옷을 넣어둘 수 있다.

기본 구조는 서랍장과 같지만 측판의 상단 전방 모서리는 닫혀진 뚜껑을 위해 뒤쪽으로 기울어져 있다. 뚜껑은 하단 가장자리를 따라 경첩으로 고정되어 있으며, 뚜껑이 열리면 로퍼(Loper)라고 부르는 인출식 지지대에 의해 받쳐진다.

참고도면
- Franklin H. Gottshall, *Masterpiece Furniture Making*(Stockpole Books, 1979), Curly Maple Slant-Top Desk. 특이한 주석이 달린 좋은 그림과 함께 사랑스러운 책상을 소개.
- Lester Margon, *Construction of American Furniture Treasures*(Dover Publications, 1975), Historic Desk of Drop-Front Design. 공-갈고리 발톱형의 발을 가진 가구를 재현.

디자인 변형
경사진 뚜껑을 가진 이 책상은 윌리엄 앤 메리 시대에 만들어졌으며, 현재 다시 인기를 끌고 있다. 스타일은 몰딩이나 발 모양 등 세부 형태에서 분명하게 들어난다. 옆 그림의 윌리엄 앤 메리 버전은 눈에 띄는 바닥 몰딩과 서랍과 뚜껑 테두리의 이중 비드형 몰딩 그리고 둥글 납작한 목선반 발을 특징으로 한다. 치펜데일 스타일의 책상은 공-갈고리 발톱형 발과 좀 더 많은 조각 장식이 들어가 있다. 그러나 현대적 스타일은 장식을 배제한다.

윌리엄 앤 메리 스타일의 경사 뚜껑 책상

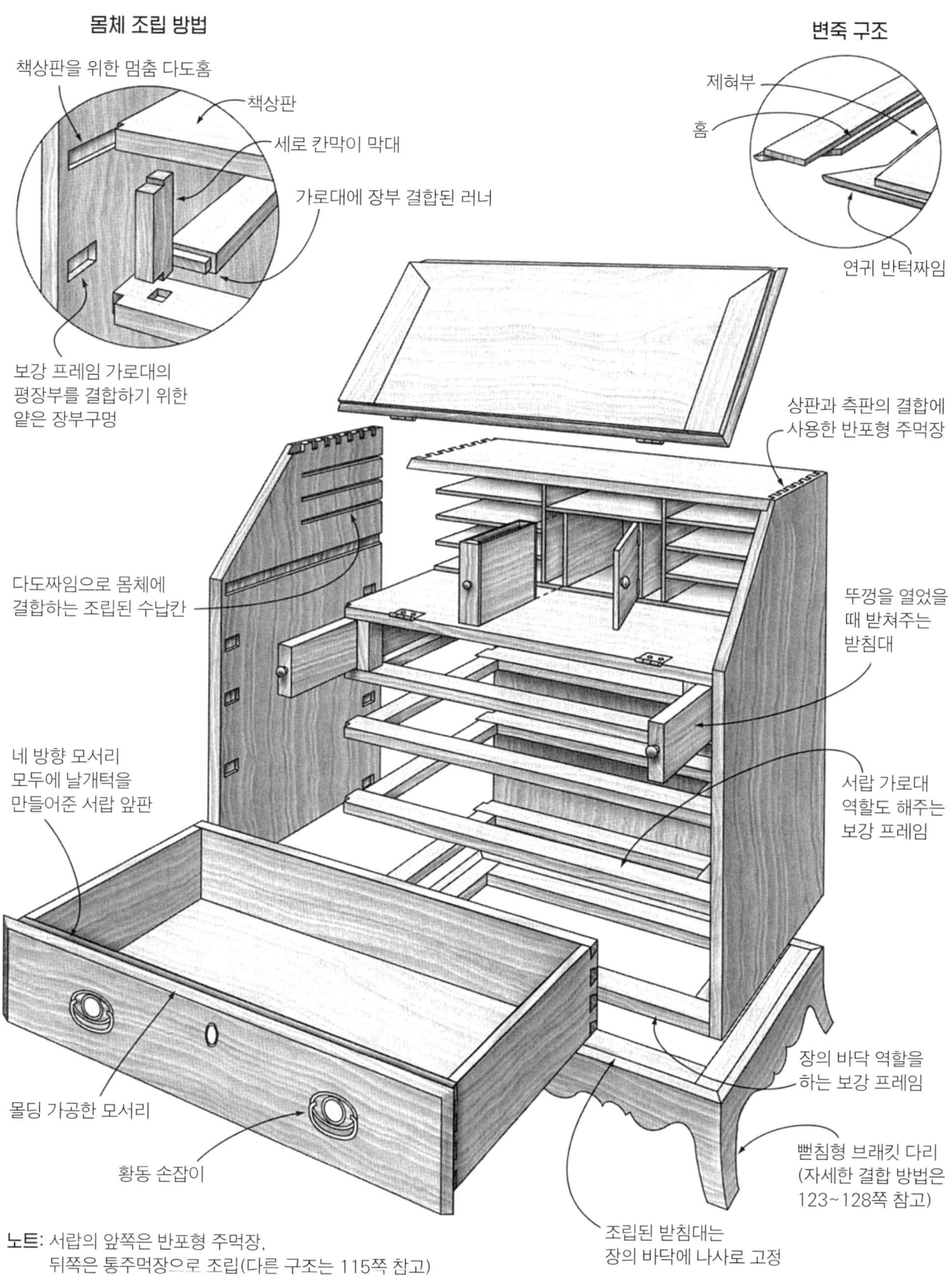

앞판 개폐식 책상
Fall-Front Desk
브레이크프론트

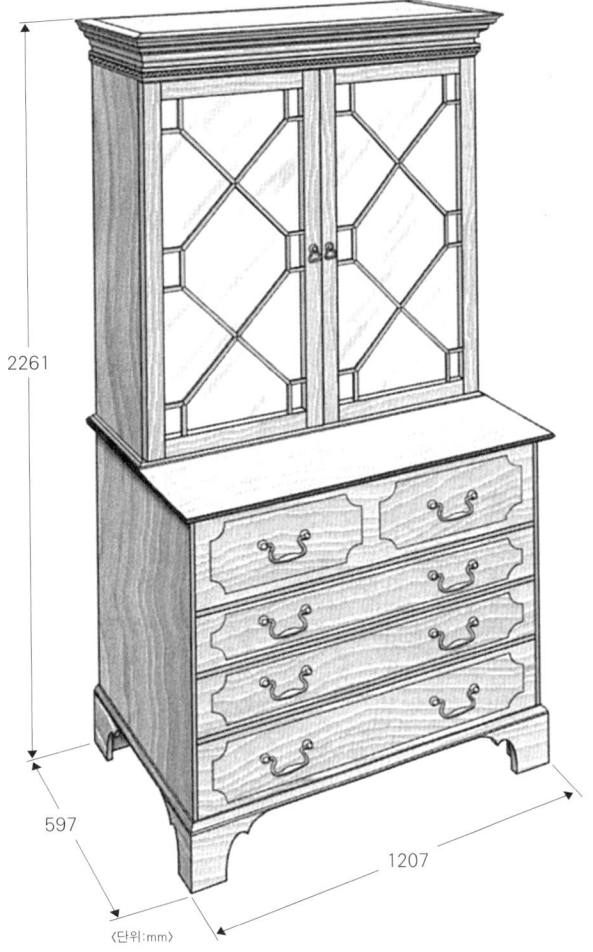

개폐식 앞판은 하부 모서리를 따라 경첩이 달린 문이다. 닫혔을 때는 수직이고, 열었을 때는 떨어져서 일반적인 수평의 필기 공간을 만든다. 이것으로 앞판 개폐식 책상을 구분한다. 옆의 표준형 모델은 여러 가지 18세기 가구를 참조하고 있다.

책상부는 한 개의 서랍이다. 그 당시 이러한 책상은 세크리터리나 서랍장-책장 또는 브레이크프론트나 심지어 이층서랍장의 범주로 구분되었다. 책상부 서랍의 앞판을 반쯤 열면 많은 작은 서랍들과 수납칸들이 있는 문구 보관함이 나타난다. 그러한 책장에는 일반적으로 비밀함이 있었다.

> **참고도면**
> • V. J. Taylor, *The Best of Fine Woodworking: Making period Furniture*(The Taunton Press, 1985), Building a Secretaire-Bookcase. 18세기 영국의 서랍뚜껑 책상에 대한 완벽한 그림과 괜찮은 글 그리고 절단 목록을 수록.

디자인 변형 앞판 개폐식 책상은 체스트나 선반장 내의 서랍 크기에 제한 받지 않는다. 어떤 책상은 옆의 그림처럼 단일 목적의 매우 넓은 공간을 점유하기도 한다. 두 명의 신탁회사원을 위한 책상(Double trustee's desk)이라 부르는 셰이커 스타일의 책상은 상당히 잘 알려진 가구이다. 셰이커의 방식으로 제작하여 장식이나 겉치레는 없지만 매우 기능적이다. 반면에 엠파이어 스타일의 책상은 기둥과 신고전주의적인 디자인 모티브가 있는 보여주기용 가구이다. 하지만 이것도 기능적인 책상으로 문구용 서랍과 넓은 글쓰기 공간을 제공한다. 216쪽의 '경사 뚜껑 책상'과 비교해보면, 엠파이어 책상이 30cm 정도 크지만 훨씬 더 많은 작업 공간을 제공하는 것처럼 보인다. 그것은 개폐식 앞판이 보기 이상하지 않으면서도 수직으로 닫혀 있어 더 커질 수 있기 때문이다(경사 뚜껑 책상의 개폐식 상판보다 더 큼).

엠파이어 스타일 책상

셰이커 스타일 책상

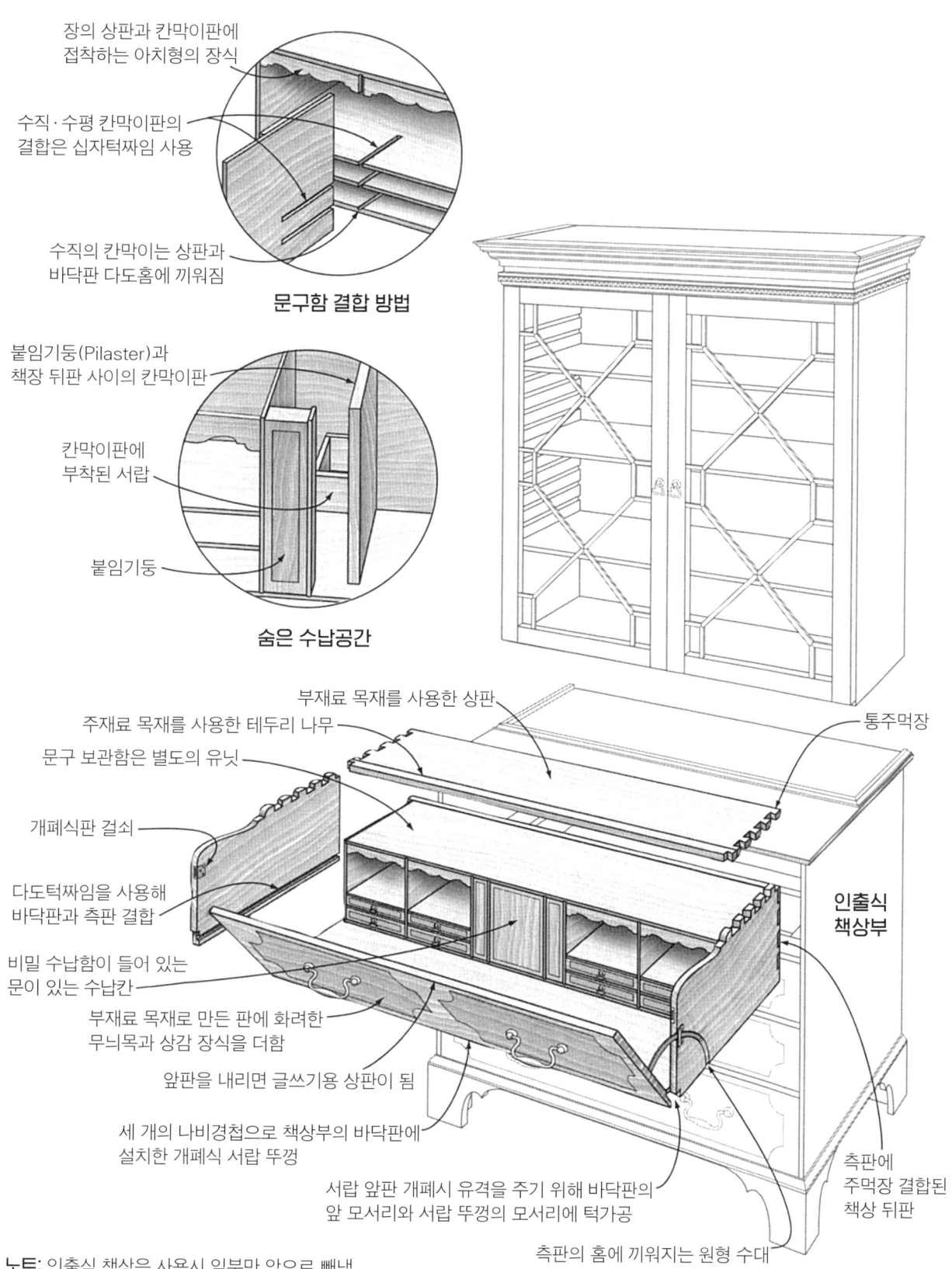

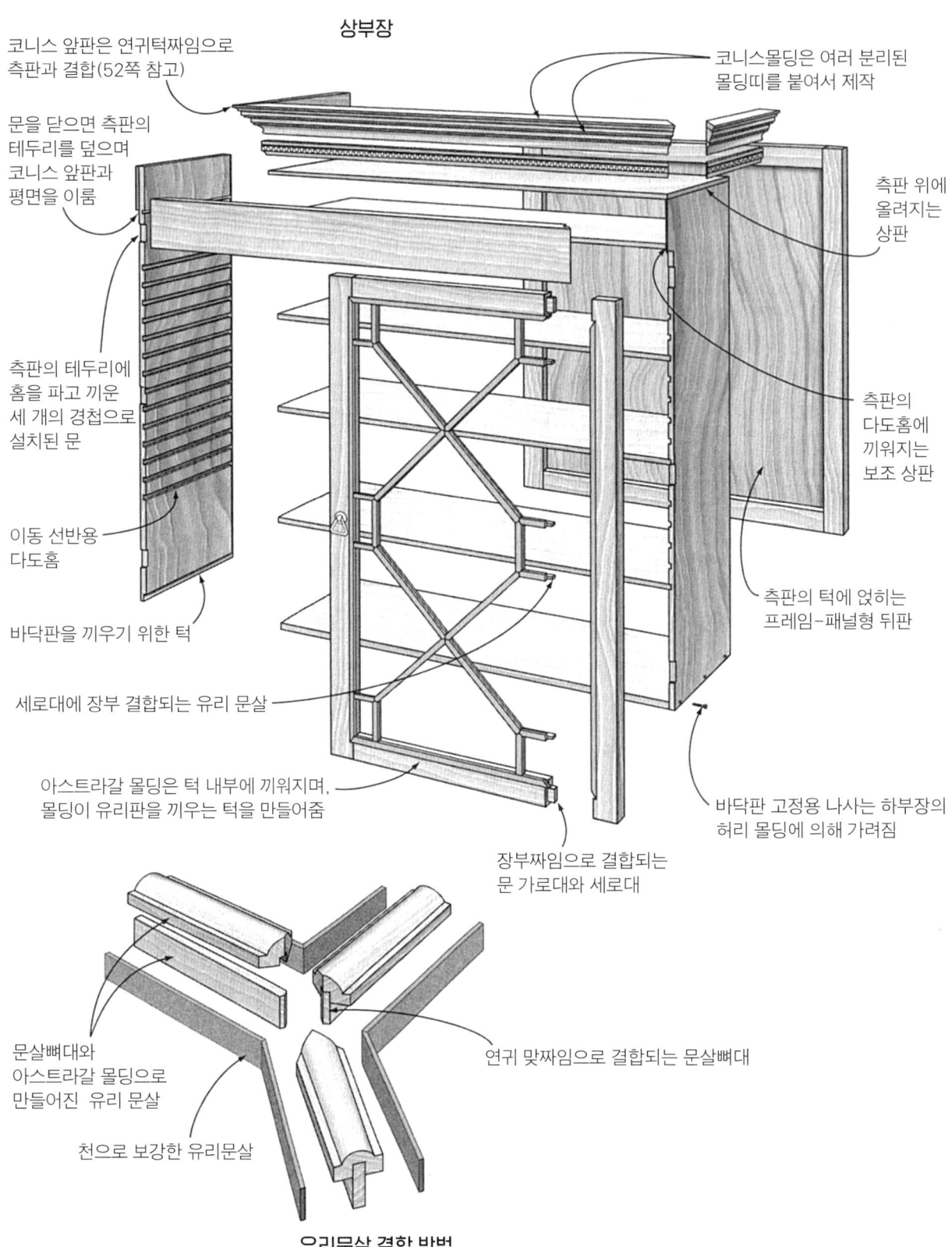

유리문살 결합 방법

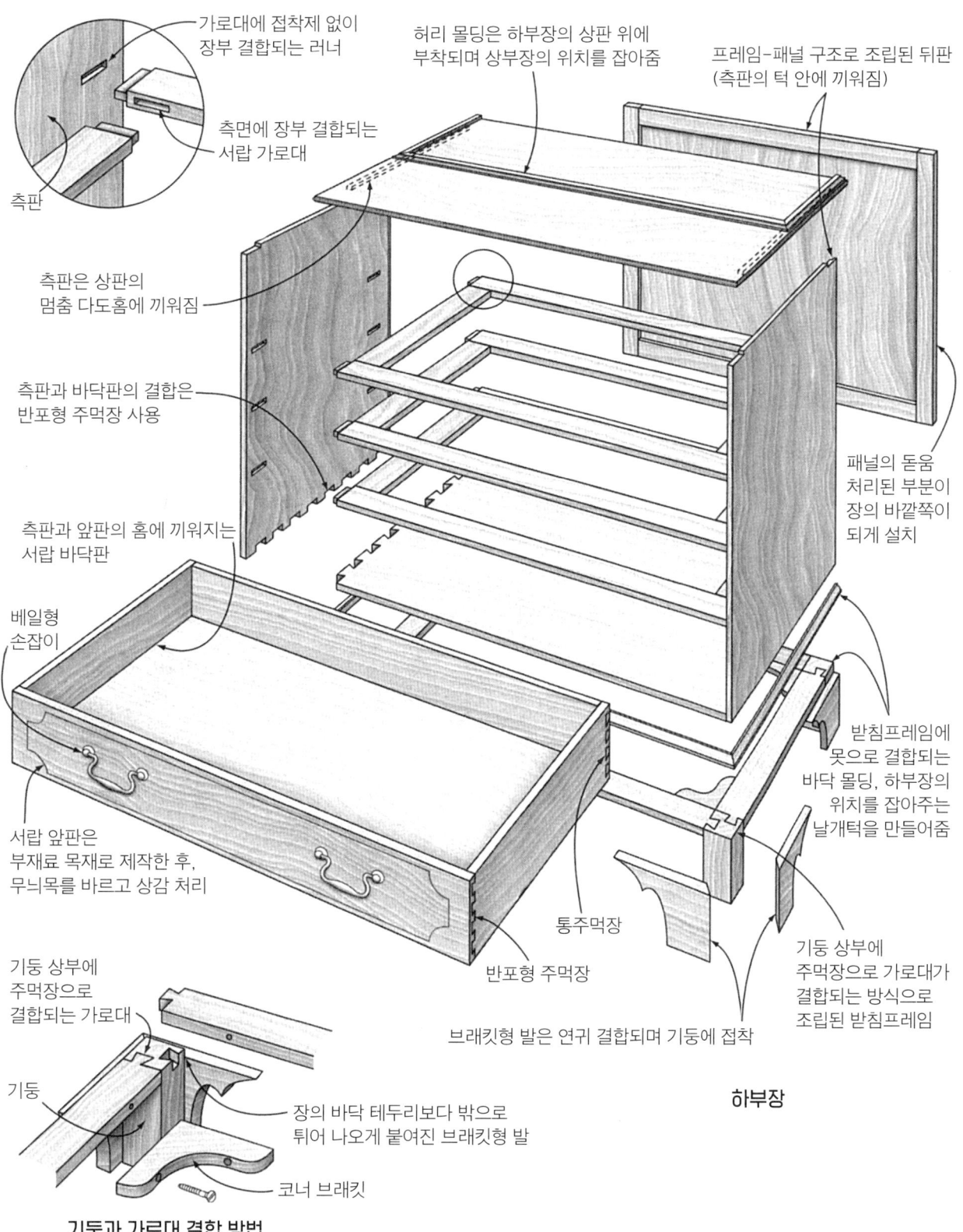

세크리터리
Secretary

책장형 책상

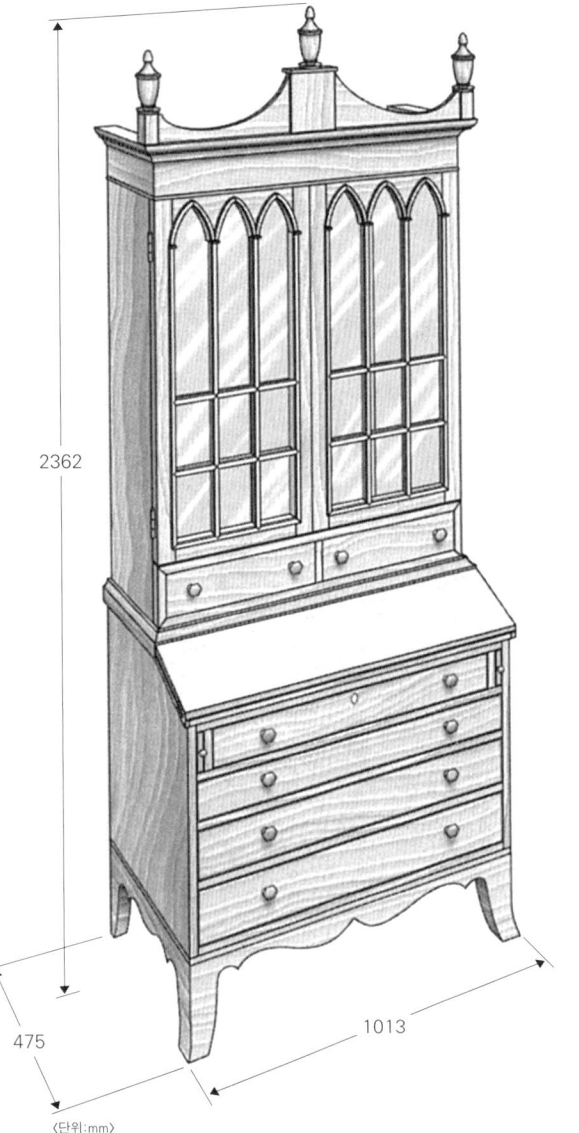

어떠한 종류의 서랍장도 필기를 위한 접이식 상판을 달면 책상이 될 수 있다. 그리고 그 책상 위에 책을 넣기 위한 문선반장을 올리면 그것이 세크리터리로 알려진 가구가 된다. 책상과 책장의 결합은 18세기 초반까지는 드문 일이 아니었다.

옆의 표준형 모델은 클래식 책장형 책상 형태를 잘 그려내고 있다. 그러나 많은 세부 부분에 있어서는 약간 독특하며 매우 매력적이다.

예를 들어 책상은 세 개가 아닌 네 개의 서랍을 가지고 있다. 개폐식 뚜껑을 열어도 문구 수납합이 나타나지 않는다. 문구용 서랍은 책장 부분에 속해 있다. 필기용 상판은 뚜껑이 열려 있을 때나 닫혀 있을 때 모두 경사져 있다.

참고도면

- Michael Dunbar, *Federal Furniture*(The Taunton Press, 1986), Secretary. 단계별 제작 방법이나 재료 목록은 없지만, 훌륭한 페더럴 시대의 세크리터리에 대한 광범위한 그림과 몇 가지 제작 방법 등을 안내.
- Carlyle Lynch, *Classic Furniture Projects from Carlyle Lynch*(Rodale Press, 1990), Salem Desk and Bookcase. 훌륭한 그림과 함께 제작 방법, 전체적인 재료 목록 소개.

디자인 변형

세크리터리는 수많은 스타일로 제작되었다. 영국인들은 특히 정교한 작품들을 만들어냈는데, 과장된 지붕 장식과 피니얼 장식, 이국적인 무늬목 그리고 복잡한 상감 장식을 넣었다. 이와는 대조적으로 옆 그림의 작품은 지방에서 제작된 것이다. 이것은 최신 스타일의 작품을 매우 선망하는 시골의 보수성을 보여주고 있다. 이 세크리터리의 하부장은 간결한 경사 뚜껑 책상이며, 원목 패널형 문과 평면 상판 그리고 간소한 코니스몰딩을 가지고 있다.

책장 부분보다는 책상 부분이 더 많이 변형되었다. 글 쓰는 영역은 경사지게 닫히며, 평면으로 열리게 된다. 각도도 다양했으며, 어떤 것은 수직의 위치로 닫히는 경우도 있었다. 어떤 작품은 뚜껑이 열렸을 때 공들인 서랍과 수납칸이 있는 경우도 있고, 열리면 필기 공간만 있는 것도 있다.

모라비안(Moravian)교도의 책장형 책상

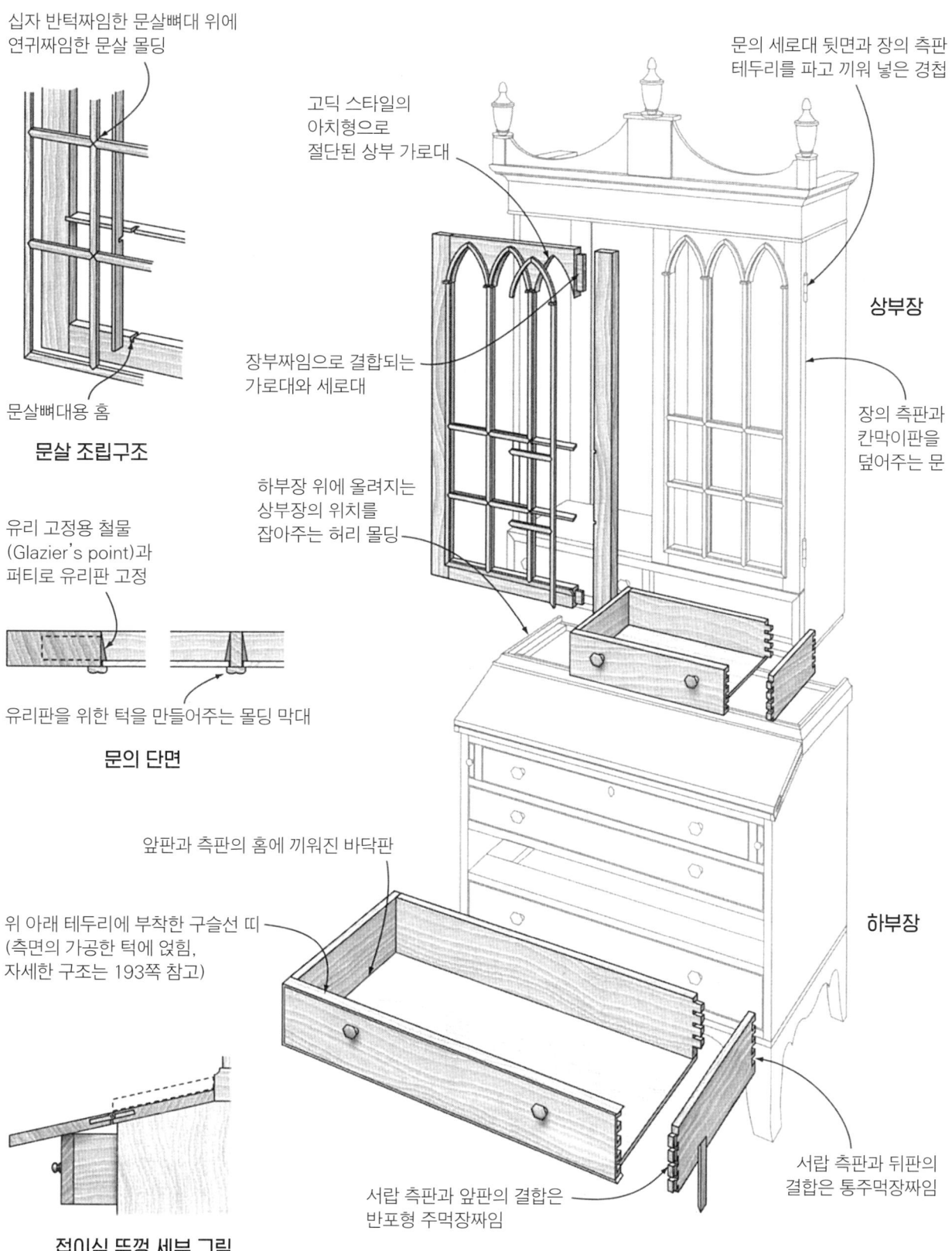

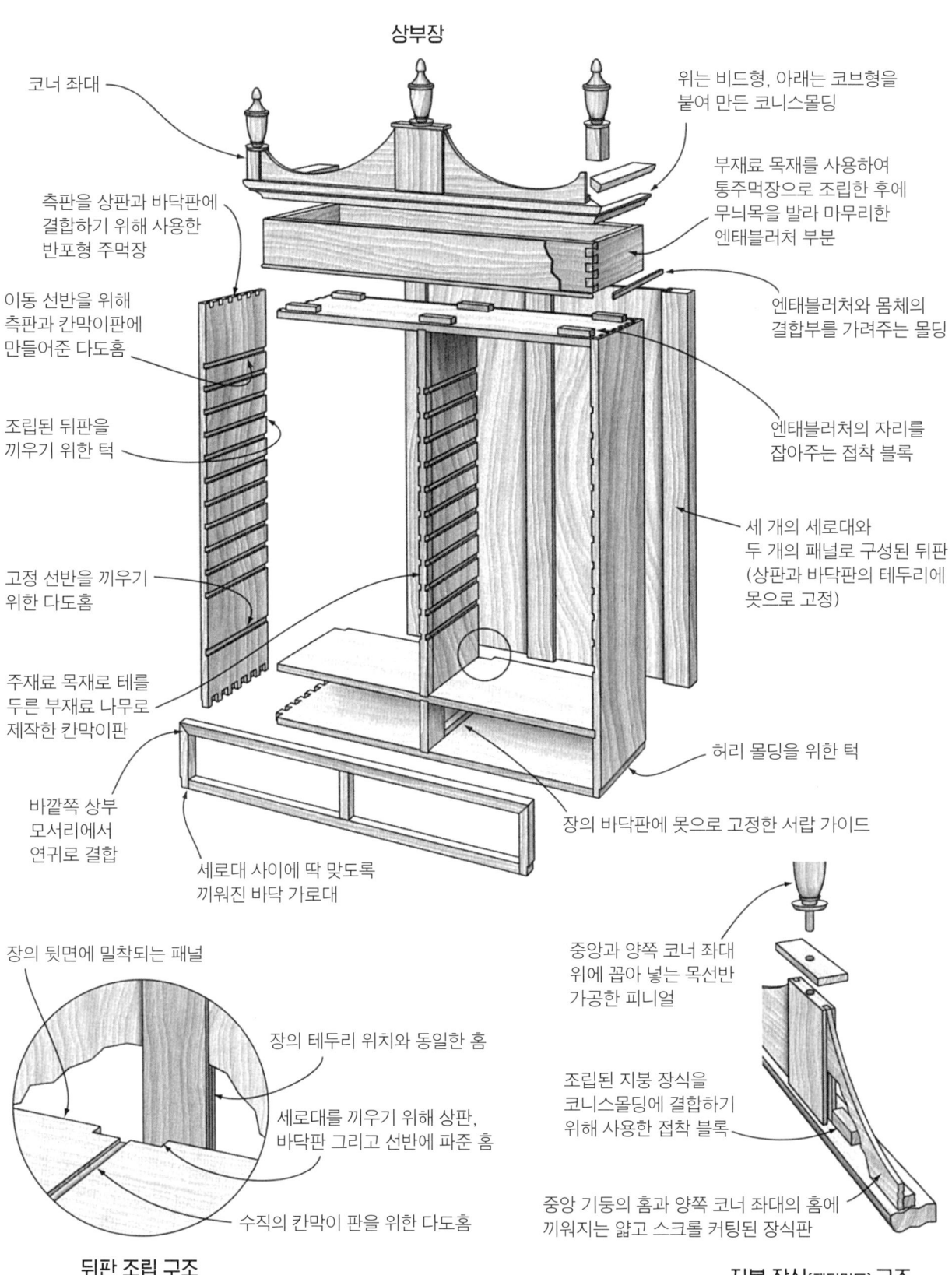

224 가구

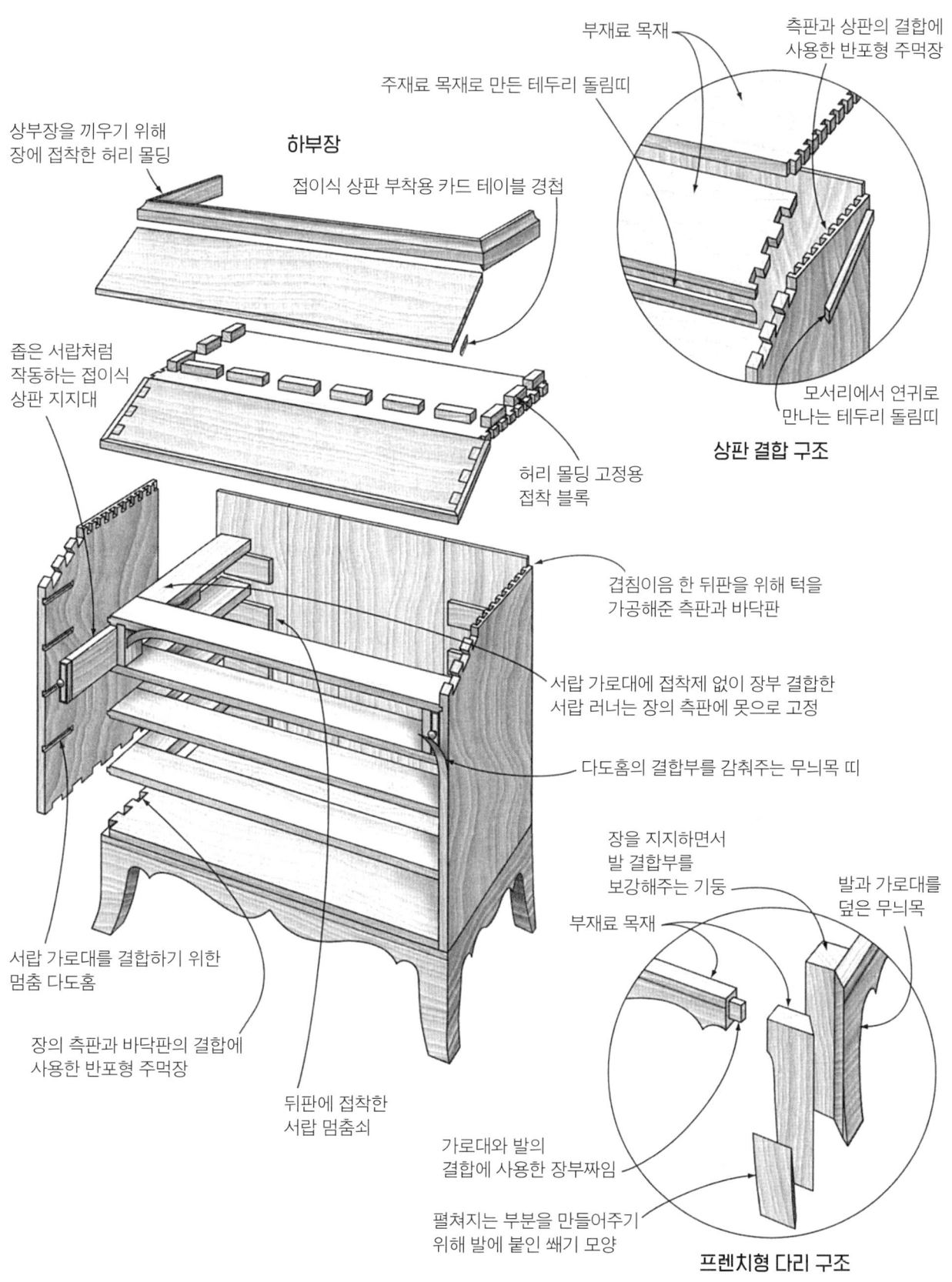

무릎구멍 책상
Kneehole Desk
글쓰기 책상 · 사무용 책상 · 양수책상

참고도면
- Lester Margon, *Construction of American Furniture Treasures* (Dover Publications, 1975), Heirloom Desk of Moderate Dimensions. 작지만 매우 정교한 블록-프론트 책상 소개. 세부적인 완벽한 도면, 적절한 작업방법 안내.
- Thomas Moser, *Measured Shop Drawing for American Furniture* (Sterling Publishing Co., 1985), Panel Desk. 전체가 원목으로 제작된 거대한 책상 세부 형태를 완벽한 그림으로 소개.

무릎구멍 책상은 여러 가지 기본적인 가구 형태의 혼합형이다. 이 가구는 두 개의 서랍장 또는 받침대로 구성되며 이것들이 상판을 지지하고 있다. 받침대는 일반적으로 무릎구멍 위에 얕은 서랍이 위치하는 상·하부 서랍 가로대에 의해 결합된다. 보통 사용자의 반대쪽 구멍은 가림판으로 막아준다.

가장 기본적인 형태는 기능적이고 열심히 일하는 사람을 위한 책상으로, 받침대 역할을 하는 두 개의 28인치(711mm) 높이의 서류함 위에 상판으로 플러시 문을 얹은 모양이다. 오늘날의 사무실 업무를 위해서는 인출형 키보드 선반이 설치될 수 있다.

표준형 책상은 대충 올려놓기만 한 형태는 아니다. 원목 테두리띠를 붙인 상감 장식한 하드우드 합판을 브래킷형 받침대에 올려진 두 개의 서랍함이 지지하고 있다. 작은 서랍 뿐만 아니라, 각 서랍함은 롤러베어링 이중 인출형 고하중용 슬라이드로 서류용 서랍을 설치한다. 무릎구멍 서랍도 있다. 이와 같은 대형 책상은 이사를 위해 큰 부분은 분해되도록 설계해야 한다.

디자인 변형 가구 스타일의 다양함을 넘어서, 무릎구멍 책상은 은행장의 책상처럼 거대한 것부터 집에서 펜과 노트를 올려놓을 만한 작은 것까지 크기가 다양하다. 가장 작은 책상 중에는 하나의 받침대와 다른 끝에는 한쌍의 다리가 있는 편수책상이 있다. 때로는 아래 그림과 같은 블록프론트 형식도 있는 것처럼, 무릎구멍은 엄격히 기능적이라기보다는 스타일을 대표하기도 한다. 책상의 제작 의도는 서랍의 크기에 반영된다. 업무용 책상은 받침대 중에 적어도 한쪽에 서랍이 있다. 어떤 중역용 책상에는 술병과 잔을 넣을 수 있는 서랍도 있다. 편지쓰기용 책상은 문구들을 종류별로 수납할 수 있는 얕은 쟁반이 들어가는 측면 서랍이 있는 경우도 있다. 대부분의 책상은 무릎 구멍 위에 얕은 서랍이 있으며 그 내부에 펜이나 연필용 트레이가 있는 경우가 많다.

중역용 책상

블록프론트 무릎구멍 책상

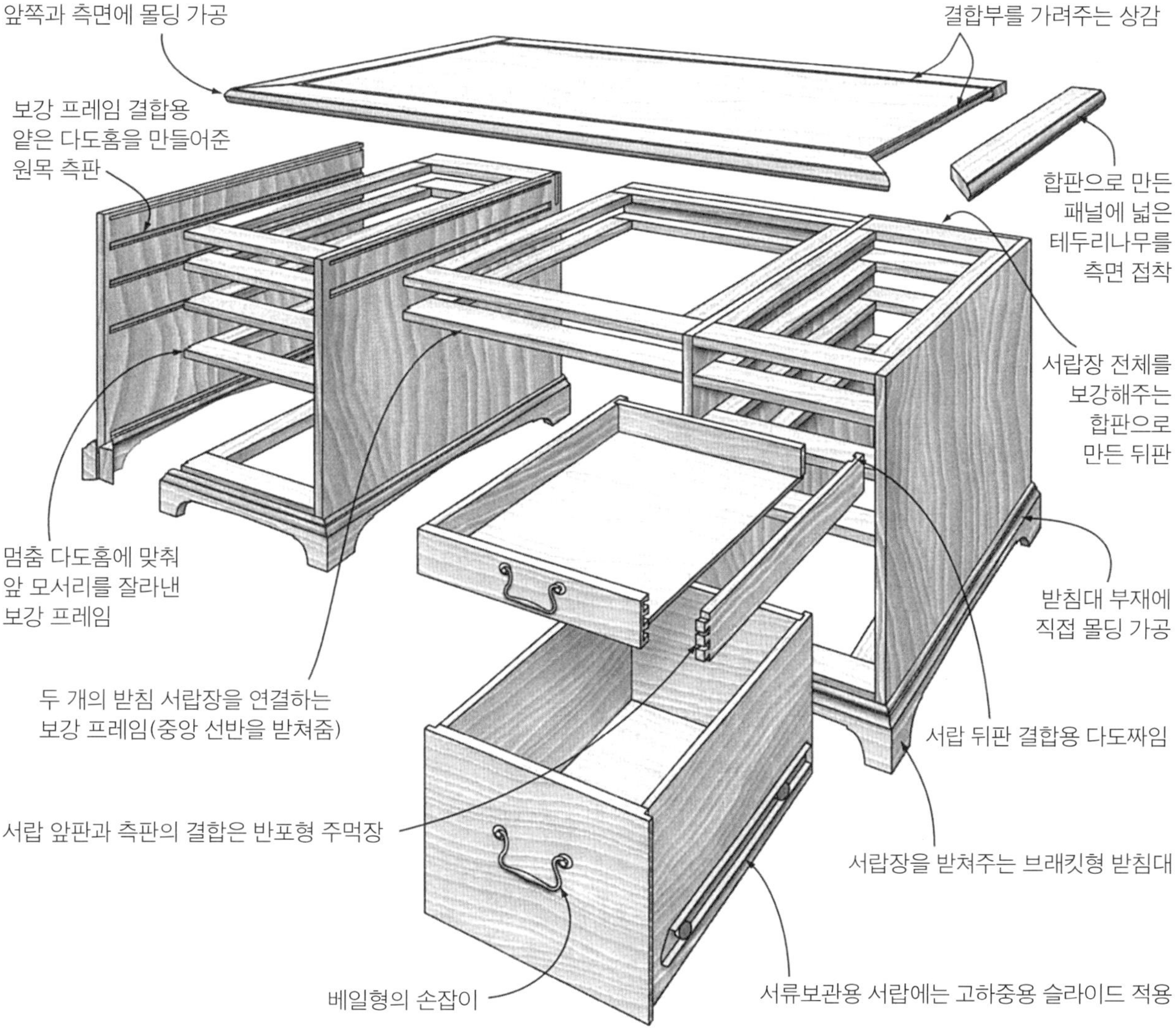

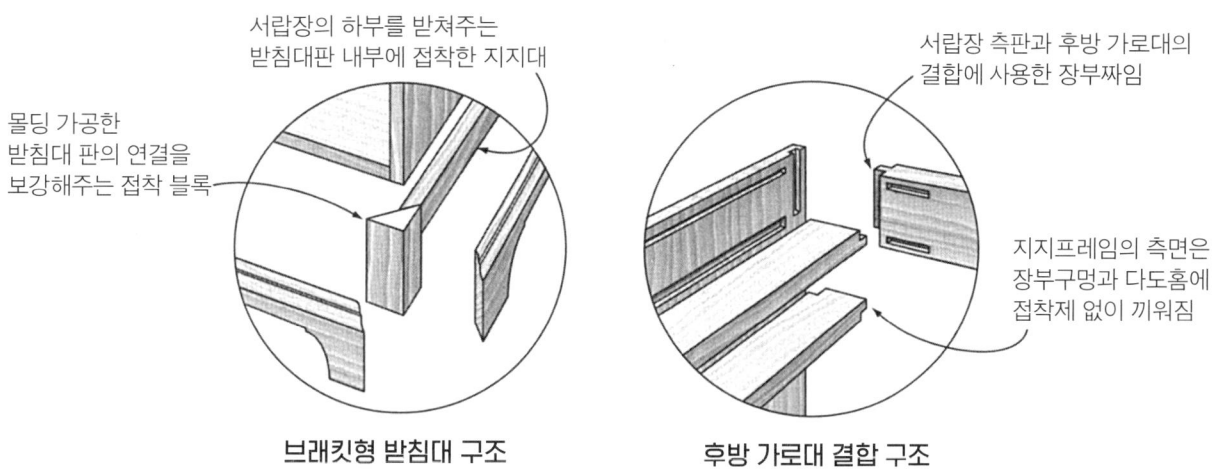

브래킷형 받침대 구조 　　　후방 가로대 결합 구조

데번포트 책상
Davenport Desk

그림의 표준형 책상은 매우 초기 모델로, 출처가 불분명한 이야기이지만, 1700년대 후반 런던의 데번포트 선장을 위해 만들어졌다고 한다. 선장은 비좁은 선상 막사에 놓기 위해 소형 책상이 필요했고, 그의 책상이 오늘날 선장의 이름을 가지게 되었다고 전해진다.

데번포트 책상의 특징은 소형이며, 앞쪽보다는 양옆으로 열리는 서랍 또는 문선반이 달린 장 위에 올려진 경사 상판의 책상함이 있다. 책상함은 하부장의 앞면보다는 훨씬 돌출되어 있으며 기둥으로 지지된다. 그래서 만들어진 무릎구멍은 흔적기관 같은 것으로 다리를 위한 약간의 공간을 제공한다.

작은 책상이긴 하지만, 더 비좁은 선상에서는 사용하기 불편했을 것이다. 왜냐하면 서랍을 사용하려면 양옆으로 개방된 공간이 필요하기 때문이다. 하지만 뒤판도 앞판처럼 마감되어 있기 때문에 방의 중앙에는 놓을 수 있다.

표준형 모델은 19세기 중반의 데번포트 책상의 현대적 재현작으로 이국적인 무늬목으로 공들여 장식하는 경향이 있었는데, 이 버전도 예외는 아니다.

참고도면
- Thomas H. Jones, *Heirloom Furniture You Can Build*(Popular Science Books, 1987), Davenport Desk.

디자인 변형 데번포트 책상의 형태가 디자이너에게 제약을 주는 것처럼 보일 수도 있지만, 몸체 부분은 그렇지 않다. 초기의 데번포트 디자인 중에 상당수는 매우 교묘하여 비밀 수납공간이나 회전 인출식 서랍 그리고 숨은 걸쇠에 의해 책상에서 튀어 나오는 수납칸 등을 가지고 있었다.

1번 그림은 표준형보다 좀 더 공들인 책상함을 가진다. 필기영역의 각도는 상당히 가파르며, 상감띠가 하나의 프레임을 만들고 있다. 상부에는 테두리 난간이 있는데 이것은 데번포트의 일반적인 특징이다. 책상 상자의 돌출부는 크지 않아서 몸체에 붙인 절반짜리 기둥이면 충분하다.

2번 그림은 좀 더 후기의 디자인이다. 책상 상자는 서펜타인 곡선으로 제작되어 있으며, 목선반이나 경사 가공된 기둥 대신엔 C-스크롤 형태이다. 이 책상에는 바퀴가 있어 움직이기 편리하다.

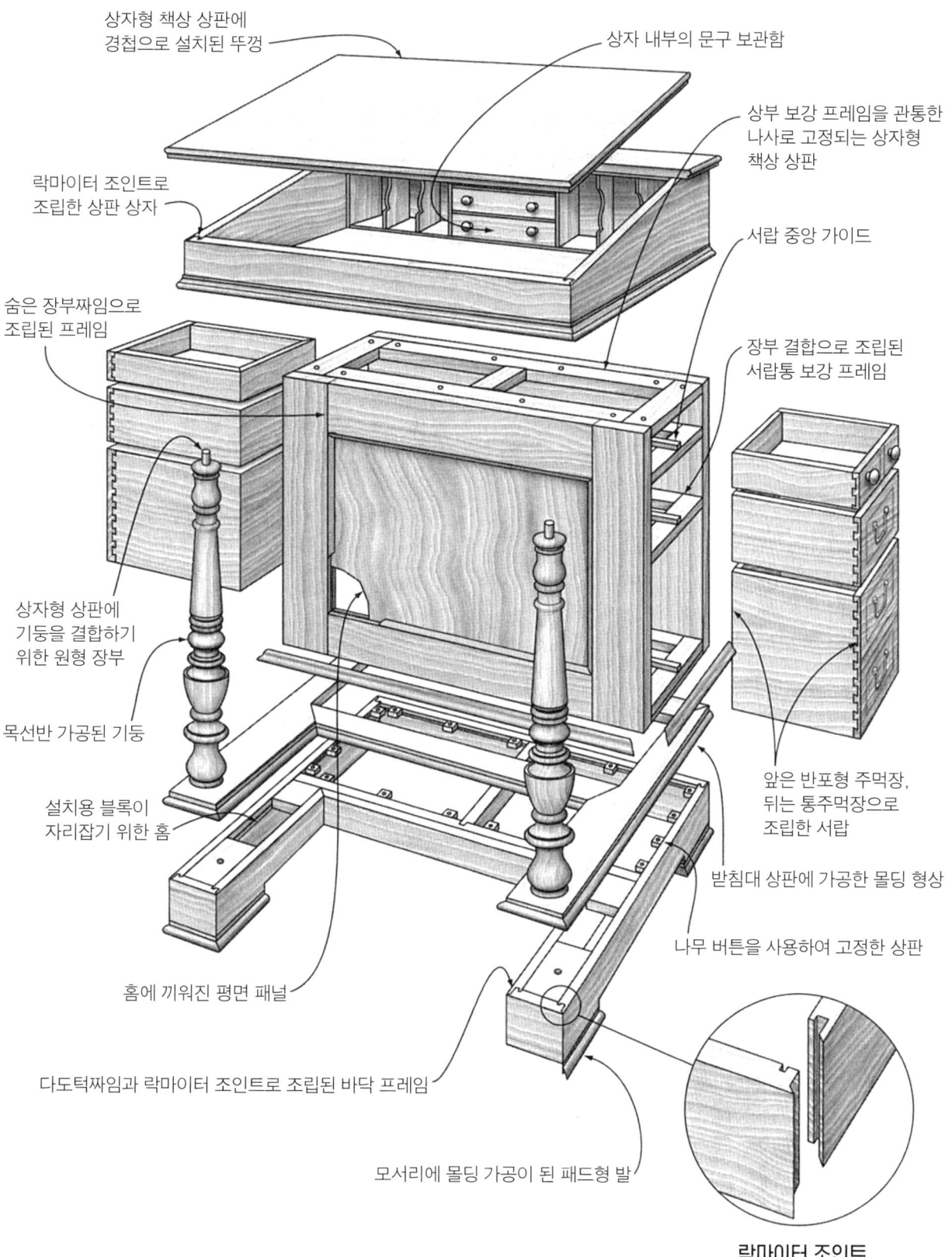

롤탑 책상
Rolltop Desk
탬부어 책상

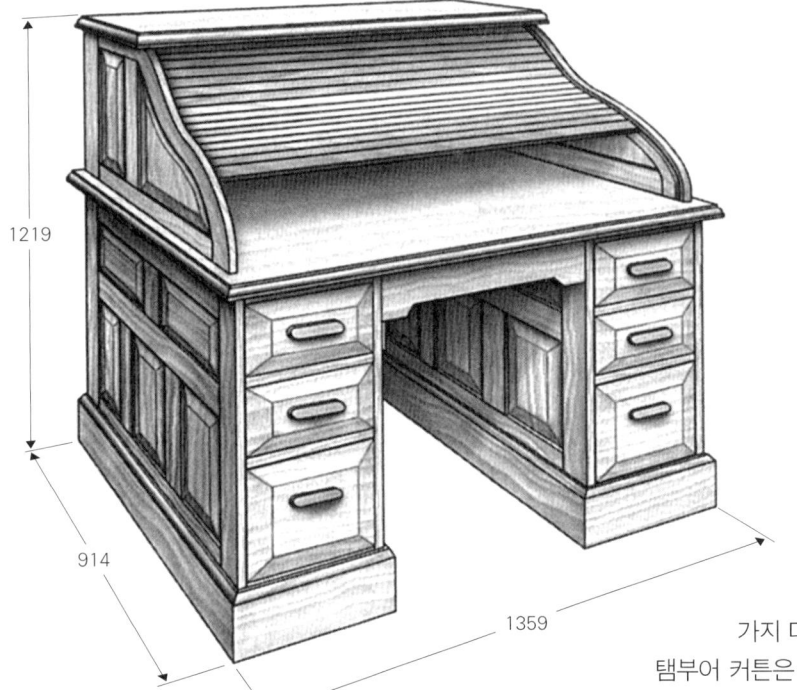

롤탑 책상의 장점은 종이나 잡동사니들을 가릴 수 있는 것이다. 지나친 높이로 쌓여 있지 않다면 롤탑의 탬부어 커튼을 닫아서 청구서, 서류, 편지, 커피잔, 계산기, 회계 장부 등을 덮을 수 있다. 그리고 나서 커튼을 들어올리면 하던 작업을 계속 할 수 있다.

표준형의 미국식 롤탑 책상은 에브너 커틀러(Abner Cutler)의 발명품이었다. 1950년대 커틀러는 필기영역과 인접한 수납칸을 탬부어 커튼을 내림으로써 완전히 가려주는 양수책상(무릎구멍 책상)을 제작하기 위해 그 당시 존재하던 여러 가지 디자인에서 각 요소들을 결합했다.

탬부어 커튼은 평면 또는 몰딩 띠를 나란히 늘어놓고, 보통 캔버스천 같은 강하고 탄력있는 안감 위에 접착하여 제작한다. 롤탑 책상에서는 막대의 끝단이 책상의 상부장의 측판에 평행으로 파놓은 홈에 끼워진다. 커튼이 닫힘 위치에서 열림 위치로 움직이면 커튼은 칸막이함 뒤쪽으로 떨어진다. 잡동사니들을 가리는 용도지만, 탬부어 커튼에 잠금장치를 달면 보안기능을 제공한다.

참고도면
- Kenneth Baumert, *The Best of Fine Woodworking: Traditional Furniture Projects*(The Taunton Press, 1991), Building a Roll-Top Desk. 표준형의 참나무로 제작한 롤탑 책상 소개.
- Thomas H. Jones, *Heirloom Furniture You Can Build*(Popular Science Books, 1987), Hepplewhite Desk. 탬부어 커튼과 인출형 글쓰기용 상판이 달린 글쓰기용 스타일의 책상 소개.

디자인 변형
커틀러의 롤탑 책상의 시초는 페더럴 스타일의 탬부어 책상에서, 17세기 초기에 처음 등장했던 프랑스의 실린더 책상까지 거슬러 올라간다. 필기 공간을 노출시키기 위해서는 원통형의 견고한 곡면 뚜껑이 회전하여 내부로 들어가야 한다. 크고 무거운 실린더 뚜껑은 얼마 지나지 않아 탬부어 커튼으로 교체되었다. 첫 번째 디자인은 문구함을 가리기 위해 탬부어가 수평으로만 움직였다. 쉐라톤과 헤플화이트는 수직으로 움직이는 커튼형의 탬부어 책상을 디자인했지만 여전히 필기 영역 전체를 덮지 못했다. 여기의 예는 인출식 글쓰기 판을 가지고 있다.

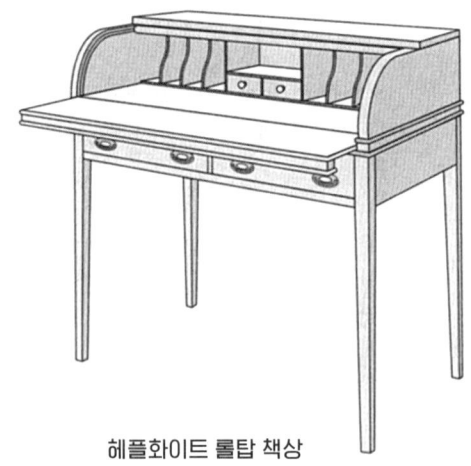

헤플화이트 롤탑 책상

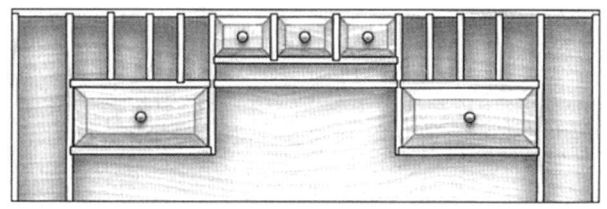

칸막이함(피존홀, Pigeonhole) 유닛
별도로 조립하고 제자리에 설치

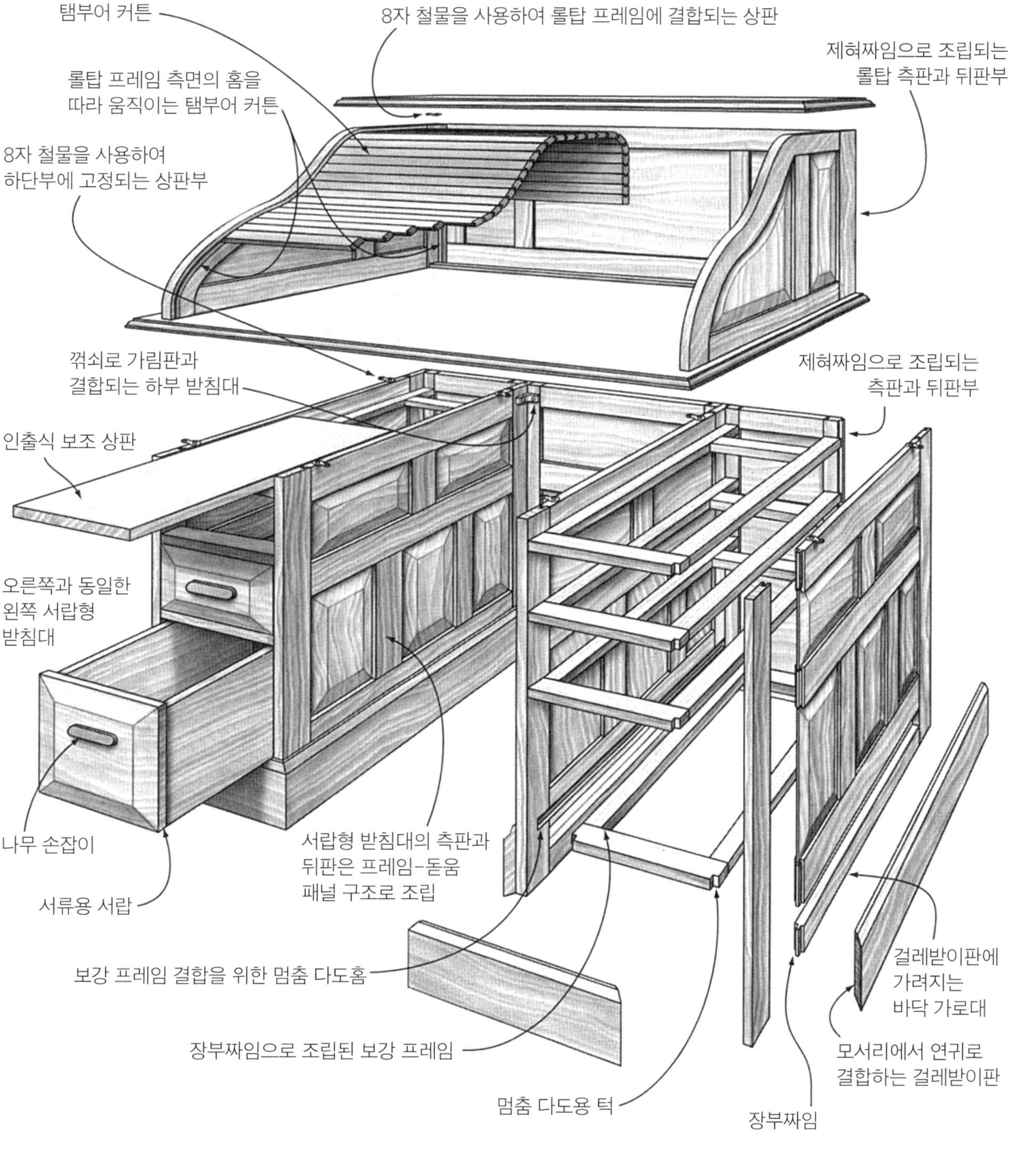

- 탬부어 커튼
- 8자 철물을 사용하여 롤탑 프레임에 결합되는 상판
- 제혀짜임으로 조립되는 롤탑 측판과 뒤판부
- 롤탑 프레임 측면의 홈을 따라 움직이는 탬부어 커튼
- 8자 철물을 사용하여 하단부에 고정되는 상판부
- 꺾쇠로 가림판과 결합되는 하부 받침대
- 제혀짜임으로 조립되는 측판과 뒤판부
- 인출식 보조 상판
- 오른쪽과 동일한 왼쪽 서랍형 받침대
- 나무 손잡이
- 서류용 서랍
- 서랍형 받침대의 측판과 뒤판은 프레임-돋움 패널 구조로 조립
- 보강 프레임 결합을 위한 멈춤 다도홈
- 장부짜임으로 조립된 보강 프레임
- 멈춤 다도용 턱
- 장부짜임
- 걸레받이판에 가려지는 바닥 가로대
- 모서리에서 연귀로 결합하는 걸레받이판

책상 231

컴퓨터 책상
Computer Desk

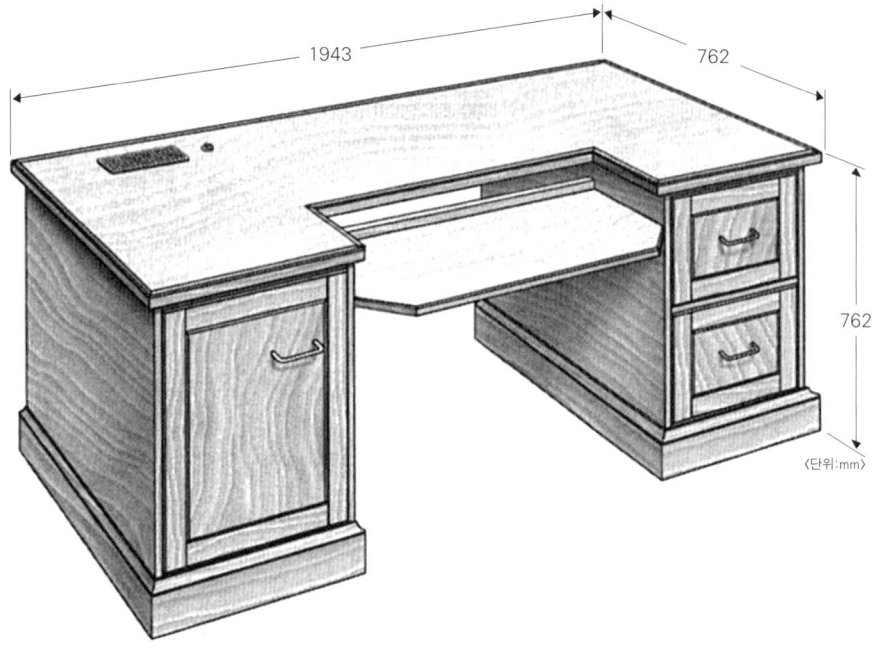

컴퓨터가 업무를 바꾸어왔듯이 사무실과 책상도 바꿔놓았다. 보통 전통적인 책상의 외관을 살리면서도 컴퓨터를 위한 자리가 필요했다.

이 표준형 양수책상은 왼쪽 받침대 내부에 컴퓨터 본체와 작은 프린터 또는 팩스기를 넣어 가릴 수 있다. 열기 배출과 전선을 위해 용도에 맞게 판매하는 전선 캡(Grommet)이나 그릴을 사용하면 쉽게 해결할 수 있다. 왼쪽 받침대는 뒷면에도 문을 달아서 쟁반같이 생긴 서랍에 접근성을 높여준다. 오른쪽 받침대에는 두 개의 표준 사이즈의 파일용 서랍이 있다. 넓은 상판 위에는 모니터만 올라가게 된다. 키보드용 선반은 두 개의 받침대 사이에 고정한다.

참고도면

- 목공 서적 *Cabinets and Built-Ins*(Creative Homeowner Press, 1996), Computer Center. 매우 심플하고 효율적인 컴퓨터용 책상 소개. 절단 목록과 철물 목록 그리고 단계별 제작 방법 그리고 몇 가지 간략한 그림들 수록.
- Nick Engler, *Desks and Bookcases*(Rodale Press, 1990), Computer Workstation. 현대적 디자인의 열린 선반과 가대식 테이블 책상으로 구성된 책장형 책상 디자인 소개. 완벽한 도면과 절단 목록 그리고 제작 방법들이 함께 수록.
- 목공잡지 *American Woodworker* Vol. V, No.4(1989년 7/8월호) 34~39쪽, William Storch, Computer Desk. 상판 위에 컴퓨터를 올려놓고, 받침대 안에는 프린터를 넣은 편수책상을 소개.

디자인 변형

위의 표준형 책상은 컴퓨터를 올려놓을 수 있는 전통적인 형태의 책상이다. 옆 그림의 편수책상은 작은 편지만 큰 컴퓨터도 올릴 수 있는 책상이다. 본체와 프린터 또는 팩스기기는 한 개의 받침대 내부에 담고, 상판의 다른 한쪽은 다리-가로대 구조가 받쳐준다. 컴퓨터 시대의 책장형 책상은 그림에서 보듯이 현대적인 재료와 빠르고 쉬운 결구법을 사용한다. 노트와 파일을 넣을 수 있는 열린 공간도 있다. 무릎 공간 내에 본체를 넣는 선반이 있으며, 트레이를 꺼내 키보드를 올리고, 모니터는 키보드 위 상판에 올려놓는다.

편수책상

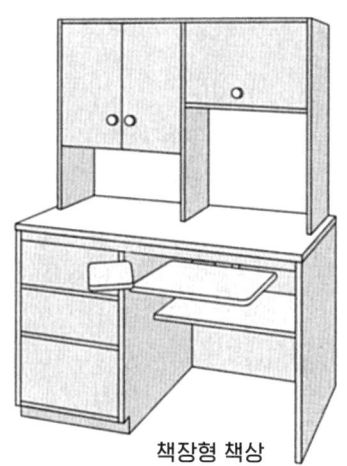

책장형 책상

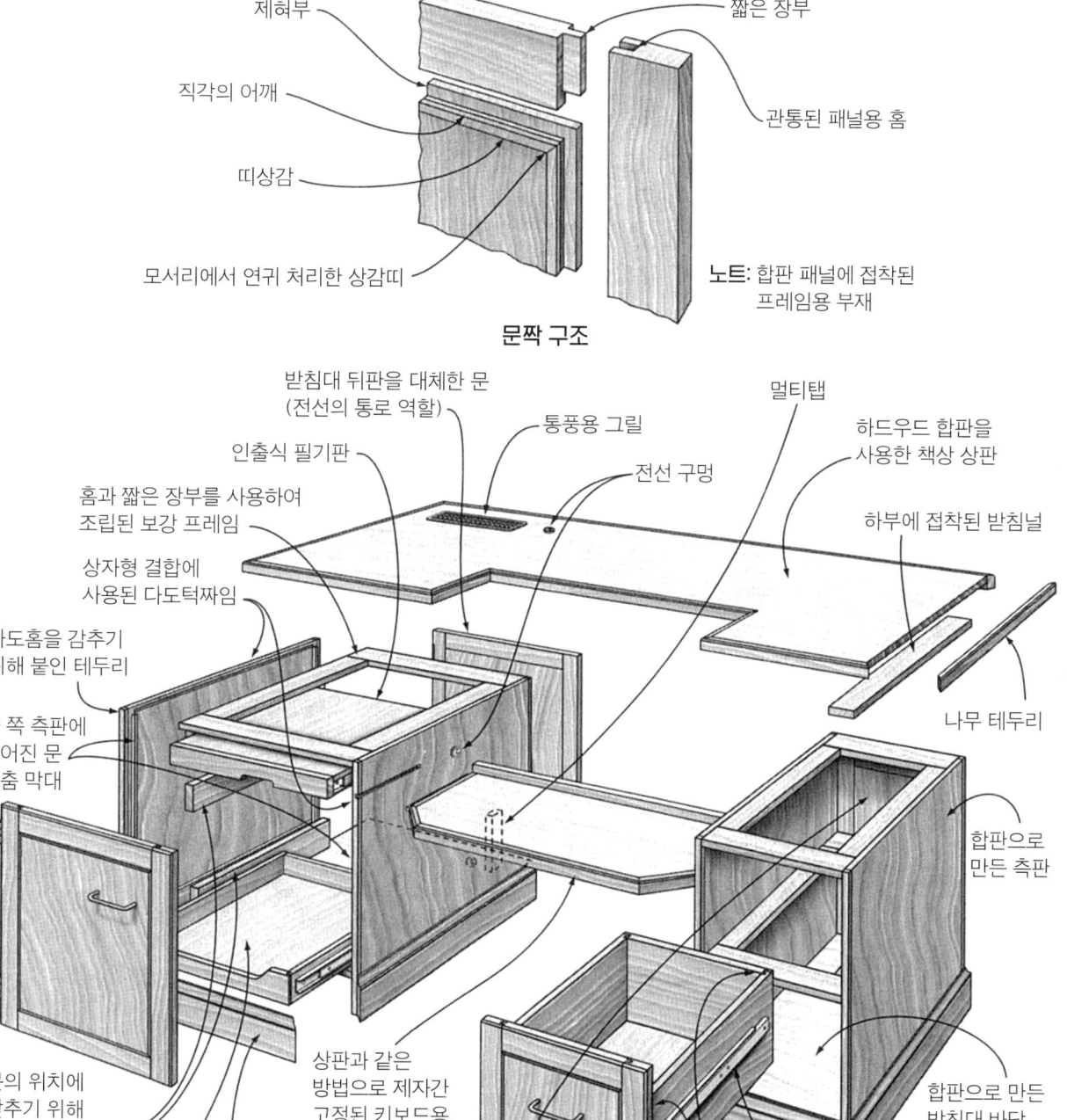

04 궤와 서랍장
Chests

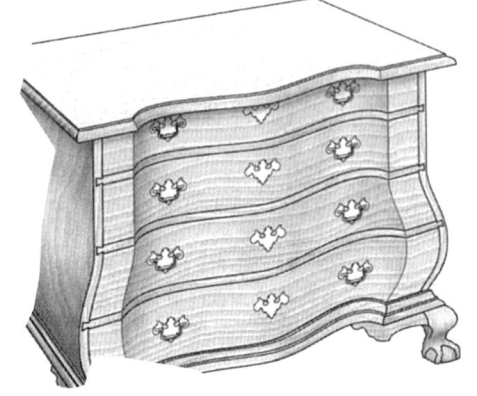

보기좋은 체스트는 사실상 예술적 작업이지만,
기능적으로 보면 단순한 수납함이다.

- **궤**: 기본형은 뚜껑이 있으며, 가장 낮은 높이의
  보관함이다. 물건들을 궤의 안쪽이나 상판 위에 놓고 사용한다.
  가끔 맨 아래쪽에 있는 침대보나 식탁보, 담요들을 빼기 위해서는 내부의 모든 것을
  들어내기도 한다. 이에 길이는 상관없지만, 폭이 너무 넓거나 깊은 궤는 사용하기
  매우 불편하다. 뚜껑 달린 궤의 치수는 매우 다양하다. 폭은 12~24인치(305~610mm),
  깊이는 15~24인치(381~610mm)를 지켜야 한다. 일반적인 길이는 30~60인치
  (762~1524mm)이다.

- **서랍장**: 서랍은 많은 물건을 수납, 정리하는 문제를 해결해준다. 사용하기 좋은 높이에 수납 공간을 구성하는 동시에, 적당한 서랍 갯수와 서랍장 크기를 정하는 것이 중요하다. 일반적으로 위에는 작은 서랍을, 아래쪽은 큰 서랍을 배치한다. 너무 큰 서랍은 열고 닫기에 불편하지만, 현대적인 서랍용 하드웨어를 사용하면서 좀 더 큰 서랍을 만들 수 있게 되었다. 안을 들여다 볼 수 없을 정도로 깊은 서랍도 안 된다. 또한 너무 많은 서랍을 하나의 몸체에 넣는 것은 바람직하지 않다. 대부분 사용하기 쉽도록 가장 큰 서랍은 높이는 12인치(305mm), 깊이는 24인치(약 610mm) 그리고 폭은 48인치(1219mm)가 적당하다. 하지만 많은 예외 상황들이 있다.

- **이층 서랍장**: 이것은 가장 높은 서랍의 규칙을 깨버린 것으로 그 크기를 보면 왜 '남자의 서랍장'으로 불리는지를 알 수 있다. 높이는 72~84인치(1829~2134mm) 정도로 가장 위쪽 서랍은 신장이 큰 사람을 빼고는 대부분의 사람들의 눈높이보다 위에 있다. 폭은 36~48인치(914~1219mm)로 작은 사람들이 다루기엔 벅찬 크기의 대형서랍을 가지고 있다. 깊이는 18~24인치(457~610mm)이다.

- **침실용 서랍장**: 이 낮고 넓은 서랍장은 침실에서 주로 사용된다. 전체 높이는 29~34인치(737~864mm)로 모든 서랍은 성인의 눈높이 아래에 있다. 서랍이 2열 구성이기 때문에 72인치(1796mm)에 달하는 크기임에도 다루기 어렵지 않은 서랍 크기를 가지고 있다.

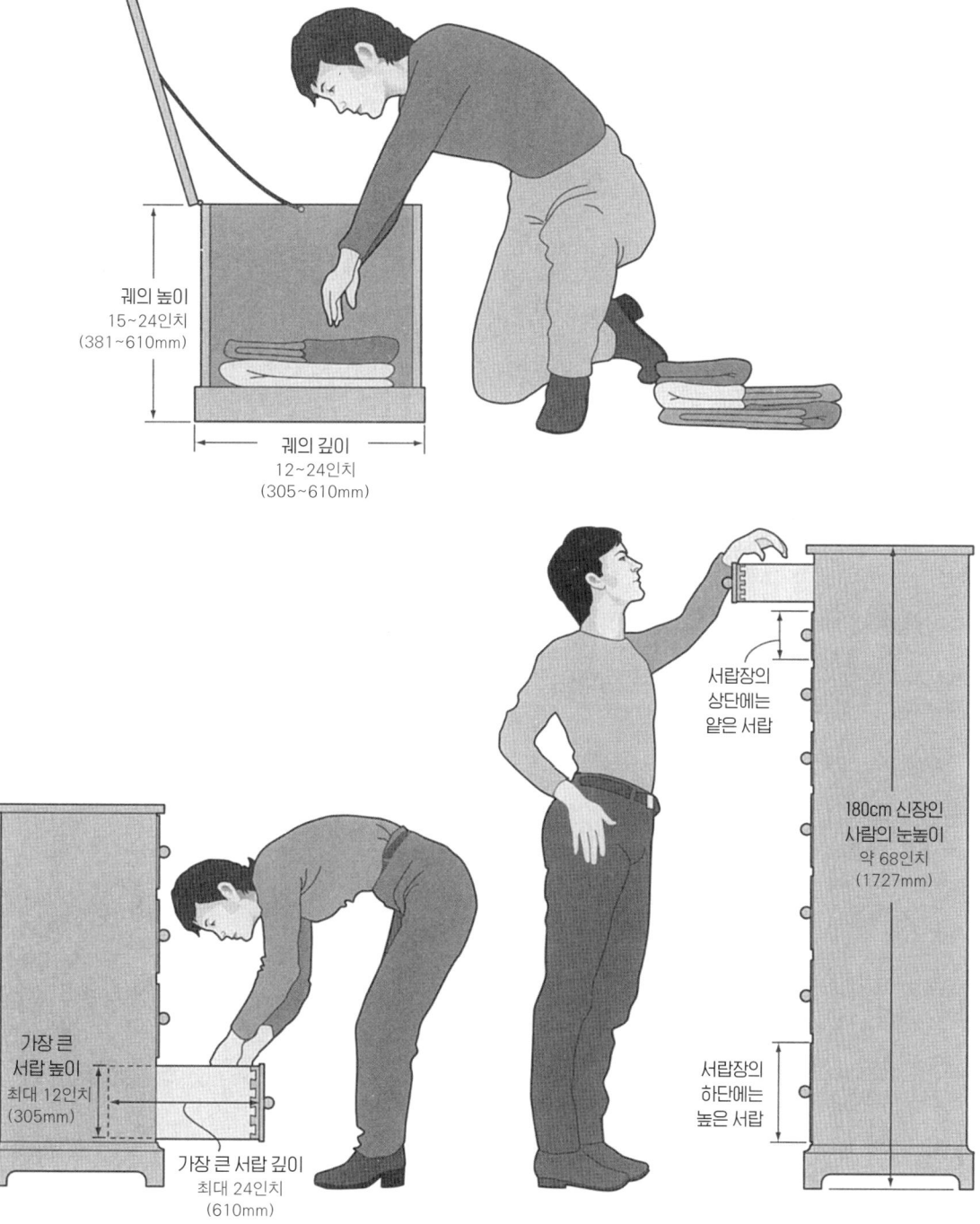

Chests

여섯 판재 궤
Six-Board Chest

체스트・블랭킷 체스트(이불함)・
다우어 체스트*・피드 체스트

여섯 판재 궤는 크기와 제작 방법, 외관 그리고 용도는 다양하지만 형태는 매우 기본적이다. 이것은 뚜껑 달린 상자라 할 수 있으며 보통 저장용도로 사용한다. 아마도 가장 오래된 가구 형태일 수도 있다.

이 이름은 제작에 필요한 판재의 수에서 유래한다. 어떤 궤는 엄격하게 여섯 장의 판재로 만들어지는데 표준형 모델과 같은 세련된 형태에 좀 더 유사할 가능성이 크다.

궤의 내부는 분할되지 않은 수납공간이다. 어떤 물건을 넣으려면 사실상 궤의 내부를 비워야 하며, 뚜껑 위에 쌓아 놓은 물건들을 치워야 한다.

참고도면
- Michael Dunbar, *Federal Furniture*(The Taunton Press, 1986), Bracket-Base Blanket Chest. 주먹장을 사용한 매우 전통적인 궤 소개.
- Bill Hylton, *Country Pine*(Rodale Press, 1995), Blanket Chest. 받침대 없는 궤 제작도면, 절단 목록과 단계별 제작 방법 소개.
- Richard A. Lyons, *Making Country Furniture*(Prentice-Hall, 1987), Primitive Blanket Chest, Six-board Blanket Chest. 두 가지 다른 궤를 제작하는 도면을 제공.

디자인 변형 여섯 판재 궤는 매우 평범한 가구이지만, 끝없이 많은 디자인들이 발견되어 매우 흥미롭다. 여기에는 세 가지만 소개하겠다. 초기형 궤는 다리를 만들어주기 위해 측판이 바닥까지 연장되어 있어서 앞판과 뒤판은 결이 교차되고 있다. 발 달린 궤는 순무형 발(Turnip foot)과 나무 경첩 달린 투박한 주먹장으로 제작되어 있다. 받침대 없는 궤는 발이 없이 바닥 몰딩으로 마무리된 간결한 궤이다.

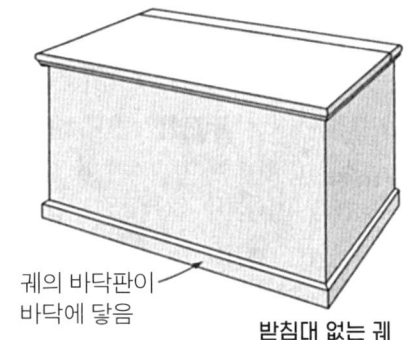
받침대 없는 궤

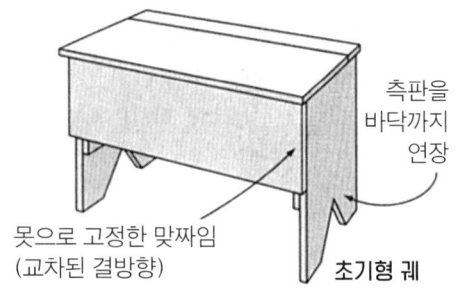
초기형 궤

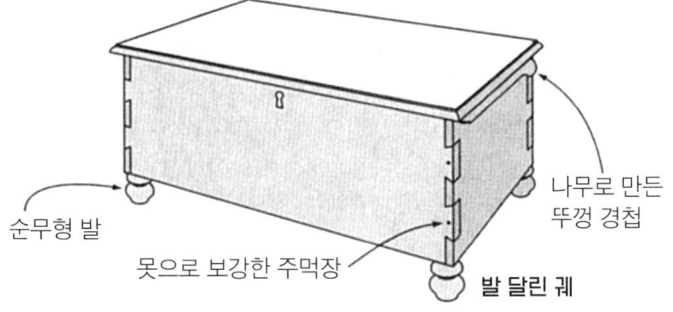
발 달린 궤

---
*펜실베이니아 독일계 미국인이 사용하던 혼수용 궤 _ 옮긴이

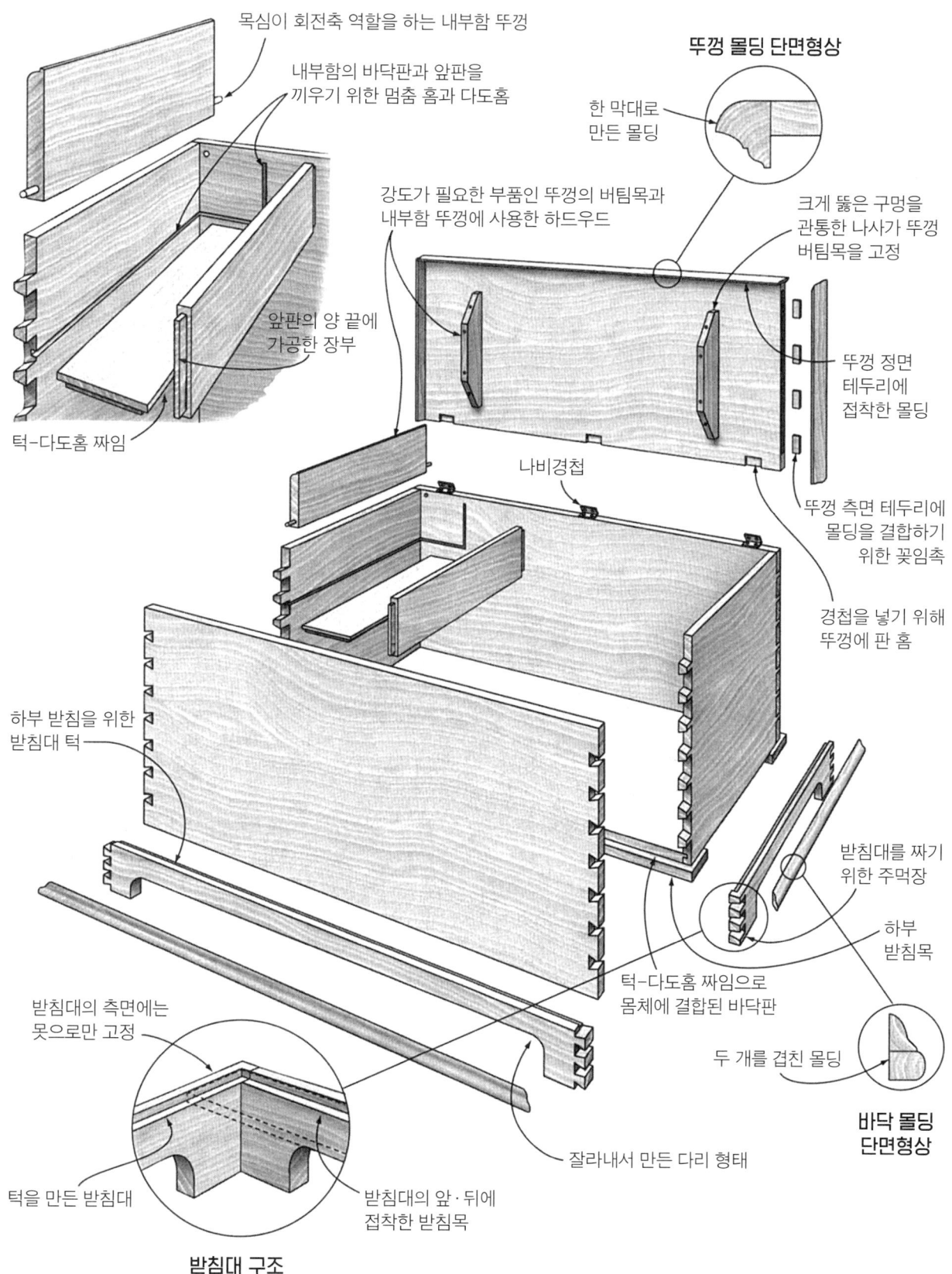

뮬 체스트
Mule Chest
다우어 체스트 · 블랭킷 체스트

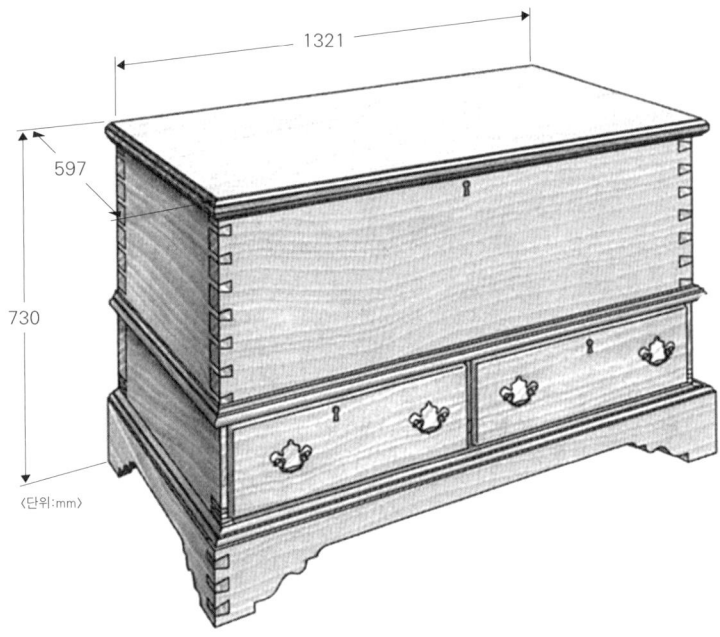

여섯 판재 궤에 서랍을 덧붙이게 되면 디자인과 제작 방법의 옵션이 많아진다. 여러 가지 전통 스타일의 궤를 연구하면 자신만의 궤를 디자인하고 제작하는 데 훨씬 도움이 될 수 있다.

제일 아랫부분에 두세 개의 낮은 서랍이 달린 무릎 높이 정도의 친근한 블랭킷 체스트(이불함)는 펜실베이니아 독일인들의 전통가구에서 유래했다. 그림은 그중 단 한가지의 예이다.

뉴잉글랜드 전통 궤가 진짜 뮬*체스트의 예로 뚜껑 달린 궤와 서랍장이 만난 혼합형이다. 한때 뮬 체스트는 서랍이 하나 달린 블랭킷 체스트와 같은 비율로 제작되었다. 꽤 깊은 두세 개의 서랍에 뚜껑이 있는 함을 올려 상당히 높게 제작하는 경우가 많았다. 어떤 것은 궤의 정면에 몰딩을 붙여서 서랍처럼 보이게 만드는 경우도 있었다.

참고도면
- John Kassay, *The Book of Shaker Furniture*(University of Massachusetts Press, 1980), Chests. 서랍이 하나 달린 셰이커 궤의 치수도면 소개.
- Lester Margon, *Construction of American Furniture*(Dover Publications, 1975), Pennsylvania Provincial Dower Chest. 패턴이 있는 '유니콘 체스트' 도면 소개.
- John G. Shea, *Antique Country Furniture of North America*(Van Nostrand Reinhold, 1975), Pine Chest with Drawer. 가서랍과 두루마리형 스커트판의 뉴잉글랜드 뮬 체스트 치수도면 소개.

*뮬(Mule): 노새는 말과 당나귀의 혼종._옮긴이

디자인 변형
세 가지 전통 궤는 같은 형식의 가구에 대해 서로 다른 접근 방법을 보여준다. 서랍의 수와 크기에 따라 궤의 크기와 비율이 달라진다. 펜실베이니아 더치 궤는 오늘날의 블랭킷 체스트의 선조이다. 반면에 뉴잉글랜드 체스트는 서랍장의 시초이다.

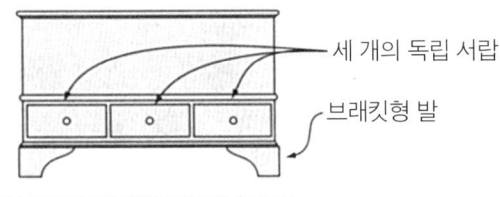

펜실베이니아 더치 다우어 체스트

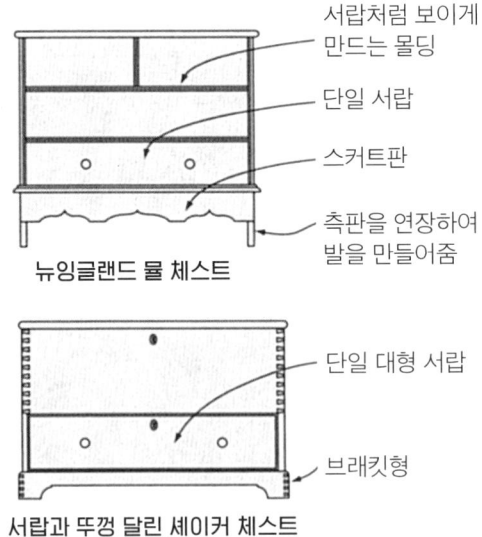

뉴잉글랜드 뮬 체스트

서랍과 뚜껑 달린 셰이커 체스트

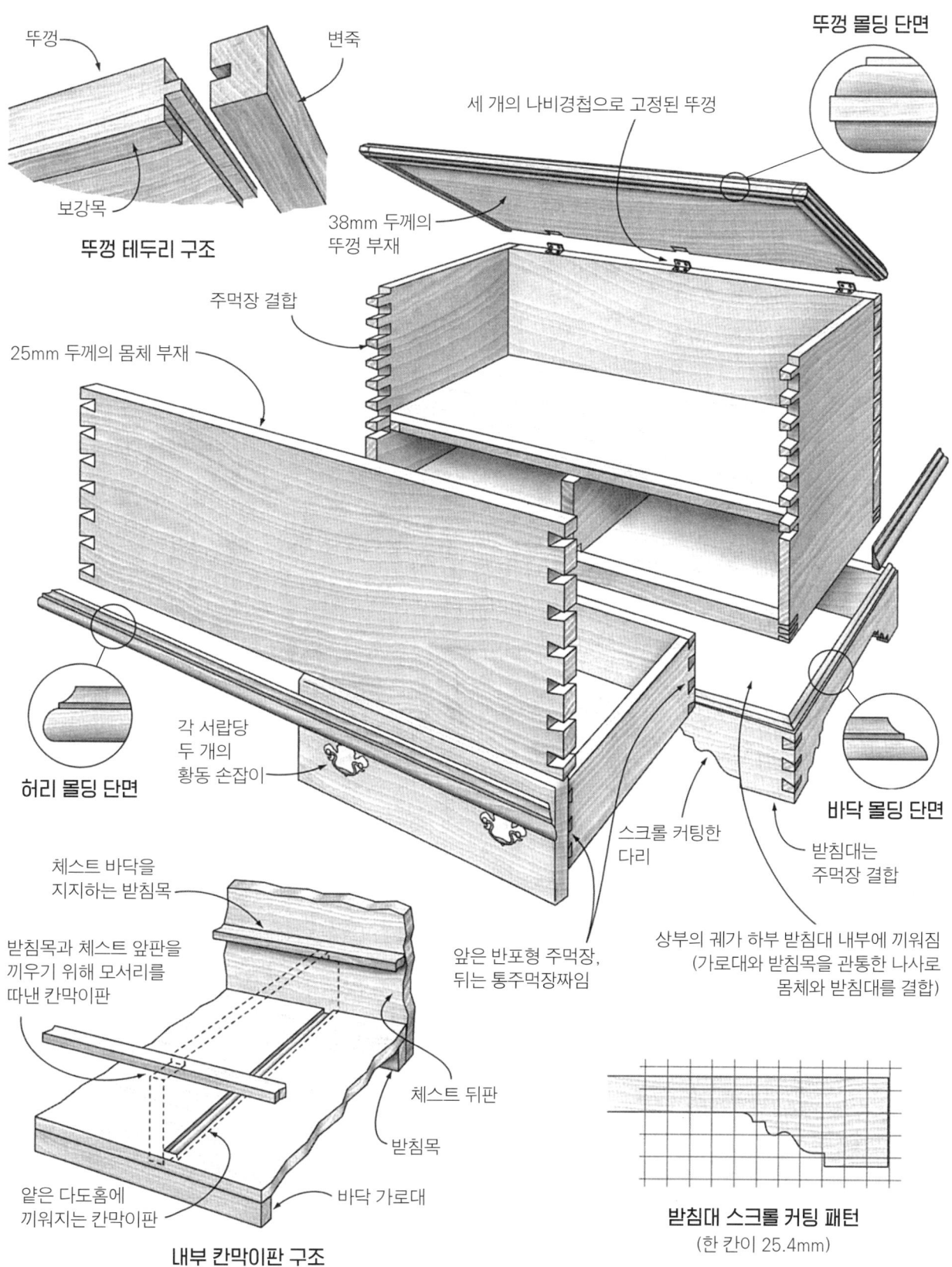

프레임-패널형 궤
Frame-and-Panel Chest

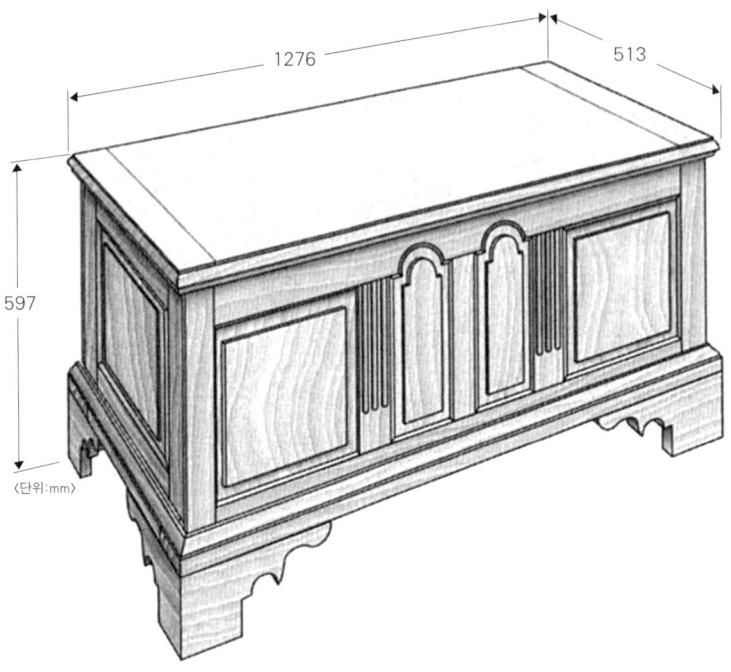

참고도면
- Jack Hill, *Making Family Heirlooms*(St. Martin's Press, 1985), Chest. 도면은 수록되어 있지 않지만 현대적 디자인 궤를 쉽게 제작할 수 있는 방법 소개.
- Thomas H. Jones, *Heirloom Furniture You Can Make*(Popular Science Books, 1987), Blanket Chest. 삼나무로 내벽을 만든 전통적 궤의 제작 방법 소개.

이 궤의 앞·뒷면 그리고 측면은 각각 개별적인 프레임-패널 구조로 제작된다. 궤의 외형을 장식하기 위해서 디자이너는 정면 패널 구조에 패널의 윗부분에 아치형을 넣어 강조해주었다.

대부분의 환경에서 프레임-패널 구조를 사용하면 나무의 수축·팽창에서 오는 문제점들을 최소화할 수 있다. 그러나 '여섯 판재형 궤'(236쪽)를 보면, 나무의 움직임에서 오는 영향이 적다는 것을 알게 될 것이다. 프레임-패널 구조를 사용하는 것은 심미적인 이유 때문이다. 확실히 이것이 궤의 구조를 더 복잡하게 만든다.

앞·뒷면 그리고 측면 구조는 턱짜임으로 조립된다. 바닥 프레임에 차례로 결합되어 열린 상자 또는 케이스가 만들어진다. 이 부분은 여섯 판재형 궤의 구조의 동일하다.

그림에서도 잘 묘사되어 있듯이, 프레임-패널형 구조의 심미적인 가능성은 아치형 패널과 세로홈을 판 세로대이다. 이러한 특수한 패널이 결구법에 영향을 준다. 패널이 턱위에 자리 잡으면 4분원형의 몰딩을 사용하여 패널을 고정한다.

디자인 변형

여러 가구 제작자들이 다양한 방법으로 프레임-패널형 구조의 창조적인 잠재성을 잘 이용한다. 아래 그림에서 보듯이, 패널의 스타일뿐만 아니라 비율과 배치도 변경할 수 있다. 한 궤는 전체가 프레임-패널 구조이며 다른 하나는 일부만 선택적으로 원목 통판을 사용하고 있다. 받침대는 몸체의 일부가 연장되게 만들 수도 있고, 완전히 개별적인 구조일 수도 있다.

현대적 디자인의 프레임-패널형 궤

통판형 측판을 가진 프레임-패널형 궤

주먹장 결합 프레임-패널형 궤

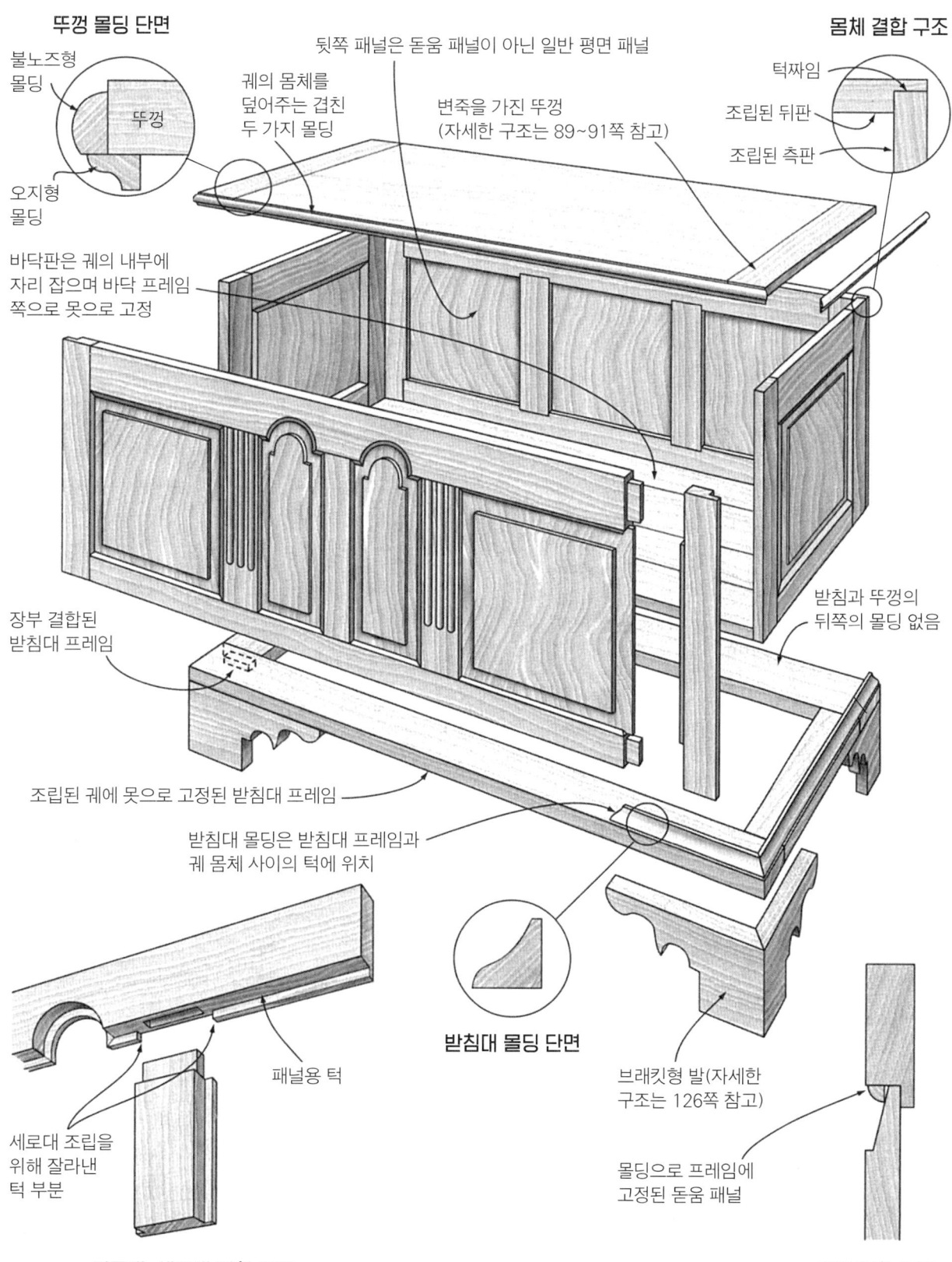

기둥-패널형 궤
Post-and-Panel Chest

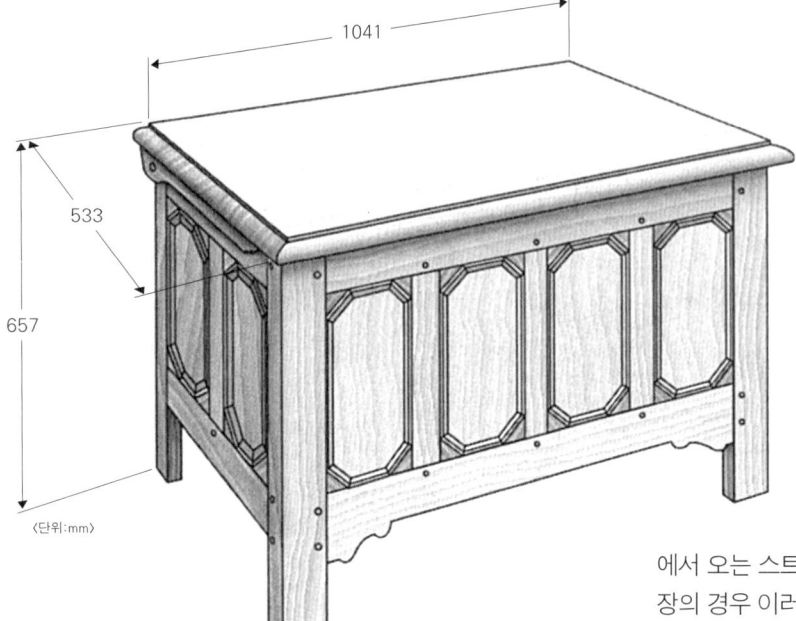

이 고딕 느낌의 궤는 다른 블랭킷 체스트(이불함)와 같은 종류이다. 친숙한 여섯 판재형 스타일 대신에 기둥-패널 구조를 사용하고 있다. 이 구조를 사용하는 일반적인 이유는 나무의 움직임을 다루기 위해서이다. 넓은 판재를 사용하면 궤는 상당히 많이 수축·팽창하는데, 실제로 계절의 변화에 따라 궤의 높이가 약간 변화된다. 그러나 여섯 판재 궤 구조에서는 결의 교차구조에서 오는 스트레스가 없다. 서랍과 평평한 문이 달린 수납장의 경우 이러한 나무의 움직임은 문제를 일으킨다.

이 궤를 제작한 사람은 분명히 나무의 움직임보다는 외형에 더 관심이 있었을 것이다. 독특한 외형을 가지고 있지만, 패널에 사용한 몰딩 같이 결의 교차형 짜임을 사용하고 있다. 최선의 방법은 삼각형의 모서리 블록과 몰딩을 못으로 패널에 고정하는 것이다. 못이 접착제보다는 탄력이 있기 때문이다.

이 궤에는 주먹장짜임은 없지만 전체 장부 결합과 패널 구조, 몰딩까지 포함하고 있어 여섯 판재형 궤(236쪽)보다는 도전해 볼 만한 가구 프로젝트이다

참고도면
- Franklin H. Gottshall, *Simple Colonial Furniture*(Bonanza Books, 1984), *Paneled Chest*. 표준형 궤에 대한 도면 수록.
- 목공잡지 *American Woodworker*, Vol. V, No.3(1989년 9/10월호) 52~56쪽, Ivan Hass, Blanket Chest. 현대적인 기둥-패널형 궤에 대한 도면 수록.
- Bill Hylton, *Country Pine*(Rodale Press, 1995), Post-and-Panel Chest. 돋움 패널을 가진 전통적인 궤를 제작하는 최상급 도면 소개.

디자인 변형

아래의 세 가지 궤들은 기둥-패널형의 가능한 디자인 범위 중에 일부이다. 전통적인 돋움 패널형 궤는 앞쪽에 두 개의 패널과 다리기둥에 목선반 가공한 발을 가진다. 다음 궤는 평면 패널을 가진 궤가 얼마나 수수한지, 또한 궤의 비율을 바꾸면 외형을 어떻게 바꾸는지를 보여준다. 현대적 디자인의 궤에서는 지지하는 다리 형태가 어떻게 급격하게 바뀌는지를 보여준다. 그럼에도 세로대의 위치는 전통 디자인을 기반으로 한다.

돋움 패널형 궤

평면 패널형 궤

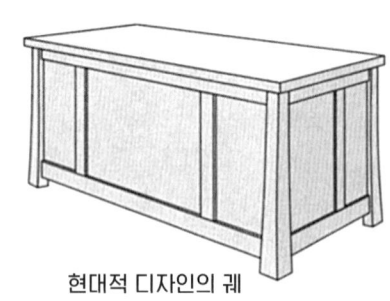
현대적 디자인의 궤

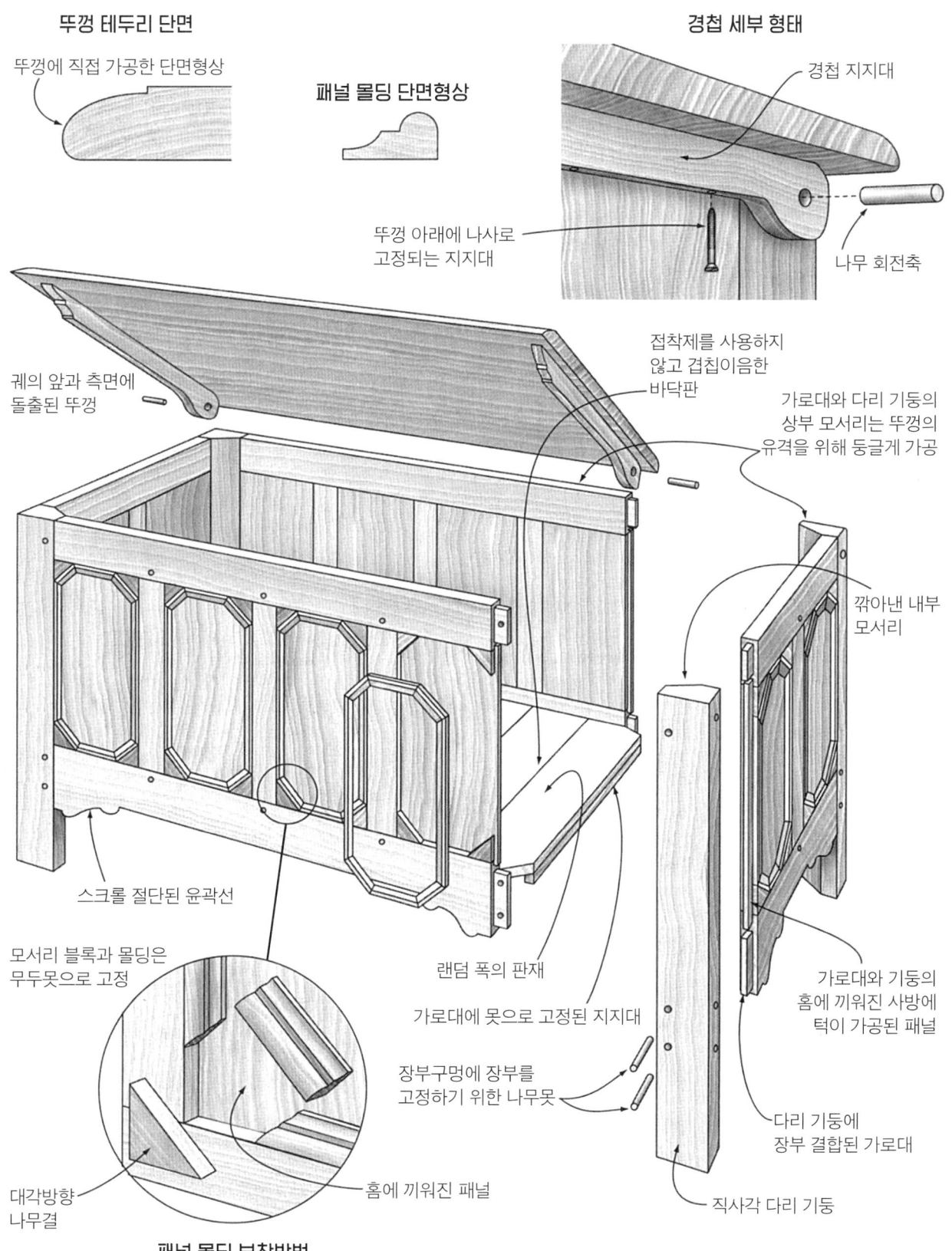

서랍장
Chest of Drawers

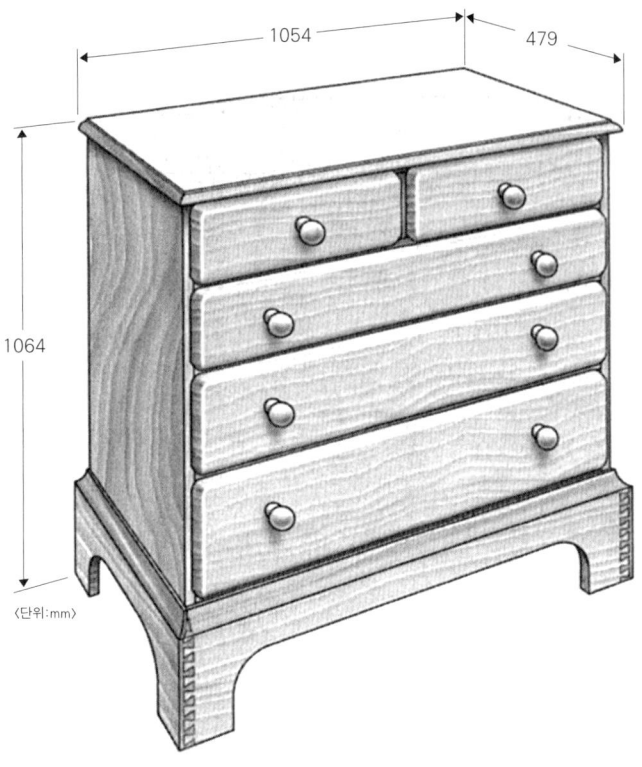

참고도면
- 목공잡지, *American Woodworker*, Vol. IV, No.2(1989년 3/4월호) 16~23쪽, Norm Abram, Chest of Drawers. Norm이 설계한 기본형 서랍장의 제작 방법 소개.
- Carlyle Lynch, *The Best of Fine Woodworking: Traditional Furniture Projects*(The Taunton Press, 1991), Hepplewhite Chest of Drawers. 부품 목록과 제작 방법, 저자가 측정한 치수도면 수록.

수많은 가구 형태의 기본형은 서랍들로 채워진 장이다. 그것이 바로 서랍장이다. 이것이 드레서(Dresser)와 뷰로(Bureau)가 되고, 높은 서랍장(Tall chest)과 이층 서랍장(Chest-on-chest), 책상과 세크리터리(Secretary), 서류함과 부엌 수납장, 리넨 프레스(Linen press)와 두 개 이상의 서랍을 가진 가구들의 원형이다.

많은 변형들이 있지만 사람들이 서랍장(Chest of drawers)이라고 부르는 형태는 놀랍게도 오랫동안 유지하고 있다. 표준형 모델을 보면 바로 그 형태이다. 약 3 1/2피트(1067mm) 높이와 약 3~3 1/2피트(914~1067mm)의 폭을 가진다.

셋 또는 네 개의 서랍은 아래로 갈수록 높이가 점차 높아지며, 몸체의 전체 깊이만큼 열린다. 맨 위쪽의 서랍은 전체 폭으로 된 서랍 대신, 절반의 폭으로 두 개를 만드는 경우도 있다.

상판은 앞과 측면 쪽으로 살짝 돌출되어 있다. 어떤 종류는 받침대나 발이 있어서 15cm 정도 몸체를 바닥에서 띄워준다.

표준형 모델은 셰이커 스타일 또는 컨트리 스타일로 부르며, 장식이 없는 스타일이다. 때문에 비율과 장인의 기술에 따라 호불호가 달라질 수 있다.

디자인 변형

세 가지 모두 표준형과 같은 크기이지만 세부 형태는 다르다. 퀸 앤 서랍장은 브래킷형 발과 베일 손잡이(Bail pull)와 그에 맞는 열쇠구멍 장식판(Keyhole escutcheon) 그리고 바닥과 상판의 하부 테두리에 둘러진 몰딩이 그 특징이다. 페더럴 서랍장은 전체 크기의 서랍과 프렌치형 발, 모서리에 몰딩 가공한 상판 그리고 단정한 장식판이 있다. 윌리엄 앤 메리 서랍장은 기둥형 다리에 굵은 바닥 몰딩, 상판과 서랍 주위의 몰딩장식 그리고 눈물 방울형 손잡이를 가지고 있다.

퀸 앤 서랍장

페더럴 서랍장

윌리엄 앤 메리 서랍장

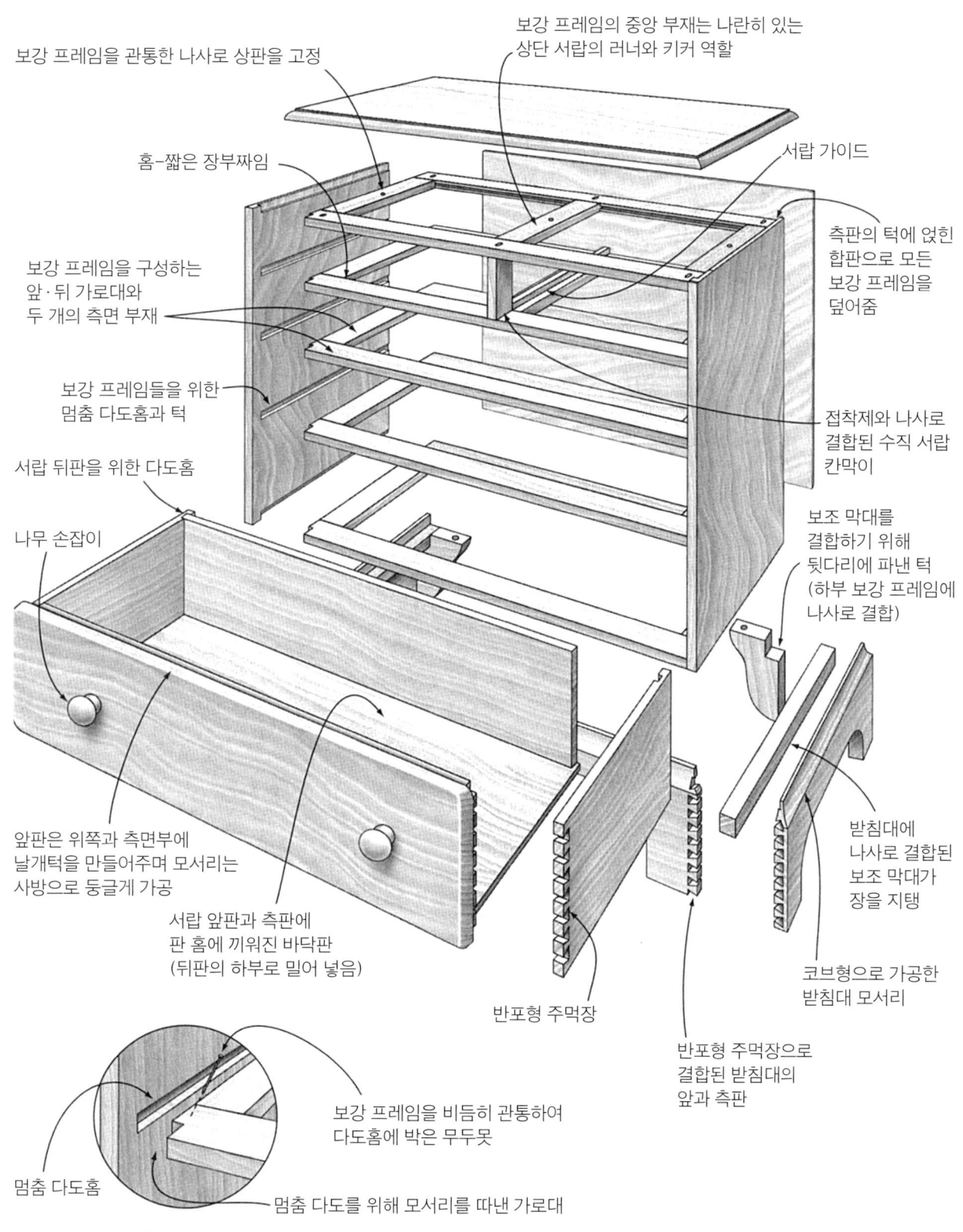

체스트-온-프레임
Chest-on-Frame
하이보이·셀라레트

하나의 가구를 오랫동안 깊게 바라보다 보면, 가구 종류의 경계가 다소 모호해진다. 예를 들어 서랍장에 발을 달면 체스트-온-프레임일까? 답은 발 또는 다리가 가로대나 다리버팀대에 의해 서로 결합되어 있다는 전제가 있어야 한다. 다시 말하면 체스트-온-프레임은 상판이 없는 테이블이다.

체스트 부분은 전형적인 하이보이처럼 서랍장일 수도 있고, 뚜껑 달린 상자일 수도 있으며, 전형적인 셀라레트(술보관장)일 수도 있다. 상판을 뺀 테이블은 많은 실버 체스트-온-프레임(은제 식기 보관장)의 경우와 같이 식탁 높이이거나, 대부분의 하이보이의 경우와 같이 커피 테이블의 높이일 수도 있다. 사실 어떤 것은 너무 낮아서 체스트-온-프레임을 만들기 위한 가로대라는 것을 한눈에 봐서는 모를 수도 있다. 일반적인 테이블들이 그렇듯 많은 체스트-온-프레임은 테이블 부분의 앞 가로대에 서랍이 있다.

예상대로 체스트 부분의 세부 구조는 체스트의 구조와 테이블 부분의 세부 구조는 테이블의 구조와 동일하다.

참고도면
- Ben Erickson, Robert A. Yoder, *Cabinetry*(Rodale Press, 1992), Silver Chest. 인출식 선반, 사선 처리된 다리, 주먹장으로 조립된 3개의 서랍을 가진 주먹장 결합된 서랍장에 대한 종합적인 그림과 단계별 제작과정 소개.
- Carlyle Lynch, *Classic Furniture Projects from Carlyle Lynch*(Rodale Press, 1992), Cellaret. 서랍과 12개의 술병 수납용 칸막이가 있는 1760이라고 상감된 헤플화이트 셀라레트를 재현하기 위한 그림과 제작 방법 소개.

디자인 변형

체스트-온-프레임은 상부의 장 부분과 장을 받쳐주는 프레임 같은 테이블 부분에 따라 매우 다양하게 변화된다. 프레임과 상대적으로 무거워 보이는 서랍장 부분의 균형을 위해서 보통 프레임 부분은 같은 크기의 테이블에 비해 더 튼튼하게 만들어진다. 그래서 현대적인 실버 체스트의 경우, 서랍장 대신에 상판이 얹혀 있다면 다리가 짧아 보일 수도 있지만 서랍장이 올라가면 가늘어 보일 수도 있다.

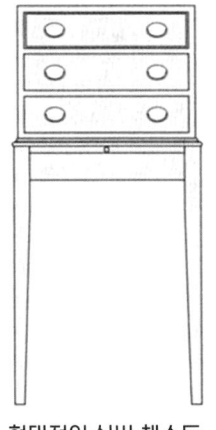

현대적인 실버 체스트

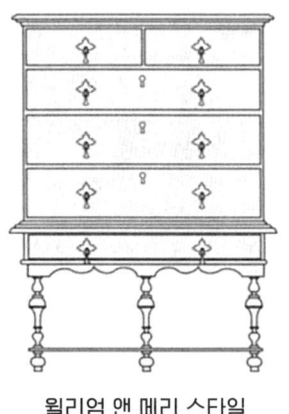

윌리엄 앤 메리 스타일 높은 다리 서랍장

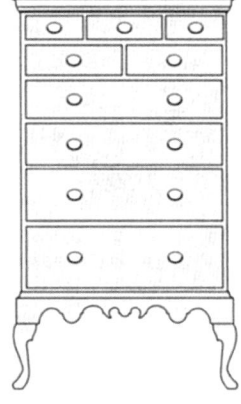

피드몬트 높은 다리 서랍장

상부 몰딩 단면형상

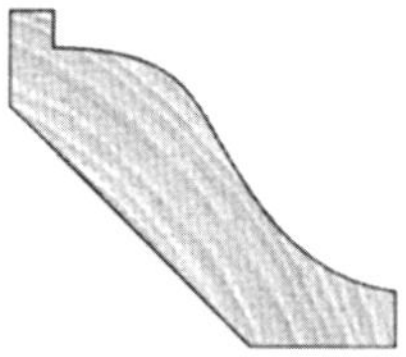

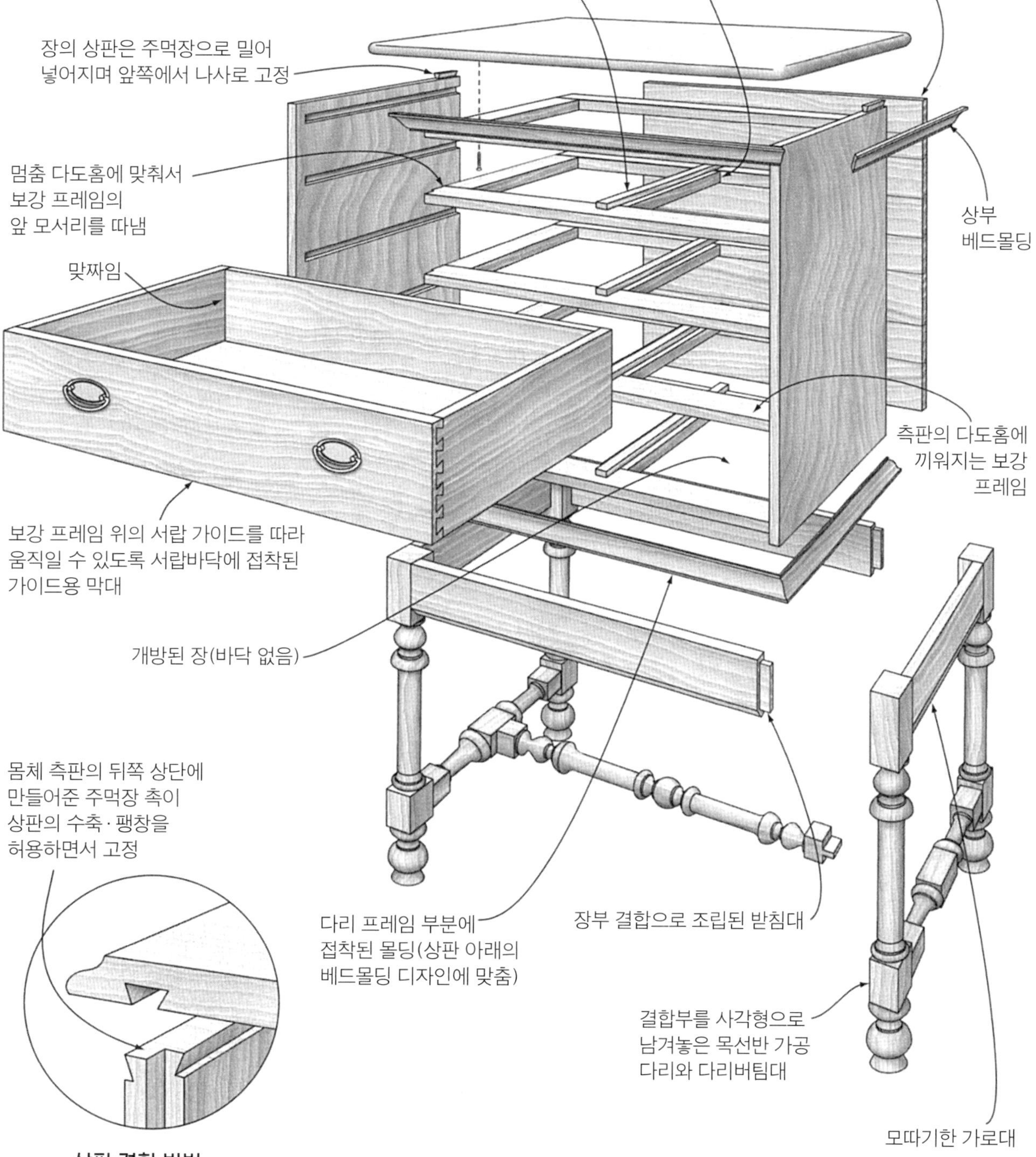

장의 상판은 주먹장으로 밀어 넣어지며 앞쪽에서 나사로 고정

중앙 서랍 가이드는 보강 프레임의 중앙 세로대에 못으로 고정

접착제 없이 장부짜임으로 조립된 보강 프레임

측판의 턱에 얹히는 랜덤 폭의 뒤판 판재

멈춤 다도홈에 맞춰서 보강 프레임의 앞 모서리를 따냄

맞짜임

상부 베드몰딩

보강 프레임 위의 서랍 가이드를 따라 움직일 수 있도록 서랍바닥에 접착된 가이드용 막대

측판의 다도홈에 끼워지는 보강 프레임

개방된 장(바닥 없음)

몸체 측판의 뒤쪽 상단에 만들어준 주먹장 촉이 상판의 수축·팽창을 허용하면서 고정

다리 프레임 부분에 접착된 몰딩(상판 아래의 베드몰딩 디자인에 맞춤)

장부 결합으로 조립된 받침대

결합부를 사각형으로 남겨놓은 목선반 가공 다리와 다리버팀대

모따기한 가로대

상판 결합 방법

궤와 서랍장

이층 서랍장
Chest-on-Chest
톨보이

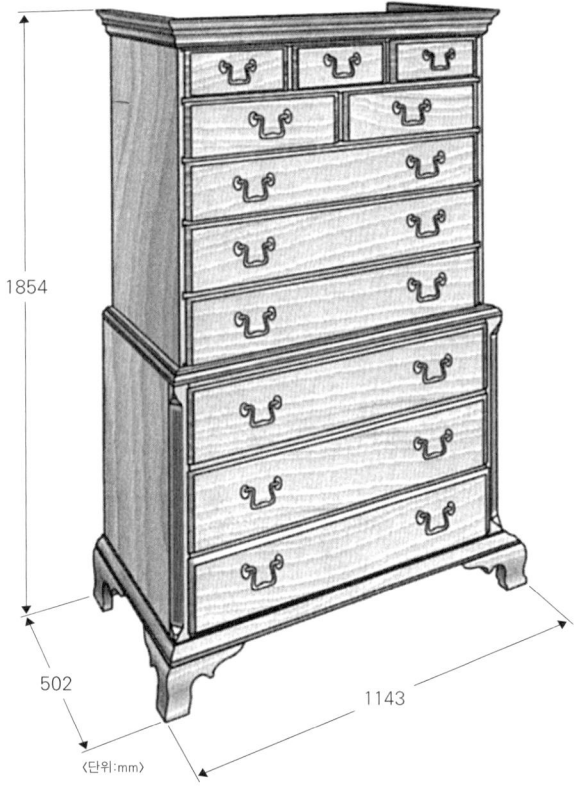

하이보이의 친척으로 거의 비슷한 시기에 탄생한 체스트-온-체스트는 하이보이의 우아한 다리와 스커트는 없지만, 넓은 수납공간과 튼튼한 구조를 가진다. 글자 그대로 두 개의 서랍장을 위로 쌓아 올린 것이다. 일반적으로 하부장에 부착된 허리 몰딩에 상부장이 끼워지며 상·하부장이 서로 붙어 있는 경우는 거의 없다.

표준형 모델은 전통적인 스타일을 현대적으로 재현한 것이다. 오지 브래킷형 발과 받침 몰딩과 허리 몰딩, 코니스몰딩이 있으며, 하부장에는 플루트형의 세로홈이 파진 코너 기둥이 부착되어 있다. 대개 여섯 개의 넓은 폭 서랍과, 다섯 개의 작은 서랍들로 구성되어 있다. 구조는 그림과 같이 전통적이다.

이 서랍장은 치펜데일이나 페더럴 시대에 제작된 가구보다는 정갈하다. 보통 이런 가구들은 크기가 위풍당당하다. 붙임기둥과 많은 조각이 들어간 열린 박공장식(Broken pediment), 불꽃형 또는 꽃다발형 피니얼 장식, 심지어 항아리 모양이나 조각상이 달린 블록프론트 형식이나 봄베형 서랍장은 기념비적인(거대하다라는 수식어로도 모자를 만큼 압도적) 것을 넘어선다.

참고도면
- Norm Abram, *Classics from The New Yankee Workshop*(Little, Brown & Co., 1990), Chest on Chest. 키가 크고 이동식 선반을 가진 자립형 유닛을 제작하기 위한 도면과 작가의 작업방법을 소개.

디자인 변형   거대한 크기와 디자인이 체스트-온-체스트 만의 전형적인 특징으로 보일 수도 있지만, 꼭 필요한 사항은 아니다. 옆 그림의 두 가지 체스트는 그러한 특징을 디자인에서 은은하게 보여주고 있다. 엠파이어 스타일은 만든 이의 흥미로운 도전 정신을 볼 수 있는데, 프레임-패널 구조와 전면 부착한 절반의 둥근 기둥이 그것이다. 상단 서랍은 세 개의 서랍으로 보이게 하는 하나의 가서랍판을 붙인 것이다. 이러한 디자인 모티브들은 아름답고 화려하다. 어쨌든 높은 이층장이다. 그리고 낮은 이층 서랍장은 표준형처럼 전통적인 스타일이지만, 상·하부장 모두 서랍 수가 적으며, 각각 서랍 크기를 줄여서 전체 높이가 줄어들었다. 적절하게도 장의 높이가 줄어들면서 코니스몰딩의 크기도 줄였다.

엠파이어 스타일의 이층 서랍장   **전통적 스타일의 낮은 이층 서랍장**

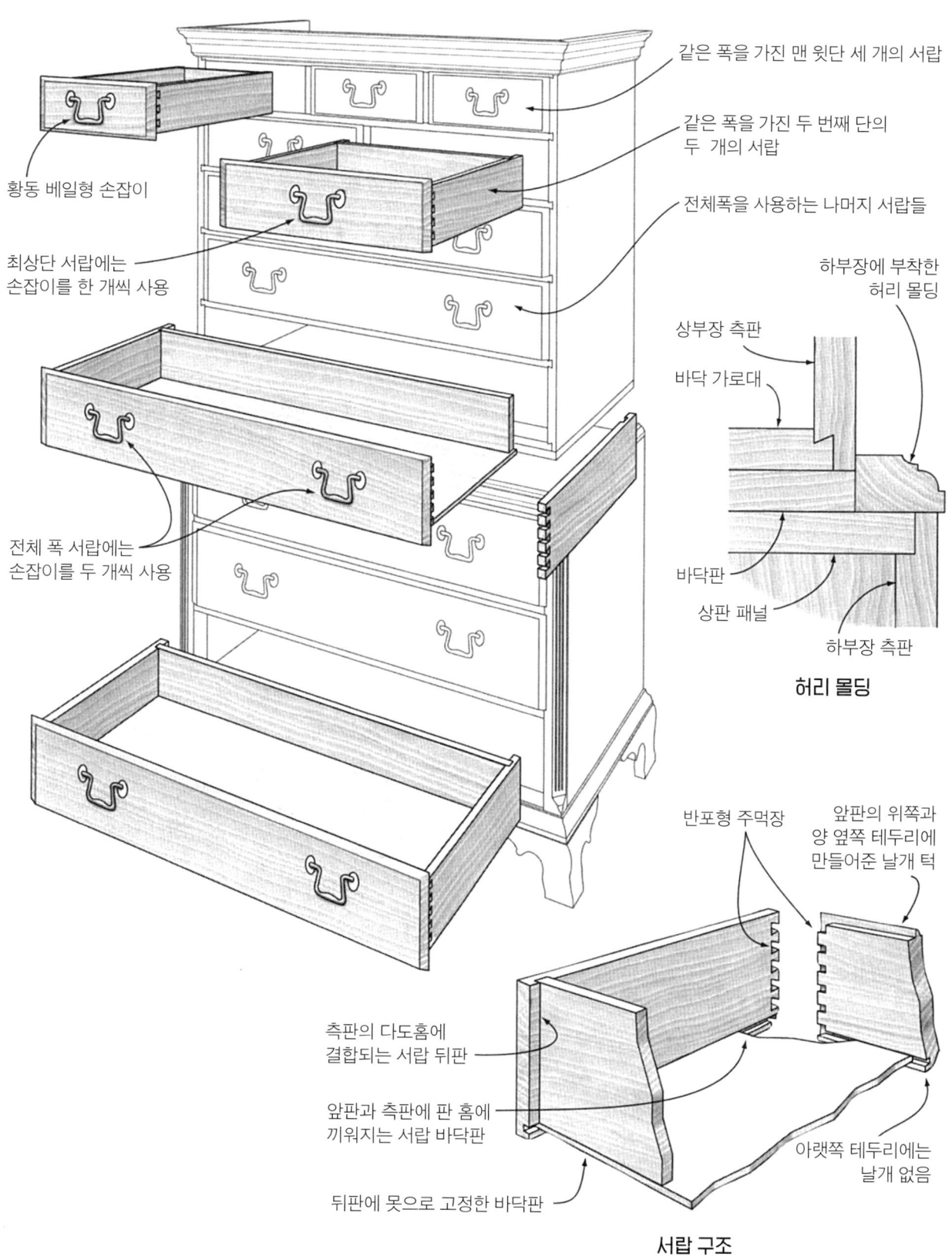

궤와 서랍장

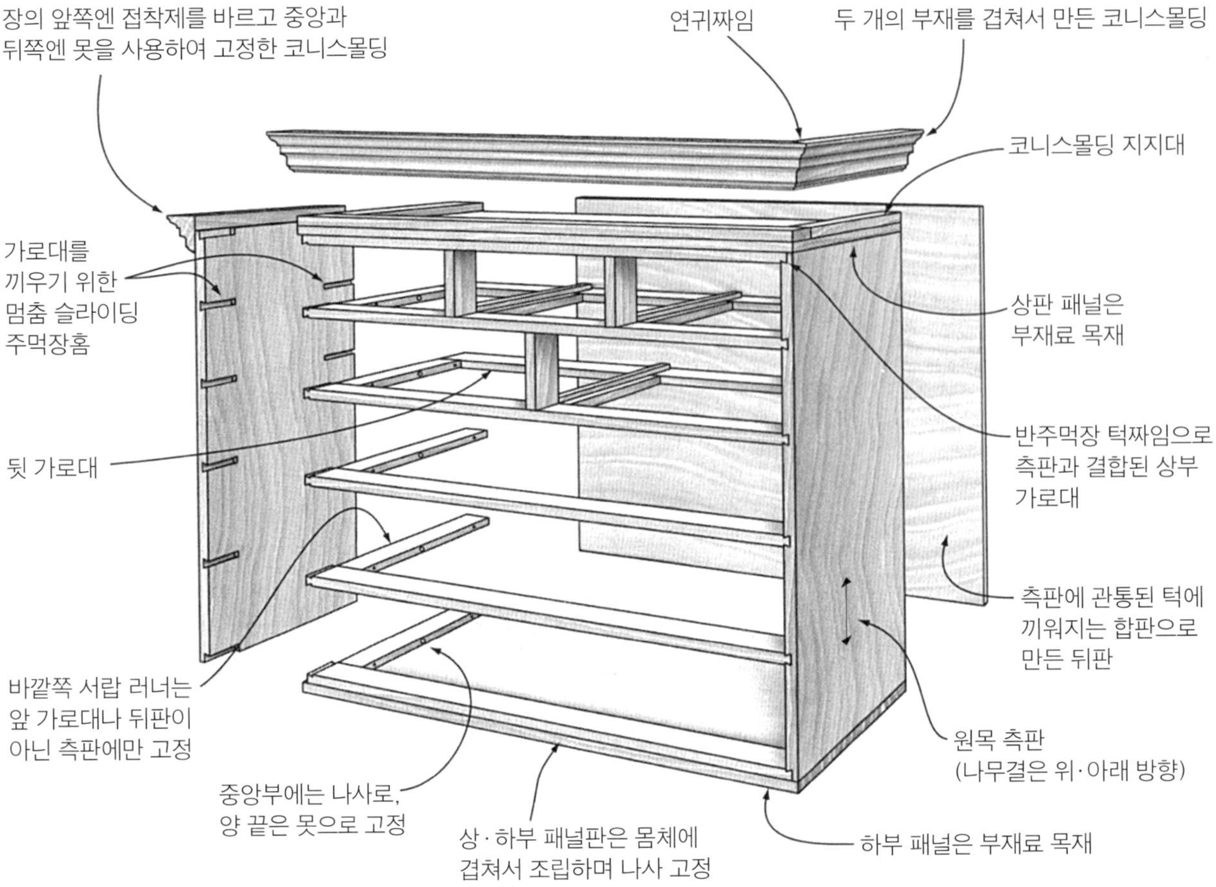

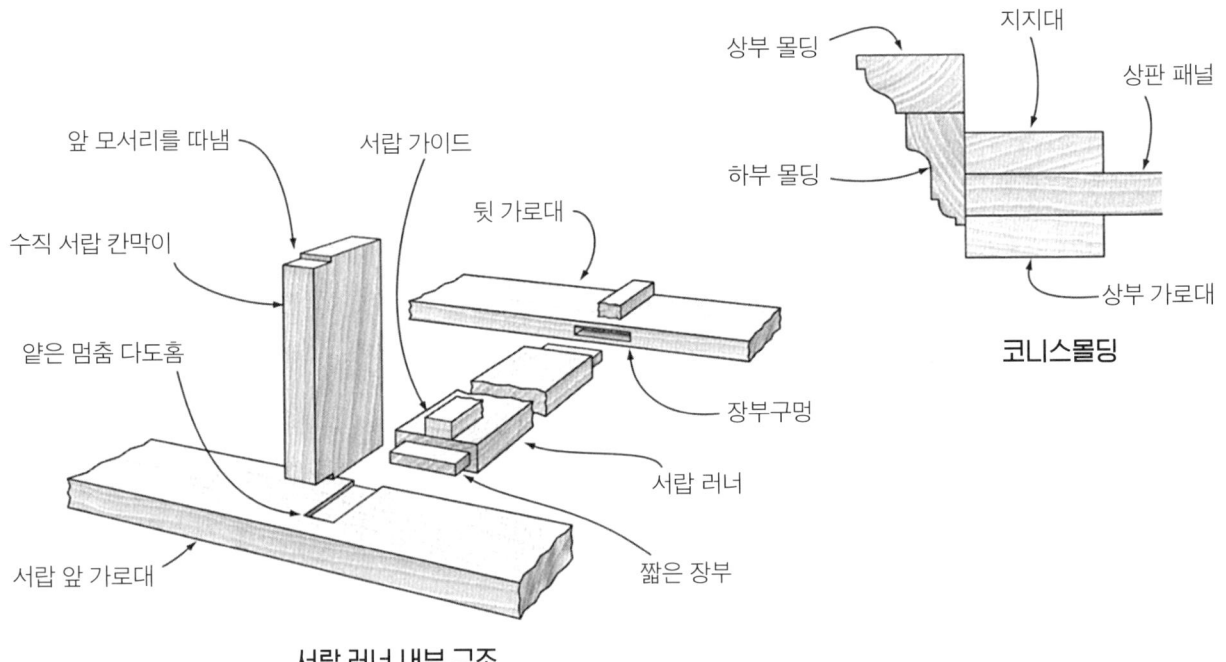

코너 기둥 결합 구조

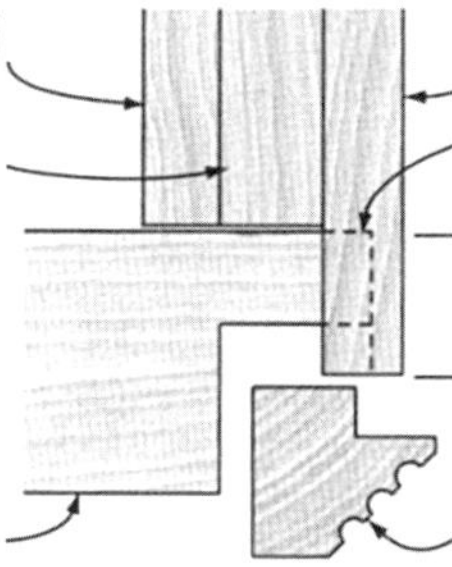

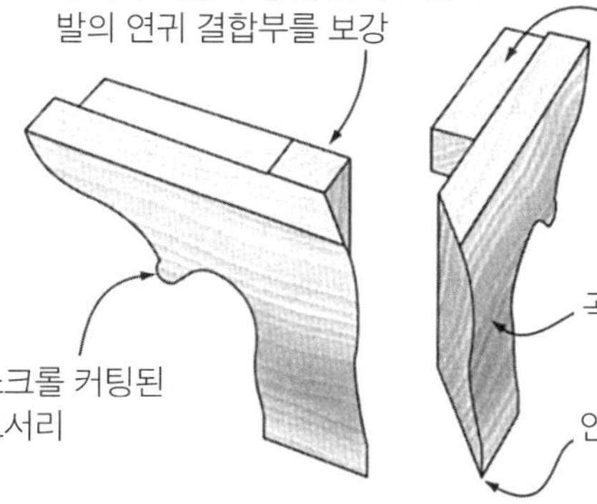

- 러너
- 가이드
- 측판
- 주먹장
- 주먹장 슬롯
- 가로대
- 코너 기둥

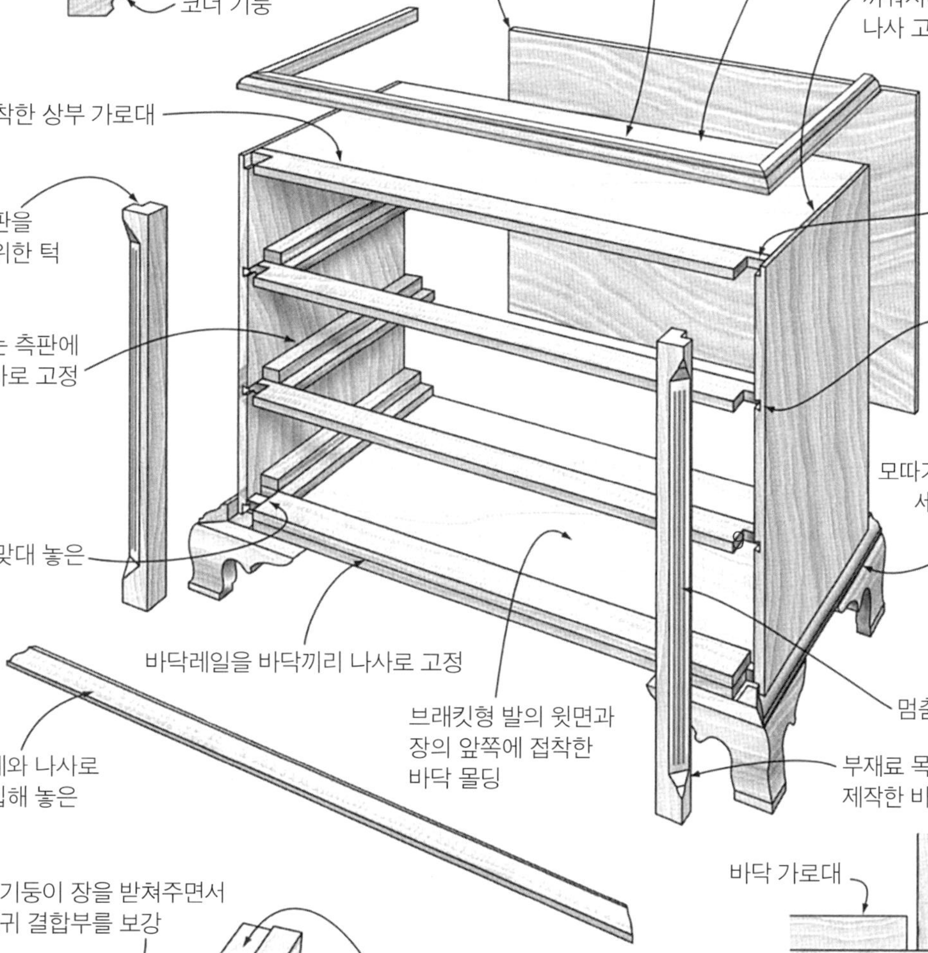

- 합판으로 만든 뒤판은 측판의 턱 내부에 자리잡으며 상판과 바닥판을 덮음
- 하부장에 부착되는 허리 몰딩
- 부재료 목재로 제작한 상판 패널
- 상판은 측판의 턱에 끼워지며 측판 쪽으로 나사 고정
- 코너 기둥을 끼워 넣기 위한 가로대에 만들어준 홈
- 상판 측면 접착한 상부 가로대
- 장의 측판을 끼우기 위한 턱
- 조립해 놓은 러너 가이드는 측판에 접착제와 나사로 고정
- 슬라이딩 주먹장으로 측판에 결합한 중간 가로대
- 모따기 면에 만들어준 세 줄의 플루트 홈
- 기둥에 맞대 놓은 가로대
- 바닥레일을 바닥끼리 나사로 고정
- 브래킷형 발의 윗면과 장의 앞쪽에 접착한 바닥 몰딩
- 멈춤 모따기
- 부재료 목재로 제작한 바닥 패널
- 측판에 접착제와 나사로 고정하는 조립해 놓은 러너-가이드

브래킷형 발 구조

- 수직의 기둥이 장을 받쳐주면서 발의 연귀 결합부를 보강
- 수평 지지대
- 곡면 가공된 앞면
- 연귀짜임
- 스크롤 커팅된 모서리

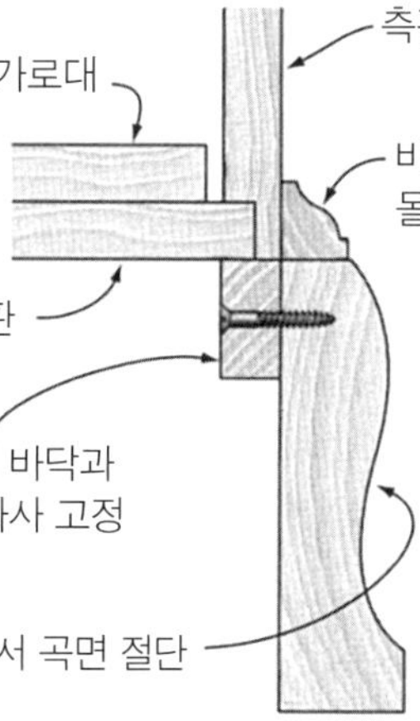

브래킷형 발 단면

- 측판
- 바닥 가로대
- 바닥 몰딩
- 바닥판
- 수평의 지지대는 장의 바닥과 브래킷형 발 쪽으로 나사 고정
- 두꺼운 부재에서 곡면 절단

궤와 서랍장

높은 서랍장
Tall Chest

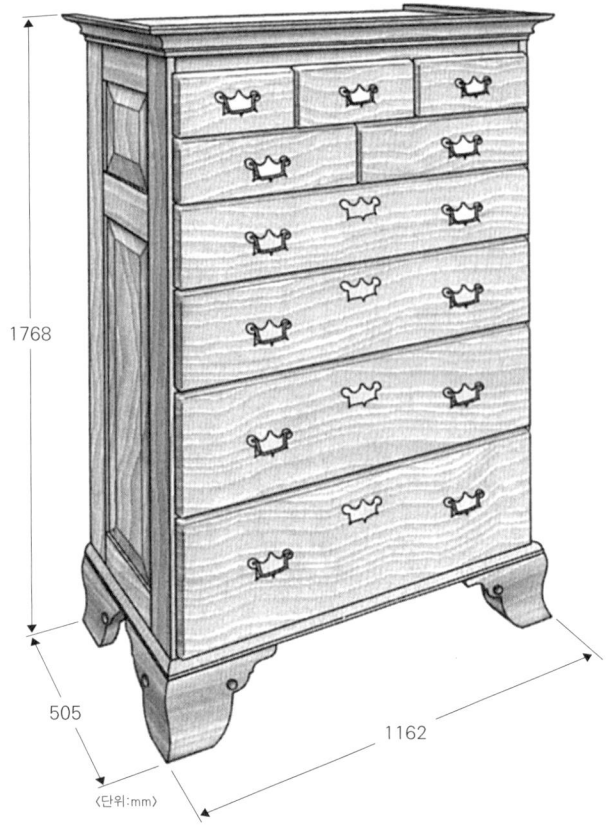

참고도면
- Nick Engler, Mary Jane Favorite, *American Country Furniture* (Rodale Press, 1990), Chest of Drawers. 5피트가 약간 넘고 6개의 크기가 같은 전체 폭 서랍을 가진 셰이커 스타일에서 영향을 받은 서랍장을 제작하기 위한 도면과 제작 방법, 부품 목록 소개.

어떤 점이 서랍장을 높은 서랍장으로 만들까? 눈높이에 가장 상단 서랍이 위치하는 것? 여기 표준형으로 제시된 모델은 6피트(1828mm)가 조금 안 되며 많은 사람들이 분명히 높은 서랍장으로 생각한다.

또한 높은 서랍장은 단일 케이스를 가진다. 이것이 이층 서랍장(248쪽)이나 하이보이(266쪽)와 다른 점이다.

높은 서랍장은 어떤 형식적인 스타일을 대표하는 것이 아니다. 오히려 공식적인 스타일의 중심지였던 보스턴, 뉴포트, 뉴욕, 필라델피아 그리고 찰스턴의 외곽지역에서 활동하던 가구 제작자들이 만든 가구인 것 같다. 예를 들면 창의적이면서 매력적인 높은 서랍장들이 노스캐롤라이나 산록지대에서 만들어 지기도 했다. 표준형 모델은 19세기 초반의 펜실베이니아주의 체스터 카운티에서 제작된 높은 서랍장 중에 선택된 것을 근거로 했다.

그것들이 어디서 제작되었는지와 상관없이 높은 서랍장은 일반적으로 점진적인 높이 변화가 있는, 네 개의 넓은 서랍과 그 위에 작은 서랍들이 배치되어 있다. 그림에서 보듯이 두 개 위에 세 개 배치가 가장 흔하다. 서랍이 더 작을수록 여닫기가 더 쉽다. 가장 높은 곳에 있는 서랍의 크기를 줄이는 것이 사용하기에 편리하다.

디자인 변형 디자인은 주로 기본 형태와 비율과 비례 그리고 장식을 변형할 수 있다. 그러나 조금의 변화가 가구 외형에 중대한 영향을 미칠 수 있다. 표준형의 높은 서랍장의 측판은 큰 패널과 작은 패널로 나누어진 프레임-패널 구조이다. 패널을 구분하는 가로대의 위치는 전체 폭을 사용하는 맨 위 큰 서랍의 윗선에 맞춰진다.

측판은 어떻게 바꿀 수 있을까? 옆 그림은 세 가지의 서로 다른 스타일의 측판을 가진 표준형 모델을 보여준다. 첫 번째는 한 장의 큰 패널, 두 번째는 크기가 같은 두 장의 패널, 세 번째는 프레임-패널 구조를 없애고 원목패널을 사용한 상자구조를 하고 있다.

한 장의 패널 / 크기가 같은 두 장의 패널 / 통판형 측면 패널

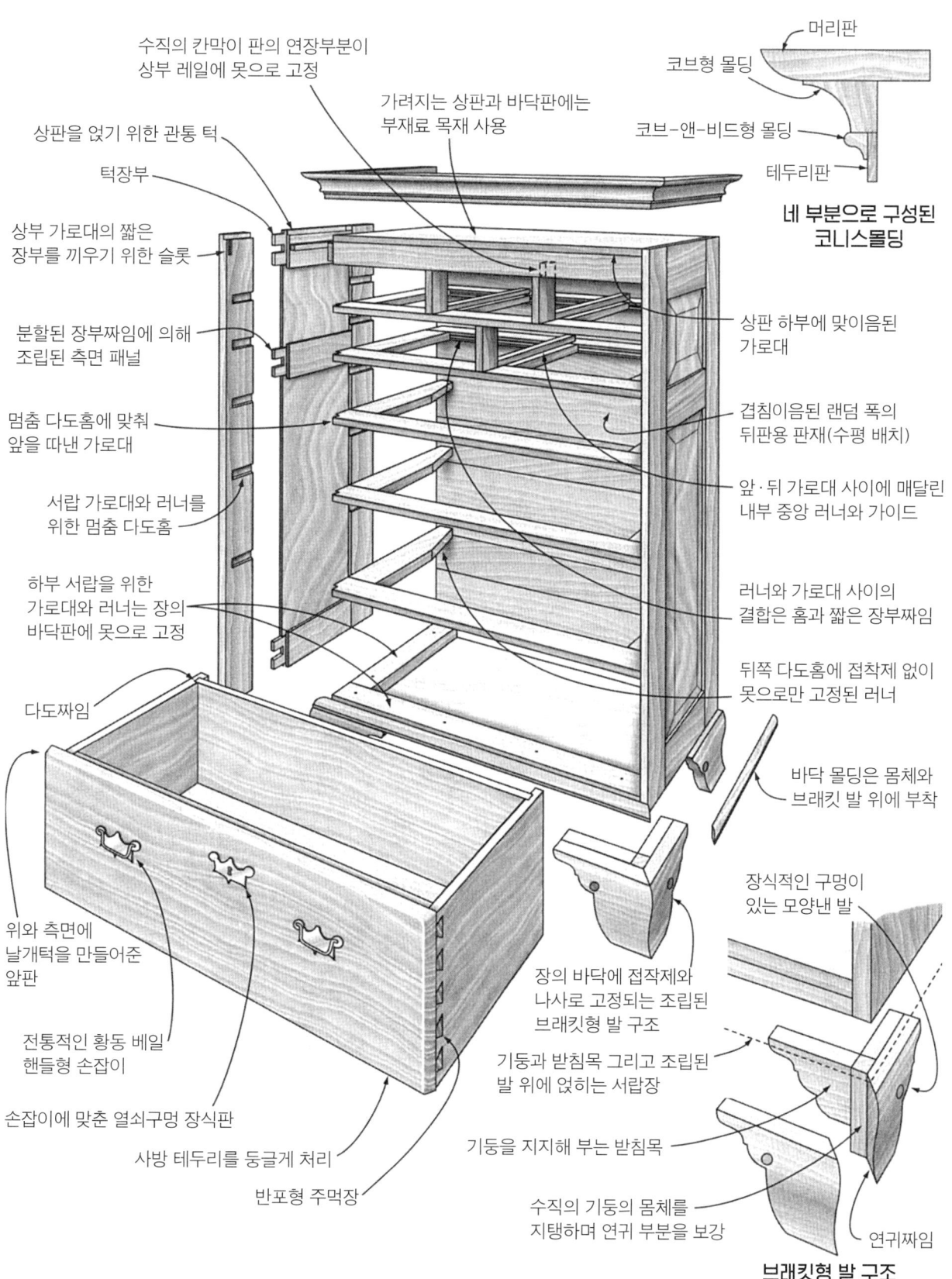

드레서
Dresser

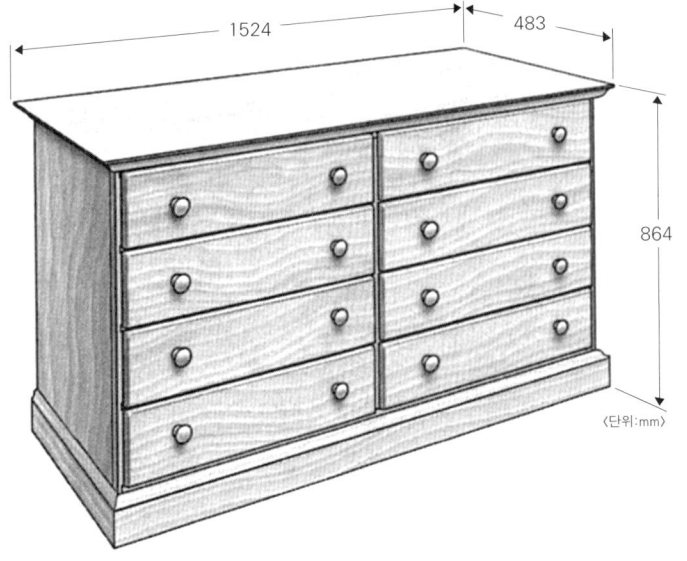

〈단위:mm〉

드레서라는 이름은 대부분 거울을 함께 설치하는 낮은 서랍장을 지칭하는 용어이다. 사람들이 이 앞에 서서 옷을 입는 데서 이름을 따 왔을 것이다. 서랍에서 옷을 꺼내 입고, 거울 앞에 서서 확인한다.

표준형 드레서는 대형 거울 아래 벽에 붙여서 사용한다. 2열의 같은 크기의 서랍들은 모든 사람이 가지고 있는 많은 옷들을 구분하여 보관할 수 있는 기본 구조를 제공해준다.

구조적인 면에서 이 가구는 매우 기본적인 원목 패널의 상자형 구조를 채택하고 있는데, 측판과 중앙 칸막이는 보강 프레임으로 결합된다. 드레서는 바닥에 놓여지며 심플한 부착형 바닥 몰딩을 가지고 있다.

참고도면
- 목공잡지 *Woodsmith* No.58(1988년 8월호) 10~15쪽, Cherry Dresser. 프레임-패널 구조의 튼튼한 받침대, 두 개의 큰 서랍 위에 두 개의 작은 서랍이 나란히 있는 작은 드레서를 완벽한 단계별 제작 방법 소개.
- Franklin H. Gottshall, *Making Antique Furniture Reproductions*(Dover Publications, 1971), Salem Chest of Drawers. 플루트 홈이 파인 4분원 기둥과 브래킷형의 발이 달린 4개 서랍의 치펜데일 가구 소개.
- Thomas Moser, *Measured Shop Drawings for American Furniture*(Sterling Publishing Co., 1985), Eight-Drawer Sidechest, Six-Drawer Sidechest. 드레서를 서랍 줄이 나란히 배치, 제작 방법 그림만 수록.

디자인 변형 거울은 드레서에서 중요하다. 거울 없이는 당신이 입은 옷을 볼 수가 없다. 그러나 드레서에 거울을 부착할 필요는 없다. 표준형 모델과 아래 그림 중 가운데 모델은 별도의 벽걸이식 거울을 가지고 있다. 이렇게 하면 드레서를 쉽게 제작할 수 있고, 큰 거울도 사용할 수 있다. 커티지 드레서와 아트 앤 크래프트 드레서 모두 브래킷으로 고정된 거울이 달려 있다. 커티지 드레서에서는 거울이 고정형이고, 아트 앤 크래프트 드레서에서는 거울의 측면 중앙에 회전축이 있어서 기울일 수 있다.

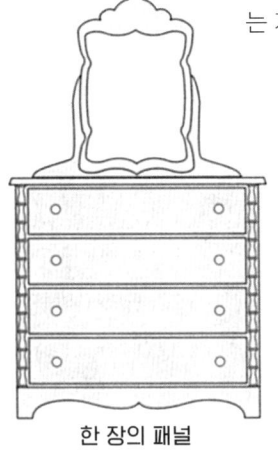  

한 장의 패널   별도의 거울이 달린 드레서   아트 앤 크래프트 드레서

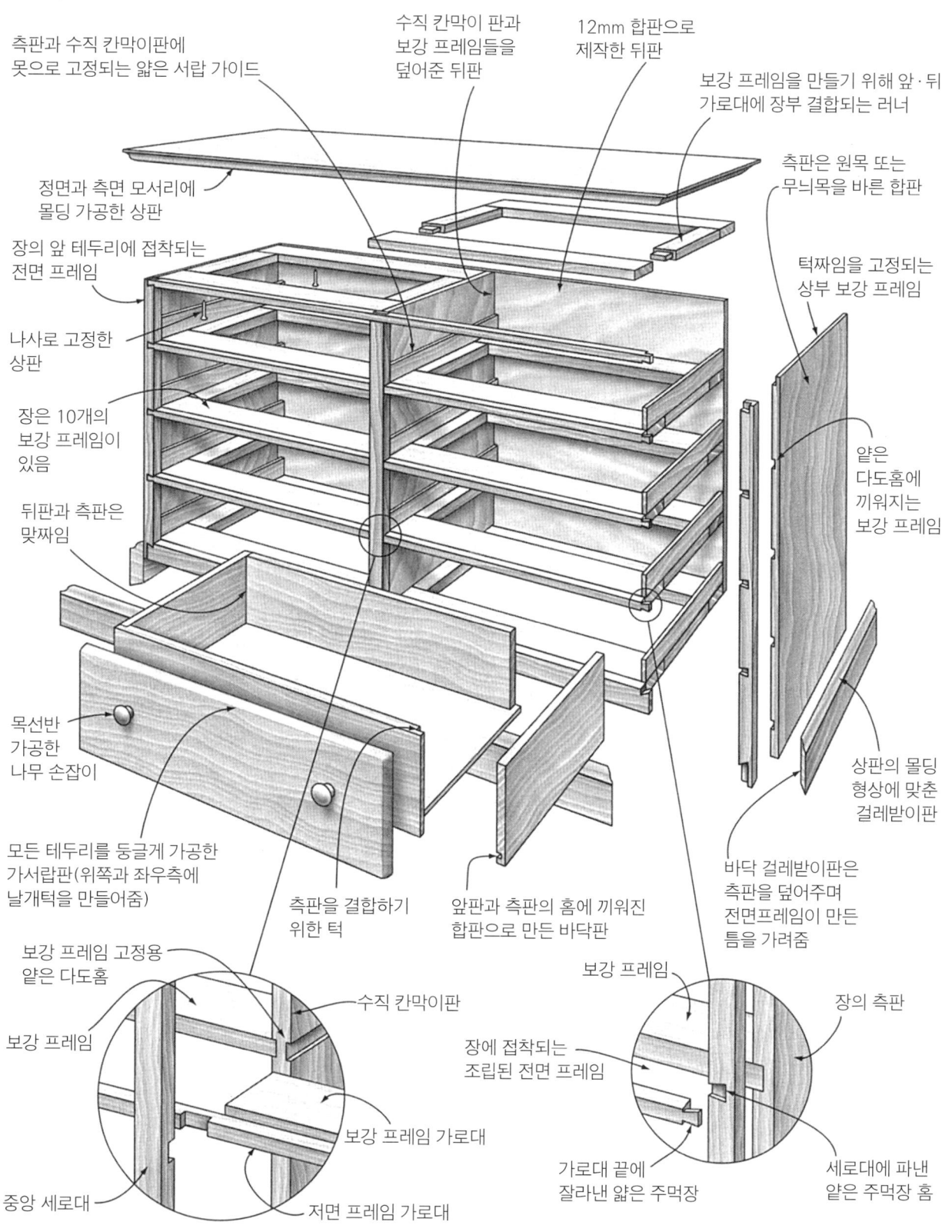

궤와 서랍장 255

뷰로
Bureau

침실 서랍장으로 사용하는 뷰로는 매우 미국적인 가구이다. 프랑스와 영국에서는 뷰로를 뚜껑 개폐식 책상(Slant-front desk)으로 부르곤 한다. 이름은 프랑스어 뷰로에서 유래했으며, 글쓰기 책상을 덮는 데 사용한 양모 직물을 뜻한다.

이 용어는 19세기에 널리 채용되었다. 특정한 형식이나 스타일로 '뷰로'를 구분하기는 힘들지만 중간 높이 이하의 침실용 서랍장으로 정의할 수 있다.

여기서 소개하는 뷰로는 1800년대 중반에 제작된 전형적인 모델이다. 기둥-패널형 구조로 통바닥판이 없다. 그 대신 목선반 가공된 발과 브래킷형 뒷발이 부착된 개방형 연귀짜임 받침대 프레임 위에 얹힌다. 서랍 칸막이와 조립된 러너-가이드는 기둥에 장부 결합된다.

전형적인 엠파이어 스타일의 뷰로의 특징은 대형의 돌출된 상단 서랍 그리고 목선반 가공 후 절반으로 자른 앞 기둥이 있다. 또 다른 스타일에서는 상단 서랍이 가장 작다.

참고도면
- Jim Richey, *Fine Woodworking on Making Period Furniture*(The Taunton Press, 1985), Post-and-Panel Chests. 좋은 분해도와 안정적인 구조에 대한 가이드.
- John G. Shea, *Making Authentic Pennsylvania Dutch Furniture*(Dover Publications, 1980), Chest of Drawers. 컨트리 뷰로에 대한 치수가 적힌 그림들 소개.

디자인 변형 아래 세 가지의 공통적인 특징은 보통 크기라는 점이다. 가장 높은 것이 52인치(1321mm) 정도이다. 곧 뷰로는 거의 가슴 높이이다. 그리고 보통의 크기처럼 컨트리 스타일과 현대적 디자인의 뷰로는 수수한 외관을 가지고 있다. 어떠한 호화로운 세부 형태도 없다. 그에 반해 호화로운 엠파이어 뷰로는 여러 세부 형태 중에 어색한 C-스크롤 발과 무늬목을 수직으로 붙인 하부 서랍판을 가지고 있다. 보기엔 어색하지만 이것도 뷰로의 종류이다.

컨트리 뷰로

엠파이어 뷰로

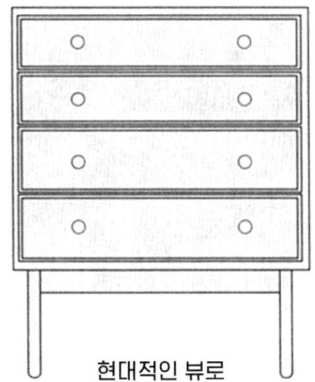
현대적인 뷰로

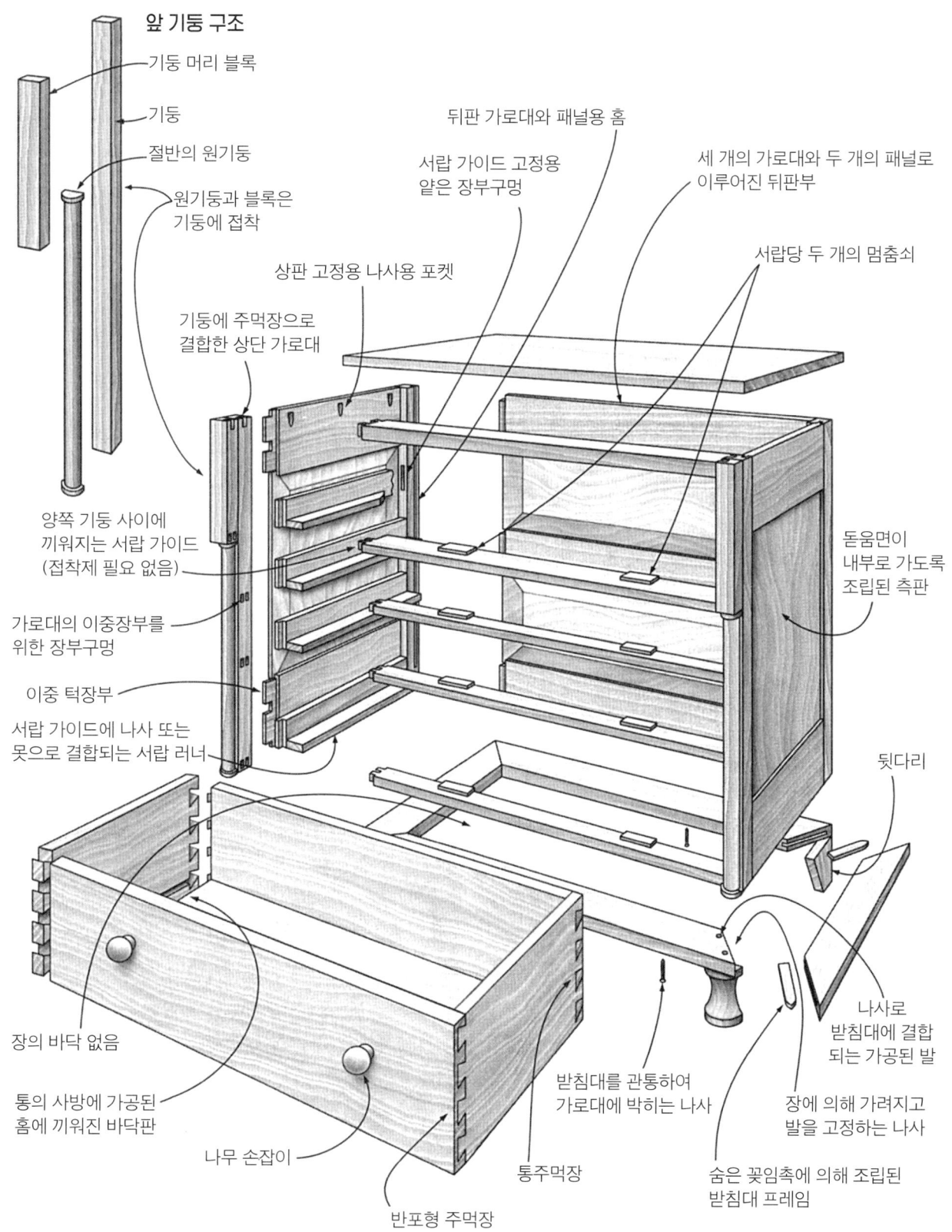

노트: 모든 서랍은 전체 폭을 사용하며, 앞면에서 평면으로 설치

봄베 체스트
Bombe Chest
주전자형 서랍장

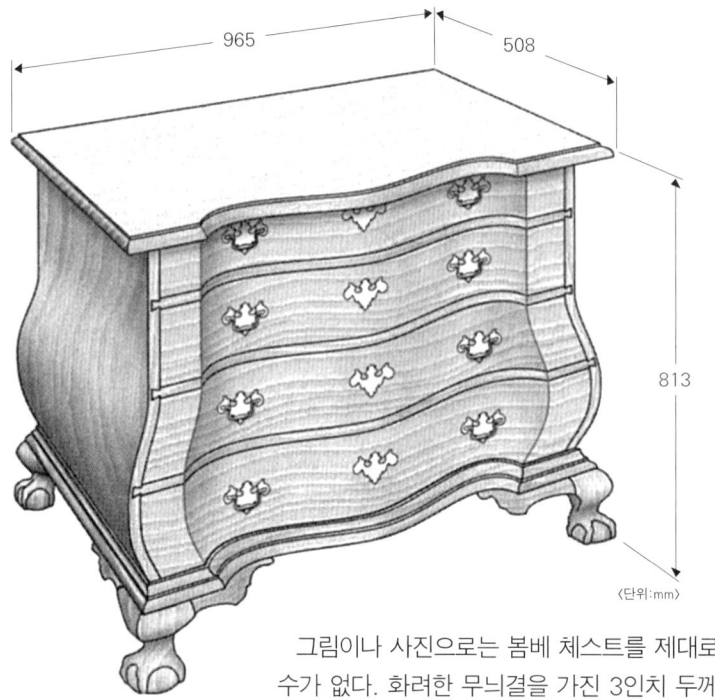

〈단위:mm〉

참고도면

- Lance Patterson, *Fine Woodworking in Making Period Furniture*(The Taunton Press, 1985), Boston Bombe Chest. 서랍 앞판과 형태에 맞춘 서랍 가로대를 가공하는 탁상형 지그를 포함하는 제작 전반에 걸친 과정 소개.
- Verna Cook Salomonsky, *Masterpieces of Furniture Design*(Dover Publications, 1953), Plate 73: Chest of Drawers. 위의 패터슨의 도면이 일부 참고했던 박물관 소장품의 중요 치수를 수록.

그림이나 사진으로는 봄베 체스트를 제대로 보여줄 수가 없다. 화려한 무늬결을 가진 3인치 두께의 마호가니 원목을 조각하여 만든 흐르는 곡선을 완벽하게 감상하려면 박물관에 전시된 좋은 작품을 봐야 한다. 이것은 가장 비싼 가구이며 이것을 의뢰한 사람 또한 당연히 가장 부유한 사람들이었다.

측판과 서랍 앞판 그리고 이 18세기 걸작을 지탱하는 구조는 전체적으로 결을 맞추기 위해 하나의 길고 두꺼운 목재를 사용했다. 이 값비싼 수입 목재의 거의 2/3 이상이 작업장의 바닥에 톱밥이 되어버렸다. 뿐만 아니라 재료 비용은 시작에 불과했다. 부품의 형태를 가공하고, 구부러진 부재들을 곡선의 주먹장으로 결합하는 노동력과 기술은 평면과 직선으로 만들어진 일반적인 가구를 제작할 때 필요한 것을 훨씬 뛰어 넘었다. 기술과 비용, 완성된 외형에 있어서 봄베 체스트와 일반 가구를 비교하는 것은 마치 요트와 조각배를 비교하는 것과 같다.

다각형 적층식의 측판을 사용하거나 현재의 무늬목을 사용한 스타일은 완벽한 봄베 체스트가 아니다.

디자인 변형

봄베 형태는 서랍장, 이층 서랍장(Chest-On-Chest), 인출식 상판 책장 그리고 책상형 책장(Desk-Bookcase) 등에서 찾아볼 수 있다. 이러한 모든 가구에서는 아랫부분에 볼록한 형태가 있는데, 바닥 근처에서 시각적 무게감을 주며, 이 볼록한 부분에 서랍이 맞춰져 있다.

모든 봄베형 가구가 서펜타인 형태의 서랍 앞판을 가지고 있는 것은 아니다. 봄베 형태와 서펜타인 형태가 합해져서 나온 복합형의 곡선들은 형태적인 정점을 찍는다. 초기 형태의 장의 측판은 바깥쪽만 모양을 냈으며, 옆 그림처럼 서랍의 측판은 직선이다.

초기 봄베형 책상

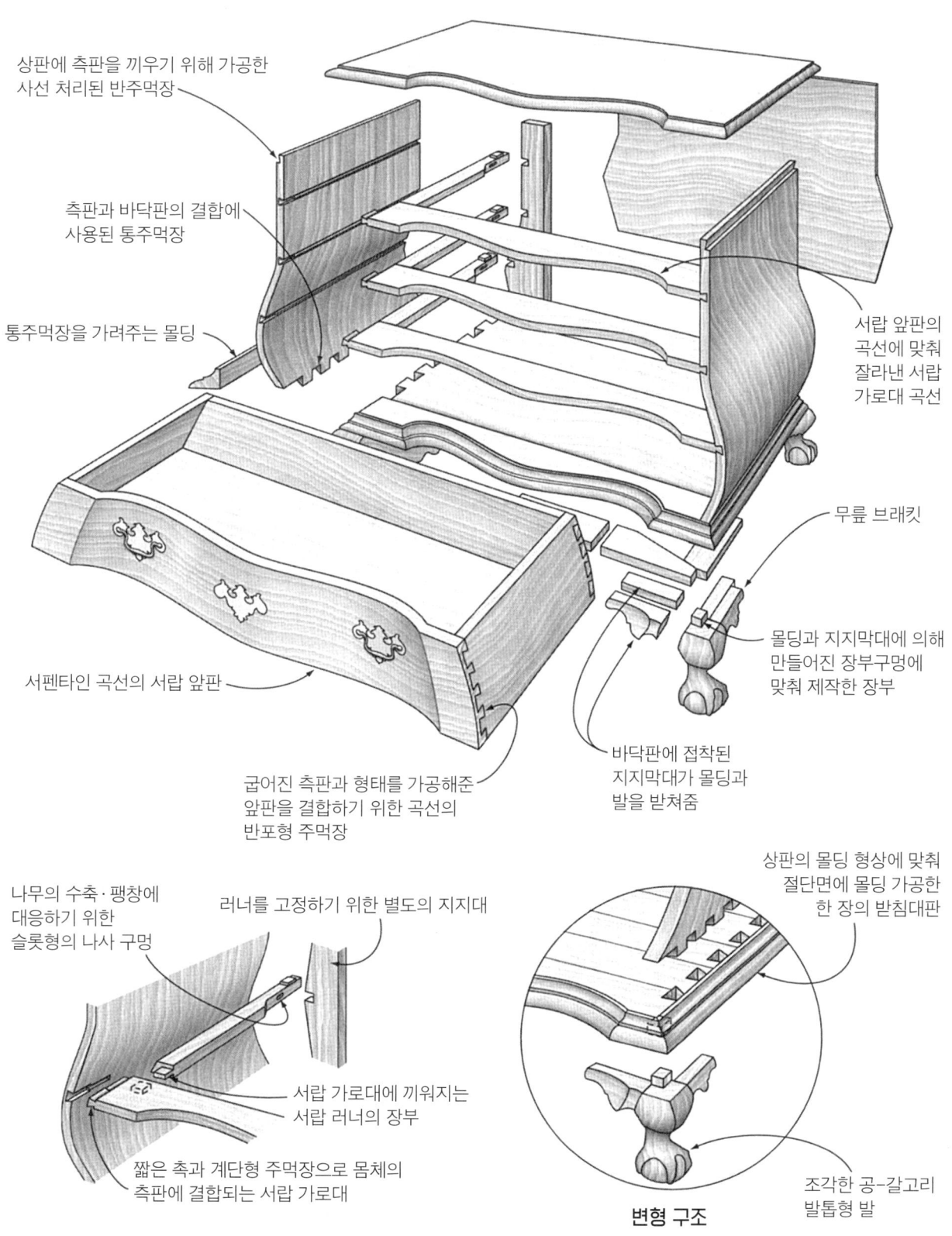

서펜타인 프론트 서랍장
Serpentine-Front Chest

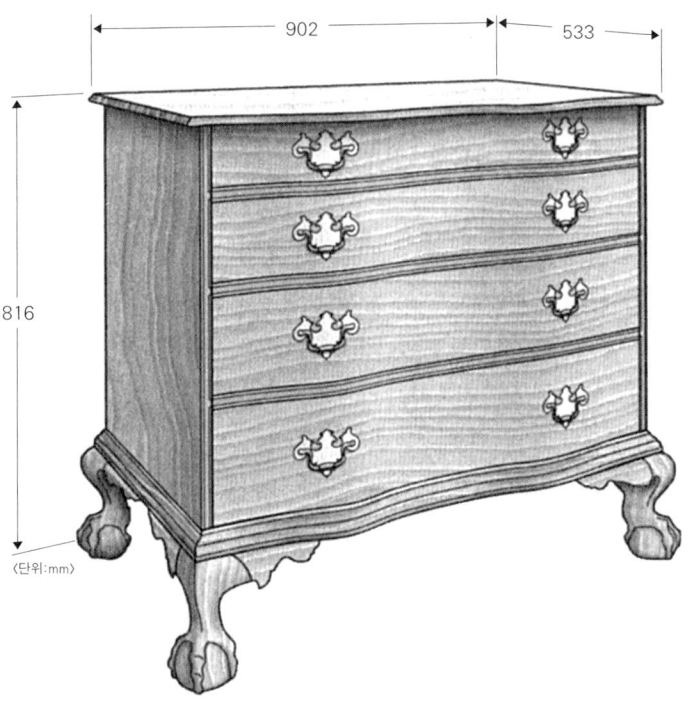

이 서랍장을 봤을 때 가장 처음 눈에 띄는 부분은 파도형 앞판이다. 그리고 그것은 정확히 제작자가 염두에 두었던 것이기도 하다. 서랍 앞판과 바닥 몰딩에 조각된 곡선과 서랍 가로대와 상판에 잘라낸 곡선은 서랍장에 놀라운 깊이감을 선사한다. 치펜데일 시대에 만들어진 시험작은 최초로 패러다임의 변화를 이끌어냈으며, 이와 같은 서랍장(블록프론트와 봄베 형식처럼)은 스타일에 있어 특징적인 형태로 자리잡았다.

그 당시 이 서랍장은 확실히 장인들의 대표적인 조각품이었다. 구불구불하긴 하지만 상판과 각 서랍 가로대의 모양을 만들어내는 방법은 간단하다. 그러나 각 서랍 앞판은 두꺼운 부재에서 시작했다. 자귀와 인쉐이브(Inshave), 환끌로 기본 형태를 잡고, 가변식 대패인 콤파스 대패(Compass plane)와 스크레이퍼를 사용하여 다듬어준다.

참고도면
- Lester Margon, *More American Furniture Treasures*(Architectural Book Publishing Co., 1971), 'Mahogany and Satinwood Chest of Drawers. 헤플화이트의 역S자형 서랍장에 대한 치수도면 소개.
- Verna Cook Salomonsky, *Masterpieces of Furniture Design*(Dover Publications, 1953), Plate 73: Chest of Drawers. 1760년대 제작된 서펜타인 프론트 서랍장의 치수도면 소개.

디자인 변형 치펜데일 시대로 돌아가면 서펜타인과 역 서펜타인 스타일로 형태가 있었다. 서펜타인 스타일은 손잡이 부분이 오목하고 중앙부가 볼록하다(아래 그림에서는 양쪽 서랍장들 참고). 역 서펜타인 형태는 손잡이 부분은 볼록하고 중앙부는 오목하다(위 표준형 그림). 다소 후기인 페더럴 시대에는 심플한 보우 프론트(활모양으로 볼록한 앞판) 형태도 등장했다. 여기 흥미로운 것은 블록프론트나 봄베형과는 달리 서펜타인 프론트 형태는 치펜데일 시대를 넘어 섰다는 점이다. 여러분들이 보듯이 페더럴 시대의 서랍장에도 널리 사용되었다. 오늘날에는 주로 간단한 보우 프론트형이나 할로우 프론트 형식뿐이지만 현대적인 디자인에도 사용한다. 서펜타인과 역 서펜타인 형태는 밴드쏘를 사용하여 비교적 쉽게 만들 수 있어, 재현작으로 주로 제작되고 있다.

서펜타인 프론트 페더럴 서랍장

보우 프론트 페더럴 서랍장

서펜타인 프론트 치펜데일 서랍장

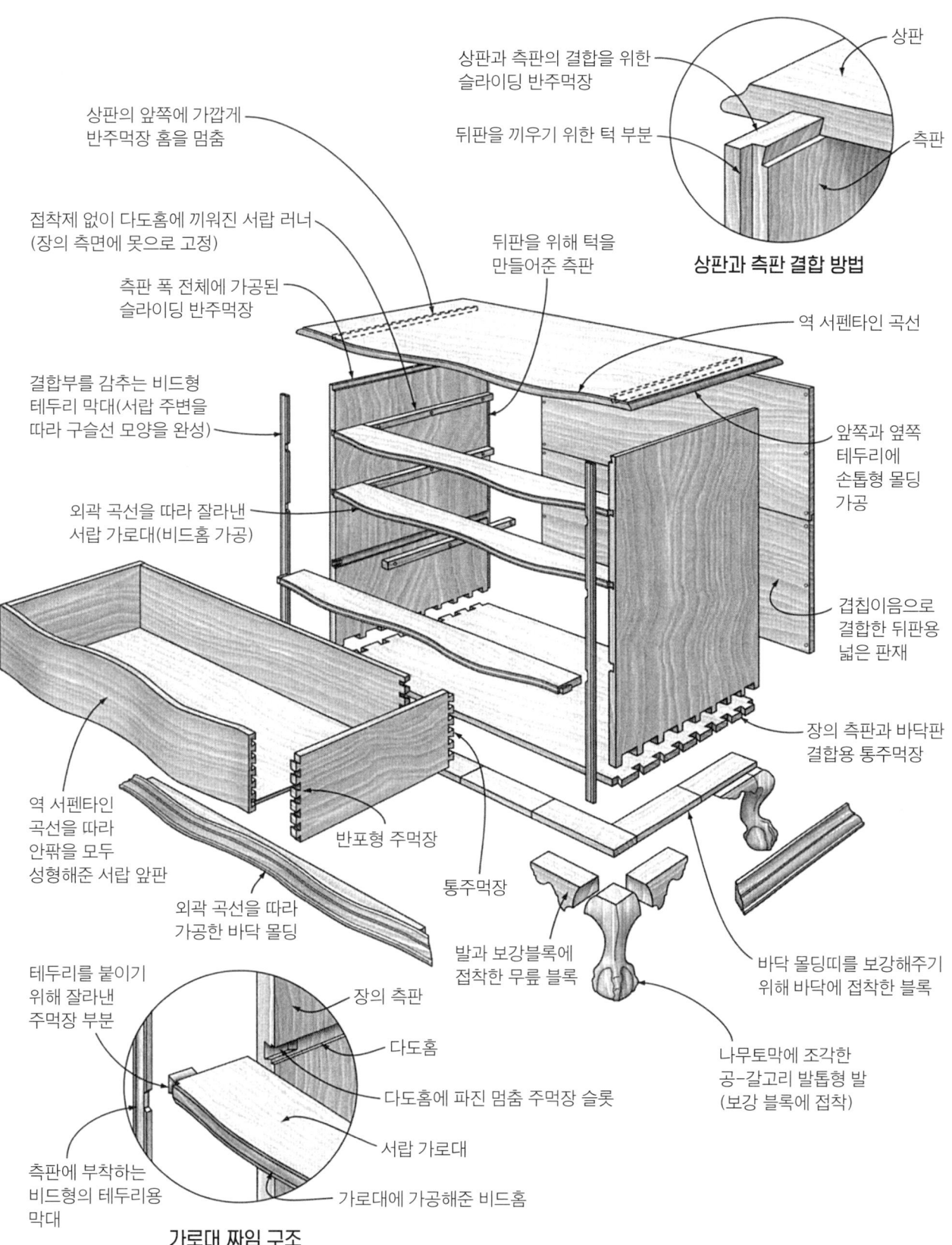

블록프론트 서랍장
Block-Front Chest

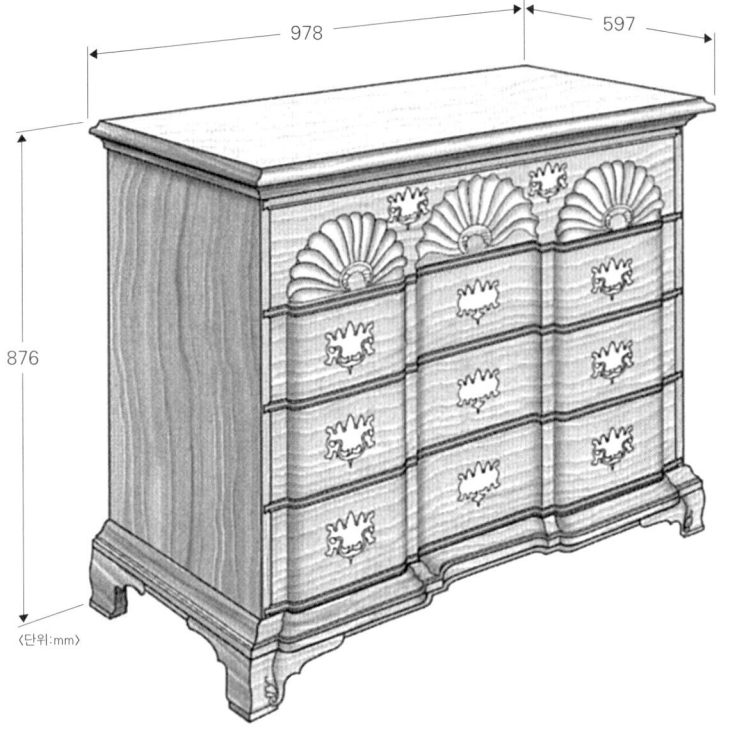

〈단위:mm〉

블록프론트 서랍장 구조는 가구 제작자들이 만날 수 있는 가장 까다로운 작업 중에 하나이다. 결구법도 확실히 어렵지만, 조각은 숨막히게 만든다. 각 서랍 앞판은 매우 두꺼운 마호가니를 조각해서 만든다.

오리지널 블록프론트는 18세기 후반으로 거슬러 올라가며 형태는 계속 이어졌다. 특정한 뉴잉글랜드 지역에서는 세 가지 명확한 변형을 찾아볼 수 있다. 모든 블록프론트형 가구는 두 개의 볼록한 기둥(또는 블록)과 그 사이의 오목한 기둥으로 구성된 파도형의 앞면을 가지고 있다. 어떤 작품에서는 윤곽선들이 바닥 몰딩과 상판에도 나타난다. 또 다른 작품은 표준형의 서랍장처럼 블록들이 정교한 조개나 부채 조각 장식으로 끝난다.

참고도면
- Franklin H. Gottshall, *Making Antique Furniture Reproductions*(Dover Publications, 1971), Blockfront Chest-on-Chest. 그림과 약간의 글, 절단 목록 소개. 작업기술을 마스터한 사람이라면 여기 도면들로 충분히 제작 가능.
- E. F. Schultz, *Fine Woodworking in Making Period Furniture*(The Taunton Press, 1985), Building Blockfronts. 매우 유용한 세부 형태 그림의 치수도면과 두 가지 다른 블록프론트 소개.

디자인 변형

블록프론트 디자인은 여러 방향으로 변형되었다. 특징적인 요소들이 결합하는 방식으로 변형되었고, 다른 한편으로는 장의 형태를 바꿔서 변형한 경우도 볼 수 있다. 서랍장이 가장 흔했기 때문에 서랍장 형태의 블록프론트 가구가 가장 익숙하다. 하지만 18세기 경사 뚜껑 책상, 책장형 책상, 심지어 좀 더 공들인 이층장에서도 블록프론트 디자인을 볼 수 있다.

뉴포트 이층장은 미국 가구들 중에 최고급 가구로 여겨진다. 상부장에는 다섯 줄의 전체폭을 가진 서랍과 나란한 세 개의 작은 서랍이 달려 있다. 상부장의 블록 부분은 위, 아래에는 부채꼴 조각이 들어간다. 그림의 코네티컷 경사 뚜껑 책상에서 각 블록이 각진 아치형으로 끝난다.

코네티컷 경사 뚜껑 책상

뉴포트 체스트-온-체스트(이층장)

서랍 가로대와 몸체의 결합 방법

상판-측판 결합

노트: 블록의 윤곽 곡선은 최상부
서랍 앞판의 조개 장식으로 끝남

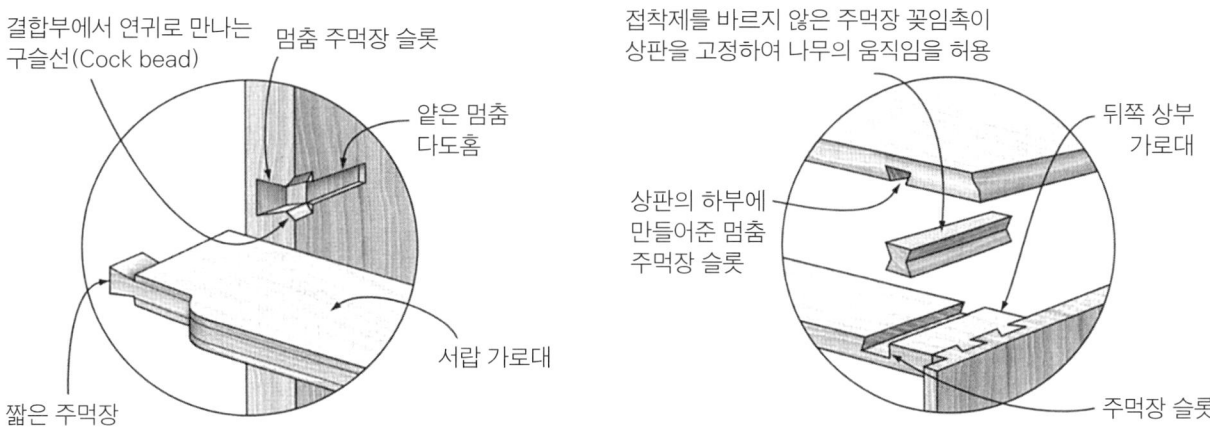

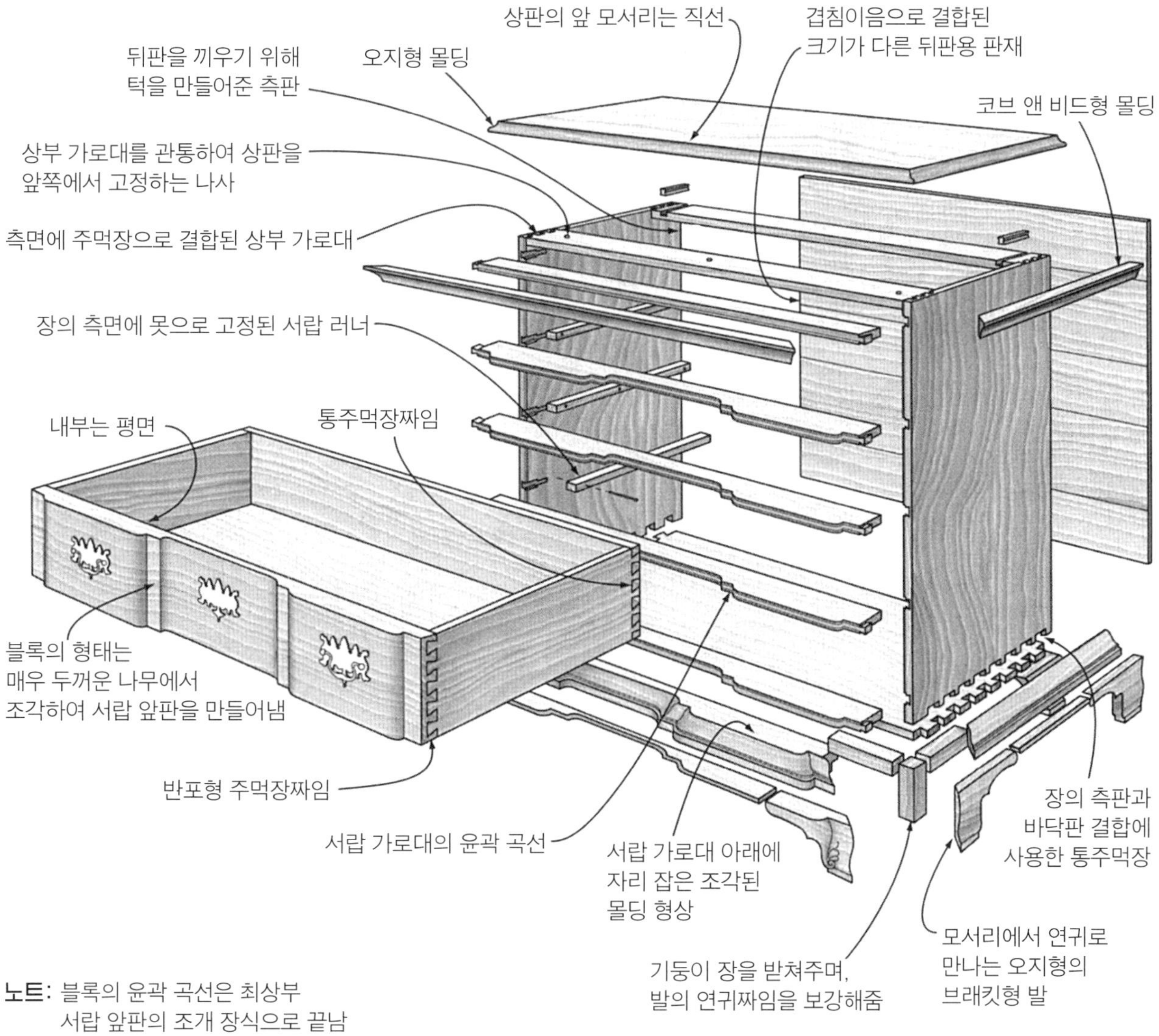

로우보이
Lowboy
화장대·사이드 테이블

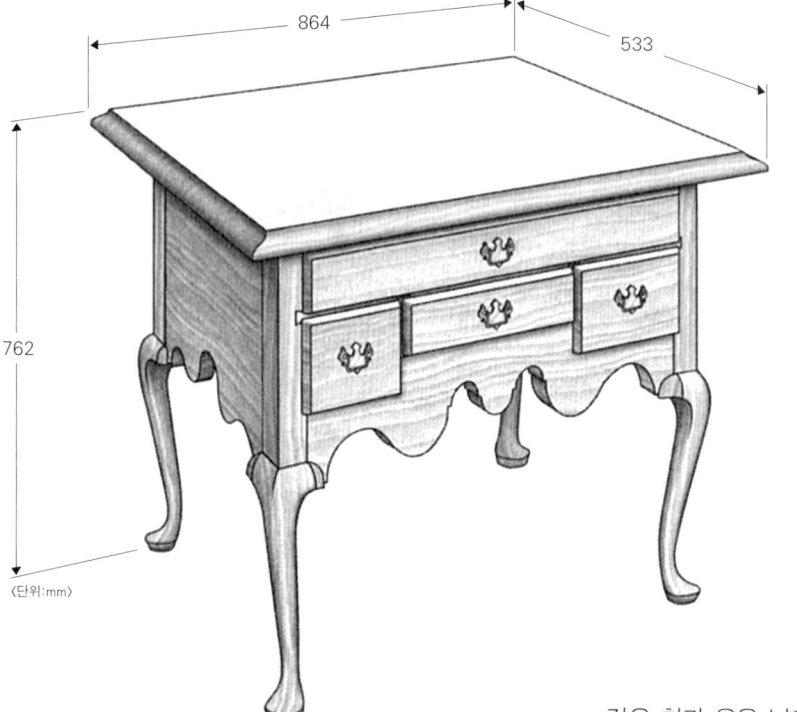

〈단위:mm〉

참고도면
- 목공잡지 *American Woodworker* No.38(1994년 6월호) 46~51쪽, Lonnie Bird, Philadelphia Lowboy.
- Carlyle Lynch, *Classic Furniture Projects from Carlyle Lynch*(Rodale Press, 1992), Queen Anne Lowboy.
- Norman Vandal, *Queen Anne Furniture*(The Taunton Press, 1990), Dressing Table.

로우보이는 매우 독특한 타입의 화장대 또는 사이드 테이블이다. 이것은 주로 윌리엄 앤 메리, 퀸 앤, 치펜데일 스타일이며, 거의 항상 하이보이와 연관된다.

18세기로 돌아가 세트의 일부로 디자인하고 제작한다면, 같은 기본 비율과 같은 특징을 가지고 하이보이의 받침대의 비율을 축소하면 된다. 서랍의 구성은 바꿀 수 있지만 보통 1열 또는 2열 구성된다. 아래 열의 양 측면에 위치한 깊은 서랍은 중앙의 얕은 서랍보다 아래까지 연장되어 있었다.

침실에서 사용되는 하이보이에는 식탁보 같은 천과 옷을 넣어두고, 로우보이(18세기에는 드레싱 테이블)에는 빗, 보석, 머리 리본 그리고 화장품 같은 개인용품들을 보관했다. 로우보이 위에는 거울을 걸어 두는 경우가 많았는데, 그 앞에는 의자를 세트로 놓았다. 로우보이는 매력적이며 화장대처럼 사이드 테이블, 서빙용 테이블 또는 글쓰기용 책상의 모든 역할을 해냈다. 로우보이는 벽에 기대 놓는 경우가 많았기 때문에 뒤판은 부재료 목재-소나무나 체스트넛-로 제작했으며, 뒤로는 돌출되지 않고 앞과 측면으로만 돌출된 테두리에 몰딩 가공을 했다.

디자인 변형 로우보이 디자인의 범위는 한두 가지의 예로 담아낼 수 없다. 바로 옆 그림의 남부 스타일 로우보이는 표준형 모델과 비교했을 때 한 줄의 서랍과 스커트가 있어 차분하다. 코네티컷 로우보이는 무릎에서 살짝 꺾이는 다리와 중앙 서랍의 조개 장식이 있으며 상판은 넓게 뻗어 있다.

남부 스타일 퀸 앤 로우보이

코네티컷 로우보이

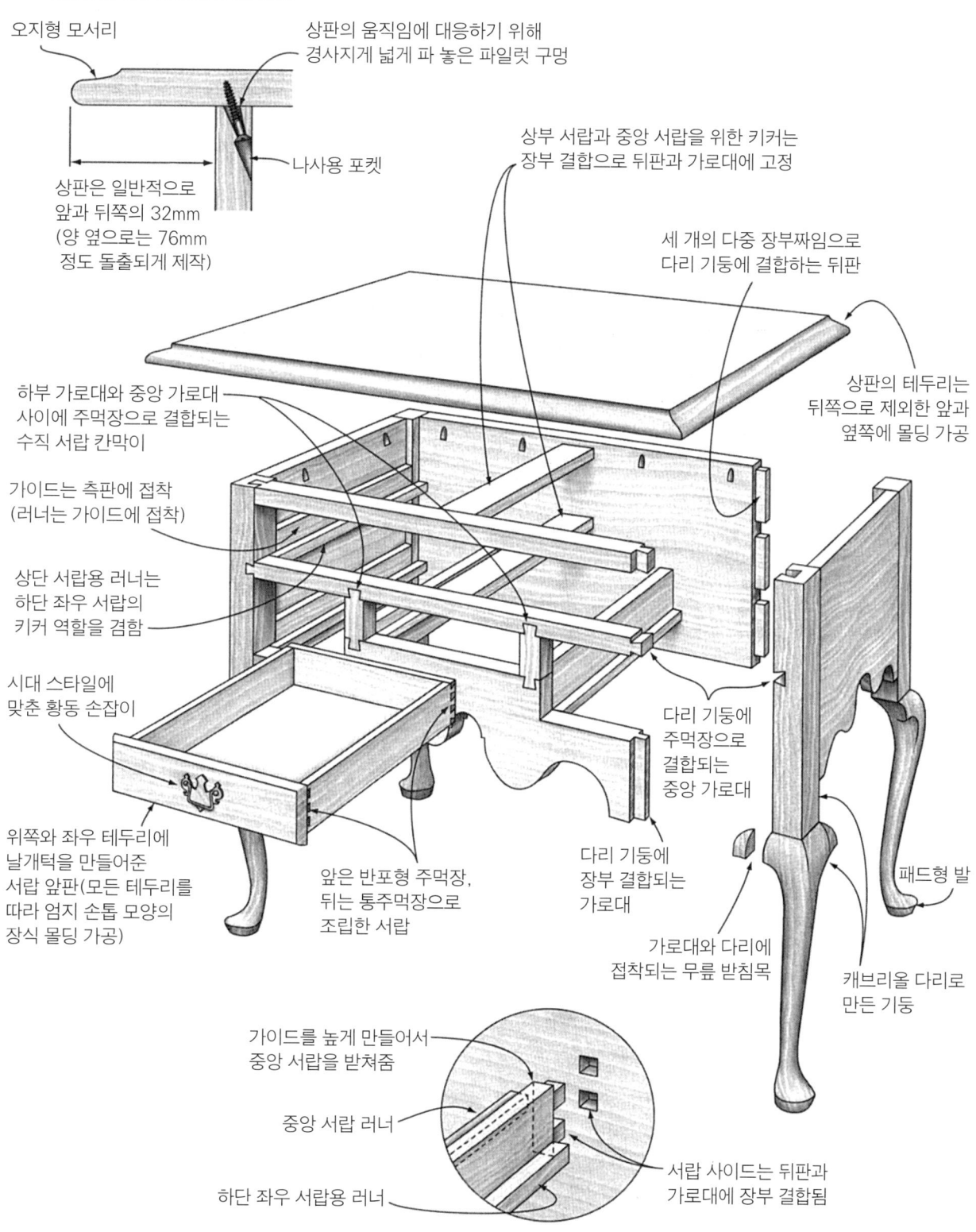

하이보이
Highboy
하이 체스트 · 높은 서랍장 · 체스트-온-프레임

〈단위:mm〉

하이보이는 확실히 미국 역사상 클래식 가구중 최고이다. 이것은 제작 자체가 엄청난 도전이며, 가구 제작자들에게 있어 가장 큰 성과물이기도 하다.

가장 초기의 예는 18세기 미국의 독특한 특징을 가지는 윌리엄 앤 메리 스타일로, 스크롤 커팅된 다리버팀대로 결합된 화병-트럼펫형의 6개 다리 그리고 항상 평면 지붕을 가지고 있었다.

표준형의 하이보이는 퀸 앤 시대의 발명품인 열린 박공장식(Broken pediment)을 가진 보닛 모자 스타일이다. 그림에서 보듯 우아한 캐브리올 다리와 하나의 추 장식이 달린 높게 잘라낸 스커트, 최상단 서랍 위의 부채 조각 장식 그리고 머리장식 중앙의 받침대 위에 올려진 불꽃형의 중앙 피니얼 장식과 그것을 보호하듯 양측 면에 수호자 피니얼 장식들이 있다.

참고도면
- Lester Margon, *Construction of American Furniture Treasures*(Dover Publications, 1975), Early American Highboy, Early Trumpet-legged Colonial Highboy. 좋은 그림과 설명을 통해 두 종류의 하이보이 소개.
- Norman Vandal, *Queen Anne Furniture*(The Taunton Press, 1990), Flat-Top High Chest, Bonnet-Top High Chest. 하이보이를 제작하고자 하는 사람들이 관심있을 만한 필수적인 역사와 도면 등 소개.

디자인 변형
하이보이는 여러 진화의 과정을 거쳐 왔다.

윌리엄 앤 메리 스타일의 초기 형태는 투박하고 볼품없으며 특히 안정적이지 못한 경향이 있었다. 청소년기 형태라 할 수 있는 퀸 앤 스타일의 예는 조각이 들어간 서랍과 좀 더 우아하고 세련된 다리와 스커트 곡선을 보여주었다. 치펜데일 시대가 되면 덩치가 커지는데, 깊은 하부장은 두껍고 짧은 다리 위에 자리잡고 있었으며, 크고 무거운 모자장식과 과도한 조각 장식 등이 특징이었다.

필라델피아 치펜데일 하이보이

평면 지붕 하이보이

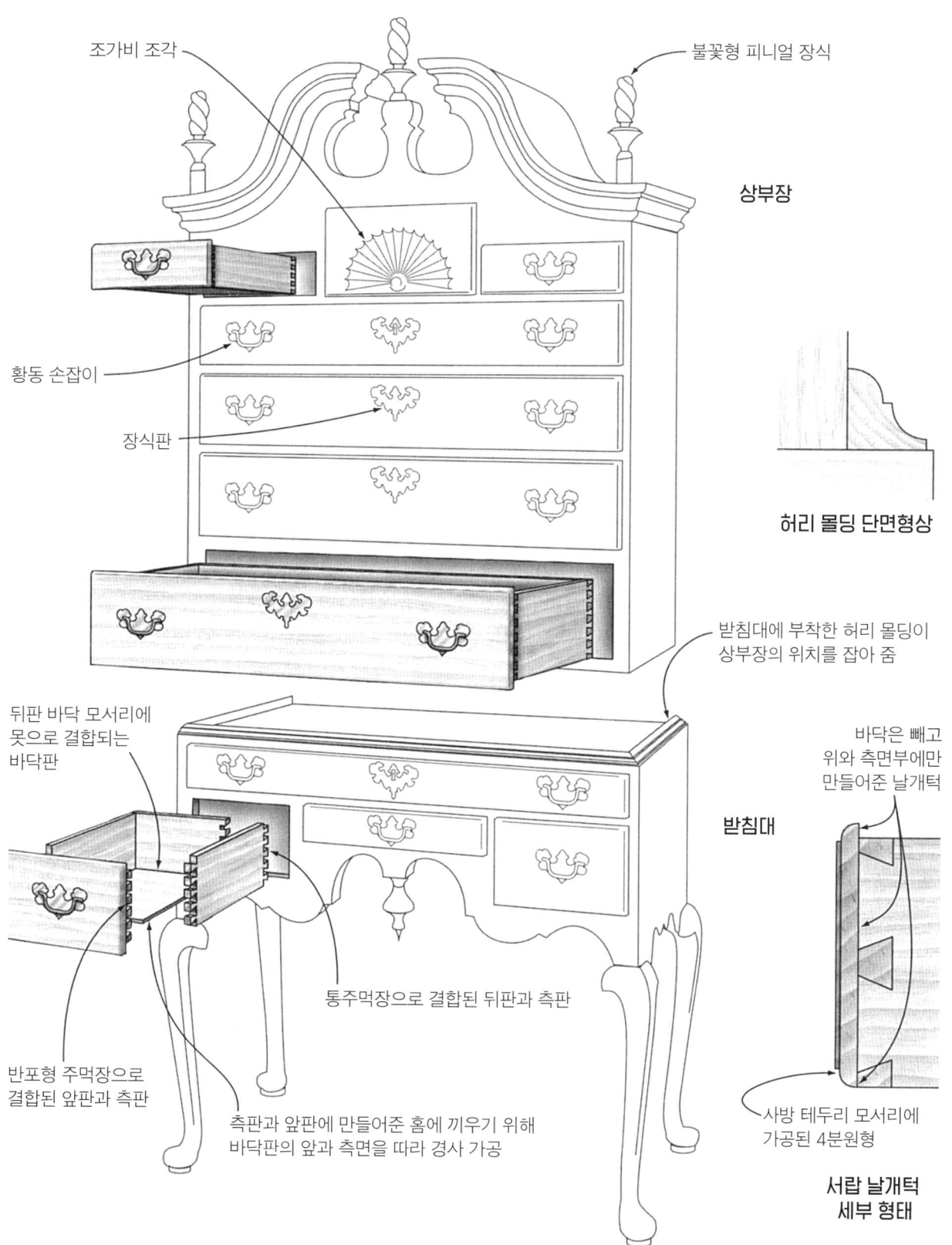

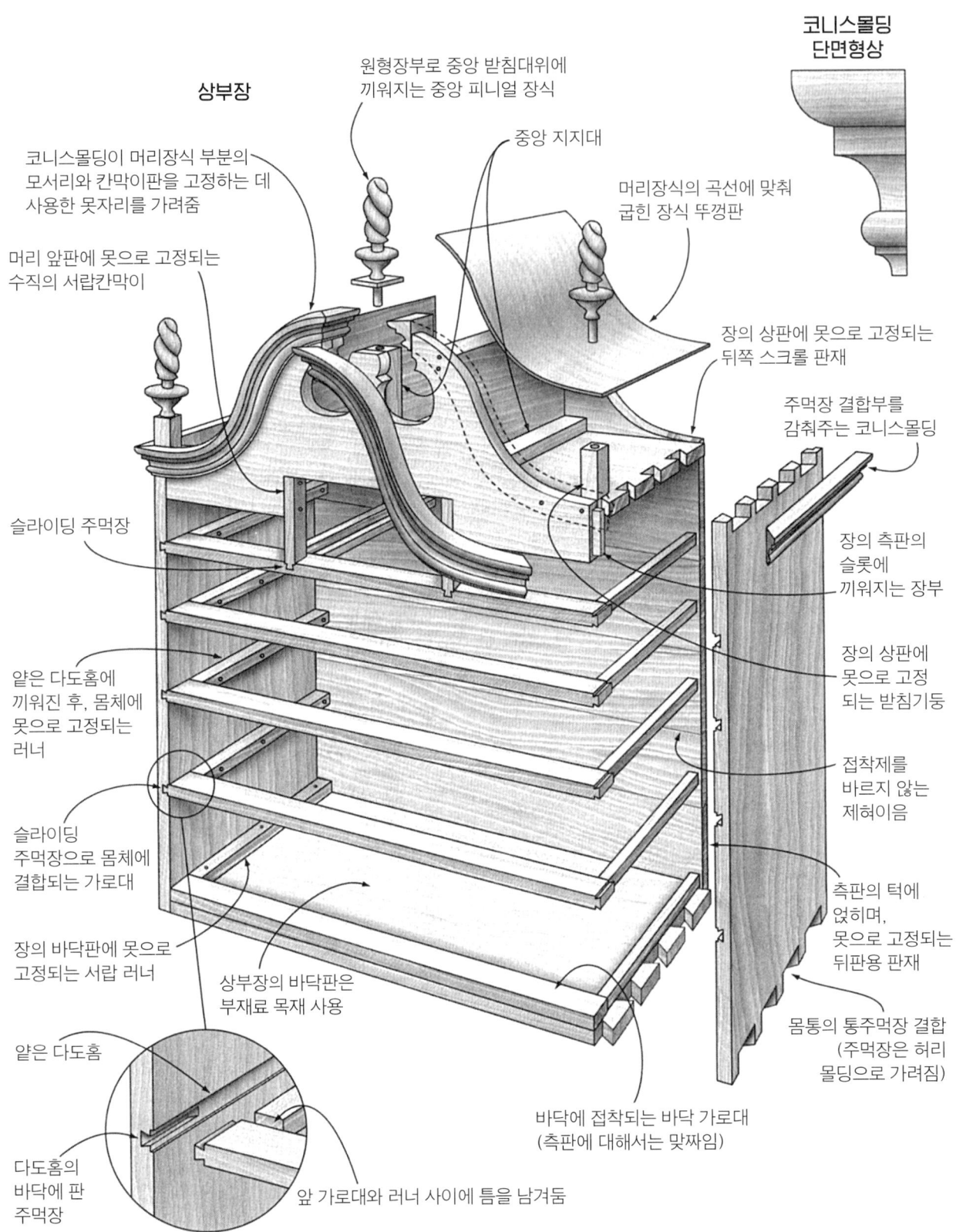

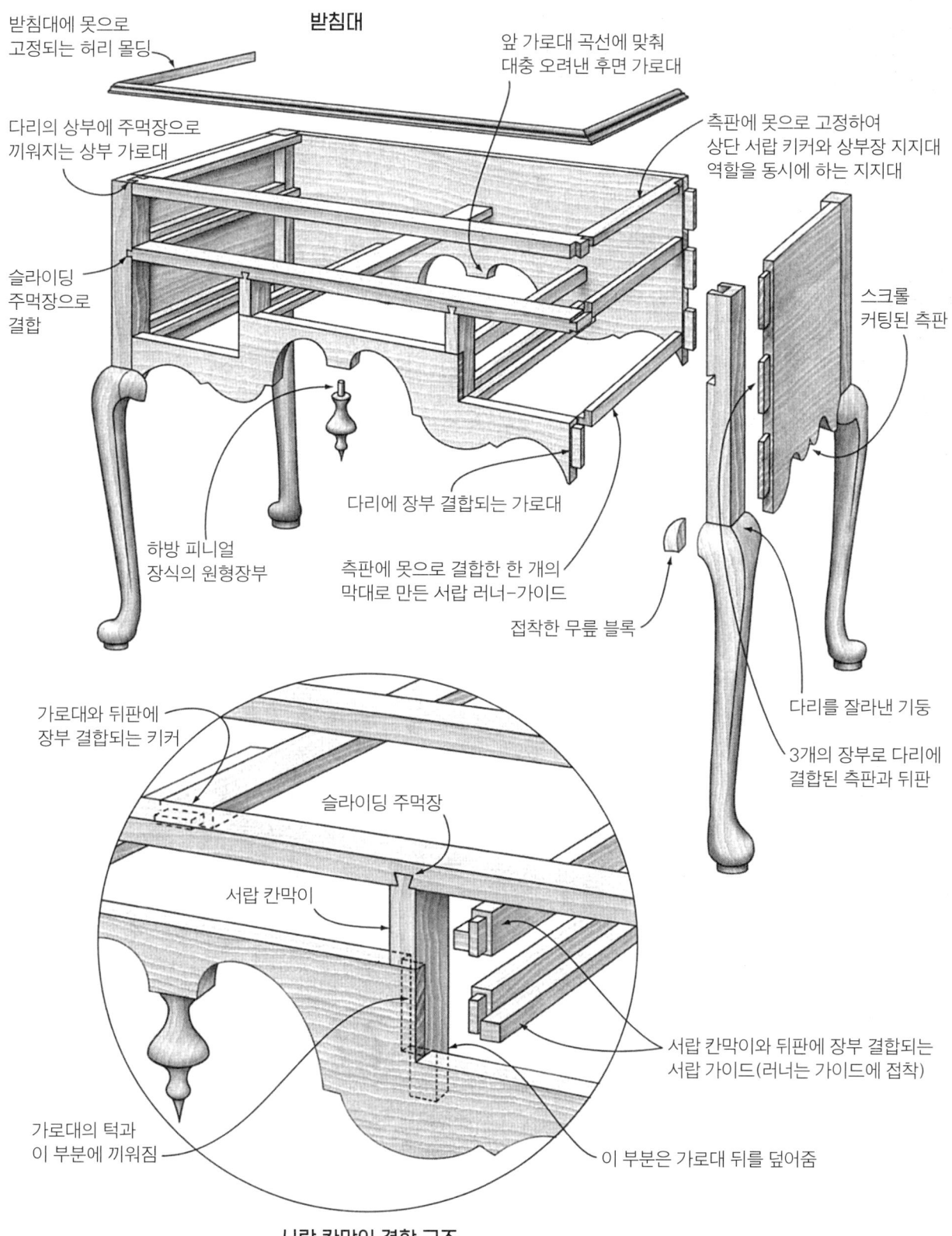

서랍 칸막이 결합 구조

05 수납장
Cabinets

캐비닛(Cabinet)은 광범위한 용어이다. 이것은 앞이 개방된 간단한 선반장부터 복잡한 브레이크 프론트(Breakfront)에 이르기까지 확실한 경계가 없는 포괄적인 가구 형식이다. 가장 많은 디자인은 문이나 유리로 가려진 그릇장 공간과 서랍이나 때론 개방된 선반 공간이 함께 있는 형태이다. 이번 장에서 소개할 여러 종류의 가구들은 관습적으로 정해진 크기가 있지만 필요성과 환경에 따라 치수를 변경할 수 있다. 여기서는 용도에 따라 치수를 정하는 방법을 소개한다.

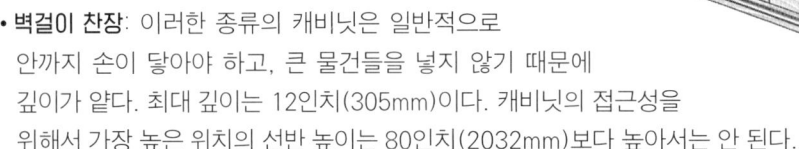

- **벽걸이 찬장**: 이러한 종류의 캐비닛은 일반적으로 안까지 손이 닿아야 하고, 큰 물건들을 넣지 않기 때문에 깊이가 얕다. 최대 깊이는 12인치(305mm)이다. 캐비닛의 접근성을 위해서 가장 높은 위치의 선반 높이는 80인치(2032mm)보다 높아서는 안 된다.

- **진열장**: 선반 사이의 간격은 보통 10인치(254mm) 이상이지만 아이템에 따라 변경 가능하다. 접근성을 위해 선반의 최대 높이는 80인치(2032mm) 이하, 최대 깊이는 24인치(610mm) 이하로 해야 한다.

- **책장**: 책장 크기는 방에도 맞아야 하지만 책에도 맞춰야 한다. 보통 책장 선반은 일반 크기의 책을 수납할 경우 깊이 8인치(203mm), 높이 10인치(254mm)이다. 그림책처럼 더 큰 책은 깊이 12인치(305mm)에 높이 13인치(330mm)이다. 책장의 전체 높이를 계획할 때 평균적인 사람의 손이 닿을 수 있는 높이를 고려하여 가장 높은 선반이 바닥으로부터 80인치(2032mm) 이하에 있어야 한다.

- **사이드보드**: 이것은 수납용 캐비닛이며 조리대이기도 한다. 상판 높이는 서서 음식이나 음료를 접대하기 편리한 높이여야 한다. 즉 36인치(914mm) 이상이어야 한다.

- **서류함**: 높이는 서랍의 개수에 따라 다른데 2단 서랍용은 28인치(711mm), 4단 서랍용은 52인치(1321mm) 이다. 폭은 파일의 사이즈(A4, 레터, 리걸 사이즈)에 따라 결정된다. 깊이는 필요에 따라 변경된다.

- **옷장**: 집에 붙박이장이 설치되기 전에는 사람들은 별도의 옷장에 옷을 걸어 두었다. 드레스나 코트가 길기 때문에 옷장은 일반적으로 6~7피트(1829~2134mm)로 키가 크다.

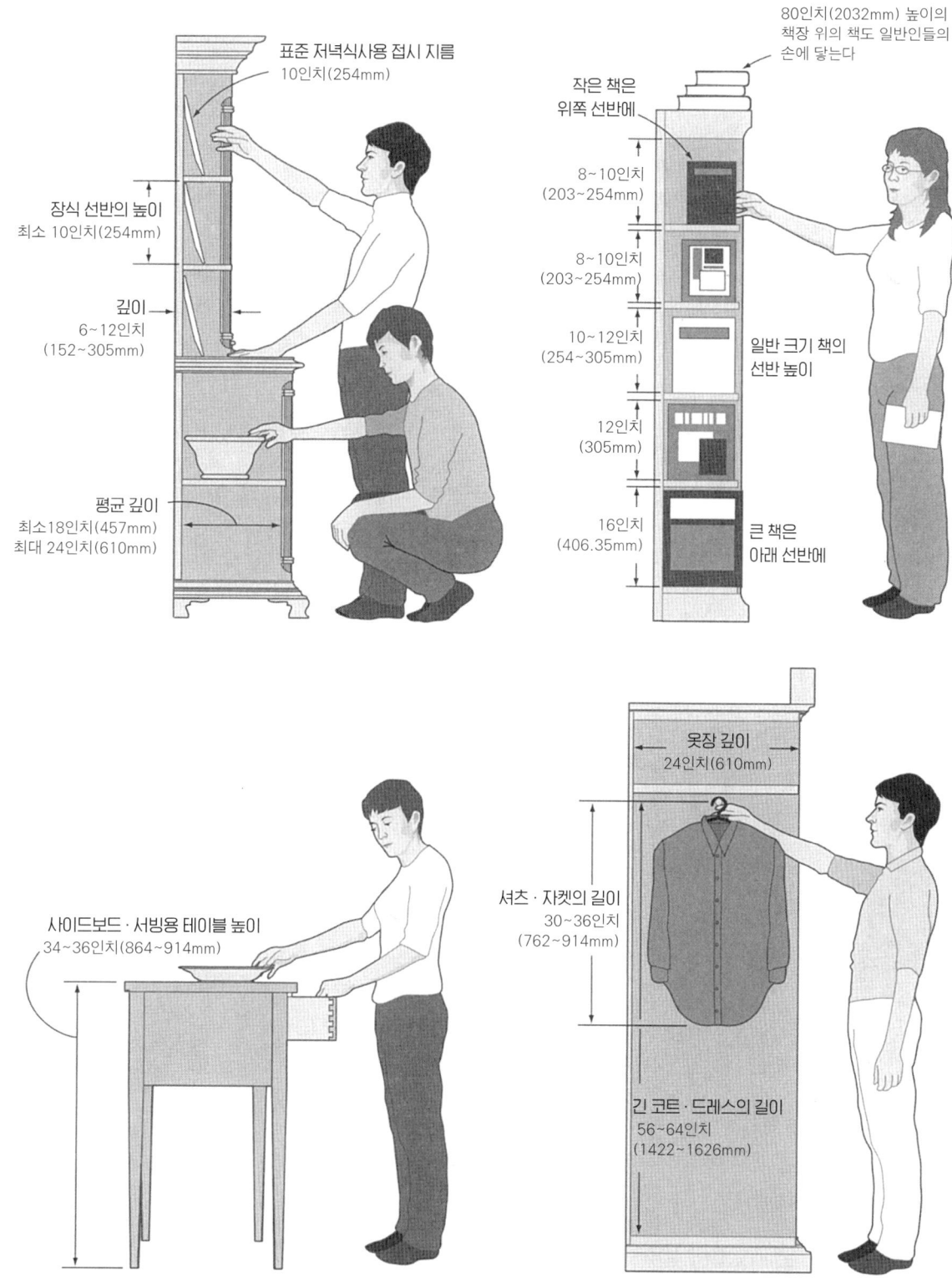

벽걸이식 선반장
Well Shelf
벽걸이식 선반·장식용 선반

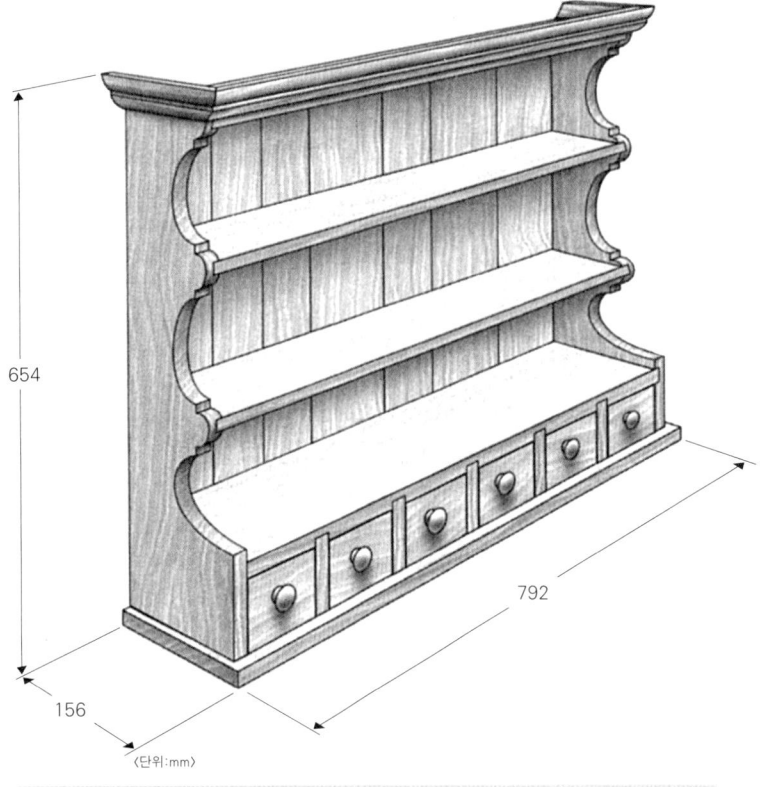

참고도면
- Michael Dunbar, *Federal Furniture*(The Taunton Press, 1986), Display Shelf. 페더럴 시대의 선반장의 역사와 도면 소개.
- Bill Hylton, *Country Pine*(Rodale Press, 1995), Hanging Display Shelf. 비드형 전면 프레임이 장착된 벽걸이식 선반에 대한 자세한 도면 소개.
- Richard A. Lyons, *Making Country Furniture*(Prentice-Hall, 1987), Wall Shelf. 벽에 걸거나 카운터 위에 올려놓을 수 있는 선반의 도면 수록.

모든 선반을 대표할 수 있는 단 하나의 선반 유닛을 소개하는 것은 매우 어려운 일이다. 한 종류의 가구가 다양하게 존재한다면 그것은 흔한 벽걸이식 선반이다.
아래 '디자인 변형'을 보면 이 말을 이해할 수 있을 것이다. 벽 선반이 거의 대부분 서민적인 가구라는 사실을 알 수 있다. 물론 치펜데일의 유명한 디자인책에는 한두 개의 '도자기 선반'도 있지만, 보통의 벽걸이식 선반은 전형적인 특징이나 특정한 스타일을 가지지 않는다.
이것은 실용적이며, 쉬운 결구법으로 제작되었지만 매력적이다. 선반의 측판은 각각의 선반을 강조하기 위해 모양을 냈다. 매우 간결한 돌출부는 시각적인 흥미를 더해준다.
상단 마감은 간결한 코니스몰딩이다. 벽에 걸거나 카운터 위에 놓여있는 이 선반은 모든 사람들이 가지고 있고, 장식하고 싶은 작은 물건들을 전시할 수 있다.

디자인 변형 서민적인 가구의 특징은 유용성과 현실성 그리고 재미있는 독창성이다. 여기 예시된 벽걸이식 선반을 보면 각각은 강한 현실성을 풍기지만 밋밋하지 않다. 각각의 선반에 올려놓은 아끼는 작은 물건들을 독특한 방법으로 전시할 수 있도록 프레임을 구성하고 있다.

1.

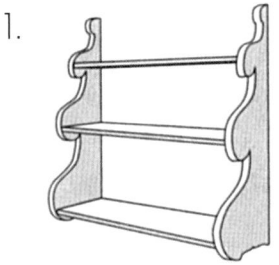

잎사귀 모양의 측판은 좁은 상단 선반으로부터 넓은 하단 선반까지 시선을 잡아주고, 아주 짧은 발부분은 하단 잎사귀로 합쳐진다.

2.

비드형 전면 프레임을 가진 이 선반은 책보다는 아끼는 작은 물건들을 담아둔다.

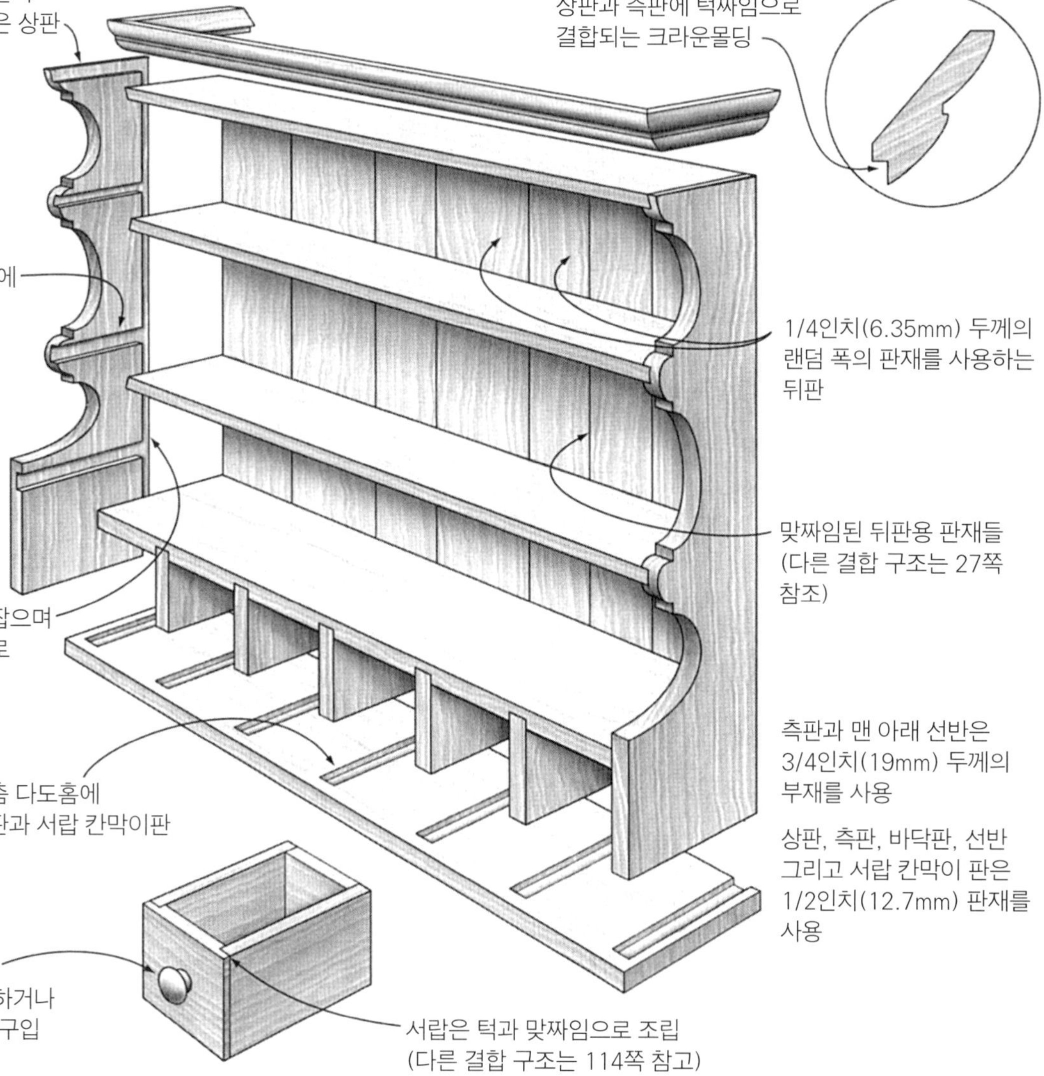

크라운몰딩의 단면

측판의 결을 가로질러 파낸 턱에 자리잡은 상판

상판과 측판에 턱짜임으로 결합되는 크라운몰딩

측판의 다도홈에 결합된 선반

1/4인치(6.35mm) 두께의 랜덤 폭의 판재를 사용하는 뒤판

측판의 턱에 자리잡으며 측판과 선반 쪽으로 나사로 고정하는 뒤판용 판재

맞짜임된 뒤판용 판재들 (다른 결합 구조는 27쪽 참조)

바닥판의 멈춤 다도홈에 끼워주는 측판과 서랍 칸막이판

측판과 맨 아래 선반은 3/4인치(19mm) 두께의 부재를 사용

상판, 측판, 바닥판, 선반 그리고 서랍 칸막이 판은 1/2인치(12.7mm) 판재를 사용

목선반 가공한 손잡이를 사용하거나 금속 손잡이를 구입

서랍은 턱과 맞짜임으로 조립 (다른 결합 구조는 114쪽 참고)

3. 얇은 접시용 선반은 디자인과 제작에 있어서 벽걸이식 장식 선반과 동일하다.

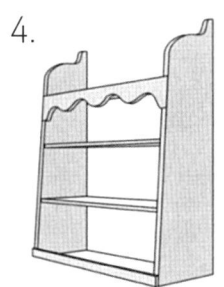

4. 눈높이 아래 또는 눈높이에 위치 하도록 디자인된 이 선반은 벽에 걸거나 탁자 위에 올려 놓는다.

5. 측판의 옆모서리를 공들여 잘라낸 스크롤 문양과 그에 어울리는 꼭대기의 장식판이 이 실용적인 선반을 꾸며준다.

수납장 273

벽걸이식 찬장
Wall-Hung Cupboard

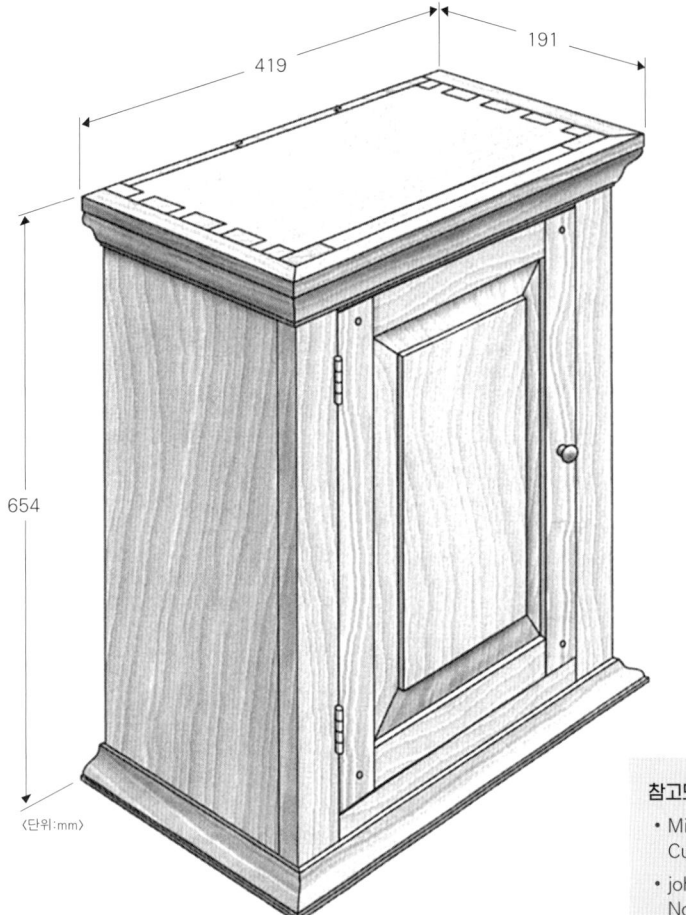

〈단위:mm〉

벽걸이식 찬장의 크기, 구성 그리고 스타일의 범위는 대초원의 수평선처럼 넓다. 찬장을 만들고, 벽에 걸면, 그것이 벽걸이식 찬장이다.

표준형으로 제시된 이 가구는 서민적인 스타일로 상당히 작은 편이다. 몸체는 통주먹장으로 조립되며 수직 판재로 만든 뒤판, 전면 프레임 그리고 한 장의 돋움 패널 문을 가지고 있다. 몰딩은 상·하단 모서리를 강조해주며, 주먹장 결합부를 가려준다. 이것은 20세기만큼이나 18~19세기에도 쉽게 만들 수 있었을 것이다. 백 년 전에는 이 구조가 모든 종류의 상자형 가구들에 적용되었을 것이다. 지금은 오직 수작업으로 제작된 가구에서만 찾아볼 수 있다.

최근 벽걸이식 가구를 흔히 볼 수 있는 곳은 부엌 수납장(342쪽 참고)으로, 보통 인공 판재와 간단한 기계 가공한 결구법을 사용한다.

참고도면
- Michael Dunbar, *Cabinetry*(Rodale Press, 1992), Hanging Cupboard. 표준형 모델과 상당히 비슷한 찬장 도면 소개.
- john G. Shea, *Antique Country Furniture of North America*(Van Nostrand Reinhold Co., 1975), Pennsylvania German Hanging Cupboard. 양문형의 서민적인 찬장의 치수 도면 소개.

디자인 변형

벽걸이식 찬장은 콜로니얼 시대 이후 많이 만들어졌지만, 지금은 찾아보기 힘들다. 방의 분위기를 좌우하거나 주목을 끄는 가구는 아니지만, 항상 평범하기만 한 것은 아니다.

여러 개의 서랍이 있는 것은 향신료 보관장으로 제작되었을 것이고, 다른 것들은 용도가 정해지지 않았다. 실용성을 강조해서 만든 가구지만 투박하지는 않았다. 향신료 수납장에는 간략한 브로큰 페디먼트 장식이 있으며, 펜실베이니아 더치 스타일의 문선반장은 스크롤 커팅된 스커트를 가진다. 가장 높은 장은 거대한 처마 장식 때문에 형식적인 외관을 가지고 있다. 평범한 문선반장이지만 셰이커의 우아함을 찾아볼 수 있다.

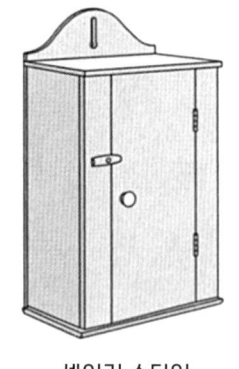

셰이커 스타일

서랍 달린 향신료 수납장

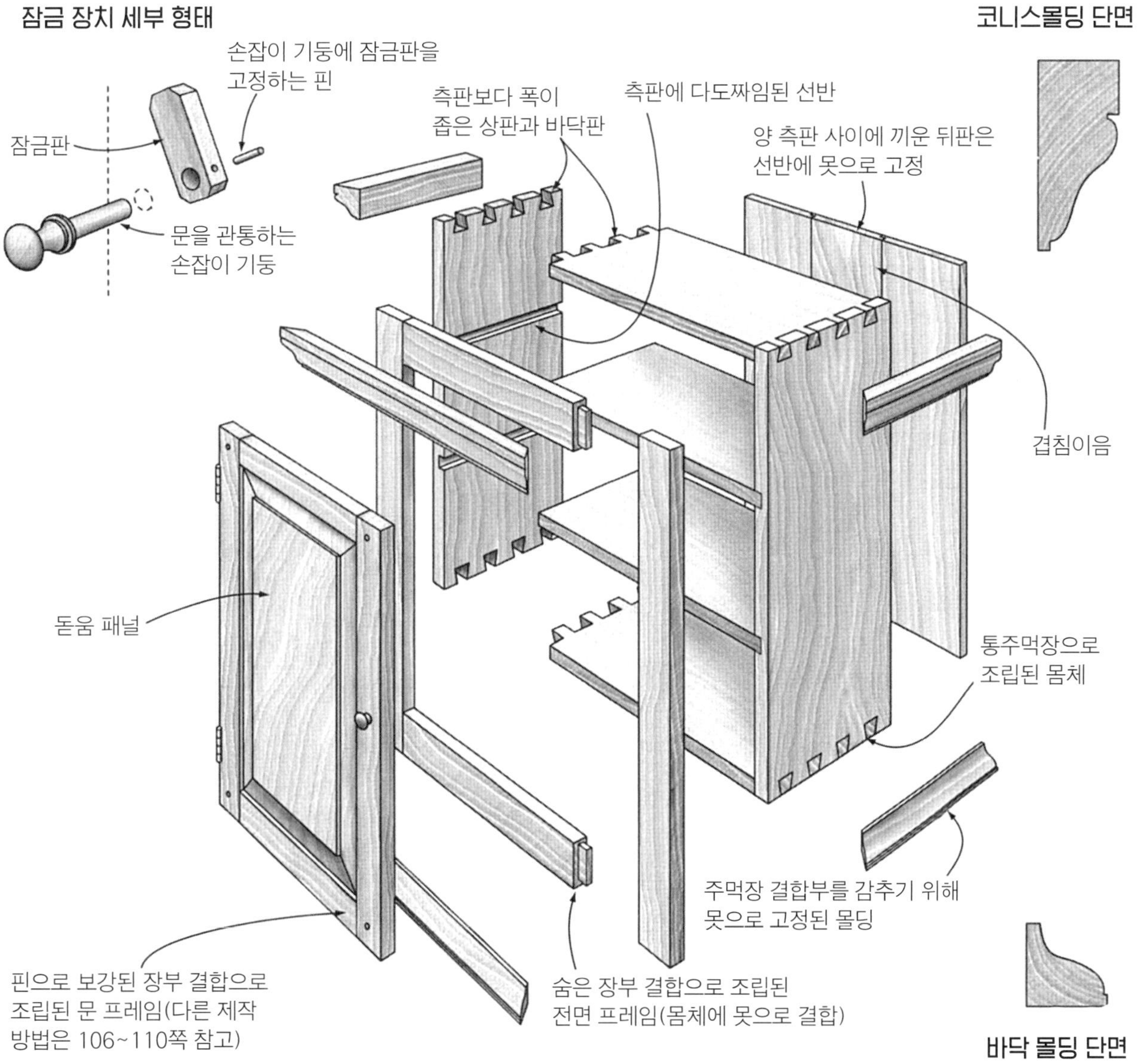

잠금 장치 세부 형태

- 잠금판
- 손잡이 기둥에 잠금판을 고정하는 핀
- 문을 관통하는 손잡이 기둥

코니스몰딩 단면

- 측판보다 폭이 좁은 상판과 바닥판
- 측판에 다도짜임된 선반
- 양 측판 사이에 끼운 뒤판은 선반에 못으로 고정
- 겹침이음
- 돋움 패널
- 통주먹장으로 조립된 몸체
- 주먹장 결합부를 감추기 위해 못으로 고정된 몰딩
- 핀으로 보강된 장부 결합으로 조립된 문 프레임(다른 제작 방법은 106~110쪽 참고)
- 숨은 장부 결합으로 조립된 전면 프레임(몸체에 못으로 결합)

바닥 몰딩 단면

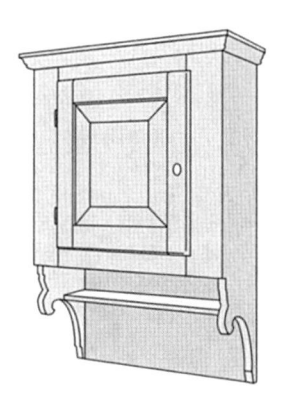

외문형 펜실베이니아 더치 스타일

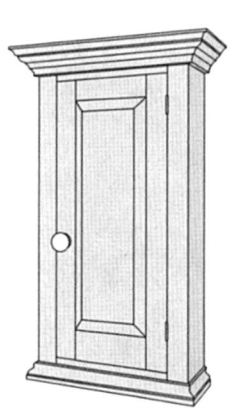

높고 좁은 찬장

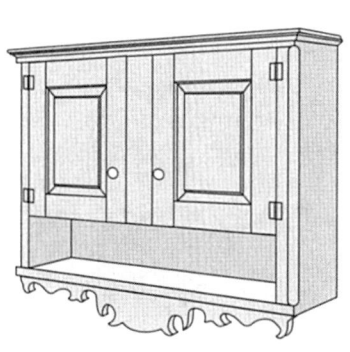

양문형 펜실베이니아 더치 스타일

벽걸이식 코너 찬장
Hanging Corner Cupboard

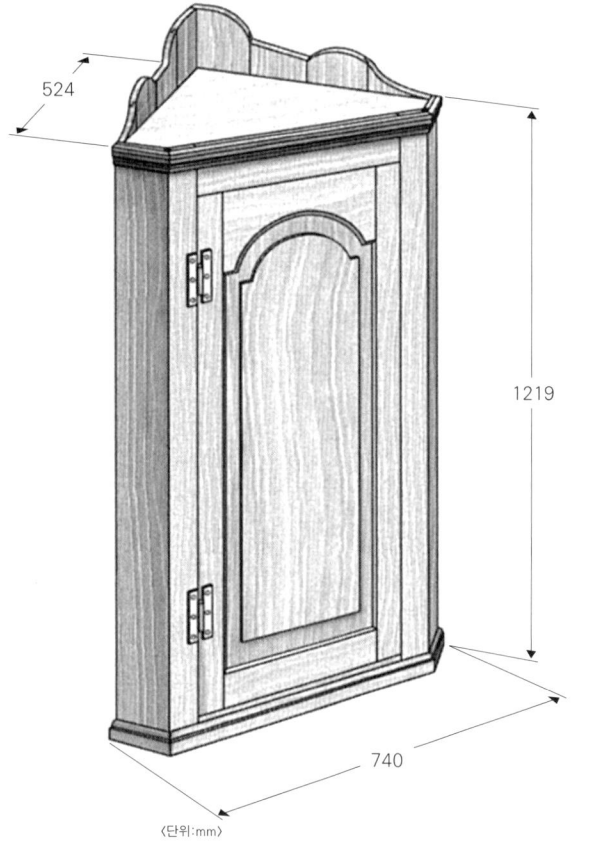

〈단위:mm〉

특별히 모퉁이에 걸기 위한 이런 종류의 찬장은 18세기부터 시작하여 유럽과 북미의 시골집에서 찾아 볼 수 있었다. 수납을 목적으로 제작한 벽걸이식 코너 찬장은 더 큰 친척인 코너 찬장에 밀려 목수들의 관심을 받지 못했다. 그럼에도 매력적인 작품들이 남아있으며 현재도 제작되고 있다.

옆의 표준형 벽걸이식 코너 찬장을 보면, 대단한 결구법도 보이지 않고, 멋진 무늬목이나 상감무늬도 없다. 단지 비율이 좋고 견고한 구조를 가지고 있을 뿐이다.

예를 들어 뒤판용 판재들은 접착제를 쓰지 않고 겹침이음 후에 측판, 상판, 바닥판 쪽으로 못으로 고정했다. 이것들은 상판 위로 연장되어 장식적인 물결무늬의 만든다.

아치형의 패널을 가진 문은 이 가구에서 가장 만들기 까다로운 부분으로, 패널의 돋움 부분이 약간의 수작업이 필요하기 때문이다. 48인치(1219mm) 높이에 벽에 매달게 되는데 이는 일반 장들보다 높다.

참고도면
- 목공잡지 *American Woodworker* No.22(1989년 9/10월호) 18~23쪽, Craig Bentzley, Pennsylvania Hanging Cupboard. 전통적인 스타일의 오리지널 디자인 소개.
- 목공잡지 *American Woodworker* Vol. V, No.3(1989년 5/6월호) 16~21쪽, Carlyle Lynch, Hanging Corner Cupboard. 노스캐롤라이나 주의 올드 세일럼(Old Salem)시에서 온 모라비안 체스트(Moravian Chest)를 제작하기 위한 도면, 제작 방법 소개.

디자인 변형

어떤 가구 제작자들도 벽걸이식 코너 찬장을 똑같이 디자인하지는 않는다. 제일 왼쪽 수납장은 유리문이 달아 내용물을 잘 보이게 만들었다. 두번째 수납장은 실용적인 찬장에 물결문양의 전면 프레임 같은 장식을 더했다. 다른 하나는 두 개의 외부 선반과 막힌 수납공간을 결합했다.

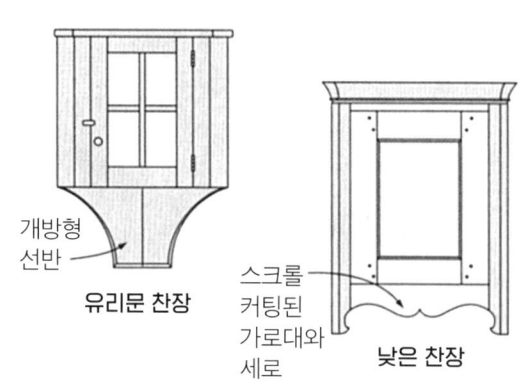

유리문 찬장 / 낮은 찬장

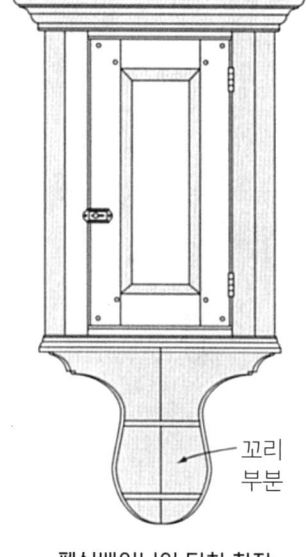

펜실베이니아 더치 찬장

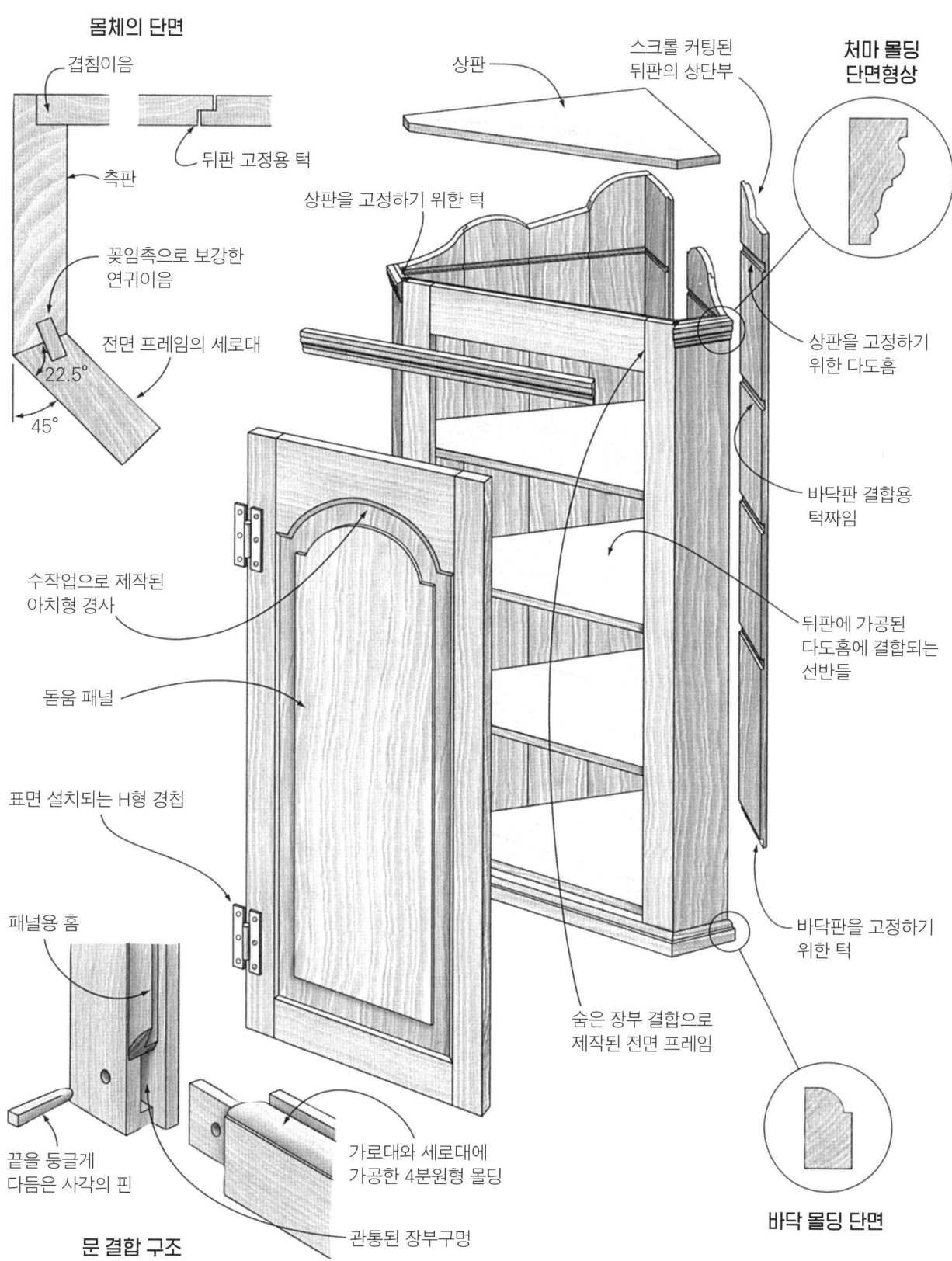

수납장 277

건식 세면대
Dry Sink
워터 벤치·버킷 벤치·워시 스탠드

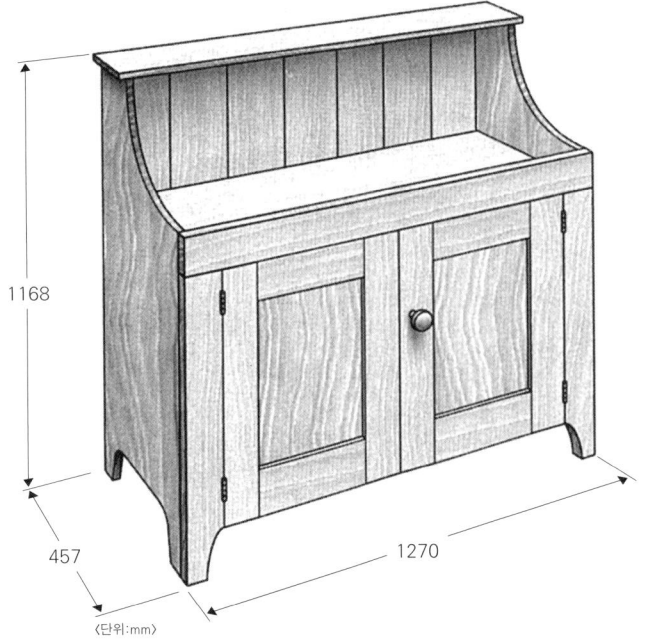

200여 년 전에는 마실 물과 조리용 물 그리고 매우 가끔씩 씻을 물은 양동이에 담아 집 안으로 가져와서 버킷 벤치(Bucket Bench) 위에 올려 놓았다.

버킷 벤치에는 결국 문이 부착되고, 상판 주위에 물막이판과 다른 장식들이 붙게 되었다. 점점 소박함이 사라지고 좀 더 스타일리시 해졌다. 그것이 오늘날의 싱크대 형태로 바뀌게 되면서, 저장 장소보다는 일하는 장소로 음식을 준비하고 세척하는 장소가 되었다.

버킷 벤치의 새로운 형태가 워터 벤치(Water bench), 워시 스탠드(Wash stand) 그리고 드라이 싱크(Dry Sink)라 부르는 가구가 되었다.

오늘날 재생산된 건식 세면대는 부엌보다는 거실이나 가족실에 놓이는 경우가 많다. 찬장 부분은 유용한 수납공간으로, 상판은 진열 공간으로 사용된다. 전체적으로 건식 세면대는 겉치레 없는 실용적인 가구이다. 오리지널 가구에서는 아주 기초적인 결구법이 사용되었다.

참고도면
- Nick Engler, Mary Jane Favorite, *American Country Furniture*(Rodale Press, 1990), Dry Sink. 여기서 소개한 표준형 건식 세면대 소개.
- Bill Hylton, *Country Pine*(Rodale Press, 1995), Dry Sink. 표준형 모델이 훌륭한 도면, 제작 방법 소개.
- Russel Hawes Kettel, *The Pine Furniture of Early New England*(Dover Publications, 1956), Water Bench with Drawers and Cupboard. 치수도면 수록.

디자인 변형

건식 세면대는 놀랄 만큼 다양한 구성으로 제작되었다. 이 스타일은 오늘날 주로 컨트리 스타일로 부르지만 부엌가구라 부르는 것이 가장 정확하다. 아래 세 가지 디자인 변형에서 보듯이 가구의 진화 방법을 보여준다. 낮은 드라이 싱크는 상판이 움푹 들어가 있는 간단한 문선반장이다. 버킷 벤치는 간단한 선반세트이다. 반면에 워터 벤치는 높은 뒤판과 눈높이 바로 아래에 위치한 한쌍의 서랍을 지지하고 있는 곡선으로 잘라낸 측판을 가지고 있다. 모든 가구가 받침대의 형태를 가지고 있지 않으며, 측판이나 정면 프레임을 잘라내어 발의 형태를 만들어주기도 한다.

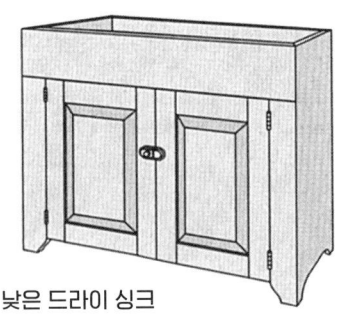

낮은 드라이 싱크

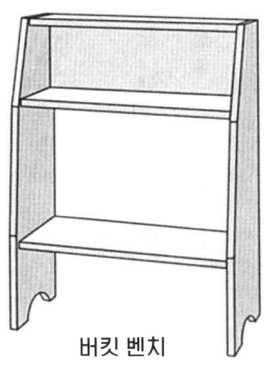

버킷 벤치

워터 벤치

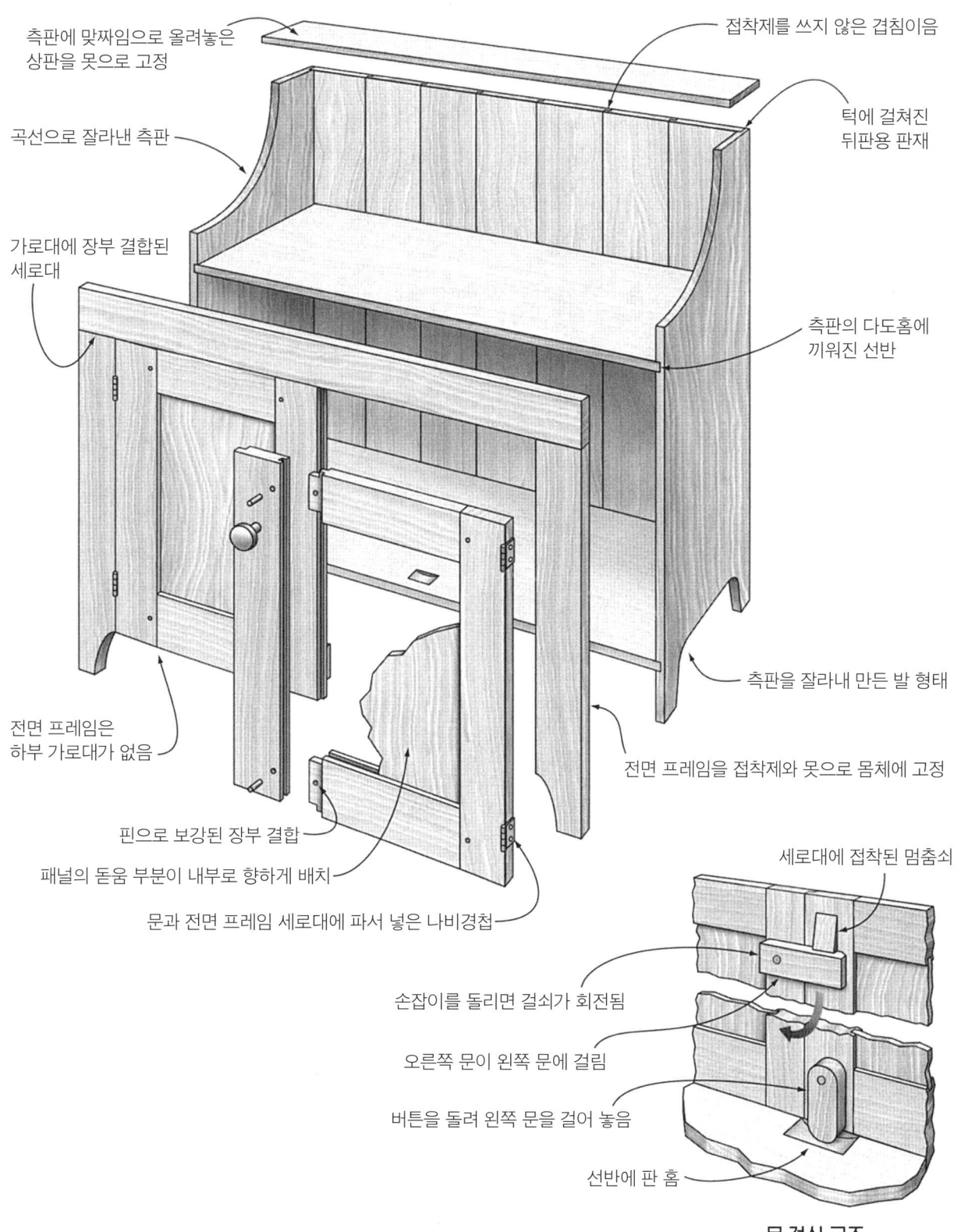

식품보관장
Pie Safe

〈단위:mm〉

부엌 가구는 컨트리 가구가 아니지만, 식품보관장만은 컨트리 가구로 분류되곤 한다. 식품 보관용 찬장이 상하기 쉬운 음식을 보관하던 장소로 사용되었지만, 몇십 년이 지나면서 지방과 도시의 주방에서 사용하던 조리대와 식품보관장 같은 장식이 없는 완전히 기능적인 가구들은 사라져 갔다.

옆 그림은 표준형 식품보관장이다. 목선반 작업된 다리 기둥의 발과 양철 타공 패턴을 제외하고는 거의 모든 컨트리 가구들이 그러하듯 장식적인 느낌은 배제되어 있다. 이것은 엄격히 기능적이다.

천공된 양철 패널은 식품보관장 진화의 정점을 보여준다. 구멍들이 공기의 이동을 가능하게 하지만 너무 작아서 파리들은 들어 올 수가 없다. 금속판이 쥐들의 접근도 막아준다.

281쪽 그림에서 보면, 패널은 여러 가지 방법으로 간단한 프레임 작업을 통해 설치할 수 있다. 또한 양철 패널에는 'Welcome' 같은 환영인사나 장식 문양, '부엌에게' 등 매우 개인적인 문구를 새겨넣을 수 있다.

참고도면
- 목공잡지 *Woodsmith* No.55(1988년 2월호) 12~17쪽, Pie Safe. 각 문 위에 서랍이 달린 장식 없는 간단한 프레임 패널 구조의 가구 소개.
- Nick Engle, *Country Furniture: Kitchens and Dining Rooms*(Rodale Press, 1988), Pie Safe. 바닥에 하나의 넓은 서랍이 달린 실용적인 스타일의 식품보관장 소개.
- Richard A Lyons, *Making Country Furniture*(Prentice-Hall, 1987), Pie Safe. 표준형의 파이 세이프 소개.

디자인 변형

식품보관장 스타일은 다양하다. 외문형 모델은 형태적으로 원래 실용주의적인 특성을 가장 명백히 보여준다. 젤리 찬장 같이 생긴 모델에는 상판 주위로 낮은 난간과 하나의 서랍이 있다. 세 개 중에 가장 세련된 모델은 상부에는 식품보관장, 하부에는 일반적인 수납장을 합한 것이다.

서랍 달린 중간 높이 식품보관장

외문 찬장형 식품보관장

키 큰 식품보관장과 찬장 복합형

가로대에 못으로 고정한 상판
두 개의 문을 잠그는
하나의 회전형 걸쇠
직각의 모서리
얇은 랜덤 폭의 판재
중간 가로대의 튀어나온
부분에 걸친 선반
홈에 끼워진 뒤판
접착제를 사용하지
않은 겹침이음
상단과 하단의
가로대는 넓고,
중간 가로대는 좁음
슬롯에 끼워진
양철 패널
장부 결합
가로대에 못으로
고정된 지지대 위에
받쳐진 바닥판
기둥에 앞면에 맞춘
가로대
턱을 만들어준 겹침문의 세로대
가리 기둥 사이에 들어가기 위해
모서리를 따낸 선반
다리 기둥에
장부 결합한 가로대
다리 기둥에 목선반 가공한 발

조립 시에 슬롯에 끼워 넣은 양철 패널
기둥과 가로대에
가공한 슬롯
조립 후에 턱 가공된
기둥-가로대 구조
프레임을 덮은
천공한 양철 패널
못
몰딩 가공한 띠
4분원 단면의
몰딩띠에 의해
고정된 패널
슬롯에 꼽은 패널
프레임을 덮은 패널
턱에 얹은 패널

양철 패널의 결합 옵션

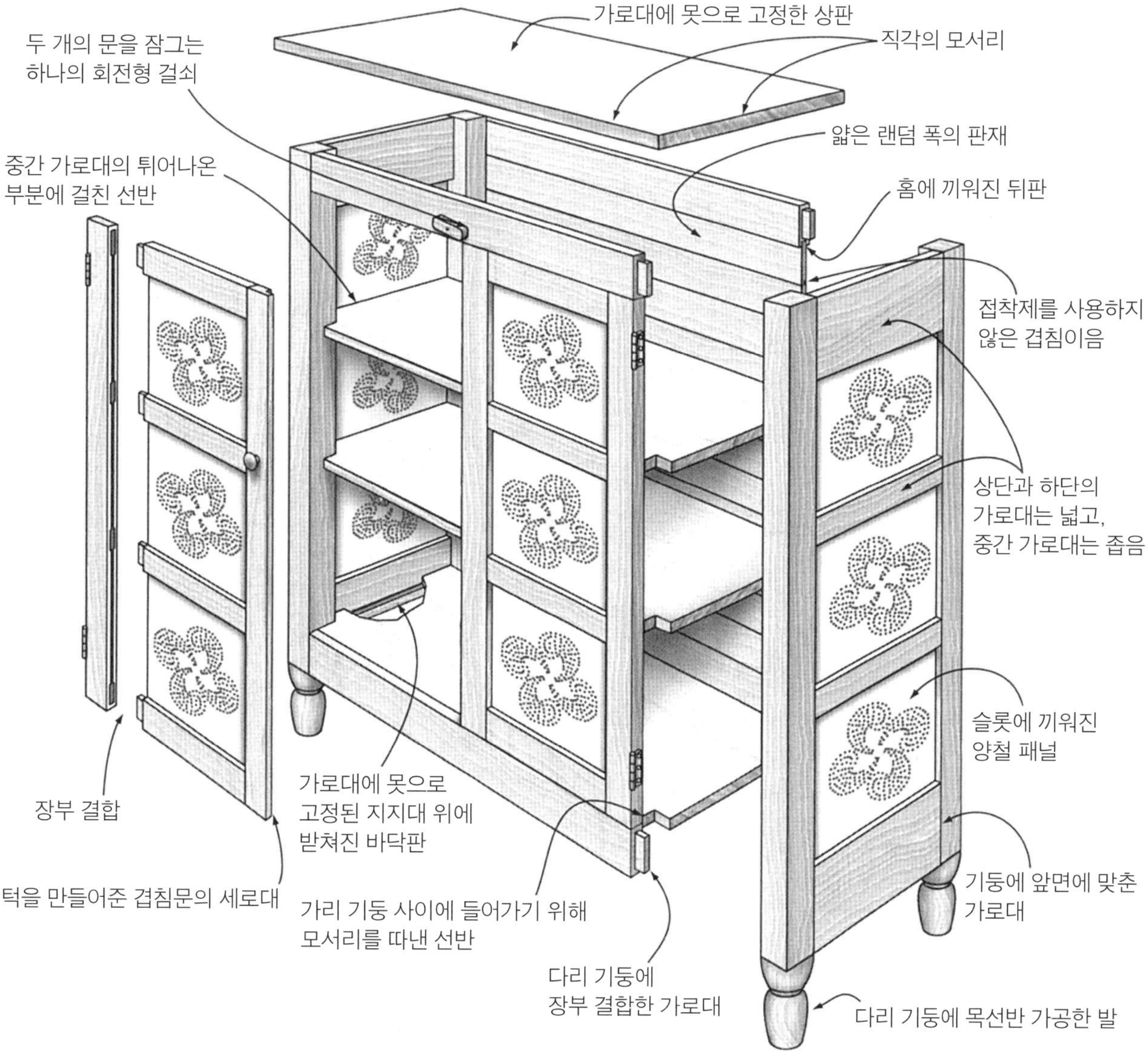

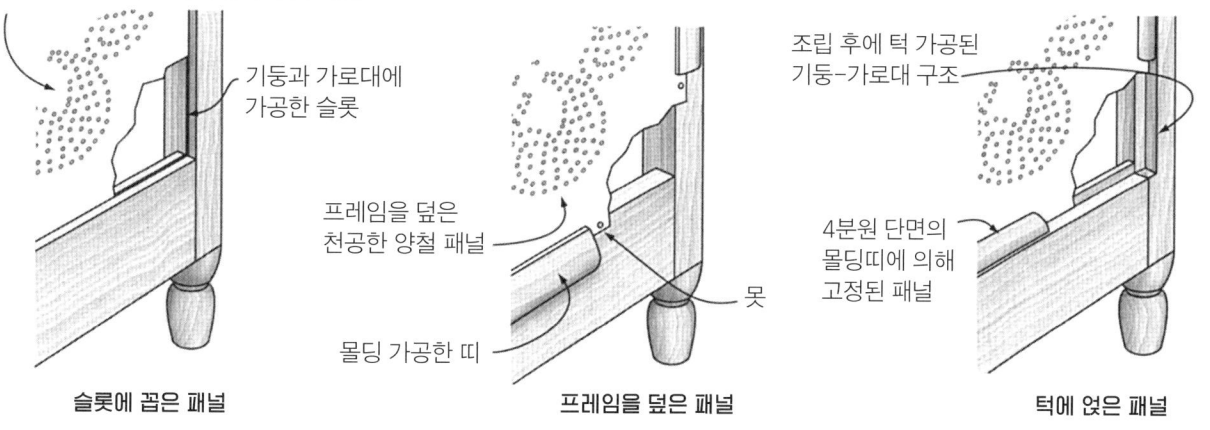

향신료 수납장
Spice Cabinet
향신료 상자

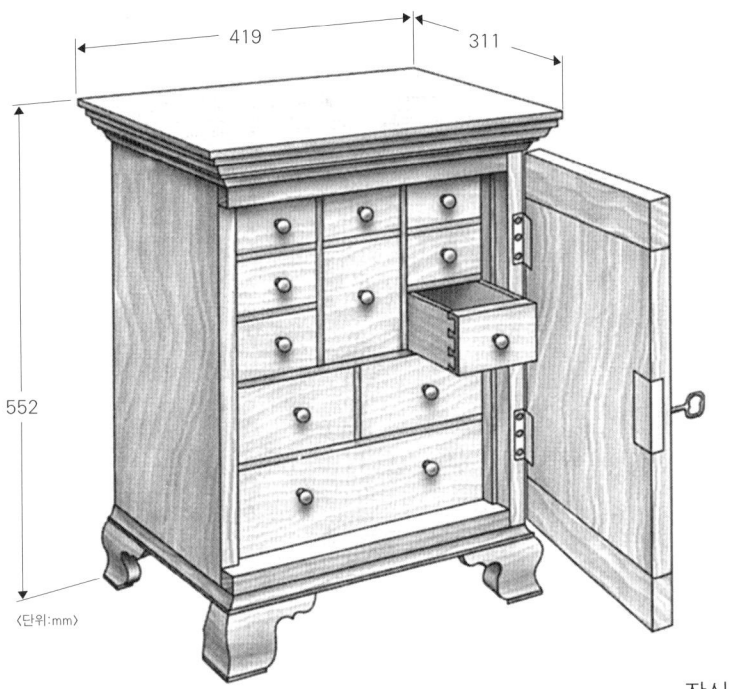

이 수납장은 원래 향신료를 보관하기 위해 제작되었다. 맨 앞의 문을 열면 그 안에 12개나 되는 작은 서랍들이 있다. 그리고 17~18세기에는 향신료가 비쌌기 때문에 수납장의 앞문을 잠글 수 있게 만들었다.

향신료 수납장은 많은 지역에서 만들어지고 사용되었다. 몇 가지 매우 매력적인 예들이 노스캐롤라이나의 산록지대에서 제작되었다. 그러나 이 형태는 팬실베이니아주 남동부의 체스터 카운티를 제외하고는 어디에서도 그 형태를 유지하지 못했다. 17세기 하반기의 윌리엄 앤 메리 스타일의 향신료 수납장을 시작으로, 퀸 앤 시대와 치펜데일 시대 그리고 헤플화이트 특성을 보여주는 19세기에 이르기까지 제작되었다.

향신료 수납장은 문과 서랍이 몇 개 달린 간단한 작은 상자가 아니라, 화려하고 세련된 장식품을 보여주는 멋진 작품이다. 남아있는 체스터 카운티의 수납장은 둥근 앞판과 아치형 상판의 상자구조, 상당히 복잡한 문 형태, 장식적인 발, 멋진 몰딩, 호화로운 무늬목 그리고 복잡한 상감무늬를 보여준다.

참고도면
- 목공잡지 *American Woodworker* No.36(1994년 1/2월호) 28~33쪽, Craig Bentzley의 'Pennsylvania Spice Box. 표준형 펜실베이니아주 체스터 카운티의 향신료 수납장에 대한 훌륭한 도면 소개.
- Alex Krutsky, *The Best of Fine Woodworking: Traditional Furniture Projects*(The Taunton Press, 1991), Spice Boxes. 빵모양의 발과 숨은 서랍을 사진 수납장 도면 소개.

디자인 변형 외형적인 변형에 초점을 맞추는 대신에 수납장 내부의 변형, 숨은 서랍을 살펴보면 거의 모든 향신료 수납장은 하나 또는 두 개의 숨은 서랍을 가지고 있다. 가장 쉬운 방법은 서랍 공간 뒤에 작은 상자를 넣어 두는 것이다. 짧아진 서랍을 앞쪽에서 넣어서 작은 상자를 가려준다. 제작이 더 어려운 방법은 몸체의 앞에서는 가려진 서랍을 만드는 것이다. 서랍은 뒤쪽에서 열리며 뒤판으로 가린다. 맨 아래 서랍 하부의 막대를 당기면 뒤판을 내릴 수 있고 숨은 서랍이 나타난다.

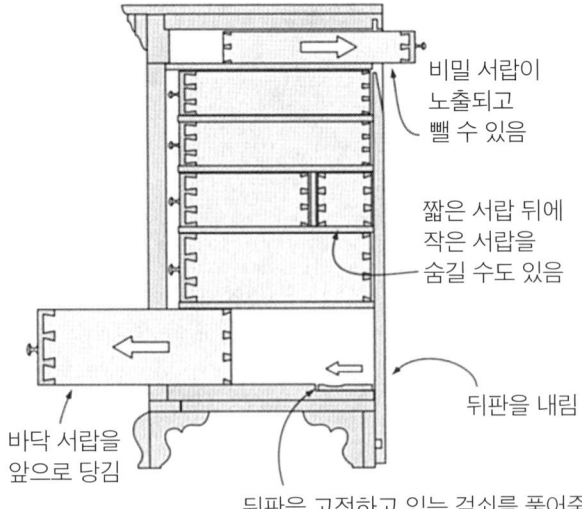

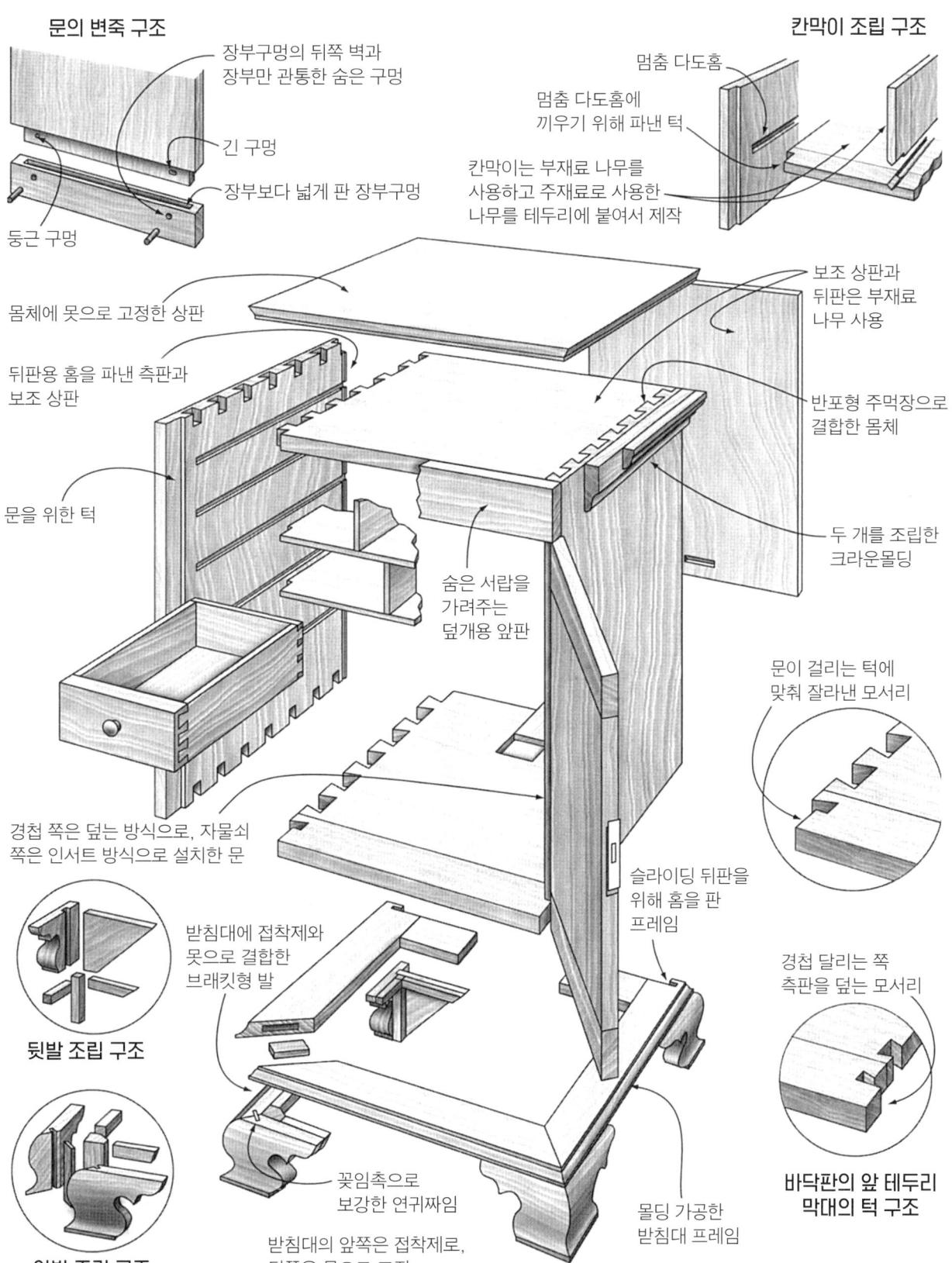

굴뚝형 찬장
Chimney Cupboard

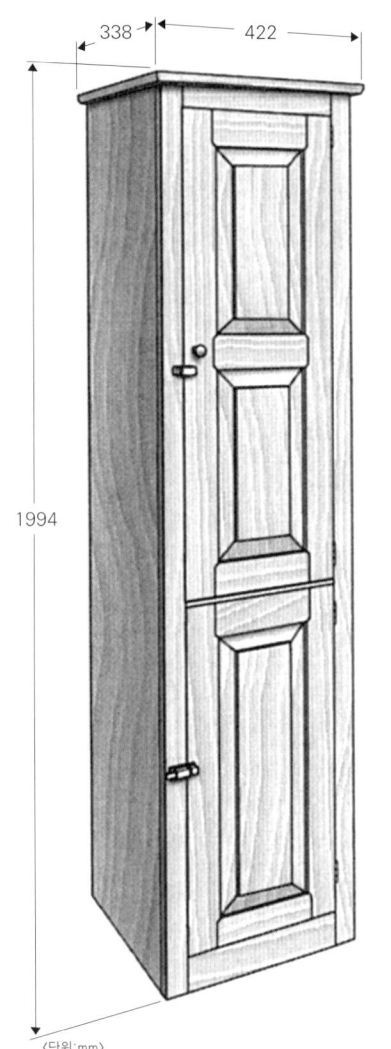

〈단위:mm〉

이 굴뚝형 찬장은 셰이커 스타일만 있다. 따라서 이것이 표준형이 될 수 밖에 없다. 원본의 가구는 19세기 초 뉴욕주의 뉴레바논(New Lebanon)의 셰이커 마을에서 만들어졌으며, 오늘날 뉴욕의 메트로폴리탄 미술관(Metropolitan Museum of Art)의 전시품으로 남아 있다.

굴뚝형 찬장이라는 이름은 그 기능이 아닌 형태에서 따왔다. 굴뚝처럼 키가 크고 날씬하며 그릇부터 잼이나 젤리까지 어떤 것도 수납할 수 있었다. 희귀하지는 않지만, 자립형이며 높고, 좁은 찬장은 다소 일반적이지 않다. 원본 가구가 셰이커 가구라는 것은 놀랄 만한 일이 아니다. 셰이커들은 어떠한 공간에도 수납장을 맞춤 제작하는 것으로 잘 알려져 있다. 그래서 셰이커의 수납장 제작자는 이상한 구석 공간이 있어도 바닥에서 천장까지 빈틈없이 장으로 채워 넣을 것이다.

이것은 매우 좁은 형태의 기본형 찬장 또는 수납장일 뿐이다. 내부에 선반이 달린 키가 큰 날씬한 상자를 만든 뒤, 문을 달면 된다.

참고도면
- *The Weekend Woodworker Quick and Easy Country Projects*(Rodale Press, 1994), Chimney Cabinet. 간소화되고 다소 현대화된 수납장 프로젝트가 완벽한 도면, 부품 목록, 제작 방법 소개.
- Bill Hylton, *Country Pine*(Rodale Press, 1995), Narrow Amish Cabinet. 매우 다른 콘셉트의 키가 크고 긴 수납장 제작을 위한 훌륭한 제작 계획과 도면 수록.
- John Kassay, *The Book of Shaker Furniture*(University of Massachusetts Press, 1980), Built-ins and Cupboards. 셰이커의 원본 가구의 치수 도면 수록.

디자인 변형
굴뚝형 찬장의 스타일과 크기의 다양함은 크라운몰딩과 황동 하드웨어를 부착한 것부터 몇 개의 넓은 판재를 못으로 결합한 간단한 것까지 꽤 광범위하다.

키가 크고 좁은 형식은 여러 가지로 변형할 수 있는 스타일이 아니기 때문에 디자인을 할 때 가장 초점을 맞출 부분은 수납이다. 표준형은 큰 문이 위에 있는 두 개의 문을 가지고 있지만 큰 문이 아래로 위치할 수도 있다. 문이 같은 크기이거나 세 개 이상일 수도 있다.

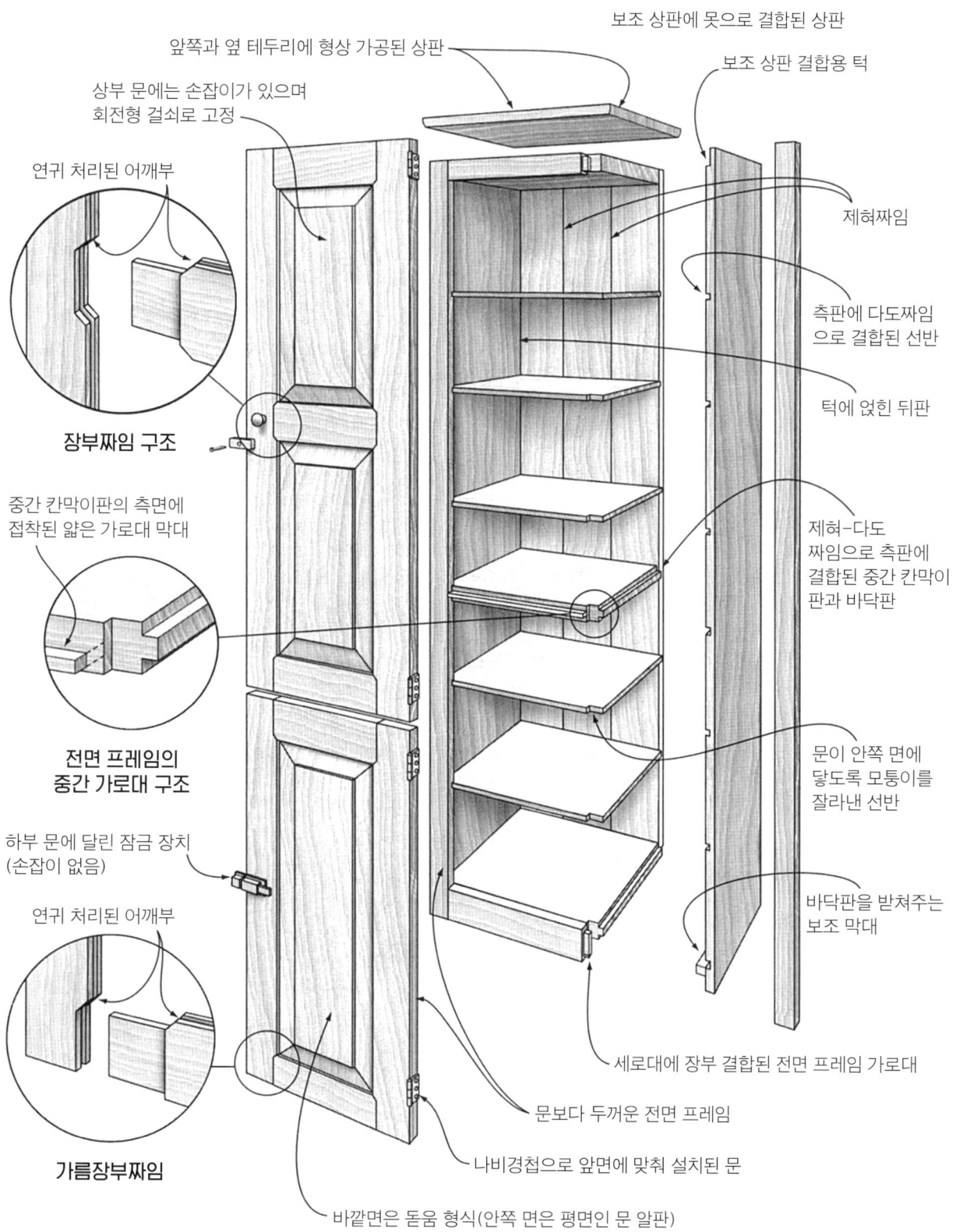

수납장 285

젤리 찬장
Jelly Cupboard
수납장·그릇장·부엌 사이드보드

〈단위:mm〉

참고도면
- William Hylton, *The Weekend Woodworker Quick-and-Easy Projects*(Rodale Press, 1992), New England Pine Cupboard. 서랍이 없는 전형적인 42인치 높이 찬장의 좋은 그림, 제작 방법 소개.
- Richard A. Lyons, *Making Country Furniture*(Prentice-Hall, 1987), Jelly Cupboard. 5피트 높이의 두 개의 문 위에 세 개의 서랍을 사진 찬장을 적절한 그림들과 개략적인 제작과정 소개.

젤리 찬장은 오늘날의 인식과는 달리 시골 지역의 가구만은 아니었다. 도시 생활 속에서도 부자나 가난한 사람 모두, 거의 모든 가정에서 식료품들을 보관하기 위한 부엌 찬장이었다. 그래서 젤리 찬장의 정체는 다용도 부엌 찬장이다.

가장 초기의 젤리 찬장은 원시적인 개방형 선반이다. 형태의 진화는 필요성에 의해 시작되었다. 먼지나 흙, 해충을 막기 위해 선반에 문을 달았다. 그리고 나서 사용의 편리성이 서랍을 탄생시켰다. 쌓여 있는 상자들 중 하나에 접근하기 위해 상자들을 내려놓을 필요가 없는 상자들을 생각해낸 것이다. 일반 가정에서 많이 사용되었던 전형적인 젤리 찬장은 못이나 장부짜임, 겹침이음, 제혀짜임, 주먹장짜임 등 몇 가지 도구만으로 제작할 수 있는 간단하며 튼튼한 결구법으로 만들어졌다. 위의 표준형 젤리 찬장은 비교적 후반기의 예로 단정한 스타일 감각과 함께 제작자의 더 발전된 기술을 보여준다. 한쌍의 문 상부에는 두 개의 서랍이 있으며 문 내부에는 3단의 고정 선반이 위치하고 있다.

디자인 변형

젤리 찬장의 디자인 변형은 다음과 같다. 가장 초기 찬장은 원시적인 버팀목을 덧댄 판재문을 가지고 있다. 가치없게 여겨졌기 때문에 소수만이 남아 있다. 흥미롭게도 원시적인 찬장과 그릇 찬장 사이의 주된 차이점은 문이다. 돋움 패널 문은 찬장 소유자가 부유하고 세련됨을 말해준다. 서랍은 초기 이후 나타나기 시작하는데 캐나다 프랑스인들의 뷔페라고 부르는 형태가 그 예이다. 장식적인 부분은 하부를 스크롤 절단하거나 약간의 몰딩을 덧대는 것 외에는 광범위하게 사용되지는 않았다.

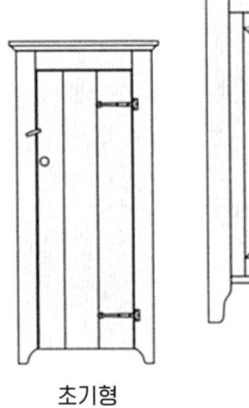

초기형 젤리 찬장

그릇 찬장

프랑스계 캐나다인의 뷔페 수납장

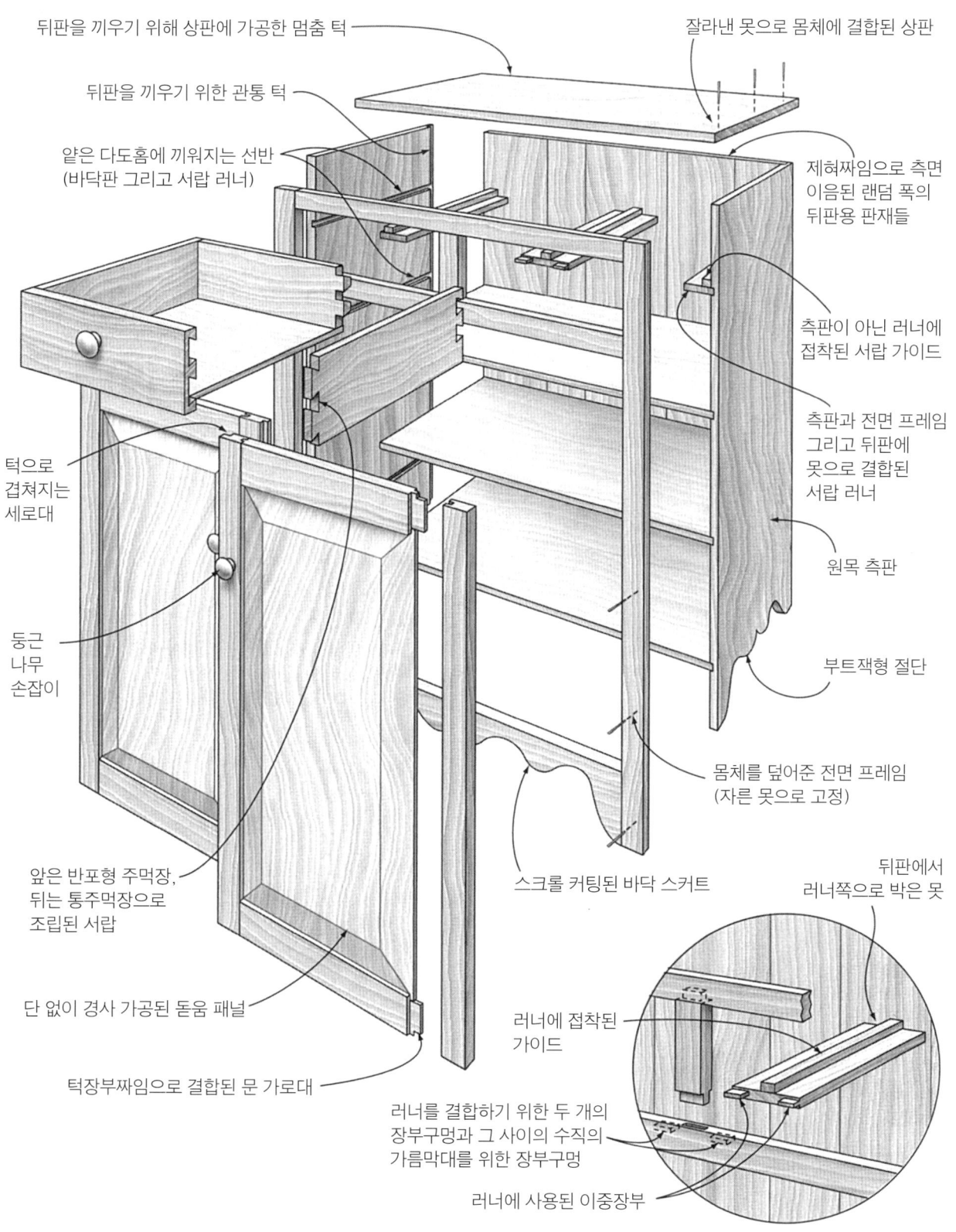

중앙 서랍 러너 결합 방법

허치
Hutch

웰시 드레서·오픈 드레서·허치 찬장·
뷰터 찬장·개방형 찬장·부엌 찬장

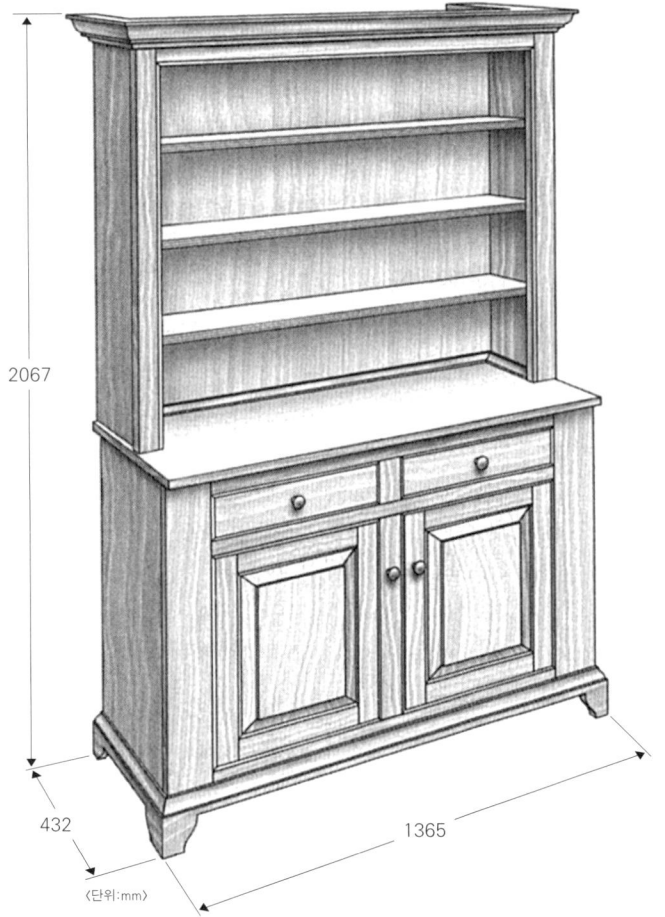

허치는 버킷 벤치와 스텝백 찬장의 중간 형태를 가진 전통적인 가구이다. 표준형으로 제시된 것은 18세기 북부 뉴잉글랜드 지역에서 생산된 가구이다. 절제된 스타일이지만 비율이 좋고 잘 다듬어져 있다.

사용된 결구법은 일반적인 상자형 구조에 사용하는 것들이다. 측판과 선반은 다도짜임으로 결합되어 있으며, 여러 프레임들은 장부짜임으로 조립되어 있다. 서랍 프레임은 측판이 아닌 전면 프레임에 접착되어 있는데 일반적인 방식은 아니다.

참고도면

- 목공잡지 *American Woodworker* No.54(1996년 10월호) 34~40쪽, Matthew Burak, Colonial Hutch. 18세기의 스타일을 재현.
- Lester Margon, *Construction of American Furniture*(Dover Publications, 1975), Pennsylvania German Cupboard. 1765년에 제작된 펜실베이니아 더치의 허치 소개.

디자인 변형

표준형으로 제시된 모델은 일반적으로 허치에서 자주 볼 수 있는 원시적인 장식과 실용성을 보여준다. 디자인 변형에서 허치의 특징을 잘 보여주고 있다. 어떤 사람들은 다른 정제된 우아함을 가진 허치들보다 일반적이지 않은 비율과 화려한 스크롤 커팅이 들어간 이 허치에 더 끌릴 수도 있다. 접시용 멈춤 막대와 숟가락 걸이홈은 접시와 도구들을 손 가까이 놓을 수 있을 뿐만 아니라 전시 효과도 있다.

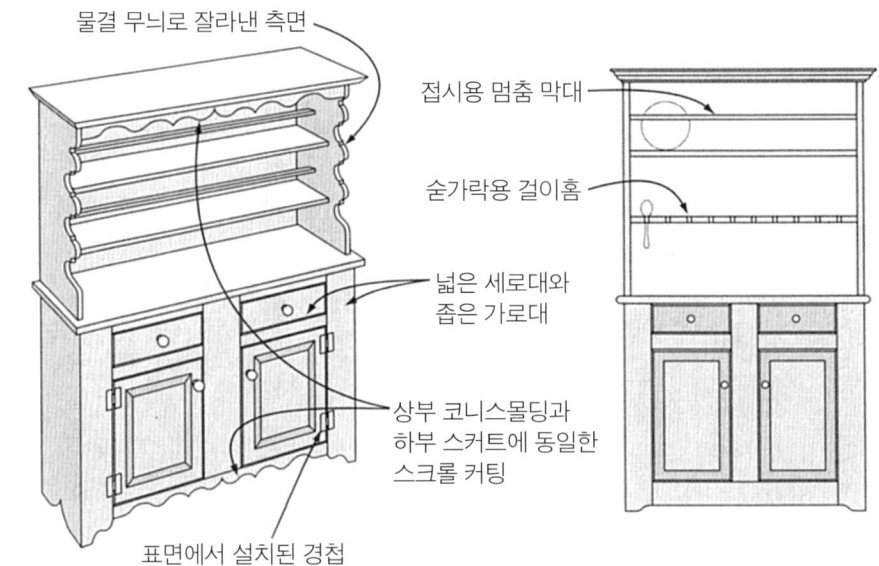

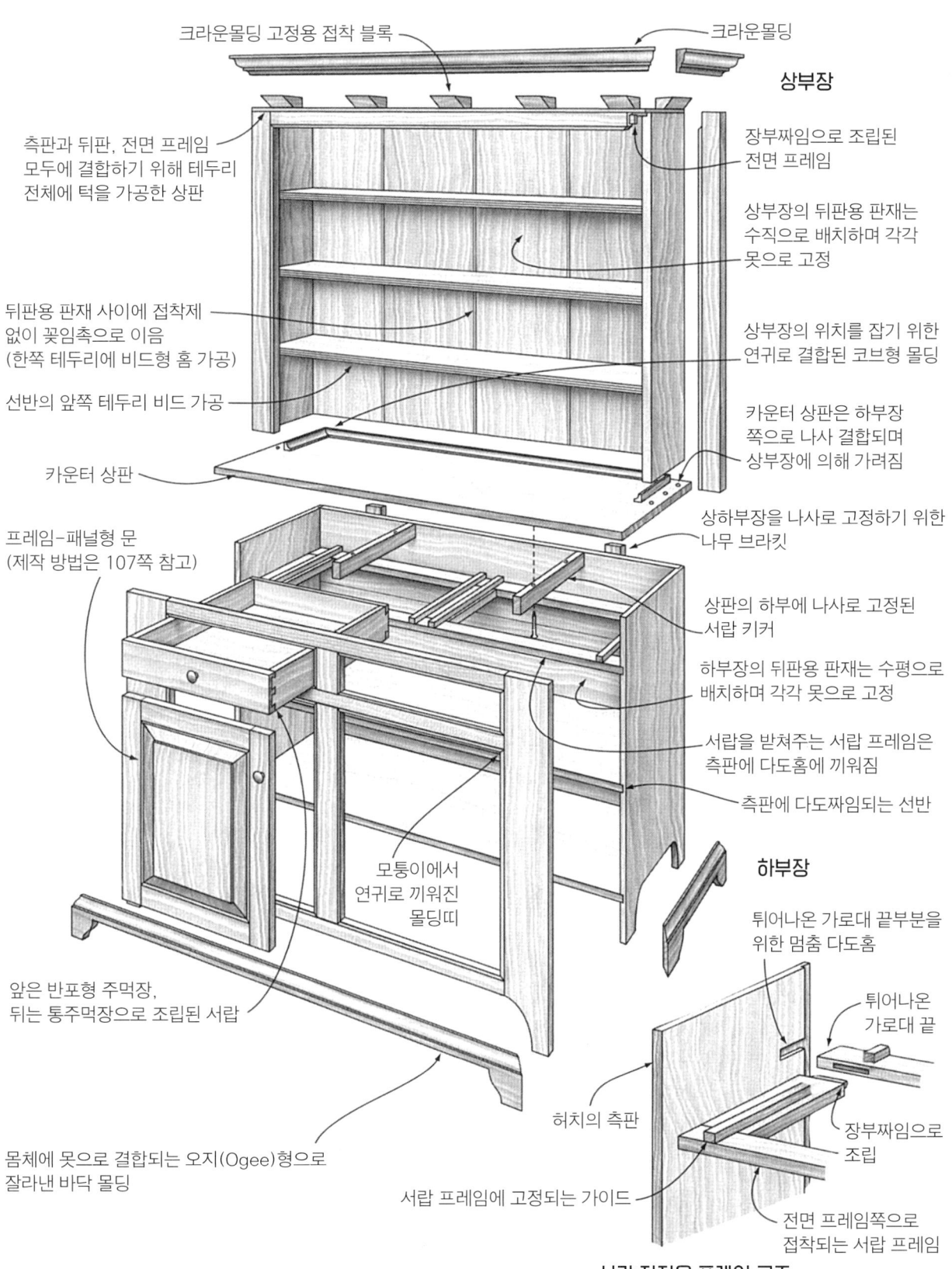

스텝백 찬장
Step-Back Cupboard
더치 찬장·도자기 수납장·그릇장

〈단위:mm〉

스텝백은 유리문이 달린 상부장과 덧문(나무 패널, Blind door)이 달린 하부장으로 구성된 대형 찬장이다. 스텝백으로 부르는 이유는 상부와 하부 사이의 깊이 차이가 있기 때문이다. 표준형으로 제시된 스텝백은 더치 찬장의 변형된 형태이다.

18~19세기 초 북미에 정착한 독일인들로부터 유래한 부엌 가구이다. 기능적으로 허치(288쪽 참고)와 완전히 동일하다. 상부는 가족의 접시나 식기 등을 전시하는 공간이며, 하부 공간에는 항아리나 단지 그리고 식료품 등을 보관했다.

참고도면
- Franklin H. Gottshall, *Making Early American and Country Furniture*(Dover Publications, 1983), Dutch Cupboard of Pine, Cherry Dutch Cupboard, Large Cherry Cutch Cupboard. 한 권의 책 안에 세 가지 다른 펜실베이니아 더치의 스텝백 찬장 제작을 위한 도면과 제작 방법 소개.

디자인 변형
더치 찬장이 가장 크고 널리 알려진 스텝백 찬장이지만 이것만 있는 것은 아니다.

초기형 찬장은 엄격히 기능적이며, 전형적인 더치 찬장의 전통 장식들이 부족하다. 구조 또한 외형처럼 단순하다. 몸체는 넓은 판재를 사용하여 제작되었고 못으로 결합되어 있다. 전면 프레임을 이루는 세로대와 가로대들은 서로 짜여 있지 않고 몸체에만 고정된다. 다른 한쪽의 켄터키 찬장은 비율이 세련된 디자인을 보여준다.

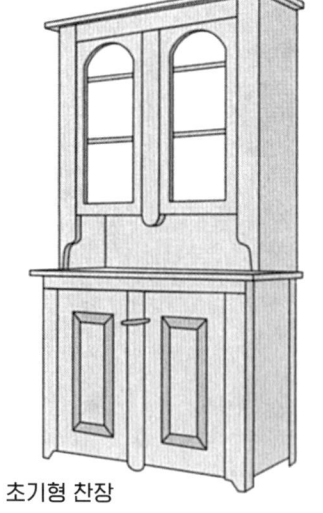
초기형 찬장

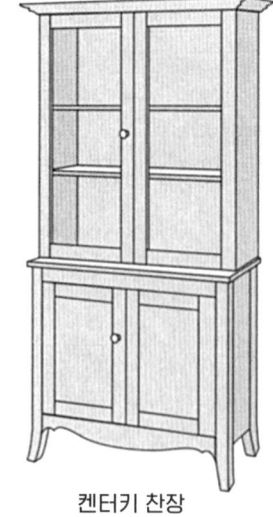
켄터키 찬장

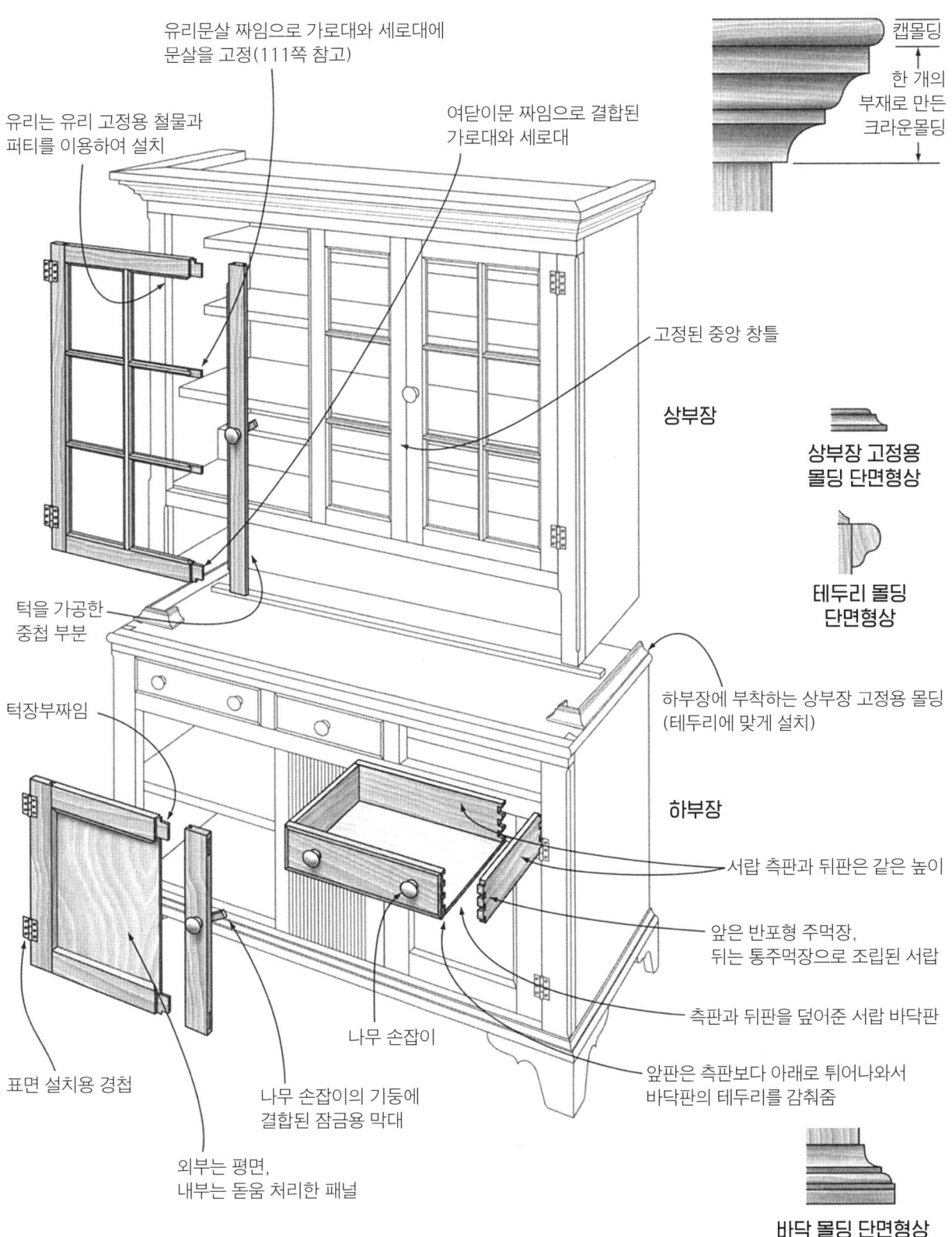

수납장

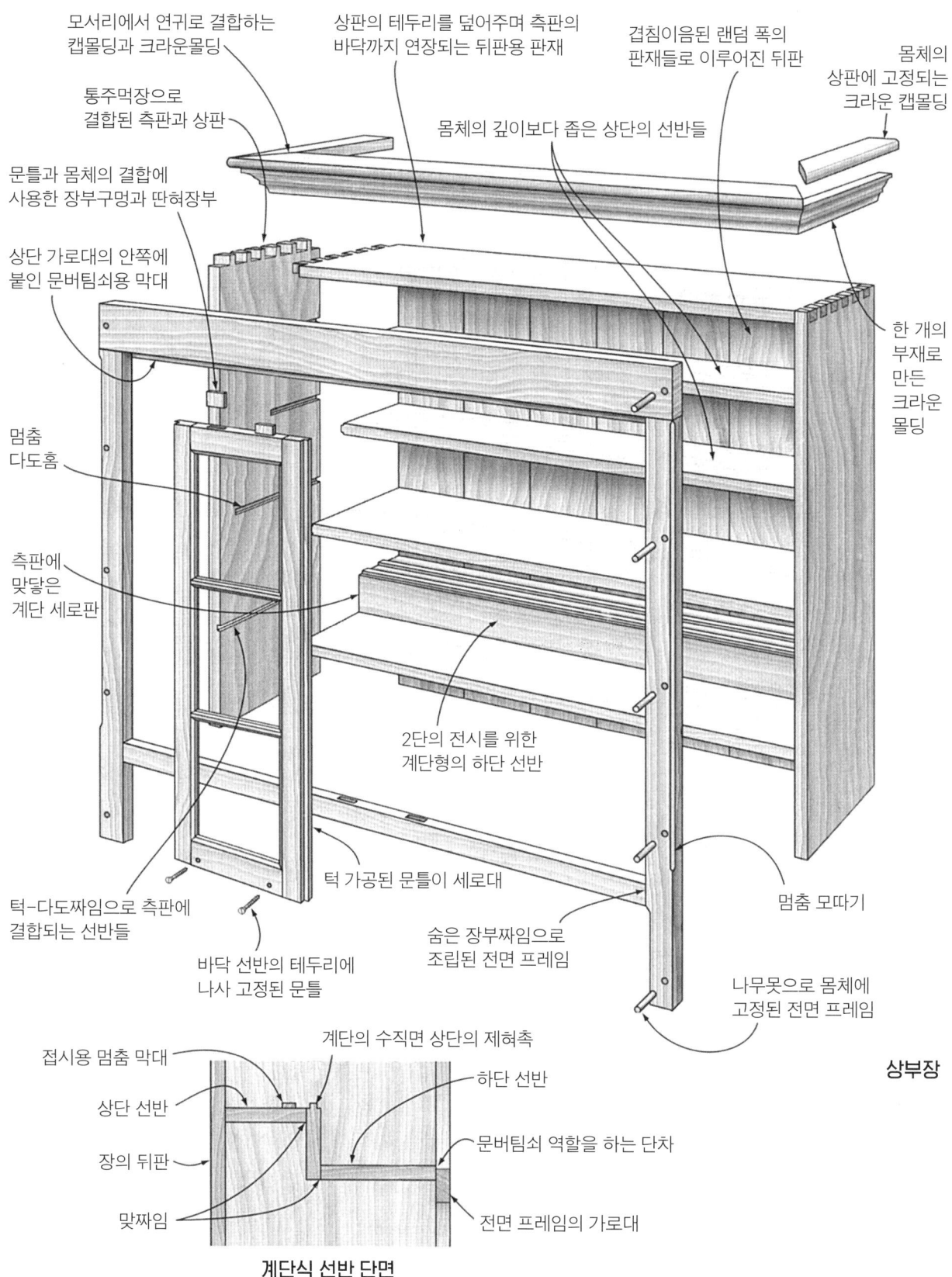

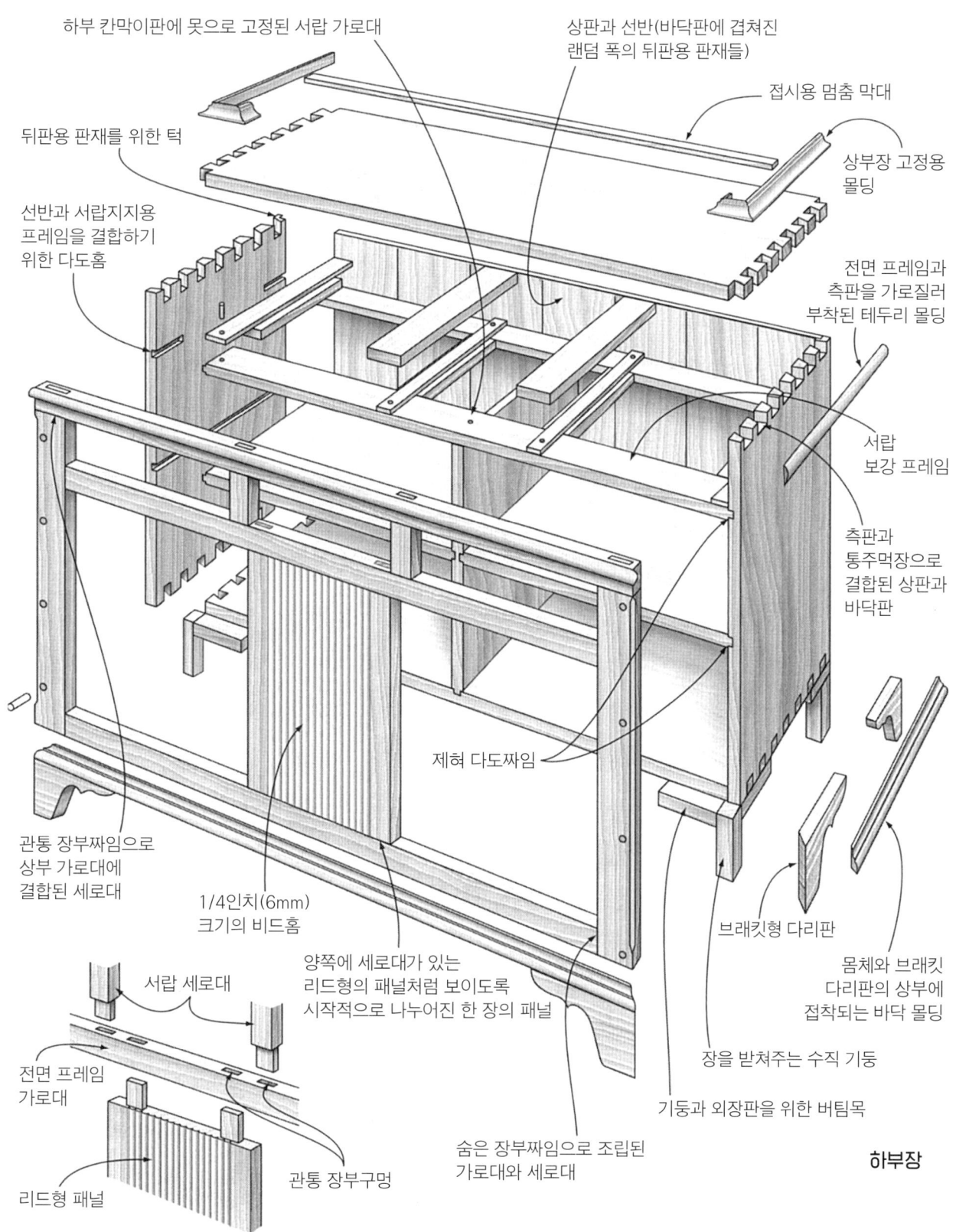

사이드보드
Sideboard
뷔페

사이드보드의 탄생은 손님을 위한 별도의 식사공간으로 식당이 만들어진 것과 유사하다. 이 이름은 분명히 사이드 테이블이나 엘리자베스 1세 시대(16세기 후반)에 음식을 준비하기 위해 사용하던 사이드보드에서 유래했다. 그러나 18세기 후반 미국의 도시 엘리트 가정에서 음식을 차리는 것에 점점 정성을 들이면서 사용되었다.

사이드보드는 나이프 상자, 접시, 유리잔을 정리, 수납, 전시하는 공간을 제공한다. 깊은 서랍에는 술병을 담아두는 칸막이가 설치되기도 했다. 이것은 영국에서 탄생했지만, 표준형 모델과 같이 한쌍의 문 위에 볼록한 서랍이 있으며, 양쪽 끝단이 오목한 역 서펜타인 형태는 미국에서 크게 유행했다.

참고도면
- 목공잡지 *Fine Woodworking* No.125(1997년 7~12월호) 36~43쪽, No.126 78~83쪽, No.127 68~75쪽, Gary Rogowski, Arts-and-Crafts Sideboard. 세 개의 부분으로 연재한 아트 앤 크래프트 스타일의 오리지널 디자인 소개.
- V. J. Taylor, *Period Furniture Projects*(David & Charles, 1994), Sideboard with Serpentine Front. 18세기 디자인을 재현하기 위한 그림과 부품목록, 제작 방법 소개.

디자인 변형

위에 제시된 표준형 사이드보드는 대표적인 고전적 형태로 이 시기에 만들어진 많은 사이드보드들은 외형적으로 제한을 받았다. 특히 도시 외곽지역의 사이드보드는 추가된 다리와 화려한 무늬목과 상감 그리고 S자형 곡선이 들어가지 않았다. 또한 수납공간도 적었다. 시간이 지남에 따라 가구 스타일이 변하면서, 사이드보드는 집 안에서 가장 돋보이는 전시용 가구가 되었다. 19세기 후반에는 오크 사이드보드가 많은 수납공간과 장식들을 가진 수납장의 형태가 되었다. 같은 시기의 아트 앤 크래프트 스타일로 재해석된 사이드보드는 수납공간을 유지하면서 다리와 장식을 가지고 있었다.

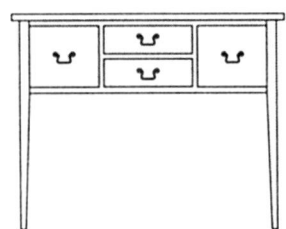

컨트리 스타일 사이드보드

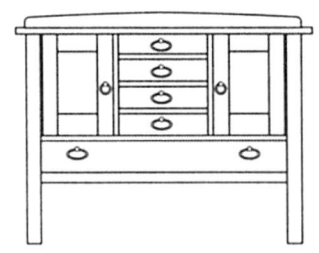

아트 앤 크래프트 스타일 사이드보드

골든 오크 사이드보드

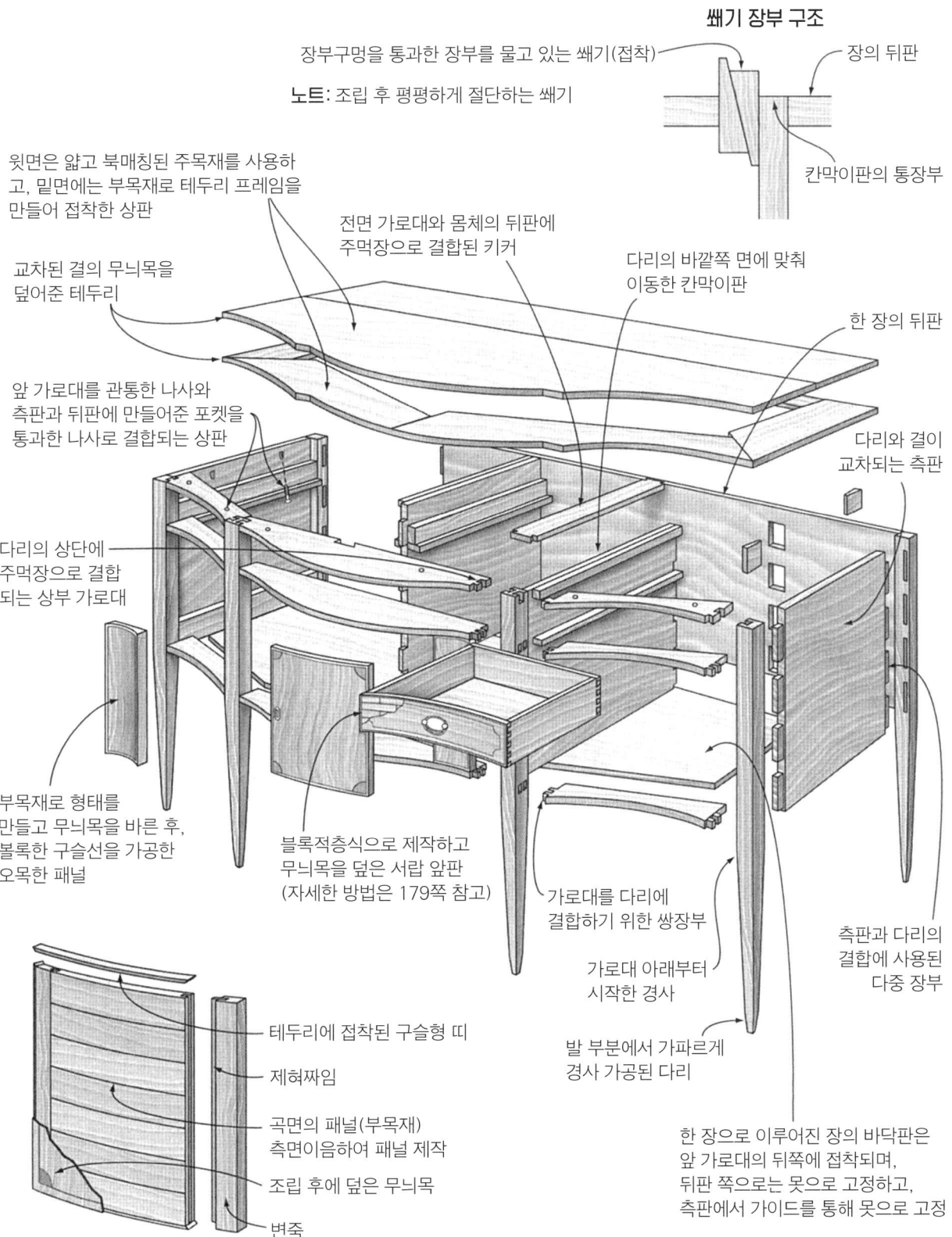

헌트보드
Huntboard

헌팅 보드·헌트 테이블·
헌팅 테이블·헌트 사이드보드

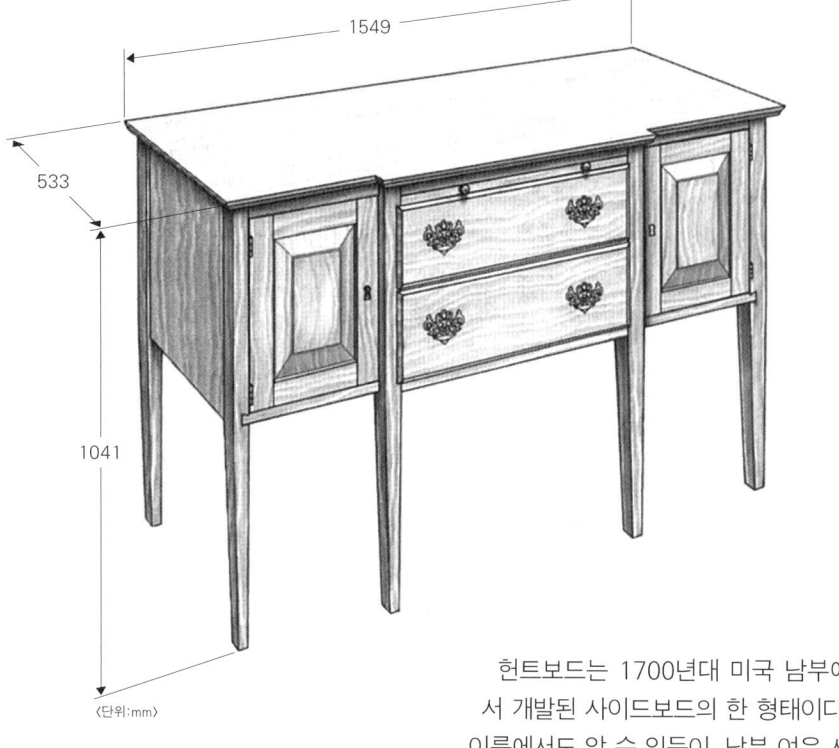

〈단위:mm〉

헌트보드는 1700년대 미국 남부에서 개발된 사이드보드의 한 형태이다. 이름에서도 알 수 있듯이, 남부 여우 사냥꾼을 위한 사이드보드이다. 전해지는 이야기에 따르면, 안장에 눌려 아팠던 사냥꾼들이 식탁에 바로 앉지 않고 선 채로 헌트보드 앞에서 식사를 했다고 한다.

헌트보드와 전형적인 사이드보드의 바로 알 수 있는 차이점은 외형이다. 사이드보드는 도시의 가구 제작자들이 제작한 경우가 많아 멋진 무늬목과, 조각이나 정교한 상감 등으로 장식되어 있었다. 헌트보드는 컨트리 스타일의 가구로 좀 더 심플하고, 더 튼튼해 보이며, 복도나 현관 외부에 놓여졌다. 또한 헌트보드가 사이드보드에 비해 조금 높고 2인치 정도 좁았다.

위에 표준형으로 제시된 헌트보드는 전통적인 형태를 가지고 있지만 전통적이지 않은 재료인 합판의 장점을 채택하고 있다. 합판은 헌트보드에 필요한 큰 패널에 사용하기 편리하다. 대부분의 결구법은 전통적이지만 바닥판을 고정하는 방식은 특이하다.

참고도면

- Carlyle Lynch, *The Best of Fine Woodworking: Making period Furniture*(The Taunton Press, 1985), A Southern Huntboard. 네 개의 다리와 두 개의 서랍, 두 개의 문선반이 있는 헌트보드 대표작 소개.
- David Smith·Robert A. Yoder, *Cabinetry*(Rodale Press, 1992), Huntboard 접시용 선반을 가진 헌트보드 수록.
- *Making Antique Furniture*(Argus Books, 1988), Southern Huntboard. 여섯 개의 다리를 가진 모델 소개.

디자인 변형

헌트보드의 형태는 쉽게 정의 내릴 수 있다. 서랍이나 문선반을 가진 높은 다리의 길고 좁은 테이블이다. 하지만 그 형태에서도 변형될 여지는 있다. 표준형은 여섯 개의 다리가 지지하고 있다. 서랍의 양쪽 측면에는 문이 달린 칸막이가 있다. 그러나 다리는 네 개만 있어도 기능을 유지할 수 있다. 칸막이 대신 깊은 서랍을 사용하라. 서랍의 숫자나 구성을 바꿔보자. 일반 선반이나 접시 진열대를 추가할 수도 있다. 하부 가로대를 스크롤 커팅된 가로대로도 디자인할 수 있다.

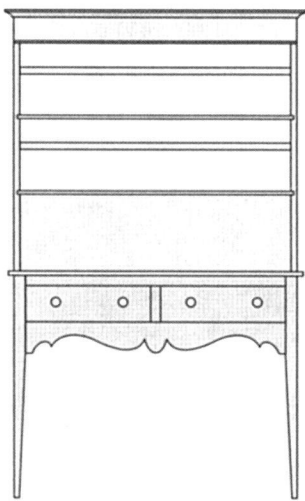

바닥판 결합 구조

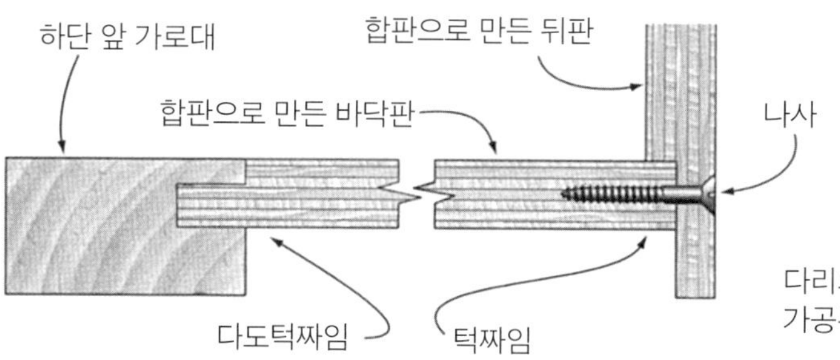

- 하단 앞 가로대
- 합판으로 만든 뒤판
- 합판으로 만든 바닥판
- 나사
- 다도턱짜임
- 턱짜임

다리-가로대 결합 구조

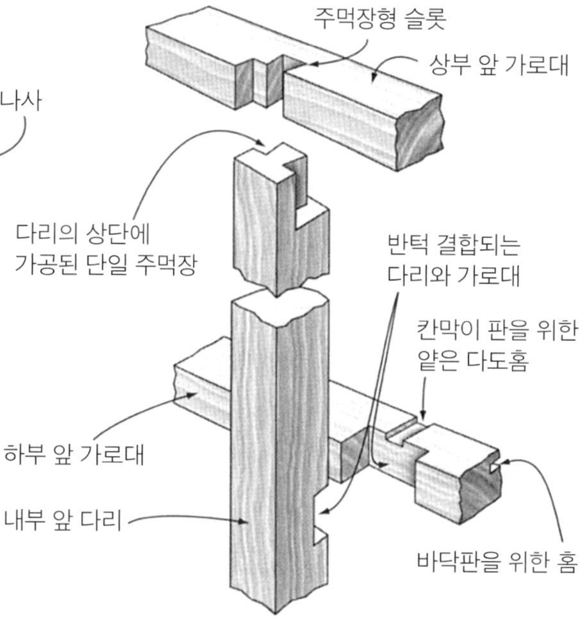

- 주먹장형 슬롯
- 상부 앞 가로대
- 다리의 상단에 가공된 단일 주먹장
- 반턱 결합되는 다리와 가로대
- 칸막이 판을 위한 얕은 다도홈
- 하부 앞 가로대
- 내부 앞 다리
- 바닥판을 위한 홈

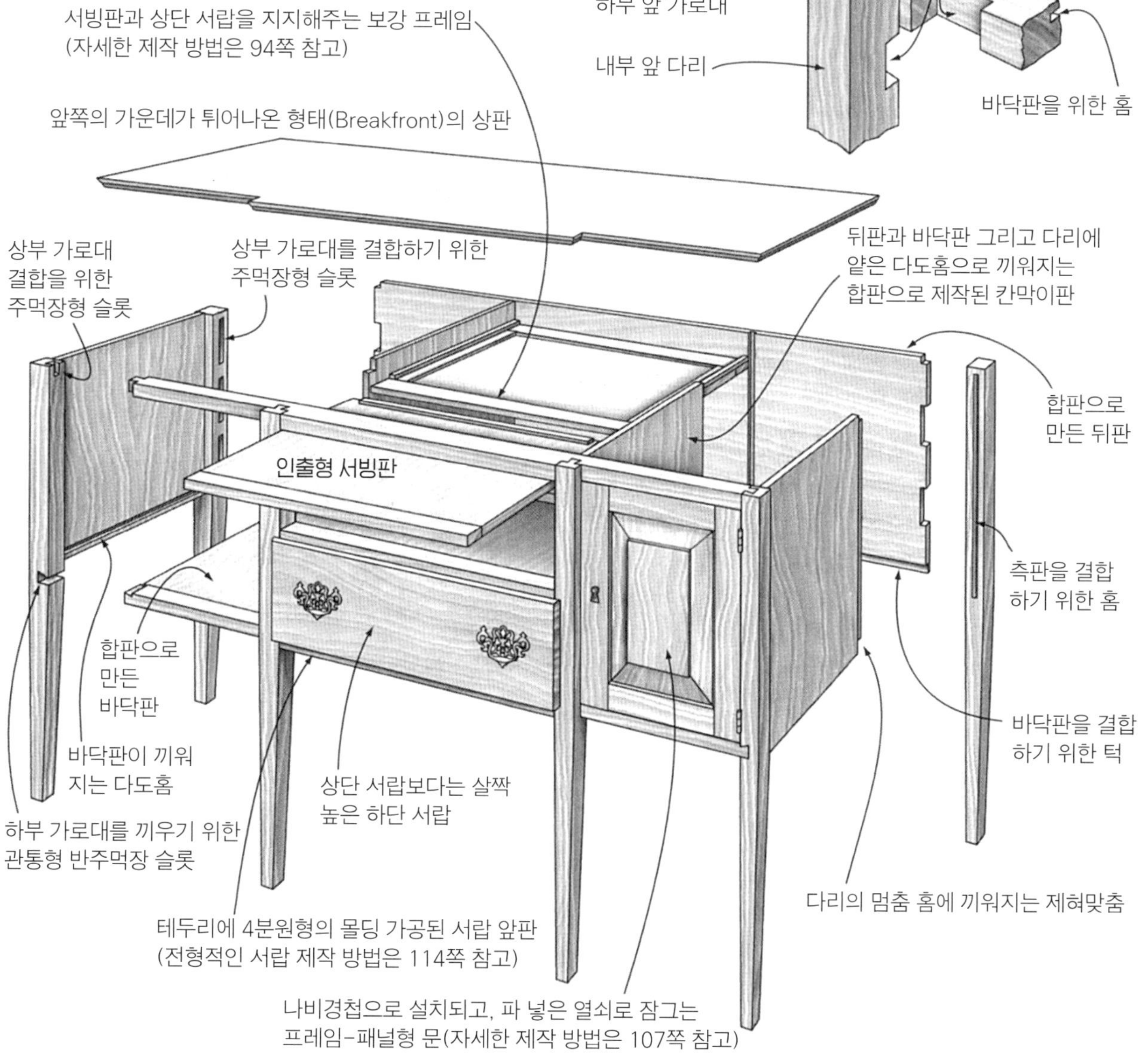

- 서빙판과 상단 서랍을 지지해주는 보강 프레임 (자세한 제작 방법은 94쪽 참고)
- 앞쪽의 가운데가 튀어나온 형태(Breakfront)의 상판
- 상부 가로대 결합을 위한 주먹장형 슬롯
- 상부 가로대를 결합하기 위한 주먹장형 슬롯
- 뒤판과 바닥판 그리고 다리에 얕은 다도홈으로 끼워지는 합판으로 제작된 칸막이판
- 합판으로 만든 뒤판
- 인출형 서빙판
- 측판을 결합하기 위한 홈
- 합판으로 만든 바닥판
- 바닥판이 끼워지는 다도홈
- 바닥판을 결합하기 위한 턱
- 하부 가로대를 끼우기 위한 관통형 반주먹장 슬롯
- 상단 서랍보다는 살짝 높은 하단 서랍
- 테두리에 4분원형의 몰딩 가공된 서랍 앞판 (전형적인 서랍 제작 방법은 114쪽 참고)
- 다리의 멈춤 홈에 끼워지는 제혀맞춤
- 나비경첩으로 설치되고, 파 넣은 열쇠로 잠그는 프레임-패널형 문(자세한 제작 방법은 107쪽 참고)

뷔페
Buffet

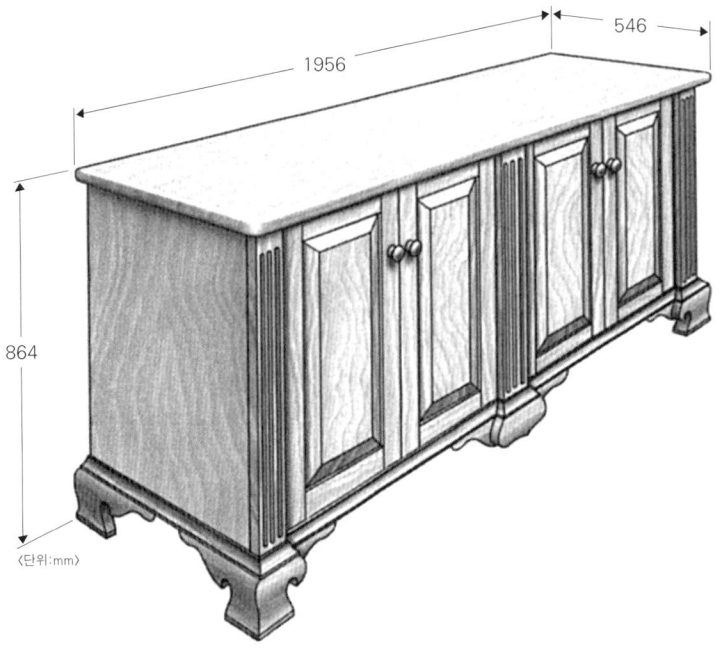

이탈리아에서 유래한 형태로 영국과 프랑스에서 매우 유행했는데, 2단 찬장 또는 낮은 사이드보드 같은 가구였다. 요즘의 뷔페는 보통 사이드보드나 사이드 테이블처럼 사용하는 수납장이다.

여기서 소개하는 뷔페의 미적 요소는 간결한 구조이다. 내부는 심플한 합판 상자이다. 테두리 장식들은 매우 우아하지만, 만들기는 간단하다. 왼쪽 문을 열면 이동식 선반이, 오른쪽 문을 열면 서랍들이 있다. 양쪽 모두에 선반을 넣으면 구조는 더욱 간단해진다.

몸체는 하드우드 합판으로 제작하고 주재료로 무늬목을 붙인다. 이렇게 하면 집성과정이 생략된다. 측판을 제외한 몸체는 저렴한 자작합판으로 제작할 수도 있으며, 주재료의 색에 맞춰 스테인을 칠할 수도 있다. 캐비닛의 나머지 부분, 상판을 포함한 전면부, 몰딩, 다리, 서랍 앞판 그리고 문 등은 주재료 원목으로 제작한다.

참고도면
- Glenn Bostock, *Cabinetry*(Rodale Press, 1992), Cherry Biffet. 표준형의 뷔페를 제작하기 위한 전체적인 그림과 부품 목록, 단계별 제작 방법 소개.

디자인 변형   여기서 소개하고 있는 각 뷔페는 서랍과 문을 가지고 있으며, 가구의 전체적인 외형에서 중대한 영향을 주고 있다. 컨트리 스타일 뷔페의 세 개의 작은 서랍과 브레이크프론트 뷔페의 부각된 서랍을 비교해보라. 가능한 용도를 고려해보면 브레이크프론트 뷔페의 서랍만이 테이블보를 수납할 수 있어 보인다. 문을 보면 전통 스타일의 뷔페에서는 상부 가로대에 모양을 냈는데, 브레이크프론트 뷔페의 수수한 문에 비해 좀 더 부드러운 외형을 가진다.

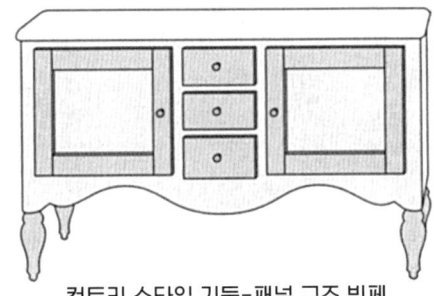

컨트리 스타일 기둥-패널 구조 뷔페

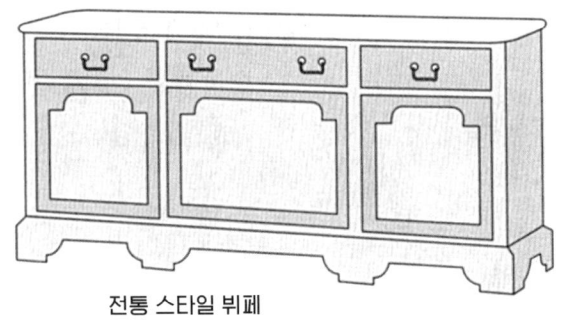

전통 스타일 뷔페

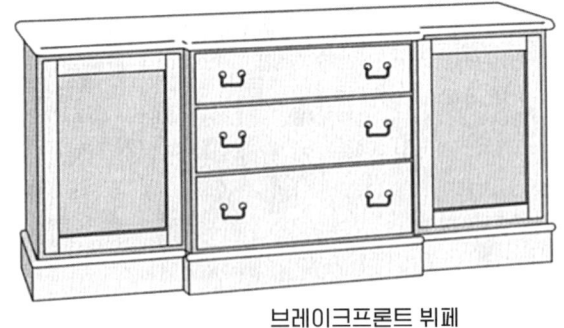

브레이크프론트 뷔페

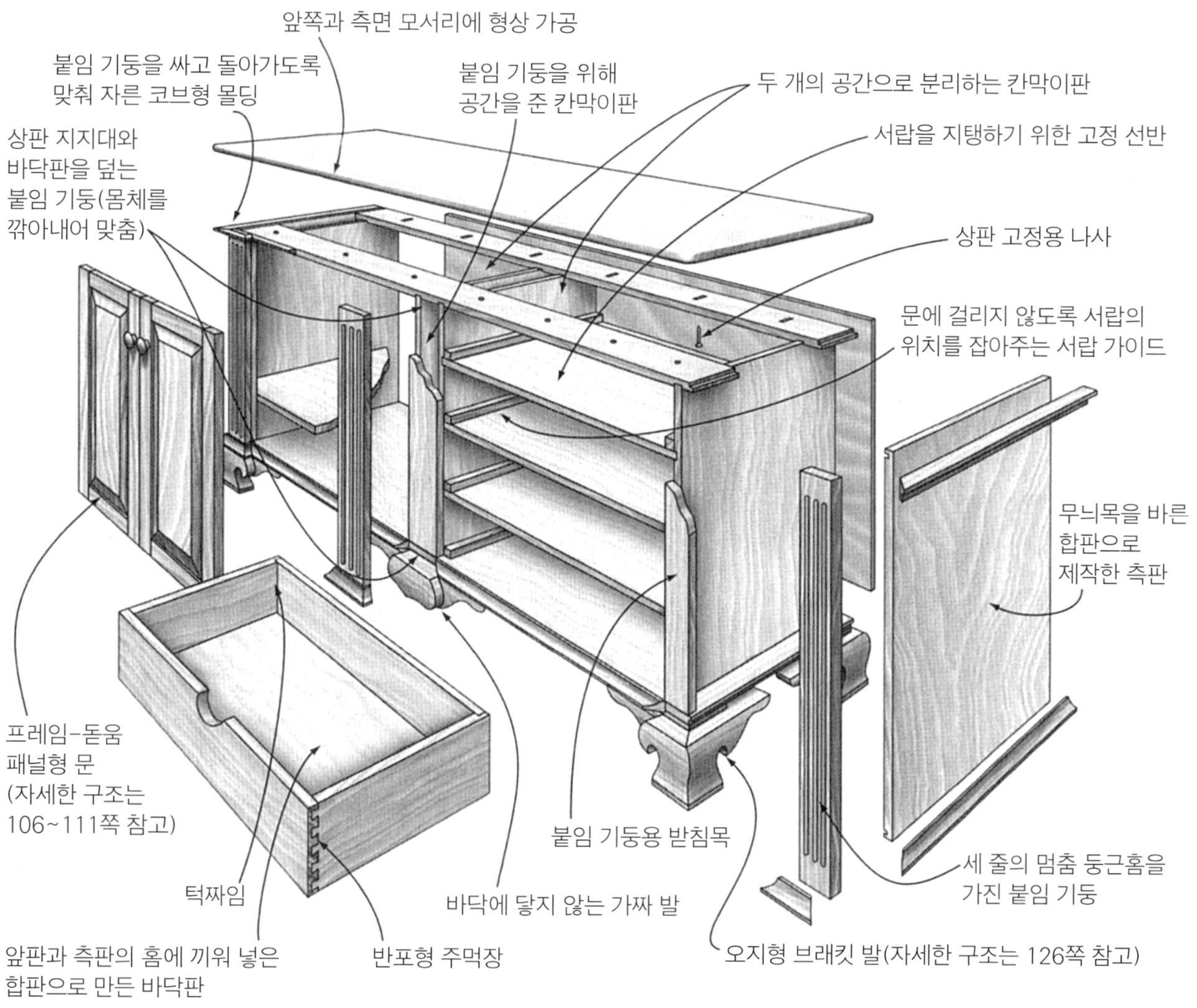

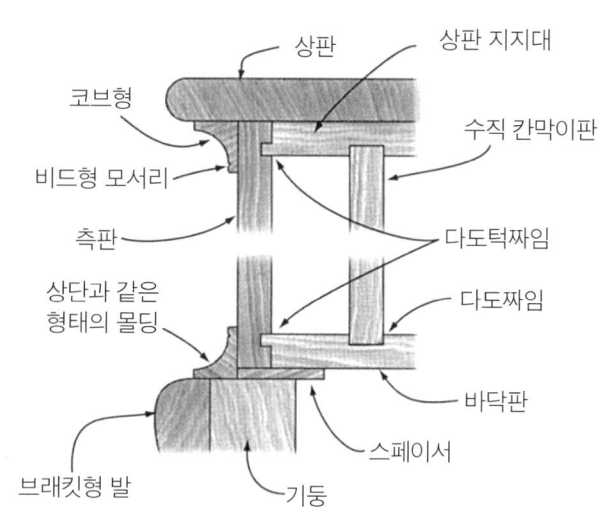

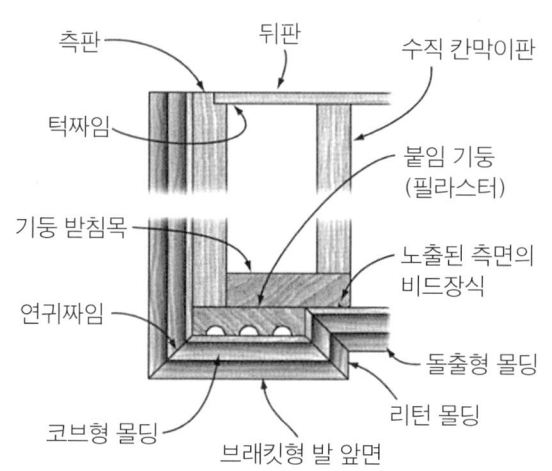

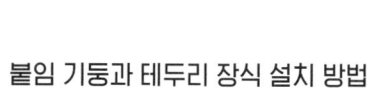

붙임 기둥과 테두리 장식 설치 방법

몸체 결합 구조

수납장 299

장식장
Display Cabinet
도자기 장식장·도자기장·큐리오 캐비닛·
쇼케이스·총기 보관장

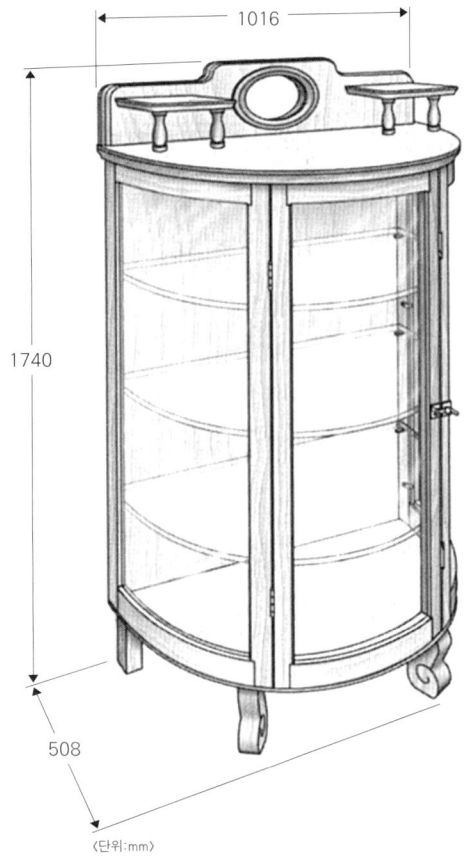

〈단위:mm〉

참고도면
- 목공잡지 *Woodsmith* No.78, 6~13쪽, Display Cabinet. 총기 보관함으로도 변형이 가능하며 허리 부분이 낮은 전통적인 형태의 장식장에 대한 제작 방법과 그림들을 함께 소개.
- 목공잡지 *American Woodworker* No.24(1992년 1/2월호) 28~33쪽, David Donnelly, China Cabinet. 곡면의 유리 패널이 적용된 골든 오크 스타일의 장식장 소개.
- 목공잡지 *American Woodworker* No.32(1993년 5/6월호) 43~47쪽, J. Gregory Kinsman, Arts and Crafts Cabinet. 자세한 도면 수록.

디자인 변형 현대적 디자인의 장식장은 많은 부분을 전통적인 짜맞춤 기법을 사용하고 있으나 완전히 현대적이다. 여기서 볼 수 있는 전통 스타일의 그릇장은 총기류에 딱 맞는 비율을 가지고 있지만, 쉽게 선반을 추가하여 다른 수집품들을 진열할 수 있다. 좁은 장식장은 큐리오 캐비닛 또는 진열장으로 부르는데 분할되지 않는 통유리판문을 사용한다. 심지어 측판도 유리판이다. 게다가 장식장은 유리 선반, 조명 그리고 뒤판은 거울로 만들기도 한다. 모든 디자인 방향은 장식품을 돋보이게 만드는 방법에 초점이 맞춰져 있다.

장식장의 역사는 수집의 역사와 흐름을 같이 한다. 수집할 가치가 있는 것은 보여줄 가치가 있는 것이다. 구경하는 사람들이 만지지 않도록 유리문을 단 수납장만큼 좋은 방법이 있을까?

최초 장식장은 17세기에 등장했다. 그 당시는 아름다운 중국 도자기만큼 소중한 물건이 없었다. 국내에서 도자기들이 생산됨에 따라 자기류 등을 담아 두는 도자기 찬장, 코너 찬장(306쪽 참고), 스텝백(290쪽 참고) 그리고 브레이크프론트(308쪽 참고)도 흔해졌다. 수집가들의 취향이 바뀌면서 장식장의 스타일도 함께 변했다.

여기에서 볼 수 있는 골든 오크(Golden Oak) 스타일의 장식장은 공장에서 만들어진 것이다. 넓고 곡면의 유리판을 만들 수 있어야 디자인이 가능하다. 이러한 유리판은 19세기 후반기에나 합리적인 가격으로 생산할 수 있었다.

전통 스타일 장식 그릇장 **현대적 장식장**

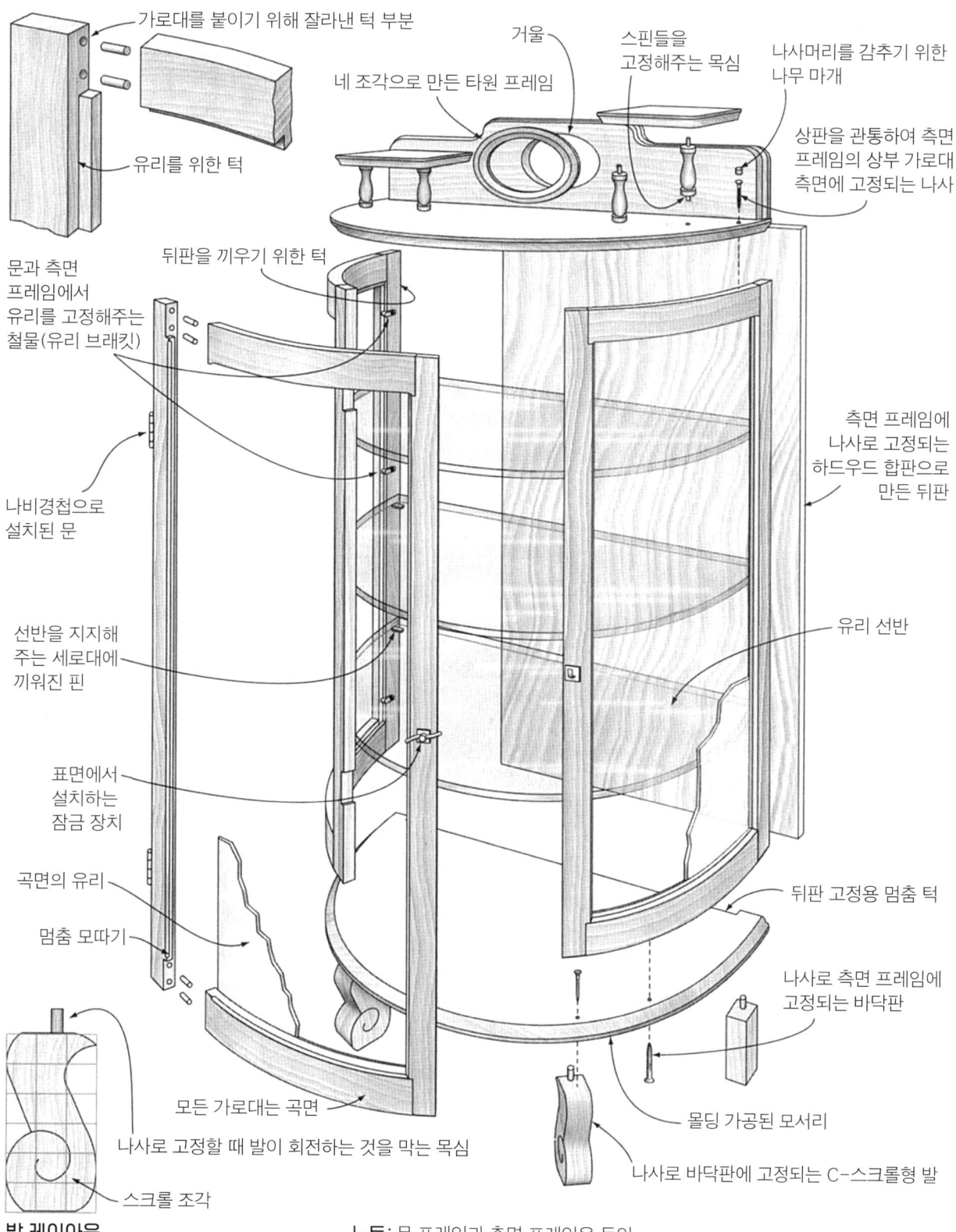

책장
Bookcase

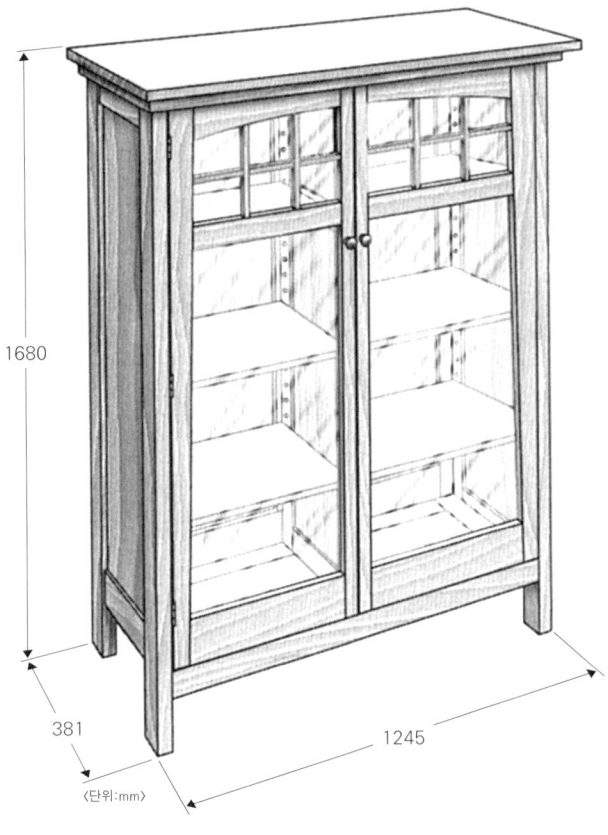

책장은 건물의 일부로 설치되는 벽장에서 시작됐다. 과거에는 책이 수작업으로 제작되어 귀하고 값비싼 물건이었기 때문에 소수의 사람들만이 읽을 수 있었고, 보호를 위해 벽장에 보관해두었다.

일반적으로 거대한 붙박이형이었지만, 17세기에 이르러 가구 제작자들이 단독으로 서 있는 책장을 만들기 시작했다. 18세기 후반에는 책장의 크기가 줄어들기 시작했다. 옆 그림은 19세기 후반의 아트 앤 크래프트 스타일이다.

측판과 수직의 칸막이판, 바닥판, 뒤판 등 많은 부분들이 프레임-패널 구조로 되어 있는 것이 그 특징이다. 원목의 상판 아래에도 프레임이 있다. 하지만 이 복제품은 현대적인 재료를 잘 사용하고 있다. 모든 패널들이 하드우드 합판으로 만들어진다. 이동 선반 또한 현대적 지지용 철물을 채택하고 있다.

문은 다소 특이한데, 경첩부의 세로대가 경사절단되어 있고 상부 가로대는 곡선으로 가공된다. 문을 조립할 때 딴혀장부를 사용하여 다소 제작이 쉽다. 또한 문살의 구조도 흥미롭다. 그림에서 보듯이 반턱짜임으로 제작된 두 개의 분리된 틀이 면 접착으로 결합된다.

참고도면

- 목공잡지 *Woodsmith*(No.29) 16~21쪽, Barrister's Bookcase. 들창형의 유리문을 적용한 모듈식으로 쌓아 올릴 수 있는 책장을 제작하기 위한 단계별 제작 방법 소개.
- *Making Antique Furniture*(Argus Books, 1988), Georgian-Style Bookcase. 치펜데일 스타일이 살짝 가미된 문선반 위에 책장이 올려진 가구의 도면 소개.
- Jim Tolpin, *Cabinetry*(Rodale Press, 1992), Stickley Bookcase. 아트 앤 크래프트 스타일의 책장을 제작하기 위한 도면과 부품 목록, 단계별 제작 방법 소개.

디자인 변형

벽장에서 열린 형태의 선반장으로 진화하면서 많은 흥미로운 형태들이 탄생했다. 몇 가지가 현대의 가구 제작자들에게 영향을 주었다. 치펜데일 책장은 책장과 찬장이 만나 탄생했다. 책장과 책상의 만남으로 세크리터리(222쪽 참고)가 나타났다. 후기에는 변호사용 책장도 등장하는데 각 층마다 한 장의 유리판을 끼운 들어올리는 문을 가지고 있다.

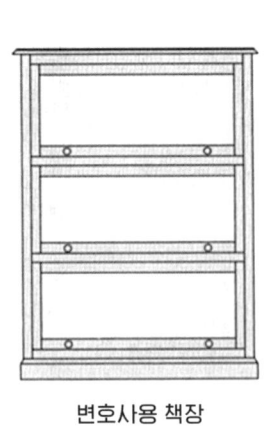
변호사용 책장

치펜테일 책장

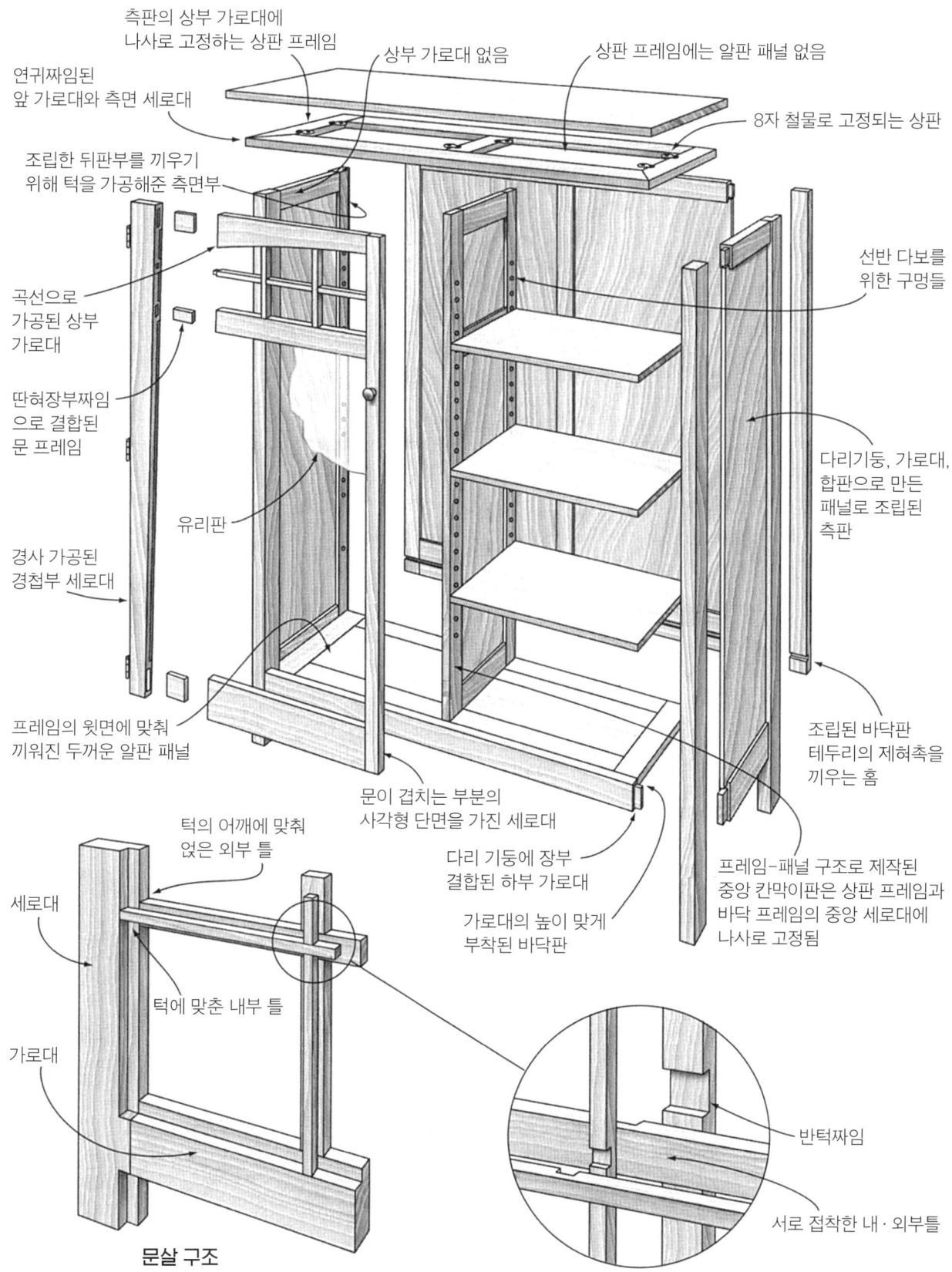

수납장 303

책선반장
Bookshelves

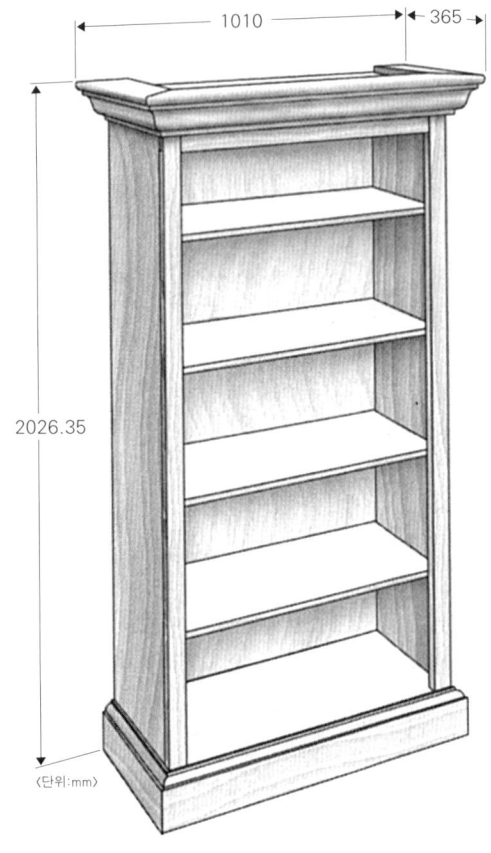

책꽂이에 대해 생각하면 우리는 벽에 나사로 고정된 금속 앵글에 금속 브래킷을 끼우고 그 위에 판을 올린 것을 종종 떠올린다. 하지만 가구 제작자들에게는 책꽂이는 상자형의 가구로 앞이나 심지어 뒤도 열려 있으며 하나 이상의 선반을 가지고 있다.

표준형으로 제시된 가구는 오늘날 사람들에게 책장으로 알려져 있다. 하지만 전통적으로 책장은 문이 달린 장(302쪽 참고)이며, 책선반장은 도서관에서 볼 수 있는 열린 선반형태이다.

여기 소개된 표준형 책선반장은 몇 가지 중요한 세부 형태를 가지고 있는데 붙박이장 느낌을 내기 위한 받침대와 상단부의 코니스몰딩이다. 책선반장은 벽에 나사로 고정한 후 마무리하기도 하고, 두 개 이상의 책선반장을 함께 붙여서 도서관처럼 만들기도 한다. 받침대는 방의 걸레받이를 적용하고 코니스몰딩도 방에 맞춰준다.

재료나 구조적인 옵션은 다양하다. 대형 책선반장의 경우 합판이 좋은 선택이다. 필요한 넓은 판재를 쉽게 얻을 수 있고, 나무의 움직임에 대해 고민할 필요가 거의 없다. 측면에 노출된 절단면은 전면 프레임에 의해 가릴 수 있다.

책선반장은 선반을 고정형으로 만들 수 있는데, 이 경우 다도짜임으로 선반과 측판을 조립한다. 또는 이동형 선반으로 만드는 경우 그림과 같이 선반을 지지하기 위해 목심이나 선반 다보를 사용하거나 제품으로 나와있는 이동 선반용 철제띠와 클립을 사용할 수도 있다.

참고도면

- Norm Abram, Tim Snyder, *The New Yankee Workshop*(Little, Brown & Co., 1989), Bookcase. 키가 크고 이동식 선반을 가진 자립형 유닛을 제작하기 위한 도면과 작가의 작업 방법 소개.
- 목공잡지 *Woodsmith*(No.49), Bookcase. 단계별 도면으로 보는 중간 높이의 책장 수록.
- Glenn Bostock, *Cabinetry*(Rodale Press, 1992), Traditional Bookshelves. 모듈식의 조립형 책장에 대한 도면과 제작 방법 소개.

디자인 변형 책선반장은 패널로 장식된 서재를 연상시키는 구조로 만들 필요는 없다. 높이와 폭을 줄여라. 결구법은 같지만 제작한 책꽂이는 의자 옆이나 침대 옆에도 잘 어울릴 것이다. 여기에 소개하는 예들은 서로 다른 스타일을 보여준다. 더 작은 선반은 쾌적한 느낌을 주면서도 전통적인 프레임-패널 구조로 제작되었고, 더 큰 책선반장은 우아한 실용성을 보여준다. 큰 선반장의 경우 뒤판은 없지만 걸레받이판과 상부 선반턱(상부 선반 위로 확장된 측판 사이를 연결하는 판)이 있어 몸체가 찌그러지는 것을 막아준다.

전통적인 책꽂이

현대적인 책꽂이

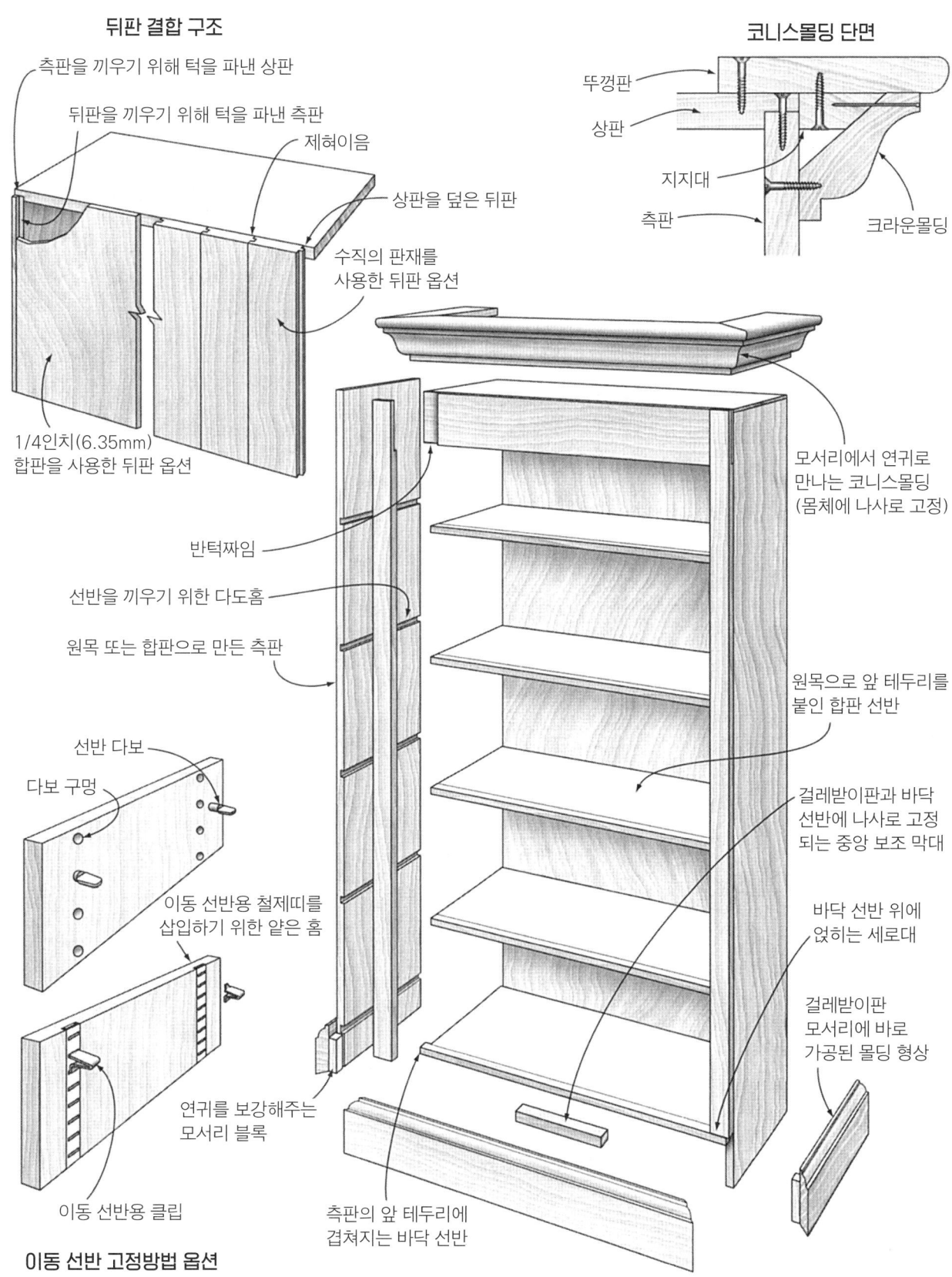

코너 찬장
Corner Cupboard

코너 찬장이 단지 자투리 공간을 활용하는 실용적인 방법이라고 생각되는가? 아니면 소중한 그릇을 진열하기 위한 진짜 현명한 방법일까?

분명히 둘 다 맞다. 모든 벽이 문과 창문에 의해 분리되어 있으며, 바닥에는 큰 테이블과 많은 의자들이 놓인 식당 공간에서 가장 흔하게 볼 수 있다. 캐비닛의 뒤판이 얼굴과 가깝기 때문에 이것은 완벽한 진열장이다.

여기 표준형으로 제시된 모델은 대표적인 형태 중 하나이다. 하나의 유리문이 달린 상부 찬장은 막혀 있는 하부보다 면적이 크다. 거기에는 식사도구를 담아두는 서랍이 있다. 목재의 선택은 자유롭지만 장식은 제한적이다.

참고도면

- Franklin H. Gottshall, *Masterpiece Furniture Making* (Stockpole Books, 1979), Shell-Top Corner Cupboard. 브로큰 페디먼트(열린 박공 장식)과 불꽃모양 피니얼 장식 그리고 거대한 조개모양의 내부 장식을 한 정교한 코너 찬장을 소개. 광범위한 그림들과 절단 목록, 몇 가지 제작 노트를 수록.
- Bill Hylton, *Country Pine* (Rodale Press, 1995), Corner Cupboard. 앞의 찬장과는 거의 정반대의 장을 볼 수 있다. 더 작고, 심플한 찬장을 깔끔한 그림과 절단 목록 그리고 단계별 제작 방법을 자세히 소개.

디자인 변형

코너 찬장은 상상할 수 있는 모든 크기와 모양, 스타일로 제작된 가구 중에 하나이다. 여기 세 가지 스타일처럼 집집마다 하나씩 있는 가구이다.

조개 장식을 가진 찬장은 조각하는 데 수백 시간이 필요한 조개 껍데기 모양을 표현하고 있다. 정반대의 스타일을 보여주는 것이 열린 선반을 가진 현대적 스타일의 찬장으로 몰딩띠를 붙인 모서리와 장식, 받침대가 있다. 컨트리 스타일 찬장은 실용적인 원목 패널형 문과 많은 장식들이 서로 조화를 이루고 있다.

조개 장식을 가진 찬장

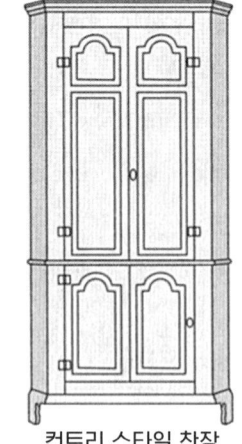
컨트리 스타일 찬장

현대적 스타일의 찬장

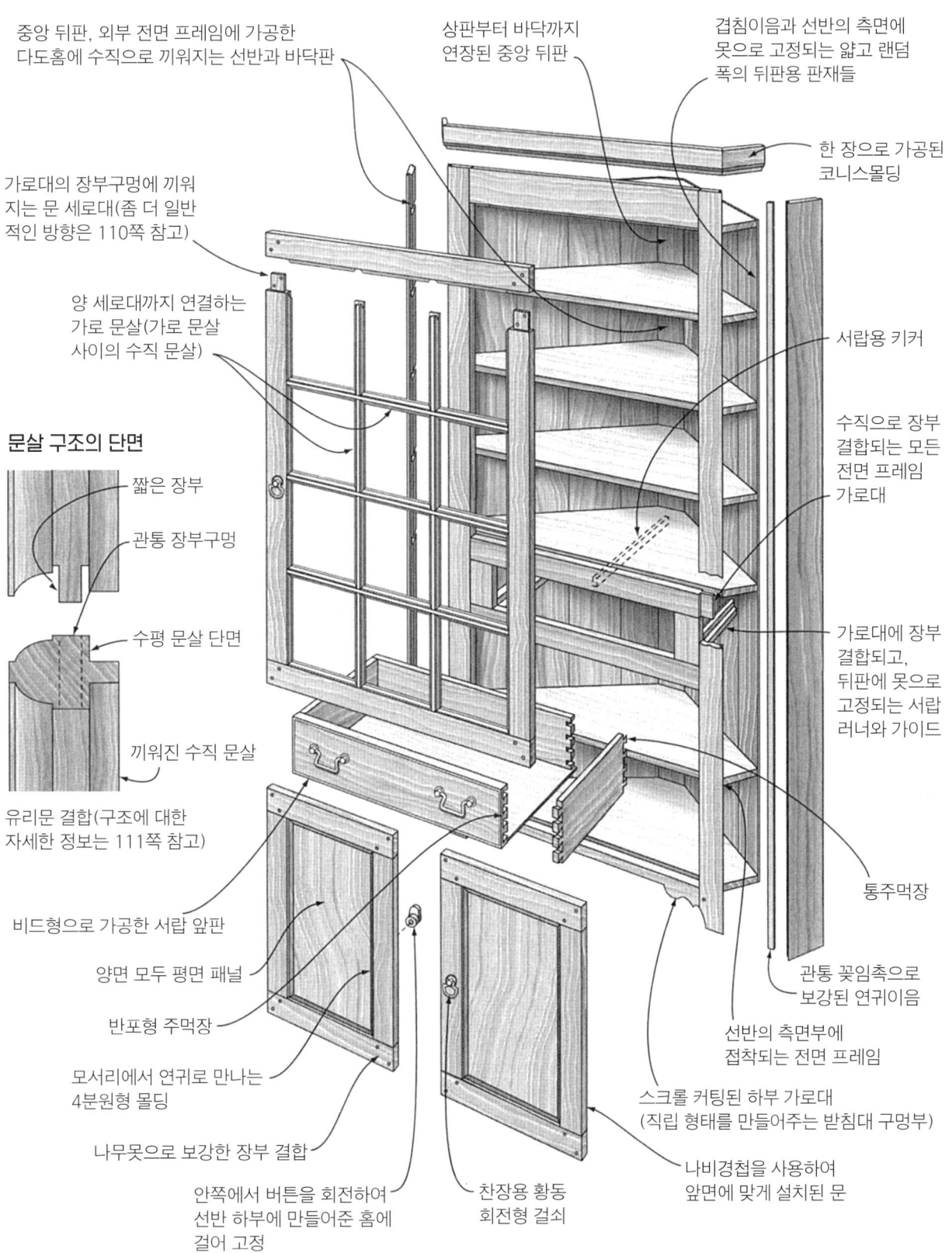

브레이크프론트
Breakfront

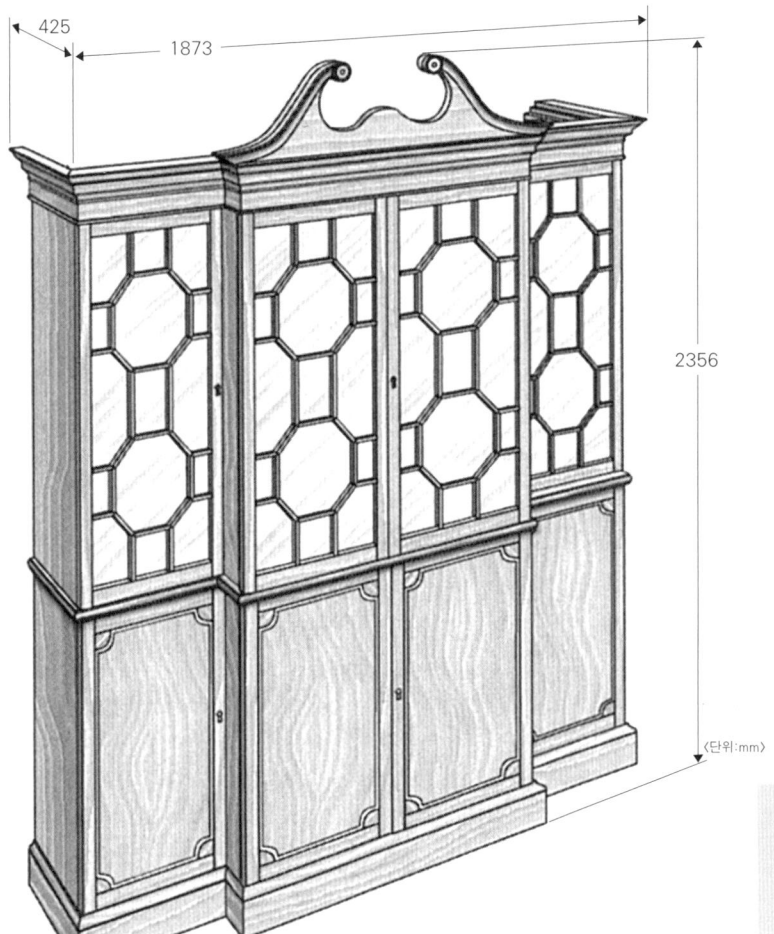

크고 광활한 평면의 장은 매우 압도적이다. 따라서 고객이 대형 수납공간을 필요로 할 때, 가구 설계자는 장의 전면부를 절개하여 깊이가 서로 다르게 제작했다. 그 결과가 브레이크프론트 형태로 대용량의 수납공간을 가지면서도 훨씬 만족스러운 장을 얻을 수 있었다.

브레이크프론트는 항상 너무 크기 때문에 공방에서부터 고객의 집까지 배송이 어려울 수도 있다. 초기 브레이크프론트는 높이가 종종 8피트(2438mm)를 넘었기 때문에 방에서 방으로 옮기는 것 조차 불가능했다. 이 문제를 해결하기 위해 설치하고자 하는 방에서 보통 나사를 사용하여 부분별로 조립했다. 분할은 상·하부로 나누었다. 작업자는 공방에서 광활한 수평 몰딩의 연귀짜임을 조립하고, 결합이 완료된 연귀짜임 부분을 따로 칠할 수 있었다.

참고도면

- Lester Margon, *Construction of American Furniture*(Dover Publications, 1975), Mahogany Break front. 표준형 브레이크프론트에 대한 방대한 세부 형태를 포함한 그림과 제작 방법 수록.

디자인 변형 중앙부 돌출형의 브레이크프론트 디자인 콘셉트는 다양한 용도로 사용될 수 있다. 전통적인 브레이크프론트는 책이나 도자기들을 보관했다. 오늘날은 브레이크프론트에 찻잔에서 인형에 이르기까지 다양한 수집품을 넣어둔다.

현대적인 브레이크프론트는 오디오나 비디오 장비들을 수납하는 엔터테인먼트 센터로 디자인되곤 한다. 깊이가 더 얕은 양쪽의 유닛들이 TV를 넣어두기 위한 중앙 유닛의 깊이를 가려주기 때문에 엔터테인먼트 센터에 적합하다.

전통적인 브레이크프론트는 상하부가 나누어져 있었고, 일부 현대적인 브레이크프론트는 중앙부와 양 측면부가 나누어져 있어 제조업체들은 폭과 기능들을 선택할 수 있다.

부엌장은 거의 돌출형 디자인을 채택하지 않지만 일부 제조사들은 벽장의 길게 뻗은 부분의 깊이를 변경하기 위해 브레이크프론트 콘셉트를 적용하기도 한다.

브레이크프론트 엔터테인먼트 센터

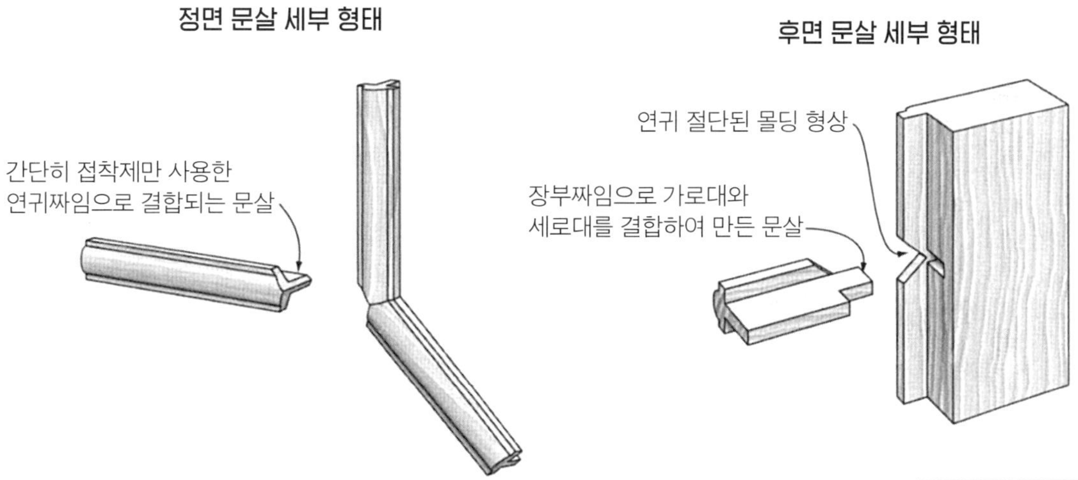

정면 문살 세부 형태

간단히 접착제만 사용한 연귀짜임으로 결합되는 문살

후면 문살 세부 형태

연귀 절단된 몰딩 형상

장부짜임으로 가로대와 세로대를 결합하여 만든 문살

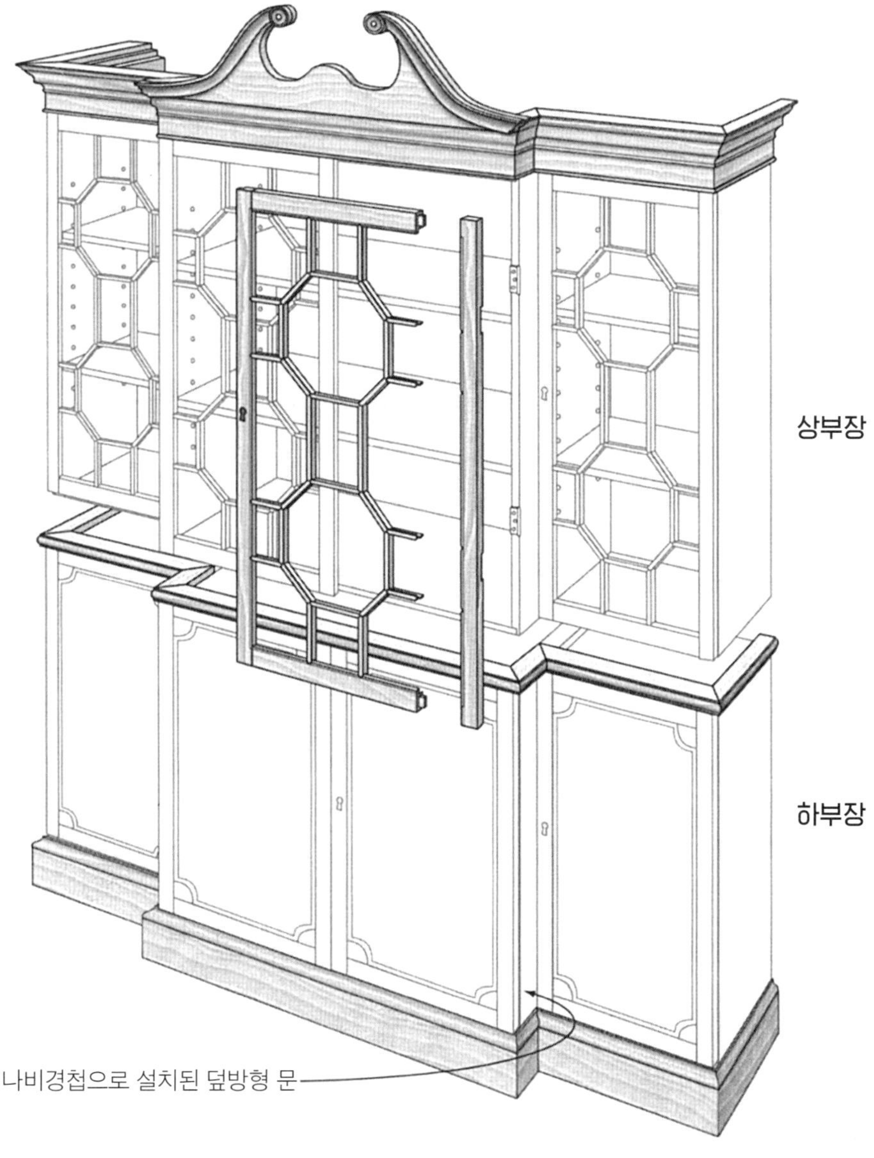

상부장

하부장

나비경첩으로 설치된 덮방형 문

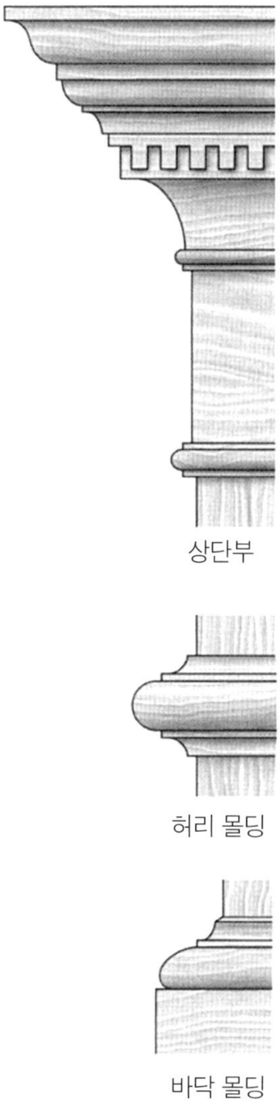

상단부

허리 몰딩

바닥 몰딩

몰딩 단면형상

수납장 309

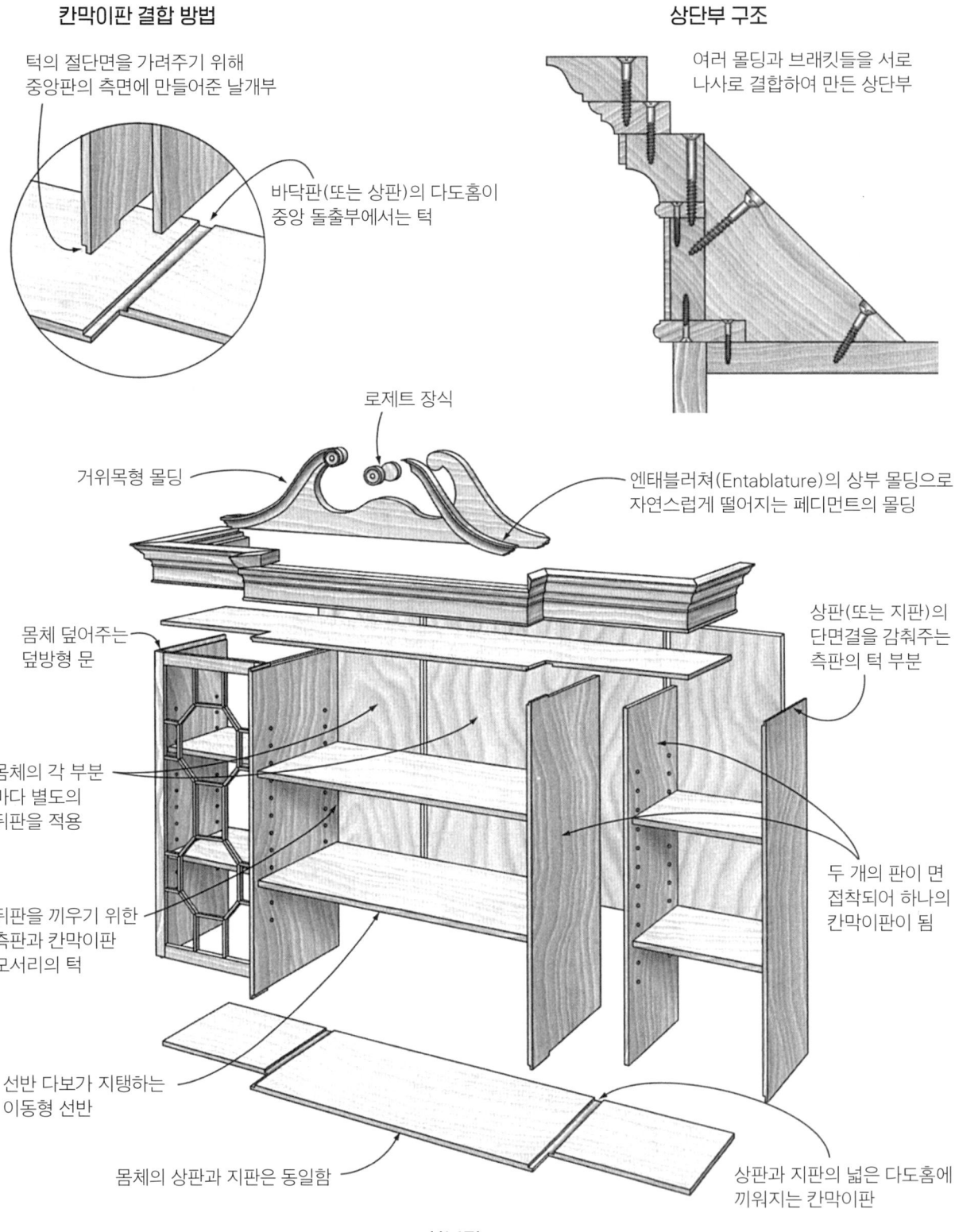

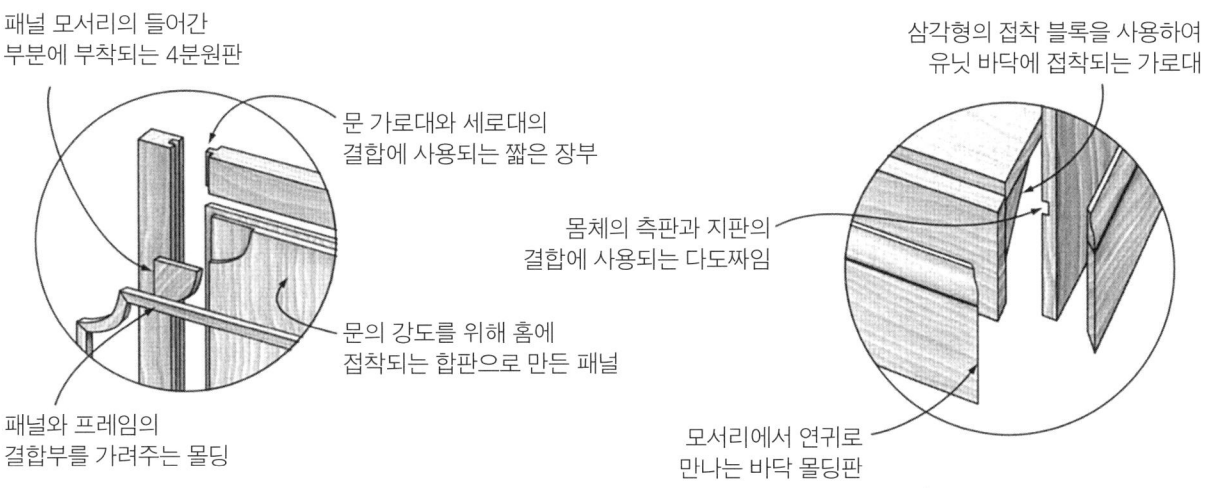

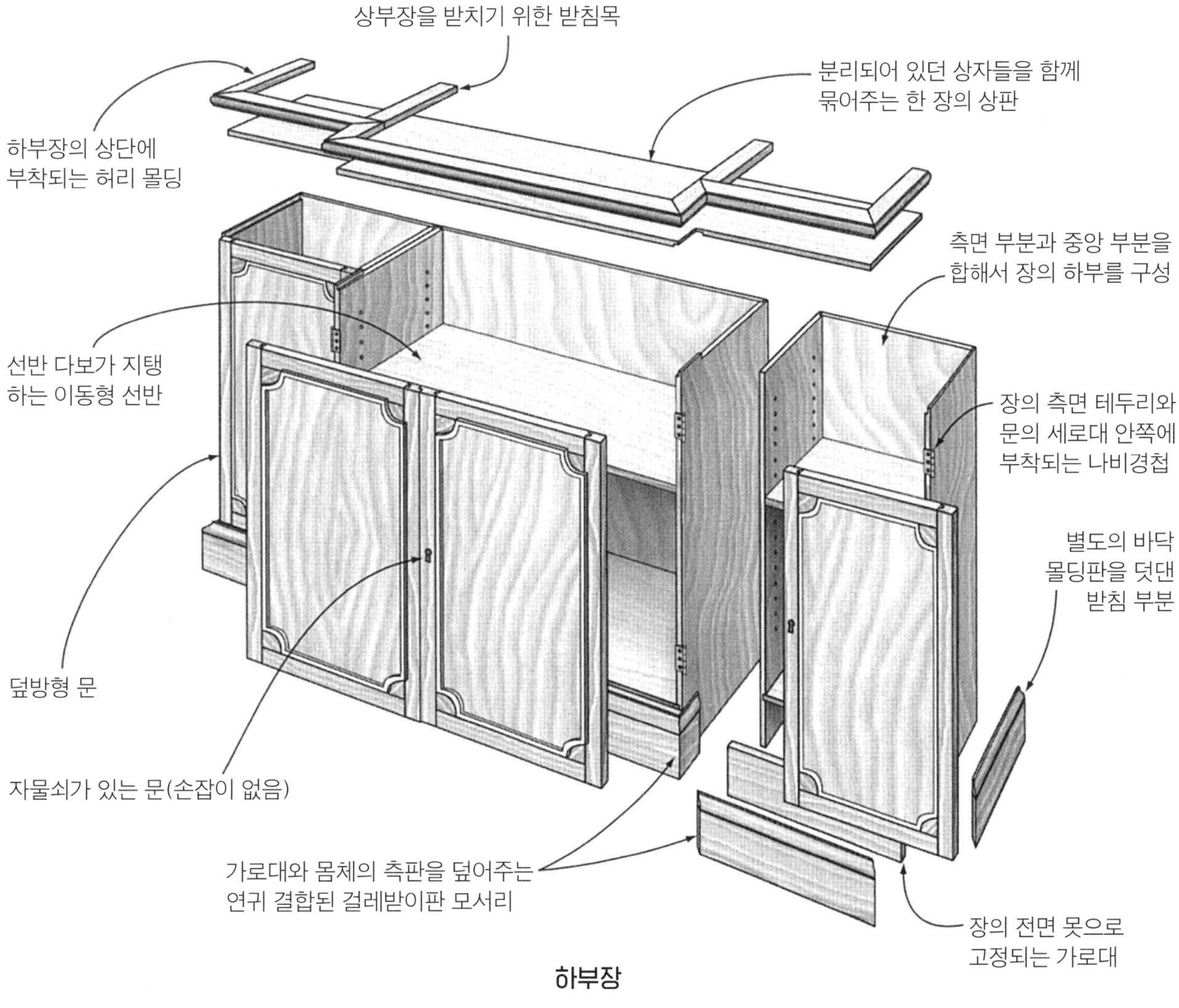

톨케이스 시계
Tall-Case Clock
키 큰 시계·할아버지 시계

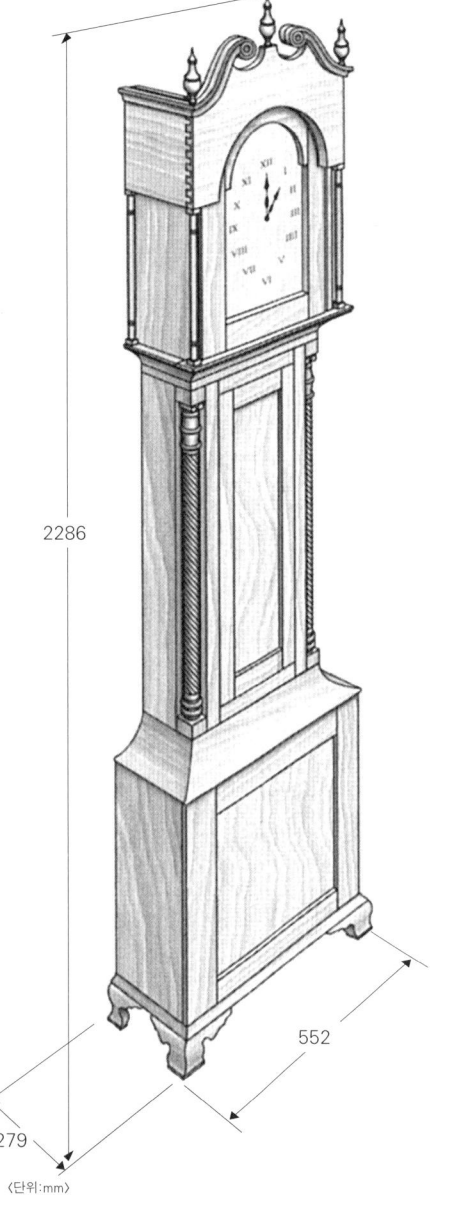

요즘 시계는 너무 흔하고, 매우 소형화되었다. 그래서 그렇지 않았던 시대를 상상하기 어렵다. 가장 웅장한 시계가 톨케이스 시계로 숫자판은 칠해서 제작했고, 몸체는 화려하게 장식되었다. 키 큰 시계가 탄생한 미국 식민지 시대에는 시계의 비율은 시계장치의 특성에서 기인한 것이다. 추와 체인 시스템으로 움직이는 시계의 일정한 움직임은 진자의 왕복운동에 의해 조절된다. 이러한 부속 장치들 때문에 시계장치들이 바닥에서 높이 떨어져야만 했고, 이러한 장치들을 상자로 감싸는 것이 자연스러워 보였다. 시계는 첨단 기술을 자랑하고 싶었던 부유층만이 주로 소유했기 때문에 자연스럽게 상자의 진화도 기능적인 면에서 장식적인 면으로 진화했다. 최첨단의 목공 기술과 결합해보면 어떨까?

> **참고도면**
> - Tage Frid, *Tage Frid Teaches Woodworking* 제3권(The Taunton Press, 1985), Casework, Grandmother Clock. 6피트 이하의 몸체에 조각 장식이 있는 현대적 시계를 볼 수 있다. 훌륭한 그림과 제작 노트 등이 함께 수록.
> - 목공잡지 *American Woodworker* No.25(1992년 3/4월호) 36~43쪽, No. 26(1992년 5/6월호) 36~41쪽, Phil Gehret, Pennsylvania Tall Clock. 표준형의 시계를 제작하기 위한 자세한 도면 소개.

디자인 변형 모든 키가 큰 시계가 표준형 시계처럼 공을 많이 들여 제작했던 것은 아니다. 예를 들어 셰이커 교도들은 평범하고 상대적으로 장식이 적은 톨케이스 시계를 제작했다. 옆 그림처럼 바닥과 꼭대기의 4분원형의 몰딩만이 몸체의 수수함을 깨고 있다. 똑같이 심플한 코브형의 몰딩이 머리 부분을 받치고 있다. 현대적 디자인의 시계는 키가 큰 몸체의 선을 구부려 놓았다.

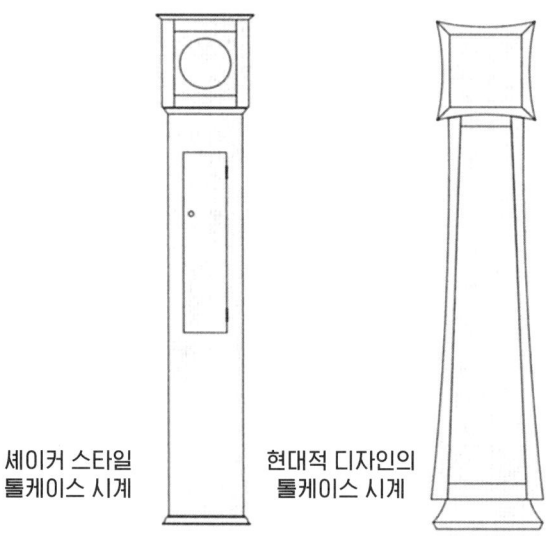

셰이커 스타일 톨케이스 시계 / 현대적 디자인의 톨케이스 시계

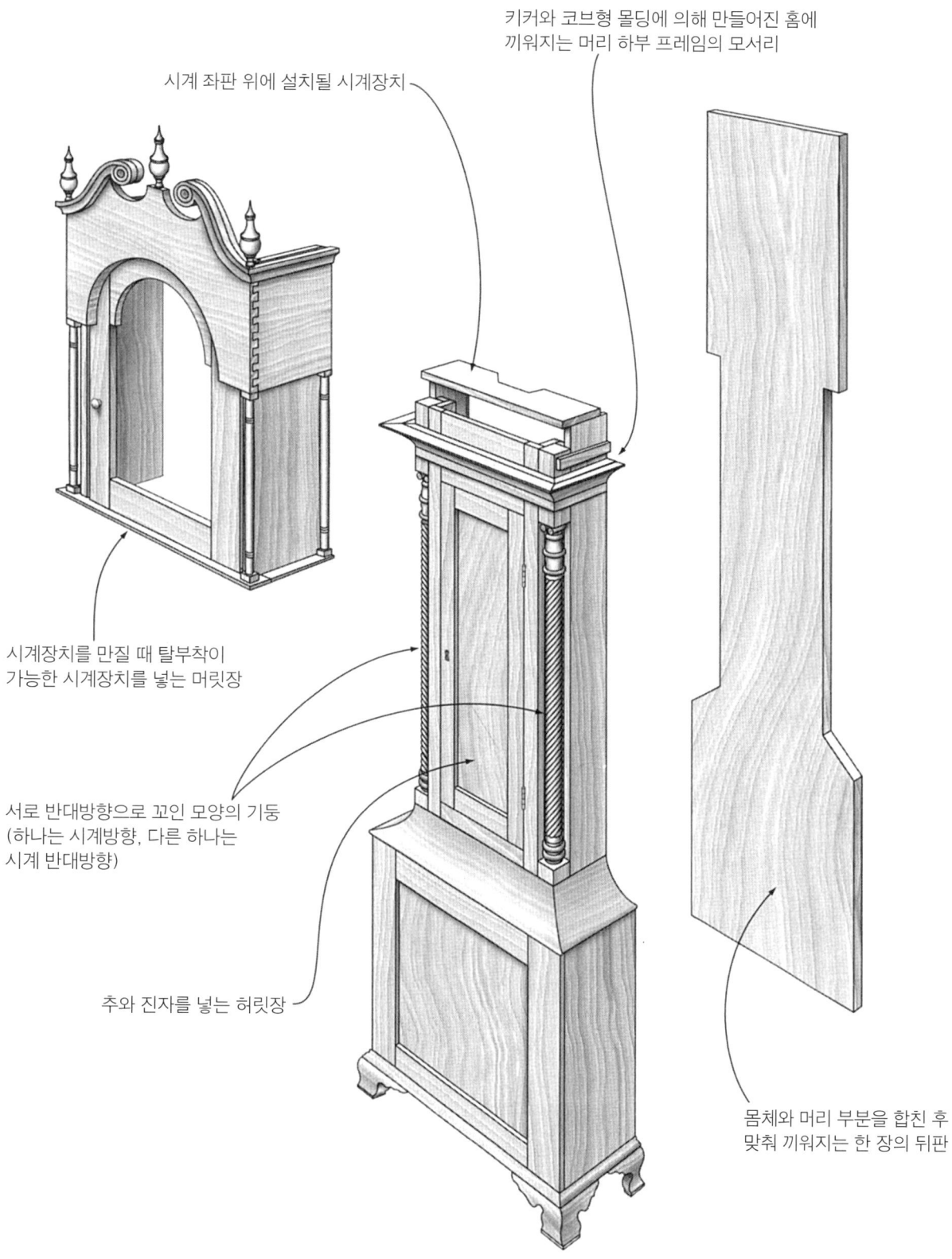

키커와 코브형 몰딩에 의해 만들어진 홈에 끼워지는 머리 하부 프레임의 모서리

시계 좌판 위에 설치될 시계장치

시계장치를 만질 때 탈부착이 가능한 시계장치를 넣는 머릿장

서로 반대방향으로 꼬인 모양의 기둥 (하나는 시계방향, 다른 하나는 시계 반대방향)

추와 진자를 넣는 허릿장

몸체와 머리 부분을 합친 후 맞춰 끼워지는 한 장의 뒤판

수납장 313

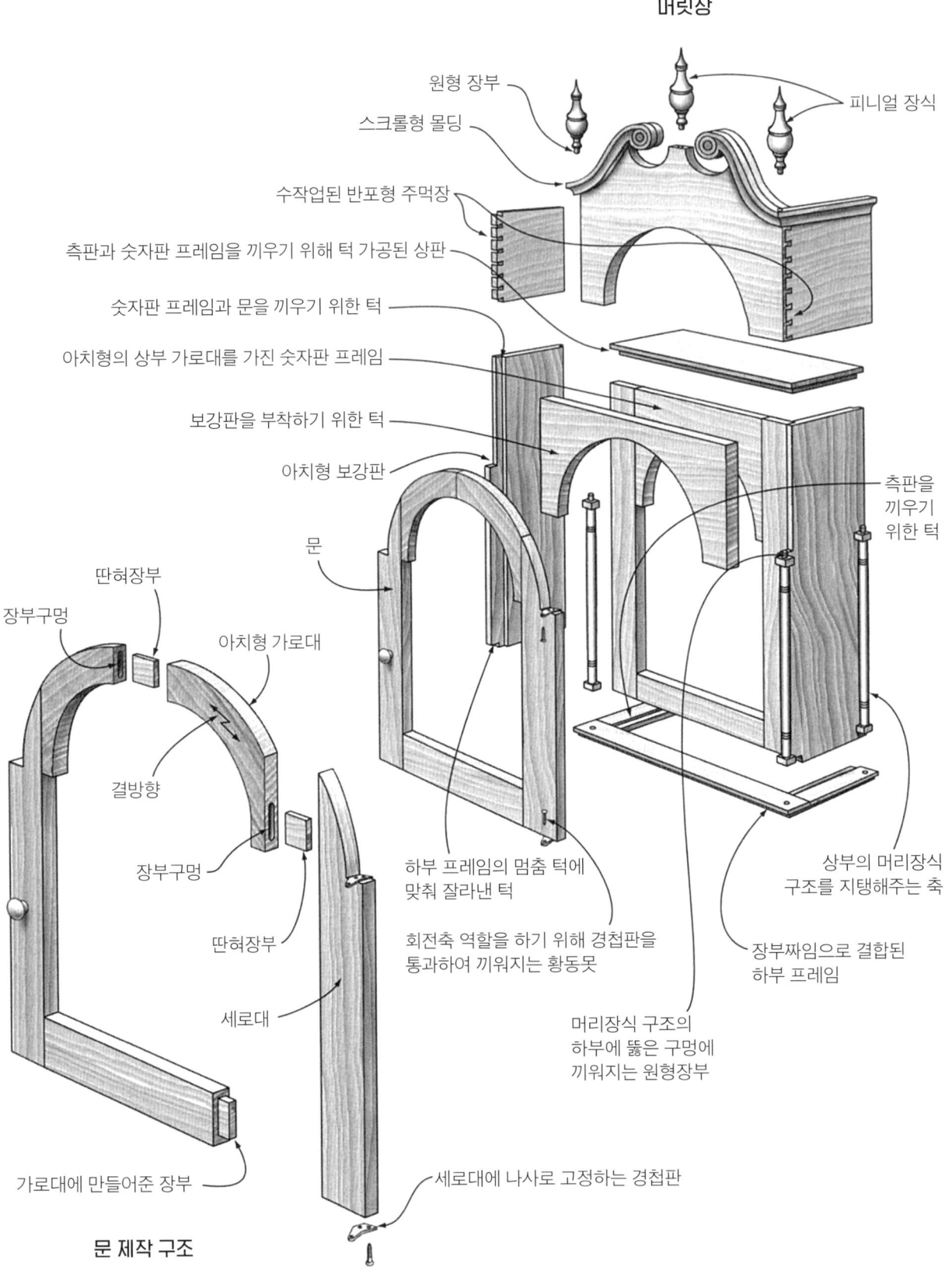

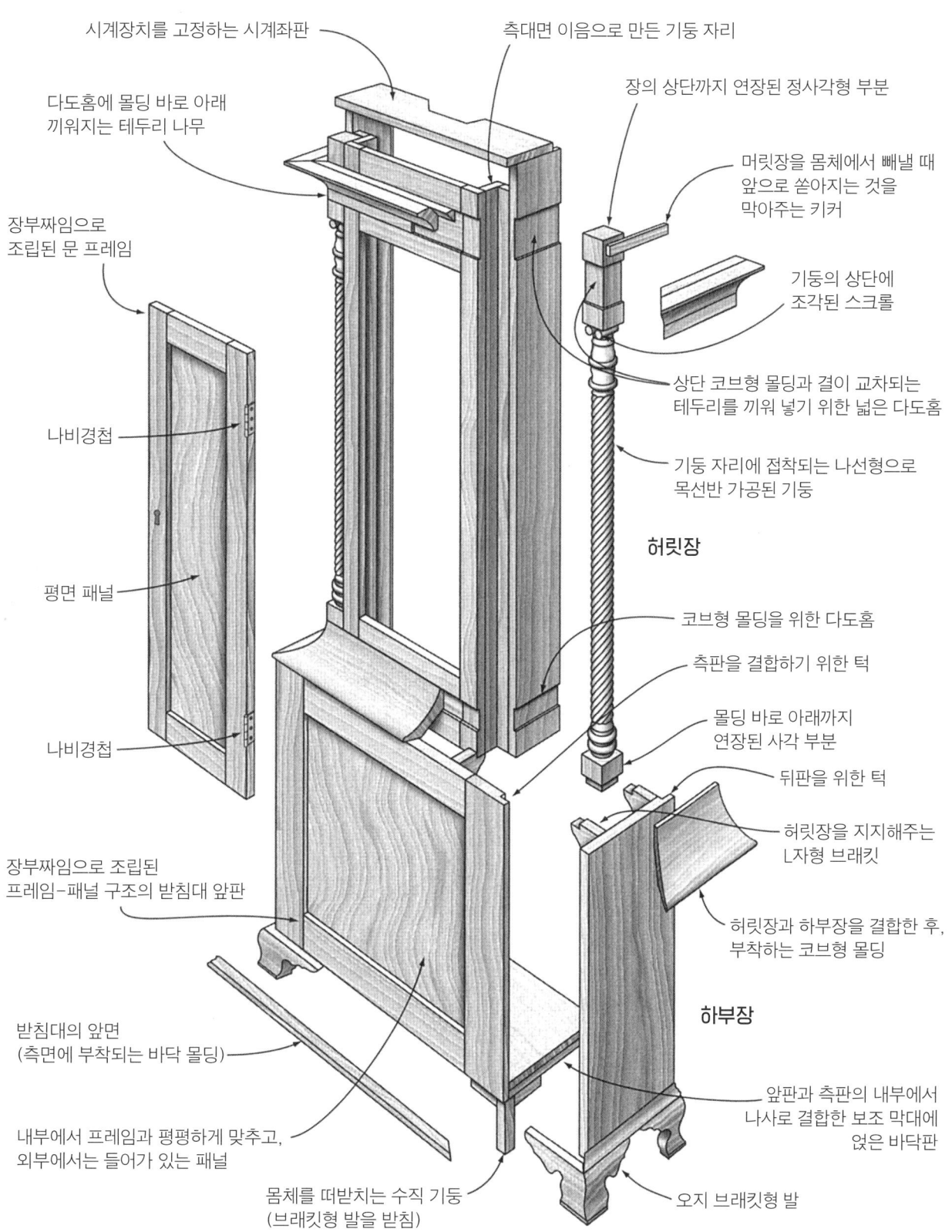

서류 보관함
File Cabinet

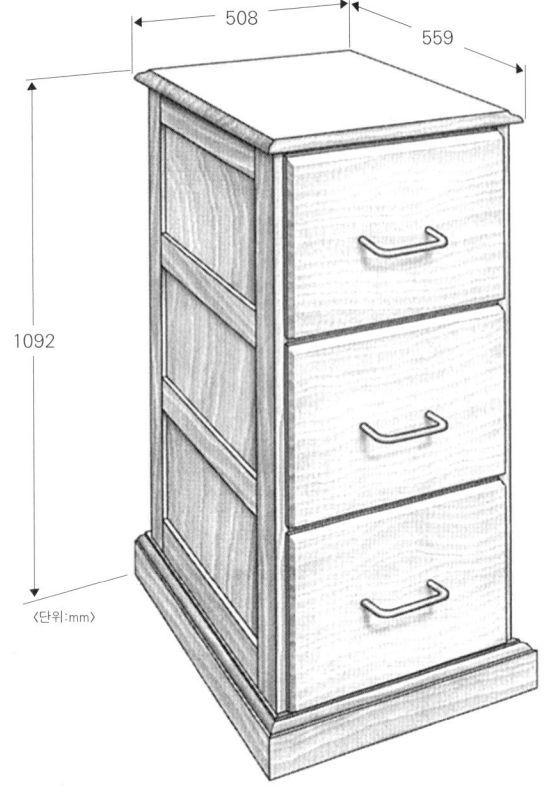

참고도면
- 목공잡지 *Woodsmith* No.29(1983년 9/10월호) 10~15쪽, File Cabinet: Old Fashioned Organization.
- 목공잡지 *American Woodworker* Vol. V, No.3(1989년 5/6월호) 28~35쪽, Mitch Mandel의 'Oak Filing Cabinet.'
- Thomas Moser, *Measured Shop Drawing for American Furniture* (Sterling Publishing Co., 1985), File Cabinet(Four Drawer).

디자인 변형 함 전체와 서랍 구성뿐만 아니라 구조가 바뀜에 따라 서류함의 외형도 바뀐다. 키 크고 깊은 서랍장이지만 통판을 측판으로 사용하여 주먹장 결합이 노출된 서랍장은 또 다른 느낌을 준다. 손잡이 철물이 없는 서랍 앞판(오른쪽 그림)은 세련되고 현대적인 느낌을 준다. 서류 보관함이 차지하는 면적을 바꾸려면 서랍의 방향을 바꾸면 된다. 서류를 측면으로 붙여 보관하는 것이 앞·뒤로 보관하는 것보다 깊이가 짧아진다. 하지만 폭이 넓어진다.

오늘날은 믿기 어렵겠지만, 20세기 초에 서류 보관함이 소개되었을 때, 비즈니스에 혁명을 일으켰다. 이 가구는 비즈니스 서신 및 기록들을 분류하기 위한 논리적이고 접근성이 좋은 수단을 제공했다. 예를 들어 책상의 칸이 많은 칸막이함(Pigeonhole)보다 훨씬 우수하다. 디지털 시대에도 독립형 서류 보관함은 큰 회사에서도 유용하다. 서류철의 크기에 맞춰 책상 서랍을 만드는 것이 출발점이다.

일반적으로 서류 보관함은 모두 금속으로 되어 있으며 공장에서 제작된다. 하지만 목수는 그와 동일하게 부드럽게 작동되면서 나무로 훨씬 매력적으로 만들어낼 수 있다. 특수한 서랍 보관함용 철물들(전체 인출식 슬라이드, 서류 걸이, 손잡이 등)을 사용할 수 있다.

서류 보관함에서 모든 서랍은 레터(216×279mm)나 리갈(216×279mm) 크기 서류를 담을 수 있도록 크기가 동일하다. 서류 보관함은 일반적인 수납장보다 깊은데 앞뒤로 711~762mm 깊이를 움직인다. 서랍의 구조는 비율과 깊이와 상관없이 동일하다.

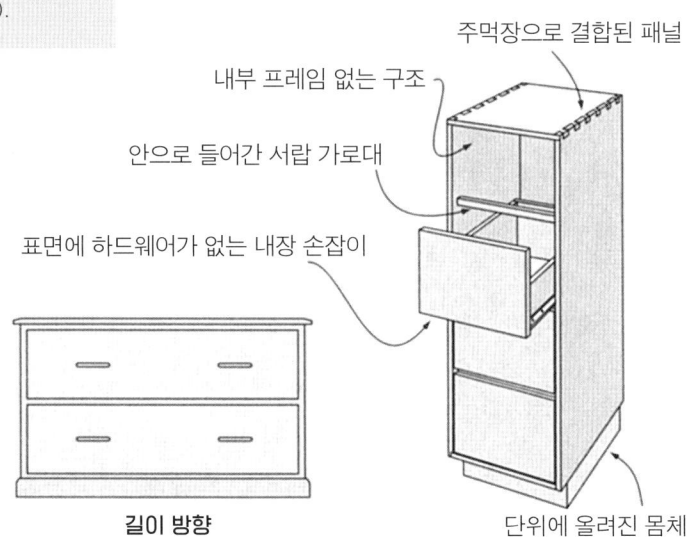

길이 방향

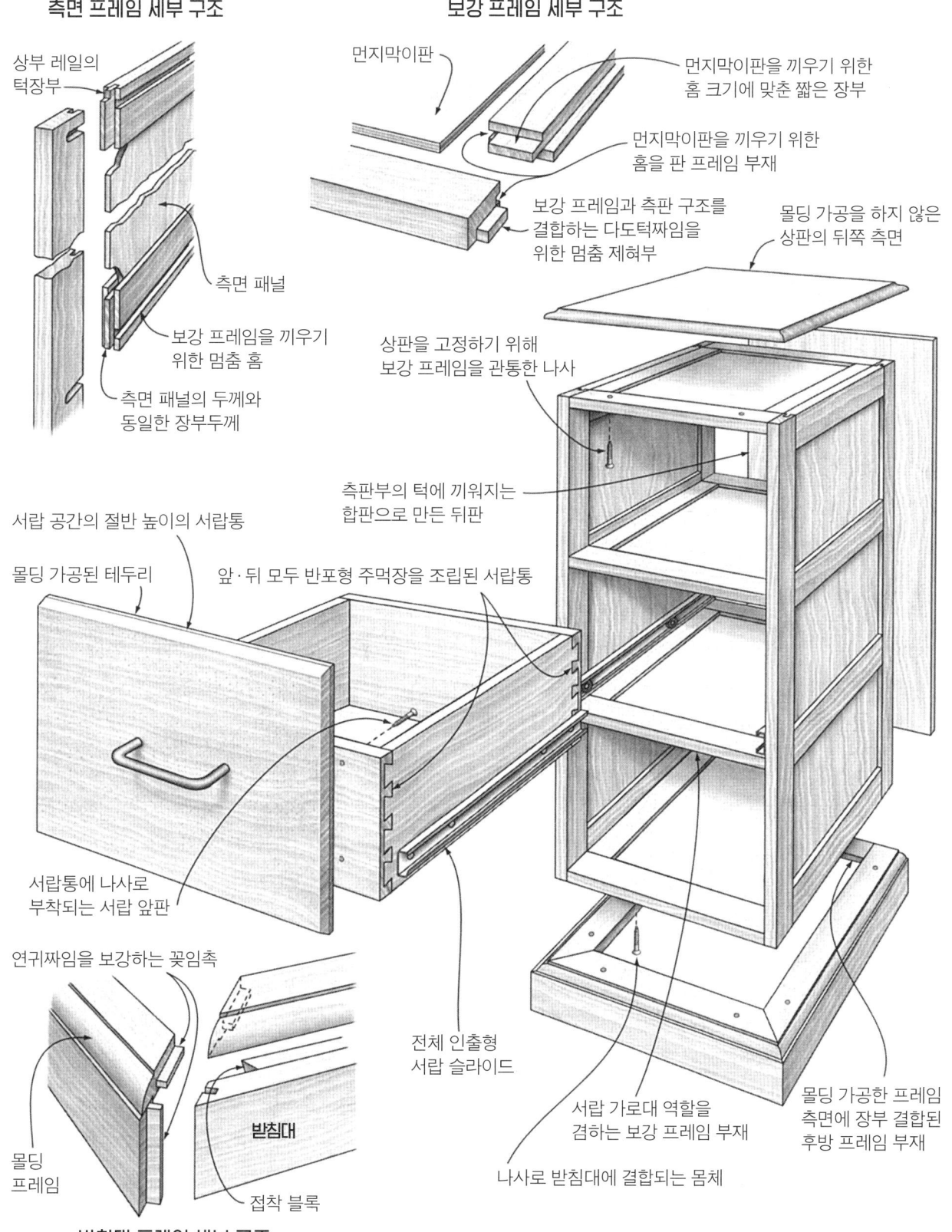

크레덴자
Credenza
문갑

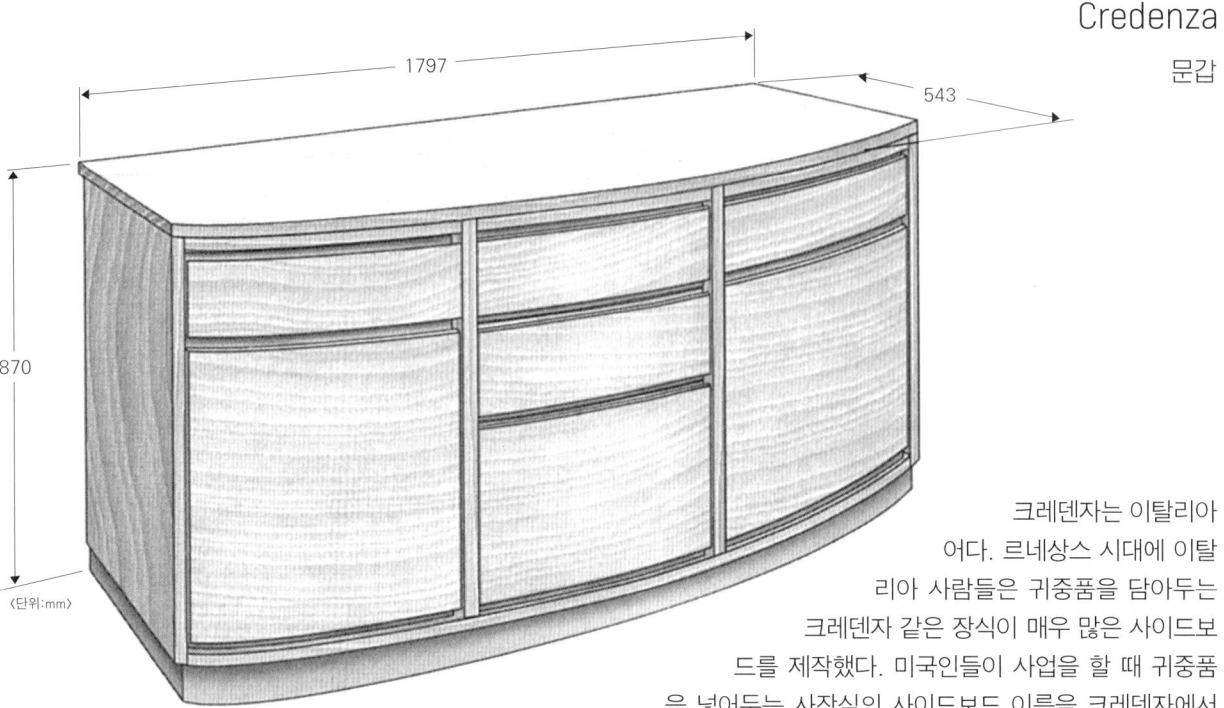

크레덴자는 이탈리아 어다. 르네상스 시대에 이탈리아 사람들은 귀중품을 담아두는 크레덴자 같은 장식이 매우 많은 사이드보드를 제작했다. 미국인들이 사업을 할 때 귀중품을 넣어두는 사장실의 사이드보드 이름을 크레덴자에서 차용한 것은 아마도 자연스러운 일이었을 것이다.

표준형으로 제시된 크레덴자는 중앙부에 두 개의 낮은 서랍과 서류용 서랍이 있다. 이 서랍의 양쪽에 문이 있는 두 개의 칸이 있으며, 문 뒤에는 이동 선반이 있다. 이것은 넓찍한 가구이다.

외형적으로 이 활과 같은 곡면의 크레덴자는 마치 사장실로 들어가는 티켓 같이 세련되고 현대적이다. 깨끗한 선을 해치는 손잡이 철물 대신에 문이나 서랍 앞판의 모서리에 홈을 파서 손잡이 역할을 하게 했다. 이것 또한 현대적인 공법으로 많은 부분에 합판을 사용하고 있다.

참고도면
- Thomas Moser, *Measured Shop Drawing for American Furniture* (Sterling Publishing Co., 1985), Bowfront Credenza. 서랍으로 채워진 크레덴자의 방대한 그림 수록.

디자인 변형   사무실마다 인테리어 장식이 다르기 때문에 크레덴자도 서로 다른 스타일이 필요하다. 전통적인 마호가니 가구와 패널이 설치된 사무실에는 그에 맞는 크레덴자가 필요하다. 하나는 브래킷형 발에 황동 손잡이와 전통적인 몰딩 장식이 있다. 또한 서류를 보관하기 위한 세 줄의 아홉 개 서랍을 가지고 있다. 사무실이 아트-앤-크래프트 스타일의 퓨밍 처리된 참나무로 마무리되어 있다면 그 스타일로 크레덴자를 제작해야 한다. 예로 보여주는 가구는 넉넉한 수납공간을 제공한다.

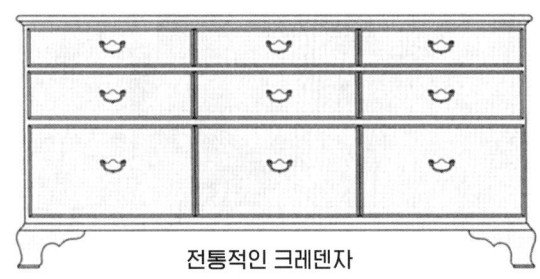
전통적인 크레덴자

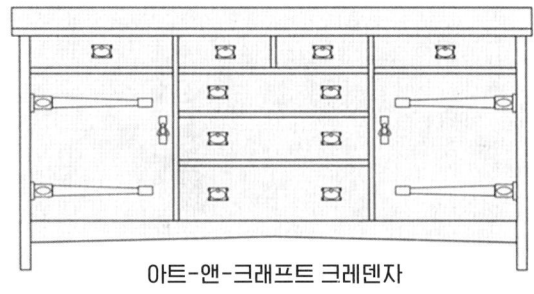
아트-앤-크래프트 크레덴자

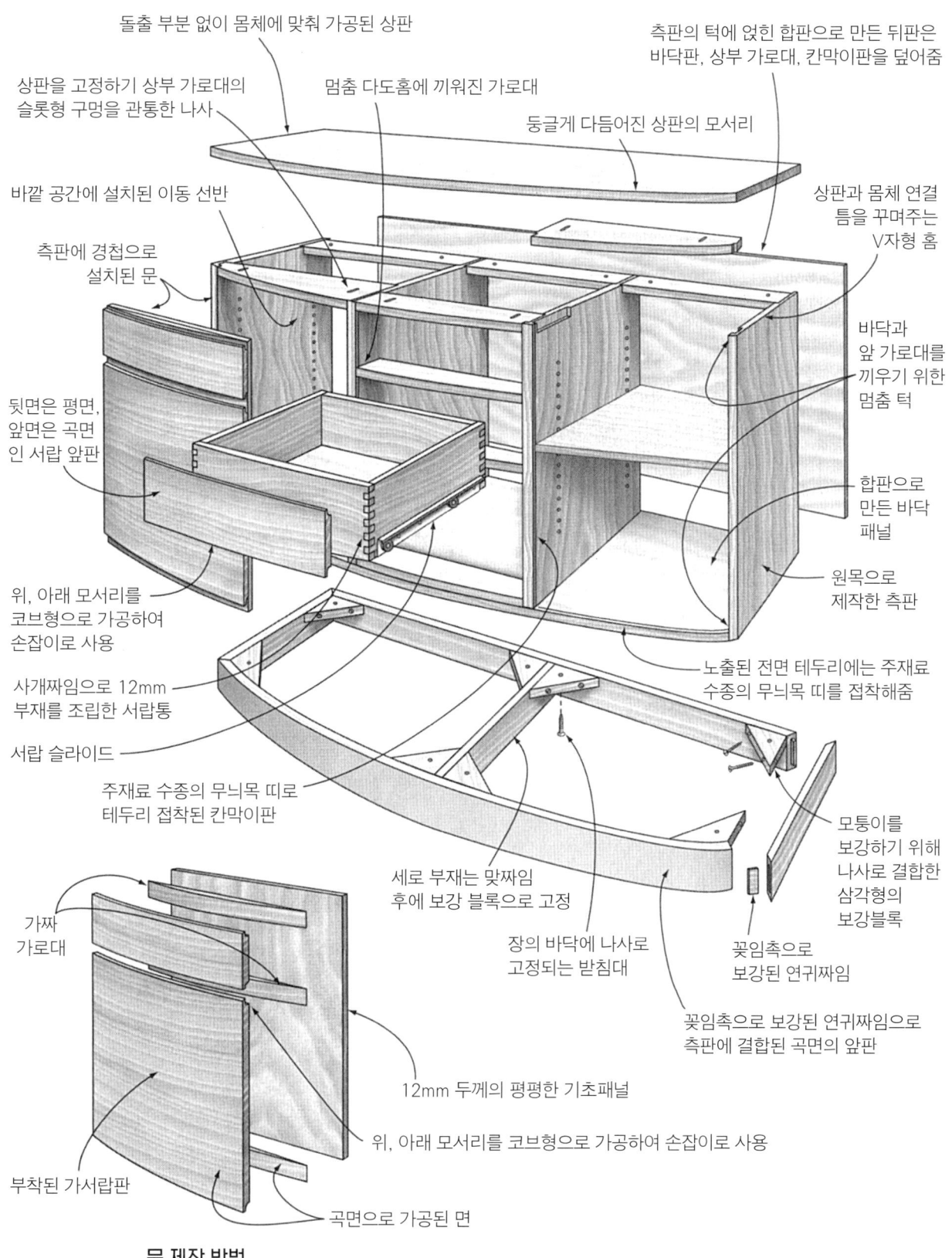

문 제작 방법

수납장 319

엔터테인먼트 센터
Entertainment Center

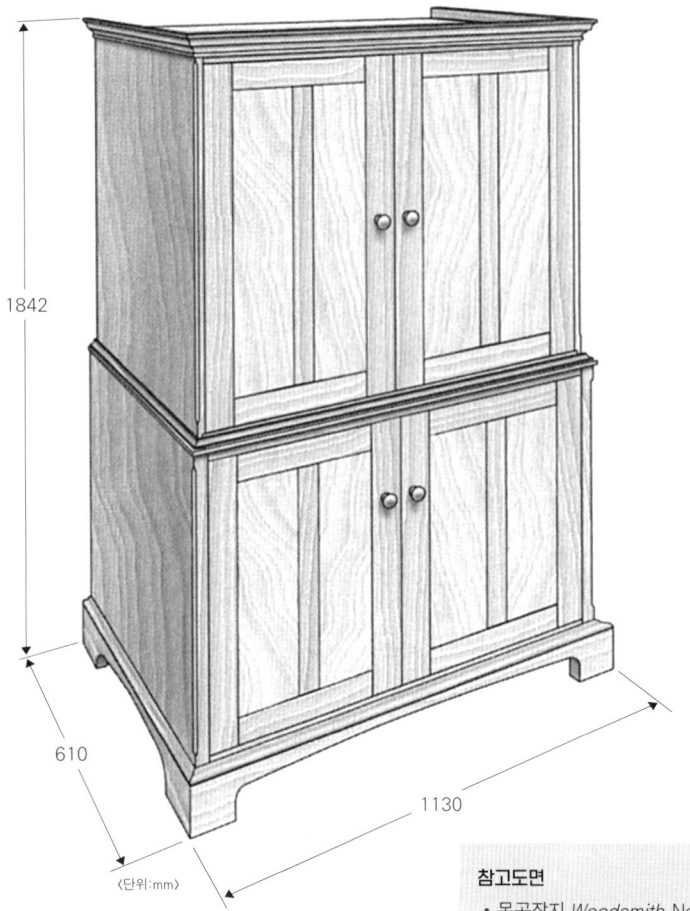

30~40여 년 전만 해도 '엔터테인먼트 센터'는 존재하지 않았다. 제조사들은 TV를 자체적으로 나무 콘솔 안에 넣기도 했다. 오디오 기기들은 책선반장 위에 올려놓았다. 하지만 가전제품의 수가 급속히 늘어남에 따라 그것들은 집중된 한 곳에 한꺼번에 수납하고자 했다.

그 결과로 탄생한 이것이 현대적인 가구 진화의 예이다. 표준형으로 제시된 엔터테인먼트 센터는 천이나 옷을 수납하던 리넨 프레스(328쪽)와 유사하다. 그러나 새로운 센터는 상부장에는 TV와 VCR을, 하부장에는 오디오와 게임기기 등을 수납한다. 전통적인 외형을 가지고 있지만, 포켓 도어나 사실상 방해를 받지 않고 TV를 시청할 수 있도록 해주는 인출식 회전 마운트 등의 현대적인 철물을 사용하고 있다. 가구의 뒷편에 설치된 홈을 통해 전선 들을 숨겨주고, 전자기기로부터 발생하는 열을 배출할 수 있다.

참고도면

- 목공잡지 *Woodsmith* No.81(1992년 6월호) 6~15쪽, Entertainment Center. 나란히 놓여지는 현대적인 스타일의 장을 제작 단계별 그림과 함께 제작 방법 소개.
- Ben Erickson, *Cabinetry*(Rodale Press, 1992), Entertainment Center. 장비들을 튀지 않게 배치한 리넨 프레스 스타일의 엔터테인먼트 센터 수록.
- 목공잡지 *American Woodworker* No.57(1997년 2월호) 47~55쪽, Edward Schoen, Entertainment Center. 디자인 가이드와 기본 구조도, 제작 팁이 실린 좋은 기사.

디자인 변형

엔터테인먼트 센터는 두 가지 기본형이 지배적이다. 첫 번째 형태에서는 겉으로 보기에는 침실에서 탈출한 전통적인 리넨 프레스처럼 보이게 하는 나무문 뒤에 기기들을 수납한다. 그에 따라 깊이는 늘어난다. 보통 크기의 TV를 수납하더라도 전형적인 리넨 프레스보다도 상당히 깊어진다.* 두 번째 형태는 현대적인 모듈러형 수납장이다. 이 스타일은 거대한 TV도 좀 더 우아하게 수납 가능하고, 더 많은 기기들을 담을 수 있다.

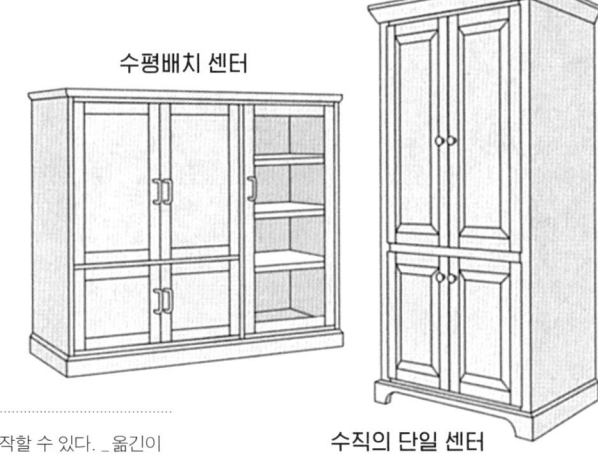

수평배치 센터

수직의 단일 센터

*과거 TV 크기를 생각해보라. 현대적으로 제작한다면 이보다 훨씬 좁은 폭으로 제작할 수 있다. _옮긴이

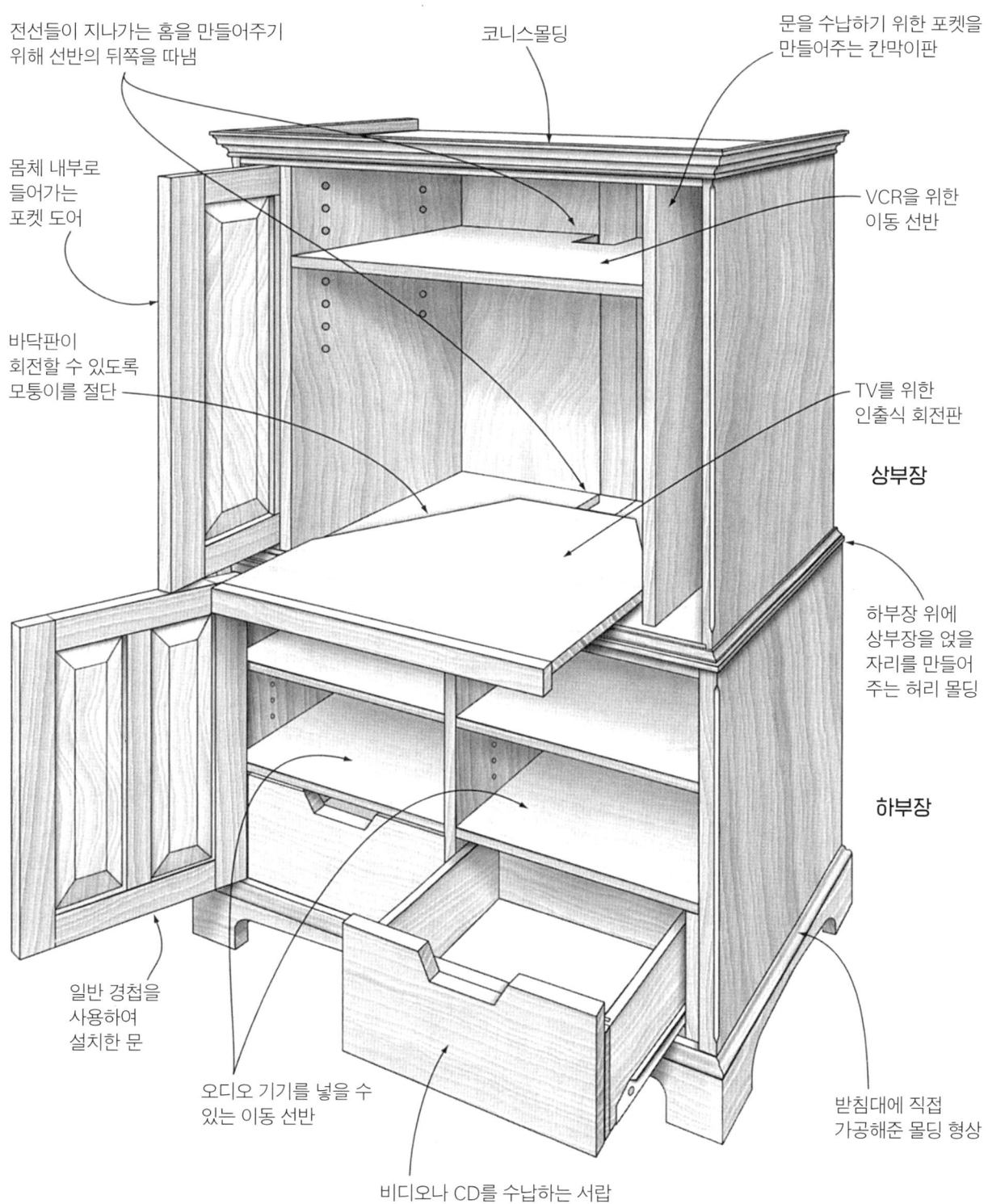

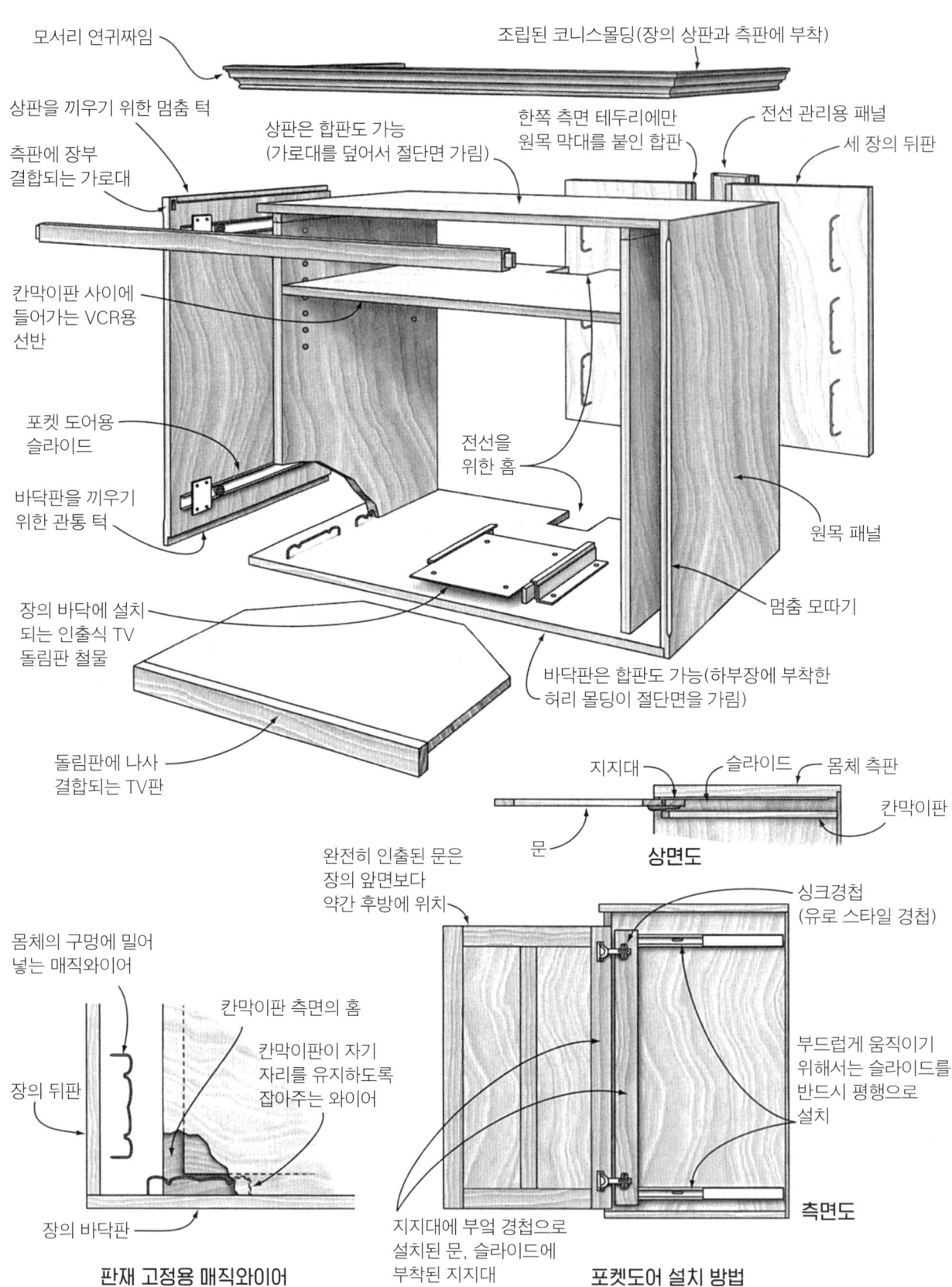

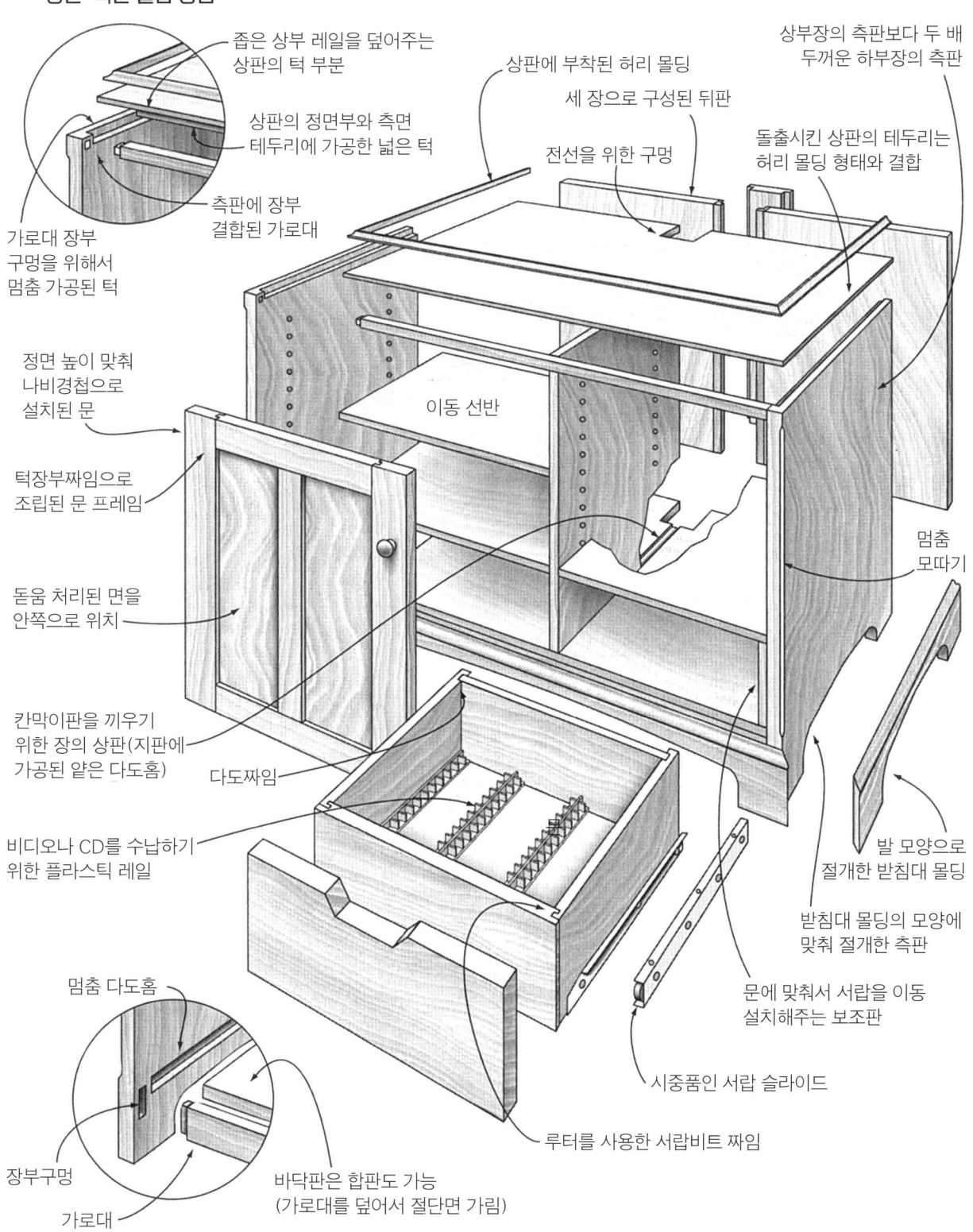

세면대
Washstand

코모드(이동식 세면대)·침실 협탁

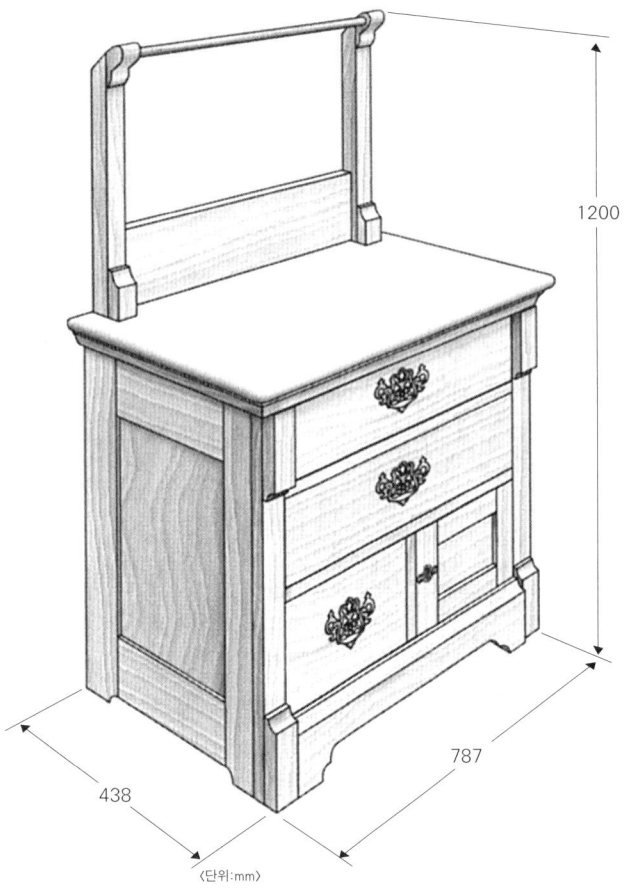

참고도면
- Milford Yoder, *Cabinetry*(Rodale Press, 1992), Bedside Chest. 표준형으로 제시된 세면대를 제작하기 위한 자세한 그림과 부품 목록, 단계별 제작 방법 수록.

수도 시설이 없는 경우 욕실도 없었다. 하지만 침실에는 세면대가 있었다. 이것은 씻을 수 있는 곳에 놓여진 탁자였다.

상판 위에는 커다란 대야와 물주전자가 놓여 있곤 했다. 그 뒤에 설치된 수건 걸이에 수건이나 타월이 걸려 있었다. 면도용 컵과 솔, 면도기, 비누 그리고 다른 세면 용품들은 상단 서랍 속에 들어 있었다. 하부 서랍에는 깨끗한 타월과 시트와 천을 보관해 놓았고, 작은 문 안에는 요강을 넣어두었다.

물론 최근의 세면대는 화려한 보조 수납장이 되었다. 표준형으로 제시된 모델은 '골든 오크의 시대'인 19~20세기에 공장에서 많이 제작된 형태이다. 가구 제작자들에게는 흥미롭고 교육적인 가구제작 프로젝트일 것이다.

표준형은 광적으로 프레임-패널 구조를 채택하고 있다. 두 개의 측판뿐만 아니라 뒤판도 프레임-패널 구조이다. 몸체를 만드는 데는 세 개의 독립적인 보강 프레임 유닛들을 결합한다. 또한 작은 문도 프레임-패널 구조이다.

디자인 변형

많은 장인들이 자신만의 세면대를 제작했지만, 가장 친숙한 것은 공장에서 만들어진 것이었다. 그리고 매우 다양했다. 그림의 두 가지 디자인 변형에서, 제작자는 직선에서 시작해서 상판의 앞쪽 테두리에 곡선을 적용하고, 상부 서랍의 앞판과 바로 아래 위치한 가로대에도 곡선을 반복적으로 사용하였다.

아마도 표준형 모델과 옆 변형 모델 사이의 가장 분명한 차이는 서랍의 배치이다. 또한 바닥 가로대와 수건 걸이용 가로대 그리고 높이 세워진 물막이판은 스크롤 커팅이 되어 있다. 추가적으로 S자형 앞판을 가진 버전은 기둥-패널 구조를 채택하고 있다.

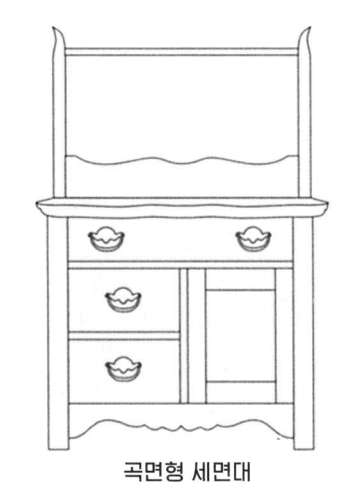

곡면형 세면대

S자형 세면대

보강 프레임 결합 구조

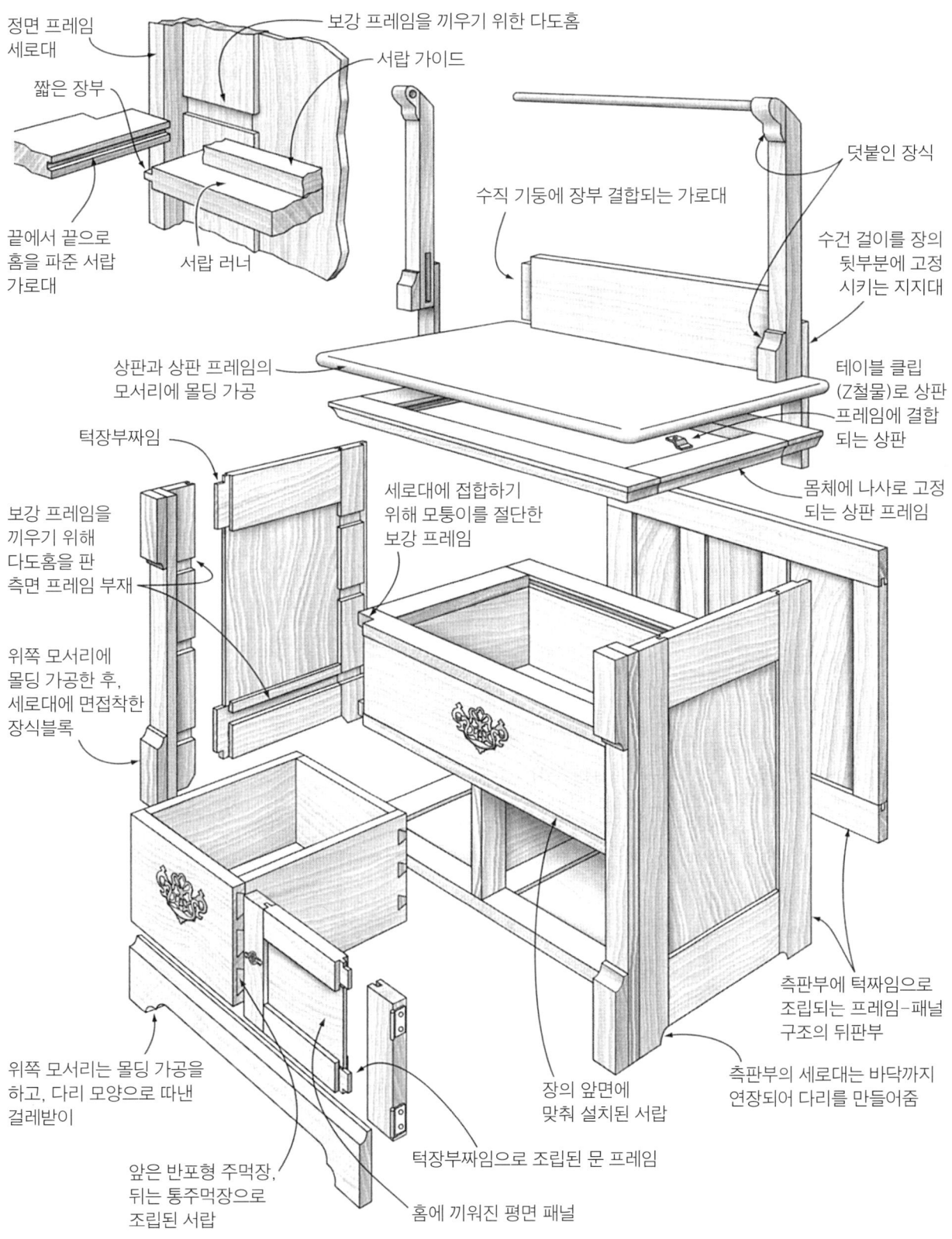

침실 협탁
Nightstand
나이트 테이블·침대 탁자

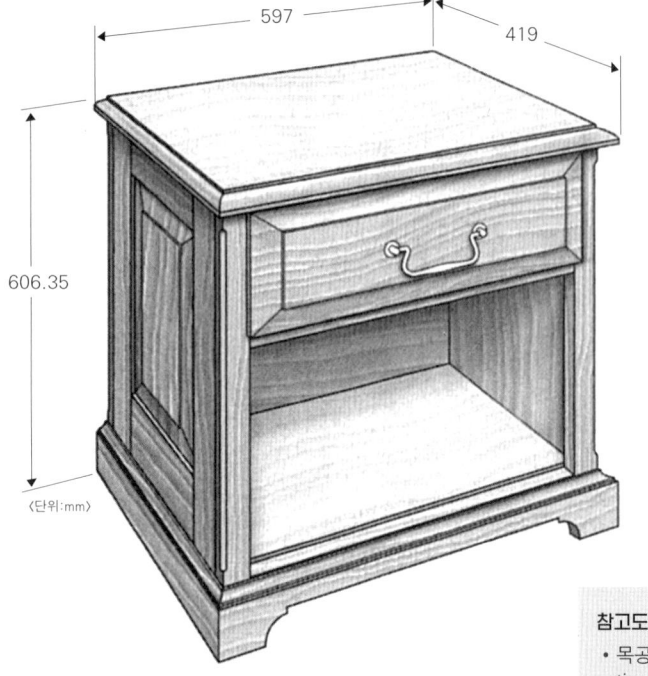

〈단위:mm〉

침실 협탁은 한때 침대 옆에 초를 놓아두던 양초 스탠드에서 유래되었다. 양초 스탠드는 점점 책과 독서용 안경 그리고 다른 관련 물건들을 올려놓기 위해서 수납 면적이 확장되면서 침실 협탁이 탄생했다.

이는 스탠드(받침대) 또는 작은 테이블이다. 현대적인 침실 협탁은 옆의 표준 모델처럼 작은 수납장 또는 문선반장의 형태로 변화되었다. 이 협탁은 서랍과 개방형 수납공간이 있는 프레임-패널 구조를 가지고 있다. 327쪽의 그림에서도 확인할 수 있듯이 결구법은 간단하고 강하며 장식은 절제되어 있다.

침실 협탁은 작고 특이한 수납장일 수도 있지만, 침대 옆 전등, 시계를 올려놓는 가정의 필수품이기도 하다.

참고도면
- 목공잡지 *Woodworker's Journal*(1997년 9/10월호) 32~37쪽, Traditional Oak Night Stand. 하나의 개방형 선반과 한 개의 서랍이 있는 수납장을 제작하기 위한 치수 도면과 절단 목록 그리고 간단한 제작 방법 안내 수록.
- 목공잡지 *Woodsmith* No.76, 6~11쪽, Cherry Night Stand. 세 개의 서랍이 있는 협탁을 잘 그려진 그림과 단계별 제작 방법 수록.

디자인 변형

대부분 사람들이 서로 다른 수면 방식이 있지만, 거의 모든 침대 옆에는 탁자나 수납장을 거치하게 된다. 무사히 침대 안에 들어가면 전등을 끌 필요가 있고, 안경이나 TV 리모컨을 넣어둘 서랍도 필요하다. 침대에 누워 책을 읽을 공간도 있어야 한다. 여기에 소개하는 침실 협탁들은 크기가 비슷하다. 보통 상판은 침대 매트리스보다 약간 높아야 한다. 상판 위에는 탁상 램프와 알람 시계, 전화 등이 놓여진다. 외형적으로 볼 때, 여기에서 소개하는 예는 탁자형태부터 문선반장, 서랍장까지 다양한 종류이다. 당신의 침대 옆에 놓고자 하는 협탁의 형태는 어떤 것인가? 침대 옆에 어떤 물건을 수납하고자 하는가? 개방형 스탠드는 확실히 전통적이지만 어수선하게 채워질 가능성이 많다. 문선반장은 잡동사니를 가려주지만 원하는 물건을 찾기 어렵다. 3단 서랍장은 물건들을 분류할 수 있게 해준다.

개방형 협탁

침대용 문선반장

3단 서랍형 협탁

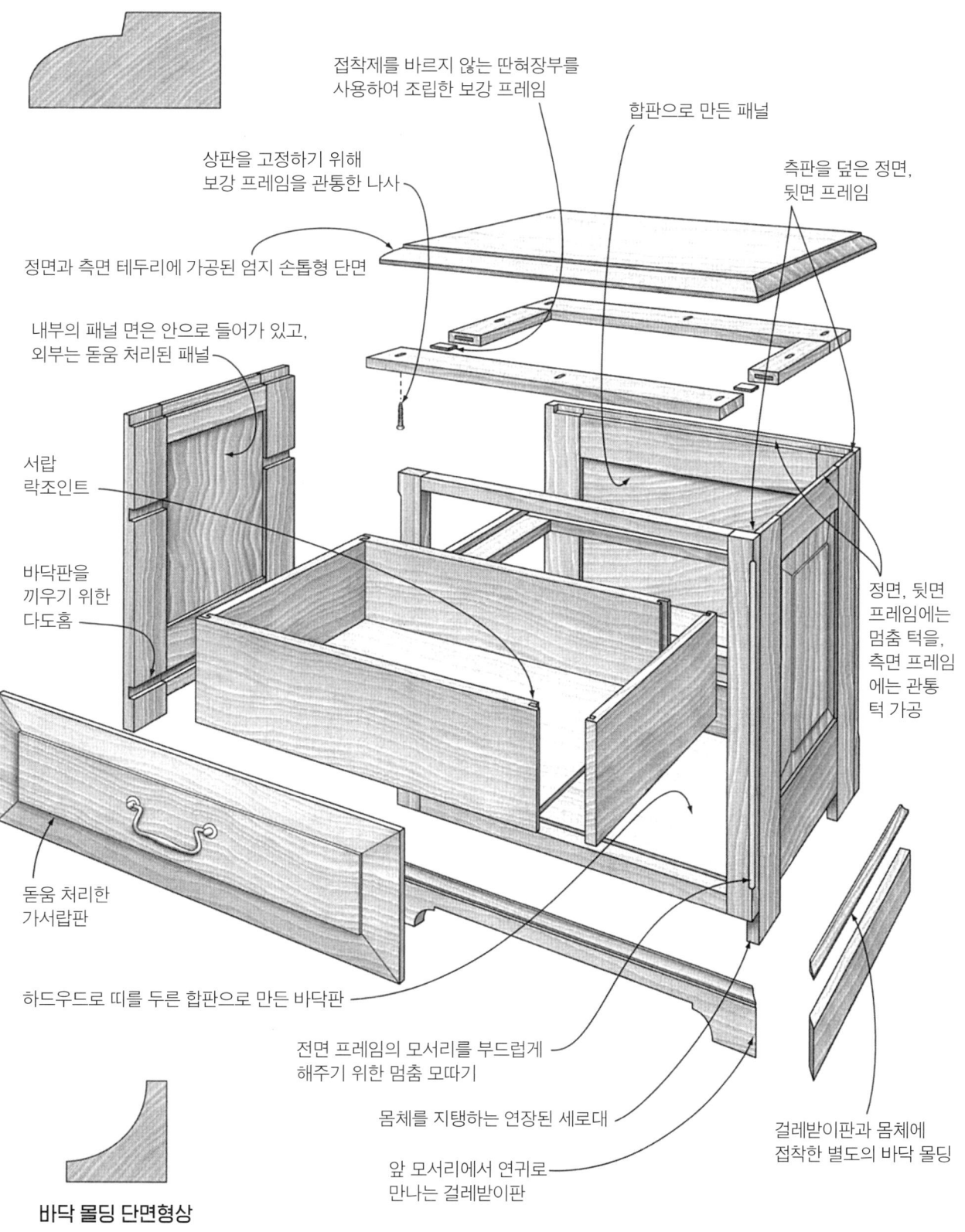

의류보관장
Linen Press
프레스·옷장·옷선반장

의류보관장은 옷과 식탁보 같은 천을 보관하기 위해 제작한 케이스형 가구이다. 용도와 어느 정도 구조 상으로도 옷장과 관련되어 있다.

미국에서 만들어진 표준형 모델은 지방에서 제작된 가구로 제한되고 엄격한 형태를 벗어나고 싶어하는 제작자들에 의해 만들어졌다.

상부장은 하부장보다 크다. 상부장의 플루트형을 가공한 기둥은 상부장의 아치형 문만큼이나 흥미로운 장식이다.

대부분 전통적인 결구법을 사용한 간단한 종류의 가구이다. 서랍의 지지 방식이 다소 대충 만든 듯한데, 두 개의 서랍이 간단히 선반 위에 올려져 있으며, 열고 닫을 때 덜컹거리는 것을 막아줄 가이드가 없다.

참고도면

- *Measured Drawings of Shaker Furniture & Woodenware* (The Berkshire Traveller Press, 1991), 제작 방법은 없지만 치수가 적힌 그림 수록.
- Carlyle Lynch, *Classic Furniture Projects from Carlyle Lynch*(Rodale Press, 1990), 'Linen Press. 박물관에 소장되어 있는 작품에 대한 치수 도면과 함께 제작 방법 수록.

디자인 변형

문과 상판 그리고 받침대의 스타일을 바꿈으로써 의류보관장의 형태를 변화시킬 수 있다. 또한 높이와 폭 비율과 상·하부장의 비율 그리고 서랍의 수도 바꿀 수 있다.

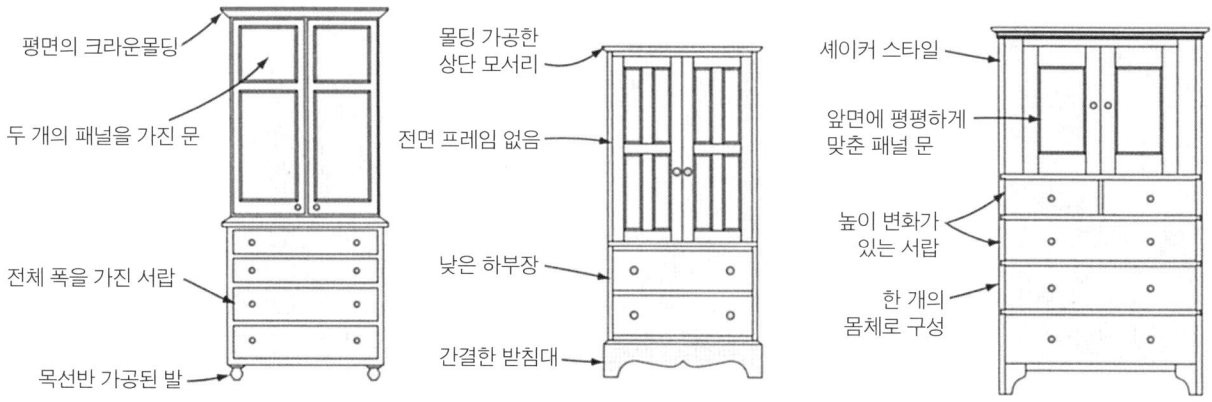

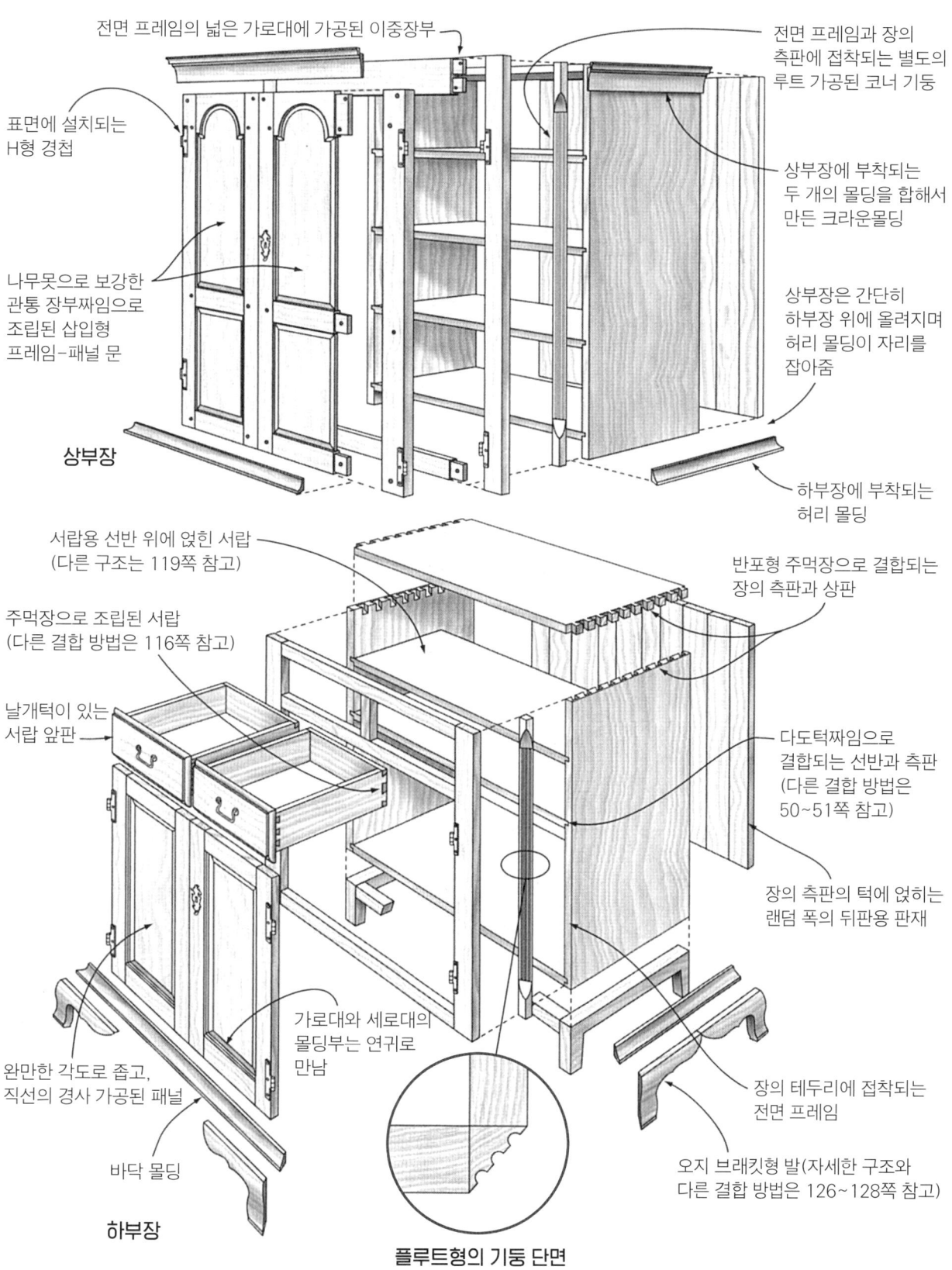

수납장 329

보닛 선반장
Bonnet Cupboard

보네티어(보네띠에르)라는 말을 들어본 적이 있는가? 이것이 보닛 선반장으로 17세기 후반에 등장하여 19세기까지 만들어진 프랑스 지역 가구 형태이다.

이것은 문이 하나 달린 상당히 키가 크고 높은 선반장으로 노르망디와 브르타뉴 지방의 여성들이 쓰던 정교하게 제작한 높은 보닛 모자를 수납하는 데 사용했다. 캐나다의 프랑스 지역에서는 이런 선반장은 보닛 선반장으로만 사용하기보다는 거의 일반적인 옷장으로 사용했다. 표준형으로 제시된 선반장도 옷장이나 세면대로도 사용했을 것이다. 대야, 비누 그리고 다른 화장실 용품들은 선반 위에 올려놓고 거울은 문 뒤에 걸어 놨을 것이다.

비록 이 선반장은 프랑스 지방의 선반장이나 아르무아르의 특징인 다이아몬드형의 패널과 스크롤 커팅된 가로대와 패널 등은 없지만 19세기 중·후반에 프랑스의 영향력이 약해졌을 때 만들어진 결과물이다. 이것은 프랑스계 캐나다인 가구의 특징인 눈에 띄는 코니스몰딩을 가지고 있다. 일반적으로 세 부분으로 이루어진 코니스몰딩은 긴 못을 이용하여 고정한다.

참고도면
- Bill Hylton, *Country Pine*(Rodale Press, 1995), Quebec Bonnet Cupboard. 표준형으로 제시된 찬장의 도면과 함께 방대한 그림들, 부품 목록, 전체적인 단계별 제작 방법 수록.

디자인 변형 18~19세기에 몬트리올과 퀘벡에서 만들어진 프랑스계 캐나다인들이 제작한 가구는 프랑스 지방의 가구와 노르망디, 브르타뉴 지방에서 만든 스타일 그리고 파리에서 떨어진 다른 프랑스 지방의 가구와 부분집합이다. 표준형의 보닛 찬장은 영국에 의해 프랑스가 밀려나간 이후에 받은 영향을 보여주고 있지만, 옆의 디자인 변형은 분명히 프랑스의 계보이다. 그 지역적 특징은 상대적으로 절제된 조각에서 뚜렷이 나타난다.

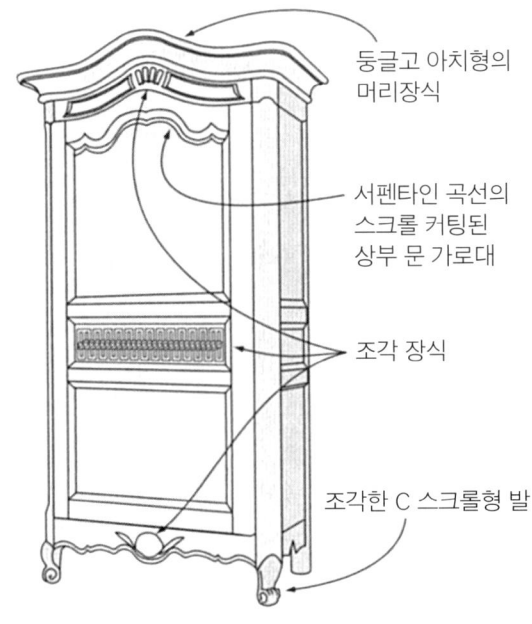

루이 15세 스타일의 보네티어

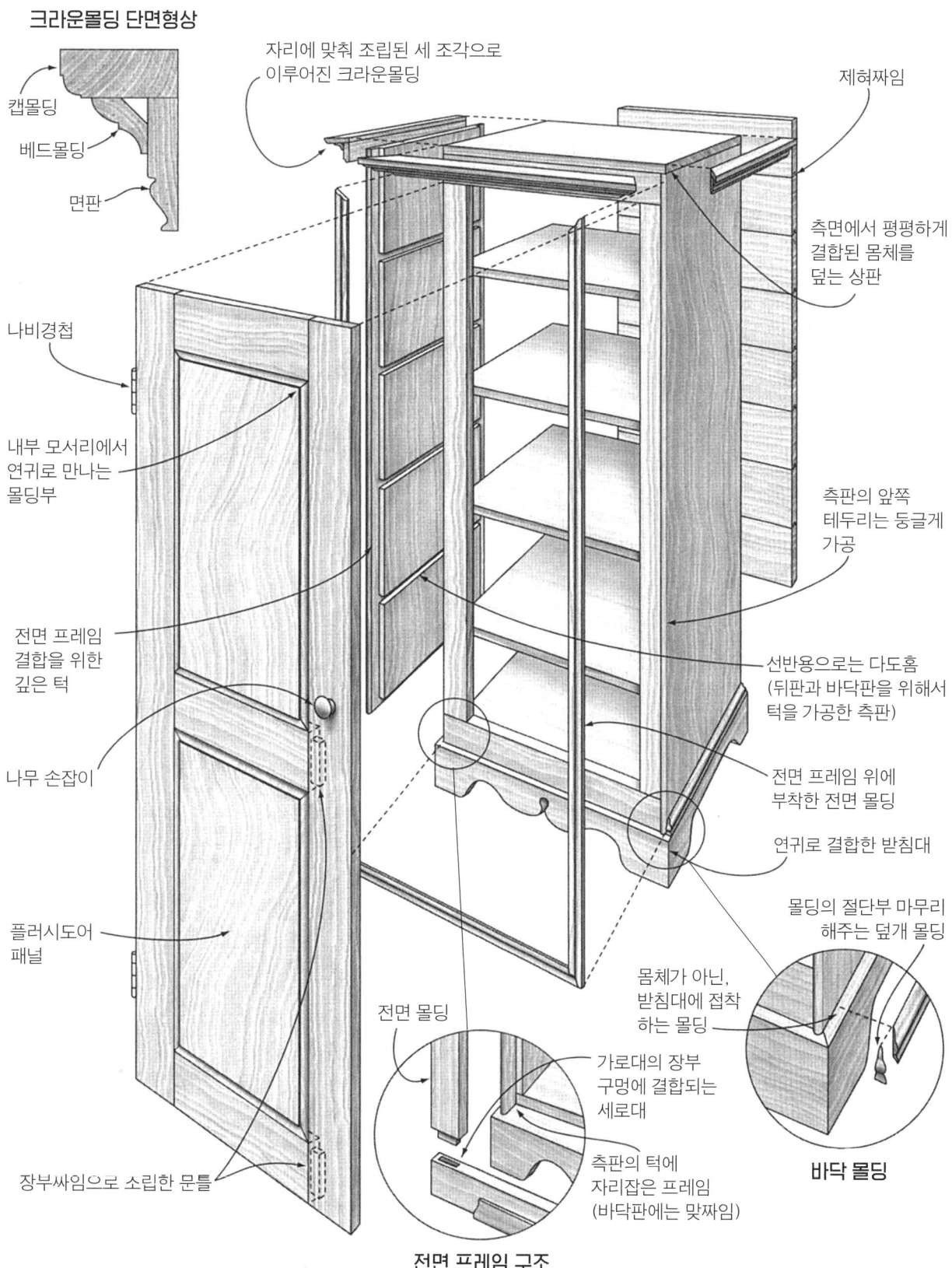

장롱
Armoire
옷장·리넨 프레스·슈랑크

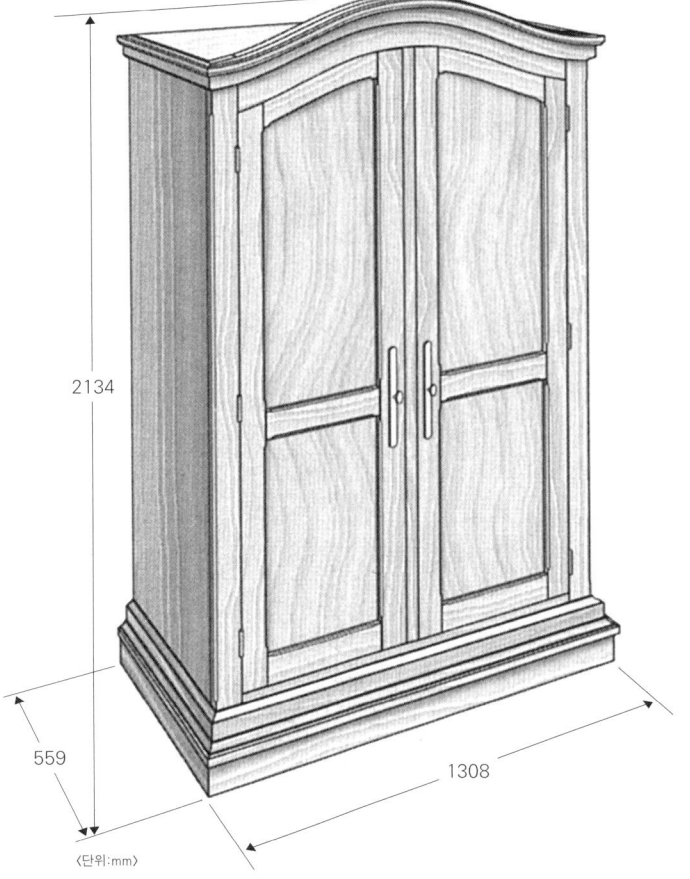

1900년 이전에는 가정에서 붙박이형 옷장을 찾는 것은 매우 드문 일이었다. 옷과 천 류의 수납을 위해 제작된 문선반장 중에 유럽에서 탄생한 크고 자립형의 옷장이 프랑스말로 아르무아르이며 그대로 미국에서 영어 이름으로 남게 되었다.

옆의 표준형은 중요한 특징들을 토대로 현대적으로 재해석한 것이다. 큰 문이 선반 부분과 드레스나 바지, 정장을 걸어주는 옷걸이 부분을 덮어준다.

참고도면
- 목공잡지 *Woodsmith* No.67 18~25쪽, Armoire. 현대적 재료과 결구법을 사용하여 아르무아르를 현대적으로 재해석. 잘 그려진 그림으로 제작 단계별 제작 방법도 함께 소개.
- 목공잡지 *American Woodworker* No.46(1995년 8월호) 26~32쪽, Jeffry Lohr, Art & Crafts Armoire. 매력적인 아트 앤 크래프트 세부 형태를 가진 장롱에 대한 그림과 제작 노트 등을 수록.

디자인 변형

장롱은 스타일이나 외형, 구조에서 매우 다양하다. 그러나 한 가지 공통적인 특징은 인상적인 크기이다. 이것은 결국엔 벽장이다(과거에는 서랍장이 대신했다). 여기 예들처럼, 일반적으로 장롱은 수납 시스템을 포함하고 있다. 대부분은 접은 천들, 스웨터 또는 여러 가지 옷을 위한 선반이 있으며, 또한 옷을 거는 공간을 제공하는데 용도에 따라 옷걸이봉, 걸이못, 걸고리 등을 가지고 있다.

거의 보편적으로 장롱은 두 개의 키높이 문을 가지고 있다. 옷장(워드로브)은 문 하단에 서랍이 있는 경우가 많다. 그러나 장롱은 서랍이 문 뒤에 숨겨져 있다. 오늘날 장롱 형태는 TV나 오디오, 그 외 전자 제품을 수납하는 용도로 바뀌었다.

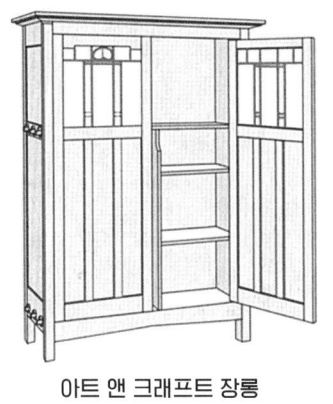
아트 앤 크래프트 장롱

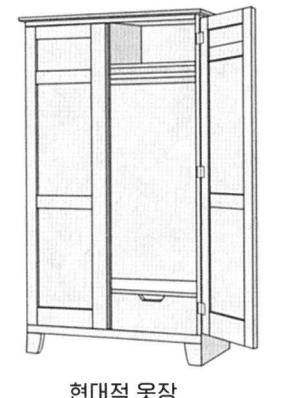
현대적 옷장

컨트리 스타일 옷장

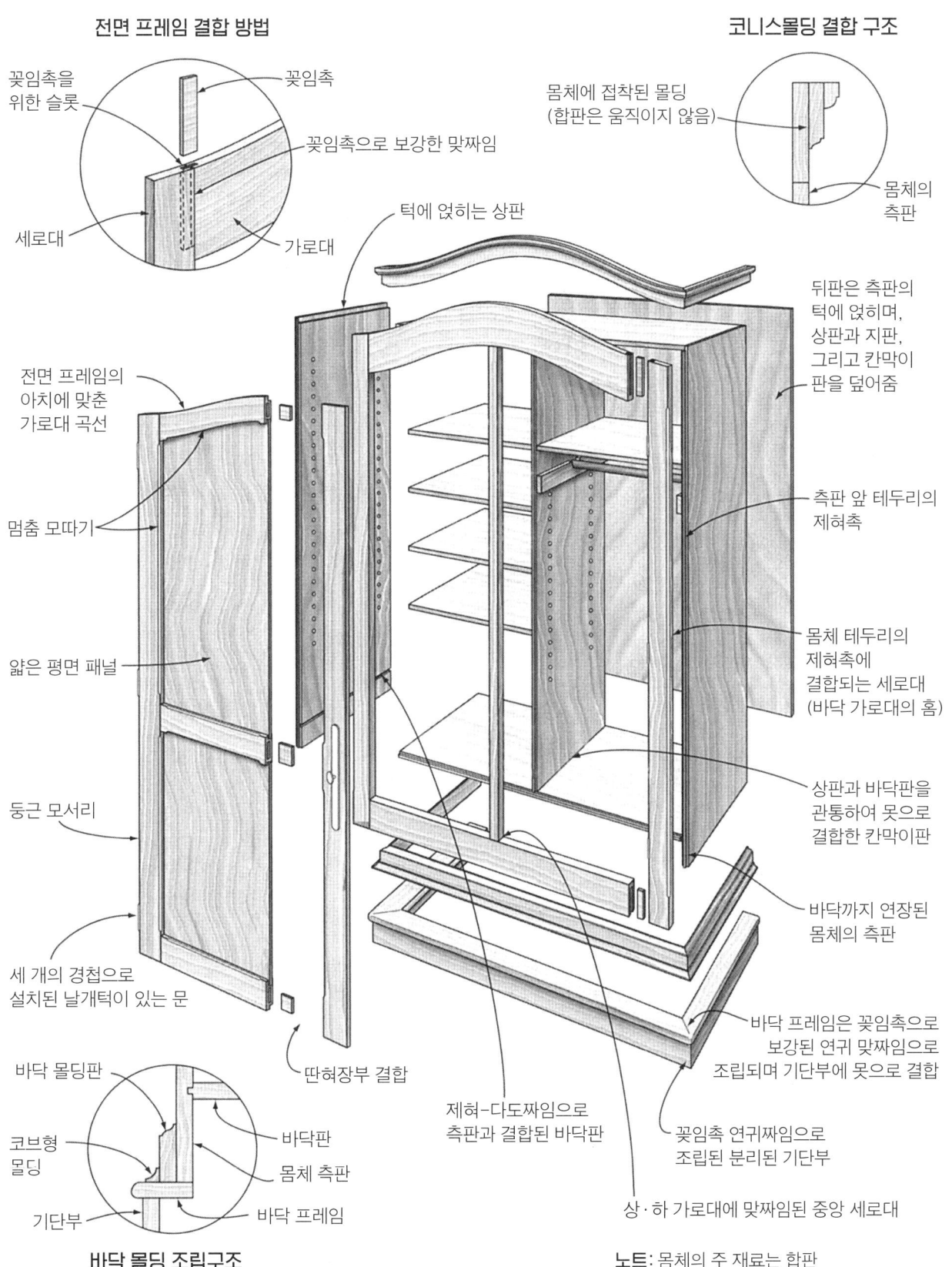

슈랑크
Schrank

17세기 독일에서 처음 나타난 슈랑크는 거대한 장롱이다. 일반적으로 슈랑크는 두 개의 문을 가진 넉넉한 수직형 장이다. 옷은 반쪽 장에 걸어둘 수도 있고, 다른 쪽은 선반으로 채워져 있어 옷을 접어 넣었다.

받침대 부분은 두 개 이상의 서랍이 있었으며, 보통 나란히 위치했다. 가구는 빵모양 발 또는 브래킷형 발 위에 올려져 있었고, 최상부에는 크고 돌출되어 있는 건축적인 코니스가 있었다.

1680년대 시작된 독일 팔츠 주민들이 미국 이주 때 함께 들여와서 18세기 말까지 독일인들 사이에 유행했다. 미국에서 초기에 제작된 슈랑크는 하트나 튤립, 새, 꽃 주변에 이름이나 이니셜을 칠하거나 새겨 넣어 장식하곤 했다.

이 장의 거대한 크기 때문에 조립식으로 만들어지곤 했다. 먼저 문을 제거하고, 335쪽의 그림에서 묘사하듯이 6~10개의 장부 결합에서 핀을 제거하면 상부가 분리되고 조심스럽게 들어올린다. 마지막으로 좀 더 많은 핀을 제거하면 바닥부분에서 장부 결합되어 있던 여러 가지 케이스 부분들을 해체할 수 있었다.

표준형 모델은 펜실베이니아의 워멀스도프시의 콘래드 와이저 홈스테드(Conrad weiser homestead)에 전시 중인 펜실베이니아 더치 가구이다. 1790년경 제작되었으며 슈랑크의 모든 특징을 보여주고 있다.

디자인 변형

거대한 크기와 호화스러운 장식 때문에 슈랑크는 원래 매우 독특한 옷장이었다. 19세기 말에 이르자 일반적인 장롱(332쪽 참고)과 구분하기 어려워졌다.

옆 그림에서 보면 18세기의 슈랑크는 비율과 하부의 구성 때문에 주목할 만하다. 이 표준형 모델의 받침대 부분보다 상당히 높고, 2열의 서랍들이 배치되어 있다. 프레임-패널 부분이 꽤 많이 포함되 있으며 눈에 띄는 코니스 부분이 18세기 독일계 슈랑크의 전형적인 특징이다.

또 19세기 슈랑크는 19세기 후반기 동부 텍사스의 독일인 마을에서 제작되었다. 기본적인 슈랑크의 형태를 유지하고 있지만 비율이나 코니스몰딩의 중요성 그리고 발 등이 매우 줄어들었다.

18세기 슈랑크

19세기 슈랑크

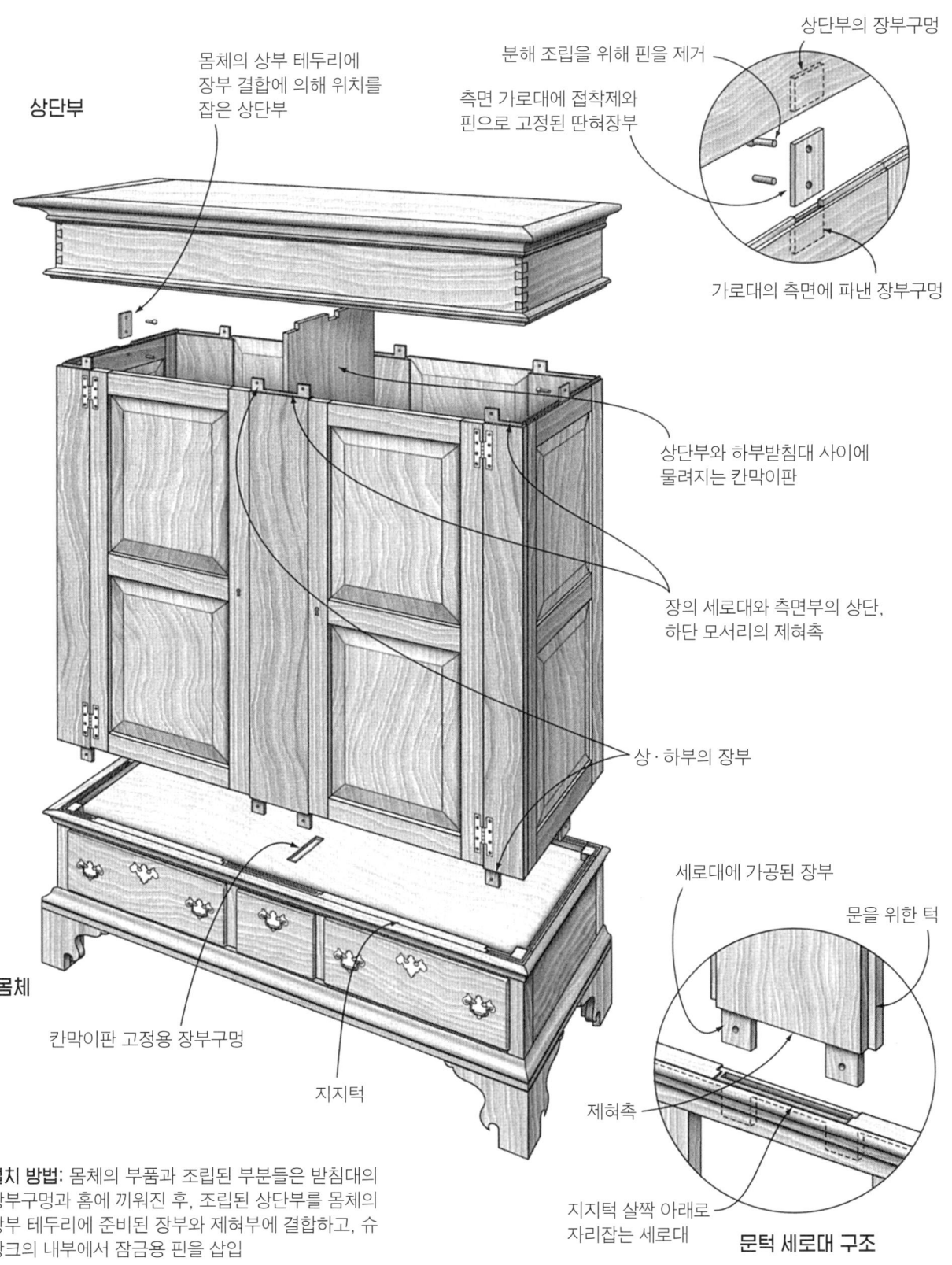

수납장 335

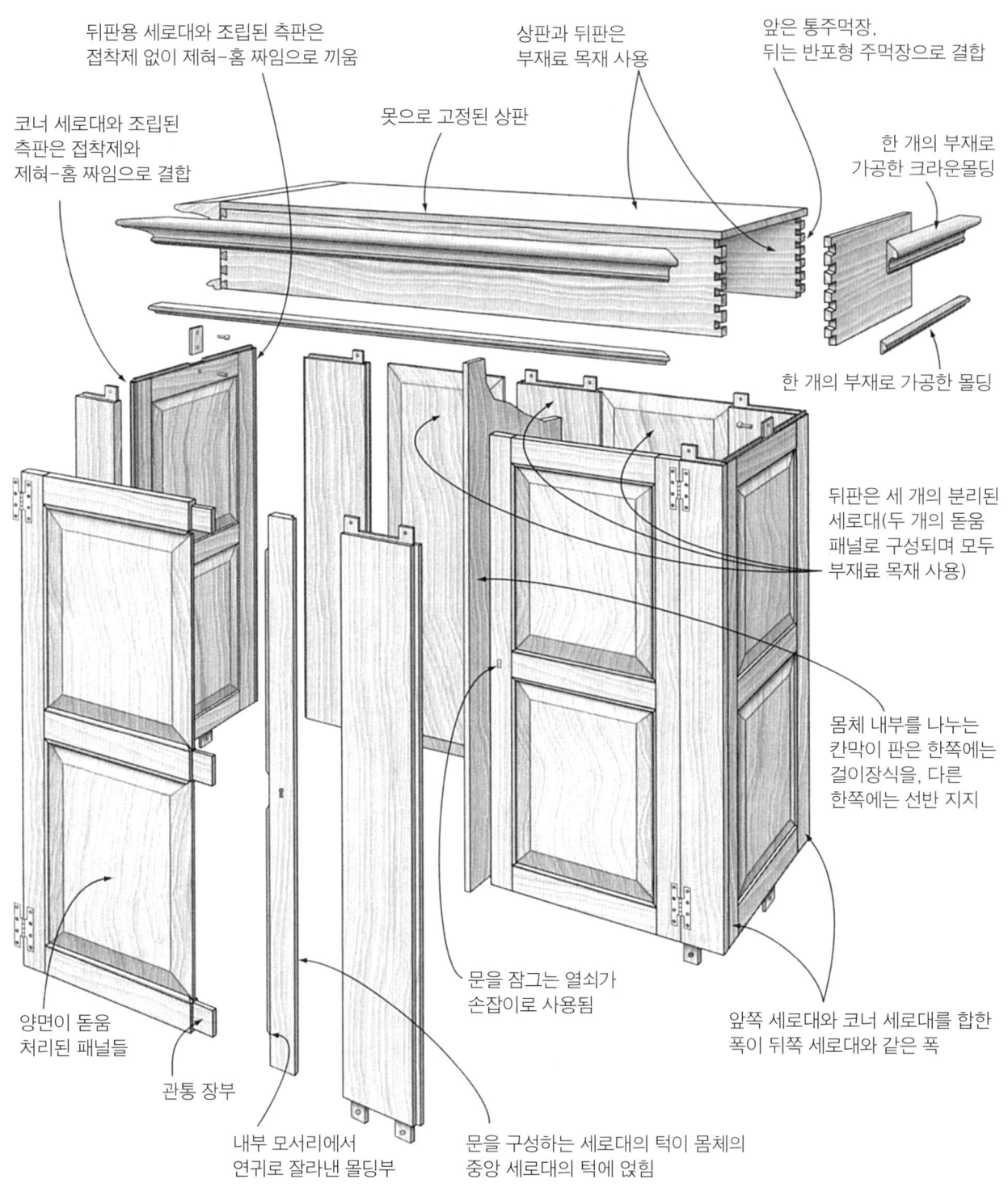

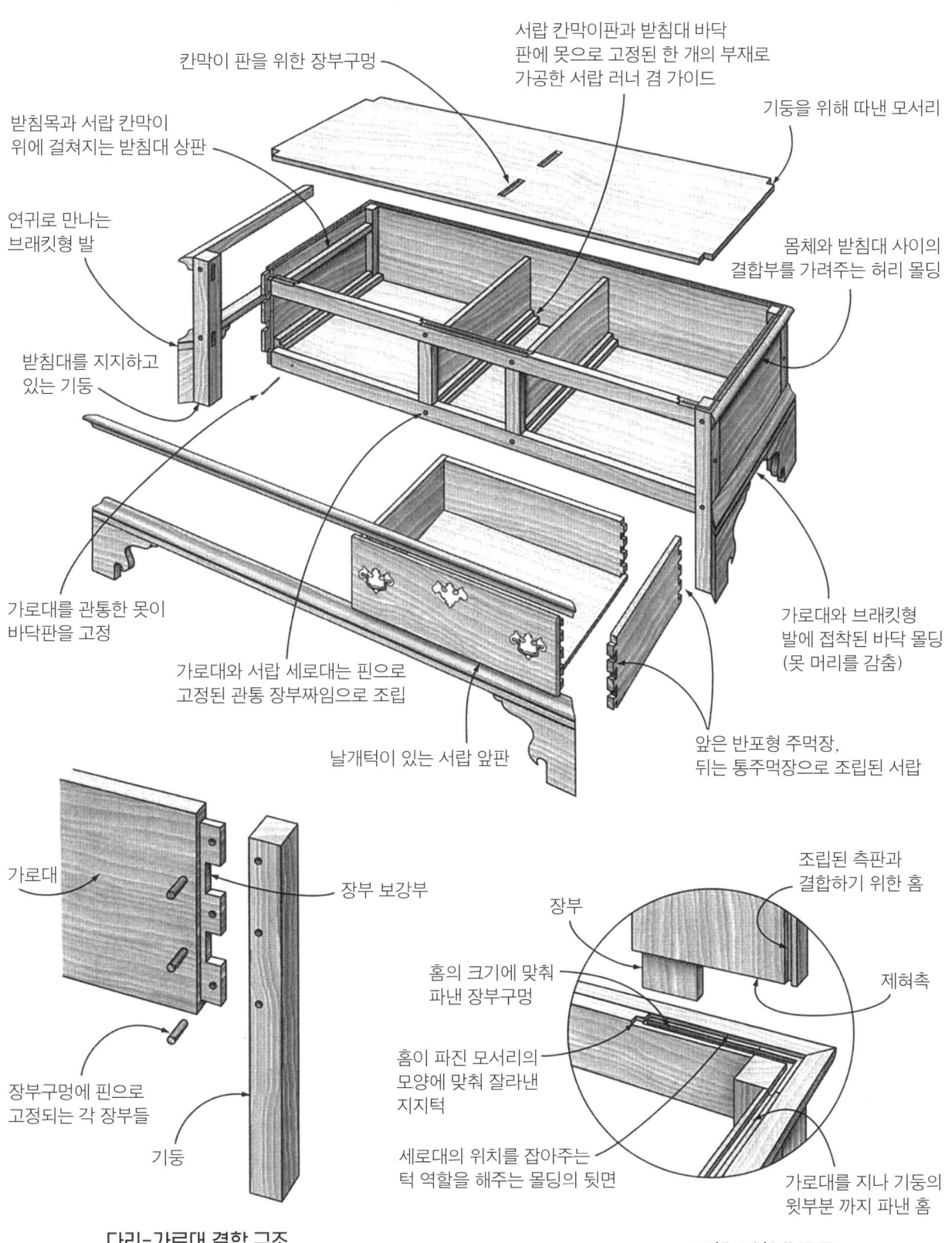

바느질 책상
Sewing Desk

바느질 테이블·바느질 수납장·작업대·작업테이블

〈단위:mm〉

참고도면
- John Kassay, *The Book of Shaker Furniture*(University of Massachusetts Press, 1980), Desks. 심플한 바느질 책상을 제작하기 위한 치수 도면과 절단 목록 등을 소개.
- David Lamb, *The Best of Fine Woodworking: Traditional Furniture Projects*(The Taunton Press, 1993), Shaker Casework'편. 서랍들이 앞과 측면에서 열리는 바느질 책상 수록.
- 목공잡지 *American Woodworker* Vol. IV, No. 4(1988년 9/10월호) 16~23쪽, John Leeke, Shaker Sewing Desk. 이 도면으로부터 여기의 표준형 바느질 책상을 재현.

디자인 변형 현존하는 셰이커의 바느질 책상들은 표준형 모델보다 좀 더 심플한 것부터 복잡한 모델까지 다양하다. 여기 예는 후기의 유명한 모델이다. 상층부에는 여섯 개의 서랍과 작은 문선반이 있다. 하부장은 정면뿐만 아니라 측면에도 서랍이 있어서 이 특별한 책상은 상당히 작은 공간에서 두 명의 수녀들이 사용하기 편리했다.

이 가구와 다른 유사한 바느질 책상은 본질적으로 셰이커의 가구이다. 이 가구가 만들어졌을 당시에는 바느질 책상은 셰이커교의 수녀들의 작업공간이었다. 현대에는 바느질 책상은 의자와 함께 또는 침대 옆 테이블로 사용할 수 있다. 표준형태에서는 서랍이 달린 하부장과 넓은 작업상판 그리고 2층에는 때로는 작은 문선반이나 작은 서랍들이 배치되어 있다.

일반적으로 셰이커들은 매우 숙련된 가구 제작자들이었다. 그들은 좋은 나무와 실용적인 정교한 결구법으로 결합하는 방법을 알고 있었으며, 시간이 지나도 질리지 않는 매우 매력적이고 실용적인 가구들을 만들어냈다. 그러면서도 정밀하게 작업했다.

이 특별한 책상은 소나무로 만든 상판은 책상의 프레임에 간단히 못으로 결합되었다. 서랍이 꽝 닫혔을 때 서랍판의 날개부가 부서지지 않도록 막아주는 멈춤 블록도 없다. 책상 프레임은 단단한 단풍나무로 제작되었지만, 알판은 소나무를 사용했다. 몸체는 붉은색으로 칠했지만 버터넛으로 제작된 서랍 앞판과 호두나무 손잡이는 칠하지 않고 사용했다. 제작자들은 재료를 잘 알고 있었다.

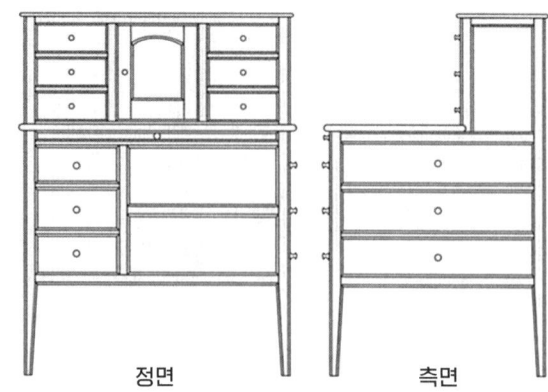

정면 측면

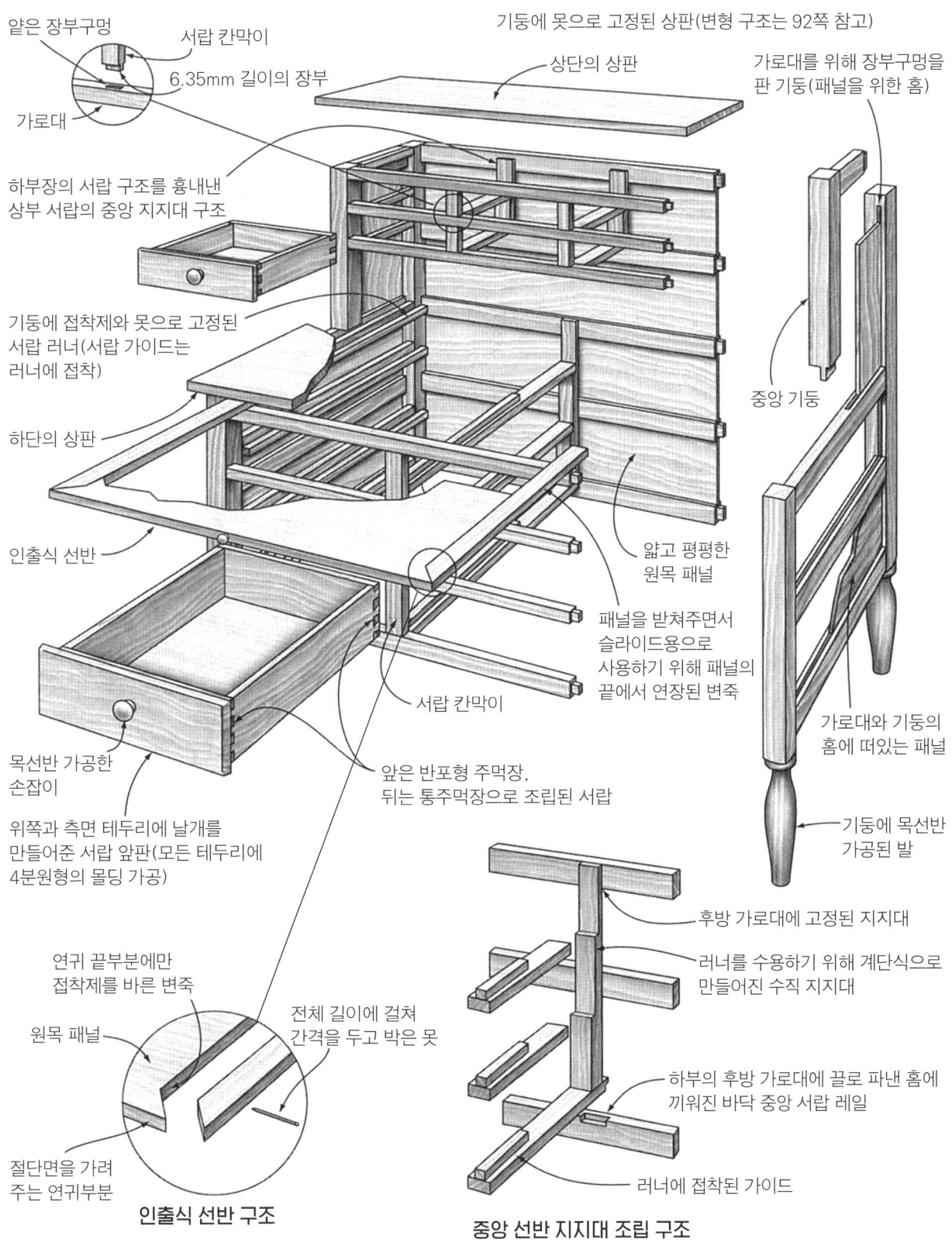

06 붙박이장
Built-in Cabinets

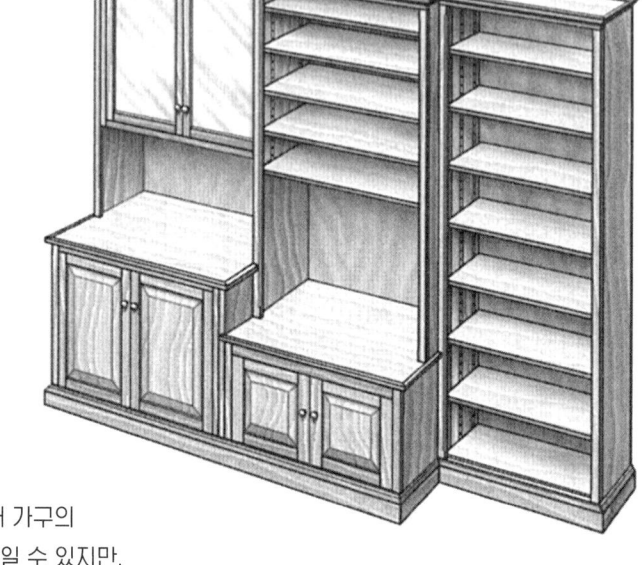

붙박이장(주로 부엌가구)은 다른 어떤 가구보다도 치수가 표준화되어 왔다. 이 규격은 인간의 평균 키에 따라 커졌고, 가구 제조사들에 의해 공통적으로 채택되었다. 그래서 가구 소유자의 체형에 맞춰서 가구의 치수를 변경하여 제작하는 것이 현명하게 보일 수 있지만, 붙박이장 만은 표준에서 벗어나는 일은 상당히 위험한 시도이다.

- **부엌 상부장**: 표준 깊이는 12인치(305mm), 높이는 30인치(762mm) 또는 42인치(1067mm)이다. 깊이는 일반적인 식사용 접시(10인치 직경, 254mm)를 보관할 수 있어야 한다. 30인치 높이 장의 경우 표준 키의 성인이 닿을 수 있는 높이가 78~80인치(1981~2032mm)로 설치한다. 42인치 장의 경우 대부분의 사람들이 맨 위쪽 선반에 닿을 수 없지만, 표준 8피트(2438mm) 천장까지 장이 닿도록 설치한다. 상부장은 하부장의 상판 위로 16~18인치(406~457mm) 위에 설치되어야 한다. 이 공간은 일반적인 부엌용 소형 가전을 올릴 수 있는 높이이며, 보통 사람이 부엌장 앞에 섰을 때 시야가 가리지 않는 높이이다.

- **부엌 하부장**: 표준 높이는 34.5인치(876m)이며 표준 깊이는 24인치(610mm)이다. 상판까지의 높이는 36인치(914mm), 깊이는 25인치(635mm)이다. 이 모든 치수는 변경이 가능하지만 식기세척기 같은 부엌 가전기구들은 표준의 상판 높이보다 낮게 설계된다. 부엌 싱크볼도 상판의 표준 깊이에 맞게 생산된다. 일반적으로 하부장은 바닥과 닿는 곳에 발을 놓는 공간인 걸레받이(Kick space)을 두는데 깊이는 3인치(76mm), 높이는 3~4인치(76~102mm)로 만들며, 싱크대에서 작업시에 발가락이 위치하는 공간이다.

- **화장실용 세면대**: 표준 높이는 34인치(864mm)이다. 이 높이는 아이나 특히 수도꼭지에 닿을 수 없는 사용자의 경우 변경 가능하다. 표준 깊이는 20인치(508mm) 이상이다.

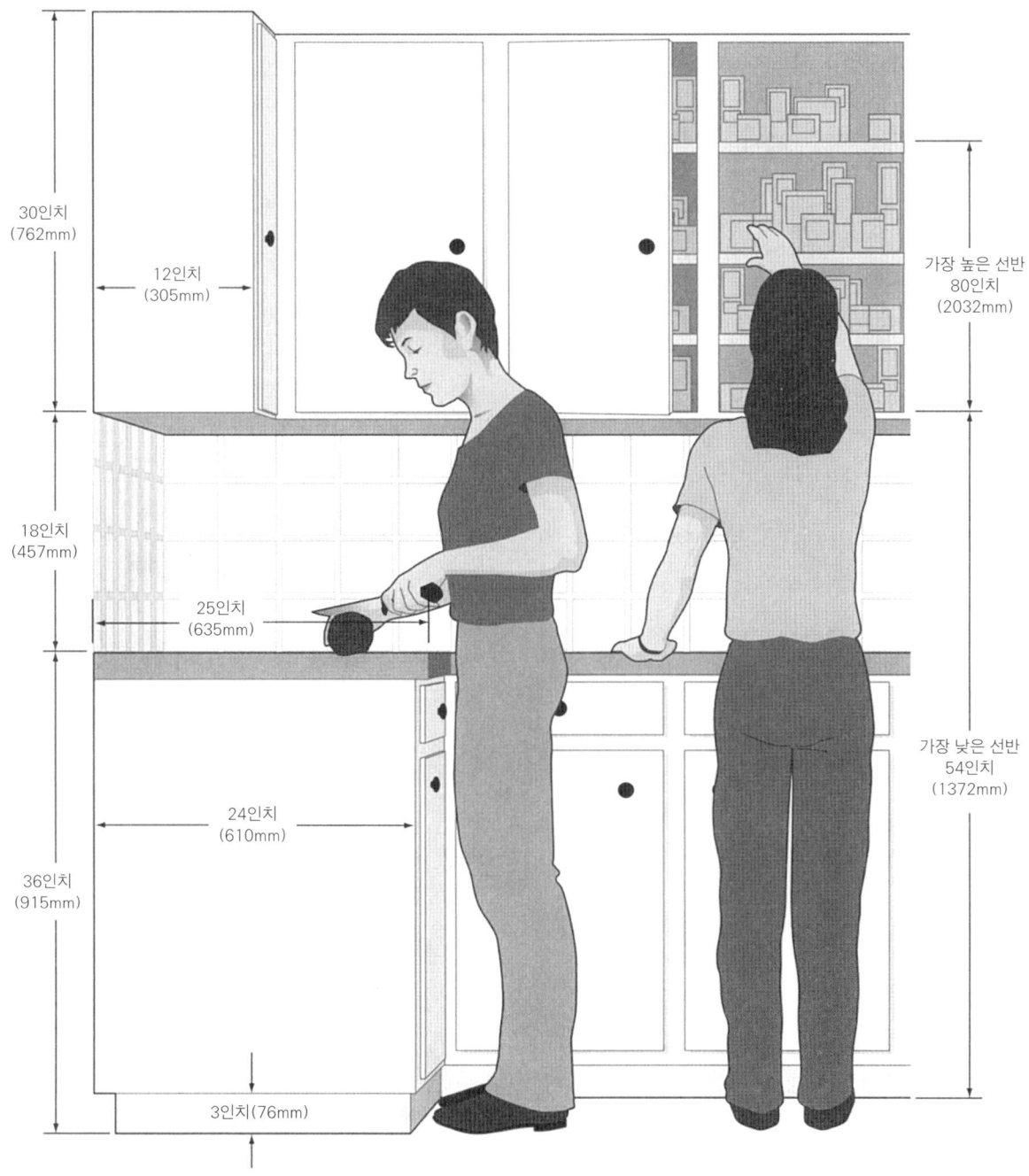

Built-in Cabinets

부엌 상부장
Kitchen Wall Cabinet

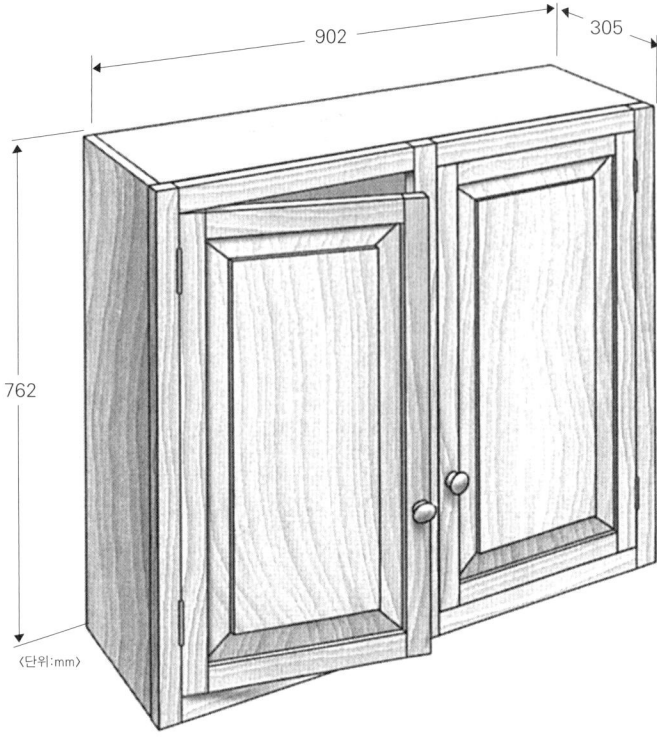
〈단위:mm〉

현대적인 부엌은 벽과 벽사이, 바닥부터 천장까지 장으로 꽉 채운다. 벽에는 표준형으로 제시된 것과 거의 흡사한 장을 일렬로 매달아 놓는다.

전형적인 부엌 상부장은 매우 간단한 상자형으로 높이 조절 가능한 선반과 문이 달려 있다. 제작을 쉽게 하기 위해서 합판 같은 인공 판재를 사용한다. 장의 외형은 문의 설치 방법과 전면 프레임의 유무에 따라 달라진다. 예를 들어 전면에 사용하는 나무 종류나 문과 전면 프레임의 몰딩 장식의 유무 같은 세부 형태가 고급 제품과 저렴한 제품을 구분하게 해준다.

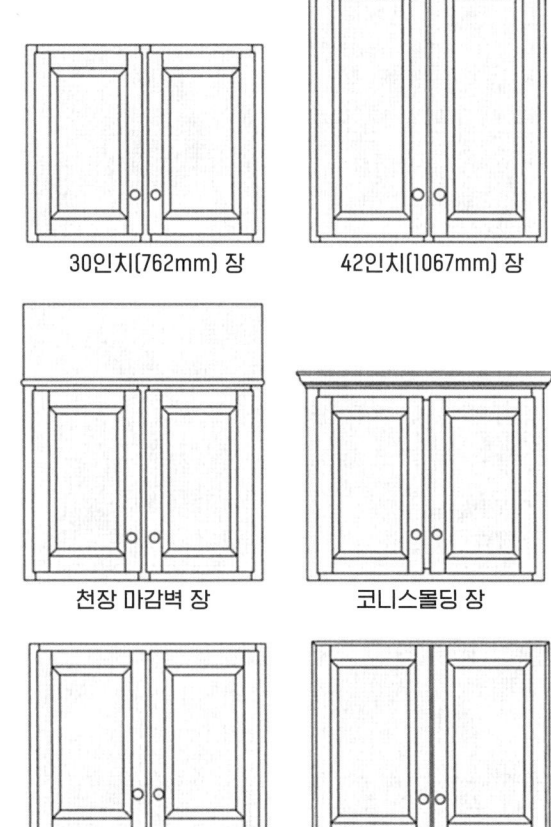

참고도면
- William Draper · Robert Schultz, *Cabinetry*(Rodale Press, 1992), Drawer Base and Sing Base Cabinets. 전통 스타일 유리문이 달린 벽장에 대한 자세한 제작 방법, 도면 소개.
- Nick Engler, *Making Built-In Cabinets*(Rodale Press, 1992), Putting It All Together: A Cabinetry Project. 프레임 구조의 벽장에 대한 치수 도면과 절단 목록, 제작 방법 수록.

디자인 변형
상부 벽장의 형태를 변경하는 분명한 방법은 문을 바꾸는 것이다. 부엌 상부장의 외형에 영향을 주는 세 가지가 있다.

먼저 일반적인 8피트(2438mm) 높이의 천장에서, 30cm 정도 떨어져서 설치하는 30인치(762mm) 장과 상부의 죽은 공간까지 채워서 여분의 장 공간을 확보할 수 있는 42인치(1067mm) 장 중에 선택하는 것이다.

두 번째는 장 상부에 코니스몰딩을 설치하여 전통적인 느낌을 낼 수 있다.

세 번째는 전면 프레임을 여부를 결정하는 것이다. 이 외부 구조를 선택함으로써 외관을 다르게 연출할 수 있다.

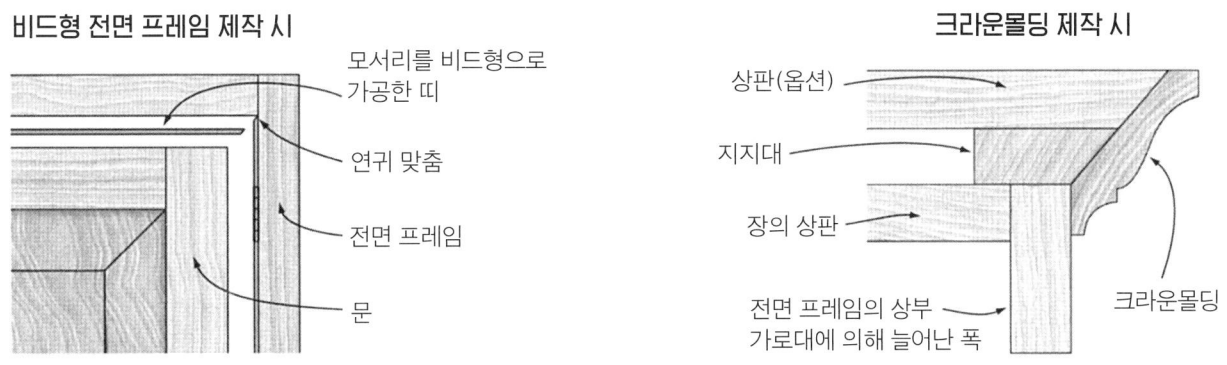

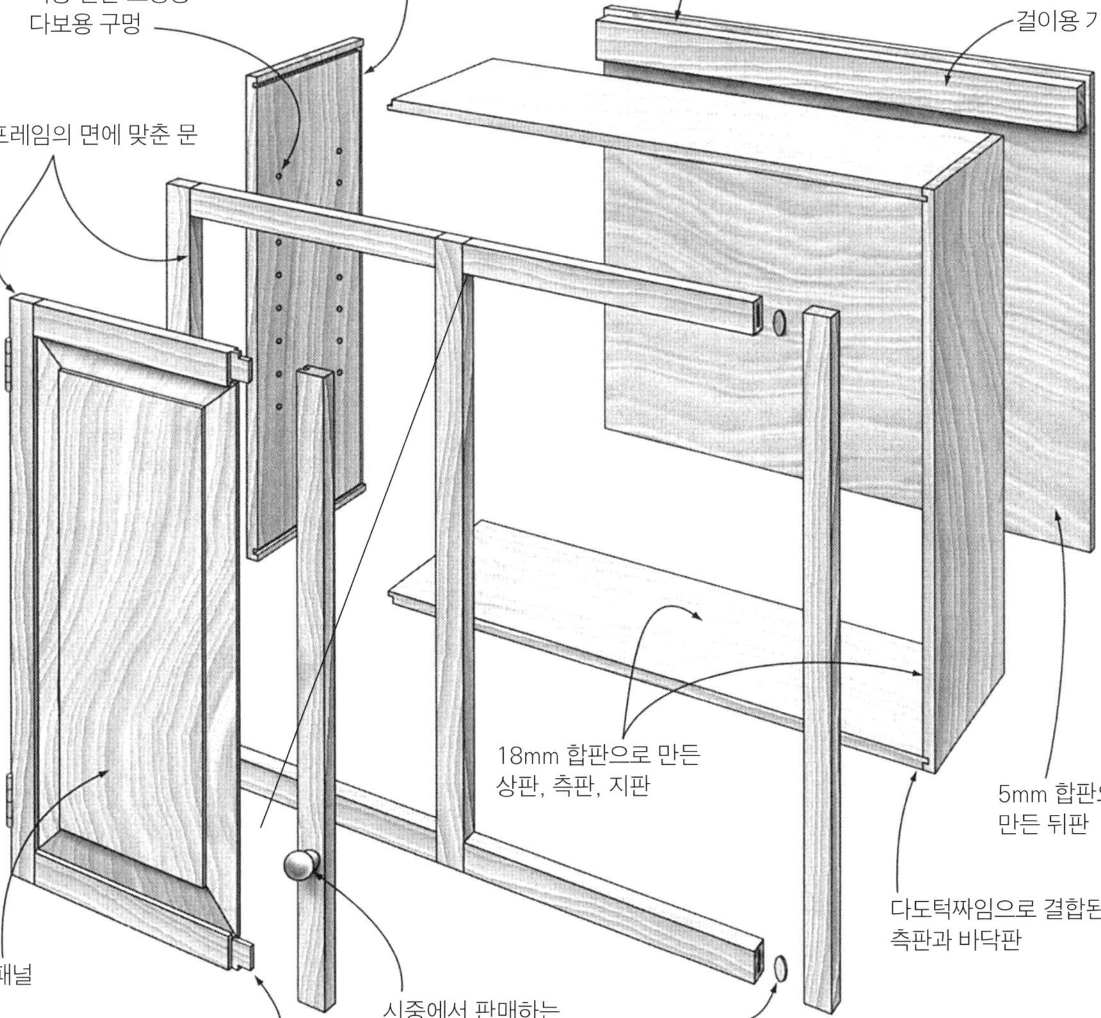

부엌 하부장
Kitchen Base Cabinet

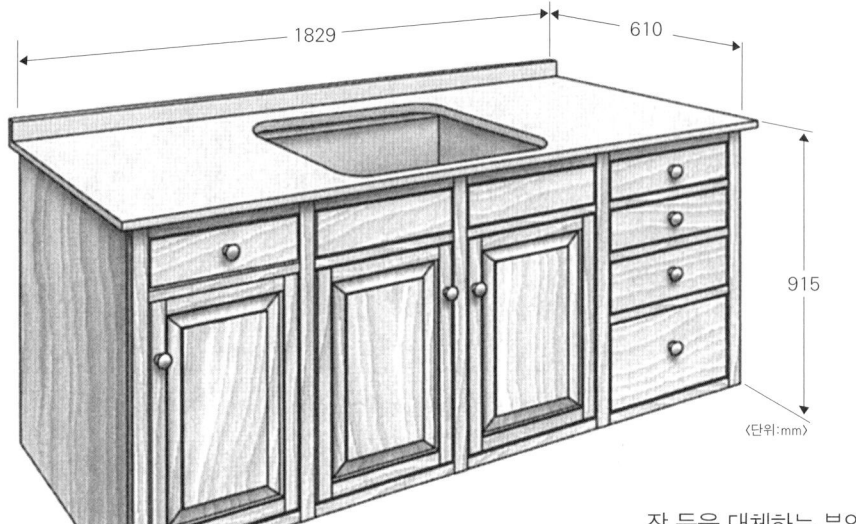

이것은 이 책에 실린 가구중 가장 최근 형태의 수납장이다. 다른 찬장이나 수납장들의 나이는 수백년 전으로 거슬러 올라가지만 여기 표준형 부엌장은 20세기의 개념이다.

1940년대 후반 전쟁 직후 건설 붐이 일어날 때, 많은 가구 제작자들이 허치, 작업대 그리고 식료품장 등을 대체하는 부엌 수납장과 화장실 수납장을 특화하여 제작하기 시작했다. 오늘날 이런 수납장은 미국에서 만들어지는 거의 모든 부엌을 채우고 있다. 그것들은 세 가지 기본 특징을 지니고 있다.

첫째, 보통 합판이나 이와 비슷한 인공 판재로 제작된다. 이것들은 원목에 비해 안정적이기 때문에 제작이 쉽다. 둘째, 이러한 수납장들은 모듈식으로 제작되어 선반이나 서랍, 문을 갖춘 표준화된 상자 형태이다. 서로 다른 구성을 가진 모듈들은 나란히 붙이고 하나의 큰 상판을 얹어서 수납장 시스템을 구성한다.

마지막으로 수납장은 조립식이다. 벽과 바닥 또는 천장에 나사로 결합된다. 이를 통해 구조적인 강도를 얻는 수납장도 있다. 위의 표준형 하부장은 서랍층과 이동 선반을 가진 그릇장 그리고 싱크와 배관을 위한 이중 문을 가진 공간으로 구성되며 이 모든 것이 하나의 장 안에 담겨있다.

참고도면
- William Draper · Robert Schultz, *Cabinetry* (Rodale Press, 1992), Drawer Base and Sing Base Cabinets. 전통 스타일의 하부장에 대한 자세한 제작 방법. 도면 소개.
- Nick Engler, *Making Built-In Cabinets* (Rodale Press, 1992), Putting It All Together: A Cabinetry Project. 여러 가지 하부장에 대한 치수 도면과 절단 목록, 제작 방법 수록.

디자인 변형 현대 부엌가구의 모듈화는 수납장의 구성과 원하는 서랍과 선반을 함께 사용하며, 필요한 공간에 맞도록 제작하기 쉽게 준다. 예에서 볼 수 있는 표준형의 구성 – 두 개의 문과 상부의 두 개의 서랍 또는 네 층의 서랍 – 은 특정한 공간에 맞게 폭을 조절하여 제작할 수 있다. 아래는 가능한 디자인의 예이다.

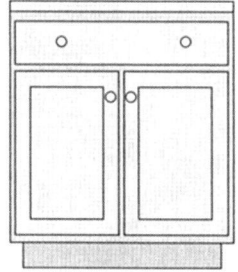 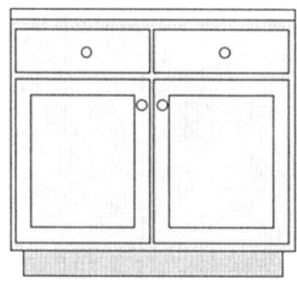 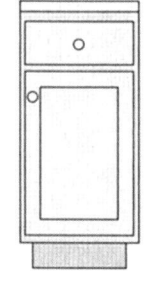 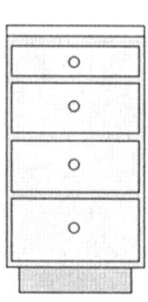 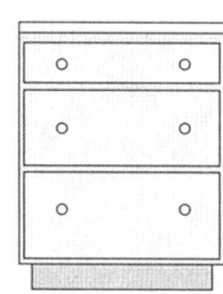

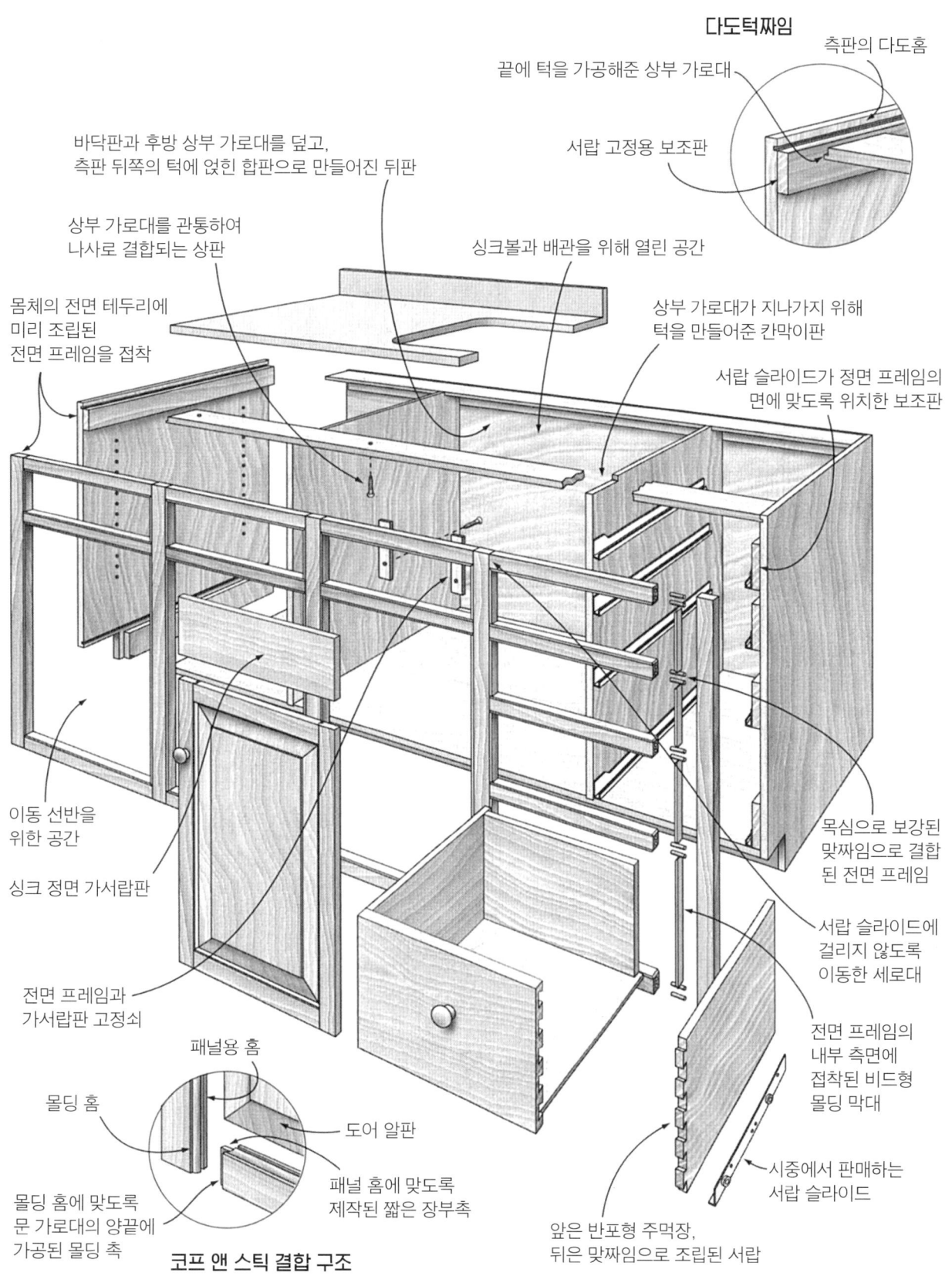

부엌 코너 하부장
Kitchen Corner Cabinet

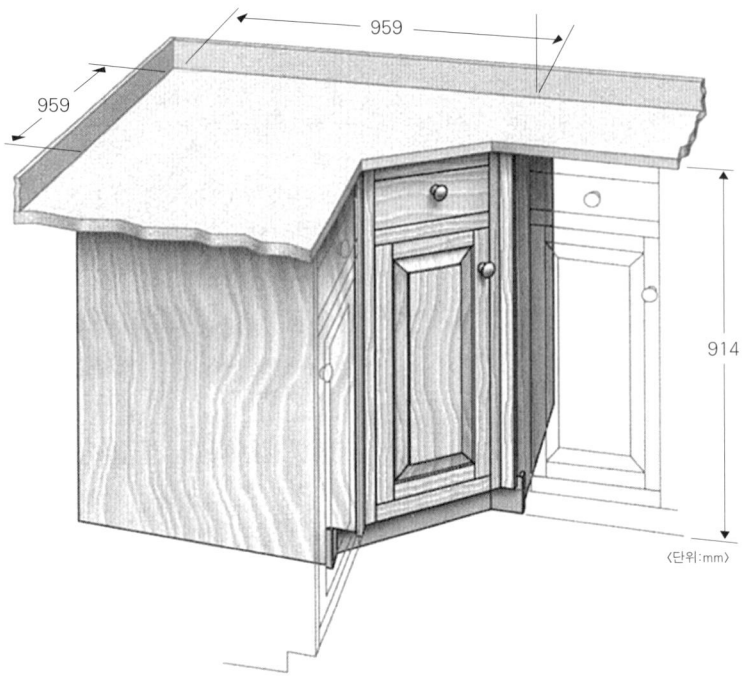

수납장으로 가득 찬 부엌에서 모퉁이는 다루기 어려운 문제이다. 2피트(610mm) 깊이의 장이 모이는 코너 부분을 어떻게 해결할 것인지가 관건이다.

최상의 해결책이 여기서 표준형으로 보여주는 배치이다. 이것은 양쪽의 하부장으로부터 1피트(305mm) 정도의 공간이 떨어져 있어서 모서리를 가로지르는 대각 방향으로 설치한 문을 열고 닫을 공간을 만들어준다.

일반적인 하부장은 문 위에 서랍이 있는데, 여기서 보여주는 표준형 코너 하부장에도 서랍이 달려있다. 하지만 이것은 매우 드문 경우다.

회전식 선반을 설치하면 세 군데의 모서리 공간은 쓸모 없어지지만, 바닥까지 접근성이 좋아진다. 회전식 선반은 다소 복잡할 수 있으며, 모든 주방 용품들을 회전 선반에 넣을 수 있는 것은 아니다.

참고도면
- Nick Engler, *Making Built-In Cabinets*(Rodale Press, 1992), Putting It All Together: A Cabinetry Project. 코너 하부장 도면과 절단 목록, 제작 방법 등 소개.
- Peter Jones, *Shelves, Closets and Cabinets*(Popular Science Books, 1987), Cabinets. 코너 하부장 그림 소개.

디자인 변형 코너 하부장은 문 종류는 대각의 문 또는 만나는 하부장들과 같은 선상의 문으로, 두 가지 중 하나를 채택하고 있다. 오로지 장점만을 따진다면 한 개의 대각 문을 일반적으로 선호한다. 이것은 독립적으로 완전히 회전하는 회전식 선반(Lazy susan)을 사용할 수 있다. 불행하게도 이것은 한 장의 라미네이트 포스트폼 상판에는 쓸 수가 없다. 모서리를 대각선으로 잘라낼 수 없는 코너 하부장은 때로는 회전형 선반으로, 때로는 고정형 선반으로 만들기도 한다. 회전형 선반을 사용할 때는 문을 부착할 때 파이모양으로 잘라낸다. 문을 열거나 당겨서 열면 저장된 물건이 바깥쪽으로 회전하여 접근을 쉽게 해준다. 문을 닫기 위해서는 조립된 전체 구조가 닫힘 위치로 회전해야 한다.

회전식 선반형 수납장   문 회전형 수납장   접이식문

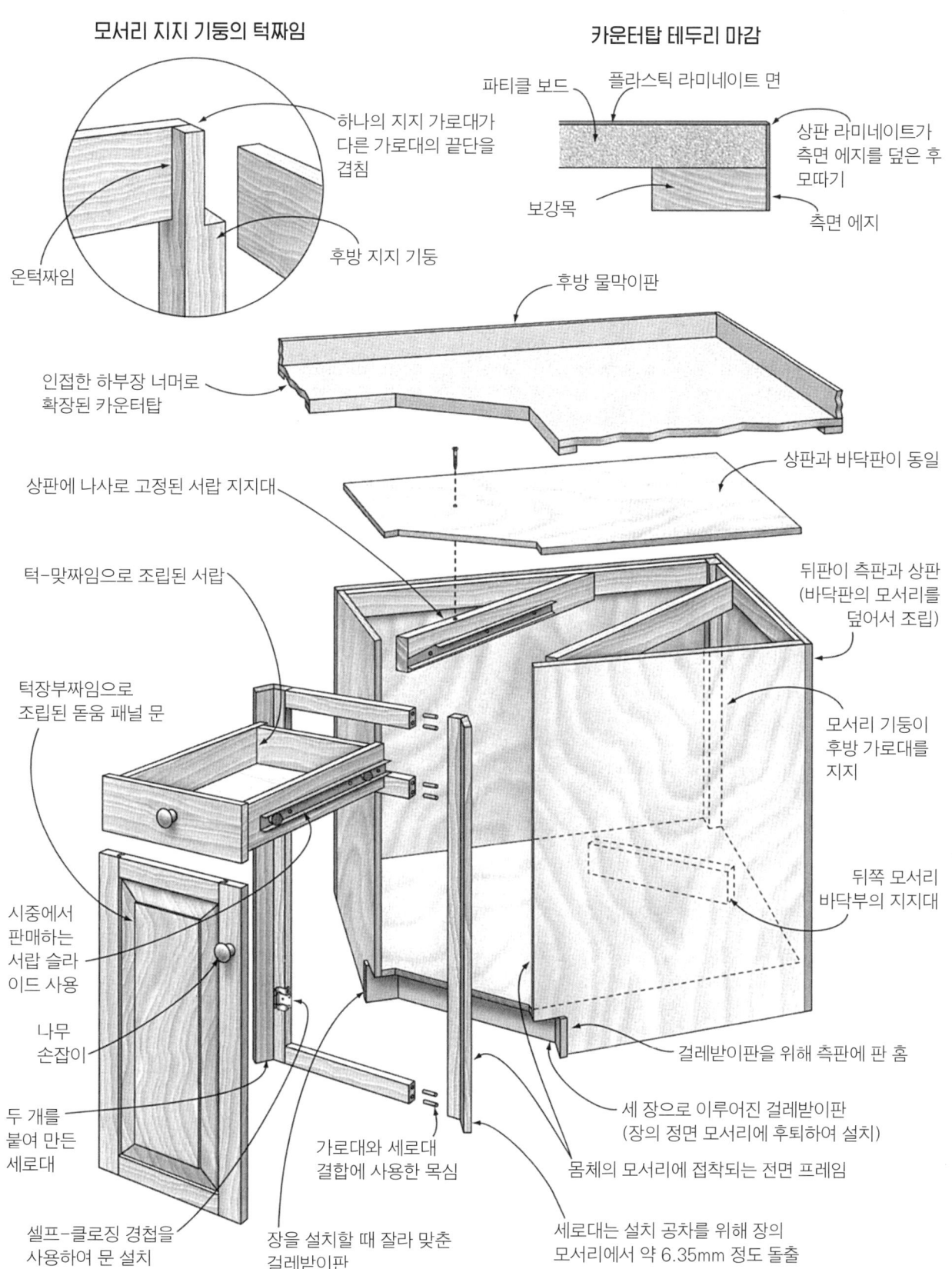

식료품 보관장
Pantry Cabinet

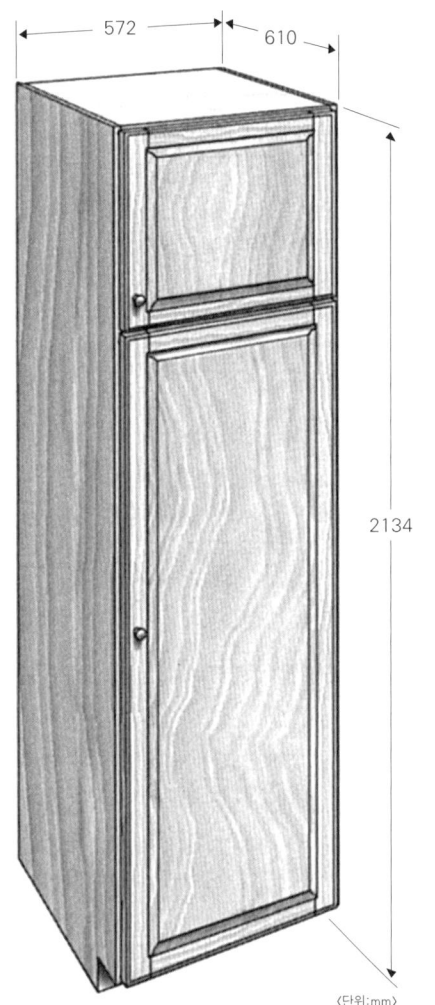

〈단위:mm〉

식료품 보관장은 과거의 식료품 보관실을 대체 했다. 식료품 보관실은 많은 저장 공간을 제공하지만, 소형의 식료품 보관장에 비해 건축 비용이 많이 들었다.

식료품 보관장은 부엌 수납장의 또 다른 형태이다. 판재 구조로 만든 키 큰 상자이다. 인공 판재를 사용하면 나무의 수축·팽창도 문제될 것이 없다. 결합 방법은 간단하지만 확실하다. 몸체가 벽에 나사로 고정되어 더욱 견고 해진다.

이 보관장의 우월한 점은 자유로운 수납이다. 24인치(610mm) 깊이의 장의 안쪽에서 캔이나 단지를 꺼내는 것도 쉽다. 얕은 서랍이 선반 대신 사용되기 때문이다.

다른 부엌장과 마찬가지로 식료품 보관장 외형은 노출되는 부분의 재료 선택, 구조 스타일(프레임 스타일 여부) 그리고 마지막으로 문 스타일로 결정된다. 표준형으로 제시된 식료품 보관장은 판재구조 상자로 문이 몸체의 모서리를 덮는다. 평면의 패널이 턱을 만들어준 문 프레임에 얹히고, 볼록 몰딩으로 고정된다. 이 몰딩이 패널과 프레임을 모두 살려준다.

참고도면

- 희귀서적 중에 하나인 William H. Hylton, *Build Your Harvest Kitchen*(Rodale Press, 1990), Pantry. 도면은 다소 조잡하지만 식료품 보관장은 잘 디자인되어 있으며 제작하기 쉬움.
- 목공서적 *26 Custom Storage Projects*(Creative Homeowner Press, 1996), Pantry Cabinet. 두 개의 문을 가진 간결한 디자인의 식료품 보관장에 대한 정확하고 멋진 도면 소개.

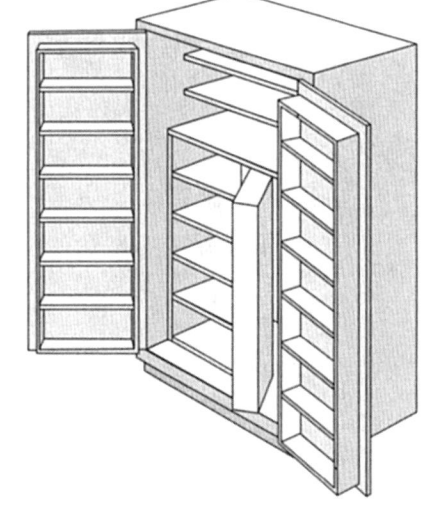

디자인 변형

식료품 보관장을 디자인 할 때는 두 가지를 고려해야 한다. 외관과 근본적인 개념으로 둘 다 바꿀 수도 있다.
외관은 문 스타일('문의 구조'편 104쪽 참조)을 바꾸거나 전면 프레임 구조를 채택하는 것이다. 보관장의 비율도 변경할 수 있다. 이것은 보관 용량을 바꾸는 것이기도 한다. 이중 문 구성을 사용해보라. 또 다른 수납 개념이 오른쪽에 그려져 있다. 이 보관장은 문에 선반이 있고 장 내부의 고정 선반 유닛처럼 회전한다. 이 구성은 묘한 매력이 있는 배치이지만 사용하기엔 번거롭다.

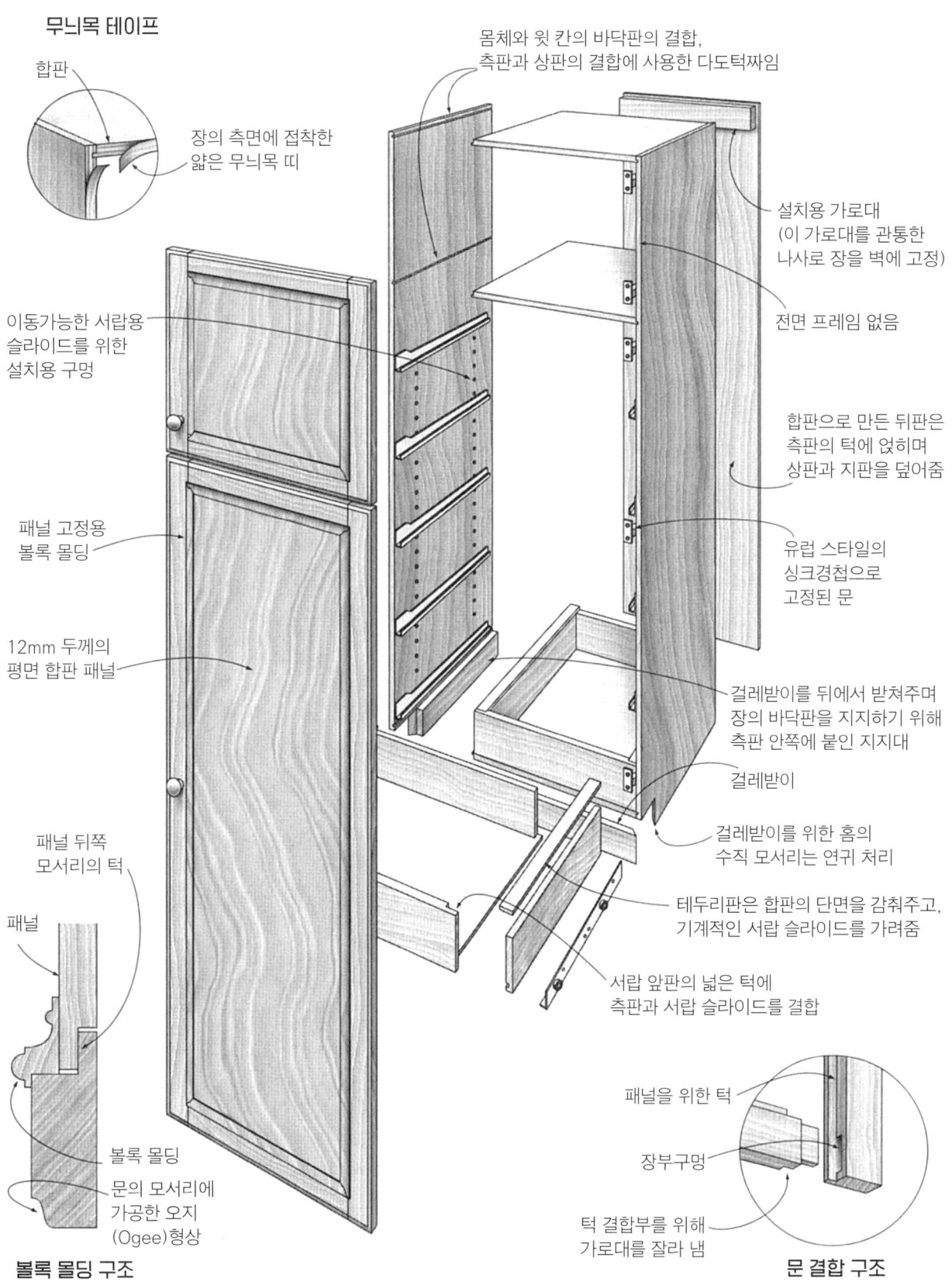

욕실 세면대
Bathroom Vanity

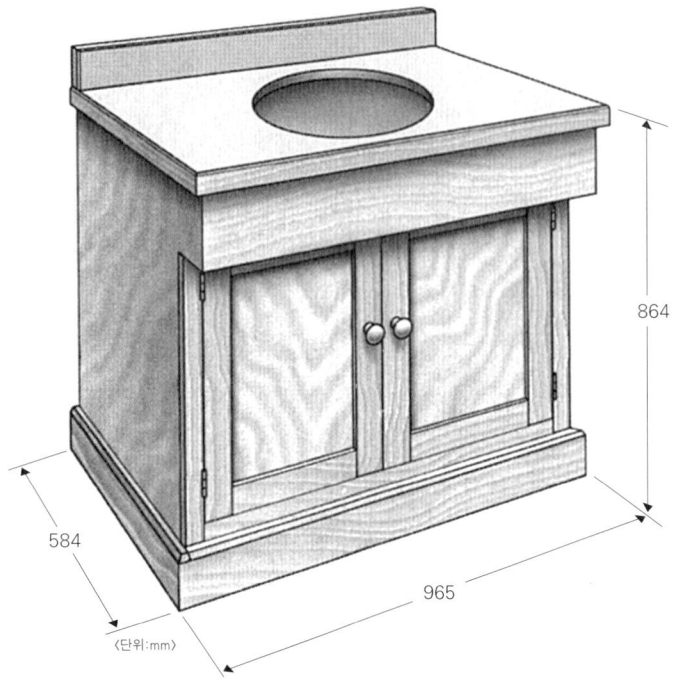

어떤 영어사전에서는 세면대를 외모에 대한 자만심이라고 했다. 욕실 개수대를 얹은 수납장에 세면대(Vanity)라고 이름 붙였던 것은 어떤 자부심 같은 것이다. 많은 사람들이 세면대라고 부르는 화장대처럼 욕실 개수대는 몸치장을 하며 스스로를 아름답게 만드는 장소이다. 물론 욕실 세면대는 실용적인 측면이 있다. 이것은 개수대 주변에 공간을 제공해준다. 칫솔과 컵, 세면도구 그리고 여러 가지 욕실 장식품 등을 올려 놓을 수 있으며, 또 개수대의 필요한 배관을 가려준다. 여분의 비누와 화장지, 청소용품을 보관할 수도 있다. 일부 화장대는 세면도구 및 화장품, 수건 및 빨래, 헤어 드라이어, 헤어 아이언 그리고 다른 미용관련 도구들 보관할 수 있는 서랍들이 있다.

대부분의 세면대는 부엌가구의 일종으로 합판이나 MDF로 만든 상자를 벽에 나사로 고정하고 문이나 카운터탑이 있다(보통 세면대는 부엌 가구보다는 몇 인치 낮다). 표준형은 일반적인 수납장이다. 바닥의 걸레받이가 들어가 있는 대신에 튀어나와 있는데, 사용자를 뒤로 물러나게 만들어서 발을 놓을 공간이 필요 없기 때문이다.

참고도면
- Glenn Bostock, *Cabinetry* (Rodale Press, 1992), Bathroom Vanity, Corner Vanity. 서로 다른 2가지 스타일의 세면대 도면, 절단 목록, 철물 목록 그리고 단계별 제작과정 소개.
- Paul Levine, *Cabinets and Built-ins* (Rodale Press, 1994), Cherry/Maple Vanity, Ash Vanity with a Teak Top, Cherry Vanity with Beaded-Inset Doors. 한 권의 책 안에 3가지 다른 세면대 도면 소개.

디자인 변형

화장실은 디자인과 레이아웃이 다양하며 세면대도 마찬가지이다. 여기 두 가지 예가 있다. 코너 세면대는 작은 욕실이나 공중화장실에 최적이다. 크기와 부피를 줄이면 비좁은 환경에 잘 맞는다. 더 큰 욕실의 경우 확장식 세면대를 설치하면 세면대 아래에 일반적인 수납공간과 함께 세면도구, 비누 및 샴푸 기타 개인 관리 용품을 보관할 수 있는 서랍이 제공된다. 옆 그림의 세면대는 단독형 수납장이지만 더 긴 세면대의 경우 부엌가구처럼 두 개 이상의 유닛을 조합하여 설치하기도 한다.

확장식 세면대

코너 세면대

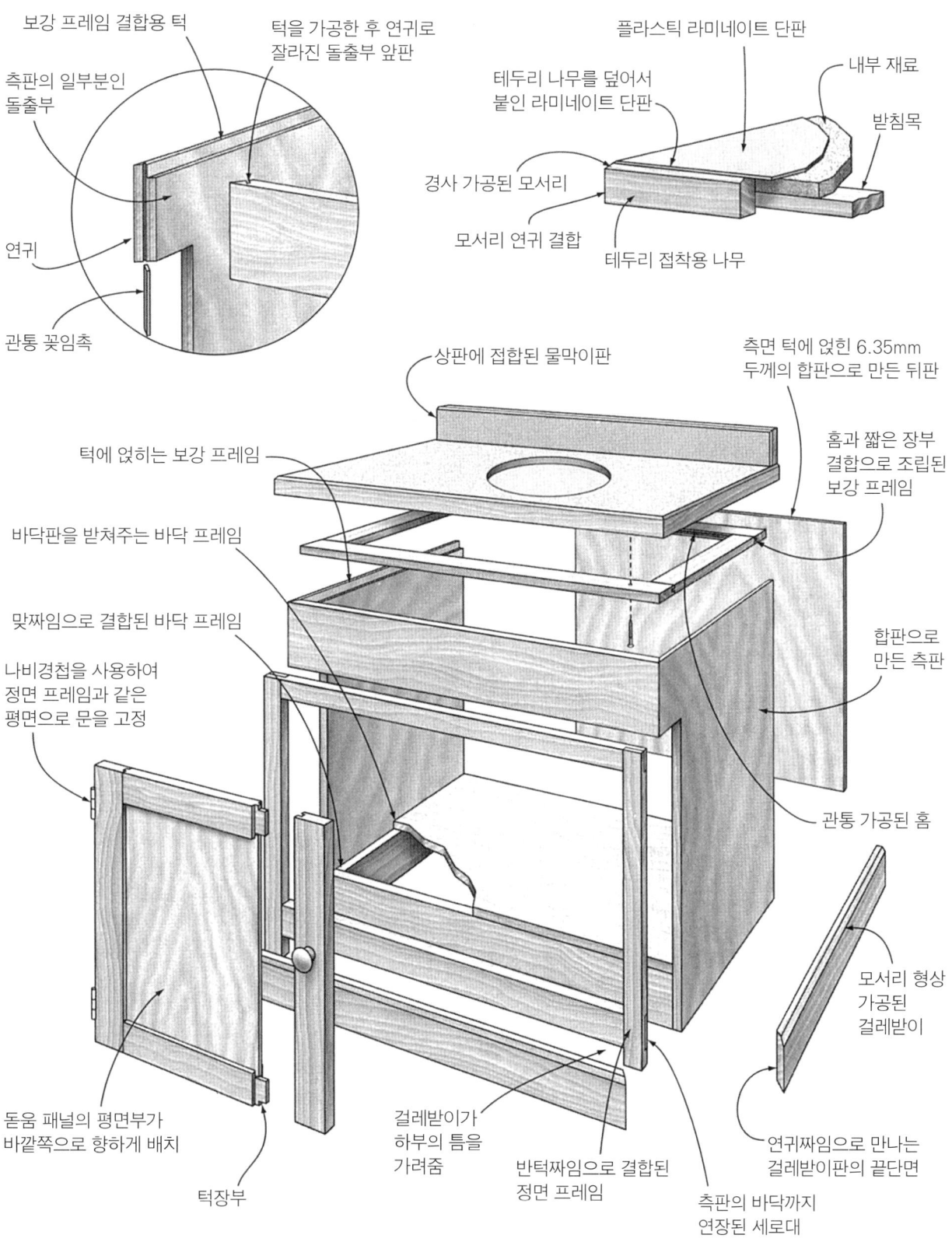

모듈형 선반과 수납장
Modular Shelving and Storage

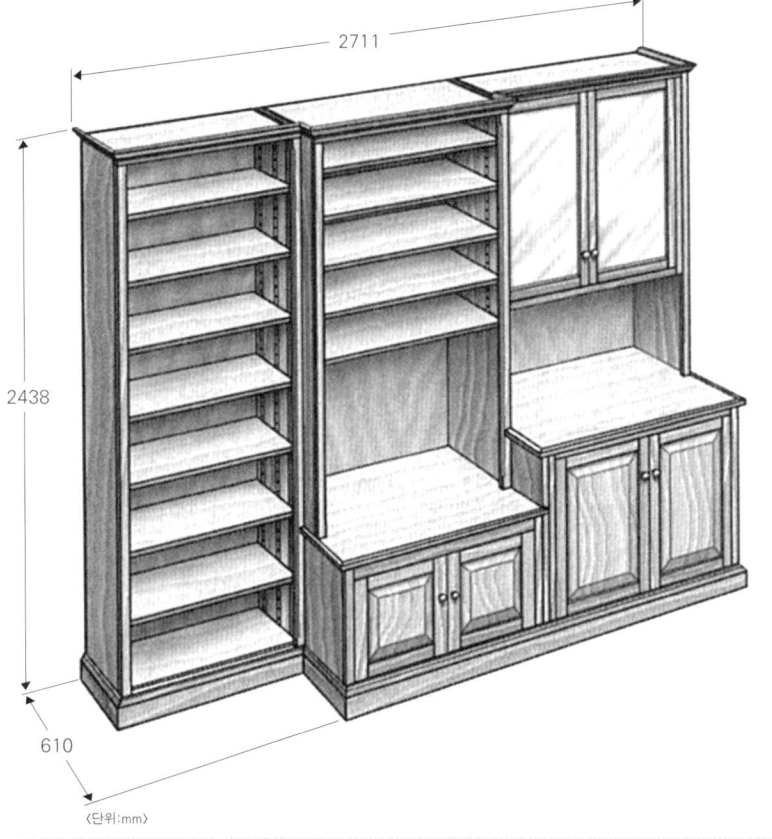

〈단위:mm〉

참고도면
- Paul Levine, *Cabinets and Built-ins*(Rodale Press, 1994), Pine Shelving System, Entertainment Center in Ash and Ash Burl Veneer, Dining Room Cabinets, Cherry Window Seat and Shelves, Oak Breakfront, Poplar Closet, Bookshelves in Stained Oak. 한 권의 책 안에 현대적인 디자인의 모듈형 조립식 프로젝트들 소개. 도면과 절단 및 철물 목록, 단계별 제작 방법 소개.

선반, 수납, 모듈식 구성 모두가 부엌 가구를 지칭하는 것처럼 들린다. 그러나 건축적인 고급 가구작업의 관점에서 생각해보자.

난로와 가죽 의자, 아름다운 카펫 그리고 책장마다 꽂힌 가죽 커버의 책들이 있는 호화로운 서재, 따뜻한 색상의 목재들과 풍부한 세부 형태까지, 모듈형 선반과 수납장은 이 모든 스펙트럼을 담아낼 수 있다. 콘셉트는 부엌가구를 만드는 작업을 가족실이나 거실 또는 서재나 침실에서 하는 것이다. 선반이나 수납장 및 찬장을 방 안에 설치하고자 할 때 어디에서나 사용할 수 있다.

위의 표준형은 멋진 세부 형태를 가진 전면 프레임과 문이 달린 합판 상자들로 구성되어 있다. 여러 모듈들이 나사를 사용하여 벽과 서로 고정되며, 전체 방에 사용하고 있는 걸레받이와 천장 크라운몰딩을 절단하여 붙여준다.

디자인 변형

모듈들의 끝없는 조합은 모듈식 선반과 수납으로 가능한 첫 번째 단계의 디자인 변형 방법이다. 옆 그림은 제작 방법 그림에서 묘사하고 있는 모듈만들 사용하여 만들 수 있는 세 가지 변형을 보여주고 있다. 모양과 세부 형태, 재료와 마감제의 선택을 통해 더 높은 단계의 변형이 가능하게 한다. 여기 전통 스타일에서 벗어난 현대적인 스타일이 있다. 월넛이나 마호가니의 고급스러움은 소나무나 메이플의 소박한 느낌과는 다르며, 플라스틱을 덮은 노골적인 기능성과도 차별화된다.

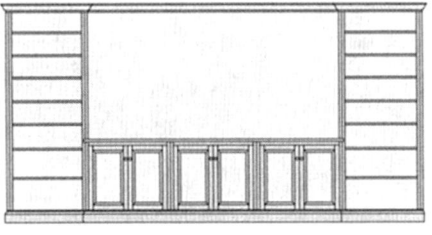

큰 창문을 둘러싼 책장과 수납장

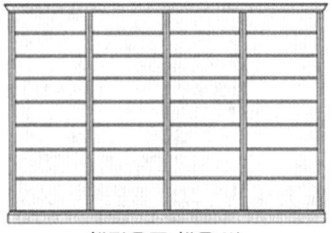

책장으로 채운 벽

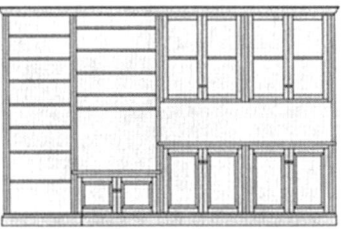

선반, 장식장 그리고 수납장의 복합형

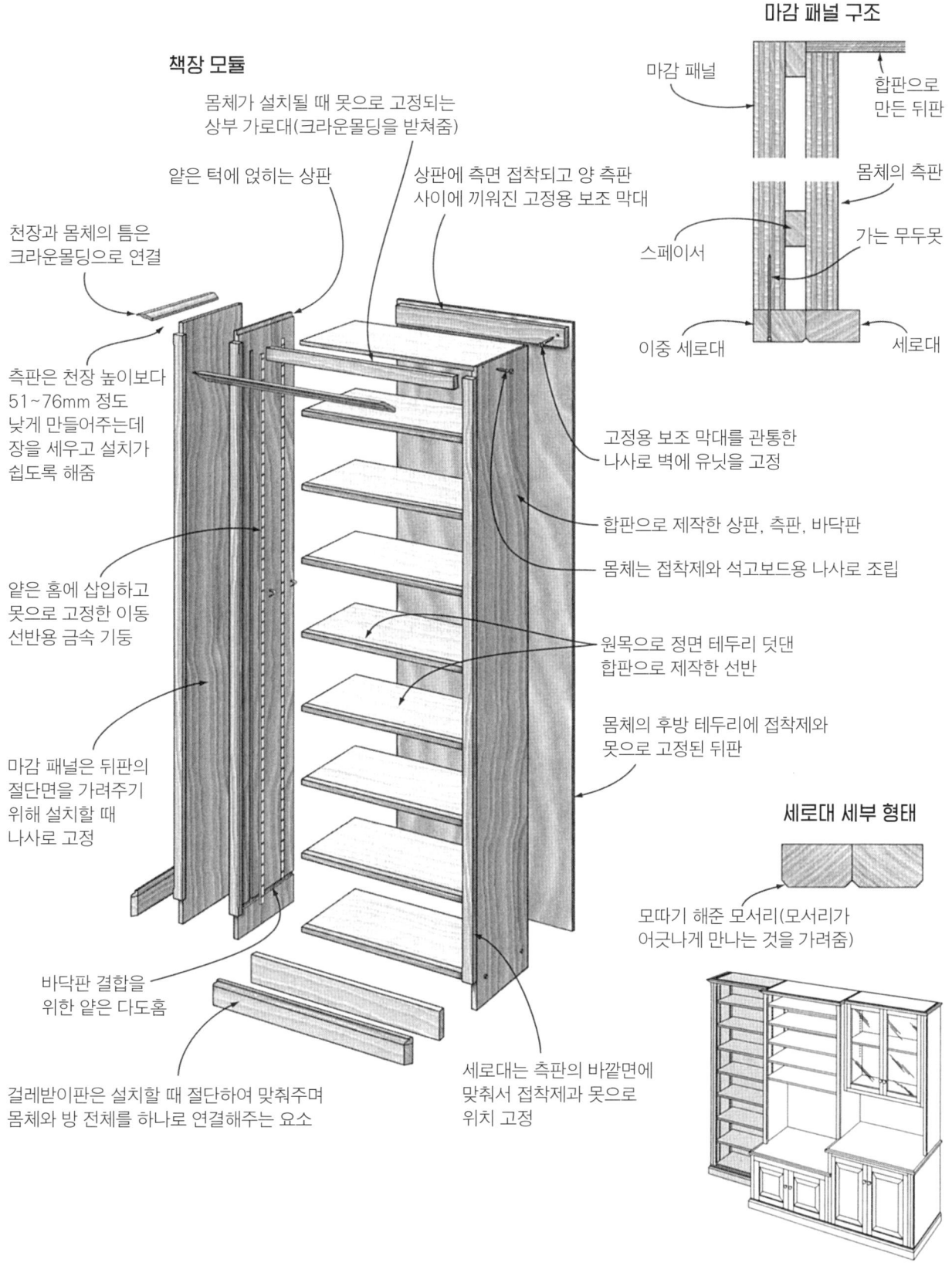

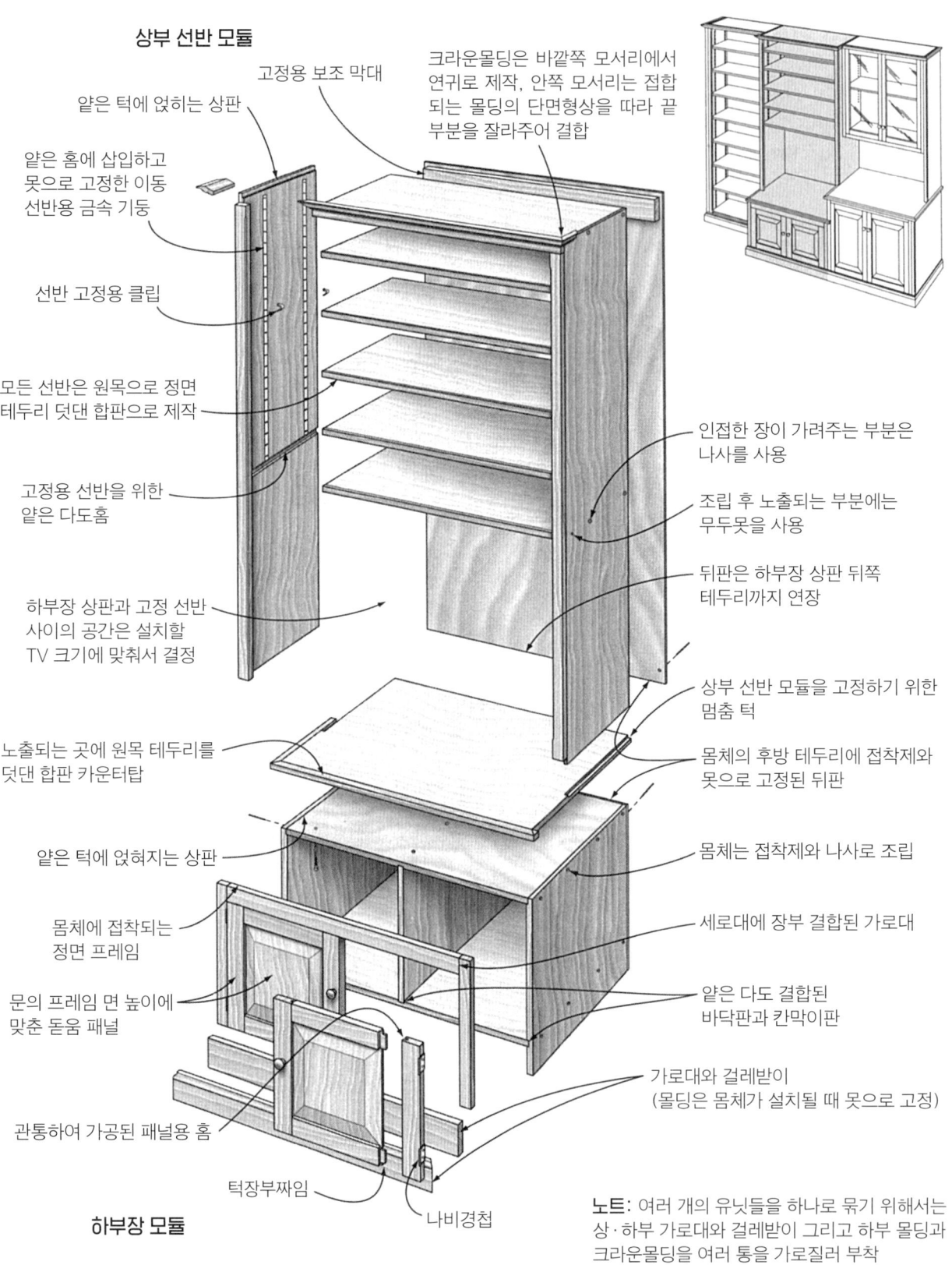

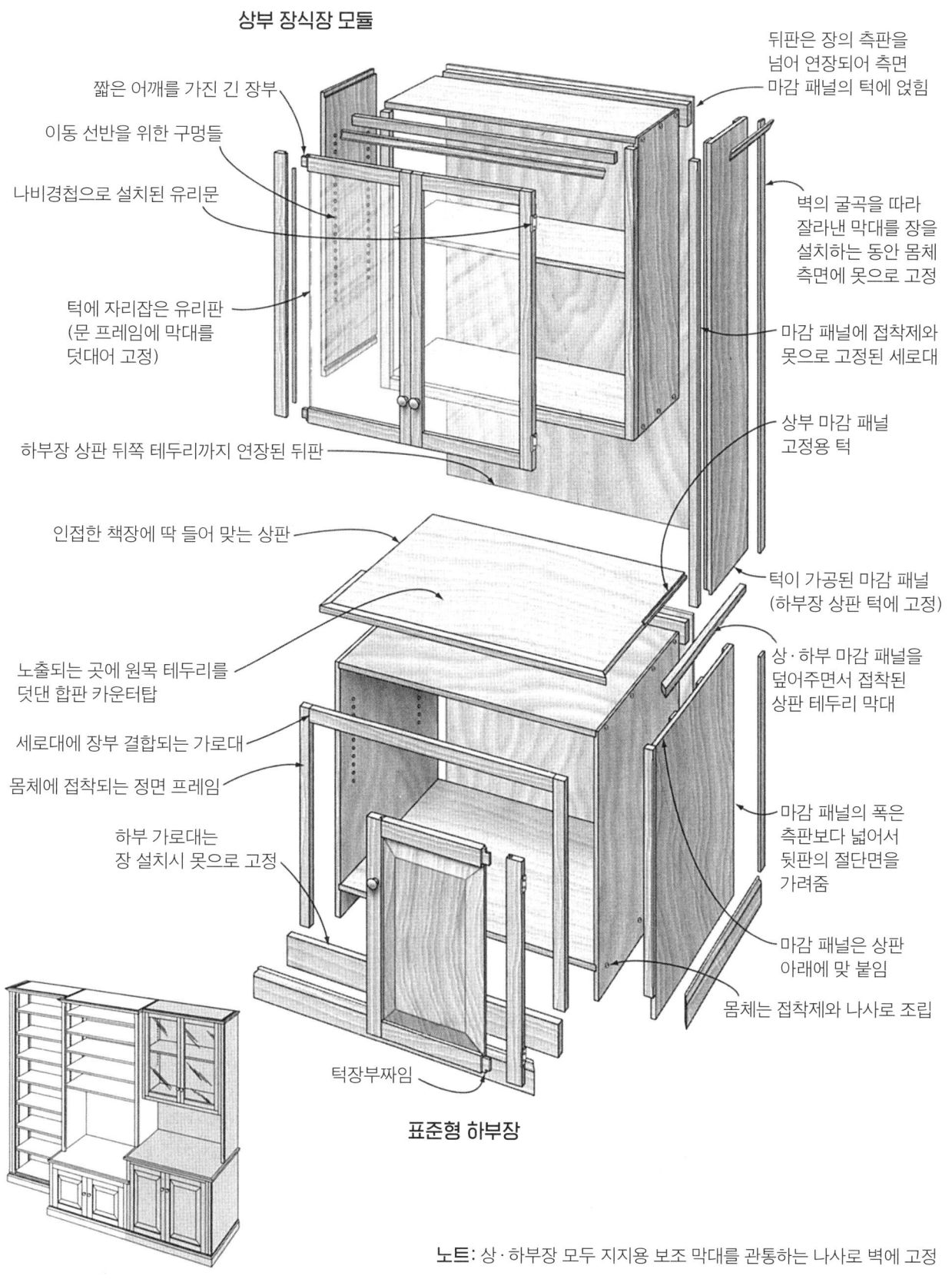

07 침대
Beds

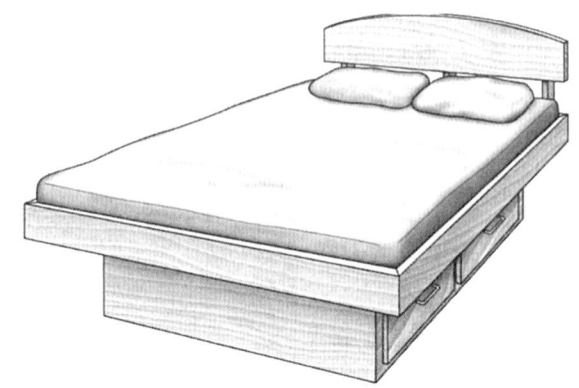

맞춤 제작한 침대를 비롯한 모든 침대는 매트리스로부터 시작한다. 고가의 침구류를 원하지 않는다면 표준 크기의 매트리스를 사용해야 한다. 매트리스의 크기가 정해지면 침대 디자이너들은 매트리스의 두께와 어느 높이에서 잠 잘 것인지를 고려해야 한다.

- **싱글**: 성인을 위한 가장 작은 매트리스로 가장 일반적인 크기이다.
- **더블**: 두 명의 성인을 위한 가장 작은 매트리스로 '풀사이즈'라고도 부른다. 싱글보다는 더 넓고 길이도 약간 더 길다. 어떤 가구 디자이너들은 비율이 가장 좋은 매트리스라고 부른다.
- **퀸**: 더블보다는 더 길고 폭도 넓다. 이 사이즈는 편안한 잠자리를 위해 넓은 공간을 제공한다.
- **킹**: 퀸보다 폭이 400mm 넓으며, 싱글의 두 배 크기에 육박한다.

지금까지 침대의 크기와 종류를 다루었다면, 이제부터는 침대의 높이를 생각해봐야 한다. 전형적으로 프레임과 스프링 매트리스를 포함한 높이는 350~400mm이다. 더 낮은 침대의 경우는 스프링이 없는 특수한 매트가 필요하다. 가장 낮은 형태는 이불이다. 매트리스의 두께는 측면 가로대의 폭과 헤드보드의 높이에 영향을 준다. 바닥으로부터 어떠한 높이에 매트리스를 놓여질지는 침대의 스타일과 사용자의 편의성을 결정하는 디자인 선택이다. 일반적인 다리 네 개인 침대가 바닥에 너무 바짝 붙은 매트리스를 사용한다면 보기 이상할 것이다.

- **높이 18인치(450mm)**: 매트리스까지의 높이는 의자 높이와 비슷하다. 서양식 문화에서 매트리스에 걸터앉아서 신발끈을 묶기 편리한 높이이다. 아이들이나 이동이 제한된 사람들의 경우, 이 높이를 선호한다.
- **높이 24~27인치(600~680mm)**: 일반적인 침대 높이이며, 대부분 사람들이 친근하게 느낀다.
- **높이 36인치(900mm)**: 미국 식민지 시대 스타일의 침대에서 자주 사용된 높이이다. 키가 높은 가구와 높은 천장의 침실에 적합하다.

매트리스 사이즈: 우리나라와 미국식과는 크기가 다르며 제조사별로 약간씩 다르기 때문에, 가구를 제작하기 전 제조사 홈페이지에서 크기를 미리 조사해보는 것이 좋다. 우리나라의 경우 매트리스의 종류별로 킹을 제외한 세로길이는 2000mm로 고정되고, 폭만 다르다. _ 옮긴이
우리나라 표준 사이즈: 청소년 싱글(TS) 2000×900mm, 싱글(S) 2000×1000mm, 슈퍼싱글(SS) 2000×1100mm, 더블(D) 2000×1400mm, 퀸(Q) 2000×1500mm, 킹(K) 2080×1680mm, 라지킹(LK) 2080×1800mm

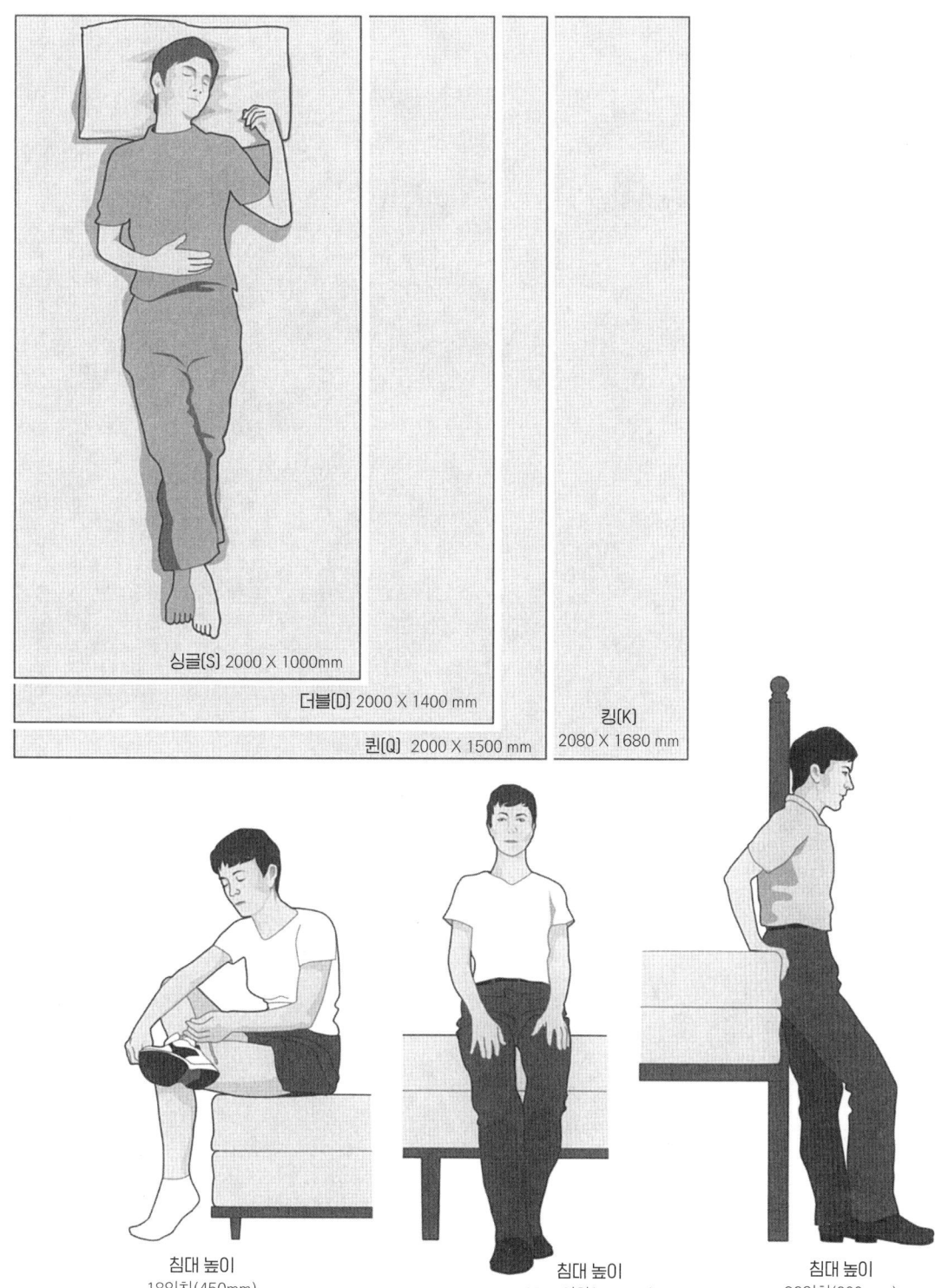

싱글(S) 2000 X 1000mm
더블(D) 2000 X 1400 mm
퀸(Q) 2000 X 1500 mm
킹(K) 2080 X 1680 mm

침대 높이
18인치(450mm)

침대 높이
25 1/2인치(648mm)

침대 높이
36인치(900 mm)

낮은 기둥 침대
Low-Post Bed

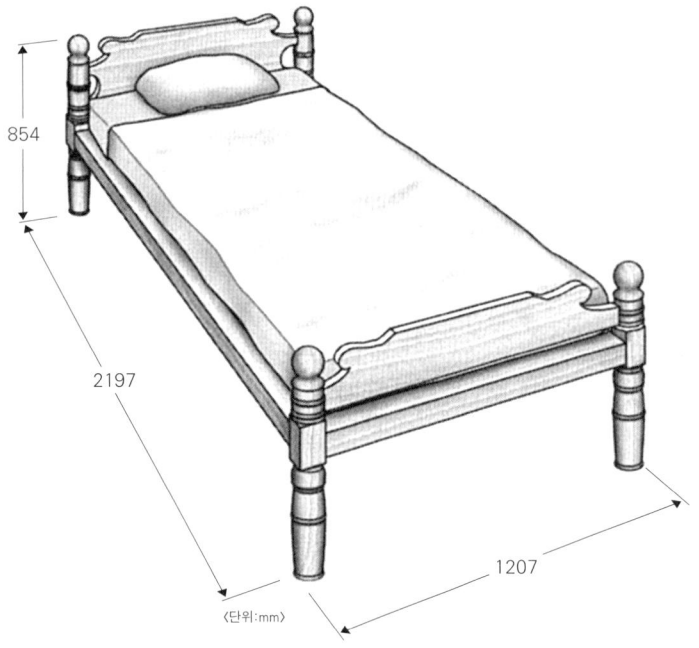

일반적으로 볼 수 있는 기본형 침대이다. 기본 구조는 다음과 같다. 네 개의 튼튼한 다리와 그 다리에 연결된 가로대가 매트리스를 받쳐준다. 기둥 굵기, 길이, 형태 등과 가로대의 두께와 폭 그리고 어떤 형태로든 구조적으로 함께 하는 헤드보드와 풋보드의 여부 등을 다양하게 디자인을 할 수 있다.

옆 그림은 18세기 초의 로프 베드(Rope bed)이다. 로프 베드 가로대에 내부 밧줄에 의해 발생하는 하중은 현대적인 박스스프링과 매트리스를 받쳐주는 가로대에 걸리는 하중과는 다르기 때문에 가로대가 매우 두껍다. 현대적인 박스스프링을 적용하기 위해서는 L자형의 침대 꺾쇠를 측면 가로대의 내측에 나사로 고정시킨다. 가로대가 얇고 넓은 경우에는 각재를 덧붙여서 박스스프링과 매트리스를 받쳐준다.

헤드보드의 높이도 다양하다. 이 경우에는 헤드보드가 높지 않아서 침대에 기대어 앉아서 책을 보려는 사람들에게는 충분히 받쳐주지 못한다.

다른 변형은 풋보드의 유무에 있다. 이 침대의 풋보드는 헤드보드의 디자인은 같고, 헤드보다는 낮다. 풋보드는 침구류가 떨어지는 것을 막고 바람을 막아 보온 역할을 해주지만, 침대 끝에 걸터앉을 수는 없게 만든다.

참고도면
- 목공잡지 *American Woodworker* Vol. 4, No.1(1989년 1-2월호, Jeff Day) 16~22쪽, Pennsylvania Low-Post Bed. 전형적인 침대를 제작하기 위한 도면과 다리의 세부 형태들 소개.
- 희귀 서적인 John Ward, *Make It! Don't Buy It*(Rodale Press, 1983), Double Bed. 가로대를 고정하기 위한 독특한 쐐기형 반주먹장 장부 결합법을 사용하는 간결한 침대 디자인 소개.

디자인 변형 침대 기둥의 높이와 가로대의 위치는 기둥 형태에 직접적인 영향을 준다. 전형적인 침대에서의 기둥은 상대적으로 짧고, 가로대는 비교적 바닥에서 높이 떨어져 있으며, 가로대 아래의 기둥 모양에는 많은 목선반 작업이 들어간다. 아래 그림의 콜로니얼 스타일(식민지 시대) 침대의 경우, 기둥은 상대적으로 높고 가로대는 낮다. 그래서 기둥의 단면형상들이 가로대의 윗부분인 눈높이 부분에 더 집중되고 있다 (낮은 기둥이란 용어는 상대적인 것으로 360쪽의 높은 기둥 침대와 비교하면 된다). 현대적인 침대는 장식이 없는 기능적인 기둥을 채택하고 가로대의 높낮이는 그리 중요하지 않다.

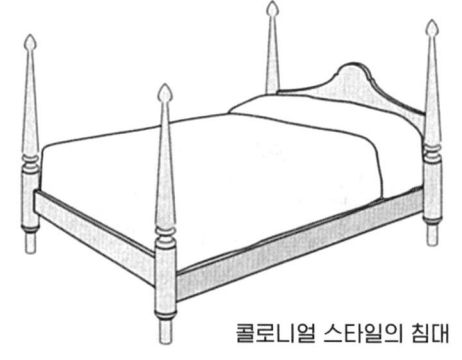
콜로니얼 스타일의 침대

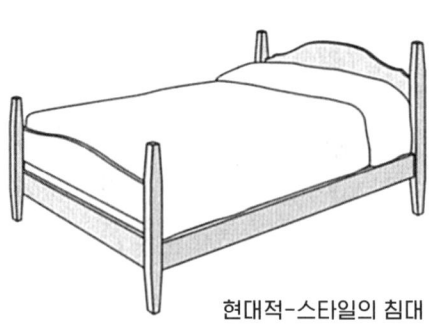
현대적-스타일의 침대

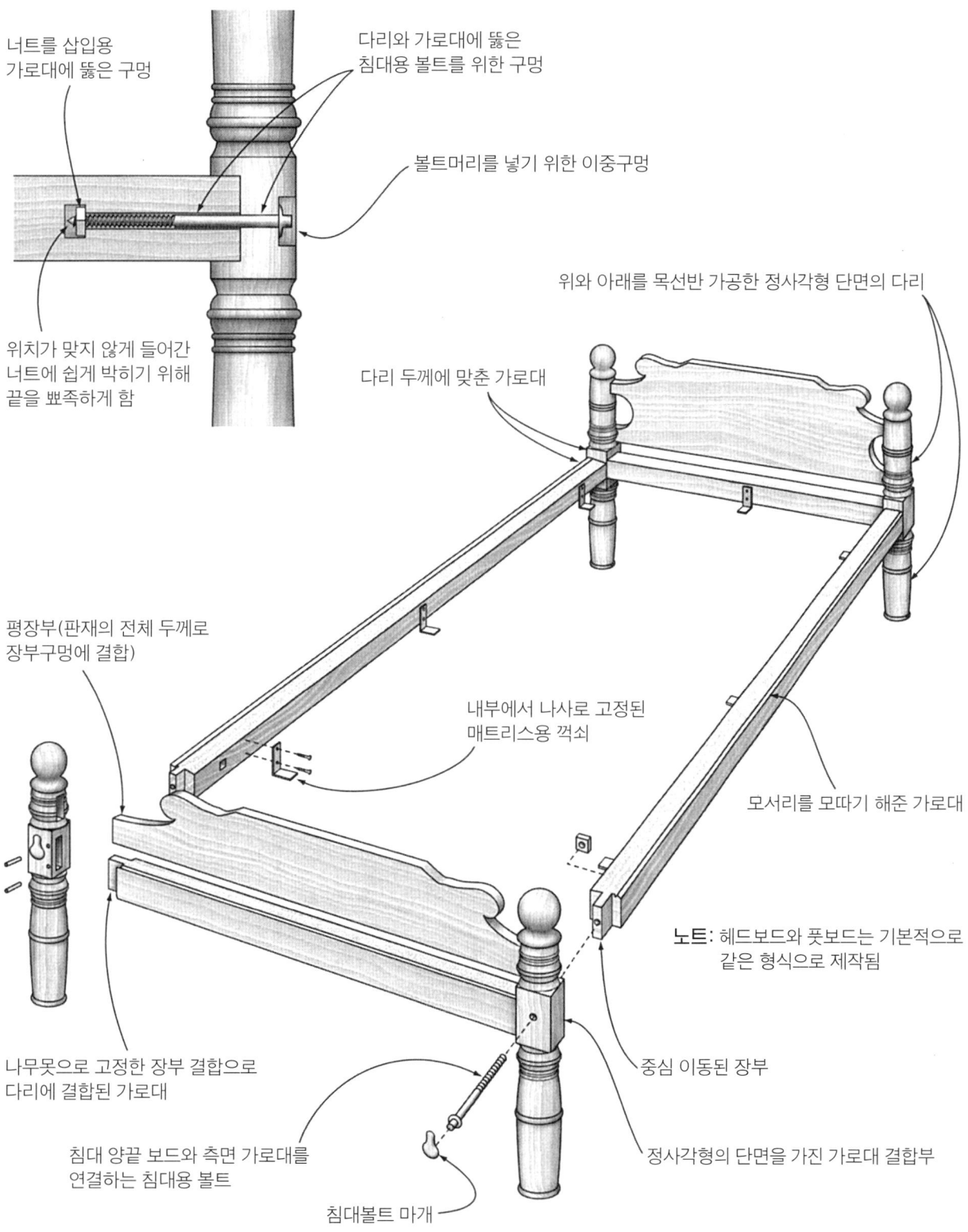

높은 기둥 침대
High-Post Bed
네 기둥 침대 • 기둥 침대 • 캐노피 침대

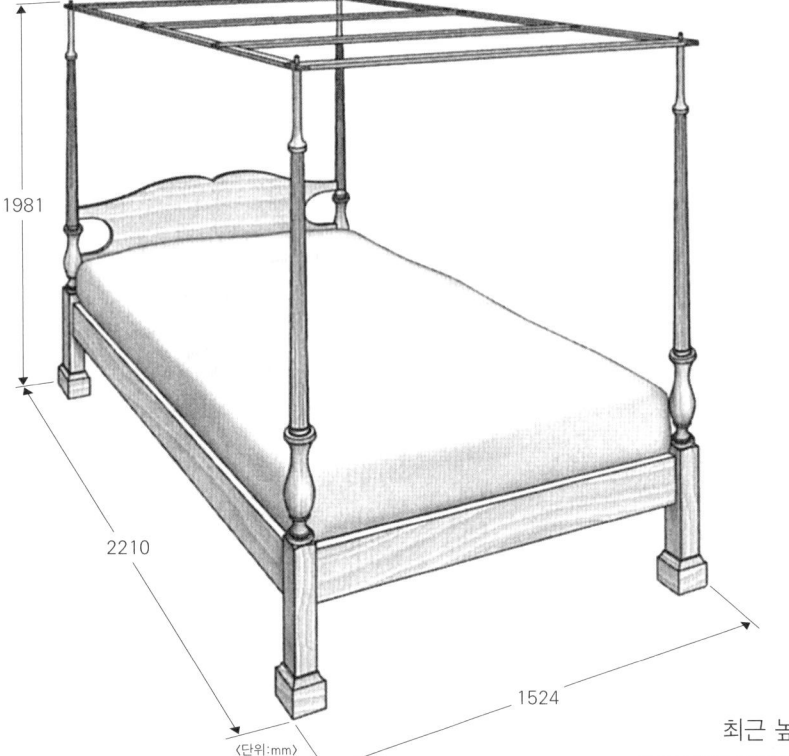

지난 200여 년 동안 침대의 기본 형태는 약간씩 변화되어 왔지만, 높은 기둥 침대만큼은 여전히 침실(방이 너무 작지 않다면)에서 만날 수 있다. 초기 아메리칸 스타일이건 현대식 스타일이건 높은 기둥 침대는 어디에 놔도 잘 어울린다.

이렇게 주목받았던 6~7피트(182~213cm) 높이의 기둥과 기둥 위를 덮는 캐노피(덮개) 프레임이 있던 이유를 생각해봐야 한다. 그 위에는 겨울은 체온을 유지하기 위해 두꺼운 캐노피를, 여름에는 공기를 순환시키면서도 파리나 모기를 피할 수 있는 얇은 천을 올렸다. 기둥 모양은 천에 의해 덮여 있었기 때문에 크게 상관없었다. 매트리스를 받혀주던 밧줄은 침대 틀도 함께 고정하는 역할을 했다.

최근 높은 기둥 침대는 볼트 결합으로 조립된다. 볼트를 제거하면 전체 침대는 각각의 기둥과 가로대, 헤드보드로 분해된다. 차가운 바닥으로부터 높이 띄워서 매트리스를 잡고 있던 밧줄은 사라지고, 얇지만 폭이 넓은 가로대가 지지하고 있는 박스스프링으로 바뀌었다. 가로대는 보통 매트리스가 바닥으로부터 2~3피트(60~90cm) 이상은 떨어지지 않도록 낮게 위치한다. 무엇보다도 커튼 뒤에는 강하면서도 우아한 침대틀이 있어야 한다.

참고도면
- Michael Dunbar, *Federal Furniture*(The Taunton Press, 1986), High-Pot Bed. 페더럴 시대의 침대와 아치형의 캐노피에 대한 치수 도면과 제작 방법 등이 침대 틀에 줄을 메는 방법 소개.
- Franklin Gottshall, *Masterpiece Furniture Making* (Stackpole Books, 1979), Four-Poster Walnut Bed. 나선형의 목선반 작업된 피니얼 장식이 달린 6피트 기둥의 침대에 대한 좋은 그림과 작업 스케치 등 소개.

디자인 변형
높은 기둥 침대는 시대의 선호도를 반영했다. 18세기의 필라델피아 높은 기둥 침대틀은 공-갈고리발톱(Ball-and-claw)형의 캐브리올 다리를 가지고 있었다. 기둥과 헤드보드에 장식이 적은 것은 취향보다는 천과 침구에 의해 덮여 보이지 않는 현실을 반영한 것이다.

일반 가정의 침대는 천으로 덜 가려져 있었고, 나무 자체에 장식이 많았는데, 항아리 모양이나 세로홈, 나선형 조각 장식 등이 있었다.

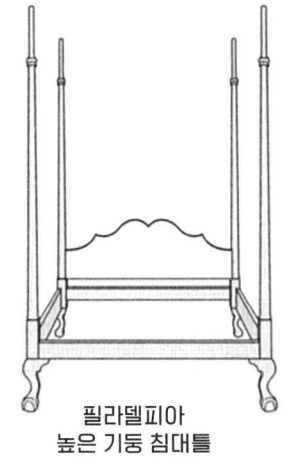

필라델피아 높은 기둥 침대틀

나선형 높은 기둥 침대틀

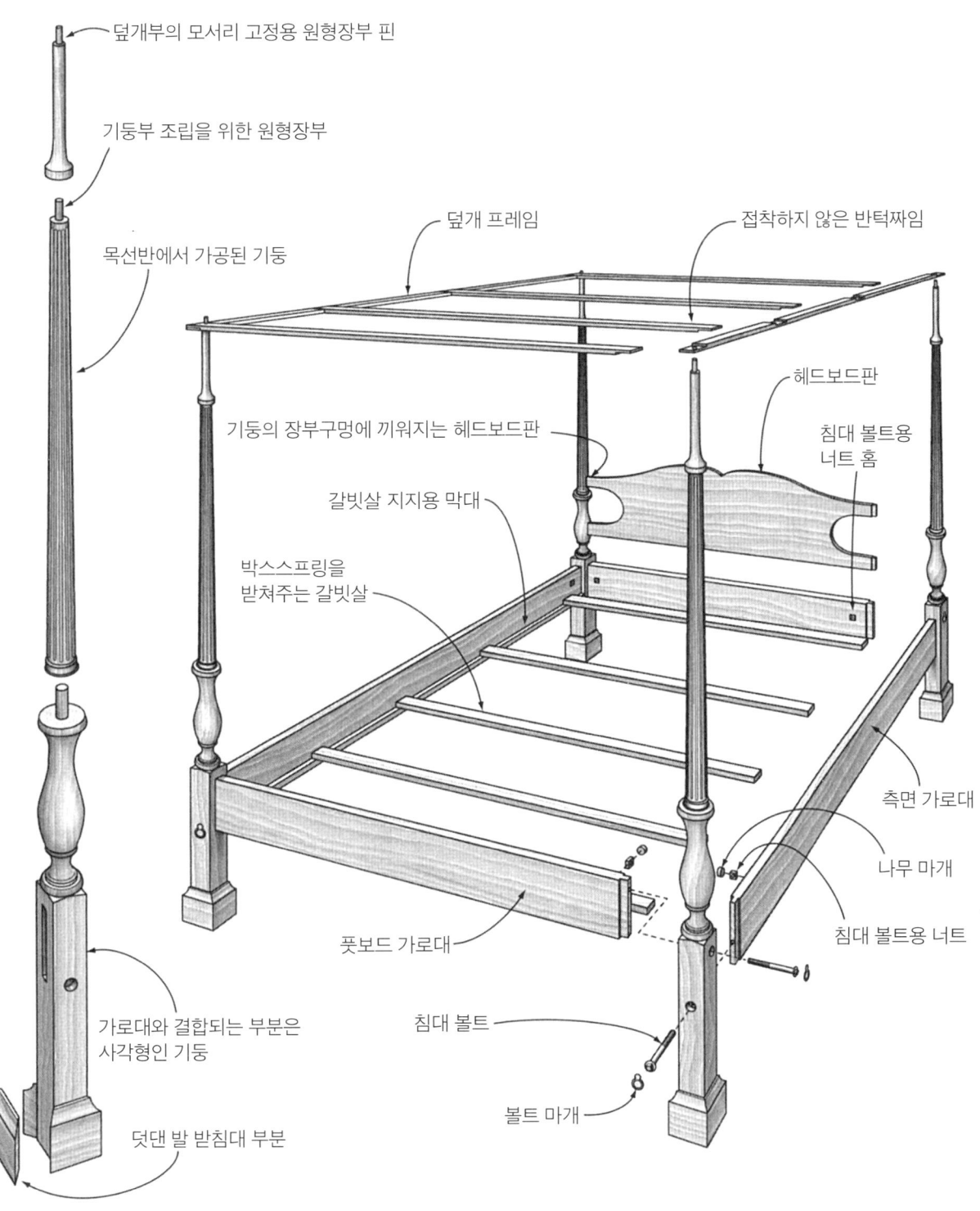

기둥 조립 구조

침대 361

연필형 기둥 침대
Pencil-Post Bed
높은 기둥 침대 • 야전 침대*

연필형 기둥 침대는 높은 기둥 침대의 시골 버전이다. 이는 높은 기둥 침대의 기본 특징을 모두 가지고 있는데, 춥고 외풍이 있는 바닥에서 높이 띄운 매트리스와 천으로 장식된 캐노피를 받치고 있는 높은 기둥들이 그것이다. 그러나 기둥은 단순화되어 목선반 작업자와 대형 목선반의 도움 없이도 빠르게 생산할 수 있었다.

연필형 기둥은 현대적인 용어로, 여기에 소개된 침대는 지금의 침구와 문화를 고려하여 현대적으로 재생산한 침대이다. 박스스프링과 매트리스를 적용하기 위해서 측면 가로대와 다리 쪽 가로대는 두께는 줄이고, 폭은 늘렸다. 가로대는 낮게 설치하여 매트리스의 높이가 바닥으로부터 너무 높아지지 않도록 했다. 헤드보드를 높여서 침대에 앉아서 책을 보거나 TV를 보는 사람을 베개로 받쳐줄 수 있도록 만들어졌다.

침대의 구조도 변화되어 왔다. 지금은 완전히 분해되지만 원래는 매트리스를 받쳐주는 밧줄에 의해 침대가 묶여 있었다. 여기에 소개하는 침대는 기둥과 가로대의 결합에 침대볼트가 사용되었다. 모두 조립된 침대를 통째로 복도를 따라 옮기는 어려움을 상상해보라.

참고도면
- Tim Snyder, Norm Abram, *Classics from The New Yankee Workshop*(Little, Brown & Co., 1990), Pencil-Post Bed. 완벽한 그림, 제작과정 소개. 우아하며 캐노피가 없는 침대 수록.
- Christian Becksvoort, *The Best of Fine Woodworking: Traditional Furniture Projects*(The Taunton Press, 1991), The Pencil-Post Bed. 또 다른 형태 우아한 침대가 소개, 기둥을 경사로 가공하는 지그 도면과 침대를 만드는 프로젝트 소개.

디자인 변형 현대적인 관점에서 볼 때, 이 침대의 아름다움은 기둥과 헤드보드의 모양에서 나온다. 초기 형태에서는 무거운 커튼이 지붕과 기둥, 가로대를 장식하고 있었다. 베개는 헤드보드를 가릴 만큼 쌓여있었다. 그러나 여기 소개된 복제품의 경우는 침대 틀에 중점을 두고 있다. 침대의 외형을 바꾸기 위해서는 헤드보드와 다리의 윤곽을 바꾸어준다. 가능한 변형 중에 몇 가지만 소개한다.

* 독립전쟁 때 조지 워싱턴이 야전지휘소에서 사용한 접이식 캐노피 침대. _ 옮긴이

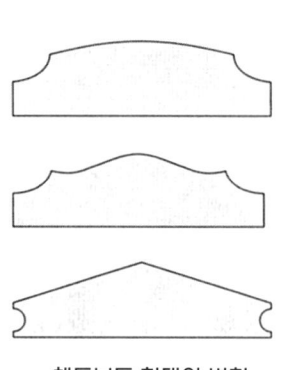

헤드보드 형태의 변형

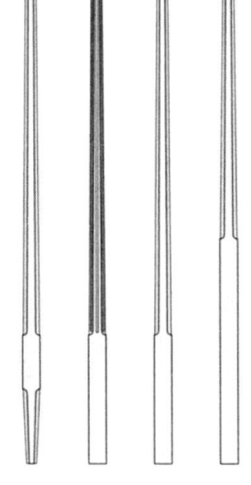

기둥 모양의 변형

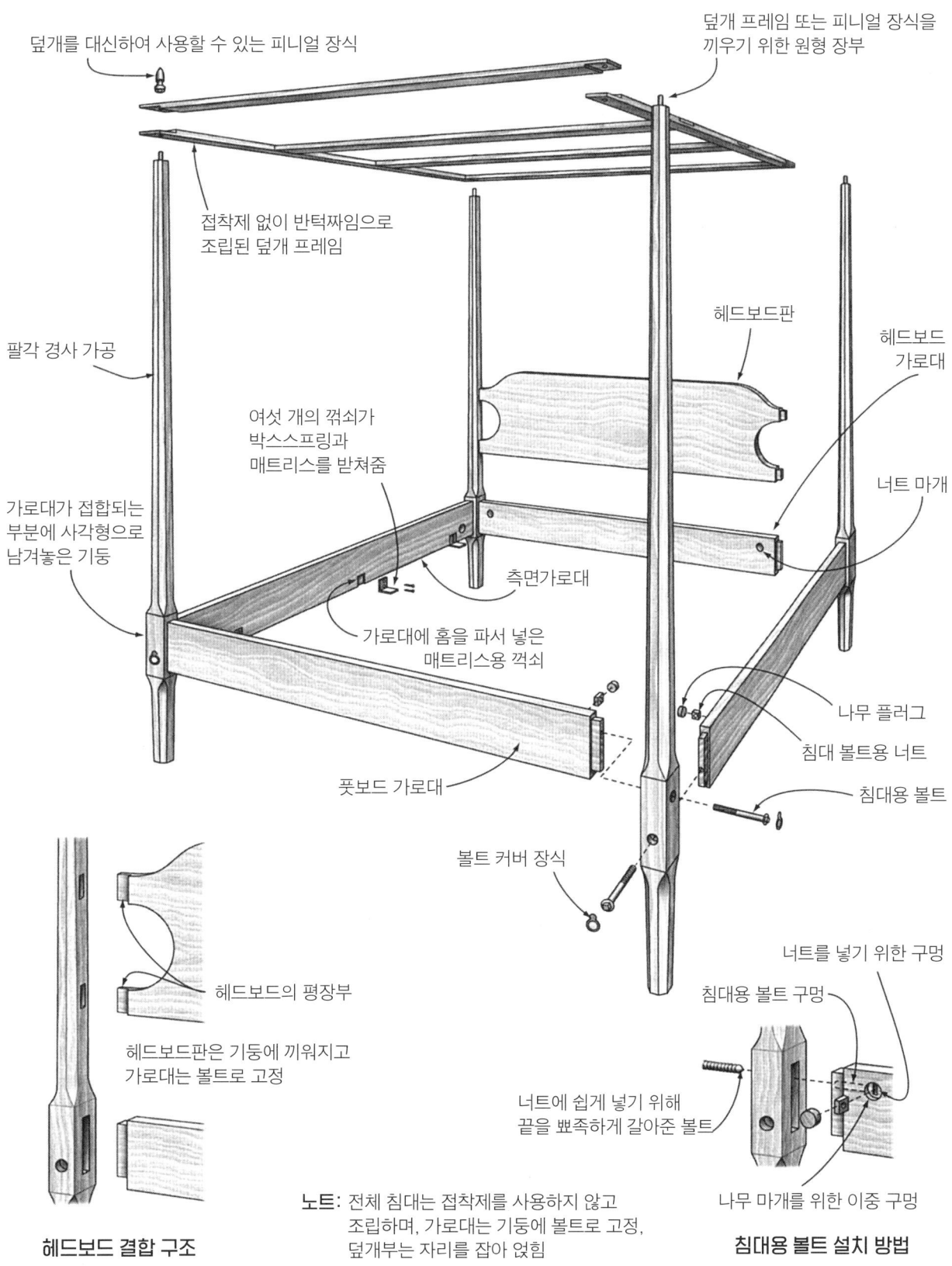

난간형 침대
Banister Bed
배니스터 침대

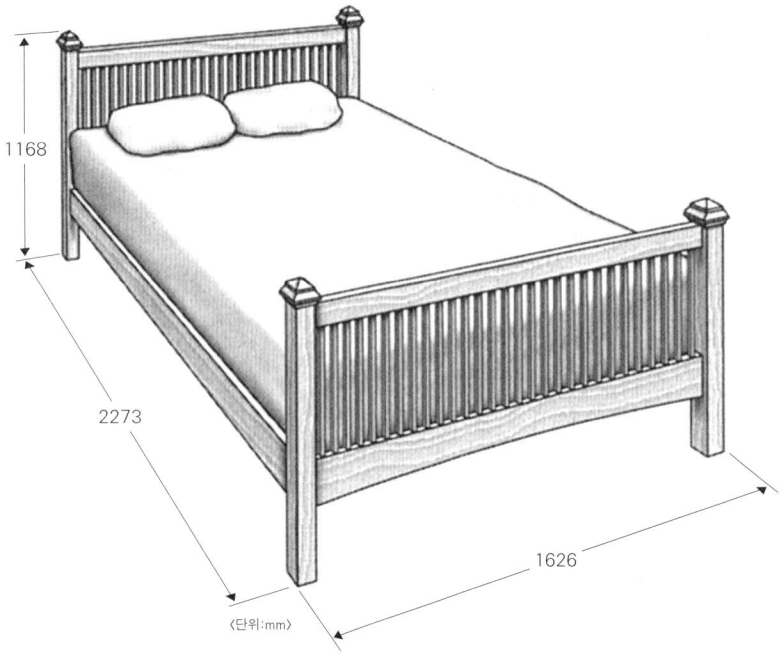

배니스터는 밸러스터와 같은 말로, 침대 종류를 지칭할 때 사용되면 헤드보드와 풋보드에 난간 같은 구조물이 있는 침대를 말한다.

이 침대를 특징 짓는 짧은 기둥과 수평의 가로대 그리고 난간이 스타일 자체이자 장식이다. 스타일과 장식은 항상 가구 디자인에 있어 중요하다.

중앙난방과 선풍기, 블라인드, 두꺼운 커튼이 드리워진 개인 침실에는 사생활과 난방 그리고 벌레가 없는 잠자리를 위해 있었던 높은 기둥 침대가 필요했다. 그러나 현대의 가구 디자인은 새로운 방향으로 접근했고, 난간형 침대는 그중 하나의 결과물이다. 난간형 헤드보드는 찬바람은 막을 수 없지만 베개는 받쳐줄 수 있다.

스타일이 좋고 현대적 디자인의 인테리어에 잘 어울린다. 그림에서 보면 평범한 사각 난간들도 많은 장식이나 굴곡진 곡선만큼이나 디자인적이면서 우아하다.

참고도면
- 목공잡지 *Today's Woodworker*(1991년 8월호), Contemporary Maple Bed. 매우 직선적인 디자인의 난간형 침대를 좋은 그림들과 함께 도면, 제작 방법 등이 소개.
- 목공잡지 *American Woodworker*(1993년 8월호), Scott Cooper, Making a Bedroom Suite. 난간들이 헤드보드와 풋보드에 멋지게 섞여 있는 침대를 그림과 함께 제작 방법 소개.

디자인 변형

난간형 침대에서 보이는 모든 나무 부품들은 수직 또는 수평의 선을 이루며, 넓은 면도 없다. 디자인 관점에서 보면 이러한 선들은 시각적 효과를 이끌어내는 강력한 요소들이다. 예를 들어 헤드보드의 상부 가로대가 기둥을 덮는 작은 변화가 그림 1, 3번 침대같이 전혀 다른 외형으로 바꾼다.

그림 2번 침대의 기둥의 바깥쪽 곡선은 상부 가로대를 떠 있게 만들어서 침대에 현대적인 느낌을 준다. 난간들을 그룹으로 묶는 것도 비슷한 효과를 얻는다.

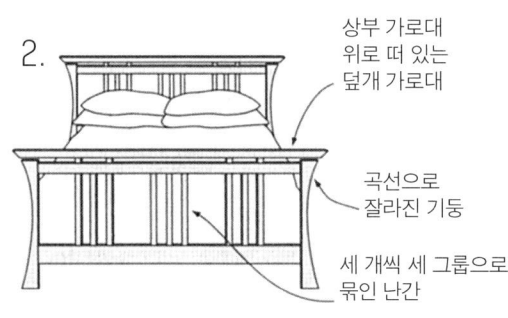

기둥 상단 몰딩 단면형상

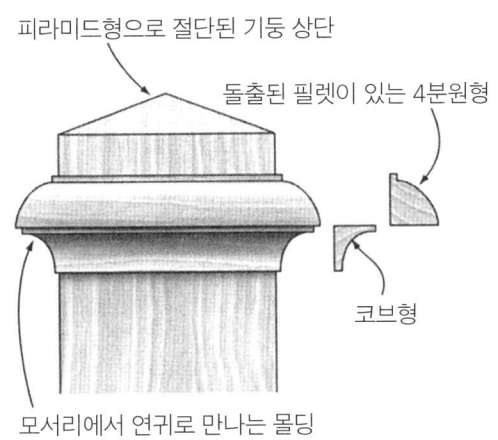

- 피라미드형으로 절단된 기둥 상단
- 돌출된 필렛이 있는 4분원형
- 코브형
- 모서리에서 연귀로 만나는 몰딩

침대 연결철물 사용법

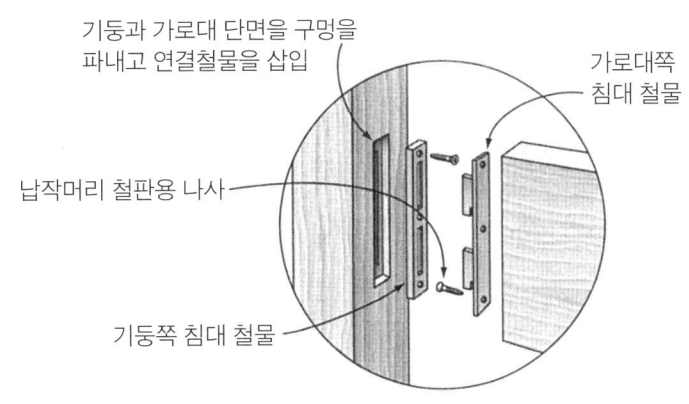

- 기둥과 가로대 단면을 구멍을 파내고 연결철물을 삽입
- 가로대쪽 침대 철물
- 납작머리 철판용 나사
- 기둥쪽 침대 철물

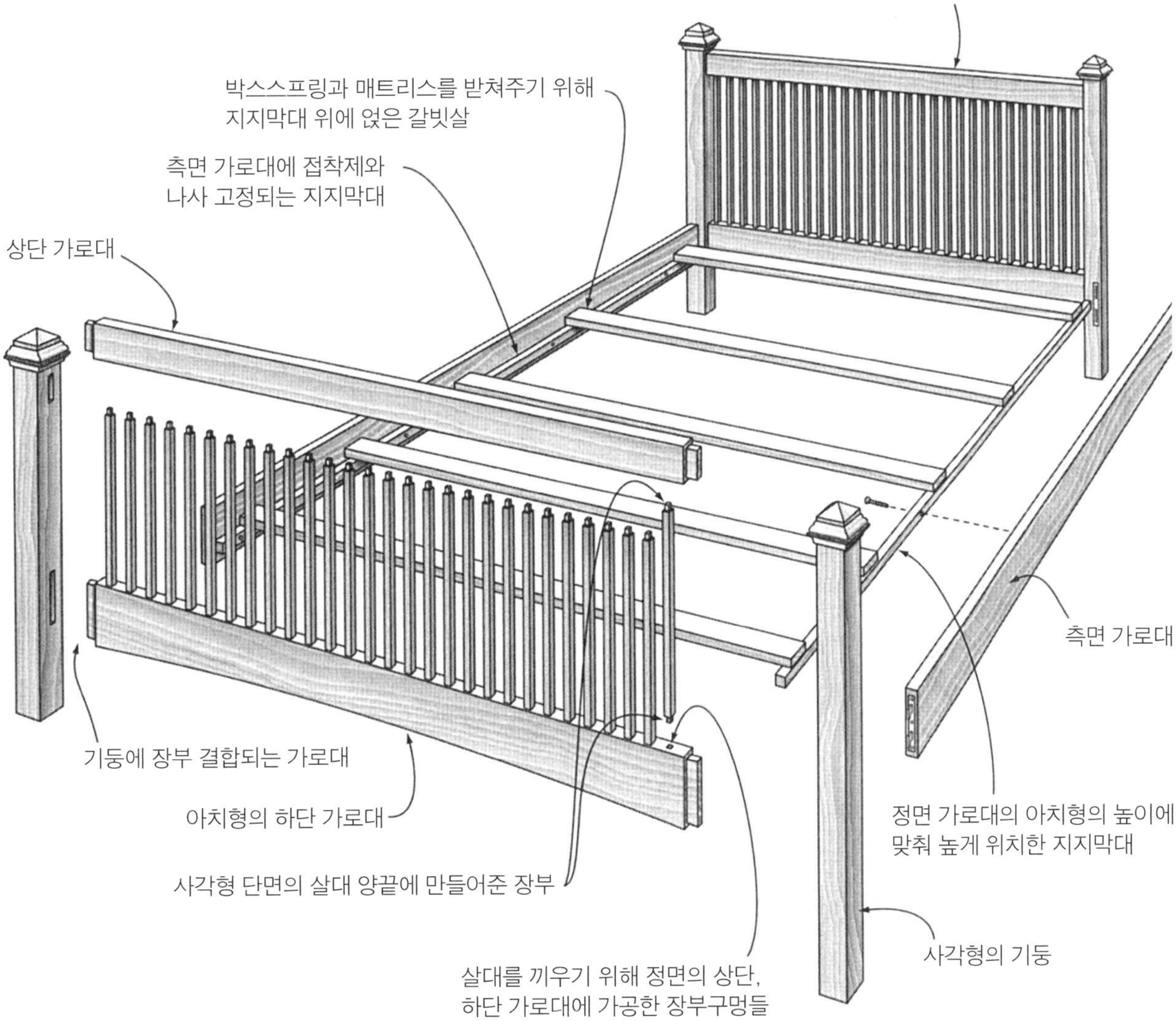

- 풋보드보다 약간 높은 헤드보드
- 박스스프링과 매트리스를 받쳐주기 위해 지지막대 위에 얹은 갈빗살
- 측면 가로대에 접착제와 나사 고정되는 지지막대
- 상단 가로대
- 기둥에 장부 결합되는 가로대
- 아치형의 하단 가로대
- 사각형 단면의 살대 양끝에 만들어준 장부
- 살대를 끼우기 위해 정면의 상단, 하단 가로대에 가공한 장부구멍들
- 측면 가로대
- 정면 가로대의 아치형의 높이에 맞춰 높게 위치한 지지막대
- 사각형의 기둥

썰매형 침대
Sleigh Bed

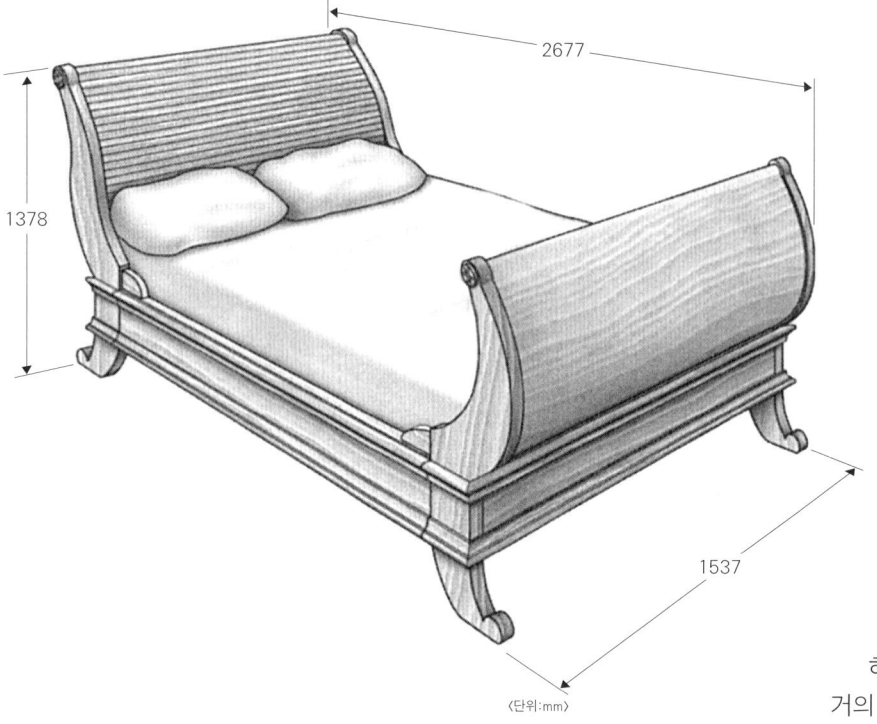
〈단위:mm〉

썰매형 침대라는 말은 이 침대에 대한 많은 것을 알려주고 있다. 19세기 초반 이 침대가 등장했을 시기는 겨울에는 말이 끄는 썰매가 이동 수단이었다. 둥근 대시보드와 감싸는 좌석을 가진 썰매 형태는 현대적인 외관이면서, 몸을 보호하는 듯한 안락함을 준다.

기본형의 그림에서 보면, 곡선의 대시 형태의 풋보드와 실제 썰매의자의 곡선을 닮은 S자형의 헤드보드(침대에서 책을 읽을 때 의자의 등받이 같은 역할을 하는)를 가지고 있다.

거의 200여 년 전의 형태이지만, 이 침대는 구부릴 수 있는 합판 같은 20세기 후반의 재료로 만들어졌다. 19세기 초반의 목수들은 통을 짜듯이 만들어 무늬목을 붙였다. 오늘날의 목수들은 형틀을 만들고 압력을 가해주기 위해 진공 장비를 사용하여 그 위에 구부릴 수 있는 합판을 여러 겹 붙인다.

참고도면
- 목공잡지 *American Woodworker* No.64(1998년 2월호) 44~49쪽, Randy Sorenson, Sleigh Bed. 널을 붙인 헤드와 풋보드와 전통적인 형태에 현대적인 목선반 작업을 가미한 썰매형 침대의 제작 방법 소개.
- William Turner *The Best of Fine Woodworking: Beds and Bedroom Furniture*(The Taunton Press, 1997), Building a Sleigh Bed. 자세한 치수는 나와있지는 않지만 특별한 썰매침대를 제작하기 위한 기법들을 몇 가지 자세한 그림으로 소개.

디자인 변형

초기의 썰매침대는 실제 썰매를 만드는 것처럼 다리 위에 얹어서 침구를 받혀주는 차대를 상자형 프레임 구조로 만들었다. 조립된 헤드와 풋보드 부분은 상자형 프레임에 수직으로 붙였다. 이 경우는 이동할 때 분해하기 어렵기 때문에 상자형 썰매침대 구조는 잘 사용하지 않는다. 그러나 위의 기본형 썰매침대는 상자형식의 외형이지만, 기둥-가로대 침대 구조로 비교적 분해 조립이 가능한 구조이다.

결국 가구 제작자들은 곡면 패널의 많은 작업량에 투자하지 않고 형틀을 활용할 방법을 모색했다. 일반적인 지름길은 곡선의 기둥 사이에 평면의 프레임-패널 구조로 넣는 것이었다.

현대적인 방법으로 원목의 곡면 패널을 사용하는 대신 밴드쏘로 잘라낸 곡선의 살대를 사용하는 것이다.

살대형 침대

상자프레임형 침대 **평면 패널형 침대**

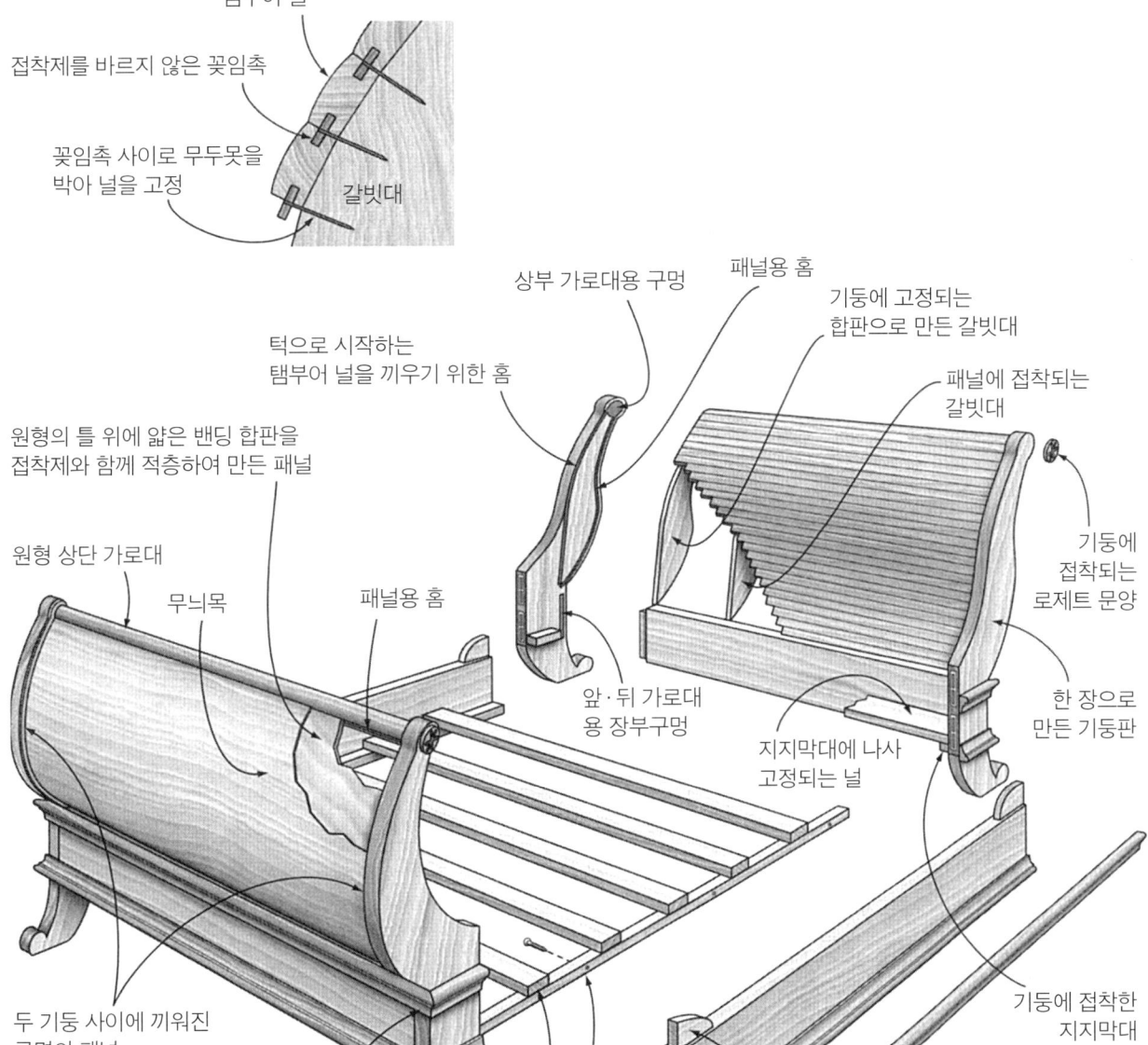

침대 겸용 소파
Daybed

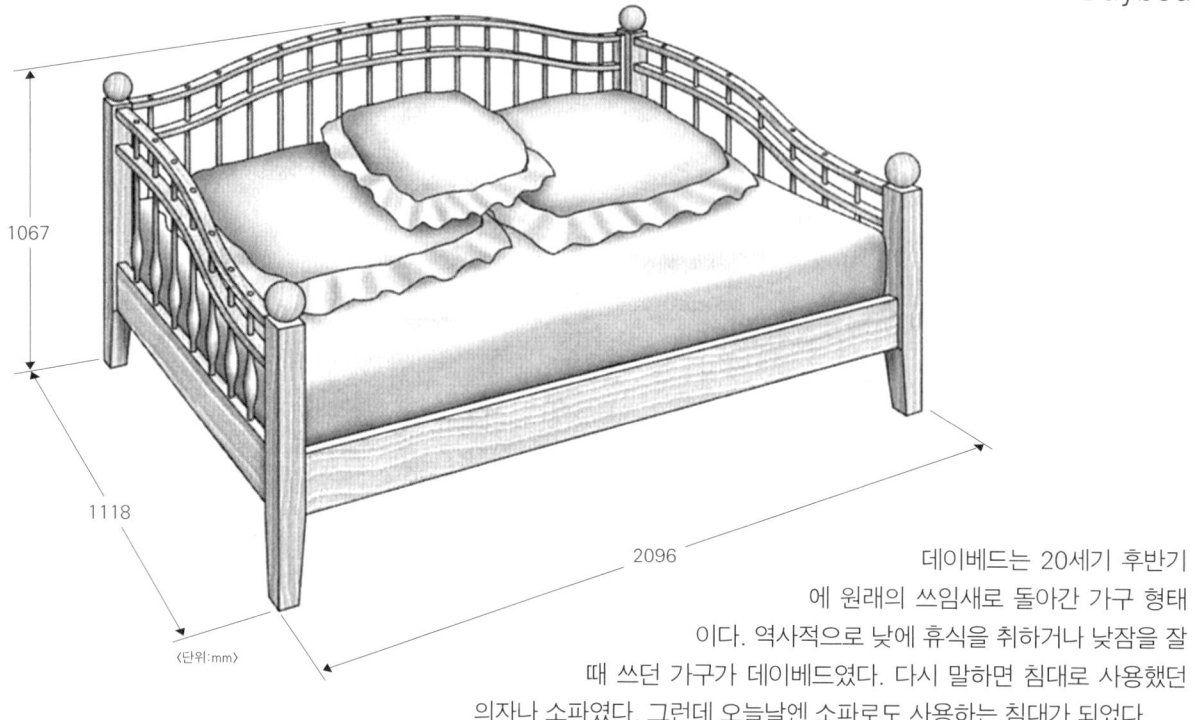

데이베드는 20세기 후반기에 원래의 쓰임새로 돌아간 가구 형태이다. 역사적으로 낮에 휴식을 취하거나 낮잠을 잘 때 쓰던 가구가 데이베드였다. 다시 말하면 침대로 사용했던 의자나 소파였다. 그런데 오늘날엔 소파로도 사용하는 침대가 되었다.

위의 기본형 데이베드는 현대적인 형태이다. 제작 방법에 있어서도 침대에 가깝다. 양 끝의 구조는 가로대에 의해 연결되어 있다. 두 가로대 사이에는 막대를 걸어서 표준형 싱글사이즈의 매트리스와 박스스프링을 지탱한다. 표준 침대 연결철물이 침대를 빠르고 쉽게 분해 조립할 수 있게 해준다. 이 평범한 침대를 데이베드로 변신시키기 위해서는 등받이 구조를 덧붙이면 된다. 등받이 구조는 가로대 상부에 얹히고, 양쪽 기둥과 가로대에 나사로 고정된다. 양 끝이나 뒷편에 베개를 놓으면 소파 역할을 한다. 밤에는 머리 쪽에 추가로 베개를 놓으면 침대가 된다.

디자인 변형　중세시대의 초기 데이베드는 한쪽에만 경사진 머리받침이 있었던 간단한 형태의 단상이었다. 18세기 초 데이베드는 여덟 개의 다리와 넓고 긴 좌판을 가진 의자로 진화했다. 아래 그림에서 보는 퀸 앤 데이베드가 대표적이다. 대게 이러한 데이베드는 천을 씌우거나 쿠션을 사용했다. 오늘날엔 이러한 형태를 쉐이즈 롱(Chaise longue, 장의자) 또는 쉐이즈 라운지(Chaise lounge)로 부른다. 페더럴 시대에는 데이베드는 좀 더 소파처럼 바뀌었는데 머리와 발판 부분 때문에 명백히 구분된다. 던컨 파이프(Duncan Phyfe)가 디자인한 데이베드도 천을 덮어 사용했다. 거의 동시대에 프랑스에서는 앨코브(Alcove) 침대가 만들어졌는데 같은 용도로 제작되었지만, 좀 더 실제 침대에 가깝다. 머리판과 발판 부분의 높이는 같고 침대는 벽에 붙여 사용했다. 이것이 오늘날까지 살아남은 데이베드 형태이다.

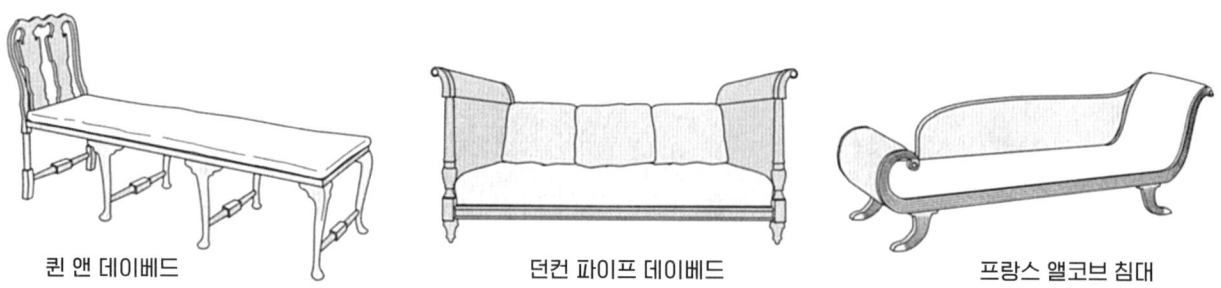

퀸 앤 데이베드　　　　　던컨 파이프 데이베드　　　　　프랑스 앨코브 침대

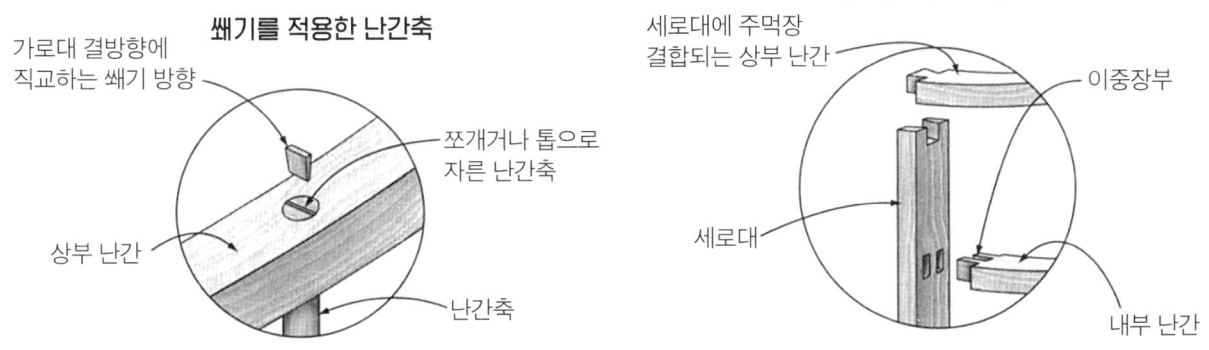

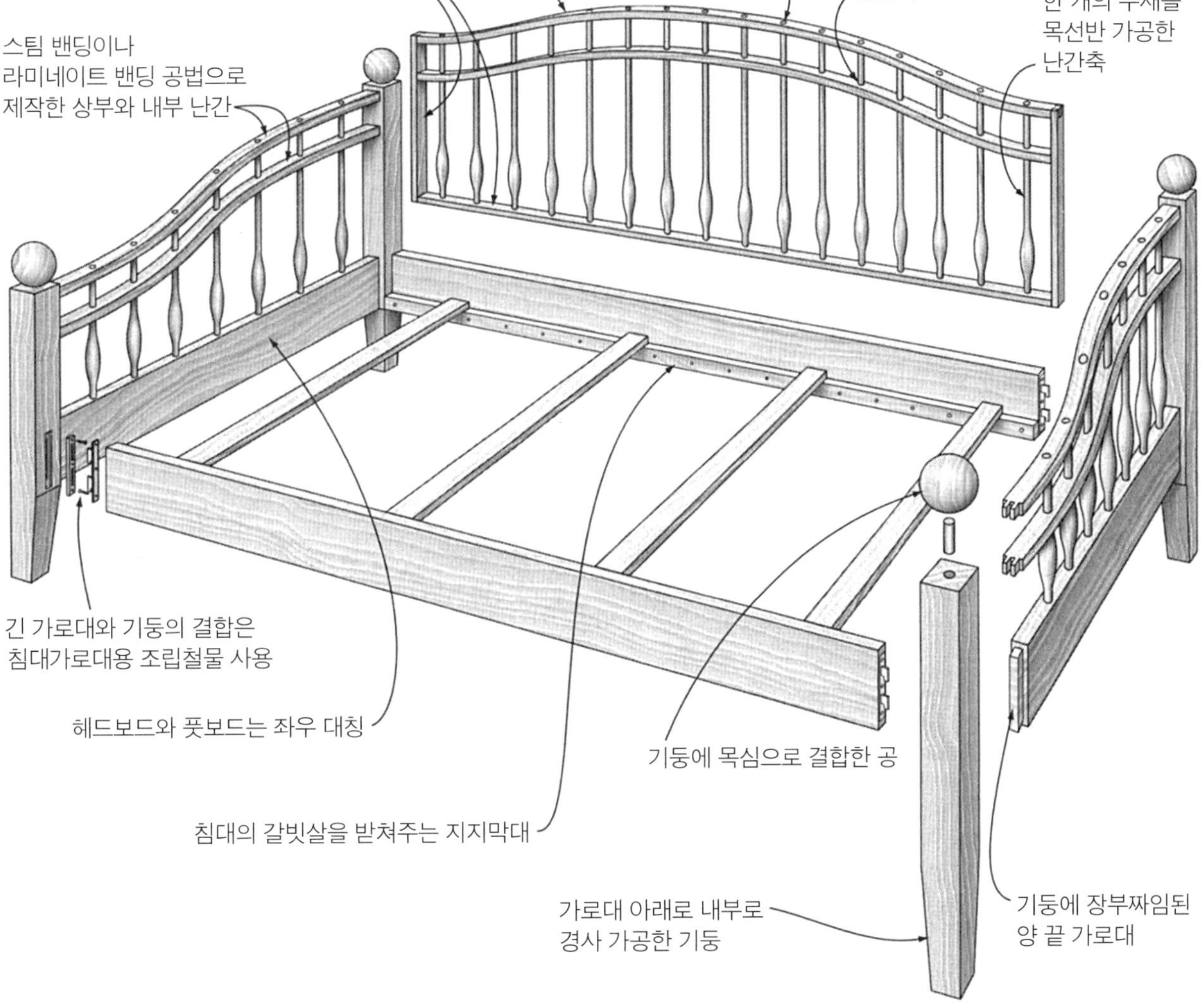

수납형 침대
Captain's bed

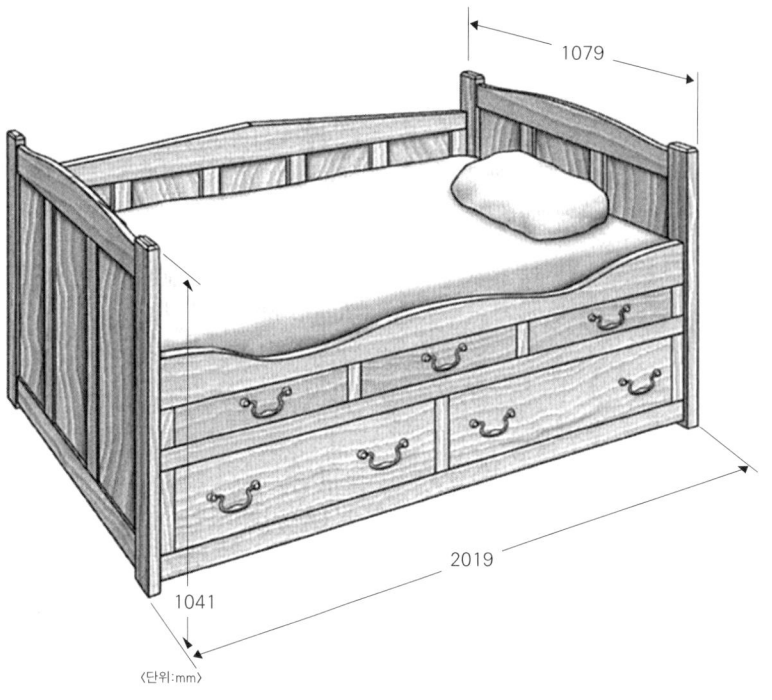

〈단위:mm〉

배 안의 모든 작은 공간까지도 사용하기 위해서 선장의 침대에는 서랍이 달려있었다. 대부분의 선원들도 선장과 같이 매트리스 아래에 서랍이 있었다.

그 외에도 몇 가지 항해용 요소들이 있었는데, 작은 선실의 격벽에 딱 맞도록 설계되었기 때문에 실제 선장이 사용하는 침대는 소형이었으며(퀸사이즈 아님), 거친 바다에서 배가 좌우로 흔들릴 때 선장이 바닥으로 떨어지지 않도록 앞쪽 가로대의 측면을 따라 테두리가 나와 있었다.

옆 그림의 표준형 수납침대에는 이러한 모든 기준을 담고 있다. 뒤쪽 가로대가 높아 데이베드의 느낌이 있으며, 양쪽 판이 모두 높아서 자연적으로 막힌 공간을 만들어 준다. 매트리스 아래에는 쉽게 열고 닫을 수 있는 볼베어링 서랍 레일이 부착된 두 개의 튼튼하고 거대한 서랍이 있다. 아마도 앞쪽 가로대는 예상치 못한 파도로부터 잠자는 사람이 바닥으로 떨어지는 것을 막을 수는 없지만, 물결형의 외곽선은 매우 자연스럽다.

참고도면
- Arnold d'Epagnier, *The Best of Fine Woodworking: Beds and Bedroom Furniture*(The Taunton Press, 1997), Building a Captain Bed. 퀸사이즈 캡틴베드를 만들기 위한 일반적인 디자인과 제작 가이드라인 제시.
- Simon Watts, *Building a Houseful of Furniture*(The Taunton Press, 1983), Bed with Drawers. 두 개의 서랍이 있는 매우 기본적인 침대에 대한 훌륭한 구조와 그림 소개.

디자인 변형

선장침대 디자인은 검소하고 우직한 스타일부터 멋지고 세련된 스타일까지 다양하다. 아래의 스파르탄 침대(Spartan bed)는 낮고, 기능적이며 상대적으로 제작하기 쉽다. 이 침대의 양 끝 패널은 기본 프레임-패널 구조나 테두리에 무늬목 띠를 붙인 합판을 사용한다. 서랍장형 침대는 원목이나 합판으로 만든 패널을 사용한다. 아치형으로 잘라낸 형태가 조립하면 가상의 기둥이 된다. 서랍은 침대 아래 위치하고 각 측면에 한쌍이 있다. 한편 아이방이 작고 높은 침대도 괜찮다면, 맨 오른쪽 그림처럼 서랍을 2단 이상으로 넣을 수도 있다. 가드레일도 있기 때문에 이층 침대처럼 바닥으로 굴러 떨어지는 것을 막아 준다. 또한 청소년이 사용하더라도 오르내리기 위해서는 계단용 발판이 필요하다.

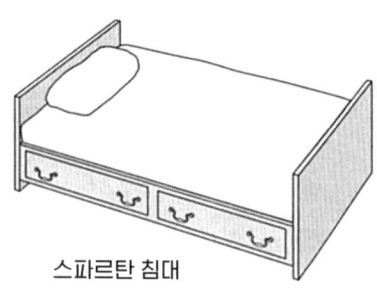
스파르탄 침대

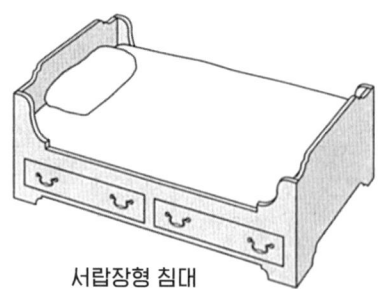
서랍장형 침대

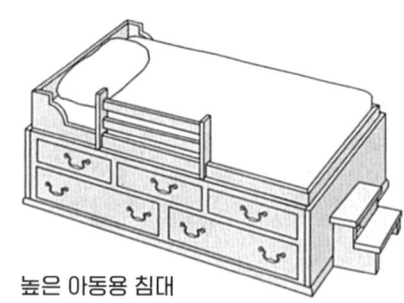
높은 아동용 침대

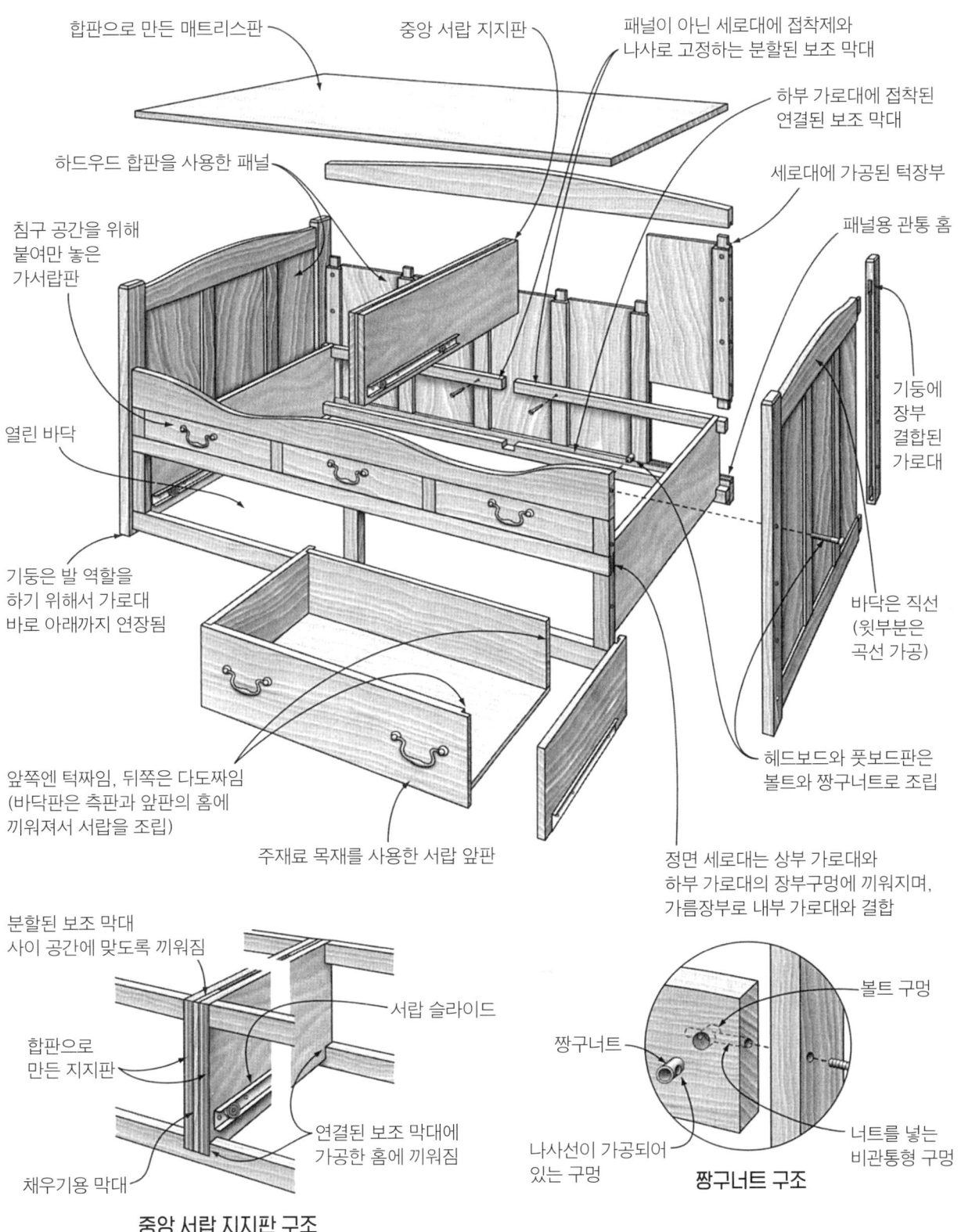

플랫폼 침대
Platform Bed

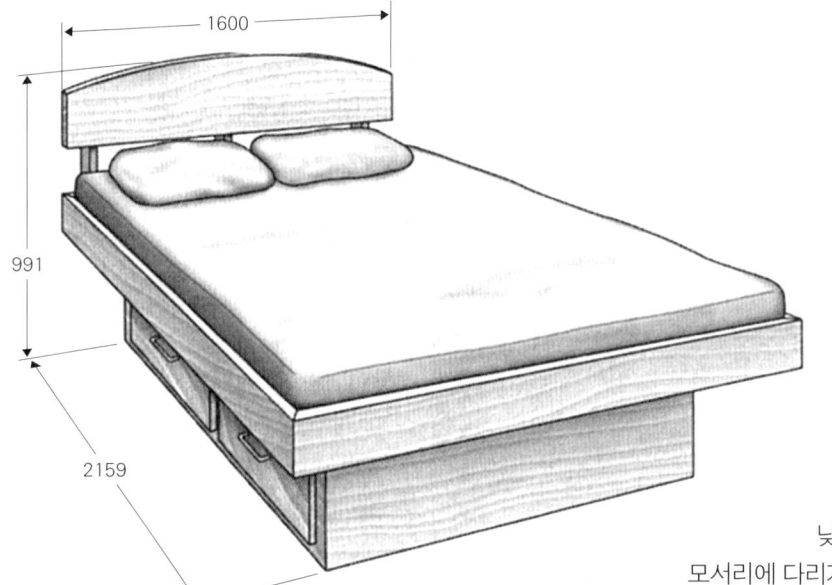
〈단위:mm〉

플랫폼 침대는 보통 주변보다 높이 설치된 평면 위에 매트리스를 올려놓은 침대이다.

기본 형태를 보면 바닥에 놓인 매트리스로 올라가는 낮은 계단 같은 형식이다. 아마도 머릿속에 떠오르는 형태는 더 작은 프레임이나 받침대 위에 받쳐진 단상일 것이다. 침대는 바닥에서 들어올려지고 발을 위한 공간이 만들어져서 침대를 이루는 플랫폼 프레임에 발끝이 부딪치는 것을 막아준다. 이것은 금속으로 만들어진 낮은 침대 프레임에 비해서 큰 장점으로 모서리에 다리가 없어 발가락이 차이지 않기 때문이다.

잘 디자인된 플랫폼은 매트리스와 단상이 바닥으로부터 몇 인치 위에 떠 있는 것처럼 보일 수 있다. 매트리스가 18인치(450mm)나 의자 좌판 높이 이상에 위치하도록, 다시 말해 양말이나 신발을 신기 좋은 높이로, 낮게 올린 침대가 좋다.

여기에 소개하는 기본형 플랫폼 침대는 플랫폼의 받침대 내부에 서랍을 만들어서 수납공간을 제공한다. 이것은 작은 침실을 사용할 때 공간 활용도를 최대화하는 실용적인 접근 방법이다. 일반적으로 수용 가능한 매트리스의 높이와 서랍의 수납공간의 높이를 적절하게 배분하는 것이 필요하다. 서랍이 깊어지면 침대도 높아진다. 또한 튀어나온 정도가 서랍의 접근성에 영향을 준다.

참고도면
- 목공서적 *Cabinets and Built-ins: 26 Custom Storage Projects*(Creative Homeowner Press, 1996), Platform Bed. 서랍이 있는 플랫폼 침대를 위한 정확하고 멋진 그림과 도면 소개.
- Simon Watts, *Building a Houseful of Furniture* (The Taunton Press, 1983), Platform Bed. 전형적인 플랫폼 침대의 도면이 소개되어 있는데 훌륭한 도면과 그림, 조언 등이 수록.

디자인 변형
침구는 플랫폼 침대 디자인에 특별한 중요성을 가진다. 그림은 서랍 공간이 없는 매트리스만을 위한 디자인과 매트와 박스스프링이 함께 있는 디자인을 보여준다. 침대의 프레임은 깊이에 의해 극적인 차이가 있다.

매트리스만 있는 침대는 날렵하고 낮은 옆모습을 가지며, 이것은 플랫폼 침대를 바로 떠올리게 한다. 다른 하나는 부풀어 오른 듯한 모습이면서 세련된 디자인을 가졌다. 매트리스의 충격 흡수제로서의 박스스프링은 좀 더 탄력을 주고, 수명을 길게 해주는 기능이 있다. 박스스프링이 없으면 매트리스는 눌리고 수명이 더 짧아진다.

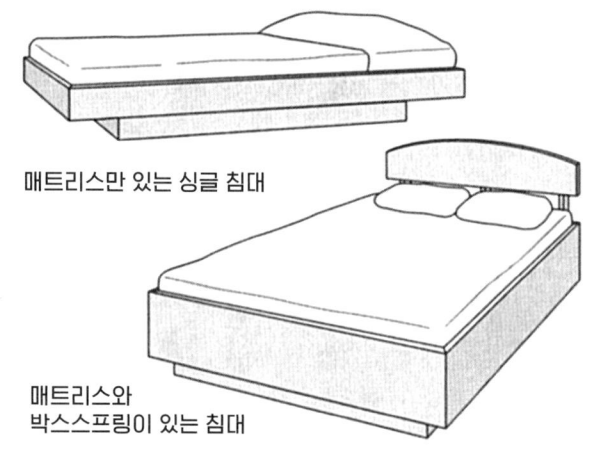

매트리스만 있는 싱글 침대

매트리스와 박스스프링이 있는 침대

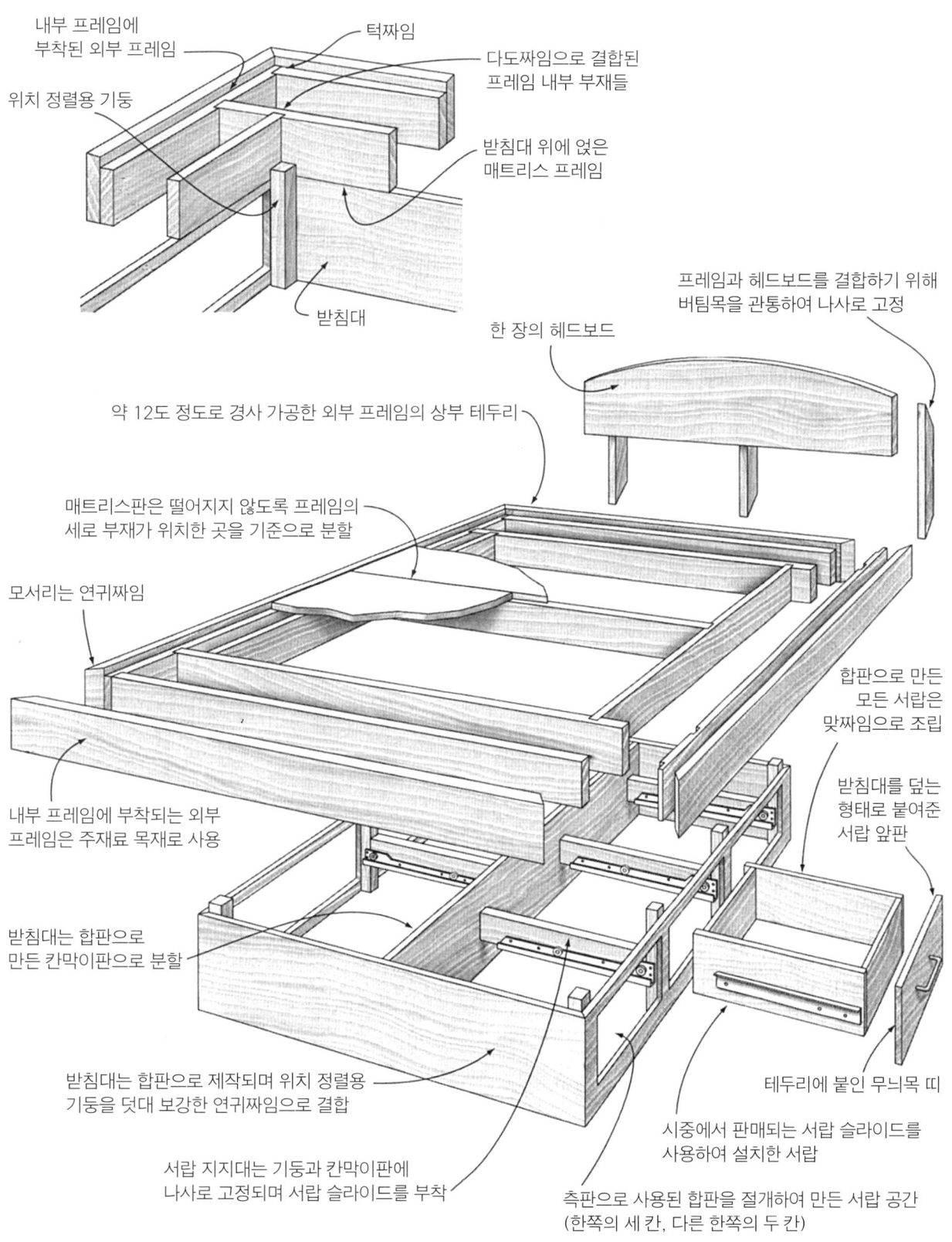

벽 고정식 헤드보드
Head Board

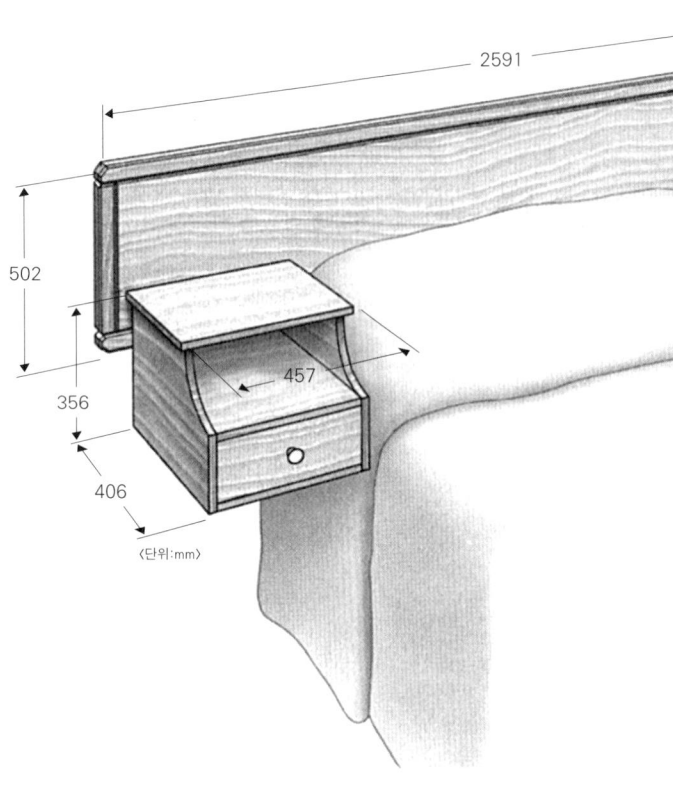

〈단위:mm〉

전통적으로 침대는 매트리스와 그것을 받쳐주는 기둥-가로대 구조의 침대틀로 구성된다. 현대에 와서는 노출된 금속 침대 프레임 위에 바닥에서 6~8인치(150~200mm) 정도 떨어진 매트리스와 박스스프링에 불과하다.

금속 프레임을 사용하는 많은 현대 침대들은 전통을 따라서 헤드보드를 흔적 기관처럼 가지고 있다. 프레임에 볼트로 고정되어 있거나, 매트리스와 프레임으로 눌려서 벽에 붙어 있는 경우도 있다. 위에 소개하는 기본형 헤드보드는 벽 고정식이다. 작은 보조탁자의 역할도 하며 깔끔하고 현대적인 외관을 가지고 있다.

이러한 헤드보드는 단지 전통을 받아들이는 것 외에도 유행을 뛰어 넘는 실용적인 이유가 있다. 방청소도 쉬워지는데, 침대를 벽에서 당기면 헤드보드에서 분리되므로 침대를 정리하는 데 장애물이 없어진다. 또한 보조탁자가 바닥에서 분리되어 있으므로 진공청소기로 쉽게 청소할 수 있다.

참고도면
- Simon Watts, *Building a Houseful of Furniture* (The Taunton Press, 1983), Headboard with Night Tables. 현대적 북유럽풍(1950년대)의 벽걸이식 헤드보드에 대한 구조도와 제작 안내.
- 목공잡지 *Woodsmith* No.34(1984년 7/8월호) 10~12쪽, Headboard: A Head Above the Rest. 기둥에 부착된 현재적인 감각의 헤드보드에 대한 세부 그림과 제작 기법 소개.

디자인 변형 금속제 침대 프레임 헤드보드의 전통은 짧다. 형태 자체가 아주 현대적이기 때문에 다른 어떤 스타일보다도 헤드보드에 적합하다. 헤드보드의 고정지점이 만일 바닥에서 8인치(20cm) 떨어져 있다면 실용적인 문제를 고려하여 헤드보드에 너무 공들일 필요가 없다. 여기 소개된 헤드보드는 기둥역할을 하는 확장된 세로대를 가지고 있다.

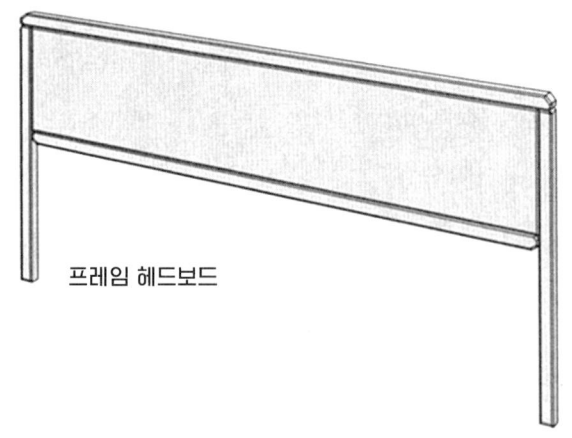

프레임 헤드보드

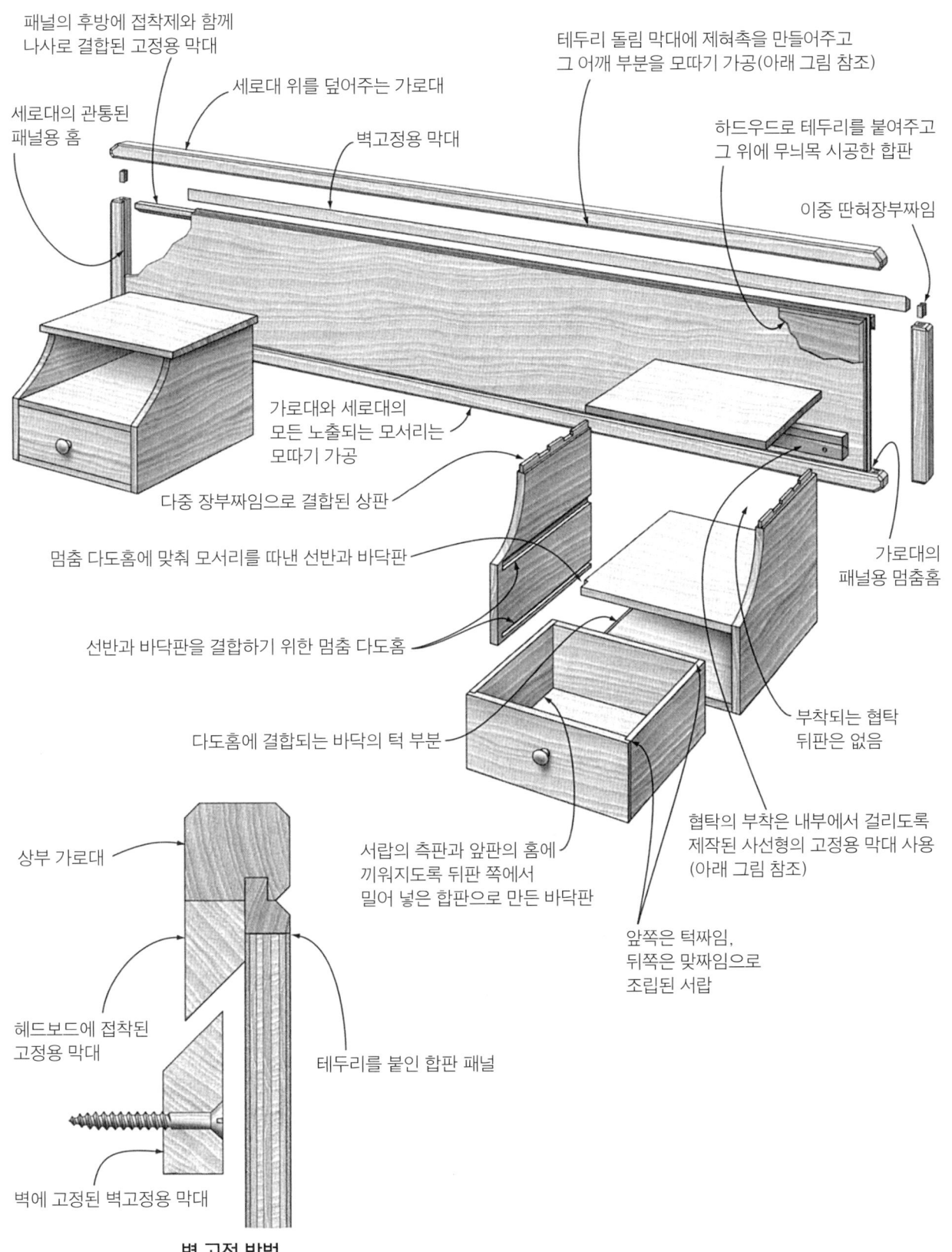

벽 고정 방법

이층 침대
Bunk Beds

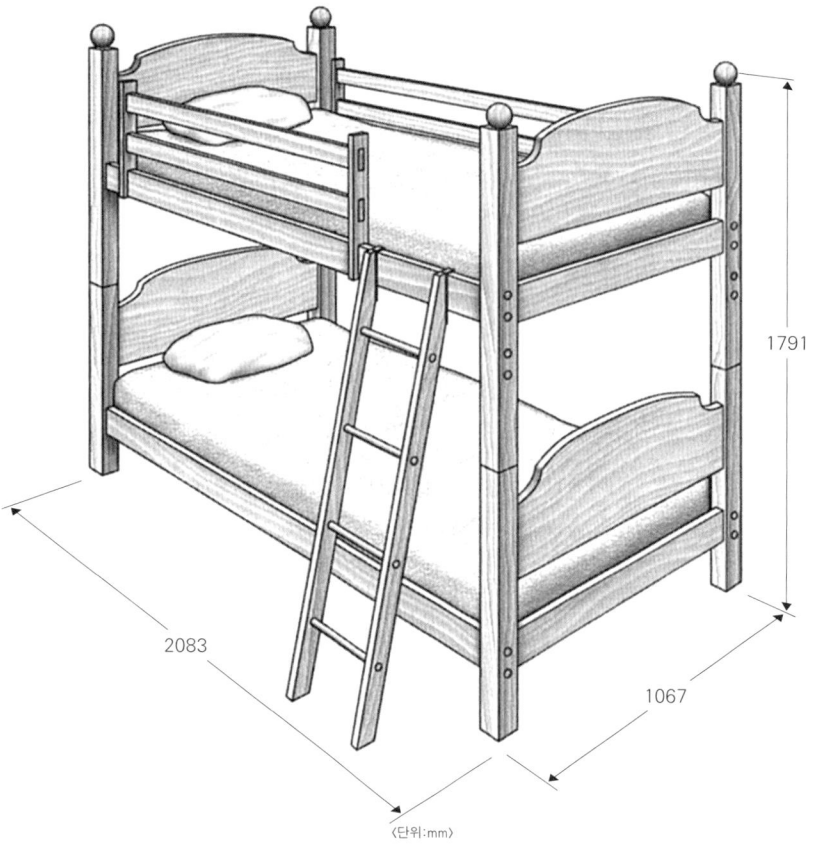

〈단위:mm〉

이층 침대는 어린 시절 여름 수련회의 추억을 떠올리게 한다. 제한된 공간 내에서 좀 더 많은 숭의 아이들을 수용하기 위해서, 침대를 2층 높이로 쌓아 올렸다. 방 크기를 늘리지 않고 잠자리 공간을 두 배로 늘려주는 방법이었다. 집이 작은 경우도 요긴하게 사용할 수 있다. 작은 침실에서 두 아이를 재울 수 있는 다른 방법이 있을까? 그러나 캠프에서 사용했던 금속제 이층 침대는 일반 가정에서 사용하기엔 조잡했다.

여기서 소개하고 있는 이층 침대는 매력적이면서도 가변적이다. 나란히 놓으면 한쌍의 싱글 베드가 되고, 위로 쌓으면 이층 침대가 된다.

많은 이층 침대들이 싱글 규격의 매트리스를 사용하는데 표준은 아니다. 그림의 치수는 표준 싱글 사이즈의 스프링 매트리스를 사용한 경우이다.

참고도면

- 목공잡지 *Woodsmith* 38권 12~19쪽, Kid's Single bed, Bunk Bed. 1층 침대 아래 수납용 서랍이 있는 현대식 이층 침대 디자인을 그림과 함께 제작 방법 소개.
- Simon Watts, *Building a Houseful of Furniture*(The Taunton Press, 1983), Bunk beds. 시험을 거친 튼튼한 디자인을 가진 기숙사용 이층 침대에 대한 도면 소개.

디자인 변형

이층 침대를 제작하는 여러 가지 방법이 있다. 여기에 소개된 두 종류의 침대는 합판만으로 매트리스를 지지하고 있다. 하나는 일반적인 이층 침대이고, 결합은 가로대를 직접적으로 기둥에 나사로 고정하는데 구조가 튼튼하다. 다른 하나는 위·아래 침대가 구분되어 있고, 위쪽 침대를 뒤집어서 내려놓으면 개별적인 침대로 사용할 수 있다.

간단한 이층 침대

상·하반전 이층 침대

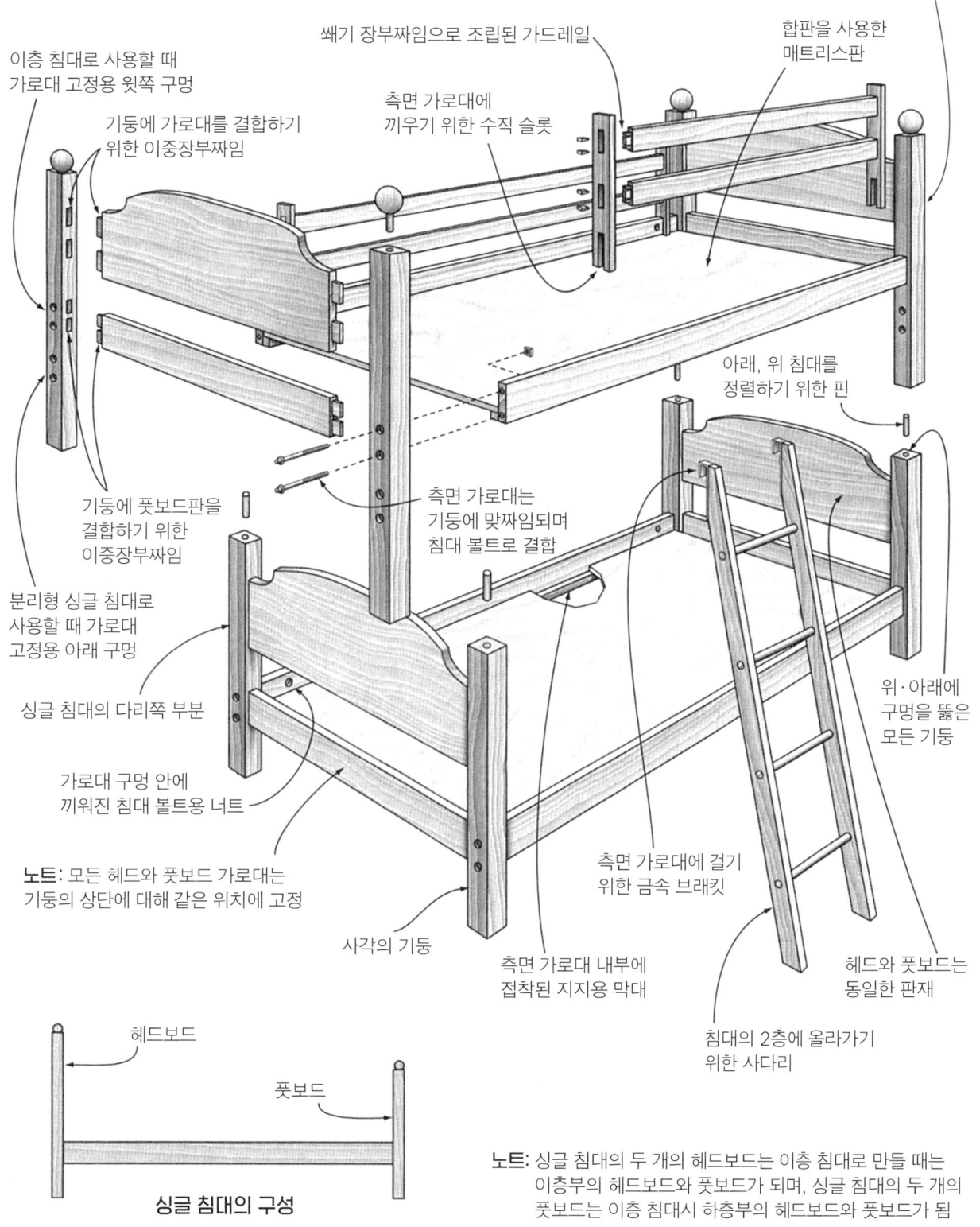

찾아보기

T슬롯　99, 126
Z자 철물　91
MDF　28, 48, 50, 53, 97, 106, 350

ㄱ

가대식 테이블　146, 152, 232
가대식 측판　17, 146
가드레일　370, 377
가름장부　68, 145, 371
갈빗살　361, 365, 367, 369
걸레받이　17, 123, 124, 231, 233, 255, 304, 305, 311, 325, 327, 340, 347, 349, 351, 352, 353, 354
결합용 철물　33, 36, 39, 40, 57, 89
겹침이음　35, 101, 225, 253, 263, 275, 276, 277, 279, 281, 286, 292, 307
경사 상판　210, 214, 216, 228
고딕　20, 23, 223 —242
공-갈고리발톱형 발　87
관절맞춤　161
관통 장부　48, 64, 66, 73, 79, 111 ,141, 147, 185, 293, 307, 329, 336, 337
굴뚝형 찬장　284
귀부인 책상　214
글루 조인트　37, 38
기둥-가로대 구조　70, 74, 78, 79, 80, 281, 374
까치발식 다리　16, 22
꽃임촉　31, 33, 37, 39, 46, 47, 50, 53, 54, 58, 59, 95,96, 103, 134, 141, 145, 151, 205, 237, 257, 263, 277, 283, 289, 307, 317, 319, 333, 351, 367

ㄴ

나무못　27, 66, 79, 90, 91, 141, 143, 145, 157, 159, 165, 243, 292, 307, 329, 359
나무 버튼　26, 91, 92, 103, 149, 159, 169, 170, 171, 193
나무의 움직임 방향　26, 28, 94
나비경첩　112, 163, 177, 181, 211, 215, 219, 237, 239, 279, 285, 297, 301, 307, 309, 311, 315, 323, 331, 351, 354, 355
나비장　32, 59, 103
나비형 테이블　156, 180
나이트 테이블　326
나이프경첩　112
나폴레옹 시대　21
난간형 침대　17, 364
날개 인출식　150
날개 접이식　150, 156, 160, 172, 180
날개 지지판　181
날개턱형　105, 114
넉다운　75, 78, 79 ,147, 366
누름 몰딩　109

ㄷ

다도짜임　39, 48, 49, 50, 61, 76, 83, 84, 98, 99, 115, 116, 143, 165, 217, 227, 253, 275, 285, 288, 292, 293, 299, 311, 323, 333, 371, 373
다리버팀대　18, 20, 75, 82, 83, 140, 141, 143, 146, 147, 154, 155,158, 160, 162, 163, 170, 172, 173, 180, 181, 184, 186, 190, 194, 195, 196, 203, 206, 210, 211, 215, 246, 247, 266
다리틀 회전식　14, 156, 158, 159, 160, 162, 180
다리 회전식　14, 21, 156, 160, 162, 174, 176, 178, 182

다리 인출식　163, 182
다우어 체스트　236, 238
단면형상　62, 67, 84, 107, 108, 111, 117, 129, 130, 133, 168, 187, 237, 243, 247, 267, 268, 277, 291, 309, 327, 331, 354, 358, 365
덮방형　105, 114, 115, 117, 310, 311
데밀룬 테이블　168
데번포트　228
데이베드　368, 369, 370
도자기 수납장　290
돋움 패널　109, 241, 242, 274, 275, 277, 286, 287, 343, 347, 351, 354
드레서(침실서랍장)　23, 24, 244, 254
드로우 리프 테이블　152
들어올림문　104
디자인 리폼　23
딴혀장부　56, 65, 69, 141, 143, 292, 302, 303, 314, 327, 335

ㄹ

라미네이트 밴딩　142, 169, 369
락 마이터 조인트　38
래치　113
램프 테이블　192
러너　28, 55, 97, 99, 119, 120, 121, 122, 143, 154, 155, 173, 177, 181, 193, 199, 203, 209, 211, 213, 217, 221, 225, 245
로우보이　204, 264
로코코　18, 20, 21, 23
로퍼　216
롤탑 책상　17, 212, 230

루터　37, 38, 43, 47, 49, 53, 54, 58, 59, 67, 108, 109, 114, 115, 116, 233, 323
르네상스　18, 23, 318
리넨 프레스　244, 320, 332
리스텔　313

ㅁ

매직와이어　322
먼지막이판　100, 317
모따기　34, 35, 84, 85, 101, 160, 109, 130, 131, 144, 145, 153, 155, 173, 184, 187, 189, 195, 233, 247, 251, 292, 301, 322, 323, 327, 333, 347, 353, 359, 375
모서리 각재　53, 96
목선반 가공 다리　86, 138, 139, 140, 158, 160, 169, 170, 181, 200, 205, 208
목수의 단추　91, 103
목심　25, 31, 32, 39, 40, 52, 56, 57, 66, 75, 76, 80, 81, 100, 108, 125, 153, 157, 181, 193, 215, 237, 301, 304, 345, 347, 369
무릎　14, 15, 87
무릎 받침　87
무릎구멍 책상　226, 230
문구함　15, 219, 230
문살　16, 55, 61, 110, 111, 220, 223, 291, 302, 303, 307, 309
물막이판　14
뮬 체스트　238
미닫이문　104
미션(Mission)　24

ㅂ

바느질 테이블 23, 338
바로크 19, 158
박스스프링 358, 360, 361, 362, 363, 365, 368, 372, 374
반곡(오지) 109, 131
반달형 테이블 168
반포형 주먹장 44, 45, 48, 54, 96, 114, 115, 143, 161, 165, 177, 193, 199, 203, 205, 209, 213, 215, 217, 221, 223, 224, 225, 227, 229, 239, 245, 249, 253, 257, 259, 261, 263, 265, 267, 283, 287, 289, 291, 299, 307, 314, 317, 325, 329, 336, 337, 339, 345
받침널 17, 89, 233
받침대형 테이블 144, 152, 178
받침목 15, 26, 74, 89, 126, 127, 144, 145, 146, 198, 201, 237, 239, 253, 265, 299, 311, 337, 351
배니스터 침대 364
버드케이지(새장) 15, 201
버킷 벤치 278, 288
버틀러 테이블 194, 195
버팀대 74, 79, 82, 83, 106, 140, 141, 143, 146, 153, 158, 176, 178, 179, 181, 194, 215
벌림 다리 테이블 190
벙크 배드 376
베니티 테이블 204
베이즈천 177
베일 손잡이 16, 244
벤치 테이블 164
변죽 14, 33, 44, 88, 89, 90, 91, 106, 140, 141, 143, 187, 217, 239, 241, 283, 295, 339
보 부르멜 화장대 204
보강 프레임 97, 98, 99, 100, 120, 211, 217, 227, 229, 231, 233, 245, 247, 254, 255, 293, 297, 317, 324, 325, 327

보네티어 330
보닛 선반장 330
복고주의 23
봄베 체스트 20, 258
뷔페 286, 294, 298
뷰로 256
브래킷 가구발 126, 128
브레이크프론트 218, 270, 298, 300, 308
브리들짜임 74, 100, 168, 169
브로큰 페디먼트(열린 박공 장식) 274, 306
블록적층식 151, 168, 178, 179, 295
블록프론트 226, 248, 260, 262
비밀 서랍 282
비스킷 31, 33, 36, 39, 41, 46, 53, 55, 56, 57, 100, 124, 343

ㅅ

사개짜임 42, 45, 46, 47, 54, 95, 115, 116, 319
사브르형(기병도) 21
사선형 다리 85
사이드보드 21, 184, 270, 271, 286, 294, 296, 298, 318
산지끼움 78, 79
삼발이 스탠드 198
삼방연귀 69
상판 수축 89
상판 접이식 150, 154, 162
상판 팽창 89
서랍 멈춤장치 122
서랍 가로대 72, 97, 98, 99, 101, 143, 181, 203, 211, 217, 225, 226, 258, 259, 260, 261, 263, 293, 313, 316
서랍 탁자 83
서펜타인 20, 21, 170, 174, 192, 200, 228, 258, 259, 260,

261, 294, 330
세면대 123, 202, 204, 278, 324, 330, 350
세크리터리 21, 111, 212, 218, 222, 244, 302
세틀 테이블 164
셀라레트 246
소파 테이블 154, 186
손수건형 테이블 19, 182
수납형 침대 370
순무형 발 236
숨은 경첩(쏘쓰경첩) 112, 179
쉐라톤 21, 186, 230
셰이커 23, 85, 146, 192, 198, 204, 218, 238, 244, 274, 284, 321, 328, 338
슈랑크 332, 334, 335
스윙 레그 14, 160, 174, 176
스텝백 290, 300
스트레쳐 14, 1601 174, 160
스파이더 198, 199, 201
스패니시형 발 87
스플릿스핀드 18
슬라이딩 레그 테이블 162
슬라이딩 주먹장 39, 44, 82, 83, 84, 90, 99, 115, 116, 157, 164, 165, 199, 201, 215, 250, 268, 269
슬롯형 구멍 89, 90, 91, 92, 99, 103, 106, 125, 126, 128, 132, 139, 147, 149, 203
슬리퍼형 발 15
시야각 130
식료품 보관장 348
신고전주의 21, 23, 218
십자 반턱짜임 62, 82, 111
십자 버팀대 82
싱크경첩 112, 322, 349

쌍장부 48, 66, 72, 84, 98, 155, 179, 185, 193, 205, 209, 213, 295
썰매형 침대 366
쏠림장부 71
쐐기 45, 48, 63, 66, 73, 79, 82, 98, 128, 141, 147, 157, 159, 198, 199, 201, 225, 295, 358, 369

ㅇ

아르무아르 330, 332
아스트라갈 131, 173, 176, 220
아트 앤 크래프트 24, 188, 254, 294, 302, 332
암모니아 훈증 24
야전 침대 362
양수책상 208, 226, 230, 232
양철 패널 280, 281
얽힘짜임 49, 115
엔드 테이블 167, 188, 190, 192
엠파이어 21, 218, 248, 256
여섯 판재 궤 125, 236, 238, 242
연귀이음 36, 37, 277, 307
연귀짜임 37, 39, 43, 46, 47, 49, 52, 54, 57, 58, 59, 62, 69, 80, 91, 95, 96, 124, 126, 127, 128, 133, 134, 171, 205, 233, 250, 251, 253, 256, 263, 283, 299, 303, 308, 309, 317, 319, 322, 333, 351, 373
연필형 기둥 침대 362
오버레이형 105, 114
온턱짜임 60, 74, 347
우체국 책상 212
워시 스탠드 278
워터 벤치 123, 278
원통형 터렛 177

원형장부 72, 268, 269, 314, 361
윌리엄 모리스 24
윌리엄 앤 메리 19, 86, 156, 180, 216, 244, 246, 264, 266, 282
유리문 109, 111, 276, 290, 300, 307, 342, 355
이스트레이크 23
이층 침대 370, 376, 377
인공목재 28
인세트형 105, 114

ㅈ

자코비안 18, 123
작업대 30, 74, 78, 79, 83, 84, 121, 138, 142, 338, 344
장부짜임 48, 63, 64, 65, 66, 67, 68, 69, 72, 74, 78, 80, 81, 82, 83, 84, 90, 97, 98, 99, 100, 108, 110, 133, 141, 143
전면 프레임 20, 50, 55, 56, 57, 61, 67, 100, 101, 112, 118, 120, 121, 123, 255, 272, 274, 275, 277, 279, 285, 287, 288, 289, 290, 292, 293, 304, 307, 327, 328, 329, 331, 333, 342, 343, 345, 3447, 348, 349, 352
접이식문 104, 346
접착 블록 36, 40, 92, 126, 127, 175, 179, 224
정목제재 24, 25
제혀이음 27, 31, 33, 34, 35, 89, 101, 106, 165, 305
젤리 찬장 22, 123, 280, 286
조가비 조각 16, 27
족대 17, 125, 164, 165
존 러스킨 24
좌대형 받침대 127, 133
주머니턱짜임 61
주먹장짜임 39, 41, 42, 43, 44, 54, 75, 82, 83, 94, 95, 97, 98, 115, 116, 127, 165, 205, 223, 239, 242, 263, 286

중국풍 19, 20, 176, 186
지옥장부 66
지지프레임 28, 55
짱구너트 76, 79, 371

ㅊ

찬장 16, 22,
체스트-온-체스트 248, 262
체스트-온-프레임 19, 246, 266
총기 보관장 300
추정목제재 25
치펜데일 18, 20, 84, 86, 126, 160, 170, 172, 174, 176, 184, 186, 216, 248, 260, 264, 266, 272, 282, 302
침대 연결철물 79, 365, 368
침대용 볼트 78, 79

ㅋ

카드 테이블 21, 154, 156, 162, 168, 174, 175, 176, 177, 178, 225
카운터탑 347, 350, 351, 354, 355
칸막이함 15, 230, 231
캐노피 침대 360, 362
캐브리올 다리 16, 86, 87, 138, 160, 170, 176, 182, 190, 204, 214, 265
캐치 113
캡틴 베드 370
컨트리 22, 85, 104, 123, 124, 168, 172, 174, 182, 186, 190, 214, 244, 256, 278, 280, 294, 296, 298, 306
코너 찬장 276, 300, 306
코너 브래킷 75, 76, 80, 81, 221

코너 테이블 182
코니스(처마돌림띠) 16, 220, 334
코모드 324
코프 앤 스틱 108, 345
콤파스 대패 260
쿼터 쏘운 24, 25
퀸 앤 18, 19, 20, 86, 138, 160, 170, 174, 176, 182, 198, 200, 214, 244, 264, 266, 282, 368
큐리오 캐비닛 300
크라운몰딩 129, 273, 283, 284, 289, 291, 292, 305, 328, 329, 331, 336, 343, 352, 353, 354
크레덴자 318
키커 118, 119, 143, 173, 193, 205, 245, 265, 269, 289, 295, 307

ㅌ

태번 테이블 14, 140
탬부어 17, 21, 230, 231, 367
턱이음 34, 35
턱짜임 39, 44, 51, 52, 60, 61, 62, 74, 75, 82, 95, 96, 98, 100, 102, 107, 108, 111, 115, 116, 117, 173, 177, 195, 211, 217, 219, 220, 223, 229, 233, 240, 241, 250, 255, 273, 277, 297, 299, 302, 303, 317, 325, 329, 343, 345, 347, 349, 351, 361, 363, 371, 373, 375
테일 41, 42, 43, 44, 302
토러스 131
톨보이 248
통주먹장 42, 43, 45, 96, 114, 165, 193, 205, 209, 213, 215, 217, 219, 221, 224, 257, 259, 261, 263, 265, 267, 268, 274, 275, 287, 289, 291, 292, 293, 307, 325, 336, 337, 339

투각 장식 20, 173, 186, 187
트라이피드형 발 87
티테이블 19, 87, 170
틸트-탑 테이블 15, 200

ㅍ

파이 세이프 280
파이형 상판 200
판목제재 25, 26
평형함수율(EMC)
패드형 발 14, 16, 87, 209, 229, 265
팸브록 테이블 172
페더럴 21, 85, 86, 128, 144, 150, 160, 170, 172, 174, 198, 208, 214, 222, 230, 244, 248, 260, 360, 368
펜실베이니아 더치 22, 256
평장부 71, 80, 81, 99, 139, 171, 173, 179, 181, 217, 359, 363
포린져 170
풀아웃 테이블 148, 152
풋보드 17, 79, 358, 359, 361, 363, 364, 365, 366, 369, 371, 377
프랑스식 발 15
프레임 확장식 176
프레임 비트 67
프렌치 발 129
프렌치앤틱 23
플랩문 104
플랫폼 침대 372
플러시 문 106, 226
피니얼 장식 16, 205, 222, 224, 248, 266, 267, 268, 269, 306, 314, 360, 363

피드먼트 테이블　172
피어 테이블　21, 168
피존홀　231, 316
핀　41, 42, 43, 44, 45, 75, 140, 141, 145, 147, 149, 159, 161, 164, 165, 173, 275, 277, 279, 334, 335, 337, 361, 377
필그림　18, 180
필기용 테이블　208
핑거 조인트　38

ㅎ

하베스트 테이블　156, 162
하이보이　16, 20, 87, 246, 248, 252, 264, 266
하프테일　41, 42, 43
하프핀　41, 42
할아버지 시계　312
허리 몰딩　16, 129, 132, 215, 220, 221, 223, 224, 225, 248, 251, 267, 269, 309, 311, 321, 322, 323, 329, 337
허치　22, 94, 123, 288, 289, 290, 344
헌트보드　296
헤드보드　17, 79, 358, 359, 361, 362, 363, 364, 365, 366, 369, 371, 373, 374, 375, 377
헤플화이트　21, 160, 170, 192, 230, 246, 260, 282
협탁　166, 167, 192, 324, 326, 375
홀 테이블　168, 186
화장대　95, 204, 264, 350
확장식 테이블　138, 148, 152
확장용 슬라이드　149, 150, 151
회전식다리　14, 158, 160, 174, 178, 182